W0193685

Tabellenbuch Holzberufe

von
Ingo Düker
Brigitta Ehlers-Staack
Wolfgang Heer
Mathias Heerklotz
Hermann Kämmler
Rainer Kemner
Ingeborg Maas
Heinz Otto Pfingsten
Johannes Wolff

2., durchgesehene Auflage

1999

Verlag Gehlen · Bad Homburg vor der Höhe

Gehlenbuch 92350

… weil aus Papier mit bis zu 50 % Altpapieranteil,
Rest aus chlorfrei gebleichten (TCF) Primärfasern.

Dieses Werk folgt der reformierten Rechtschreibung und Zeichensetzung. Ausnahmen bilden Texte, bei denen künstlerische, philologische oder lizenzrechtliche Gründe einer Änderung entgegenstehen.

Dem Tabellenbuch wurde der aktuelle Stand der Normblätter und sonstigen Regelwerke zugrunde gelegt. Verbindlich sind jedoch nur die neuesten Ausgaben der Normblätter des DIN. Sie sind beim Beuth Verlag GmbH, Burggrafenstraße 6, 10787 Berlin zu beziehen.

Umschlaggestaltung: Ulrich Dietzel, Frankfurt am Main

Abbildungen: Wilhelm Altendorf GmbH & Co. KG Maschinenbau, Minden, Umschlagvorderseite; Deutsche Verlags-Anstalt GmbH, Stuttgart, 200, 201, 202, 203; VERLAG EUROPA-LEHRMITTEL, Haan, 251 Mitte, 252 oben, 256, 279 unten, 301; Karl Kopp Verlag GmbH, Bad Krotzingen, 200, 201

Zeichnungen: Digital Grafik, Bad Homburg vor der Höhe; Peter Kohlöffel, Nonnenhorn; new VISION, Bernhard A..Peter, Pattensen

ISBN 3-441-**92350**-2

© 1998 Verlag Gehlen · Bad Homburg vor der Höhe
Satz: Satz-Zentrum West GmbH & Co. · Dortmund
Druck: Druckerei Taunusbote · Bad Homburg vor der Höhe

Grundlagen

Werkstoffe, Hilfsstoffe

Möbelbau

Innenausbau

Fenster, Außentüren

Technisches Zeichnen

Betriebsplanung, Organisation

Arbeitsschutz, Umweltschutz

© Verlag Gehlen

Dezimale Teile und Vielfache · DIN 1301

Vorsatz	Vorsatzzeichen	Faktor	Beispiel		
Piko	p	10^{-12}	1 Pikometer	= 1 pm	= 0,000 000 000 001 m
Nano	n	10^{-9}	1 Nanometer	= 1 nm	= 0,000 000 001 m
Mikro	µ	10^{-6}	1 Mikrometer	= 1 µm	= 0,000 001 m
Milli	m	10^{-3}	1 Millimeter	= 1 mm	= 0,001 m
Zenti	c	10^{-2}	1 Zentimeter	= 1 cm	= 0,01 m
Dezi	d	10^{-1}	1 Dezimeter	= 1 dm	= 0,1 m
Deka	da	10^{1}	1 Dekameter	= 1 dam	= 10 m
Hekto	h	10^{2}	1 Hektometer	= 1 hm	= 100 m
Kilo	k	10^{3}	1 Kilometer	= 1 km	= 1 000 m
Mega	M	10^{6}	1 Megameter	= 1 Mm	= 1 000 000 m
Giga	G	10^{9}	1 Gigameter	= 1 Gm	= 1 000 000 000 m
Tera	T	10^{12}	1 Terameter	= 1 Tm	= 1 000 000 000 000 m

Griechisches Alphabet · DIN ISO 3098

Buchstabe		Benennung	Anwendungsbeispiele	Buchstabe		Benennung	Anwendungsbeispiele
A	α	Alpha	Winkel, Längenausdehnungskoeffizent	N	ν	Ny	kinematische Zähigkeit
B	β	Beta	Winkel, Flächenausdehnungszahl	Ξ	ξ	Xi	
Γ	γ	Gamma	Winkel, Volumenausdehnungszahl	O	o	Omikron	
Δ	δ	Delta	Differenz, z. B. Δt	Π	π	Pi	Kreiszahl = 3,141592...
E	ε	Epsilon	Dehnung	P	ϱ	Rho	Dichte
Z	ζ	Zeta	Widerstandsbeiwert	Σ	σ	Sigma	Summe; Spannung
H	η	Eta	Wirkungsgrad	T	τ	Tau	Schubspannung
Θ	ϑ	Theta	absolute bzw. Celsius-Temperatur	Y	υ	Ypsilon	
I	ι	Iota		Φ	ϕ	Phi	Wärmestrom; Winkel
K	κ	Kappa	elektrische Leitfähigkeit	X	χ	Chi	
Λ	λ	Lambda	Wärmeleitfähigkeit	Ψ	ψ	Psi	
M	μ	My	Permeabilität	Ω	ω	Omega	elektrischer Widerstand Winkelgeschwindigkeit

Basisgrößen und Basiseinheiten SI · DIN 1301

SI (**S**ysteme **I**nternational) ist das Internationale Einheitensystem im Messwesen. Für sieben Basisgrößen sind Basiseinheiten festgelegt. Weitere Einheiten werden von den Basiseinheiten abgeleitet.

Basisgröße	Länge	Masse	Zeit	Thermodyn. Temperatur	Elektrische Stromstärke	Stoffmenge	Lichtstärke
Formelzeichen	l, s	m	t	T	I	n	I
Basiseinheit	Meter	Kilogramm	Sekunde	Kelvin	Ampere	Mol	Candela
Einheitenzeichen	m	kg	s	K	A	mol	cd

Abgeleitete SI-Einheiten (Auswahl)

Größe	Formel-zeichen	Abgeleitete SI-Einheit	Einheiten-zeichen	Beziehungen	Bemerkungen
Länge Breite Höhe	l b h	**Meter**	**m**	1 m = 10 dm = 100 cm 1 m = 1000 mm 1 mm = 1000 µm 1 km = 1000 m	In angelsächsischen Ländern: Inch und Zoll ($''$) 1 inch = $1''$ = 25,4 mm int. Seemeile = 1852 m
Fläche	A; S	Quadrat-meter Ar Hektar	m^2 a ha	$1\ m^2 = 10\ 000\ cm^2$ $1\ m^2 = 1\ 000\ 000\ mm^2$ $1\ a = 100\ m^2$ 1 ha = 100 a 1 ha = 10000 ha $100\ ha = 1\ km^2$	S für Querschnitt a und ha für Boden-Wald- und Wasserflächen
Volumen	V	Kubikmeter Liter	m^3 l, L	$1\ m^3 = 1000\ dm^3$ $1\ m^3 = 1\ 000\ 000\ cm^3$ $1\ l = 1\ L = 1\ dm^3$ $1\ l = 10\ dl = 0,001\ m^3$ $1 ml = 1\ cm^3$	Liter vorwiegend für Flüssigkeiten
Ebener Winkel	α, β, γ	Radiant Grad Minute Sekunde	rad ° ′ ″	1 rad = 1 m/m $1\ rad = 180°/\pi$ $1° = \pi/180\ rad$ 1° = 60′ $1' = 1°/60 = 60''$ $1'' = 1°/3600 = 1'/60$	Grad, Minute, Sekunde in technischen Berechnungen nur in Dezimaldarstellung verwenden, z. B. 15,672°
Zeit	t	**Sekunde** Minute Stunde Tag Jahr	**s** min h d a	1 min = 60 s 1 h = 60 min 1 h = 3600 s 1 d = 24 h 1 a = 8765,8 h	min, h, d, und a erhalten keine Vorsätze
Frequenz	f, v	Hertz	Hz	1 Hz = 1/s	
Drehzahl	n		1/s 1/min	$1/s = 60/min = 60 min^{-1}$ $1/min = 1\ min^{-1} = 1/60\ s$	
Geschwin-digkeit	v		m/s m/min km/h	1 m/s = 60 m/min 1 m/s = 3,6 km/h 1 m/min = 1 m/60 s 1 km/h = 1 m/3,6 s	Schnittgeschwindig-keit bei spanenden Verfahren in m/min bzw. in m/s
Beschleu-nigung	a, g		m/s^2	$1\ m/s^2 = 1\ m/s : 1\ s$	g nur für örtliche Fallbeschleunigung, $g = 9,81\ m/s^2$
Masse	m	**Kilogramm** Tonne	**kg** t	1 kg = 1000 g 1 t = 1000 kg	
Längen-bezogene Masse	m'		kg/m	1 kg/m = 1 g/mm	m' für die Berechnung der Masse von Halb-zeugprofilen
Flächen-bezogene Masse	m''		kg/m^2	$1\ kg/m^2 = 0,1\ g/cm^2$	m'' für die Berech-nung der Masse von Platten
Dichte	ϱ		kg/m^3	$1000\ kg/m^3\ = 1\ t/m^3$ $= 1\ kg/dm^3$ $= 1\ g/cm^3$ $= 1\ mg/mm^3$	ortsunabhängige Größe

Abgeleitete SI-Einheiten (Auswahl) – Fortsetzung

Größe	Formel-zeichen	abgeleitete SI-Einheit	Einheiten-zeichen	Beziehungen	Bemerkungen
Trägheits-moment	J		$kg \cdot m^2$		alte Bezeichnung: Massenträgheits-moment
Kraft, Gewichtskraft	F G, F_G	Newton	N	$1\ N = 1\ kg\ m/s^2 = 1\ J/m$ $1\ MN = 10^3\ kN = 10^6\ N$	Einheit kp nicht mehr zulässig, $1\ kp = 9,81\ N$
Dreh-, Biege-, Torsions-moment	M M_b T		$N \cdot m$		
Druck	p	Pascal	Pa	$1\ Pa = 1\ N/m^2$ $1\ Pa = 0,01\ mbar$ $1\ bar = 100\ 000\ N/m^2$ $1\ bar = 10\ N/cm^2$ $1\ bar = 10^5\ Pa$ $1\ mbar = 1\ hPa$	Einheit at = kp/cm^2 nicht zulässig, $1\ at = 9,81 \cdot 10^4\ Pa$
Mechanische Spannung	σ, τ		N/m^2	$1\ N/mm^2 = 1\ MN/m^2$ $1\ N/mm^2 = 1\ MPa$ $1\ N/mm^2 = 10\ bar$ $1\ daN/cm^2 = 0,1\ N/mm^2$	früher kp/mm^2 $1\ kp/mm^2 = 9,80665\ MPa$
Flächen-moment	I		m^4 cm^4	$1\ m^4 = 10\ 000\ cm^4$	früher: Flächen-trägheitsmoment
Leistung	P	Watt	W	$1\ W = 1\ J/s = 1\ Nm/s$ $1\ W = 1\ V \cdot A$ $1\ W = 1\ m \cdot kg/s^3$	früher: PS $1\ PS = 735\ W$
Elektrische Stromstärke	I	**Ampere**	**A**		
Elektrische Spannung	V	Volt	V	$1\ V = 1\ W/A$ $1\ V = 1\ J/C$	
Elektrischer Widerstand	R	Ohm	Ω	$1\ \Omega = 1\ V/A$	
Elektrischer Leitwert	G	Siemens	S	$1\ S = 1\ A/V$ $1\ S = 1/\Omega$	
Elektrische Leitfähigkeit	γ, κ		S/m	$1\ S/m = 1\ S\ m/m^2$	
Spezifischer elektrischer Widerstand	ϱ		$\Omega \cdot m$	$10^{-6}\ \Omega m = 1\ \Omega mm^2/m$	
Frequenz	f	Hertz	Hz	$1\ Hz = 1/s$ $1000\ Hz = 1\ kHz$	
Elektrische Arbeit	W	Joule	J	$1\ J = 1\ W \cdot s = 1\ N \cdot m$ $1\ kWh = 3,6 \cdot 10^6\ Ws$	
Elektrische Ladung	Q	Coulomb	C	$1\ C = 1\ As$ $1\ Ah = 3,6\ kC$	
Elektrische Leistung	P	Watt	W	$1\ W = 1\ J/s = 1\ Nm/s$ $1\ W = 1\ V \cdot A$	elektrische Scheinlei-stung VA
Phasenver-schiebungs-winkel	φ				bei induktiver/kapazi-tiver Belastung Winkel zwischen I und U

Abgeleitete SI-Einheiten (Auswahl) – Fortsetzung

Größe	Formel-zeichen	abgeleitete SI-Einheit	Einheiten-zeichen	Beziehungen	Bemerkungen
Thermo-dynamische Temperatur	T, θ	**Kelvin**	**K**	0 K = 273 °C	
Celsius-Temperatur	t, ϑ	Grad Celsius	°C	0 °C = 273 K	
Temperatur-differenz	$\Delta\vartheta, \Delta T$	Kelvin	K		
Wärmemenge	Q	Joule	J	1 J = 1 Nm 1 J = 1 Ws	früher Kalorie (cal), 1 kcal = 4186,8 J
Wärmestrom	Φ, Q	Watt	W	1 W = 1 J/s	
Wärmeleit-fähigkeit	λ		W/mK		
Wärmedurch-lasskoeffizient	Λ		W/m^2K		
Wärmedurch-lasswiderstand	$1/\Lambda$		$m^2 \cdot K/W$		
Wärmedurch-gangswiderst.	$1/\kappa$		$m^2 \cdot K/W$		
Fugendurch-lasskoeffizient	a		m^3		
Spezifischer Heizwert	H			1 MJ/kg = 1 000 000 J/kg	
Stoffmenge	n	**Mol**	**mol**		
Lichtstärke	I_v	**Candela**	**cd**	$I_v = 6,83 \cdot 10^{-2}$ W/sr	
Lichtstrom	Φ_v	Lumen	lm	1 lm = 1 cd sr	
Leuchtdichte	L_v		cd/m^2		
Beleuch-tungsstärke	E, E_v		lx	1 lx = 1 lm/m^2 1 lx = 1 cd sr/m^2	
Lichtge-schwindigkeit	c		m/s		
Aktivität radioaktiver Substanz		**Bequerel**	**Bq**	1 Bq = 1/s	

Angelsächsische Längeneinheiten

Einheit	Meter m	inch in. (")	foot ft. (')	yard yd.
1 Meter m	1	39,37	3,281	1,09
1 inch in. (")	0,0254	1	0,083	0,02
1 foot ft. (')	0,3048	12	1	0,33
1 yard yd.	0,914	36	3	1

1"= 25,4 mm; 3/4"= 19,05 mm; 1/2"= 12,7 mm; 1/4"= 6,35 mm

1 statute mile = 1,6093 km; 1 nautical mile = 1,853 km; 1 US sea mile = 1,855 km

1 int. Seemeile = 1 deutsche Seemeile = 1,852 km

1 Faden (fathom) = 1,829 m = 2 yd. = 6 ft. = 72 in.

Allgemeine Formelzeichen (Auswahl) — DIN 1304

Zeichen	Bedeutung	Zeichen	Bedeutung	Zeichen	Bedeutung
l	**Länge**	I	Flächenmoment	X	Blindwiderstand
b	Breite	W, E	Arbeit, Energie	Z	Scheinwiderstand
h	Höhe	P/η	Leistg./Wirkungsgrad	φ	Phasenversch.-Winkel
r, R	Radius, Halbmesser	t	**Zeit, -spanne, Dauer**	N, w	Windungszahl
d, D	Durchmesser	T	Periodendauer	T, θ	**thermodyn. Temperatur**
s	Weg-, Kurvenlänge	f, v	Frequenz	t, ϑ	Celsius-Temperatur
A, S	Fläche, Querschnitt	λ	Wellenlänge	α	Längenausd.-Koeff.
V	Volumen	n	Drehzahl	γ	Volumenausd.-Koeff.
m	**Masse**	v, u	Geschwindigkeit	Q	Wärmemenge
m'	längenbez. Masse	ω	Winkelgeschwindigk.	λ	Wäremleitfähigkeit
m''	flächenbez. Masse	a	Beschleunigung	α	Wäremüberg.-Koeff.
ϱ	Dichte	g	Fallbeschleunigung	κ	Wärmedurchg.-Koeff.
M	Drehmoment	Q	Volumenstrom	C	Wärmekapazität
T	Torsionsmoment	I	**Elektr. Stromstärke**	H	spezifischer Heizwert
M_b	Biegemoment	U	Spannung	I	**Lichtstärke**
p	Druck	Q	Elektrische Ladung	Q	Lichtmenge
σ	Normalspannung	C	Kapazität	E	Beleuchtungsstärke
τ	Schubspannung	L	Induktivität	H	Belichtung
G	Schub-, Gleitmodul	R	Widerstand	p	**Schalldruck**
μ, f	Reibungszahl	ϱ	spezifisch. Widerstand	c	Schallgeschwindigkeit
W	Widerstandsmoment	γ, κ	elektrisch. Leitfähigkeit	L	Lautstärkepegel

Mathematische Zeichen — DIN 1302

Zeichen	Bedeutung	Zeichen	Bedeutung	Zeichen	Bedeutung
$= \,;\, \neq$	gleich; nicht gleich	$\times \,;\, \cdot$	mal, mutipliziert mit...	ln	natürl. Logarithmus
$=_{def}$	definitionsgemäß gl.	$- \,;\, / \,;\, :$	durch, dividiert durch...	log	allgem. Logarithmus
$\equiv$	identisch gleich	$\infty \,;\, \Sigma$	unendlich; Summe	lg	dekad. Logarithmus
$\not\equiv$	nicht identisch gleich	a^n	a hoch n	sin; cos	Sinus; Cosinus
$\sim$	ähnlich, proportional	$\sqrt{\ } \,;\, \sqrt[n]{\ }$	Quadrat-; n-te Wurzel	tan; cot	Tangens; Cotangens
$\approx$	nahezu gleich, etwa	$\lvert x \rvert$	Betrag von x	π	Kreiszahl = 3,14159...
$< \,;\, >$	kleiner; größer als	Δx	Delta x (Differenz)	arc z	Arcus(Bogenmaß) z
$\leq$	kleiner oder gleich	$\perp$	senkrecht auf	% ; ‰	Prozent; Promille
$\geq$	größer oder gleich	$\parallel \,;\, \nparallel$	parallel; nicht parallel	[(;)]	Klammern auf; zu
$\triangleq$	entspricht	$\uparrow\uparrow \,;\, \uparrow\downarrow$	gleich-; gegensinnig	$\overline{AB} \,;\, \overset{\frown}{AB}$	Strecke; Bogen AB
...	und so weiter bis	$\cong \,;\, \bigcirc$	kongruent zu; Kreis	a' ; a''	a Strich; a zwei Strich
$+ \,;\, -$	plus; minus	$\sphericalangle \,;\, \triangle$	Winkel; Dreieck	$a_1 \,;\, a_2$	a eins; a zwei
$\wedge \,;\, \vee$	und; oder	$\int$	Integral	$\oint$	Kreisintegral

Grundrechnen

Addition und Subtraktion (Sie werden als Strichrechnungen bezeichnet.)

Addition (Zusammenzählen)				**Subtraktion** (Abziehen)				
Summand	+ Summand	= Summe		Minuend −	Subtrahend =	Differenz		
a	+ b	= c		a	− b	=	c	
15mm	+ 12mm	= 27mm		15mm	− 12mm	=	3mm	
10a	+ 15a	= 25a		15a	− 12a	=	3a	
a	+ b	= b + a		a	− b	≠	b − a	

Multiplikation und Division (Sie werden als Punktrechnungen bezeichnet.)

Multiplikation (Vervielfachen)				**Division** (Teilen)				
Faktor · Faktor	= Produkt			Dividend : Divisor	=	Quotient		
a · b	= c			a : b	=	c		
3 · 5mm	= 15mm			100km : 2h	=	50km/h		
10N · 4m	= 40Nm			600m : 30s	=	20m/s		
a · b	= b · a			a : b	≠	b : a		

Kombiniertes Grundrechnen

Produkt o. Quotient + Summanden 3 · 2a + 6a = 12a Produkt o. Quotient - Subtrahend 16a : 4a − 2a = 4 - 2a	Die Punktrechnung muss vor der Strichrechnung vollzogen werden
Faktor · Summe oder Differenz 3 · (2a + 6a) = 24a Dividend : Summe oder Differenz 16a : (4a − 2a) = 8	Die Strichrechnung hat dann Vorrang, wenn die Summe bzw. Differenz in Klammern gesetzt ist.

Vorzeichenregelung

+(+ Summand)	=	+ Summand	Der Summand oder der Subtrahend ist positiv, wenn Rechen- und Vorzeichen des Summanden oder Subtrahenden gleich sind.
+(+a)	=	+ a	
− (− Subtrahend)	=	+ Subtrahend	
− (− a)	=	+ a	
+(− Summand)	=	− Summand	Der Summand oder der Subtrahend ist negativ, wenn Rechen- und Vorzeichen des Summanden oder Subtrahenden verschieden sind.
+(− a)	=	− a	
− (+Summand)	=	− Subtrahend	
− (+a)	=	− a	
(+ Faktor) · (+ Faktor)	=	+ (Produkt)	Das Produkt zweier Zahlen ist positiv, wenn die Vorzeichen gleich sind.
(+a) · (+b)	=	+ab = ab	
(−Faktor) · (−Faktor)	=	+ (Produkt)	
(−a) · (−b)	=	+ab = ab	
(+Faktor) · (− Faktor)	=	− (Produkt)	Das Produkt zweier Zahlen ist negativ, wenn die Vorzeichen ungleich sind.
(+a) · (- b)	=	− ab	
(− Faktor) · (+Faktor)	=	− (Produkt)	
(+Dividend) : (+Divisor)	=	+(Quotient)	Der Quotient zweier Zahlen ist positiv, wenn die Vorzeichen gleich sind.
(+a) : (+b)	=	+a/b=a/b	
(− Dividend) : (−Divisor)	=	+(Quotient)	
(− a) : (− b)	=	+a/b = a/b	
(+Dividend) : (− Divisor)	=	− (Quotient)	Der Quotient zweier Zahlen ist negativ, wenn die Vorzeichen ungleich sind.
(+a) : (− b)	=	−a/b	
(− Dividend) : (+Divisor)	=	− (Quotient)	
(−a) : (+b)	=	− a/b	

Klammerrechnen

Rechenart	Beispiel	Erläuterungen
Addieren von Klammern	a+(b+c)=a+b+c	Steht ein Pluszeichen vor der Klammer, darf die Klammer ohne Veränderung der Vorzeichen wegfallen.
Subtrahieren von Klammern	a-(b+c)=a-b- c	Steht ein Minuszeichen vor der Klammer, müssen die Vorzeichen geändert werden, wenn die Klammer entfällt.
Multiplizieren von Klammern	a·(b+c)=a·b+a·c =ab+ac a·(b- c)=a·b- a·c=ab- ac (a+b) ·(c+d)=ac+ad+bc+bd (a -b) ·(c -d)=ac- ad- bc+bd	Klammern (Summen oder Differenzen) werden mit einem Faktor multipliziert, indem jedes Glied der Klammer mit dem Faktor multipliziert wird. Klammern (Summen oder Differenzen) werden miteinander multipliziert, indem jedes Glied der Klammer mit jedem Glied der zweiten Klammer multipliziert wird.
Dividieren von Klammern	$(a+b):c=\dfrac{a+b}{c}=\dfrac{a}{c}+\dfrac{b}{c}$ $(a+b):(c:d)=\dfrac{a+b}{c+d}$ $=\dfrac{a}{c+d}+\dfrac{b}{c+d}$	Klammern (Summen oder Differenzen) werden durch einen Divisor dividiert, indem jedes Glied der Klammer durch den Devisor dividiert wird. Klammern (Summen oder Differenzen) werden durch Klammern dividiert, indem jedes Glied des Klammerdividenden durch den Klammerdivisor dividiert wird.
Ausklammern	ac + bc = c (a+b) $\dfrac{a}{cd}+\dfrac{b}{ce}=\dfrac{1}{c}\cdot\left(\dfrac{a}{d}+\dfrac{b}{e}\right)$	Gemeinsame Faktoren oder Divisoren, die in allen Gliedern der Klammer (Summe oder Differenz) enthalten sind, können vor die Klammer gesetzt (ausgeklammert) werden.

Bruchrechnen

Rechenart	Beispiele	Erläuterungen
Erweitern	$\dfrac{a}{b}=\dfrac{a\cdot c}{b\cdot c}=\dfrac{ac}{bc}$	Zähler (Dividend) und Nenner (Divisor) werden mit derselben Zahl multipliziert.
Kürzen	$\dfrac{ac}{bc}=\dfrac{ac:c}{bc:c}=\dfrac{a}{b}$	Zähler (Dividend) und Nenner (Divisor) werden durch dieselbe Zahl dividiert.
Addieren und Subtrahieren	$\dfrac{a}{c}+\dfrac{b}{c}=\dfrac{a+b}{c}$ $\dfrac{a}{c}+\dfrac{b}{c}=\dfrac{a-b}{c}$ $\dfrac{a}{c}+\dfrac{b}{d}=\dfrac{a\cdot d}{c\cdot d}+\dfrac{b\cdot c}{d\cdot c}$ $=\dfrac{ad}{cd}+\dfrac{bc}{cd}=\dfrac{ad+bc}{cd}$	Gleichnamige Brüche werden addiert bzw. subtrahiert, indem die Zähler addiert bzw. subtrahiert werden und der gemeinsame Nenner beibehalten wird. Ungleichnamige Brüche müssen vor dem Addieren bzw. Subtrahieren durch Erweitern oder Kürzen gleichnamig gemacht werden. Es sollte möglichst der kleinste gemeinsame Nenner gefunden werden.
Multiplizieren	$\dfrac{a}{c}\cdot\dfrac{b}{c}=\dfrac{a\cdot b}{c\cdot d}=\dfrac{ab}{cd}$ $a\cdot\dfrac{b}{c}=\dfrac{a\cdot b}{c}=\dfrac{ab}{c}$	Brüche werden miteinander multipliziert, indem die Zähler und die Nenner miteinander multipliziert werden. Eine Zahl wird mit einem Bruch multipliziert, indem die Zahl mit dem Zähler des Bruches multipliziert, und der Nenner beibehalten wird.
Dividieren	$\dfrac{a}{c}:\dfrac{b}{d}=\dfrac{a}{c}\cdot\dfrac{b}{d}=\dfrac{ad}{bc}$ $\dfrac{a}{c}:b=\dfrac{a}{c\cdot b}=\dfrac{a}{bc}$ $a:\dfrac{b}{c}=a\cdot\dfrac{c}{b}=\dfrac{a\cdot c}{b}=\dfrac{ac}{b}$	Ein Bruch wird durch einen Bruch dividiert, indem der erste Bruch mit dem Kehrwert des zweiten Bruches multipliziert wird. Ein Bruch wird durch eine Zahl dividiert, indem die Zahl mit dem Nenner multipliziert wird. Eine Zahl wird durch einen Bruch dividiert, indem der Kehrwert des Bruches mit der Zahl multipliziert wird.

Potenzrechnen (Potenzieren)

Rechenart	Beispiele	Erläuterungen
Potenzieren, allgemein	$a \cdot a \cdot a = a^3$ $4 \cdot 4 \cdot 4 \cdot 4 = 4^4 = 256$ $c = a^n$	Potenzieren ist das Multiplizieren einer Zahl ein- oder mehrmals mit sich selbst.
Addieren und Subtrahieren	$2a^3 + a^3 - 4\,a^3 = -a^3$ $6a^2 + 3b^3 - 3a^2 = 3(a^2 + b^3)$	Potenzen können nur addiert bzw. subtrahiert werden, wenn die Basen und die Exponenten gleich sind.
Multiplizieren	$a^3 \cdot a^4 \cdot a^{-2} = a^{3+4-2} = a^5$ $2^3 \cdot 2^2 \cdot 2^{-4} = 2^{3+2-4} = 2^1$ $a^3 \cdot b^3 \cdot c^3 = (a \cdot b \cdot c)^3$ $3^3 \cdot 4^3 \cdot 2^3 = (3 \cdot 4 \cdot 2)^3 = 24^3$	Potenzen können multipliziert werden, wenn • die Basen gleich sind; die Exponenten werden addiert und mit der gemeinsamen Basis potenziert; • die Exponenten gleich sind; die Basen werden multipliziert und das Produkt mit dem gemeinsamen Exponenten potenziert.
Dividieren	$\dfrac{a^5}{a^3} = a^{5-3} = a^2$ $\dfrac{3^4}{3^6} = 3^{4-6} = 3^{-2} = \dfrac{1}{3^2} = \dfrac{1}{9}$	Potenzen können dividiert werden, wenn • die Basen gleich sind; die Exponenten werden subtrahiert und die Differenz mit der gemeinsamen Basis potenziert; • die Exponenten gleich sind; die Basen werden dividiert und der Quotient der Basen mit dem gemeinsamen Exponenten potenziert.
Potenzieren	$\left(a^n\right)^m = \left(a^m\right)^n = a^{m \cdot n}$ $\left(3^4\right)^2 = \left(3^2\right)^4 = 3^{4 \cdot 2} = 3^8$	Potenzen können potenziert werden, indem die Exponenten miteinander multipliziert werden und das Produkt der Exponenten mit der Basis potenziert wird.

Wurzelrechnen (Radizieren)

Rechenart	Beispiele	Erläuterungen
Radizieren, allgemein	$\sqrt{a} = \sqrt[2]{a}$ $\sqrt{16} = 4$, denn $4 \cdot 4 = 16$	Radizieren ist die Umkehrung des Potenzierens. Es wird die Zahl gesucht, die ein- oder mehrmals mit sich selbst multipliziert den Wert unter der Wurzel ergibt.
Addieren und Subtrahieren	$\sqrt[3]{a} + 2 \cdot \sqrt[3]{a} = 3 \cdot \sqrt[3]{a}$ $\sqrt{9} + 2 \cdot \sqrt{9} - 5 \cdot \sqrt{9} = 2 \cdot \sqrt{9}$	Wurzeln können nur addiert oder subtrahiert werden, wenn die Radikanden und Wurzelexponenten gleich sind.
Multiplizieren	$\sqrt[n]{a} \cdot \sqrt[n]{b} = \sqrt[n]{a \cdot b}$ $\sqrt[3]{9} \cdot \sqrt[3]{3} = \sqrt[3]{9 \cdot 3} = \sqrt[3]{27} = 3$	Wurzeln können multipliziert werden, wenn die Wurzelexponenten gleich sind; die Radikanden werden multipliziert und mit dem gemeinsamen Wurzelexponenten radiziert.
Dividieren	$\dfrac{\sqrt[n]{a}}{\sqrt[n]{b}} = \sqrt[n]{\dfrac{a}{b}}\,;\; \dfrac{\sqrt[3]{64}}{\sqrt[3]{8}} = \dfrac{4}{2} = 2$	Wurzeln können dividiert werden, wenn die Wurzelexponenten gleich sind; der Quotient der Radikanden wird mit dem gemeinsamen Wurzelexponenten radiziert.
Potenzieren	$\left(\sqrt[n]{a}\right)^m = \sqrt[n]{a^m}$	Eine Wurzel wird potenziert, indem die Radikanden der Wurzel potenziert werden und die entstandene Potenz radiziert wird.
Radizieren	$\sqrt[m]{\sqrt[n]{a}} = \sqrt[n]{\sqrt[m]{a}} = \sqrt[m \cdot n]{a}$ $\sqrt[5]{\sqrt{1024}} = \sqrt{\sqrt[5]{1024}} = \sqrt{4} = 2$	Wurzeln werden radiziert, indem der Radikand mit dem Produkt der Wurzelexponenten radiziert wird. Die Reihenfolge der Wurzelexponenten ist beliebig.
Umwandeln in eine Potenz	$\sqrt[n]{a^m} = a^{\frac{m}{n}}\,;\; \sqrt[6]{4^3} = 4^{\frac{3}{6}} = 4^{\frac{1}{2}} = 2$	Eine Wurzel wird in eine Potenz umgewandelt, indem der Radikand mit dem Quotienten aus Exponent des radikanden durch den Wurzelexponent potenziert wird.

Logarithmenrechnung

Rechenart	Beispiele	Erläuterungen
Logarithmen allgemein	$\log_5 625 = 4$ denn $5^4 = 625$	Der Logarithmus einer Zahl ist der Exponent, mit dem die vorgegebene Basis potenziert werden muss, um die Zahl zu erhalten.
Addieren	$\log_a x + \log_a y = \log_a(x \cdot y)$ $\lg 100 + \lg 10$ $= \lg(100 \cdot 10)$ $= \lg 1000 = 3$ denn $10^2 \cdot 10^1 = 10^{2+1} = 10^3$	Logarithmen können addiert werden, wenn die Basen gleich sind, indem die Logarithmanden multipliziert und von dem Produkt der Logarithmus berechnet wird. Ist der Logarithmand ein Produkt, so ist der Logarithmus gleich der Summe der Logarithmen der einzelnen Faktoren.
Subtrahieren	$\log_a x - \log_a y = \log\left(\dfrac{x}{y}\right)$ $\lg 1000 - \lg 100 = \lg\left(\dfrac{1000}{100}\right)$	Logarithmen können subtrahiert werden, wenn die Basen gleich sind. Die Subtraktion von Logarithmen ist gleich dem Logarithmus des Quotienten (x/y), der aus dem Minuend dividiert durch den Subtrahenten gebildet wird.
Multiplizieren	$y \cdot \log_a x = \log_a x^y$ $4 \cdot \lg 100 = \lg 100^4$	Das Produkt aus einem Faktor (y) und dem Logarithmus einer Zahl ($\log_a x$) ist gleich dem Logarithmus einer Potenz (x^y). Die Basis der Potenz ist gleich der Zahl (x) und der Exponent ist gleich dem Faktor (y).

Gleichungsrechnen

Rechenart	Beispiele	Erläuterungen
Seiten vertauschen	$a + b = c + d$ oder $c + d = a + b$	Die Seiten einer Gleichung können vertauscht werden.
Seiten verändern	$a + b = b + c$ $a - c = b - c$	Eine Gleichung kann nur auf beiden Seiten gleichzeitig und mit gleichem Wert verändert werden.
Kehrwert bilden	$\dfrac{a}{x} = \dfrac{a+b}{d}$; $\dfrac{x}{a} = \dfrac{d}{b+c}$	Auf beiden Seiten werden Zähler und Nenner vertauscht, und somit wird der Kehrwert gebildet.
Umstellen Summen- bzw. Differenzgleichung	$x + b = a \qquad \vert -b$ $x = a - b;$ $x - b = a \qquad \vert +b$ $x = a + b$	Auf beiden Seiten wird mit gleichem Wert subtrahiert bzw. addiert.
Umstellen Produkt- bzw. Quotientengleichung	$x \cdot b = a \qquad \vert : b$ $x = a : b;$ $x : b = a \qquad \vert \cdot b$ $x = a \cdot b$	Auf beiden Seiten wird mit gleichem Wert dividiert bzw. multipliziert.
Umstellen Potenz- bzw. Wurzelgleichung	$x^n = a \qquad \vert \sqrt[n]{\ }$ $x = \sqrt[n]{a}\ ;$ $\sqrt[n]{x^m} - y^m = z \qquad \vert (\ )^n$ $x^m - y^m = z^n$	Auf beiden Seiten wird mit gleichem Wert radiziert bzw. potenziert.
Proportionen	$a : b = c : d$ $\dfrac{a}{b} = \dfrac{c}{d}$ $d : b = c : a$ $a : c = b : d$ $b : a = d : c$ $a \cdot d = b \cdot c$	Proportionen sind Gleichungen zwischen zwei Verhältnissen mit gleichen Werten. Sie können wie Gleichungen mit Brüchen angesehen werden. Innerhalb der Proportion dürfen vertauscht werden: • die Außenglieder, • die Innenglieder, • die Innenglieder mit den Außengliedern. Das Produkt der Außenglieder ist gleich dem Produkt der Innenglieder.

Rechnen mit Reihen

Rechenart	Beispiele	Erläuterungen
Arithmetische Reihe	$a_1 + a_2 + a_3 + ... + a_n$ $a_2 - a_1 = a_3 - a_2 = ... a_n - a_{n-1} = d$ $a_n = a_1 + (n - 1) \cdot d$	Die Differenz d von zwei aufeinander folgenden Gliedern ist immer gleich groß.
Geometrische Reihe	$b_1 + b_2 + b_3 ... + b_n$ $\dfrac{b}{b_1} = \dfrac{b_3}{b_2} = \dfrac{b_n}{b_{n-1}} = q$ $b_n = b_1 \cdot q^{n-1}$	Der Quotient q von zwei aufeinander folgenden Gliedern ist immer gleich groß.

Schlussrechnen (Dreisatz)

Rechenart	Beispiele	Erläuterungen
Gleiches Verhältnis	60 Schrauben kosten 24 DM. Wie viel kosten 25 Schrauben?	• **Behauptungssatz**
	1 Schraube kostet $\dfrac{24\ DM}{60} = 0{,}40\ DM$	• **Zwischensatz:** Schließen von der Mehrheit auf die Einheit (Dividieren)
	25 Schrauben kosten $\dfrac{24\ DM \cdot 25}{60} = 10\ DM$	• **Schlusssatz:** Schließen von der Einheit auf die neue Mehrheit (Multiplizieren)
Umgekehrtes Verhältnis	2 Tischler benötigen für einen Auftrag 160 Stunden. Wie viel Stunden benötigen 8 Tischler für den Auftrag?	• **Behauptungssatz**
	1 Tischler benötigt $2 \cdot 160$ Stunden.	• **Zwischensatz:** Schließen von der Mehrheit auf die Einheit (Multiplizieren)
	8 Tischler benötigen $\dfrac{2 \cdot 160\ Stunden}{8} = 40$ Stunden	• **Schlusssatz:** Schließen von der Einheit auf die neue Mehrheit (Dividieren)
Mehrgliedriges Verhältnis	6 Einbauschränke gleicher Bauart werden durch 3 Tischler in 24 Tagen fertiggestellt. Wie viel Zeit benötigen 9 Tischler, um 10 Einbauschränke zu fertigen?	
	3 Tischler fertigen 6 Einbauschränke in 24 Tagen. 1 Tischler fertigt 6 Einbauschränke in 24 Tagen $\cdot$ 3 = 72 Tagen. 9 Tischler fertigen 6 Einbauschränke in $\dfrac{24\ Tagen \cdot 3}{9} = 8$ Tagen	**Erster Dreisatz:** Umgekehrtes Verhältnis
	9 Tischler fertigen 6 Einbauschränke in $\dfrac{24\ Tagen \cdot 3}{9} = 8$ Tagen 9 Tischler fertigen 1 Einbauschrank in $\dfrac{24\ Tagen \cdot 3}{9 \cdot 6} = 1{,}333$ Tagen 9 Tischler fertigen 10 Einbauschränke in $\dfrac{24\ Tagen \cdot 3}{9 \cdot 6} \cdot 10 = 13{,}33$ Tagen	**Zweiter Dreisatz:** Gleiches Verhältnis

Verhältnisrechnen (Proportionsrechnen)

Allgemein	Beispiel	Erläuterungen
	4,75 m^2 Sperrholz kosten 53,00 DM. Wie viel kosten 7,50 m^2?	Mit x beginnend die Verhältnisgleichung aufstellen.
$a : b = c : d$	$x : 53,00\ \text{DM} = 7,5\ \text{m}^2 : 4,75\ \text{m}^2$	
$\dfrac{a}{b} = \dfrac{c}{d}$	$\dfrac{x}{53,00\ \text{DM}} = \dfrac{7,50\ \text{m}^2}{4,75\ \text{m}^2}$	Verhältnisgleichung als Bruchgleichung aufschreiben.
$a = \dfrac{c \cdot b}{d}$	$x = \dfrac{7,50\ \text{m}^2 \cdot 53\ \text{DM}}{4,75\ \text{m}^2} \Rightarrow x = 83,68\ \text{DM}$	Umstellen und x ausrechnen.

Mischungsrechnen

Rechenart	Beispiele	Erläuterungen
Verhältnis-rechnung	Ein Leimansatz von 15 kg besteht aus Leimpulver, Wasser und Füllstoff im Verhältnis 3 : 7 : 2. Wie viel kg der einzelnen Bestandteile müssen gemischt werden?	Zuerst errechnet man die Gesamtheit aller an einer Mischung beteiligten Teile und dann eine Grundheit (meist 1).
	3 Teile + 7 Teile + 2 Teile = 12 Teile	Berechnung aller an der Mischung beteiligten Teile.
	12 Teile : 15 kg	Aufstellen des Verhältnisses.
	12 Teile : 15 kg = 1 Teil : x $\Rightarrow x = 1{,}25$ kg	Aufstellung der Verhältnisgleichung und Berechnung der Grundeinheit.
	$m_{\text{Leim}} = 1{,}25\ \text{kg} \cdot 3 = 3{,}75\ \text{kg}$ $m_{\text{Wasser}} = 1{,}25\ \text{kg} \cdot 7 = 8{,}75\ \text{kg}$ $m_{\text{Füllstoff}} = 1{,}25\ \text{kg} \cdot 2 = \underline{2{,}50\ \text{kg}}$ $= 15{,}00\ \text{kg}$	Berechnen der einzelnen Komponenten. Probe
Prozent-rechnung	8 l Beizmischung besteht zu 20 % aus Ton 12, zu 45 % aus Ton 42 und zu 35 % aus Ton 44. Wie viel l der einzelnen Bestandteile müssen gemischt werden?	Die fertige Menge ist die Bezugsgröße und entspricht 100 %.
	Grundeinheit (1 %) $\dfrac{8\ \text{l}}{100} = 0{,}08\ \text{l}$	Ermitteln der Grundeinheit.
	Ton 12 (20 %) = 0,08 l · 20 = 1,60 l Ton 42 (45 %) = 0,08 l · 45 = 3,60 l Ton 44 (35 %) = 0,08 l · 35 = $\underline{2{,}80\ \text{l}}$ = 8,00 l	Berechnen der einzelnen Komponenten. Probe

Prozentrechnen

$P_W = \dfrac{G_W \cdot P_S}{100\ \%}$	P_W Prozentwert (Teile des Grundwertes) G_W Grundwert (Wert, von dem Anteile in % zu rechnen sind) P_S Prozentsatz (Teile des Grundwertes in %, entspricht 1 : 100)

Promillerechnen

$P_{MW} = \dfrac{G_W \cdot P_{MS}}{100\ \text{‰}}$	P_{MW} Promillewert (Teile des Grundwertes) G_W Grundwert (Wert, von dem Anteile in ‰ zu rechnen sind) P_{MS} Promillesatz (Teile des Grundwertes in ‰, entspricht 1 : 1000)

Zinsrechnung

$z = \dfrac{k \cdot p \cdot t}{100\ \%}$	z Zinswert p Zinssatz je Jahr	k Kapital t Zeit in Jahren	

Flächenberechnung

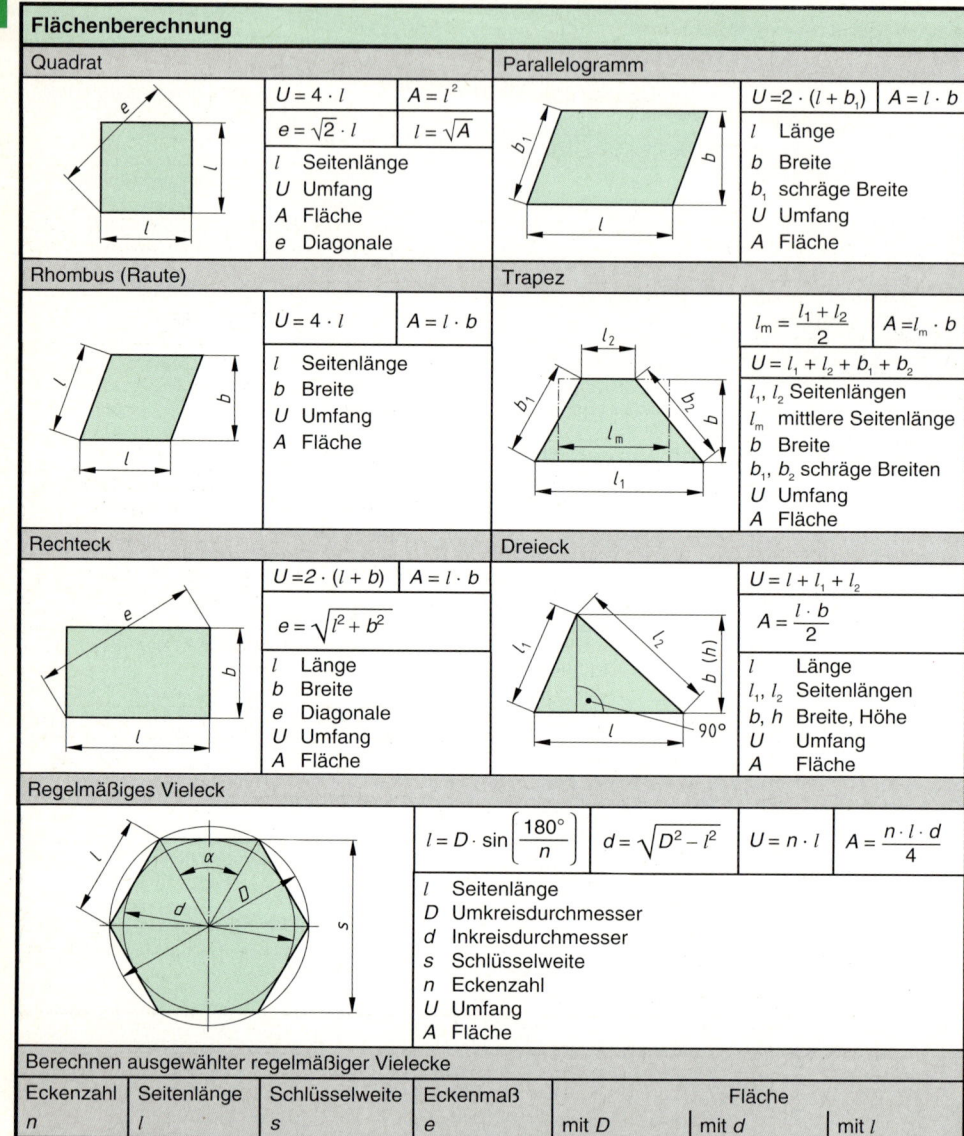

Quadrat

$$U = 4 \cdot l \qquad A = l^2$$
$$e = \sqrt{2} \cdot l \qquad l = \sqrt{A}$$

- l Seitenlänge
- U Umfang
- A Fläche
- e Diagonale

Parallelogramm

$$U = 2 \cdot (l + b_1) \qquad A = l \cdot b$$

- l Länge
- b Breite
- b_1 schräge Breite
- U Umfang
- A Fläche

Rhombus (Raute)

$$U = 4 \cdot l \qquad A = l \cdot b$$

- l Seitenlänge
- b Breite
- U Umfang
- A Fläche

Trapez

$$l_m = \frac{l_1 + l_2}{2} \qquad A = l_m \cdot b$$
$$U = l_1 + l_2 + b_1 + b_2$$

- l_1, l_2 Seitenlängen
- l_m mittlere Seitenlänge
- b Breite
- b_1, b_2 schräge Breiten
- U Umfang
- A Fläche

Rechteck

$$U = 2 \cdot (l + b) \qquad A = l \cdot b$$
$$e = \sqrt{l^2 + b^2}$$

- l Länge
- b Breite
- e Diagonale
- U Umfang
- A Fläche

Dreieck

$$U = l + l_1 + l_2$$
$$A = \frac{l \cdot b}{2}$$

- l Länge
- l_1, l_2 Seitenlängen
- b, h Breite, Höhe
- U Umfang
- A Fläche

Regelmäßiges Vieleck

$$l = D \cdot \sin\left[\frac{180°}{n}\right] \qquad d = \sqrt{D^2 - l^2} \qquad U = n \cdot l \qquad A = \frac{n \cdot l \cdot d}{4}$$

- l Seitenlänge
- D Umkreisdurchmesser
- d Inkreisdurchmesser
- s Schlüsselweite
- n Eckenzahl
- U Umfang
- A Fläche

Berechnen ausgewählter regelmäßiger Vielecke

Eckenzahl n	Seitenlänge l	Schlüsselweite s	Eckenmaß e	Fläche mit D	Fläche mit d	Fläche mit l
3	$0{,}876 \cdot D$	–	–	$0{,}325 \cdot D^2$	$1{,}299 \cdot d^2$	$0{,}433 \cdot l^2$
4	$0{,}707 \cdot D$	$0{,}707 \cdot e$	$1{,}414 \cdot s$	$0{,}500 \cdot D^2$	$1{,}000 \cdot d^2$	$1{,}000 \cdot l^2$
5	$0{,}588 \cdot D$	–	–	$0{,}596 \cdot D^2$	$0{,}908 \cdot d^2$	$1{,}721 \cdot l^2$
6	$0{,}500 \cdot D$	$0{,}866 \cdot e$	$1{,}155 \cdot s$	$0{,}649 \cdot D^2$	$0{,}866 \cdot d^2$	$2{,}598 \cdot l^2$
8	$0{,}383 \cdot D$	$0{,}924 \cdot e$	$1{,}082 \cdot s$	$0{,}707 \cdot D^2$	$0{,}829 \cdot d^2$	$4{,}828 \cdot l^2$
10	$0{,}309 \cdot D$	$0{,}951 \cdot e$	$1{,}052 \cdot s$	$0{,}735 \cdot D^2$	$0{,}812 \cdot d^2$	$7{,}694 \cdot l^2$
12	$0{,}259 \cdot D$	$0{,}966 \cdot e$	$1{,}035 \cdot s$	$0{,}750 \cdot D^2$	$0{,}804 \cdot d^2$	$11{,}196 \cdot l^2$

Flächenberechnung (Fortsetzung)

Kreis

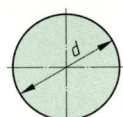

$$U = d \cdot \pi \qquad\qquad A = \frac{d^2 \cdot \pi}{4}$$

- d Durchmesser
- U Umfang
- A Kreisfläche

Kreisausschnitt

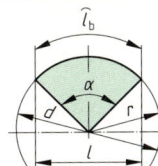

$$U = 2 \cdot r + l_b \qquad \text{oder} \qquad U = d + l_b$$

$$\widehat{l}_b = \frac{d \cdot \pi \cdot \alpha}{360°} = \frac{\pi \cdot r \cdot \alpha}{180°} \qquad A = \frac{\pi \cdot d^2}{4} \cdot \frac{\alpha}{360°}$$

d Durchmesser	r Radius
l_b Bogenlänge	α Mittelpunktswinkel
A Kreisausschnittsfläche	U Umfang

Kreisabschnitt

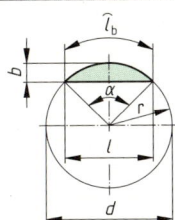

$$l = 2 \cdot r \cdot \sin\frac{\alpha}{2} = 2 \cdot \sqrt{b \cdot (2 \cdot r - b)} \qquad b = \frac{l}{2}\, \tan\frac{\alpha}{4} = r - \sqrt{r^2 - \frac{l^2}{4}}$$

$$l_b = \frac{\pi \cdot r \cdot \alpha}{180°} \qquad U = l + l_b \qquad A = \frac{\pi \cdot d^2}{4} \cdot \frac{\alpha}{360°} - \frac{l \cdot (r - b)}{2}$$

d Durchmesser	b Breite
r Radius	α Mittelpunktswinkel
l Sehnenlänge	U Umfang
l_b Bogenlänge	A Kreisabschnittsfläche

Kreisring

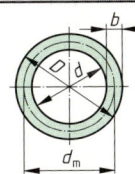

$$b = \frac{D - d}{2} \qquad d_m = D - b \qquad A = \pi \cdot d_m \cdot b \qquad A = \frac{\pi}{4} \cdot (D^2 - d^2)$$

- D Außendurchmesser
- d Innenduchmesser
- b Kreisringbreite
- d_m mittlerer Durchmesser
- A Kreisringfläche

Kreisringausschnitt

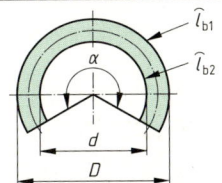

$$l_{b1} = \frac{\pi \cdot D \cdot \alpha}{360°} \qquad U = l_{b1} + l_{b2} + 2 \cdot b$$

$$l_{b2} = \frac{\pi \cdot d \cdot \alpha}{360°} \qquad A = \left(D^2 - d^2\right) \cdot \frac{\pi}{4} \cdot \frac{\alpha}{360°}$$

D Außendurchmesser	l_{b1}, l_{b2} Bogenlängen
d Innendurchmesser	U Umfang
b Kreisringbreite	A Kreisringausschnittsfläche

Ellipse

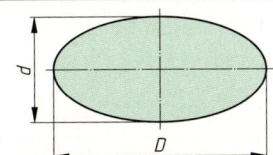

$$U \approx \pi \cdot \sqrt{\frac{D^2 + d^2}{2}} \approx \frac{\pi}{2} \cdot (D + d) \qquad A = \frac{\pi \cdot d \cdot D}{4}$$

- d Innenkreis (kleine Achse)
- D Außenkreis (große Achse)
- U Umfang
- A Fläche

Lehrsatz des Pythagoras

Anwendung auf ein rechtwinkliges Dreieck

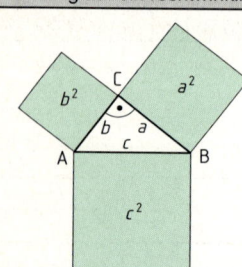

Das Hypotenusenquadrat ist flächengleich der Summe der beiden Kathetenquadrate.

$c^2 = a^2 + b^2$	$c = \sqrt{a^2 + b^2}$

a Kathete
b Kathete
c Hypotenuse

Anwendung auf ein gleichseitiges Dreieck

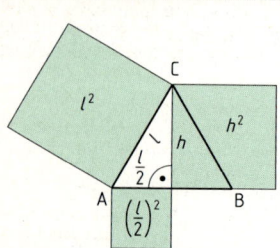

$h = \dfrac{1}{2} \cdot \sqrt{3} \cdot l$	$A = \dfrac{1}{4} \cdot \sqrt{3} \cdot l^2$

h Höhe
l Seitenlänge
A Fläche

Lehrsätze des Euklid

Kathetensatz

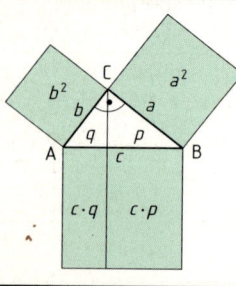

Für ein rechtwinkliges Dreieck gilt:
Das Kathetenquadrat ist flächengleich dem Rechteck aus der Hypotenuse und dem anliegenden Hypotenusenabschnitt.

$a^2 = c \cdot p$	$a = \sqrt{c \cdot p}$
$b^2 = c \cdot q$	$b = \sqrt{c \cdot q}$

a Kathete
b Kathete
c Hypotenuse
p anliegender Hypotenusenabschnitt zu a
q anliegender Hypotenusenabschnitt zu b

Höhensatz

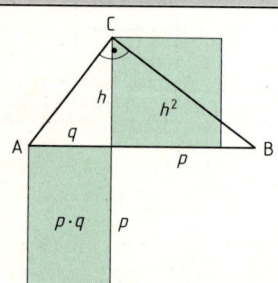

Für ein rechtwinkliges Dreieck gilt:
Das Höhenquadrat ist flächengleich dem Rechteck aus den Hypotenusenabschnitten.

$h^2 = p \cdot q$	$h = \sqrt{p \cdot q}$

h Höhe
p anliegender Hypotenusenabschnitt zu a
q anliegender Hypotenusenabschnitt zu b

Winkelfunktionen

Winkelfunktionen im rechtwinkligen Dreieck

Bezeichnungen	Benennung Seitenverhältnis	für Winkel α	für Winkel β
	Sinus = $\dfrac{\text{Gegenkathete}}{\text{Hypotenuse}}$	$\sin\alpha = \dfrac{a}{c}$	$\sin\beta = \dfrac{b}{c}$
	Cosinus = $\dfrac{\text{Ankathete}}{\text{Hypotenuse}}$	$\cos\alpha = \dfrac{b}{c}$	$\cos\beta = \dfrac{a}{c}$
	Tangens = $\dfrac{\text{Gegenkathete}}{\text{Ankathete}}$	$\tan\alpha = \dfrac{a}{b}$	$\tan\beta = \dfrac{b}{a}$
	Cotangens = $\dfrac{\text{Ankathete}}{\text{Gegenkathete}}$	$\cot\alpha = \dfrac{b}{a}$	$\cot\beta = \dfrac{a}{b}$

Winkelwerte können über einen Taschenrechner ermittelt werden.

Winkelfunktionen am Einheitskreis

Verlauf in vier Quadranten

Ausgewählte Werte von Winkelfunktionen

Winkel-Funktion	Winkel							
	0°	30°	45°	60°	90°	80°	270°	360°
sin	0	$\dfrac{1}{2}$	$\dfrac{1}{2}\cdot\sqrt{2}$	$\dfrac{1}{2}\cdot\sqrt{3}$	1	0	−1	0
cos	1	$\dfrac{1}{2}\cdot\sqrt{3}$	$\dfrac{1}{2}\cdot\sqrt{2}$	$\dfrac{1}{2}$	0	−1	0	1
tan	0	$\dfrac{1}{3}\cdot\sqrt{3}$	1	$\sqrt{3}$	∞	0	∞	0
cot	∞	$\sqrt{3}$	1	$\dfrac{1}{3}\cdot\sqrt{3}$	0	∞	0	∞

Beziehungen zwischen den Winkelfunktionen

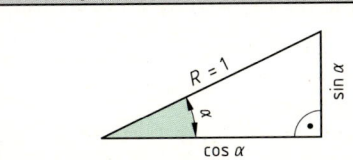

$$\sin^2\alpha + \cos^2\alpha = 1 \qquad \tan\alpha \cdot \cot\alpha = 1$$

$$\cot\alpha = \frac{\cos\alpha}{\sin\alpha} \qquad \tan\alpha = \frac{\sin\alpha}{\cos\alpha}$$

$$\tan\alpha = \frac{1}{\cot\alpha} \qquad \cot\alpha = \frac{1}{\tan\alpha}$$

Körper berechnen

Würfel

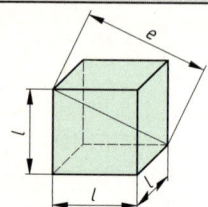

$e = l \cdot \sqrt{3}$	$l = \sqrt[3]{V}$
$A_O = 6 \cdot l^2$	$V = l^3$

l Seitenlänge
e Raumdiagonale
A_O Oberfläche
V Volumen

Vierkantprisma

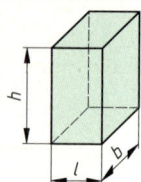

$A_O = 2 \cdot l \cdot (b + h) + 2 \cdot b \cdot h$	$V = l \cdot b \cdot h$

l Seitenlänge
b Breite
h Höhe
A_O Oberfläche
V Volumen

Zylinder

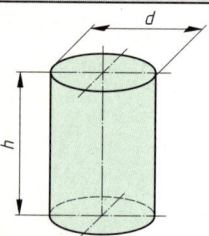

$A_O = A_G + A_M + A_D$	$A_G = A_D = \dfrac{\pi \cdot d^2}{4}$	$A_M = \pi \cdot d \cdot h$

$A_O = \pi \cdot d \cdot \left(h + \dfrac{d}{2} \right)$	$V = \dfrac{\pi \cdot d^2}{4} \cdot h$

d Durchmesser h Höhe
A_G Grundfläche A_D Deckfläche
A_M Mantelfläche A_O Oberfläche
V Volumen

Hohlzylinder

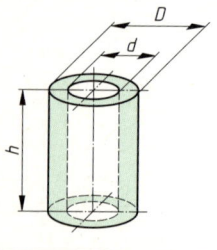

$A_O = 2 \cdot A_R + A_{AM} + A_{IM}$	$A_R = \dfrac{\pi}{4} \cdot \left(D^2 - d^2 \right)$
$A_{AM} = \pi \cdot D \cdot h$	$A_{IM} = \pi \cdot d \cdot h$
$A_O = \dfrac{\pi}{2} \cdot \left[D^2 - d^2 + 2 \cdot h \left(D + d \right) \right]$	$V = \dfrac{\pi \cdot d}{4} \cdot \left(D^2 - d^2 \right)$

D Außendurchmesser d Innendurchmesser
h Höhe A_R Ringfläche
A_{AM} Außenmantelfläche A_O Oberfläche
A_{IM} Innenmantelfläche V Volumen

Kugel

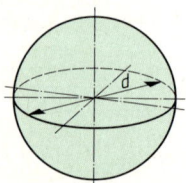

$A_O = \pi \cdot d^2$	$V = \dfrac{\pi \cdot d^3}{6}$

d Kugeldurchmesser
A_O Oberfläche
V Volumen

Körper berechnen (Fortsetzung)

Pyramide

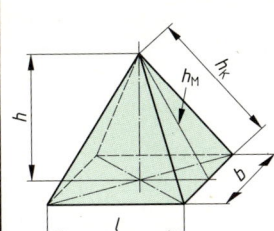

$$h_M = \sqrt{h^2 + \frac{l^2}{4}} \qquad h_K = \sqrt{h_M{}^2 + \frac{b_2}{4}} \qquad A_O = A_G + A_M$$

$$A_O = h_M \cdot (l + b) + l \cdot b \qquad V = \frac{l \cdot b \cdot h}{3}$$

l	Länge	b	Breite
h	Höhe	h_M	Mantelhöhe
h_K	Kantenhöhe	A_G	Grundfläche
A_M	Mantelfläche	A_O	Oberfläche
V	Volumen		

Pyramidenstumpf

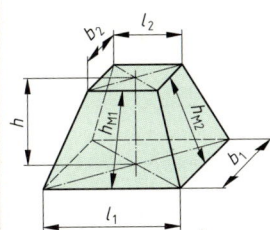

$$h_{M1} = \sqrt{h^2 + \frac{(l_1 - l_2)^2}{4}} \qquad h_{M2} = \sqrt{h^2 + \frac{(b_1 - b_2)^2}{4}} \qquad A_O = A_G + A_D + A_M$$

$$A_O = l_1 \cdot b_1 + l_2 \cdot b_2 + (l_1 + l_2) \cdot h_{M1} + (b_1 + b_2) \cdot h_{M2}$$

$$V = \frac{h}{3} \cdot \left(l_1 \cdot b_1 + l_2 \cdot b_2 + \sqrt{l_1 \cdot b_1 \cdot l_2 \cdot b_2} \right)$$

l_1, l_2	Längen	b_1, b_2	Breiten
h	Höhe	h_{M1}, h_{M2}	Mantelhöhen
A_G	Grundfläche	A_D	Deckfläche
A_M	Mantelfläche	A_O	Oberfäche
V	Volumen		

Kegel

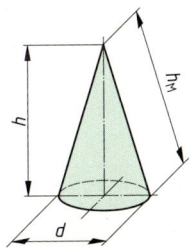

$$A_O = A_G + A_M \qquad A_G = \frac{\pi \cdot d^2}{4} \qquad h_M = \sqrt{h^2 + \frac{d^2}{4}} \qquad V = \frac{h}{3} \cdot \frac{\pi \cdot d^2}{4}$$

$$A_O = \frac{\pi \cdot d^2}{4} + \frac{\pi \cdot d}{4} + h_M = \frac{\pi \cdot d^2}{4} \cdot \left(1 + \frac{2 \cdot h_M}{d} \right)$$

d	Durchmesser	h	Höhe
h_M	Mantelhöhe	A_G	Grundfläche
A_M	Mantelfläche	A_O	Oberfläche
V	Volumen		

Kegelstumpf

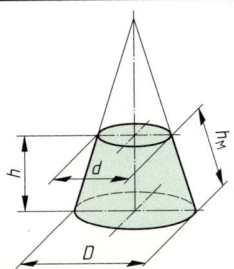

$$h_M = \sqrt{h^2 + \left(\frac{D - d}{2} \right)^2} \qquad A_M = \frac{\pi \cdot h_M}{2} \cdot (D + d)$$

$$A_O = \frac{(D^2 + d^2) \cdot \pi}{4} + \frac{(D + d)}{2} \cdot \pi \cdot h_M \qquad V = \frac{\pi \cdot h}{12} \cdot (D^2 + d^2 + D \cdot d)$$

d	kleiner Durchmesser	D	großer Durchmesser
h	Höhe	h_M	Mantelhöhe
A_G	Grundfläche	A_D	Deckfläche
A_M	Mantelfläche	A_O	Oberfläche
V	Volumen		

Physikalische und technische Grundbegriffe

Begriff	Bildliche Darstellung	Erläuterung
Kohäsion		Kraftwirkung zwischen den Atomen bzw. Molekülen eines Stoffes. Einflussgrößen: • Größe des Abstandes zwischen den Molekülen, • Molekularmasse des Stoffes.
Adhäsion		Kraftwirkung zwischen den Randatomen bzw. Randmolekülen sich berührender Stoffe. • Große Adhäsionskräfte beim Kleben und Löten. • Geringe Adhäsionskräfte zwischen Wasser und Öl.
Kapillarität	a) b)	Zusammenwirken von Kohäsions- und Adhäsionskräften zwischen flüssigen und festen Stoffen. Fallunterscheidungen: a) Kohäsionskraft der Flüssigkeit < Adhäsionskraft der Gefäßwand: Flüssigkeitsrand wird nach oben gezogen. b) Kohäsionskraft der Flüssigkeit > Adhäsionskraft der Gefäßwand: Flüssigkeitsrand liegt tiefer.
Aggregatzustand	a) b) c)	In Abhängigkeit von der Größe der Kohäsionskräfte eines Stoffes kann man drei Zustandsformen unterscheiden, die temperatur- und druckabhängig sind: a) fest: Stofftemperatur < Schmelztemperatur, b) flüssig: Stofftemperatur $\geq$ Schmelztemperatur, c) gasförmig: Stofftemperatur $\geq$ Siedetemperatur.
Dispersion • Suspension • Emulsion		Feinste Verteilungen eines Stoffes, die in einem anderen Stoff (Dispersionsmittel) schweben oder schwimmen. Durchmesser der Teilchen (Kolloide): 10^{-5} bis 10^{-7} mm. • Suspension: Feste Teilchen im flüssigen Dispersionsmittel. **Beispiele:** KPVAC-Weißleim, Dispersionslacke. • Emulsion: Flüssige Teilchen im flüssigen Dispersionsmittel.
Hygroskopizität		Fähigkeit eines Stoffes, aus der Umgebung, z. B. aus der Luft, Wasserdampf aufzunehmen und abzugeben, bis sich ein Feuchtegleichgewicht eingestellt hat. **Beispiel:** Holz und andere organische Stoffe passen ihren Feuchtegehalt der Luftfeuchte an.
Diffusion		Bewegungsvorgänge der Moleküle durch Stoffe bei unterschiedlicher Konzentration. Die Wanderung erfolgt von der höheren zur niedrigeren Konzentration bis ein Ausgleich erreicht worden ist.
Osmose		Sonderform der Diffusion: Wanderung der Moleküle durch eine halbdurchlässige (semipermeable) Trennwand bei Vorhandensein eines Konzentrationsgefälles. **Beispiel:** Nährsalzaufnahme der Pflanzen durch die Wurzeln und Weitertransport zu den Blättern.
Viskosität	a) b)	Innere Reibung zwischen den Molekülen einer Flüssigkeit. a) Hochviskose Stoffe sind zähflüssig, z. B. „dicker" Klebstoff. b) Niedrigviskose Stoffe sind dünnflüssig, z. B. Lösemittel. Durch Erwärmung und Lösemittelzugabe wird die Viskosität von vielen Klebstoffen und Lacken niedriger.

Dichte und Masse

Dichte	Masse	Gewichtskraft
Die Dichte ϱ ist die Masse einer bestimmten Volumeneinheit.	Die Masse m (Stoffmenge) ist eine **ortsunabhängige** Größe.	Die Gewichtskraft F_G ist eine **ortsabhängige** Größe.
$$\varrho = \frac{m}{V}$$	$$m = V \cdot \varrho$$	$$F_G = m \cdot g$$
ϱ Dichte in t/m³, kg/dm³, g/cm³ m Masse in t, kg, g (1 t = 1 Tonne = 1000 kg) V Volumen in m³, dm³, cm³	m Masse in t, kg, g V Volumen in m³, dm³, cm³ ϱ Dichte in t/m³, kg/dm³, g/cm³	F_G Gewichtskraft in N (Newton) m Masse in kg g Fallbeschleunigung in N/kg (g ≈ 9,81 N/kg)

Unterscheidungen bei der Dichte

Reindichte		Dichte bei porenlosen Stoffen, z. B. Metallen und Flüssigkeiten. Die Reindichte bei Holz ist eine theoretische Größe. Ihr Mittelwert ist etwa 1,5 g/cm³.
Rohdichte		Dichte von Stoffen mit Einschlüssen von Lufthohlräumen, z. B. Holz, Mauerziegel. Bei hygroskopischen Stoffen steigt die Rohdichte mit zunehmendem Feuchtegehalt.
Schüttdichte		Dichte von lose geschütteten Stoffen, z. B. Sand, Kies, Holzspäne. Es werden zusätzlich die Hohlräume zwischen den einzelnen Partikeln berücksichtigt.

Rohdichten ϱ in kg/dm³ (Auswahl)

Metalle		Mörtel, Putze, Estrich, Beton	
Aluminium	2,7	Gipsmörtel	1,2
Blei	11,4	Kalkzementmörtel, Kalkmörtel	1,8
Chrom	7,19	Zementmörtel	2,0
Eisen	7,86	Leichtbeton	0,8...2,0
Kupfer	8,96	Normalbeton	2,3
Nickel	8,90	Stahlbeton	2,5
Zink	7,14	Zementestrich	2,0
Zinn	7,30	Anhydritestrich	2,1
Mauerwerk		**Holzwerkstoffplatten**	
Vollziegel	1,8	Sperrholz	0,8
Lochziegel	1,4	Spanplatten	0,7
Kalksand-Vollstein	1,8	Harte Holzfaserplatten, HFH	1,0
Kalksand-Lochstein	1,5	Holzfaserdämmplatten, HFD	0,2...0,3
Hohlblockstein	1,2	**Sonstige Materialien**	
Gasbetonstein	0,6...0,8	Glas	2,5
Bauplatten		Fliesen	2,0
Gasbeton-Bauplatten	0,5...1,4	Sand, Kies, Split	1,8
Gipskartonplatten	0,9	Schaumstoff	0,015

Kraft

Zeichnerische Darstellung	Einheit	Erläuterungen
F	N Newton $1\ N = 1\ kg \cdot 1\ \dfrac{m}{s^2}$	• Kraft ist eine gerichtete Größe (Vektor) • Vektordarstellung mit Pfeil: Pfeillänge = Größe der Kraft (Betrag) Pfeilrichtung = Kraftrichtung Pfeillinie = Wirkungslinie

Addition und Subtraktion von zwei Kräften

Zeichnerische Darstellung in der x-y-Ebene	Berechnungen	Erläuterung des Rechenvorgangs
F_1 F_2 F_R	$F_R = F_1 + F_2$	F_R Resultierende Kraft in N Kräfte mit einer gemeinsamen Wirkungslinie und gleicher Richtung können arithmetisch addiert werden.
F_2 F_1 F_R F_2	$F_R = F_1 - F_2$	Kräfte mit gemeinsamer Wirkungslinie aber entgegengesetzter Richtung werden arithmetisch subtrahiert.
F_1 F_R α F_2	Für $0° < \alpha < 180°$ gilt : $F_R = \sqrt{F_1^{\,2} + F_2^{\,2} + 2 \cdot F_1 \cdot F_2 \cdot \cos \alpha}$	Kräfteparallelogramm: • Kräfte mit verschiedener Wirkungslinie werden geometrisch addiert. • F_R ergibt sich aus der Diagonalen des Kräfteparallelogramms.
F_{yR} F_R F_{y2} F_2 F_1 F_{y1} β α F_{x2} F_{x1} F_{xR}	$F_{x1} = F_1 \cdot \cos \alpha$ $F_{y1} = F_1 \cdot \sin \alpha$ $F_{x2} = F_2 \cdot \cos \beta$ $F_{y1} = F_2 \cdot \sin \beta$	Kräftezerlegung: Zur rechnerischen Addition können die Kräfte auch in ihre Anteile nach der x- und nach der y-Richtung zerlegt werden.
	$F_{xR} = F_{x1} + F_{x2}$ $F_{yR} = F_{y1} + F_{y2}$ $F_R = \sqrt{F_{xR}^{\,2} + F_{yR}^{\,2}}$	• Berechnung der x-Komponenten mit anschließender Addition • Berechnung der y-Komponenten mit anschließender Addition • Berechnung des Betrages für F_R nach dem Satz des Pythagoras

Addition und Subtraktion von mehreren Kräften

Zeichnerische Darstellung und Ermittlung der resultierenden Kraft F_R in der x-y-Ebene	Erläuterungen
F_1 F_2 F_3 F_R	• Einzelkräfte zu einem Kräftevieleck (Kräftepolygon) aneinandersetzen. Grundsatz: Den Angriffspunkt der einen Kraft an der Spitze der anderen Kraft ansetzen. • F_R ergibt sich aus der Verbindung vom Angriffspunkt der ersten Kraft zum Endpunkt der zuletzt angetragenen Kraft.

Die Ermittlung und Darstellung von resultierenden Kräften im x-y-z-Raum erfolgen analog.

Für F_R gilt entsprechend: $F_R = \sqrt{F_{xR}^{\,2} + F_{yR}^{\,2} + F_{zR}^{\,2}}$

Drehmoment

Zeichnerische Darstellung	Berechnung	Erläuterungen
	$M = F \cdot l$ F Kraft in N (Newton) l Länge des Hebelarms in m M Drehmoment in Nm	Die wirksame Kraft steht immer senkrecht auf dem Hebelarm

Hebelgesetz (Drehmomentengleichung)

Zeichnerische Darstellung	Berechnung (Gleichgewicht)	Erläuterungen
Der einarmige Hebel		
	$M_1 = M_2$ $F_1 \cdot l_1 = F_2 \cdot l_2$	Goldene Regel der Mechanik: Was an Kraft gespart wird, muss an Weg (Hebellänge) zusätzlich aufgebracht werden. Es gilt auch die Umkehrung.
	$\Sigma M_{li} = \Sigma M_{re}$ $F_1 \cdot l_1 + F_2 \cdot l_2 = F_3 \cdot l_3$	Summe der links drehenden Momente (M_{li}) ist gleich der Summe der rechts drehenden Momente (M_{re}).
Der zweiarmige Hebel		
	$\Sigma M_{li} = \Sigma M_{re}$ $F_1 \cdot l_1 + F_2 \cdot l_2 = F_3 \cdot l_3 - F_4 \cdot l_4$	Eine Änderung des Drehsinnes bewirkt eine Änderung des Vorzeichens.
Der Winkelhebel		
	$\Sigma M_{li} = \Sigma M_{re}$ $F_{N1} \cdot l_1 = F_{N2} \cdot l_2$ oder $F_1 \cdot r_1 = F_2 \cdot r_2$	F_N Senkrecht zum Hebelarm wirkende Kraftkomponente $F_{N1} = F_1 \cdot \cos \alpha$ $F_{N2} = F_2 \cdot \cos \beta$ $r_1 = l_1 \cdot \cos \alpha$ $r_2 = l_2 \cdot \cos \beta$
Auflagerkräfte F_A und F_B		
	$\Sigma M_{li} = \Sigma M_{re}$ $F_A \cdot l = F_1 \cdot l_1 + F_2 \cdot l_2$ $F_A = \dfrac{F_1 \cdot l_1 + F_2 \cdot l_2}{l}$ $F_B = \dfrac{F_1 \cdot (l - l_1) + F_2 \cdot (l - l_2)}{l}$ $F_A + F_B = F_1 + F_2$ $F_A = F_1 + F_2 - F_B$ $F_B = F_1 + F_2 - F_A$	Zur Berechnung der Auflagerkraft wird jeweils das gegenüber liegende Auflager als Drehpunkt angenommen. Die Berechnung erfolgt dann wie beim einarmigen Hebel.

Kraftwirkungen

Feste Rolle	Lose Rolle	Lose und feste Rolle	Flaschenzug mit n Rollen

$F = F_G$	$s = h$	$F = \dfrac{F_G}{2}$	$s = 2 \cdot h$	$F = \dfrac{F_G}{2}$	$s = 2 \cdot h$	$F = \dfrac{F_G}{n}$	$s = n \cdot h$

Vorgelege mit Kurbel	Schraube	Zweiseitiger Keil	Fliehkraft (Zentrifugalkraft)

$F = F_G \cdot \dfrac{r \cdot r_1}{R \cdot R_1}$	$F_G \cdot \dfrac{F \cdot 2 \cdot \pi \cdot r}{h}$	$F_N = F \cdot \dfrac{s}{b} = \dfrac{F}{2 \cdot \sin \alpha / 2}$	$F_Z = m \cdot r \cdot \omega^2 = \dfrac{m \cdot v^2}{r}$

Reibungskräfte F_R

Haftreibung	Gleitreibung	Rollreibung

$F_R = \mu_H \cdot F_N$	$F_R = \mu_G \cdot F_N$	$F_R = \mu_R \cdot F_N$
μ_H Haftreibungszahl	μ_G Gleitreibungszahl	μ_R Rollreibungszahl

- F_N Normalkraft in N. Sie wirkt senkrecht auf die Reibungsfläche.
- Beachte: F_R ist von der Größe der Berührungsfläche unabhängig.

Reibung	μ_H	μ_G	μ_R
Holz auf Holz parallel zur Faserrichtung	0,6	0,5	–
Holz auf Holz rechtwinklig zur Faserrichtung	0,5	0,35	–
Holz auf Stahl	0,5	0,3	–
Holz auf Stein	0,7	0,3	0,005
Stahl auf Stahl	0,15	0,1	0,015

Die schiefe Ebene

Bildliche Darstellung	Berechnungsformeln	Erläuterungen
	$F_N = F \cdot \cos \alpha$ $F_H = F \cdot \sin \alpha$	F_N Normalkraft (rechtwinklig zur Ebene) F Gewichtskraft des Körpers in N F_H Hangabtriebskraft in N F_R Reibungskraft in N μ_H Haftreibungszahl
	Sonderfall: Körper gleitet selbsttätig, wenn $F_H > F_R = \mu_H \cdot F_N$	

Mechanische Arbeit

Bildliche Darstellung	Berechnungsformeln	Erläuterungen
	Zugarbeit und Druckarbeit	
	$W = F \cdot s$	W Arbeit in Nm F Kraft in N s Weg in m
	Hubarbeit	
	$W = F \cdot h$	W Arbeit in Nm F Kraft in N s Weg in m
	Beschleunigungsarbeit	
	$W = \frac{1}{2} \cdot m \cdot (v_2^2 - v_1^2)$	W Arbeit in Nm m Masse in kg v_1 Anfangsgeschwindigkeit in m/s v_2 Endgeschwindigkeit in m/s

Abgeleitete Einheiten: 1 Nm = 1 J (Joule) = 1 Ws (Wattsekunde)

Energiearten

Bildliche Darstellung	Berechnungsformeln	Erläuterungen
	Potentielle Energie	
	$W_{pot} = F_N \cdot h$ oder $W_{pot} = m \cdot g \cdot h$	W_{pot} Potentielle Energie in Nm m Masse in kg g Fallbeschleunigung in m/s² h Fallhöhe in m
	Kinetische Energie	
	$W_{kin} = \frac{1}{2} \cdot m \cdot v^2$	W_{kin} Kinetische Energie in Nm m Masse in kg v Geschwindigkeit in m/s
	Rotationsenergie	
	$W_{rot} = \frac{1}{2} \cdot I \cdot \omega^2$	W_{rot} Rotationsenergie in Nm I Massenträgheitsmoment in kg · m² ω Winkelgeschwindigkeit in 1/s

Energieerhaltungssatz: Die einzelnen Energieformen können in andere umgewandelt werden. Dabei geht keine Energie verloren. Dies gilt auch für elektrische, chemische und atomare Energieformen.

Mechanische Leistung

Definition	Berechnungsformel	Erläuterungen
Leistung ist die verrichtete Arbeit in einer bestimmten Zeiteinheit.	$P = \dfrac{W}{t}$	P Leistung in Nm/s 1 Nm/s = 1 J/s = 1 W (Watt) W Arbeit in Nm t Zeit in s

Wirkungsgrad der Arbeit und der Leistung

Bildliche Darstellung	Berechnungsformel	Erläuterungen
	$\eta = \dfrac{P_2}{P_1}$ $\eta = \dfrac{W_2}{W_1}$	η Wirkungsgrad als Verhältniszahl P_1 aufgewandte Leistung W_1 aufgewandte Arbeit P_2 Nutzleistung W_2 Nutzarbeit $P_2 < P_1$ und $W_2 < W_1$ infolge Reibung

Geradlinige, gleichförmige Bewegung (Translation)

Bildliche Darstellung	Berechnungsformeln	Weg-Zeit-Diagramm	Geschw.-Zeit-Diagramm
	$v = \dfrac{s}{t}$ v Geschwindigkeit m/s s Weg in m t Zeit in s $(t = t_2 - t_1)$		

Geradlinige, gleichmäßig beschleunigte Bewegung (Translation)

Weg-Zeit-Diagramm	Berechnungsformeln	Geschwindigkeits-Zeit-Diagramm	Beschleunigungs-Zeit-Diagramm
	$v = a \cdot t$ $s = \dfrac{v \cdot t}{2}$ $s = \dfrac{a \cdot t^2}{2}$ v Geschwindigkeit in m/s a Beschleunigung in m/s² t Zeit in s $(t = t_2 - t_1)$ s Weg in m		

Beschleunigungsbewegung beim freien Fall

Bildliche Darstellung	Berechnungsformeln	Erläuterungen
	$v = g \cdot t$ $h = \dfrac{g \cdot t^2}{2}$ $v = \sqrt{2 \cdot g \cdot h}$	v Geschwindigkeit in m/s g Fallbeschleunigung ($g \approx 9{,}81$ m/s²) t Zeit in s $(t = t_2 - t_1)$ h Fallhöhe in m

Beschleunigungsbewegung an der schiefen Ebene

	Berechnungsformeln	Erläuterungen
	$v = g \cdot t \cdot \sin \alpha$ $s = \dfrac{g \cdot t^2}{2} \cdot \sin \alpha$ $v = \sqrt{2 \cdot g \cdot s \cdot \sin \alpha}$	v Geschwindigkeit in m/s g Fallbeschleunigung ($g \approx 9{,}81$ m/s²) t Zeit in s $(t = t_2 - t_1)$ s Weg in m

Kreisförmige Bewegung (Rotation)

Bildliche Darstellung	Berechnungsformeln	Erläuterungen
	$$v = \frac{d \cdot \pi \cdot n}{60 \text{ s / min}}$$	d Durchmesser in m n Anzahl der Umdrehungen (Drehzahl, Drehfrequenz) je min v Bahngeschwindigkeit (Umfangsgeschwindigkeit) in m/s
	$n_1 \cdot d_1 = n_2 \cdot d_2$ $$i = \frac{n_1}{n_2} = \frac{d_2}{d_1}$$	n_1 Drehzahl der treibenden Scheibe je min n_2 Drehzahl der angetriebenen Scheibe je min d_1 Durchmesser der treibenden Scheibe in mm oder m d_2 Durchmesser der angetriebenen Scheibe in mm oder mm i Übersetzungsverhältnis

Mechanischer Druck

Bildliche Darstellung	Berechnungsformeln	Einheiten
	$$p = \frac{F}{A}$$ $F = p \cdot A$	p Flächenpressung in Pa $1 \text{ Pa} = \dfrac{1 \text{ N}}{1 \text{ m}^2}$ F Kraft in N A Fläche in m²

Hydraulischer Druck (Flüssigkeitsdruck)

Bildliche Darstellung	Berechnungsformeln	Erläuterungen und Einheiten
	$$p_1 = \frac{F_1}{A_1}$$ $$p_2 = \frac{F_2}{A_2}$$ aus $p_1 = p_2$ folgt: $\dfrac{F_1}{A_1} = \dfrac{F_2}{A_2}$ $$F_2 = \frac{F_1}{A_1} \cdot A_2$$	p Flächendruck in Pa 1 bar = 1000 hPa (Hektopascal) $1 \text{ Pa} = \dfrac{1 \text{ N}}{1 \text{ m}^2} = \dfrac{1}{100000} \text{ bar}$ $1 \text{ bar} = \dfrac{10 \text{ N}}{1 \text{ cm}^2} = 100000 \text{ Pa}$ F Kraft in N A Kolbenfläche in m²

Pneumatischer Druck (Gasdruck)

Bildliche Darstellung	Berechnungsformeln	Erläuterungen
	$$p = \frac{F}{A}$$ $$\frac{p_1 \cdot V_1}{T_1} = \frac{p_2 \cdot V_2}{T_2}$$	p_1, p_2 Flächendrücke in Pa oder bar V_1, V_2 Gasvolumina in m³ T_1, T_2 Gastemperaturen in K
	Boyle-Mariottesches Gesetz	
	$p_1 \cdot V_1 = p_2 \cdot V_2 = \text{konstant}$	Gilt bei gleich bleibender Gastemperatur.

Beanspruchungsarten (einachsig)

Zugspannung σ_z

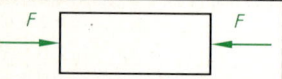

$$\sigma_z = \frac{F}{A} \leq \sigma_{z,zul}$$

F	Zugkraft in N
A	Querschnittsfläche in mm^2
$\sigma_{z,zul}$	zulässige Zugspannung in N/mm^2

Druckspannung σ_d

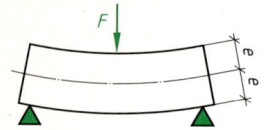

$$\sigma_d = \frac{F}{A} \leq \sigma_{d,zul}$$

F	Zugkraft in N
A	Querschnittsfläche in mm^2
$\sigma_{d,zul}$	zulässige Druckspannung in N/mm^2

Biegespannung σ_b

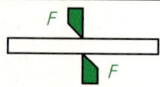

$$\sigma_b = \frac{M}{I} \cdot e$$

$$\sigma_b = \frac{M}{W} \qquad W = \frac{I}{e}$$

M	Biegemoment in N · mm
I	Trägheitsmoment des Stabquerschnittes in mm^4
e	Schwerachsenabstand in mm
W	Widerstandsmoment des Stabquerschnittes in mm^3

Scherspannung τ_a

$$\tau_a = \frac{F}{A} \leq \tau_{a,zul}$$

F	Zugkraft in N
A	Querschnittsfläche in mm^2
$\tau_{a,zul}$	zulässige Scherspannung in N/mm^2

Hookesches Gesetz

Spannungs-Dehnungs-Diagramm

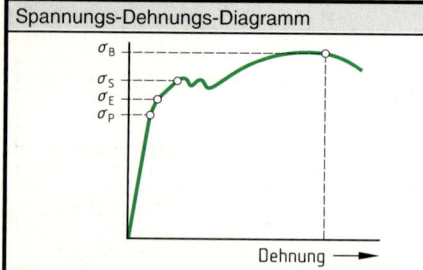

Dehnung →

Erläuterungen

σ_P Proportionalitätsgrenze: Die Dehnung des Stabes verhält sich proportional zur Spannung.

σ_E Elastizitätsgrenze: Nach der Belastung stellt sich wieder die ursprüngliche Länge ein.

σ_S Streckgrenze: Die Dehnung des Stabes nimmt bei gleicher Belastung zu.

σ_B Bruchgrenze: Maximale Belastung ohne bleibende Formänderung oder Bruch.

Zulässige Spannungen für Voll- und Brettschichtholz in 10^6 N/m^2 DIN 1052-1

Beanspruchung		Nadelhölzer (Fichte, Tanne, Lärche, Kiefer, Douglasie, Western Hemlock)				Laubhölzer		
		Vollholz			Brettschichtholz	Eiche, Buche, Teak, Yang	Afzelia, Merbau, Angelique	Bongossi, Greenheart
		Sortierklassen nach DIN 4074				Holzartengruppen nach DIN 1052, Tabelle 1		
		S 7	S 10	S 13	S 10	S 13	A	B	C
Biegung	$\sigma_{b,zul}$	7	10	13	11	14	11	17	25
Zug II	$\sigma_{z,zul}$	0	8,5	10,5	8,5	10,5	10	10	15
Zug ⊥	$\sigma_{z,zul}$	0	0,05	0,05	0,2	0,2	0,05	0,05	0,05
Druck II	$\sigma_{d,zul}$	6	8,5	11	8,5	11	10	13	20
Druck ⊥	$\sigma_{d,zul}$	2	2	2	2,5	2,5	3	4	8
Abscheren	$\tau_{a,zul}$	0,9	0,9	0,9	0,9	0,9	1	1,4	2
Schub	$\tau_{quer,zul}$	0,9	0,9	0,9	1,2	1,2	1	1,4	2

Beispiele für Schwerachsenlagen, Trägheitsmomente und Widerstandsmomente

Querschnittsform	Schwerachse	Trägheitsmoment	Widerstandsmoment
	$e = \dfrac{h}{2}$	$I_x = \dfrac{b \cdot h^3}{12}$	$W_x = \dfrac{b \cdot h^2}{6}$
	$e = \dfrac{H}{2}$	$I_x = \dfrac{b}{12} \cdot (H^3 - h^3)$	$W_x = \dfrac{b}{6} \cdot \dfrac{H^3 - h^3}{H}$
	$e = \dfrac{H}{2}$	$I_x = \dfrac{B \cdot H^3 - b \cdot h^3}{12}$	$W_x = \dfrac{B \cdot H^3 - b \cdot h^3}{6 \cdot H}$
	$e = \dfrac{l \cdot \sqrt{2}}{2}$	$I_x = \dfrac{l^4}{12}$	$W_x = \dfrac{\sqrt{2}}{12} \cdot l^3$
	$e = \dfrac{d}{2}$	$I_x = \dfrac{\pi \cdot d^4}{64}$	$W_x = \dfrac{\pi \cdot d^3}{32}$

Druckspannung bei Kraftrichtung schräg zur Faser

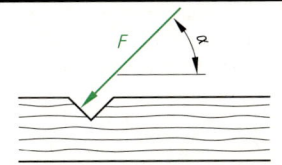

$$\sigma_{d,zul} \leq \sigma_{d,zul} \, \| - (\sigma_{d,zul} \, \| - \sigma_{d,zul} \, \bot) \cdot \sin \alpha$$

$\sigma_{d,zul}$	zulässige Druckspannung bei schräger Kraftrichtung
$\sigma_{d,zul} \,\|$	zulässige Druckspannung parallel zur Faserrichtung
$\sigma_{d,zul} \,\bot$	zulässige Druckspannung senkrecht zur Faserrichtung
α	Winkel zwischen Kraftrichtung und Faserrichtung

Knickung

Bei auf Druck beanspruchten schlanken Stäben besteht zusätzlich die Gefahr der seitlichen Ausknickung.

Freie Knicklänge s_k in Abhängigkeit vom Belastungsfall	Rechenweg
	1. $i = \sqrt{\dfrac{I}{A}}$ Trägheitsradius
	2. $\lambda = \dfrac{s_k}{i}$ Schlankheit
	3. Ermittlung von ω aus Tabelle
	4. $\sigma_d = \dfrac{\omega \cdot F}{A} \leq \sigma_{d,zul}$
$s_k = 2 \cdot l$ $s_k = l$ $s_k = 0,7 \cdot l$ $s_k = 0,5 \cdot l$	I Trägheitsmoment in mm^4

Knickzahlen ω für Nadelholz (Auszug)   DIN 1052

λ	0	10	20	30	40	50	60	70	80	90	100	110	120	130	140	150
ω	1,00	1,04	1,08	1,15	1,26	1,42	1,62	1,88	2,20	2,58	3,00	3,63	4,32	5,07	5,88	6,75

Statische Berechnungen für eine Auswahl von Einfeldträgern

Belastungsfall	Auflagerkräfte	Maximales Biegemoment	Zulässige Durchbiegung
	$F_A = F_B = \dfrac{F}{2}$	$M = \dfrac{F \cdot l}{4}$	$f = \dfrac{F \cdot l^3}{48 \cdot E \cdot I}$
	$F_A = \dfrac{F \cdot b}{l}$ $\quad$ $F_B = \dfrac{F \cdot a}{l}$	$M = \dfrac{F \cdot a \cdot b}{l}$	$f = \dfrac{F \cdot a^2 \cdot b^2}{3 \cdot E \cdot I \cdot l}$
	$F_A = F$	$M_A = -F \cdot l$	$f = \dfrac{F \cdot l^3}{3 \cdot E \cdot I}$
	$F_A = F_B = \dfrac{F}{2}$	$M = \dfrac{F \cdot l}{8}$	$f = \dfrac{F \cdot l^3}{192 \cdot E \cdot I}$
	$F_A = F_B = \dfrac{q \cdot l}{2}$	$M = \dfrac{q \cdot l^2}{8}$	$f = \dfrac{q \cdot l^4}{77 \cdot E \cdot I}$
	$F_A = q \cdot l$	$M_A = \dfrac{q \cdot l^2}{2}$	$f = \dfrac{q \cdot l^4}{8 \cdot E \cdot I}$
	$F_A = F_B = \dfrac{q \cdot l}{2}$	$M = \dfrac{q \cdot l^2}{24}$	$f = \dfrac{q \cdot l^4}{384 \cdot E \cdot I}$
	$F_A = F_B = \dfrac{q \cdot l}{4}$	$M = \dfrac{q \cdot l^2}{12}$	$f = \dfrac{q \cdot l^4}{120 \cdot E \cdot I}$
	$F_A = F_B = \dfrac{q \cdot (l-a)}{2}$	$M = \dfrac{q}{24} \cdot (3 \cdot l^2 - 4 \cdot a^2)$	$f = \dfrac{q \cdot (5 \cdot l^2 - 4 \cdot a^2)^2}{1920 \cdot E \cdot I}$

F Einzellast in N $\qquad$ I Trägheitsmoment in mm^4 $\qquad$ q Maximalwert der Streckenlast in N/m

E Elastizitätsmodul in N/mm². Der E-Modul beschreibt die Widerstandsfähigkeit eines Materials gegen eine Formänderung bei einer Belastung bis zur Elastizitätsgrenze.

Temperaturmessung

Temperaturskalen	Berechnungsformeln	Erläuterungen
	$T = t + 273\ K$	Bezugspunkt bei der Kelvinskala: Nullpunkt, gleich Stillstand der Molekularbewegung.
	$t = T - 273\ K$	Bezugspunkte bei der Celsiusskala:
	T Thermodynamische Temperatur in Kelvin (K) t, ϑ Temperatur in Grad Celsius (°C)	0 °C Gefrierpunkt des Wassers 100 °C Siedepunkt des Wassers • In der Technik wird die Kelvinskala bevorzugt • Gradeinteilung in Celsius ist gleich Gradeinteilung in Kelvin

Grundlegende Begriffe aus der Wärmelehre

Wärmetechnische Begriffe	Definition	Einheit
Wärme	kinetische Energie der Atome bzw. Moleküle eines Stoffes	Joule J
Spezifische Wärmekapazität c	Wärmemenge, die 1 kg eines Stoffes um 1 K erwärmt	$J/(kg \cdot K)$
Wärmemenge Q	Maß für die in einem Körper enthaltene Wärme (Energie)	Joule J
Längenausdehnungskoeffizient α	Maß für die Längenzunahme Δl eines 1 m langen Körpers bei einer Erwärmung um 1 K.	1/K
Spezifischer Heizwert H_u	Wärmemenge, die 1 kg eines Stoffes freisetzt.	J/kg
Wärmeleitzahl λ	Wärmeleitung durch eine Stoffquerschnittsfläche von 1 m² und einer Dicke von 1 m in einer Zeiteinheit, wenn auf beiden Stoffseiten ein Temperaturunterschied von 1 K vorliegt.	$\dfrac{W}{m \cdot K}$
Wärmedurchgangszahl: k-Wert	Wärmedurchgang durch eine Stoffquerschnittsfläche von 1 m² in einer Zeiteinheit, wenn auf beiden Stoffseiten ein Temperaturunterschied von 1K vorliegt.	$\dfrac{W}{m^2 \cdot K}$
Gesamtenergiedurchlassgrad g	Prozentfaktor für den solaren Gewinn an Strahlungsenergie, z. B. durch Glasscheiben.	
Strahlungsgewinnkoeffizient S	Solarer Energiegewinn durch den Querschnitt von 1 m² eines Materials in einer Zeiteinheit, wenn auf beiden Materialseiten ein Temperaturunterschied von 1K vorliegt.	$\dfrac{W}{m^2 \cdot K}$

Wärmetechnische Eigenschaften einiger Werkstoffe in Verbindung mit der Dichte

Werkstoffe	Schmelzpunkt in °C	c in $J/(kg \cdot K)$	α in 1/K	Dichte ϱ in kg/dm³
Aluminium	658	800	$23{,}8 \cdot 10^{-6}$	2,7
Blei	327	130	$29{,}0 \cdot 10^{-6}$	11,4
Eisen (rein)	1530	440	$12{,}3 \cdot 10^{-6}$	7,86
Messing	900 bis 1000	389	$18{,}4 \cdot 10^{-6}$	8,96
Beton	–	790	$13{,}0 \cdot 10^{-6}$	1,9 bis 2,3
Mauerwerk	–	800 bis 2000	$10{,}0 \cdot 10^{-6}$	1,4 bis 1,8 (Ziegel)
Glas	1500 bis 1700	810	$9{,}0 \cdot 10^{-6}$	2,4 bis 2,7
Holz	–	2 100	$6{,}0 \cdot 10^{-6}$ (längs)	meist < 1
Wasser	0	4 200	–	1
Poystyrol PS	–	1 300	$70{,}0 \cdot 10^{-6}$	1,05
PVC	–	1 500	$80{,}0 \cdot 10^{-6}$	1,35

Wärmetechnische Berechnungen

In einer Masse enthaltene Wärmemenge	Thermische Längenausdehnung
$Q = m \cdot c \cdot \Delta T$	$\Delta l = l_0 \cdot \alpha \cdot \Delta T$

Q	Wärmemenge in J	Δl	Längenausdehnung in m
m	Masse in kg	l_0	Anfangslänge in m
c	spezifische Wärmekapazität in J/(kg · K)	α	Längenausdehnungskoeffizient in 1/K
ΔT	Temperaturdifferenz in K	ΔT	Temperaturdifferenz in K

Mischungstemperatur von verschiedenen Flüssigkeiten

$$T = \frac{m_1 \cdot c_1 \cdot T_1 + m_2 \cdot c_2 \cdot T_2 + \dots + m_n \cdot c_n \cdot T_n}{m_1 \cdot c_1 + m_2 \cdot c_2 + \dots + m_n \cdot c_n}$$

T Mischungstemperatur in K
$m_1, m_2 \dots m_n$ Massen der Füssigkeiten in kg
$c_1, c_2 \dots c_n$ spezifische Wärmekapazitäten in J/(kg · K)
$T_1, T_2 \dots T_n$ Ausgangstemperaturen der Flüssigkeiten in K

Wärmeübertragung

Wärmeströmung	Wärmestrahlung	Wärmeleitung
Wärmeaustausch durch Bewegung von Gas- oder Flüssigkeitsteilchen	Strahlungsenergie wird beim Auftreffen auf einen Körper in Wärme umgewandelt	Wärmeaustausch innerhalb eines Körpers bis zum Temperaturausgleich

Wasserdampfdiffusion

Der Wasserdampf zweier unterschiedlich feuchter Luftschichten strebt immer einen Feuchteausgleich an.
Werden die beiden Luftschichten durch einen porösen Stoff getrennt, muss der Wasserdampf den Diffusionswiderstand des trennenden Stoffes überwinden.

Fachbezeichnungen	Berechnungsformeln	Erläuterungen
Wasserdampf-Diffusionswiderstandszahl μ[1]	$\mu = \dfrac{\text{Dampfdichtigkeit des Werkstoffes}}{\text{Dampfdichtigkeit der Luft}}$	Werkstoffdicke gleich 1 m Luftschichtdicke gleich 1m μ Verhältniszahl, daher ohne Einheit
Diffusionsäquivalente Luftschichtdicke s_d	$s_d = \mu \cdot s$	s Werkstoffdicke in m
Wasserdampf-Diffusionsleitzahl der Luft δ_L	$\delta_L = \dfrac{1}{1{,}5} \cdot 10^{-6}$	δ_L in $\dfrac{\text{kg}}{\text{m} \cdot \text{h} \cdot \text{Pa}}$
Wasserdampf-Diffusionsdurchlasswiderstand $1/\Delta$	$\dfrac{1}{\Delta} = \mu \cdot s \cdot \dfrac{1}{\delta_L}$	$\dfrac{1}{\Delta}$ in $\dfrac{\text{m}^2 \cdot \text{h} \cdot \text{Pa}}{\text{kg}}$
$1/\Delta$ von mehreren Bauteilen	$\dfrac{1}{\Delta}_{ges} = \Sigma\, (\mu_i \cdot s_i) \cdot 1{,}5 \cdot 10^6$	$\dfrac{1}{\Delta}_{ges}$ in $\dfrac{\text{m}^2 \cdot \text{h} \cdot \text{Pa}}{\text{kg}}$

[1] Wasserdampf-Diffusionswiderstandszahlen μ verschiedener Baustoffe siehe Seite 37.

Wärmeleitzahlen λ und Dampf-Diffusionswiderstandszahlen μ — DIN 4108-4

- λ_R-Werte berücksichtigen unter anderem Einflüsse der Temperatur, des praktischen Feuchtegehaltes und Schwankungen der Stoffeigenschaft.
- μ-Werte unterliegen erheblichen Schwankungen. Es können auch die nach DIN 52615 ermittelten Werte verwendet werden.

Wärmedämmstoffe	Gruppe [1]	λ_R in $\frac{W}{m \cdot K}$	μ	Wärmedämmstoffe	Gruppe [1]	λ_R in $\frac{W}{m \cdot K}$	μ
Mineralfaser-	040	0,040	1	Polystyrol (PS)-	025	0,025	–
schicht	045	0,045	1	Hartschaum	030	0,030	–
Mineralische und	035	0,035	1		035	0,035	–
pflanzliche	040	0,040	1		040	0,040	–
Faserdämmstoffe	045	0,045	1	Polyurethan (PUR)-	020	0,020	30/100
nach DIN 18165	050	0,050	1	Hartschaum	025	0,025	30/100
Korkdämmplatten	045	0,045	5/10		030	0,030	30/100
nach DIN 18161-1	050	0,050	5/10		035	0,035	30/100
	055	0,055	5/10	PUR-Ortschaum		0,030	30/100
Phenolharz (PF)-	030	0,030	10/50	Holzwolle-Leicht-			
Hartschaum	035	0,035	10/50	bauplatten:			
	040	0,040	10/50	Dicke ≥ 25 mm	–	0,090	2/5
	045	0,045	10/50	Dicke = 15 mm	–	0,15	2/5

Vollholz und Holzwerkstoffplatten	λ_R in $\frac{W}{m \cdot K}$	μ	Holzwerkstoffplatten	λ_R in $\frac{W}{m \cdot K}$	μ
Fichte,Tanne,Kiefer	0,130	40	Strangpressplatten	0,170	20
Buche, Eiche	0,200	40	Harte Holzfaserplatten	0,170	70
Sperrholz	0,150	50/400	Poröse Holzfaserplatten	0,060	5
Flachpressplatten	0,130	50/100	Bitumen-Holzfaserplatten	0,070	5

Mauer aus	λ_R in $\frac{W}{m \cdot K}$	μ	Mörtel und Estriche	λ_R in $\frac{W}{m \cdot K}$	μ
Kalksandstein ϱ = 1,8...2,2	0,50...1,30	5/25	Sand,Kies,Split	0,70	–
Vollklinker ϱ = 1,8...2,2	0,81...1,20	50/100	Zementmörtel	1,40	15/35
Vollziegel ϱ = 1,2...2,0	0,50...0,96	5/10	Kalkzementmörtel	0,87	15/35
Gasbeton ϱ = 0,4...0,8	0,20...0,29	5/10	Anhydritestrich	1,2	–
Betonsteine ϱ = 0,5...2,0	0,29...0,99	5/10	Zementestrich	1,4	15/35
Porige Natursteine	0,55	–	Gussasphaltestrich	0,90	dicht

Putze und Glas	λ_R in $\frac{W}{m \cdot K}$	μ	Metalle	λ_R in $\frac{W}{m \cdot K}$	μ
Gipsputz	0,35	10	Stahl	60	dicht
Kunstharzputz	0,70	–	Kupfer	380	dicht
Glas	0,80	dicht	Aluminium	200	dicht

Kunststofffolien	μ	Metallfolien	μ
PVC, Dicke ≥ 0,1 mm	20000/50000	Aluminium ≥ 0,05 mm	Praktisch dampfdicht
Polyethylen ≥ 0,1 mm	100000	Andere Folien ≥ 0,1 mm	Praktisch dampfdicht

[1] Wärmeleitfähigkeitsgruppe nach DIN 4108-4

Feuchtegehalt der Luft

Warme Luft kann mehr Wasserdampf aufnehmen als kalte Luft. Die Bezugsgröße für die Berechnung der relativen Luftfeuchte ist der maximale Wasserdampfgehalt der Luft in Abhängigkeit von der Temperatur.

$$\varphi = \frac{w_{abs}}{w_{max}} \cdot 100\%$$

φ relative Luftfeuchtigkeit in %
w_{abs} in der Luft gespeicherter Wasserdampf in g/m³
w_{max} die in der Luft speicherbare Höchstmenge an Wasserdampf in g/m³

Beachte:
Die Höhe der relativen Luftfeuchte ist für die Höhe der Holzgleichgewichtsfeuchte maßgebend.

Maximaler Wasserdampfgehalt w der Luft in Abhängigkeit von der Temperatur ϑ

ϑ in °C	w g/m³	ϑ in °C	w g/m³	ϑ in °C	w g/m³	ϑ in °C	w g/m³	ϑ in °C	w g/m³
5	6,8	25	23,0	45	65,4	65	161,1	85	353,2
10	9,4	30	30,4	50	82,9	70	197,9	90	423,1
15	12,8	35	39,6	55	104,3	75	241,6	95	504,1
20	17,4	40	51,1	60	130,1	80	293,0	100	597,1

Beachte:
Tauwasser oder Kondenswasser entsteht, wenn die Luft unter die Taupunkttemperatur ϑ_s abgekühlt wird.

Taupunkttemperaturen der Luft

$\vartheta^{1)}$ in °C	Relative Luftfeuchtigkeit φ in %													
	30%	35%	40%	45%	50%	55%	60%	65%	70%	75%	80%	85%	90%	95%
	Taupunkttemperatur der Luft ϑ_s in °C													
30	10,5	12,9	14,9	16,8	18,4	20,0	21,4	22,7	23,9	25,1	26,2	27,2	28,2	29,1
29	9,7	12,0	14,0	15,9	17,5	19,0	20,4	21,7	23,0	24,1	25,2	26.2	27,2	28,1
28	8,8	11,1	13,1	15,0	16,6	18,1	19,5	20,8	22,0	23,2	24,2	25,2	26,2	27,1
27	8,0	10,2	12,2	14,1	15,7	17,2	18,6	19,9	21,1	22,2	23,3	24,3	25,2	26,1
26	7,1	9,4	11,4	13,2	14,8	16,3	17,6	18,9	20,1	21,2	22,3	23,3	24,2	25,1
25	6,2	8,5	10,5	12,2	13,9	15,3	16,7	18,0	19,1	20,3	21,3	22,3	23,2	24,1
24	5,4	7,6	9,6	11,3	12,9	14,4	15,8	17,0	18,2	19,3	20,3	21,3	22,3	23,1
23	4,5	6,7	8,7	10,4	12,0	13,5	14,8	16,1	17,2	18,3	19,4	20,3	21,3	22,2
22	3,6	5,9	7,8	9,5	11,1	12,5	13,9	15,1	16,3	17,4	18,4	19,4	20,3	21,2
21	2,8	5,0	6,9	8,6	10,2	11,6	12,9	14,2	15,3	16,4	17,4	18,4	19,3	20,2
20	1,9	4,1	6,0	7,7	9,3	10,7	12,0	13,2	14,4	15,4	16,4	17,4	18,3	19,2
19	1,0	3,2	5,1	6,8	8,3	8.8	11,1	12,3	13,4	14,5	15,5	16,4	17,3	18,2
18	0,2	2,3	4,2	5,9	7,4	8,8	10,1	11,3	12,5	13,5	14,5	15,4	16,3	17,2
17	−0,6	1,4	3,3	5,0	6,5	7,9	9,2	10,4	11,5	12,5	13,5	14,5	15,3	16,2
16	−1,4	0,5	2,4	4,1	5,6	7,0	8,2	9,4	10,5	11,6	12,6	13,5	14,4	15,2
15	−2,2	0,3	1,5	3,2	4,7	6,1	7,3	8,5	9,6	10,6	11,6	12,5	13,4	14,2
14	−2,9	1,0	0,6	2,3	3,7	5,1	6,4	7,5	8,6	9,6	10,6	11,5	12,4	13,2
13	−3,7	1,9	0,1	1,3	2,8	4,2	5,5	6,6	7,7	8,7	9,6	10,5	11,4	12,2
12	−4,5	2,8	1,0	0,4	1,9	3,2	4,5	5,7	6,7	7,7	8,7	9,6	10,4	11,2
11	−5,2	3,4	1,8	0,4	1,0	2,3	3,5	4,7	5,8	6,7	7,7	8,6	9,4	10,2
10	−6,0	4,2	2,6	1,2	0,1	1,4	2,6	3,7	4,8	5,8	6,7	7,6	8,4	9,2

$^{1)}$ ϑ Lufttemperatur

Wärmeschutz

Größe	Berechnungsformeln	Einheit	Erläuterungen (Definitionen)
Wärmeleitzahl			
	λ ist eine Werkstoff-konstante	$\dfrac{W}{m \cdot K}$	λ gibt die Wärmemenge Q an, die in der Zeiteinheit durch die Querschnitts-fläche von 1 m² eines 1 m dicken Körpers geleitet wird, wenn auf den beiden Körperseiten ein Temperatur-unterschied von 1 K vorliegt.
Wärmedurchlasskoeffizient			
	$\Lambda = \dfrac{\lambda}{s}$	$\dfrac{W}{m^2 \cdot K}$	Λ gibt die Wärmemenge an, die in der Zeiteinheit durch die Querschnittsflä-che von 1 m² eines Körpers mit der Dicke s in m geleitet wird, wenn auf den beiden Körperseiten ein Tempe-raturunterschied von 1 K vorliegt.
Wärmedurchlasswiderstand			
	$\dfrac{1}{\Lambda} = \dfrac{s}{\lambda}$	$\dfrac{m^2 \cdot K}{W}$	Widerstand eines Körpers gegen Wärmedurchlass bei 1 m² Quer-schnittsfläche und einer Dicke s in m während der Zeiteinheit, wenn auf den beiden Körperseiten ein Temperatur-unterschied von 1 K vorliegt.
Wärmedurchlasswiderstand eines zusammengesetzten Bauteils			
	$\dfrac{1}{\Lambda_{ges}} = \sum \dfrac{1}{\Lambda_i}$	$\dfrac{m^2 \cdot K}{W}$	$1/\Lambda_i$ Wärmedurchlasswiderstände der einzelnen Bauteile einer Wand.
Wärmedurchgangswiderstand			
	$\dfrac{1}{k} = \dfrac{1}{\alpha_i} + \dfrac{1}{\Lambda} + \dfrac{1}{\alpha_a}$ Vereinfacht gilt: $\dfrac{1}{\alpha_i} + \dfrac{1}{\alpha_a} = 0{,}17$	$\dfrac{m^2 \cdot K}{W}$	Wie beim Wärmedurchlasswider-stand, jedoch unter Berücksichtigung des inneren und äußeren Wärme-übergangswiderstandes zwischen den Luftgrenzschichten und dem Bauteil.
Wärmedurchgangskoeffizient			
	$k = \dfrac{1}{\dfrac{1}{\alpha_i} + \dfrac{1}{\Lambda_{ges}} + \dfrac{1}{\alpha_a}}$	$\dfrac{W}{m^2 \cdot K}$	Wärmedurchgang unter Berücksichti-gung der Wärmedurchlasswiderstän-de der betreffenden Bauteile sowie der Wärmeübergangswiderstände zwischen der inneren und der äuße-ren Luftgrenzschicht zu den Bauteilen.
Mittlerer Wärmedurchgangskoeffizient			
	$k_m = \dfrac{\sum k_i \cdot A_i}{A}$	$\dfrac{W}{m^2 \cdot K}$	k_m Wärmedurchgangskoeffizient der Bauteilkombination k_i Wärmedurchgangskoeffizienten der einzelnen Bauteile A_i Flächen der Einzelbauteile in m² A Gesamtfläche der Bauteilkom-bination in m²

Wärmedurchgang und Temperaturen an einem Bauteil

Wärmemenge, die durch ein Bauteil geleitet wird

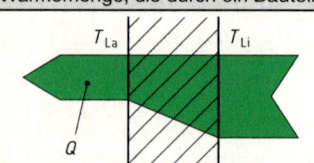

$$Q = k \cdot \Delta T \cdot A \cdot t$$

Q	Wärmemenge in Wh
k	Wärmedurchgangskoeffizient in $\dfrac{W}{m^2 \cdot K}$
ΔT	Temperaturdifferenz in K ($\Delta T = T_{Li} - T_{La}$)
A	Fläche des Bauteils in m^2
t	Zeit in h

Wärmestromdichte ⠀⠀⠀⠀⠀⠀⠀⠀⠀⠀⠀⠀⠀⠀⠀⠀ DIN 4108-5

$$q = k \cdot (T_{Li} - T_{La})$$

q	Wärmestromdichte in W/m^2
k	Wärmedurchgangskoeffizient in $\dfrac{W}{m^2 \cdot K}$
T_{Li}	Temperatur der Innenluft in K
T_{La}	Temperatur der Außenluft in K

Temperaturen an Bauteiloberflächen ⠀⠀⠀⠀⠀⠀⠀⠀⠀ DIN 4108-5

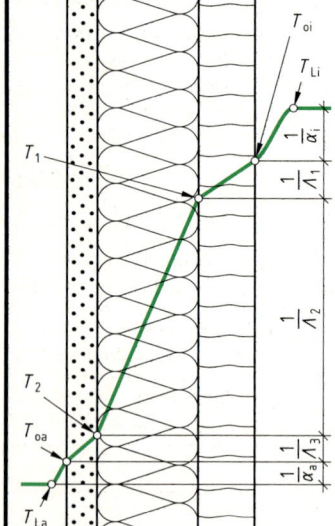

Temperatur der Bauteilinnenoberfläche

$$T_{Oi} = T_{Li} - \frac{1}{\alpha_i} \cdot q$$

T_{oi}	Temperatur der Bauteilinnenoberfläche in K
T_{Li}	Temperatur der Innenluft in K
$1/\alpha_i$	Innerer Wärmeübergangswiderstand in $m^2 \cdot K/W$
q	Wärmestromdichte in W/m^2

Temperatur der Bauteilaußenoberfläche

$$T_{Oa} = T_{La} + \frac{1}{\alpha_a} \cdot q$$

T_{oa}	Temperatur der Bauteilaußenoberfläche in K
T_{la}	Temperatur der Außenluft in K
$1/\alpha_a$	äußerer Wärmeübergangswiderstand in $m^2 \cdot K/W$
q	Wärmestromdichte in W/m^2

Temperaturen der Trennflächen

$$T_1 = T_{Oi} - \frac{1}{\Lambda_1} \cdot q$$

$$T_2 = T_1 - \frac{1}{\Lambda_2} \cdot q$$

$$T_n = T_{n-1} - \frac{1}{\Lambda_n} \cdot q$$

$T_1 \ldots T_n$	Temperaturen der Trennflächen in K
T_{oi}	Temperatur der Bauteilinnenoberfläche in K
$1/\Lambda_1 \ldots 1/\Lambda_n$	Wärmedurchlasswiderstände der ersten bis n-ten Schicht in $m^2 \cdot K/W$
q	Wärmestromdichte in W/m^2

Verhinderung von Tauwasserbildung an der Innenoberfläche von Bauteilen ⠀ DIN 4108-5

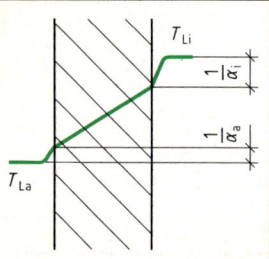

$$\frac{1}{\Lambda} = \frac{1}{\alpha_i} \cdot \frac{T_{Li} - T_{La}}{T_{Li} - T_S} - \left(\frac{1}{\alpha_i} + \frac{1}{\alpha_a} \right)$$

$$k = \frac{T_{Li} - T_S}{\dfrac{1}{\alpha_i} \cdot (T_{Li} - T_{La})}$$

$1/\Lambda$	erforderlicher Wärmedurchlasswiderstand zur Verhinderung von Tauwasserbildung in $m^2 \cdot K/W$
$1/\alpha_i$, $1/\alpha_a$	Wärmeübergangswiderstände innen/außen in $m^2 \cdot K/W$
T_{li}, T_{la}	Temperatur Innen-/Außenluft in K
T_s	Taupunkttemperatur in K (s. S. 38, $T_s = \vartheta_s + 273\ K$)
k	entsprechender Wärmedurchgangskoeffizient in $W/(m^2 \cdot K)$

3. Wärmeschutzverordnung für kleinere Neubauten mit $\vartheta \geq 19°C$ WschVo, Anlage 1, Ziffer 7

Bedingungen: Anzahl der Vollgeschosse ≤ 2 und Anzahl der Wohneinheiten ≤ 3.
Bauteileverfahren: Es sind die k-Werte der einzelnen Bauteile nachzuweisen nach folgender Tabelle:

Bildliche Darstellung	Maximale k-Werte	Bauteilflächen
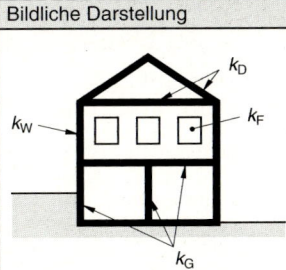	$k_D \leq 0,22 \; \dfrac{W}{m^2 \cdot K}$	Dachflächen und Decken unter kalten Dachräumen
	$k_W \leq 0,50 \; \dfrac{W}{m^2 \cdot K}$	Außenwände
	$k_G \leq 0,35 \; \dfrac{W}{m^2 \cdot K}$	Kellerdecken, Wände und Decken an kalten Räumen sowie Erdreich
	$k_{F(eq)} \leq 0,70 \; \dfrac{W}{m^2 \cdot K}$	Fenster einschließlich solarer Wärmegewinn (s.S. 282)

3. Wärmeschutzverordnung für gößere Neubauten mit $\vartheta \geq 19°C$ WSchVo, Anlage 1, Ziffer 1

Berechnung des Jahresheizwärmebedarfs		Ziffer 1.6
	$Q_H = 0,9 \cdot (Q_T + Q_L) - Q_i - Q_S$	Q_H Heizwärme je Jahr in kWh/a Q_T Transmissionswärmebedarf Q_L Lüftungswärmebedarf Q_S solarer Wärmegewinn Q_i interner Wärmegewinn 0,9 Teilbeheizungsfaktor

Transmissionswärmebedarf Q_T in kWh/a (Wärmeverluste über Außenflächen) Ziffer 1.6.1

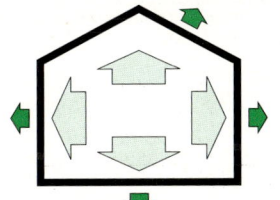	$Q_T = 84 \cdot (k_W \cdot A_W + k_F \cdot A_F + 0,8 \cdot k_D \cdot A_D + 0,5 \cdot k_G \cdot A_G + k_{DL} \cdot A_{DL} + 0,5 \cdot k_{AB} \cdot A_{AB})$
	84 Gradtagzahl in kWh/a W Außenwand und Wand neben nicht wärmegedämmtem Dachraum F Fenster und Türen, die beheizte Räume nach außen abgrenzen D nach außen abgrenzende wärmegedämmte Dachflächen DL nach unten gegen die Außenluft abgrenzende Decken G nicht an die Außenluft grenzende Decken und erdberührende Außenwände in beheizten Räumen AB Gebäudeteile mit wesentlich niedrigerer Temperatur

Abminderungsfaktoren C_{TD} für die k-Werte der Außenbauteile bei nicht beheizten Glasvorbauten

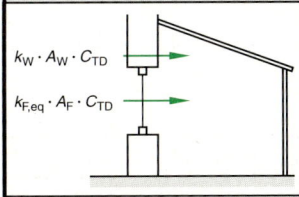	für Wärmeschutzglas $k_V \leq 2,0$ W/(m² · K)	$C_{TD} = 0,50$
$k_W \cdot A_W \cdot C_{TD}$ $k_{F,eq} \cdot A_F \cdot C_{TD}$	für Isolier- und Doppelverglasung	$C_{TD} = 0,60$
	für Einfachglas	$C_{TD} = 0,70$
	für sonstige Außenwandteile	nach anerkannten Regeln der Technik

Lüftungswärmebedarf		Ziffern 1.6.2 und 1.6.3
	$Q_L = 22,85 \cdot V_L$ oder $Q_L = 18,28 \cdot V$ mit $V_L = 0,8 \cdot V$	Q_L Lüftungswärmebedarf in kWh/a V_L Lüftungsvolumen in m³ V Raumvolumen in m³
	Abminderungsfaktoren C_L für den Lüftungswärmebedarf Q_L	
	bei mechanischer Lüftungsanlage, Wärmepumpe oder Wärmerückgewinnung > 65 %.	$C_L = 0,8$
	bei Abluftanlage ohne Wärmerückgewinnung	$C_L = 0,95$

3. Wärmeschutzverordnung für größere Neubauten mit $\vartheta \geq 19\ °C$ (Fortsetzung)   Anlage 1

Nutzbarer interner Wärmegewinn   Ziffer 1.6.5

Wärmegewinne nicht durch Heizung, sondern durch wärmeerzeugende elektrische Geräte wie etwa Herd, Kühlschrank, Kopierer, Glühbirne und durch menschliche Körperwärme.

	allgemein	Büro- und Verwaltungsgebäude		bei Raumhöhen $\leq 2,60$ m
	$Q_i \leq 8,0 \cdot V$	$Q_i \leq 10,0 \cdot V$	$Q_i \leq 31,25 \cdot A_N$	$Q_i \leq 25 \cdot A_N$

Q_i Nutzbarer interner Wärmegewinn in kWh/a
V beheiztes Raumvolumen in m³
A_N beheizte Gebäudenutzfläche in m²

Nutzbarer solarer Wärmegewinn durch Fenster   Ziffer 1.6.4

$Q_S = 0,46 \cdot \Sigma g \cdot I \cdot A_F$

Q_S nutzbarer solarer Wärmegewinn durch Fenster in kWh/a
g Gesamtenergiedurchlaßgrad der einzelnen Verglasungseinheiten
A_F senkrechte Fensterfläche in m²
I Strahlungsangebot in kWh/(m² · a)

Bedingungen: Glasanteil > 60 % des Bauteils, berücksichtigungsfähiger Fensteranteil $\leq 2/3$ der Wand, Abweichung der Senkrechten auf die Fensterfläche $\leq 45°$ von der jeweiligen Himmelsrichtung.

Strahlungsangebote I in kWh/(m² · a) abhängig von der Lage der Fensterfläche

Süden	Norden	Ost und West	NO, NW, SO, SW	in Dachflächenneigung		überwiegende Verschattung
				> 15°	< 15°	
400	160	275	I_{min}	wie senkrecht	275	160

Berechnung des Jahresheizwärmebedarfs mit im k_{eq}-Wert berücksichtigtem solaren Wärmegewinn

$Q_H = 0,9 \cdot (Q_{T(eq)} + Q_L) - Q_i$

Q_H Heizwärme je Jahr in kWh/a
$Q_{T(eq)}$ Transmissionswärmebedarf durch Wärmeverluste über Außenflächen mit solarem Wärmegewinn
Q_L Lüftungswärmebedarf
Q_i interner Wärmegewinn

Die Berechnung erfolgt wie zuvor (s. S. 41). Der solare Wärmegewinn wird jedoch nicht durch Q_S ermittelt sondern mit dem äquivalenten k-Wert der Fenster berücksichtigt (Berechnung s. S. 282).

Zur Überprüfung muss der Jahresheizwärmebedarf auf 1 m³ oder auf 1 m² umgerechnet werden: Ziffer 1.1

Q'_H für beliebige Raumhöhen in kWh/(m³ · a)		Q''_H für Raumhöhe $\leq 2,60$ m in kWh/(m² · a)	
$Q'_H = Q_H / V$ (nach Berechnung)	$Q'_{H\,max} = 13,82 + 17,32 \cdot A/V$ $Q'_H \leq Q'_{H\,max}$	$Q''_H = Q_H / A_N$ (nach Berechnung) $A_N = 0,32 \cdot V$	$Q''_{H\,max} = 43,19 + 54,12 \cdot A/V$ $Q''_H \leq Q''_{H\,max}$

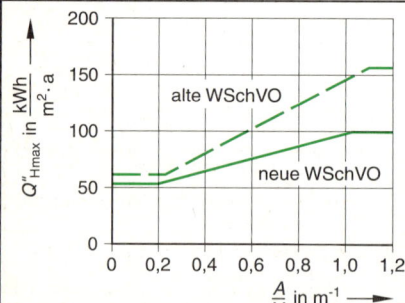

alte WSchVO
neue WSchVO

$Q''_{H\,max}$ in $\frac{kWh}{m^2 \cdot a}$

$\frac{A}{V}$ in m⁻¹

V beheiztes Volumen in m³, das von A umschlossen wird
A wärmeübertragende Umfassungsflächen in m²:
$\quad A = A_W + A_F + A_D + A_G + A_{DL}$
A_N beheizte Gebäudenutzfläche in m²

Ermittlung $Q'_{H\,max}$ in kWh/(m³ · a) und $Q''_{H\,max}$ in kWh/(m² · a)					
A/V in 1/m	$Q'_{H\,max}$	$Q''_{H\,max}$	A/V in 1/m	$Q'_{H\,max}$	$Q''_{H\,max}$
$\leq 0,2$	17,3	54,0	0,7	25,9	81,1
0,3	19,0	59,4	0,8	27,7	86,5
0,4	20,7	64,8	0,9	29,4	91,9
0,5	22,5	70,2	1,0	31,1	97,3
0,6	24,2	75,6	$\geq 1,05$	32,0	100,0

3. Wärmeschutzverordnung: Neubauten mit ϑ <19 °C · Anlage 2

Berechnung des Jahres-Transmissionswärmebedarfs Q_T in kWh/a (ohne Q_S) · Ziffer 2

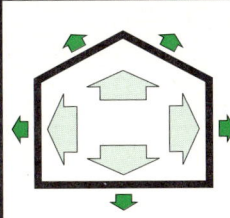

$$Q_T = 30 \cdot (k_W \cdot A_W + k_F \cdot A_F + k_{DL} \cdot A_{DL} + 0{,}8 \cdot k_D \cdot A_D + f_G \cdot k_G \cdot A_G + 0{,}5 \cdot k_{AB} \cdot A_{AB})$$

Bedingungen für den auf Q_T beschränkten Nachweis
- Neubauten mit einer Innentemperatur: 12 °C < ϑ < 19 °C
- Heizdauer je Jahr > 4 Monate
- f_G Reduktionsfaktor. Für gedämmte Fußböden ist $f_G = 0{,}5$

Allgemein gilt: $f_G = \dfrac{2{,}33}{\sqrt[3]{A_G}}$

Für ungedämmte Fußböden gelten die folgenden Werte

Gebäudegrundfläche A_G	Reduktionsfaktor f_G	Gebäudegrundfläche A_G	Reduktionsfaktor f_G
≤ 100 m²	0,50	2500 m²	0,17
500 m²	0,29	3000 m²	0,16
1000 m²	0,23	5000 m²	0,14
1500 m²	0,20	≥ 8000 m²	0,12
2000 m²	0,18		

Für Fußböden gegen das Erdreich $k_G ≤ 2{,}0$ W/(m² · K).

Maximaler Jahres-Transmissionswärmebedarf · Ziffer 1

$$Q'_T = \frac{Q_T}{V} \le 3{,}0 + 16 \cdot \left[\frac{A}{V}\right]$$

Q'_T auf das beheizte Bauwerksvolumen bezogen in kWh/(m³ · a)
Q_T Jahres-Transmissionswärmebedarf in kWh/a
V beheiztes Bauwerksvolumen in m³
A wärmeübertragende Umfassungsflächen in m²

Maximalwerte für den Jahres-Transmissionswärmebedarf Q'_T · Ziffer 1

A/V in 1/m	Q'_T in kWh/(m³ · a)	A/V in 1/m	Q'_T in kWh/(m³ · a)
≤ 0,20	6,20	0,70	14,20
0,30	7,80	0,80	15,80
0,40	9,40	0,90	17,40
0,50	1,0	≥ 1,00	19,00
0,60	12,60		

Zusätzliche Forderungen an den *k*-Wert und den *a*-Wert unabhängig vom Nachweisverfahren

Wärmeübertragende Umfassungsflächen vor Flächenheizung	$k_A ≤ 0{,}35$ W/(m² · K)
Fenster vor Heizkörper mit Abdeckung an der Heizkörperrückseite Heizkörperabdeckung	$k_F ≤ 1{,}5$ W/(m² · K) $k_{Ab} ≤ 0{,}9$ W/(m² · K)
Im Bereich der Rollladenkästen	$k_R ≤ 0{,}6$ W/(m² · K)
Gebäude mit Trennwänden: *k*-Wert aus Wand und Fensterfläche	$k_{(W+F)} ≤ 1{,}0$ W/(m² · K)

Fugendurchlasskoeffizient: Nachweis entfällt für Holzfenster nach DIN 68121, sonst nach DIN 18055.

Sommerlicher Wärmeschutz · Anlage 1, Ziffer 5

zu erfüllende Vorgabe	Anwendungsbereiche	Ausgenommen sind
$g_F \cdot f ≤ 0{,}25$	• Bei raumlufttechnischer Anlage mit Kühlung	• Nach Norden orientierte Fensterflächen
g_F Gesamtenergiedurchlassgrad f Fensterflächenanteil	• Fensterflächenanteil ≥ 50 % je zugehöriger Fassade	• Ganztägig verschattete Fensterflächen

Beim Einsatz von Sonnenschutzvorrichtungen muss der Abminderungsfaktor der Anlage $z ≤ 0{,}5$ sein.

1. Jahres-Transmissionswärmebedarf an wärmeübertragenden Umfassungswänden

$Q_T = 84 \cdot (k_W \cdot A_W + k_F \cdot A_F + 0{,}8 \cdot k_D \cdot A_D + 0{,}5 \cdot k_G \cdot A_G + k_{DL} \cdot A_{DL} + 0{,}5 \cdot k_{AB} \cdot A_{AB})$ in kWh/a

wärmeübertragende Umfassungsflächen		Fläche m^2	k-Wert W/m$^2 \cdot$K	Redukt. Fakt.C_{TD}	$Q = A \cdot k \cdot C$ W/K	Anmerkungen
Außenwände	A_W			1,0		an die Außenluft grenzend
Abseitenwände	A_W			0,8		am nicht ausgebauten Dachraum
Fensterflächen	A_F			1,0		ohne solaren Wärmegewinn:
Fenstertüren	A_F			1,0		Fenster- und Türflächen, die zu
Dachfenster	A_F			1,0		beheizende Räume nach außen
Außentüren	A_F			1,0		abgrenzen
Dachflächen	A_D			0,8		nach außen abgegrenzt und
Dachdeckenflächen	A_D			0,8		wärmegedämmt
Kellerdecken	A_G			0,5		bei unbeheizten Kellern
Boden auf Erdreich	A_G			0,5		bei beheizten Kellern
Wände am Erdreich	A_G			0,5		zusätzlich bei beheizten Kellern
Deckenflächen	A_{DL}			1,0		nach unten gegen die Außenluft
abgrenzende Flächen	A_{AB}			0,5		z. B. zu Treppen-, Lagerraum
A = Σ Bauteilflächen			Σ $(A \cdot k \cdot C_{TD})$ =			

Gesamt-Q_T = 84 · Σ $(A \cdot k \cdot C_{TD})$ = 84 ·   =   **kWh/a**

Wärmeübertragende Umfassungsflächen A und beheiztes Bauwerksvolumen V

$A =$	m^2	$V =$	m^3	$A/V =$	m^2 :	m^3 =	m^{-1}

2. Jahres-Lüftungswärmebedarf Q_L in kWh/a

$Q_L = 18{,}28 \cdot V = 18{,}28 \cdot$ m^3 =   kWh/a

Lüftungsart	Redukt. Fakt. C	$Q_L \cdot C$	Anmerkungen
natürliche Lüftung	1,00		ohne mech. betriebene Lüftungsanlage
mech.Lüftung m. Wärmerückgew.	0,80		je kWh Aufwand ≤ 5 kWh nutzbare Wärme
Anlagen mit Wärmepumpen	0,80		je kWh Aufwand ≤ 4 kWh nutzbare Wärme
Lüftung mit Abluftanlage	0,95		

Gesamt-Q_L = Σ $(Q_L \cdot C)$ =   **kWh/a**

3. Nutzbare interne Wärmegewinne Q_i in kWh/a

$Q_i =$ Faktor · V

Gebäudeart	Faktor	Faktor · V	Anmerkungen
Büro- oder Verwaltungsgebäude	10		ausschließlich, zweckgeb. Nutzung
allgemeine Gebäude	8		keine büroähnliche Nutzung

Gesamt-Q_i =   **kWh/a**

4. Nutzbare solare Wärmegewinne Q_S in kWh/a

$$Q_S = 0,46 \cdot (\, 400 \cdot g_{F(Süd)} \cdot A_{F(Süd)} + 275 \cdot g_{F(West)} \cdot A_{F(West)} + 275 \cdot g_{F(Ost)} \cdot A_{F(Ost)} + 160 \cdot g_{F(Nord)} \cdot A_{F(Nord)}) \text{ in kWh/a}$$

Bauteil	I kWh/m²·a	g-Wert	A_F m²	$I \cdot g \cdot A_F$ kWh/a	Anmerkungen
Südfenster	400				Orientierung mit einer Abweichung der
Westfenster	275				Senkrechten auf die Fensterfläche von
Ostfenster	275				nicht mehr als 45° von der jeweiligen
Nordfenster	160				Himmelsrichtung
Dachfenster					Dachneigung >15°, $I \Rightarrow$ Himmelsrichtung
Dachfenster	275				Dachflächenneigung < 15°
Sonst. Fenster	160				Fenster mit überwiegender Verschattung
		$\Sigma \, I \cdot g \cdot A_F =$			

Gesamt-Q_S = 0,46 · $\Sigma \, I \cdot g \cdot A_F$ = 0,46 · _____ = _____ kWh/a

5. Jahresheizwärmebedarf $Q_H = 0,9 \cdot (Q_T + Q_L) - (Q_i + Q_S)$

$Q_H = 0,9 \cdot ($ _____ $+$ _____ $) - ($ _____ $+$ _____ $) =$ _____ kWh/a

6. Auf das Volumen bzw. die Fläche bezogener Jahres-Heizwärmebedarf

Bezugsgröße: Gebäudevolumen kWh/(m³·a)	Bezugsgröße: Gebäudenutzfläche kWh/(m²·a)
$Q'_H = Q_H : V =$ _____ : _____ =	Wenn lichte Raumhöhe ≤ 2,60 m $Q''_H = Q_H : A_N =$ _____ : _____ =

7. Max. zulässiger auf das Volumen bzw. die Fläche bezogener Jahres-Heizwärmebedarf

Bezugsgröße: Gebäudevolumen kWh/(m³·a)	Bezugsgröße: Gebäudenutzfläche kWh/(m²·a)
$Q'_{Hmax} = 13,82 + 17,32 \cdot A/V$ 13,82 + 17,32 · _____ =	$Q''_{Hmax} = 43,19 + 54,12 \cdot A/V$ 43,19 + 54,12 · _____ =

Für $A/V \leq 0,20$ gilt: $Q'_{Hmax} = 17,3$ und $Q''_{Hmax} = 54$. Für $A/V \geq 1,05$ gilt: $Q'_{Hmax} = 32$ und $Q''_{Hmax} = 100$.

8. Gegenüberstellung von vorhandenem und max. zulässigem Jahres-Heizwärmebedarf

Volumenbezogene Werte	Flächenbezogene Werte
_____ < _____	_____ < _____
Die 3. WSchVO wird erfüllt/nicht erfüllt.	**Die 3. WSchVO wird erfüllt/nicht erfüllt.**

9. Zusatzanforderungen an die Wärmedurchgangskoeffizienten W/(m²·K)

wärmeübertragende Umfassungsflächen vor Flächenheizung	Fenster vor Heizkörper mit Abdeckung an Heizkörperrückseite	im Bereich von Rollladenkästen	Gebäude mit zwei Trennwänden: k-Wert aus Wand- und Fensterfläche
$k_A =$ _____ ≤ 0,35	$k_F =$ _____ ≤1,5 $k_{Ab} =$ _____ ≤0,9	$k =$ _____ ≤0,6	$k_{(W+F)} =$ _____ ≤1,0

Schalltechnische Grundlagen	DIN 4109

Definition des Schalls	Schalldruckdiagramm bei Luftschwingungen
• Schall entsteht durch mechanische Schwingungen in einem Medium. • In der Bauakustik ist das Medium Luft oder ein Teil des Baukörpers. • Schallschwingungen können mit dem Ohr gehört oder mit technischen Geräten nachgewiesen werden.	 p Schalldruck in Pascal (Pa); Δp Schalldruckdifferenz in Pa

Begriffe	Graphische Darstellungen	Erläuterungen
Luftschall		Schall, der sich in der Luft ausbreitet. Diese Schallart wird vom Menschen am häufigsten wahrgenommen. Beispiele: Sprechen, Straßenlärm, Musik, Maschinenlärm u. a. m.
Körperschall		Schall, der sich in festen Stoffen ausbreitet. Er muss vor allem im Hochbau beachtet werden, weil Decken und Wände die Schwingungen sehr gut übertragen und anschließend an die Luft abstrahlen.
Trittschall		Schall, der beim Begehen einer Decke, Treppe o. Ä. als Körperschall entsteht und teilweise als Luftschall in einen darunter liegenden oder anderen Raum abgestrahlt wird.
Frequenz f		Anzahl der Schallschwingungen in einer Sekunde. Maßeinheit: Hertz (Hz). 1 Hz = 1 Schwingung je Sekunde = 1/s. Für die Bauakustik wichtiger Bereich: 100 bis 3200 Hz.
Ton		Ein einfacher oder reiner Ton entsteht aus der Schallschwingung mit sinusförmigem Verlauf
Geräusch		Schall, der sich aus vielen unterschiedlichen Teiltönen zusammensetzt.
Tonhöhe		Niedrige Frequenzen erzeugen tiefe Töne, hohe Frequenzen hohe Töne. Infraschall: 0 bis 16 Hz, Hörbereich: 16 bis 16000 Hz Ultraschall: 16000 bis 100000 Hz
Schalldruckpegel L_P		$L_P = 20 \cdot \lg \dfrac{p}{p_0}$ in dB p Schalldruck in Pa $p_0 = 20\ \mu Pa$ dB Dezibel
Lautstärkepegel, Lautstärke		Die Lautstärke wird international in dB(A) als Lautstärkepegel angegeben. Der A-Schallpegel L ist der mit der Bewertungskurve A nach DIN 45633-1 bewertete Schallpegel.
Wellenlänge λ		$\lambda = \dfrac{c}{f}$ c Schallgeschwindigkeit in m/s f Frequenz in 1/s λ gibt den Abstand zwischen zwei aufeinander folgenden Wellenbergen an.

Schallempfindung des Menschen

- Der Mensch empfindet niedere Schalldruckfrequenzen (tiefe Töne) weniger laut als hohe Frequenzen. Mit dem Schalldruckpegel der Bewertungskurve A wird die subjektive Eigenschaft nahezu ausgeglichen
- Oberhalb von 40 dB empfindet der Mensch eine Zunahme um 10 dB als doppelt so laut..

Lautstärkepegelkurven für Sinustöne (reine Töne)

Diagramm	Erläuterungen
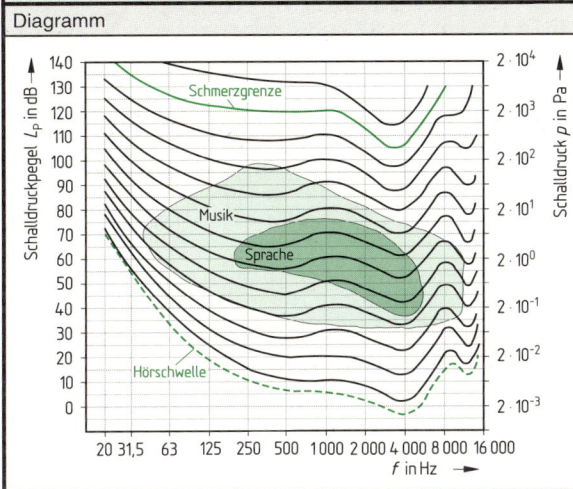	• Die Diagrammdarstellung bezieht sich auf Personen mit normal empfindendem Gehör • Die Lautstärke des Schalls wird durch Hörvergleiche mit dem Normalschall ermittelt. Unter Normalschall ist eine eben fortschreitende Schallwelle von 1000 Hz zu verstehen, die von vorne beim Hörer ankommt. • Ist der effektive Schalldruck p gleich dem Bezugsschalldruck p_0, so hat der Lautstärkepegel den Wert Null phon.

Schallschutz

Schallschutz

↓ Primäre Maßnahmen

Maßnahmen gegen die Schallentstehung

↓ Sekundäre Maßnahmen

Verminderung der Schallübertragung

↓ Schalldämmung
- Luftschall
- Körperschall

Schallquelle und Hörer befinden sich in verschiedenen Räumen

↓ Schallabsorption

Schallquelle und Hörer befinden sich in demselben Raum

Übertragungswege des Luftschalls

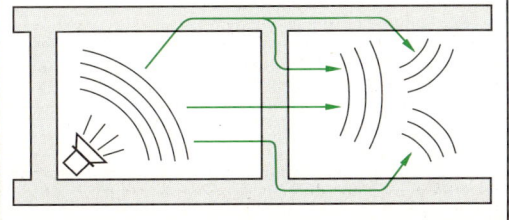

1. Das Trennelement und die flankierenden Bauteile werden durch Luftschallschwingungen angeregt.
2. Es folgt eine Schwingungsübertragung in den angeregten Medien.
3. Die Bauteile strahlen die Schwingungen schließlich als Luftschall in den Empfangsraum ab.

Schallschutz

Art der Schalldämmung	Geforderte Materialeigenschaften und Konstruktionshinweise
Luftschalldämmung Schalldämmmaß R	• Große flächenbezogene Masse • Angemessene Biegesteifigkeit • Geeigneter Anschluss an flankierende Bauteile beachten
Trittschalldämmung Trittschallminderung ΔL	• Biegeweicher Werkstoff, z. B. weichfedernder Bodenbelag • Anschluss an flankierende Bauteile sind zu beachten
Schallabsorption (Schallschluckung)	Gering schallreflektierende Oberfläche mit geringer Nachhallzeit T, z. B. weiche, rauhe Werkstoffe

Berechnung der Luftschalldämmung   DIN 4109

Luftschalldämmung D_n zwischen zwei Räumen		Schalldämmmaß R von Bauteilen
$D_n = (L_1 - L_2) - 10 \cdot \lg \dfrac{A}{A_0}$	$A = 0{,}136 \cdot \dfrac{V}{T}$	$R = (L_1 - L_2) + 10 \cdot \lg \dfrac{S}{A}$

D_n	Norm-Schallpegeldifferenz in dB	R	Schalldämmmaß in dB
L_1	Schallpegel im Senderaum in dB	S	Prüffläche des Bauteils in m^2
L_2	Schallpegel im Empfangsraum in dB	V	Raumvolumen in m³
A	äquivalente Schallabsorptionsfläche in m^2	T	Nachhallzeit in s (Zeitspanne bis der Schall-
A_0	vereinbarte Bezugs-Absorptionsfläche in m^2		druckpegel um 60 dB gefallen ist).

Bewertetes Schalldämmmaß R_w DIN 4109 und DIN 52210

Das subjektive Schallempfinden des Menschen ist frequenzabhängig (s. S. 47). Die frequenzabhängige Schalldämmung wird darum auf Bewertungskurven nach DIN 52210 bezogen bzw. auf eine Sollkurve nach DIN 4109 abgestimmt. Man erhält so das bewertete Schalldämmmaß R_w.

Vorgehensweise zur Ermittlung des bewerteten Schalldämmmaßes R_w	Beispiel für die Bewertung der Luftschalldämmung einer Isolierglasscheibe
1. Ermittlung von frequenzabhängigen Schalldämmmesswerten an einem Bauteil. 2. Darstellung der Messwerte mit einer „Messkurve" M. 3. Gleichmäßiges Verschieben der Bewertungskurve nach DIN 52210 über die Messkurve mit einer zulässigen mittleren Unterschreitung von 2 dB. Nach der verschobenen Bewertungskurve B wird das Bauteil bewertet. 4. Ablesen des bewerteten Schalldämmmaßes R_w bei der Frequenz 500 Hz an der Bewertungskurve. Die so erhaltene Einzahlangabe (Angabe der frequenzabhängigen Schalldämmung mit nur einem Zahlenwert) dient in der Praxis als Schalldämmwert des Bauteils.	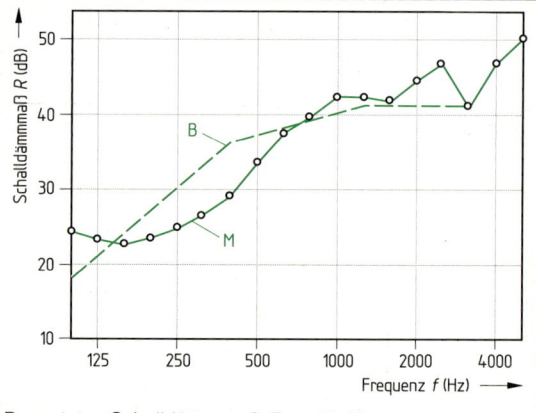 Bewertetes Schalldämmmaß R_w = 37 dB

Kennzeichnende Größen für die Luft- und Trittschalldämmung in dB von Bauteilen   DIN 4109

R_w	Bewertetes Schalldämm-Maß ohne Schallübertragung über flankierende Bauteile
R'_w	Bewertetes Schalldämm-Maß mit Schallübertragung über flankierende Bauteile
$R_{w,res}$	Resultierendes Schalldämm-Maß eines zusammengesetzten Bauteils, z. B. Wand und Fenster
$L_{n,w}$	Bewerteter Norm-Trittschallpegel (TSM: Trittschallschutzmaß)

Grundbegriffe und Symbole

Begriff	Grafische Darstellung	Berechnungsformeln, Erläuterungen
Stromkreis		Stromfluss ist Elektronenfluss im geschlossenen Stromkreis

		geschloss. Stromkreis	Spannungsquelle	Glühlampe

Stromstärke		$I = Q : t$
		I Stromstärke in A (Ampere); t Zeit in s
		Q elektrische Ladung in A · s oder C (Coulomb)
		Die Stromstärke gibt die Menge der elektrischen Ladungen an, die in einer Sekunde durch einen Leiterquerschnitt fließt.
Spannung		U Spannung in V (Volt)
		Unterschied der elektrischen Ladungsdichte zwischen zwei Punkten innerhalb eines Stomkreises.
		Übliche Spannung: 230 V.
Widerstand	R	$R = \dfrac{\varrho \cdot l}{A}$
		R Widerstand in Ω (Ohm); ϱ spez. Widerstand in $\Omega \cdot mm^2/m$
		l Leiterlänge in m; A Leiterquerschnitt in mm^2
		Der elektrische Widerstand entsteht durch die Reibung der Elektronen im Stoffgefüge des Leiters.
Gleichstrom		Elektronenbewegung nach der „gleichen" Richtung.
		Beispiel: Batterie
Wechselstrom		Elektronenbewegung mit periodischem Wechsel der Bewegungsrichtung. Die Anzahl der Bewegungsänderungen je Sekunde (Frequenz) hat die Einheit Hertz (Hz).
		Übliche Frequenz: 50 Hz. Anwendung: Motoren.
Drehstrom		Drei um 120° verschobene Wechselströme gleicher Frequenz und gleicher Größe bilden in den Wicklungen eines Drehstommotors ein umlaufendes („drehendes") Magnetfeld.
		Übliche Spannung: 400 V.
		Anwendung: Leistungsstarke Motoren.

Stern-schaltung		$U = \sqrt{3} \cdot U_{Str}$	$I = I_{Str}$
		U Leiterspannung $\quad U_{Str}$ Strangspannung	
		I Leiterstromstärke $\quad I_{str}$ Strangstromstärke	
		Die Außenleiter L1, L2 und L3 werden mit dem Neutralleiter N im Sternpunkt verbunden.	
		Übliche Strangspannung U_{Str} = 230 V.	

Dreieck-schaltung		$U = U_{Str}$	$I = \sqrt{3} \cdot I_{Str}$
		U Leiterspannung $\quad U_{Str}$ Strangspannung	
		I Leiterstromstärke $\quad I_{str}$ Strangstromstärke	
		Die Enden der drei Außenleiter L1, L2 und L3 werden miteinander verbunden.	
		Übliche Strangspannung U_{Str} = 400 V.	

Elektrotechnische Berechnungen

Ohmsches Gesetz

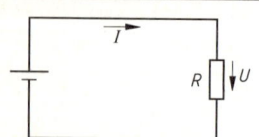

$R = \dfrac{U}{I}$	$U = R \cdot I$	$I = \dfrac{U}{R}$

U Spannung in V (Volt)
R Widerstand in Ω (Ohm)
I Stromstärke in A (Ampere)

Reihenschaltung von Widerständen

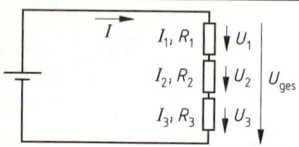

$R_{ges} = R_1 + R_2 + R_3$	$U_{ges} = U_1 + U_2 + U_3$	$I = I_1 = I_2 = I_3$

R_{ges} Gesamtwiderstand in Ω
R_1; R_2; R_3 Einzelwiderstände in Ω
U_{ges} Gesamtspannung in V
I_1; I_2; I_3 Einzelstromstärke in A

Parallelschaltung von Widerständen

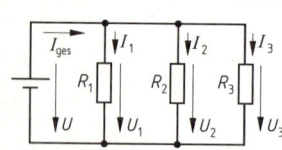

$\dfrac{1}{R_{ges}} = \dfrac{1}{R_1} + \dfrac{1}{R_2} + \dfrac{1}{R_3}$	$I_{ges} = I_1 + I_2 + I_3$	$U = U_1 = U_2 = U_3$

R_{ges} Gesamtwiderstand in Ω
R_1; R_2; R_3 Einzelwiderstände in Ω
I_{ges} Gesamtstromstärke in A
U_1; U_2; U_3 Einzelspannung in V

Elektrische Leistung

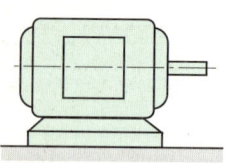

Gleichstrom	$P = U \cdot I$	$P = I^2 \cdot R$	$P = \dfrac{U^2}{R}$
Wechselstrom	$P = U \cdot I \cdot \cos\varphi$		
Drehstrom	$P = U \cdot I \cdot \cos\varphi \cdot \sqrt{3}$		

P Leistung in W (Watt) $\cos\varphi$ Leistungsfaktor
U Spannung in V
I Stromstärke in A $\sqrt{3}$ Verkettungsfaktor
R Widerstand in Ω

Elektrische Arbeit

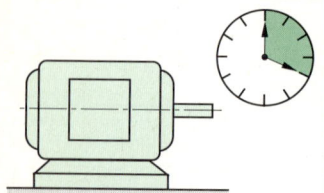

Gleichstrom	$W = P \cdot t$	$W = U \cdot I \cdot t$
Wechselstrom	$W = P \cdot \cos\varphi \cdot t$	$W = U \cdot I \cdot \cos\varphi \cdot t$
Drehstrom	$W = P \cdot \cos\varphi \cdot \sqrt{3} \cdot t$	$W = U \cdot I \cdot \cos\varphi \cdot \sqrt{3} \cdot t$

W Arbeit in Ws (Wattsekunden) I Stromstärke in A
t Zeit in s $\cos\varphi$ Leistungsfaktor
P Leistung in W
U Spannung in V $\sqrt{3}$ Verkettungsfaktor

Stromkosten

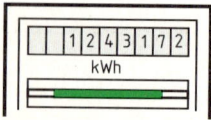

Arbeitspreis = Arbeit in kWh × Preis je kWh

Grundpreis + Arbeitspreis + Mehrwertsteuer = Gesamtkosten	**Arbeitspreis**: Kosten für die verbrauchte elektrische Arbeit **Grundpreis:** z. B. Anschlussgebühren und Zählermiete

Kennfarben für Niederspannungssicherungen DIN VDE 0636-1, 0636-21, 0636-31, 0636-41

Rosa	Braun	Grün	Rot	Grau	Blau	Gelb	Schwarz	Weiß	Kupfer	Silber	Rot
2 A	4 A	6 A	10 A	16 A	20 A	25 A	35 A	50 A	63 A	80 A	100 A

Schutzsymbole

Gehäuseschutz (Auszug)						DIN VDE 0470-1		Schutzklassen	
								I	II
tropfwas-serge-schützt	regenge-schützt	spritz-wasser-geschützt	strahl-wasser-geschützt	wasser-dicht	druck-wasser-dicht	staubge-schützt	staub-dicht	Anschluss für Schutz-leiter	zusätzli-che Iso-lierung

Kennfarben blanker und isolierter Leiter

Strom-system	Leiterbe-zeichnung	Kurzzei-chen	Kennfarbe	Leiterbe-zeichnung	Kurzzei-chen	Symbol	Farbe
Gleich-strom	positiv negativ Mittelleiter	L+ L− M	nicht festgelegt nicht festgelegt hellblau	Neutralleiter mit Schutz-funktion	PEN		Grün-gelb
Einphasen-Wechsel-strom	Außenleiter	L1 L2 L3	nicht festgelegt	Schutzleiter	PE		Grün-gelb
	Neutralleiter	N	hellblau	Erde	E		nicht fest-gelegt

Installationszonen in Wohnungen DIN 18015-3

Vorzugsmaße für Wohnräume	Vorzugsmaße für Küchen, Hausarbeitsräume u. Ä.
Maße in cm	Maße in cm

Installationszonen
Vorzugsmaße für elektrische Leitungen
Vorzugshöhe für Schalter
Vorzugshöhen für Steckdosen

Kennzeichen von Leuchten · DIN VDE 0100-559

Kennzeichen	Leuchten mit folgenden Lampen	Eignung
▽F	Entladungslampen, z. B. Leucht-stofflampen • Normaltemperatur ≤ 130 °C	Für die direkte Montage auf schwer- und normalentflammbare Baustoffe der Baustoffklassen B1 und B2 (DIN 4102-4).
▽M	• Temperatur im Fehlerfall ≤ 180 °C	Für die direkte Montage auf Werkstoffe der Baustoffklassen B1 und B2, auch wenn sie beschichtet, furniert und lackiert sind, z. B. Holz oder Holzwerkstoffe von Möbeln.
▽F ▽F	Entladungs- oder Glühlampen • Auftretende Temperaturen dürfen Fasern und brennbare Stäube nicht entzünden.	Für die Montage in staub- und faserstoffgefährdeten Betriebsstätten.
▽M ▽M	Entladungs- oder Glühlampen • Temperatur im Fehlerfall ≤ 115 °C an der Befestigungsfläche.	Für die direkte Montage auf Möbeln und Einrichtungsgegenständen aus Werkstoffen mit nicht bekanntem Brandverhalten, auch wenn sie beschichtet, furniert oder lackiert sind.

Einzuhaltende Leuchtenabstände in mm · Herstellerangaben

Leuchtstoffröhren			Halogenleuchten	
seitlicher Abstand	Parallelmontage	im Lichtschacht	seitlicher Abstand	im Lichtschacht
≥ 10	≥ 80	≥ 80 ≥ 80	≥ 30	≥ 30 ≥ 30

Leitungsverlegung in Hohlwänden · DIN VDE 0100-730

Hohlwände entstehen durch Abdeckungen mit Platten, die z. B. aus Holz, Gips-Bauplatten, Metallen oder Kunststoffen bestehen können. Die elektrischen Betriebsmittel sind entweder im Hohlraum angeordnet, oder sie ragen in den Hohlraum hinein, z. B. bei Abzweig- und Gerätedosen.

Betriebsmittel	Forderungen
Leitung	• Umhüllungen der Leitungen müssen aus flammwidrigen Kunststoffen (z. B. PVC) bestehen. Die Verlegung von Mantelleitungen wird empfohlen. • Stegleitungen dürfen nicht verwendet werden. • Anschlussstellen bei nicht fest verlegten Leitungen müssen zugentlastet sein.
Abzweigdose, Steckdose, Anschluss-dose, Verteiler	• Einsätze für Unterputzmontage dürfen nicht mit Krallen in der Dose befestigt werden. • Hohlwanddosen müssen die Kennzeichnung H tragen. • Hohlwanddosen und Kleinverteiler ohne die Kennzeichnung H müssen mit 12 mm dickem Fibersilikat bzw. gleichwertigem Stoff umhüllt oder in 100 mm Glas- oder Steinwolle eingebettet werden. Dies gilt für Hohlwände aus vorwiegend brennbaren Stoffen oder wenn sich in den Hohlwänden leicht entzündliche Stoffe befinden, z. B. aufgeschäumte Kunststoffe mit Entzündungstemperaturen < 200 °C.

Mineralwolle — 100

Fibersilikat — 12

Chemische Elemente

Element	Kurz-zeichen	Ord-nungs-zahl	relative Atom-masse	Element	Kurz-zeichen	Ord-nungs-zahl	relative Atom-masse
Actinium [1]	Ac	89	(227)	Mandelevium [1]	Md	101	(256)
Aluminium	Al	13	26,982	Molybdän	Mo	42	95,94
Americium [1]	Am	95	(243)	Natrium	Na	11	22,99
Antimon	Sb	51	121,75	Neodym	Nd	60	144,24
Argon	Ar	18	39,948	Neon	Ne	10	20,183
Arsen	As	33	74,922	Neptunium [1]	Np	93	(237)
Astat [1]	At	85	(210)	Nickel	Ni	28	58,71
Barium	Ba	56	137,34	Niob	Nb	41	92,906
Beryllium	Be	4	9,012	Nobelium	No	102	(253)
Berkelium [1]	Bk	97	(247)	Osmium	Os	76	190,2
Bismut (Wismut)	Bi	83	208,98	Palladium	Pd	46	106,4
Blei	Pb	82	207,19	Phosphor	P	15	30,974
Bor	B	5	10,811	Platin	Pt	78	195,09
Brom	Br	35	79,909	Plutonium [1]	Pu	94	(242)
Cadmium	Cd	48	112,40	Polonium [1]	Po	84	(209)
Caesium	Cs	55	132,905	Praseodym	Pr	59	140,907
Calcium	Ca	20	40,08	Promethium [1]	Pm	61	(147)
Californium [1]	Cf	98	(251)	Protactinium [1]	Pa	91	(231)
Cer	Ce	58	140,12	Quecksilber	Hg	80	200,59
Chlor	Cl	17	35,453	Radium	Ra	88	226,04
Chrom	Cr	24	51,996	Radon [1]	Rn	86	(222)
Cobalt	Co	27	58,933	Rhenium	Re	75	186,2
Curium [1]	Cm	96	(247)	Rhodium	Rh	45	102,905
Dysprosium	Dy	66	162,50	Rubidium	Rb	37	85,47
Einsteinium [1]	Es	99	(254)	Ruthenium	Ru	44	101,07
Eisen	Fe	26	55,847	Samarium	Sm	62	150,35
Erbium	Er	68	167,26	Sauerstoff	O	8	15,999
Europium	Eu	63	151,96	Scandium	Sc	21	44,956
Fermium [1]	Fm	100	(253)	Schwefel	S	16	32,064
Fluor	F	9	18,998	Selen	Se	34	78,96
Francium [1]	Fr	87	(223)	Silber	Ag	47	107,87
Gadolinium	Gd	64	157,25	Silicium	Si	14	28,086
Gallium	Ga	31	69,72	Stickstoff	N	7	14,007
Germanium	Ge	32	72,59	Strontium	Sr	38	87,62
Gold	Au	79	196,967	Tantal	Ta	73	180,948
Hafnium	Hf	72	178,49	Technetium [1]	Tc	43	(99)
Helium	He	2	4,003	Tellur	Te	52	127,6
Holmium	Ho	67	164,930	Terbium	Tb	65	158,924
Indium	In	49	114,82	Thallium	Tl	81	204,37
Iod	I	53	126,904	Thorium	Th	90	232,038
Iridium	Ir	77	192,2	Thulium	Tm	69	168,934
Kalium	K	19	39,102	Titan	Ti	22	47,90
Kohlenstoff	C	6	12,011	Uran	U	92	238,03
Krypton	Kr	36	83,80	Vanadium	V	23	50,942
Kupfer	Cu	29	63,54	Wasserstoff	H	1	1,008
Kurtschatowium [1]	Ku	104	( )	Wolfram	W	74	183,85
Lanthan [1]	La	57	138,91	Xenon	Xe	54	131,3
Lawrencium	Lr	103	( )	Ytterbium	Yb	70	173,04
Lithium	Li	3	6,939	Yttrium	Y	39	88,905
Lutetium	Lu	71	174,97	Zink	Zn	30	65,37
Magnesium	Mg	12	24,312	Zinn	Sn	50	118,69
Mangan	Mn	25	54,938	Zirkonium	Zr	40	91,22

[1] Die Elemente sind künstlich hergestellt.

Chemische Grundbegriffe (Auswahl)

Begriff	Definition und Erläuterung	Beispiele
Element	Grundstoff, der sich nicht aus anderen Stoffen zusammensetzt	Wasserstoff
Symbol	Kurzzeichen (Buchstaben) zur Kennzeichnung der Elemente	H, O, C, Na, Cl, Zn, Fe
Atom	Kleinstes, chemisch nicht weiter zerlegbares Teilchen, das im Normalzustand nach außen elektrisch neutral ist Zahl der Protonen = Zahl der Elektronen	
Proton	Positiv geladenes Elementarteilchen des Atomkerns Protonenzahl = Kernladungszahl Z = Ordnungszahl	
Elektron	Negativ geladenes Teilchen. Elektronenzahl = Protonenzahl	
Neutron	Neutrales Teilchen des Atomkerns (nicht bei allen Elementen)	
Nukleonen	Protonen und Neutronen, Nukleonenzahl A = Massenzahl	
Isotope	Atome desselben Elements mit verschiedener Neutronenzahl.	
Kennzeichnung von Atomen	E Kurzzeichen des Elements (Symbol) A Nukleonenzahl (Massenzahl) Z Protonenzahl (Ordnungszahl)	$^{A}_{Z}E$
Molekül	Kleinste Einheit einer chemischen Verbindung (aus gleichen oder unterschiedlichen Atomen bestehend)	O_2 H_2O
Ion	Atom oder Molekül, das nach außen nicht ladungsneutral ist Zahl von Protonen $\neq$ Zahl der Elektronen Positiv: bei Elektronenmangel (Kation) Negativ: bei Elektronenüberschuss (Anion)	$NaCl \Rightarrow Na^+ + Cl^-$
Verbindung	Aus verschiedenen Elementen aufgebauter neuer Stoff	$Na + Cl \Rightarrow NaCl$
Synthese	Aufbau einer Verbindung	$Na + Cl \Rightarrow NaCl$
Analyse	Ermittlung der chemischen Bestandteile einer Verbindung	$NaCl \Rightarrow Na + Cl$
Wertigkeit oder Valenz	Zahl der Elektronen, die ein Atom abgeben, aufnehmen oder zur gemeinsamen Benutzung mit einem anderen Atom bereitstellen kann. Viele Elemente können verschiedene Wertigkeiten einnehmen, Cl z. B. kann ein-, drei-, fünf- und siebenwertig sein.	einwertig — H, Na zweiwertig — O, Fe dreiwertig — Al, Fe vierwertig — C, Si
Legierung	Mischung von verschiedenen Metallen	CuZn
Oxidation	• Verbindung eines Stoffes mit Sauerstoff • Abgabe von Elektronen durch ein Atom oder Ion	$2 H_2 + O_2 \Rightarrow 2 H_2O$ $Zn - 2e \Rightarrow Zn^{2+}$
Reduktion	• Abgabe von Sauerstoff • Aufnahme von Elektronen durch ein Atom oder Ion	$2H_2O \Rightarrow 2 H_2 + O_2$ $Zn^{2+} + 2e \Rightarrow Zn\cdot$
Säure	• Verbindung eines Nichtmetalls mit Wasserstoff • Verbindung eines Nichtmetalloxids mit Wasser Kennzeichen: H^+-Ion	$Cl + H \Rightarrow HCl$ $SO_3 + H_2O \Rightarrow H_2SO_4$
Lauge (Base)	Verbindung von Metalloxiden mit Wasser Kennzeichen: OH^--Ion	$CaO + H_2O \Rightarrow Ca(OH)_2$
pH-Wert	Maß für den Anteil an H^+-Ionen bzw. OH^--Ionen. • pH 7: Anteil an H^+-Ionen und OH^--Ionen ist gleich (Wasser) • pH < 7: Anteil an H^+-Ionen überwiegt bei Säuren • pH > 7: Anteil an OH^--Ionen überwiegt bei Laugen	0 bis 14
Salze	• Anstelle des Wasserstoffs einer Säure steht meist ein Metall. • Salze sind Verbindungen von Kationen mit Anionen.	$NaCl$, $CaCO_3$, $ZnCl_2$, $CuSO_4$, $Na^+ + Cl^- \Rightarrow NaCl$

Proton · Neutron · Elektron

Kohlenwasserstoffverbindungen

Möglichkeiten für gesättigte Kohlenstoff-Wasserstoff-Verbindungen (Strukturformeln)

Einfachbindungen	Doppelbindung	Dreifachbindung	Ringbindung
H H │ │ H — C — C — H │ │ H H	H H │ │ C = C │ │ H H	H — C = C — H	(Benzolring)
C_2H_6 Äthylen (Gas)	C_2H_4 Ethylen (Gas)	C_2H_2 Acethylen (Gas)	C_6H_6 Benzol (flüssig)

Mehrfachbindungen lassen sich aufspalten. Frei werdende „Bindungsarme" können andere „aktivierte" Moleküle an sich binden. Es entstehen Makromoleküle nach folgenden drei Verfahren:

Verfahren	Polymerisation	Polyaddition	Polykondensation
vereinfachte Darstellung: Molekülketten als Linien	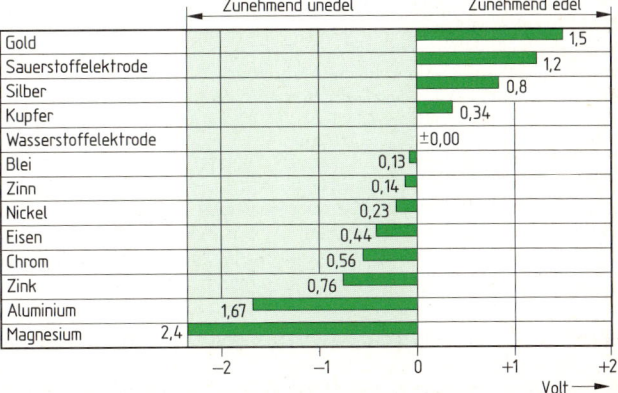		
Beschreibung der Makromoleküle	Lange Makromolekülketten aus vielen, meist gleichen ungesättigten Kohlenwasserstoffmolekülen	Verzweigte oder vernetzte Makromoleküle aus meist verschiedenen Einzelmolekülen	Verzweigte oder vernetzte Makromoleküle aus meist verschiedenen Einzelmolekülen unter Abspaltung von Atomgruppen, z. B. Wasser
Beispiele	**PVC**: Polyvinylchlorid **PVAC**: Polyvinylacetat **PS**: Polystyrol **PMMA**: Polymethylmethacrylat	**PUR**: Polyurethan **EP**: Epoxidharz	**UF**: Harnstoffformaldehyd **MF**: Melaminformaldehyd **PF**: Phenolformaldehyd **RF**: Resorcinformaldehyd **UP**: ungesättigter Polyester

Korrosion von Metallen

Chemische Korrosion	Elektrochemische Spannungsreihe der Metalle
• Metalle verbinden sich mit Sauerstoff • Bei Nichteisenmetallen entsteht eine geschlossene Oxidationsschicht • Bei Eisenmetallen ensteht eine poröse Oxidationsschicht (Rostschicht) **Elektrochemische Korrosion und Kontaktkorrosion** Bei einer leitenden Verbindung zwischen zwei Metallen mit unterschiedlichen Spannungswerten entsteht ein galvanisches Element. Dabei geht das unedlere Metall in Lösung.	Zunehmend unedel ← → Zunehmend edel Gold 1,5 Sauerstoffelektrode 1,2 Silber 0,8 Kupfer 0,34 Wasserstoffelektrode ±0,00 Blei 0,13 Zinn 0,14 Nickel 0,23 Eisen 0,44 Chrom 0,56 Zink 0,76 Aluminium 1,67 Magnesium 2,4 −2 −1 0 +1 +2 Volt →

Wesentliche Baugruppen und Funktionseinheiten eines Personalcomputers (Hardware)

Funktionale Struktur

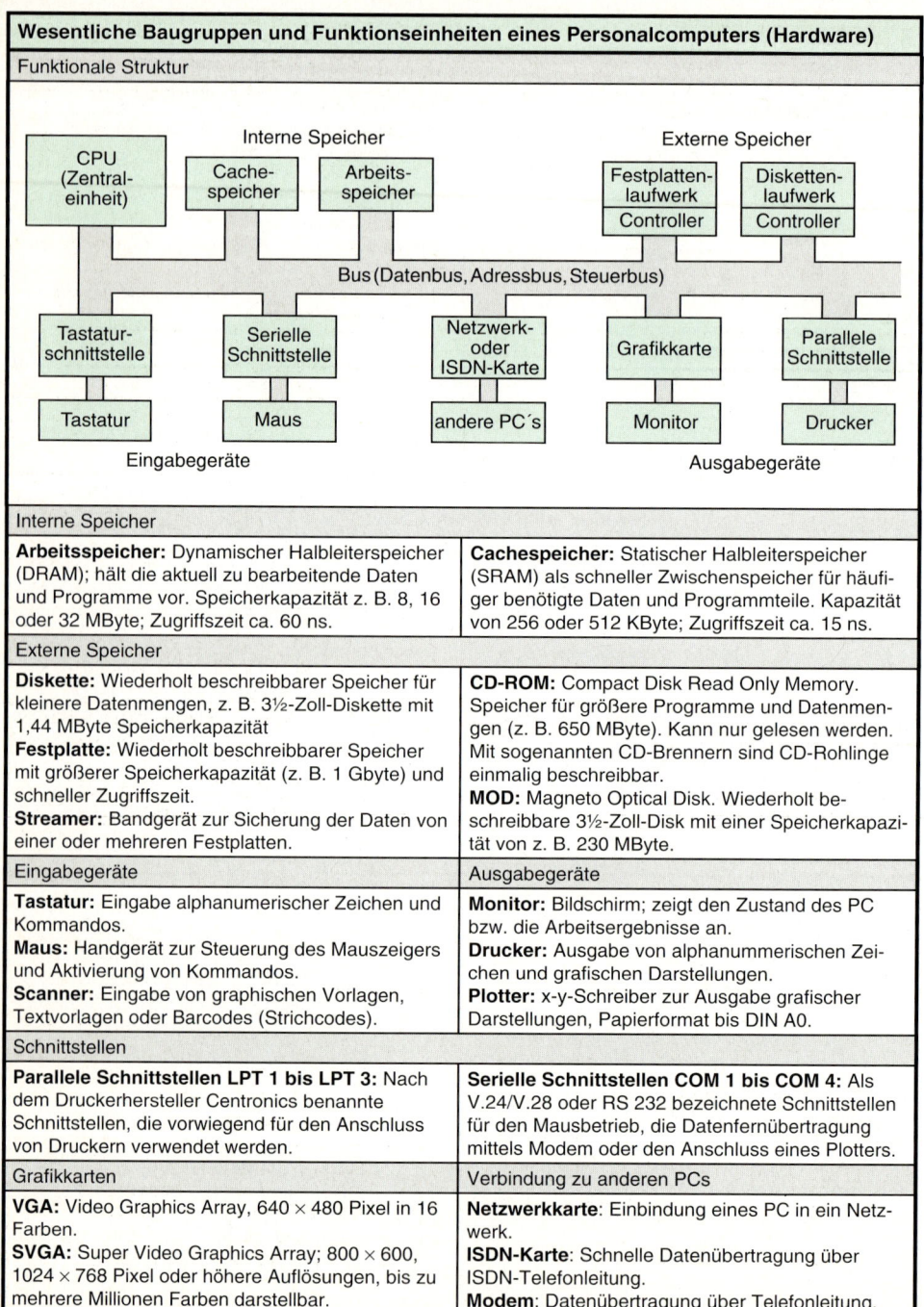

Interne Speicher

Arbeitsspeicher: Dynamischer Halbleiterspeicher (DRAM); hält die aktuell zu bearbeitende Daten und Programme vor. Speicherkapazität z. B. 8, 16 oder 32 MByte; Zugriffszeit ca. 60 ns.	**Cachespeicher:** Statischer Halbleiterspeicher (SRAM) als schneller Zwischenspeicher für häufiger benötigte Daten und Programmteile. Kapazität von 256 oder 512 KByte; Zugriffszeit ca. 15 ns.

Externe Speicher

Diskette: Wiederholt beschreibbarer Speicher für kleinere Datenmengen, z. B. 3½-Zoll-Diskette mit 1,44 MByte Speicherkapazität **Festplatte:** Wiederholt beschreibbarer Speicher mit größerer Speicherkapazität (z. B. 1 Gbyte) und schneller Zugriffszeit. **Streamer:** Bandgerät zur Sicherung der Daten von einer oder mehreren Festplatten.	**CD-ROM:** Compact Disk Read Only Memory. Speicher für größere Programme und Datenmengen (z. B. 650 MByte). Kann nur gelesen werden. Mit sogenannten CD-Brennern sind CD-Rohlinge einmalig beschreibbar. **MOD:** Magneto Optical Disk. Wiederholt beschreibbare 3½-Zoll-Disk mit einer Speicherkapazität von z. B. 230 MByte.

Eingabegeräte / Ausgabegeräte

Eingabegeräte	Ausgabegeräte
Tastatur: Eingabe alphanumerischer Zeichen und Kommandos. **Maus:** Handgerät zur Steuerung des Mauszeigers und Aktivierung von Kommandos. **Scanner:** Eingabe von graphischen Vorlagen, Textvorlagen oder Barcodes (Strichcodes).	**Monitor:** Bildschirm; zeigt den Zustand des PC bzw. die Arbeitsergebnisse an. **Drucker:** Ausgabe von alphanummerischen Zeichen und grafischen Darstellungen. **Plotter:** x-y-Schreiber zur Ausgabe grafischer Darstellungen, Papierformat bis DIN A0.

Schnittstellen

Parallele Schnittstellen LPT 1 bis LPT 3: Nach dem Druckerhersteller Centronics benannte Schnittstellen, die vorwiegend für den Anschluss von Druckern verwendet werden.	**Serielle Schnittstellen COM 1 bis COM 4:** Als V.24/V.28 oder RS 232 bezeichnete Schnittstellen für den Mausbetrieb, die Datenfernübertragung mittels Modem oder den Anschluss eines Plotters.

Grafikkarten / Verbindung zu anderen PCs

Grafikkarten	Verbindung zu anderen PCs
VGA: Video Graphics Array, 640 × 480 Pixel in 16 Farben. **SVGA:** Super Video Graphics Array; 800 × 600, 1024 × 768 Pixel oder höhere Auflösungen, bis zu mehrere Millionen Farben darstellbar.	**Netzwerkkarte:** Einbindung eines PC in ein Netzwerk. **ISDN-Karte:** Schnelle Datenübertragung über ISDN-Telefonleitung. **Modem:** Datenübertragung über Telefonleitung.

Softwarekomponenten

Betriebssysteme	Anwendersoftware
Einzelplatzsysteme • MS-DOS: Betriebssystem für IBM-kompatible PC, wird inzwischen abgelöst von • Windows und OS/2: Betriebssysteme mit grafischer Benutzeroberfläche. **Mehrplatzsysteme** Zu Netzwerksystemen verbundene Rechner, die mehreren Nutzern Programme und gemeinsam genutzte Datenbestände zur Verfügung stellen, z. B. UNIX, Windows NT.	**Allgemeine Anwendersoftware:** Textverarbeitung, Tabellenkalkulation, Datenverwaltung, CAD. **Handwerkersoftware** ist speziell für in verschiedenen Handwerken ähnliche Aufgabenstellungen entwickelte Software, z. B. Lagerhaltung, Fakturierung, Lohnabrechnung. **Branchensoftware** ist für die typischen Aufgaben in einem Handwerk entwickelte Software, im Tischlerhandwerk z. B. Kalkulation, Stücklisten, Angebote, etc.

Sinnbilder für Programmabläufe (Auswahl)   DIN 66001

Sinnbild	Bedeutung	Sinnbild	Bedeutung
	Verarbeitung einschließlich Eingabe und Ausgabe		Grenzstelle, z. B. Beginn und Ende eines Programms
	Verzweigung		Verbindungsstelle zur Kennzeichnung, wenn ein PA aufgeteilt ist
	Schleifenbegrenzung zur Eingrenzung eines Programmteils, der wiederholt durchlaufen wird		Ablauflinie zur Verbindung der Sinnbilder
			Bemerkung, kann an das Sinnbild zur Erläuterung angefügt werden

Beispiele für Programmablaufplan und Struktogramm   DIN 66261, DIN EN 28631

Berechnung des k_F-Wertes eines Fensters bei gegebenen Flächen A_R und A_V sowie k_R und k_V für Rahmen und Verglasung und Prüfung, ob die Vorgabe der Wärmeschutzverordnung eingehalten wird.

Programmablaufplan	Struktogramm nach Nassi-Shneiderman

Programmablaufplan:

Beginn

Eingabe: A_R, A_V, k_R, k_V

Berechnung: $k_F = \dfrac{A_R \times k_R + A_V \times k_V}{A_R + A_V}$

$k_F \leq 1{,}8$ — nein / ja

Ausgabe: WSchVO nicht erfüllt / Ausgabe: WSchVO erfüllt

Ende

Struktogramm nach Nassi-Shneiderman:

Eingabe: A_R, A_V, k_R, k_V

Berechnung: $k_F = \dfrac{A_R \times k_R + A_V \times k_V}{A_R + A_V}$

$k_F \leq 1{,}8$ — nein / ja

Ausgabe: WSchVO nicht erfüllt / Ausgabe: WSchVO erfüllt

Bausteine für Programmablaufpläne — DIN EN 28631

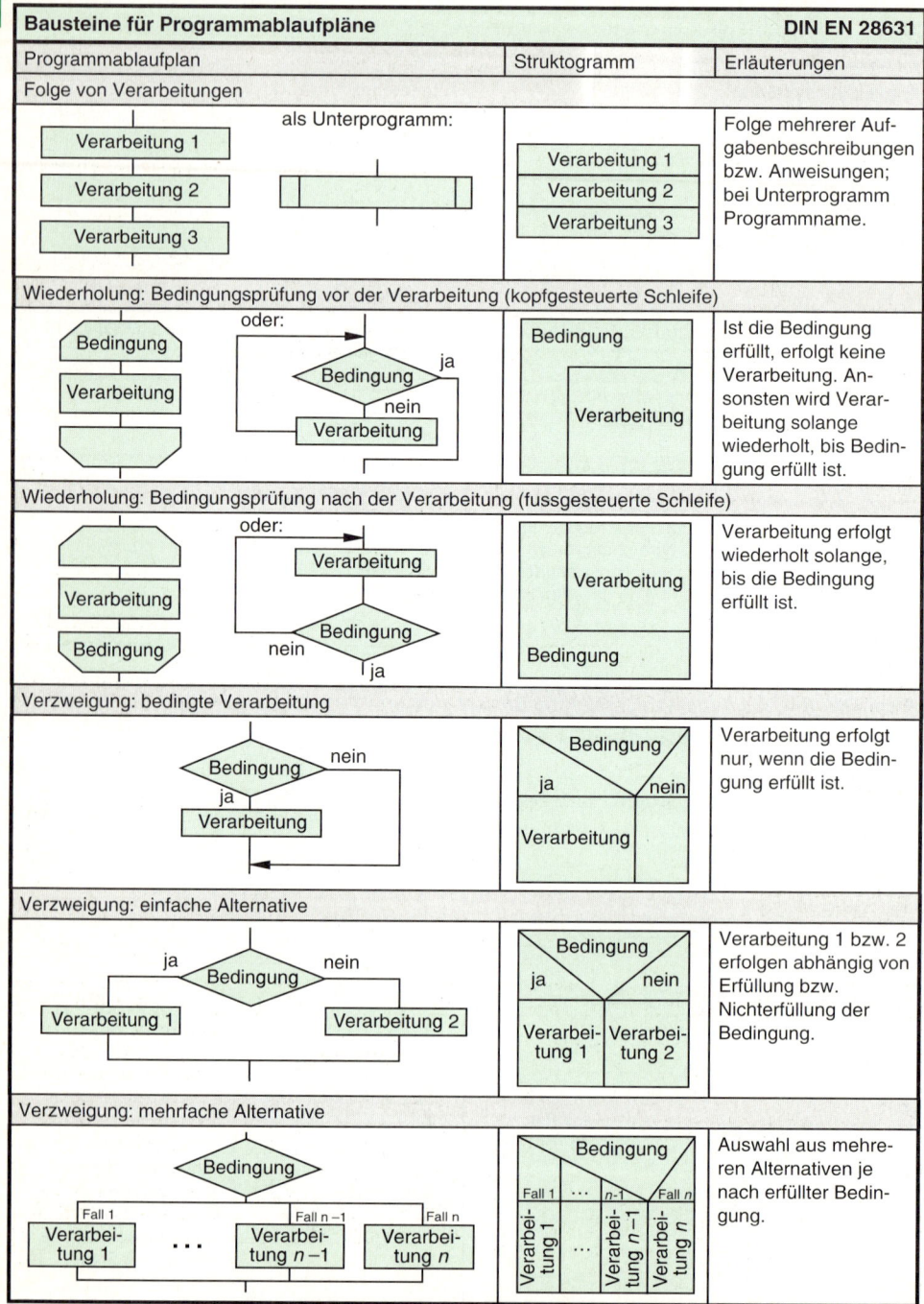

Programmablaufplan	Struktogramm	Erläuterungen
Folge von Verarbeitungen		
Verarbeitung 1 / Verarbeitung 2 / Verarbeitung 3 — als Unterprogramm:	Verarbeitung 1 / Verarbeitung 2 / Verarbeitung 3	Folge mehrerer Aufgabenbeschreibungen bzw. Anweisungen; bei Unterprogramm Programmname.
Wiederholung: Bedingungsprüfung vor der Verarbeitung (kopfgesteuerte Schleife)		
Bedingung / Verarbeitung — oder: Bedingung ja / nein / Verarbeitung	Bedingung / Verarbeitung	Ist die Bedingung erfüllt, erfolgt keine Verarbeitung. Ansonsten wird Verarbeitung solange wiederholt, bis Bedingung erfüllt ist.
Wiederholung: Bedingungsprüfung nach der Verarbeitung (fussgesteuerte Schleife)		
Verarbeitung / Bedingung — oder: Verarbeitung / Bedingung nein / ja	Verarbeitung / Bedingung	Verarbeitung erfolgt wiederholt solange, bis die Bedingung erfüllt ist.
Verzweigung: bedingte Verarbeitung		
Bedingung ja/nein / Verarbeitung	Bedingung ja / nein / Verarbeitung	Verarbeitung erfolgt nur, wenn die Bedingung erfüllt ist.
Verzweigung: einfache Alternative		
ja / Bedingung / nein / Verarbeitung 1 / Verarbeitung 2	Bedingung ja / nein / Verarbeitung 1 / Verarbeitung 2	Verarbeitung 1 bzw. 2 erfolgen abhängig von Erfüllung bzw. Nichterfüllung der Bedingung.
Verzweigung: mehrfache Alternative		
Bedingung / Fall 1 / Fall n−1 / Fall n / Verarbeitung 1 … Verarbeitung n−1 / Verarbeitung n	Bedingung / Fall 1 … n−1 / Fall n / Verarbeitung 1 … Verarbeitung n−1 / Verarbeitung n	Auswahl aus mehreren Alternativen je nach erfüllter Bedingung.

Nahrungshaushalt des Baumes

Photosynthese oder Assimilation

Vorgangsbeschreibung

1. Von den Wurzeln aufgenommene Nährsalze (Mineralien, Stickstoff, Phosphor, Kalium, Calcium, Eisen) werden im Splint nach oben zu den Blättern geleitet.
2. Aus der Luft nehmen die Blätter Kohlendioxid auf.
3. Mithilfe von Sonnenenergie und dem Blattgrün (Chlorophyll) entsteht zunächst **Traubenzucker ($C_6H_{12}O_6$)** und später **Cellulose**.
4. Bei diesem Vorgang wird Sauerstoff frei. Es gilt die chemische Formel:

$$6\ CO_2 + 6\ H_2O \Rightarrow C_6H_{12}O_6 + 6\ O_2$$

Chemische Bestandteile des Holzes

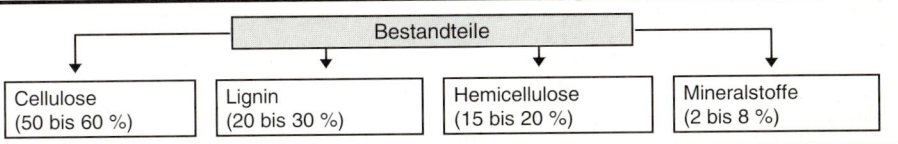

Bestandteile

Cellulose (50 bis 60 %)	Lignin (20 bis 30 %)	Hemicellulose (15 bis 20 %)	Mineralstoffe (2 bis 8 %)

Wachstum des Baumes

Aufbau einer Zelle

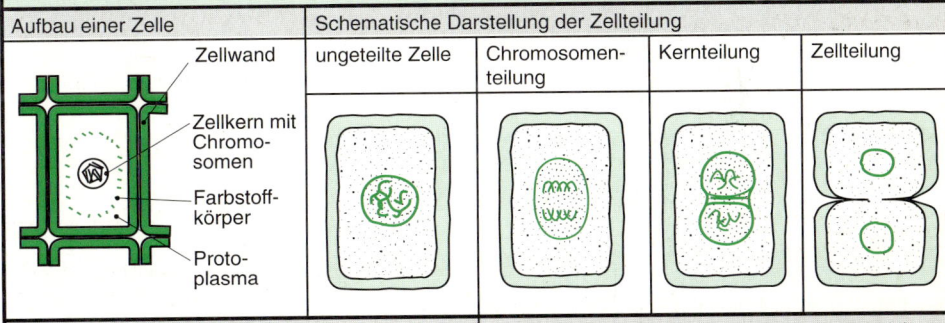

- Zellwand
- Zellkern mit Chromosomen
- Farbstoffkörper
- Protoplasma

Schematische Darstellung der Zellteilung

ungeteilte Zelle	Chromosomenteilung	Kernteilung	Zellteilung

Wachstum nach der Dicke und Länge

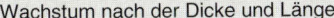
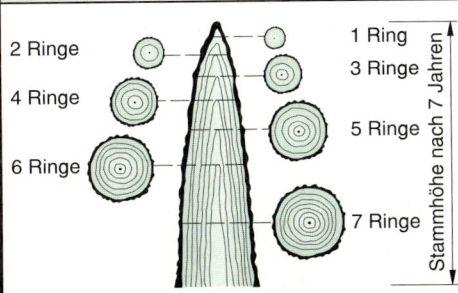

2 Ringe
4 Ringe
6 Ringe

1 Ring
3 Ringe
5 Ringe
7 Ringe

Stammhöhe nach 7 Jahren

Makroskopische Merkmale (Stammquerschnitt)

- **Markröhre:** Stammbildung im ersten Jahr
- **Jahrring** besteht aus einem hellen Frühholzring und einem dunklen Spätholzring
- **Kambium:** dünne Wachstumsschicht
- **Bast** leitet die Aufbaustoffe ins Kambium
- **Rinde** oder Borke

Mikroskopischer Aufbau des Holzes

Zellarten	Zellform	Zellwanddicke, Zellhohlraum	Zelllage zur Stammachse	Aufgabe der Zelle	Vorkommen
Frühholz-tracheiden	• langgestreckt • abgerundete Enden • mit Hoftüpfeln	• dünn • großer Zellhohlraum	parallel	Nährstofflei-tung zu den Blättern	Im Frühholz von Nadel-bäumen
Spätholz-tracheiden	• langestreckt • zugespitzte Enden • wenige Hoftüpfel	• dickwandig • enger Zell-hohlraum	parallel	Festigen des Holz-gewebes	Im Spätholz von Nadel-bäumen
Tracheen (Poren)	• röhren- oder ton-nenförmig • oft meterlange Röhren • Endwände der Ge-fäßglieder sind teil-weise aufgelöst	• dünnwandig mit z. T. sehr großem $\varnothing$ • bei manchen Hölzern spi-ralige Ver-dickungen	parallel	Nährstofflei-tung von den Wurzeln zu den Blättern	Vor allem im Frühholz von Laub-bäumen
Sklerenchym (Libriformfaser)	• langestreckt • zugespitzt • an den Enden fest miteinander ver-zahnt • wenige schräg-spaltige Tüpfel • eckiger Querschnitt	• dickwandig • kleiner Zell-hohlraum	vorwiegend parallel	Festigen des Holz-gewebes	Besonders im Spätholz von Laub-bäumen
Parenchym (Markstrahlen)	• kurze Zellen • rechteckige oder prismatische Form („Backsteinform") • mit Tüfeln versehen	dünnwandig mit großem Zellvolumen	**Axialparenchym**		
			parallel	Leitung von Nähr- und Wuchsstoffen	Bei Nadel- und Laub-bäumen
			Radialparenchym		
			quer	Speicherung von Reser-vestoffen	Bei Nadel- und Laub-bäumen

Tüpfel (Verbindungstelle zweier Zellen)	Porenanordnung	
Schematische Darstellung durch einen Hoftüpfel	Ringporige Anordnung	Zerstreutporige Anordnung

P = Tüpfelöffnung (Porus)

P — verdickte Scheibe (Torus)

Zellwände zweier benachbarter Zellen

Mikroskopische Querschnittsdarstellungen (etwa 30fache Vergrößerungen)

Einheimische Holzarten

Ahorn: Fein- und zerstreutporig mit gut sichtbaren Markstrahlen	**Birke:** Poren in radial geordneten Gruppen, fein und zerstreut	**Rotbuche:** Zerstreutporig, mit sehr breitem Markstrahlband
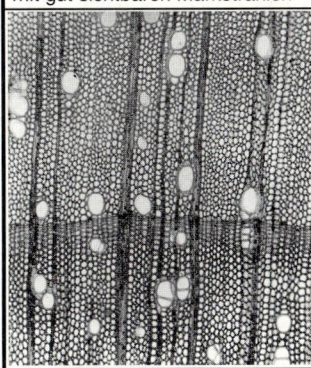	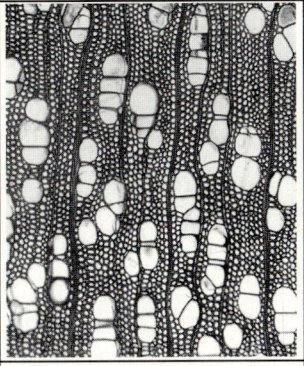	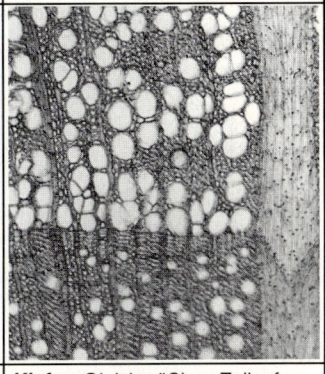
Linde: Fein- und zerstreutporig, „weitmaschiges" Zellgefüge	**Eiche:** Sehr große Poren, ringporig, mit breitem Markstrahl	**Kiefer:** Gleichmäßiger Zellaufbau, deutliche Jahrringgrenze
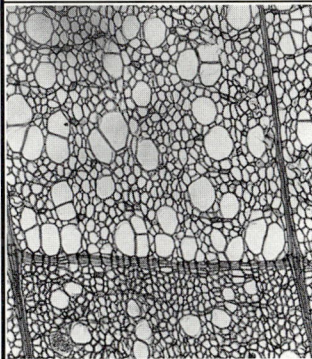	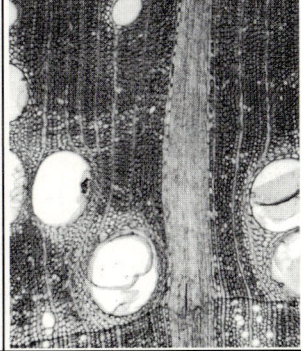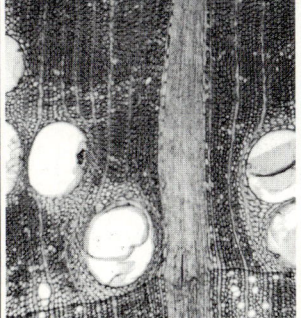	

Tropische Holzarten

Iroko: Große Poren, teilweise in radial geordneten Gruppen	**Mahagoni, Khaya:** Große Poren, feine Markstrahlbänder	**Padouk:** Große Poren von bandartigen Speicherzellen eingefasst
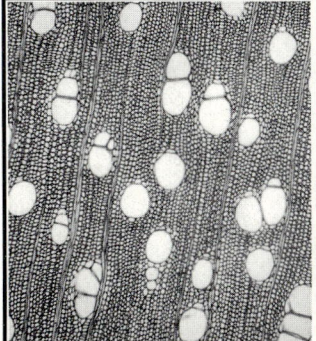	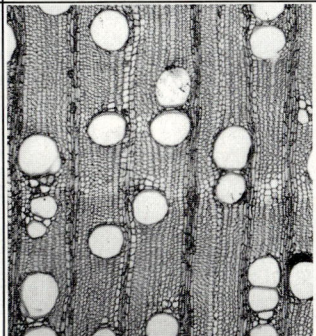	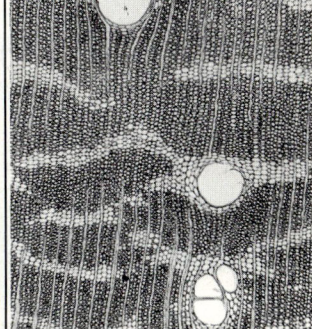

Baum- und Nadelformen einheimischer Nadelholzbäume (Auswahl)

Tanne			Kiefer		
Fichte			Lärche		

Baum- und Blattformen einheimischer Laubhölzer (Auswahl)

Eiche			Rot-buche		
Esche			Ulme		
Birke			Pyrami-den-pappel		
Berg-ahorn			Schwarz-erle		
Linde			Nuss-baum		

Werkstoffe, Hilfsstoffe

Makroskopische Merkmale von Nadelhözern (Auswahl)

Holzart		Kernholzbaum	Reifholzbaum	Vorherrschende Grundfarben					Harzgehalt [1]	Jahrringgrenze [1]
				weißlich	gelblich	hellbraun	rotbraun	rötlich		
Douglasie, Oregon Pine	DGA	•			•	•	•		•••	•••
Fichte	FI		•	•	•				••	••
Hemlock	HEM	•			•		•		•	•
Kiefer	KI	•				•	•		•••	••
Lärche	LA	•						•	•••	•••
Redwood (Kalifornien)	RWK	•					•	•	•	••
Tanne	TA		•						•	•••

Makroskopische Merkmale von Laubhölzern (Auswahl)

Holzart		Kernholzbaum	Reifholzbaum	Vorherrschende Grundfarben [2]						Poren			Markstrahlen [2]
				weißlich	gelb	braun	rötlich	violett	grünlich	ringförmig	zerstreut	Größe [2]	
Abachi	ABA	•			•••						•	•••	•
Afzelia	AFZ	•			•	••	•				•	•	••
Ahorn [3]	AH			••	•						•	•	•
Birke [3]	BI			•	•	•					•	•	•
Birnbaum	BB		•			•	••				•	•	•
Eiche	EI	•			•	••				•		•••	•••
Erle	ER		•		•		••				•	•	•
Esche	ES	•				•				•		•••	•
Iroko	IRO	•			•	•••					•	•••	•
Kirschbaum	KB	•				••	•		•	•	•	•	••
Limba	LMB	•			••			•	•		•	•••	•
Linde	LI		•	••	•						•	•	•
Mahagoni	MAE	•				••	•••				•	••	•
Makore	MAC	•				•	•••				•	••	•
Meranti	MER	•				••	•••				•	••	•
Nussbaum	NB	•				••					•	••	••
Okoume	OKU	•			•		•				•	••	•
Palisander	PRO	•				•••		•			•	•••	•
Pappel	PA	•		••	•						•	•	•
Robinie	ROB	•			•	••			•	•		•••	•
Rotbuche	BU		•		•	••	••				•	•	•••
Rüster	RU	•			•	••				•		•••	•••
Sen	SEN	•		•	••			•		•		•••	•
Teak	TEK	•			•	•••	•			•	•	•••	•

[1] Mit steigender Anzahl der Punkte nimmt der Harzgehalt bzw. die Deutlichkeit der Zuwachsgrenze zu.
[2] Mit steigender Punktezahl nehmen Farbintensität/Porengröße/Markstrahlbreite zu.
[3] Bei AH und BI überwiegt das Splintholz.

Makroskopische Merkmale des Holzes

	Splint-holz S	Reif-holz R	Kern-holz K	Splintholz-baum (nur S)	Kernholz-baum (S + K)	Reifholz-baum (S + R)	Kern-Reifholz-baum (S + R + K)
Farb-ton	hell	hell	dunk-ler als Splint				
Härte	gering	größer als Splint	größer als Splint				

Auswirkung der Schnittführung auf die Zeichnung (Textur)

Querschnitt	Radialschnitt	Tangentialschnitt

Typische Merkmale des Holzes

Inhomogenität

Das Holz zeigt einen ungleichmäßigen anato-mischen Aufbau, z. B. im Kern- und Spintholz, im Früh- und Spätholz u. a.

Anisotropie

Das Holz hat in Längs-, Radial- und Tangenti-alrichtung unterschiedliche Eigenschaften, z. B. Festigkeit, Quellung u. a.

Kennwerte von Laubholzarten (Auswahl)   DIN 68364 u. a.

Holzart	Kurz-zei-chen	Dichte bei $u = 12\%$	Schwund-maße in % radial	tang.	mittlere Bruchfestigkeit in N/mm² Zug β_z	Druck β_d	Biegung β_b	Schub τ_a	E-Modul in N/mm²
Abachi	ABA	0,39	2,2	4,6	50	35	78	4,5	6800
Afrormosia	AFR	0,69	4,3	6,0	130	70	125	13	13000
Afzelia (Doussie)	AFZ	0,79	2,2	3,6	120	70	115	12,5	13500
Ahorn	AH	0,61	3,5	6,5	82	49	95	9	9400
Angelique	AGQ	0,76	5,0	8,0	130	70	120	12	14000
Azobe (Bongossi)	AZO	1,06	6,7	8,3	180	95	180	14	17000
Birke	BI	0,65	5,0	8,0	137	60	120	12	14000
Buche , Rot	BU	0,69	4,1	9,7	135	60	120	10	14000
Eiche	EI	0,67	2,3	4,2	110	52	95	11,5	13000
Erle, Schwarz	ER	0,55	4,4	9,3	94	50	97	4,5	10600
Esche	ES	0,69	4,4	6,9	130	50	105	13	13000
Greenheart	GRE	1,00	7,3	8,9	220	100	180	14	22000
Hainbuche	HB	0,77	6,8	11,5	135	60	130	10	14500
Hickory	HIC	0,80	7,0	10,5	150	65	130	12	15000
Iroko (Kambala)	IRO	0,63	5,8	11,8	79	55	95	10	13000

Werkstoffe, Hilfsstoffe

Kennwerte von Laubholzarten (Fortsetzung) · DIN 68364 u. a.

Holzart	Kurz-zei-chen	Dichte bei $u = 12\%$	Schwund-maße in %		mittlere Bruchfestigkeit in N/mm^2				E-Modul in N/mm^2
			radial	tang.	Zug β_z	Druck β_d	Biegung β_b	Schub τ_a	
Limba	LMB	0,58	4,7	5,5	110	50	94	8,5	12500
Mahagoni, Khaya	MAA	0,50	3,2	5,7	62	43	75	9,5	9500
Mahagoni, amerikanisch	MAE	0,54	3,0	4,2	100	45	80	11	9500
Mahagoni, Sipo	MAU	0,59	4,4	5,9	110	58	100	9,5	11000
Mahgoni, Kosipo	MAK	0,70	4,3	6,0	78	59	96	13	11500
Makore	MAC	0,69	4,7	6,3	85	53	100	9	11000
Mansonia (Bete)	MAN	0,66	4,0	6,2	120	60	125	8,5	12000
Meranti, Light Red	MER	0,55	2,6	6,3	100	50	90	8,4	11000
Meranti, Dark Red	MER	0,71	4,1	9,7	146	63	119	9,2	14 500
Niangon	NIA	0,69	3,7	8,4	130	53	110	9	11000
Nussbaum, europäisch	NB	0,72	5,4	7,5	100	65	147	7	12500
Okoume (Gabun)	OKU	0,46	3,8	5,7	60	40	72	6,5	7000
Pappel	PA	0,46	5,2	8,3	77	30	65	6	8800
Robinie	ROB	0,73	4,4	6,9	148	60	130	16	13500
Teak	TEK	0,69	2,3	4,2	115	58	100	10	13000

Kennwerte von Nadelholzarten (Auswahl) · DIN 68364 u. a.

Holzart	Kurz-zei-chen	Dichte bei $u = 12\%$	Schwund-maße in %		mittlere Bruchfestigkeit in N/mm^2				E-Modul in N/mm^2
			radial	tang.	Zug β_z	Druck β_d	Biegung β_b	Schub τ_a	
Douglasie (oregon pine)	DGA	0,54	4,2	7,4	100	50	80	9,5	12000
Fichte	FI	0,47	3,6	7,8	80	40	68	7,5	10000
Hemlock	HEM	0,53	4,3	7,9	69	44	83	8	10500
Kiefer	KI	0,52	4,0	7,7	100	45	80	10	11000
Lärche	LA	0,59	3,3	7,8	105	48	93	9	12000
Parana Pine	PAP	0,57	3,9	6,4	135	55	133	7,5	13200
Redcedar, Western	RCW	0,37	2,4	4,5	60	35	54	6	8000
Redwood	RWK	0,43	2,0	4,4	77	35	58	6	7500
Tanne	TA	0,47	3,8	7,6	80	40	68	7,5	10000

Streuungen der mittleren Kennwerte von einigen Nadel- und Laubhölzern in % · DIN 68364

Holz-arten	Roh-dichte	mittlere Bruchfestigkeit			E-Modul	Holz-arten	Roh-dichte	mittlere Bruchfestigkeit			E-Modul
		Druck	Biege	Schub				Druck	Biege	Schub	
FI	9,7	14,4	14,2	14,7	19,7	BU	6,0	11,6	9,3	15,7	9,7
KI	12,8	19,5	19,0	19,3	21,3	EI	9,0	15,5	17,3	17,3	19,4
LA	11,0	16,3	17,1	18,7	22,5	ES	9,3	14,5	14,3	15,2	18,2
TA	11,8	12,2	12,7	18,9	3,6	IRO	8,1	13,7	16,3	17,2	11,6
AFR	6,8	9,1	15,7	16,5	0,8	MAA	9,1	18,2	19,2	21,7	16,9
AFZ	4,8	15,2	21,3	13,7	3,4	MAU	6,7	7,9	12,5	12,0	10,3
BI	6,2	8,7	6,2	13,0	6,0	TEK	8,6	15,2	16,1	13,2	19,8

Werkstoffe, Hilfsstoffe

Einflussfaktoren auf die Festigkeit des Holzes

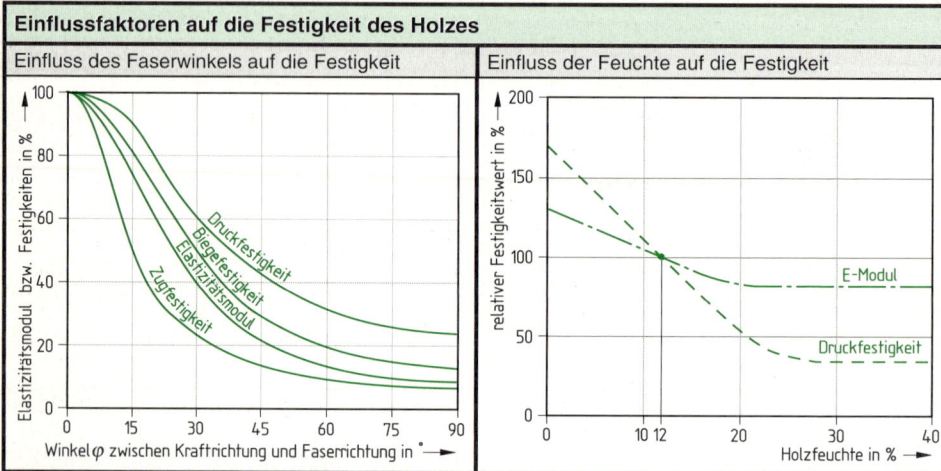

Einfluss des Faserwinkels auf die Festigkeit

Einfluss der Feuchte auf die Festigkeit

Festigkeiten in % bzw. Elastizitätsmodul — Druckfestigkeit, Biegefestigkeit, Elastizitätsmodul, Zugfestigkeit — Winkel φ zwischen Kraftrichtung und Faserrichtung in °

relativer Festigkeitswert in % — E-Modul, Druckfestigkeit — Holzfeuchte in %

Resistenzklassen   DIN 68364

Klasse	Resistenz des Kernholzes	Holzarten
1	sehr resistent	Teak, Robinie, Angelique, Bilinga, Afzelia, Greenheart, Azobe
1 bis 2	sehr resistent bis resistent	Iroko, Makore, Merbau
2	resistent	Redcedar, Cedro, Freijo, Mahagoni (MAE und MAU), Eiche, Afrormosia, Kotibe, Ovengkol
2 bis 3	resistent bis mäßig resistent	Agba, Niangon, Mahagoni (MAK), Dark Red Meranti
3	mäßig resistent	Douglasie, Lärche, Mahagoni (MAA), Yang
3 bis 4	mäßig bis wenig resistent	Kiefer, Light Red Meranti
4	wenig resistent	Fichte, Tanne, Hickory
5	nicht resistent	Ahorn, Birke, Rotbuche, Esche, Hainbuche

- Die Einteilung erfolgt für das ungeschützte Kernholz gegen einen Befall durch holzzerstörende Pilze bei lang anhaltender Holzfeuchte > 20 % oder bei Erdkontakt.
- Das Splintholz aller Holzarten ist den Klassen 4 und 5 zuzuordnen.

Tierische Forst- und Holzschädlinge

Entwicklungsstadien von tierischen Schädlingen

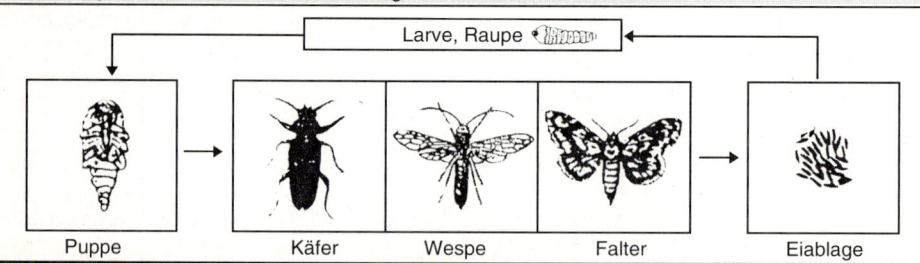

Larve, Raupe

| Puppe | Käfer | Wespe | Falter | Eiablage |

Bevorzugte Lebensbedingungen für holzzerstörende Insekten

Feuchtebedarf	über 10 % Holzfeuchte
Temperatur	22 bis 30 °C zum Teil bis 38 °C
Holzzerstörung	vorwiegend durch Raupen und Larven

Tierische Schädlinge, die vor allem im Wald anzutreffen sind (Forstschädlinge)

Schädlingsgruppe	Beispiele	Art des Schadens
Falter	• Forleule • Nonne • Kiefernspinner • verschiedene Wicklerarten	Raupen ernähren sich von • Blättern • Nadeln • Knospen
Käfer	Borkenkäferarten wie • Eichenbock • Pappelbock • Fichtenbock • Scheibenbock	• Rinden- und Holzbrüter • Minimierung von Bast, Kambium u. Splintholz • Wachstumsbeeinträchtigung, bei sehr starkem Befall auch Absterben des Baumes • Bei Borkenkäfern bis zu drei Generationen im Jahr
Hautflügler	Holzwespe	• Eiablage in krankem und frisch gefälltem Nadelholz • Entwicklungsdauer 2 bis 4 Jahre, darum auch in bereits verarbeitetem Holz • verhältnismäßig geringer Schaden

Tierische Schädlinge im verarbeiteten Holz (Werkholzschädlinge)

Schädling	Verursachter Schaden	Erkennungsmerkmale		
		Käfer	Larve	Flugloch
Anobien (Klopf-, Poch-, Nagekäfer, Totenuhr)	• Häufigste Art sind die Larven des Nagekäfers (Anobium punctatum) • Befall an Nadel- und Laubhölzern • Bevorzugt wird Frühholz in kühlen und feuchten Räumen	• Länge: 3 bis 5 mm • Form: walzenartig • Ähnlichkeit mit Borkenkäfer	• Länge: etwa 6 mm • Form: engerlingartig gekrümmt • drei Paar Brustbeine	• Form: kreisrund, $\varnothing$ 1 bis 2,5 mm • Es bleibt nur eine dünne Außenschicht unversehrt
Hausbockkäfer (Hylotrupes bajulus)	• wirtschaftlich bedeutendster Schädling • vorwiegend am Splintholz von verbautem Nadelholz, z. B. Dachstühle, Fachwerk, Fenster, Türen u. a. • äußere Holzschicht ist oft nur papierdünn	• Länge: 8 bis 22 mm • Farbe: braunschwarz	• Länge: 20 bis 30 mm • Form: dicker Brustansatz nach hinten verjüngt, Kriechwülste statt Brustbeine	• Form: oval • 6 bis 10 mm • Rand z. T. ausgefranst • oft höhlenartiger Platzfraß
Brauner Splintholzkäfer (Lyctus brunneus), Parkettkäfer	• Befällt einheimische und tropische Laubhölzer • Larve bevorzugt die Stärke des Splints • vollständige Zerstörung des Frühholzes • Spätholz bleibt unversehrt • einjährige Generation	• Länge: 3 bis 5 mm • Körper: schmal, abgeflacht • Farbe: hell- bis dunkelbraun	• Länge: bis 5 mm • Form: engerlingartig gekrümmt, ähnlich der Anobienlarve	• Form: rund, $\varnothing$ 1 bis 2 mm • Fraßgänge sind mit festgepresstem Bohrmehl verstopft

Pflanzliche Forst- und Holzschädlinge

Entwicklungsstadien von pflanzlichen Schädlingen

Myzel	Fruchtkörper	Sporen
Vegetationskörper = Holz-schädling 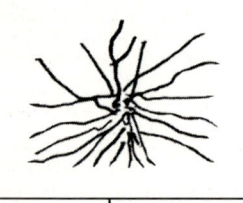	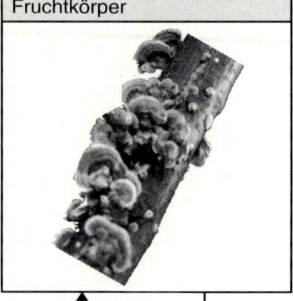	Mikroskopisch kleine Zellen, die im Fruchtkörper gebildet werden und der Vermehrung dienen

Schäden, die durch das Myzel der Pilze verursacht werden

Korrosionsfäule	Destruktionsfäule	Sonstige
Zersetzung des Lignins	Zersetzung der Zellulose	Zersetzung der Holzinhaltstoffe
Erkennbar an Grau- oder Weiß-färbung	Erkennbar an Braunfärbung	Erkennbar u. a. an Blau- und Schwarzfärbung

Schädling	Schadensart	Schadenserkennung
Kernfäule • Rotfäule, z. B. Wurzelschwamm • Weißfäule, z. B. Schmetterlingsporling	Zerstörung des Stamminneren • Rotfäule vorwiegend bei Nadelbäumen • Weißfäule vorwiegend bei Laubbäumen • Stockflecken: Beginn für Weißfäulebefall bei Lagerholz, z. B. Rotbuche, Erle	• Holzverfärbung: Kern- und Reifholz sind unnatürlich rot oder weißlich grau • Fruchtkörper: konsolartig bei Weißfäule
Echter Hausschwamm (Serpula lacrymans)	• Destruktionsfäule (würfelbrüchiger Zerfall) • vorwiegend in Nadelholz bei einer Feuchte von 20 bis 30 % • überträgt Feuchtigkeit auf trockene Holzteile • überbrückt holzfreie Räume, z. B. Mauern • gefährlichster holzzerstörender Pilz	• Holzverfärbung: braun • Pilzgeflecht: weiß, watteartig • Myzel: graue, bis zu 10 mm dicke Stränge • Fruchtkörper: rotbraun mit weißem Rand, Fladenfrom
Kellerschwamm (Coniophora puteana) Warzenschwamm	• Destruktionsfäule (würfelbrüchiger Zerfall) • Vorkommen: im Freien und in Häusern • Feuchteanspruch: groß, z. B. Nassfäule 50 bis 60 % Holzfeuchte	• Holzverfärbung: braun • Fruchtkörper: dünne, weißlich bis graubraune, warzige Kruste, erst weich, später zerbrechlich und leicht ablösbar
Porenschwamm (Antrodia sinuosa)	• Destruktionsfäule an Holz, das im Freien lagert oder bereits verbaut worden ist • Befällt Nadelholz häufiger als Laubholz	• Holzverfärbung: braun • Fruchtkörper: porig. • Myzel: weiß bis gelblich
Blättling (Gloeophyllum spp. früher: Lenzites) Tannen- und Zaunblättling	• Destruktionsfäule im Inneren von lagerndem und verbautem Nadelholz (Lagerfäule), z. B. an Fenstern	• Holzverfärbung: erste Anzeichen sind Rotstreifigkeit • Fruchtkörper: braune Konsolen oder Leisten
Bläuepilz (Aureobasidum pullulans)	• keine Festigkeitsminderung • Bevorzugt wird der Splint von Kiefer	• Holzverfärbung: bläulich an feucht lagerndem Holz • Abblättern von Anstrichmitteln

Die Holzfeuchte

Holzfeuchte-stadien	Wassersättigung	Fällzustand	Fasersättigung	Darrzustand
Darstellung: gebundenes Wasser ▦ freies Wasser ▢				
Feuchtegehalt im Zellhohlraum	Höchstmenge an freiem Wasser	teilweise mit freiem Wasser gefüllt	kein freies Wasser	kein freies Wasser
Feuchtegehalt in der Zellwand	Höchstmenge an gebunden. Wasser	Höchstmenge an gebunden. Wasser	Höchstmenge an gebunden. Wasser	kein gebundenes Wasser

Rechnerische Ermittlung der Holzfeuchte — DIN 52183

$$u = \frac{(G_u - G_D)}{G_D} \cdot 100\%$$

u Holzfeuchte in %
G_u Gewichtskraft des feuchten Holzes in N
G_D Holzgewichtskraft ohne Feuchte in N

Holzgleichgewichtsfeuchte

Einfluss der Lufttemperatur und der relativen Luftfeuchte

rel. Luft-feuchte	Holzgleichgewichtsfeuchte in % bei verschiedenen Lufttemperaturen									
	10 °C	20 °C	30 °C	40 °C	50 °C	60 °C	70 °C	80 °C	90 °C	100 °C
10 %	2,5	2,5	2,5	2,5	2,0	2,0	1,5	1,5	1,0	1,0
20 %	4,5	4,5	4,0	4,0	3,5	3,5	3,0	2,5	2,5	2,0
30 %	6,5	6,0	6,0	5,5	5,0	4,5	4,5	4,0	3,5	3,0
40 %	8,0	7,5	7,5	7,0	6,5	6,0	5,5	5,0	4,5	4,0
50 %	9,5	9,0	9,0	8,5	8,0	7,5	6,5	6,0	5,5	5,0
60 %	11,0	10,5	10,5	10,0	9,5	9,0	8,0	7,5	6,5	6,0
70 %	13,5	13,0	12,5	12,0	11,5	11,0	10,0	9,0	8,5	7,5
80 %	16,5	16,0	15,5	15,0	14,0	13,0	12,5	11,5	10,5	9,5
90 %	21,0	20,5	20,0	19,0	18,0	17,0	16,0	15,5	14,0	13,0
100 %	33,0	31,0	30,0	29,0	28,0	27,0	26,0	24,5	22,0	20,0

Einfluss von Jahreszeit und geografischer Lage	Sollfeuchten bei bestimmten Verwendungszwecken
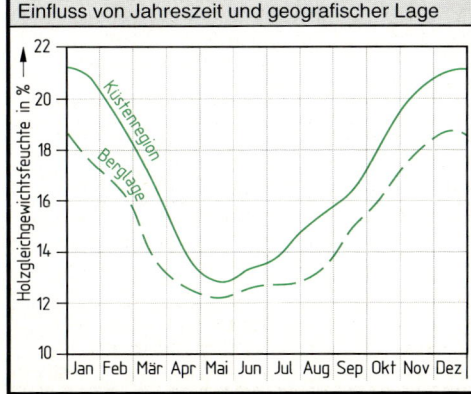	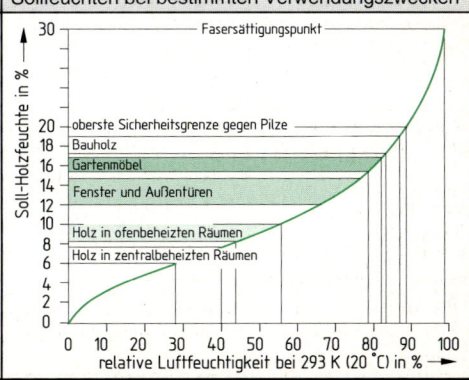

© Verlag Gehlen

Maß- und Formänderung des Holzes bei Feuchteaufnahme und Feuchteabgabe

- In das Holz eingedrungene Wasserdampfteilchen drücken die Zellwände auseinander.
- Bei Abgabe oder Aufnahme von gebundenem Wasser (Wasserdampf) verändern sich die Holzmaße
- Bei Abgabe oder Aufnahme von freiem Wasser verändern sich die Holzmaße nicht.
- Die Größe der Maßänderung ist von der Faserrichtung abhängig (Anisotropie des Holzes).

Unterschiedliche Schwind- und Quellmaße (Mittelwerte)		Formänderungen auf Grund der
längs β_l, radial β_r, tangential β_t	an einem Stammquerschnitt	unterschiedlichen Schwindmaße

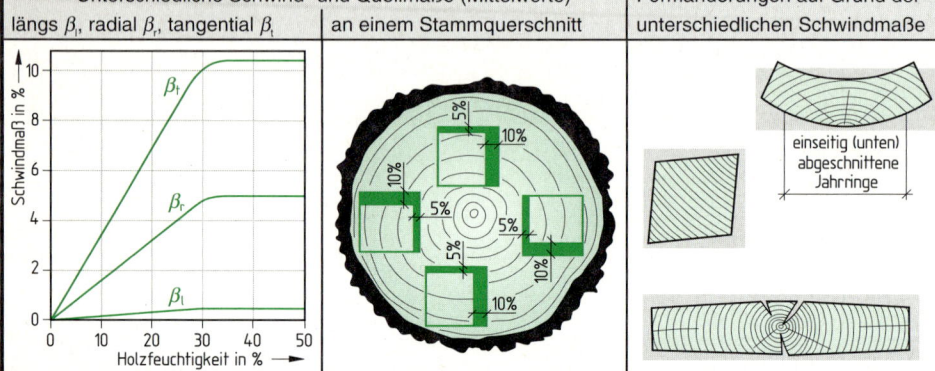

einseitig (unten) abgeschnittene Jahrringe

Maßnahmen im Zusammenhang mit den Quell- und Schwindmaßen (Arbeiten) des Holzes

Trocknung	Zuschnitt	Rohdichte	Holzwuchs	Schwindwerte	Verleimung
Holzfeuchte an die Feuchte des späteren Verwendungsortes anpassen.	Auf kurze, stehende Jahrringe achten.	Hölzer mit geringer Rohdichte bevorzugen.	Gleichmäßiger Jahrringverlauf, z. B. kein Drehwuchs.	Hölzer mit geringem Unterschied zwischen Radial- und Tangentialschwindwerten bevorzugen.	Kern an Kern, Splint an Splint bzw. rechte und linke Brettseite abwechselnd zusammenstoßen.

```
                Gründe für die Verarbeitung von getrocknetem Holz
```

Bessere Maß- und Formbeständigkeit der fertigen Werkstücke	Fachgerechte Oberflächenbehandlung, z. B. Lackieren	Schutz vor holzzerstörenden Pilzen

Natürliche Trocknung des Holzes (Freilufttrocknung)

Äußere Trocknungsfaktoren	Vom Holz abhängige Trocknungsfaktoren
Örtliches Klima: Temperatur und rel. Luftfeuchte	Holzart: Inhaltstoffe verzögern die Trocknung
Örtliche Lage: Windgeschwindigkeit	Splintanteil: Splint trocknet schneller als Kernholz
Jahreszeit: Im Sommer am günstigsten	Holzfeuchte: Schnelle Abgabe des freien Wassers

Durchschnittlicher Holzfeuchtebereich von frisch gefälltem Holz

Holzart	Ahorn	Birke	Eiche	Esche	NH-Kern	NH-Splint	Nussbaum	Rotbuche
Feuchte %	80...90	80...90	80...90	50...60	30...40	130...200	50...60	80...90

NH Nadelhölzer: Douglasie, Fichte, Kiefer, Lärche, Tanne

Zeitspanne für die Freilufttrocknung

Holzart	Ahorn	Birke	Eiche	Esche	Kiefer	Mahagoni	Nussbaum	Rotbuche
Tage	50...200	70...200	100...350	60...200	60...200	70...160	60...200	70...220

bei 25 mm Holzdicke und einer Endfeuchte von 15 bis 20 %

Technische Trocknung

Trockenverfahren	Frischluft/Abluft-Trocknung	Kondensationstrocknung	Vakuumtrocknung	Hochfrequenztrocknung
Ablauf der Trocknung	• Lufterwärmung: 30 bis 100 °C • Luftbewegung durch natürliche Konvektion oder mit Ventilatoren • Entfeuchtung der Luft durch Luftwechsel mit Abluft- und Zuluftklappen • zusätzliche Regelung der rel. Luftfeuchte mit Sprühdüsen	• Lufterwärmung: 40 bis 75 °C • Entfeuchtung der Luft durch Abkühlung auf den Taupunkt • Rückführung der entfeuchteten Luft in die Kammer	• Unterdruck um 850 bis 910 hPa • Senkung des Siedepunktes auf 45 bis 55 °C • Beschleunigte Verdampfung des Wassers infolge Senkung des Siedepunktes	• Umpolen eines elektrischen Feldes (bis $4 \cdot 10^7$ Perioden je Sekunde) • H_2O-Moleküle geraten in Schwingungen • Schwingungen der Moleküle führen zu großer Reibungswärme
Vorteile	Universell einsetzbares Trockenverfahren	Wärmerückgewinnung	Schnelle Trocknung	Schnelle Erwärmung großer Holzdicken
Nachteile	Energieverluste durch Ableiten der warmen Abluft nach außen	Langsame Trockengeschwindigkeit	Höhere Investitionskosten	Dampfdruckgefälle von innen nach außen
Anwendungsgebiete	Standardtrockenverfahren für jede Art von Schnittholz	Vortrocknung von dicken Laubhölzern und Exoten	Alternative zur üblichen Kammertrocknung	Für dicke, vorgeformte, nicht zu nasse Holzteile

Frischluft-Abluft-Trocknung

Abluft, Ventilator, Frischluft, Heizung, Sprühdüsen

Kondensationstrocknung

trockene, warme Luft, feuchte Luft, Entfeuchtungsgerät

Vakuumtrocknung

Die Wärmezufuhr ist auch mit Heizplatten möglich.

Anschluss für Holzfeuchte - Messstellenkabel, Luftfeuchtemessgerät, Umluftkanal, Heizkorb, durchbrochene Stapelleiste, Holzfeuchte-Messstellen, Laufwagen, Kühlregister

Hochfrequenztrocknung (Prinzipdarstellung)

Hochfrequente Umpolung bis zu $4 \cdot 10^7$ Hertz

Wasser - Dipolmolekül

Werkstoffe, Hilfsstoffe

Beispiel für den Trocknungsverlauf einer Frischluft-Abluft-Trocknung[1]

Trocknungs-abschnitte	Aufheizen der Kammer	Trocknung über Faser-sättigung	Trocknung unter Faser-sättigung	Konditionieren	Abkühlen
Trocknungs-gefälle (s. unten)	–	> 1, mit Annä-herung an die Fasersättigung kleiner werdend	> 1, abhängig von der Holzart, der Holzdicke und der Qualität	nähert sich dem Wert 1	etwa 1
Vorgang und Zweck	Nasses Holz wird langsam erwärmt	schneller Entzug des freien Wassers	Entzug des Wasserdampfes, zunehmender Energiebedarf	Ausgleich der Feuchtediffe-renz im Holz-querschnitt	Verhindert ein Nachtrocknen der Holzober-fläche

[1] Weitere Bezeichnungen sind Verdunstungs- oder Konvektionstrocknung

Rechnerische Ermittlung des Trocknungsgefälles

$$\text{Trocknungsgefälle} = \frac{U_{vor}}{U_{gl}}$$

U_{vor} momentan vorliegende Holzfeuchte
U_{gl} Holzgleichgewichtsfeuchte. Es ist die Feuchte, die sich nach aus-reichend langer Lagerung bei einem vorgegebenen Klima einstellt.

Trockensschäden bei unsachgemäßer technischer Trocknung

Schadens-art	Holzverfärbung		Äußere Verschalung	Innere Verschalung	Zellkollaps
	Farbe	Holzart			
Auswirkung	Blau	KI, FI			
und	Braun	NB,KB,BB			
Beschrei-bung	rötlich	AH, BU			
	Grau	EI, LI, BI			
	Rot	RU, KB			
Schadens-ursache	zu hohe Tempera-tur bei zu hoher Luftfeuchte, Blaufärbung bei etwa 30 °C		Oberfläche trocknet zu schnell, Folge: innen Zug-spannungen, außen Druckspannungen	Infolge äußerer Verschalung nur noch Trocknung im Holzinneren	Freies Wasser ent-weicht zu schnell aus dem Kernholz
Gegenmaß-nahmen	Beseitigung durch Abhobeln oder durch Bleichen		Trocknungsgefälle verringern, Wasser-dampf sprühen	Wasserdampf sprü-hen, Oberfläche be-feuchten	Trocknungsgefälle über Fasersättigung verringern

Zusätzliche Fehler bei zu schneller Trocknung: • Hirnrisse • Oberflächenrisse • Verwerfen

Wuchsfehler

Krummschäftigkeit		Zwieselung	
	Zwei- und dreidimensionale Krümmung. Beispiele: • Bajonettwuchs • Posthornwuchs • Säbelwuchs		Bildung eines Doppel- oder Mehrfachstammes. • Verwachsungszwiesel: Zwei Stämme wachsen zusammen. • Gabelungszwiesel: Beschädigung des Gipfelsprosses.
Exzentrischer Wuchs (Ovalität)		**Doppelkern**	
	Markröhre liegt außerhalb der Stammmitte. • Ursache: Bildung von Reaktionsholz bei einseitiger Belastung.		Zwei oder mehr Markröhren mit angrenzenden geschlossenen Jahrringen im Übergangsbereich einer Zwieselung
Drehwuchs		**Abholzigkeit**	
	Holzfasern sind spiralig um die Stammachse gedreht. Beispiele: • Links- bzw. Rechtsdrehwuchs • Wechseldrehwuchs bei Tropenhölzern		Abnahme des Stammdurchmessers. • Im unteren Stammbereich stark • Im Hauptstammteil mäßig • Im Bereich der Krone sprunghaft
Spannrückigkeit		**Wundüberwallung**	
	Längskannellierte Stammmantelfläche. Ansatz oft von den Wurzelanläufen her. • Häufig bei Weißbuche		Kambium wächst an Wundrändern wulstartig hervor. Die Wülste legen sich Jahr für Jahr mehr über die Wundstelle. Rindeneinschluß ist möglich.
Kernrisse		**Frostleiste**	
	Spannungsrisse, bereits im lebenden Baum vorgebildet. • Markrisse • Sternrisse • Strahlenrisse		Überwallungswülste über längs laufende Frostrisse. Wunde kann immer wieder bei strenger Frosteinwirkung aufreißen.
Ringrisse und Ringschäle		**Harzgallen**	
	• Ringrisse: Risse an einem Teil des Jahrringes. • Ringschäle umfasst den ganzen Ring. Ursache: Pilzbefall oder Spannungen.		Flache Hohlräume innerhalb eines Jahrringes, die mit Harz gefüllt sind. • Vorkommen: Bei Nadelhölzern außer bei Tanne.
Wimmerwuchs		**Maserwuchs**	
	Verdrehte, wellige oder ähnlich verformte Jahrringe. • Im Tangentialschnitt führt dies zu Riegeln (wertsteigernd z. B. bei Ahorn und Birke**).**		Kleinste radial gerichtete Astanlagen (Präventivknospen), die in die Holzsubstanz eingebettet sind (wertsteigernd). • Vorkommen: Häufiger im unteren Stammbereich.

Werkstoffe, Hilfsstoffe

Einteilung des Rohholzes (Rundholzes)

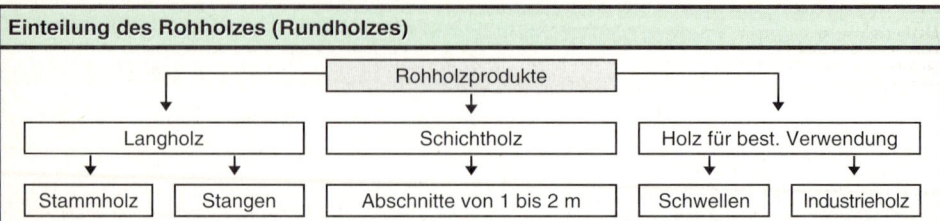

Gütekriterien für die Rohholzsortierung — Anlage zu §1 der HKIV

Güteklassen	Gütekriterien für die Rohholzsortierung
A	Fehlerfrei oder unbedenkliche Fehler, gesund, ausgezeichnete Arteigenschaften
B	Normale Qualität. Zulässig sind: geringe Abholzigkeit, wenig kranke Äste mit geringem Durchmesser, leicht exzentrischer Kern, schwacher Drehwuchs, schwache Krümmung
C	Fehlerhafte Qualität, jedoch gewerblich verwendbar. Zulässig sind: starke Abholzigkeit, Abschnitte mit tiefgehenden faulen Ästen, Braun- und Weißfäulebefall, starker Drehwuchs, Abschnitte mit starker Ringschäle
D	Sehr fehlerhafte Qualität, jedoch noch mindestens zu 40 % gewerblich verwendbar.

Einteilung von Stammholz nach den Abmessungen

Mittenstärkesortierung			Heilbronner Sortierung			
Klasse		Mittendurchmesser ohne Rinde	Klasse	Mindestlänge	Mindestzopf-∅ ohne Rinde	Draufholz-∅ ohne Rinde
L 0		unter 10 cm	H1	8 m	10 cm	–
L1a	L1b	10...14 cm / 15...19 cm	H2	10 m	12 cm	10 cm
L2a	L2b	20...24 cm / 25... 29 cm	H3	14 m	14 cm	12 cm
L3a	L3b	30...34 cm / 35... 39 cm	H4	16 m	17 cm	14 cm
L 4		40 bis 49 cm	H5	18 m	22 cm	17 cm
L 5		50 bis 59 cm	H6	18 m	30 cm	22 cm
L 6		60 bis 69 cm usw.				

- Stämme und Stammteile auf ganze, halbe oder Zehntelmeter abgelängt.
- Maßgebend ist der Mittendurchmesser ohne Rinde.

- Üblich für Fichte, Tanne und Douglasie in Süddeutschland. Stämme und Stammteile sind auf ganze Meter abgelängt.
- Maßgebend ist der Mindestzopfdurchmesser ohne Rinde.
- Draufholz bis zum Zopfdurchmesser der nächst niederen Klasse kann ausgehalten werden.
- Ansonsten wird die Mittenstärkensortierung angewandt.

Messung und Mengenberechnung von Stammholz

- Die Messung erfolgt stammweise oder bei unregelmäßiger Form in Sektionen.
- Der Mittendurchmesser wird in der Regel ohne Rinde ermittelt.
- Bei $d < 20$ cm erfolgt die einfache Messung, bei $d \geq 20$ cm wird über Kreuz gemessen.

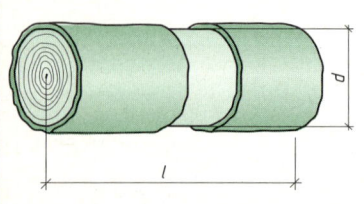

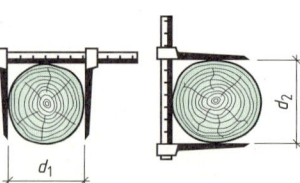

$$V = \frac{d_m \cdot d_m \cdot \pi \cdot l}{4}$$

$$d_m = \frac{d_1 + d_2}{2}$$

V Stammvolumen in m³
d_m Mittendurchmesser in m (zwei Kommastellen)
l Stammlänge in m (eine Kommastelle)

Unterscheidung der Schnittholzprodukte ($d \geq 6$ mm) — DIN 4074-1 und DIN 68252

Bretter	Bohlen	Latten	Kanthölzer	Balken
$d < 40$ mm $b \geq 80$ mm	$d \geq 40$ mm $b > 3 \cdot d$	$b < 80$ mm $A \leq 32$ cm²	$b \geq 60$ mm $h \leq 3 \cdot b;\ h < 200$ mm	$b \geq 80$ mm $h \leq 3 \cdot b;\ h \geq 200$ mm

Nach den **Tegernseer Gebräuchen** (s. S. 80) wird zusätzlich nach Rahmen und Hobelware sortiert.
Bei Seitenbrettern wird die Breite bis 33 mm schmalseitig, über 33 mm als mittlere Breite ermittelt.

Abmessungen von Brettern und Bohlen aus Nadelholz

Dicken für ungehobeltes Nadelschnittholz — DIN 4071 und DIN 68252

Brettdicken mm	Bohlendicken mm	Lattenquerschnitte mm	Kantholzquerschnitte cm	Balkenquerschnitte cm
16; 18; 22; 24; 28; 38	44; 48; 50; 63; 70; 75	24/48; 30/50; 40/60	6/6; 6/8; 6/12; 8/8; 8/10; 8/12; 8/16; 10/10; 10/12; 12/12; 12/14; 12/16; 14/14; 14/16; 16/16; 16/18	10/20; 10/22; 12/20; 12/24; 16/20; 18/22; 20/20; 20/24

Dicken in mm für gehobelte Bretter und Bohlen bei 14 bis 20 % Holzfeuchte — DIN 4073-1

Europäische ohne nordische NH			13,5	15,5	19,5		25,5	35,5	41,5	45,5
Nordische NH[1]	9,5	11	12,5	14	16	19,5	22,5	25,5	28,5	40	45
zul. Abweichung	± 0,5						± 1,0				

[1] Nordische Nadelhölzer aus Finnland, Schweden, Norwegen und russische „Seeware".

Normlängen für ungehobelte (DIN 4071) und gehobelte (DIN 4073) Bretter und Bohlen

1500 bis 6000 mm, Abstufungen von je 250 bzw. 300 mm, zulässige Abweichung +50 mm und −25 mm

Nennbreiten in mm für ungehobelte (DIN 4071) und gehobelte (DIN 4073) Bretter und Bohlen

75	80	100	115	120	125	140	150	160	175
180	200	220	225	240	250	260	275	280	300

• Holzfeuchte 14 bis 20 %. • Zulässige Toleranz bei 75 und 80 mm Breite: ± 2 mm, sonst ± 3 mm.

Abmessungen von Brettern und Bohlen aus Laubholz — DIN 68372

Nenndicken in mm für ungehobelte Bretter und Bohlen bei 18 % Holzfeuchte

18	20	26	30	35	40	45	50	55	60	65	70	75	80	90	100

Schnittklassen — DIN 68365

Schnittklasse	S	A	B	C
Bezeichnung	scharfkantig	vollkantig	fehlkantig	sägegestreift
Tragfähigkeit	besonders hoch	überdurchschnittlich	üblich	gering

Merkmale für die visuelle Sortierung von Kanthölzern aus Nadelholz		S 13 (früher Güteklasse I)	S 10 (früher Güteklasse II)	**DIN 4074** S 7 (früher Güteklasse III)
Sortiermerkmal	Erläuterung	S 13 (früher Güteklasse I)	S 10 (früher Güteklasse II)	S 7 (früher Güteklasse III)
Baumkante k				
		$k \leq \dfrac{1}{8} \cdot h$ $h_1 \geq \dfrac{2}{3} \cdot h$ $b_1 \geq \dfrac{2}{3} \cdot b$	$k \leq \dfrac{1}{3} \cdot h$ $h_1 \geq \dfrac{1}{3} \cdot h$ $b_1 \geq \dfrac{1}{3} \cdot b$	alle vier Seiten durchlaufend sägegestreift
Einzeläste		Kleinster Einzelastdurchmesser d		
		$d \leq \dfrac{1}{5} \cdot b$ d ≤ 50 mm	$d \leq \dfrac{1}{3} \cdot b$ d ≤ 70 mm	$d \leq \dfrac{1}{2} \cdot b$
Jahrringbreite		Mittlere Jahrringbreite b_m		
		$b_m = \dfrac{\text{radiale Messstrecke } M}{\text{Anzahl der Jahrringe}}$		
		$b_m \leq 4$ mm	$b_m \leq 6$ mm	–
		Bei Douglasie jeweils 2 mm mehr		
Faserneigung		Faserneigung e je 1000 mm Länge		
		≤ 70 mm	≤ 120 mm	≤ 200 mm
Risse				
Schwindrisse (Trockenrisse)		zulässig	zulässig	zulässig
Blitzrisse Frostrisse Ringschäle		nicht zulässig	nicht zulässig	nicht zulässig
Krümmung		Krümmung h je 2 000 mm Länge		
Längskrümmung Verdrehung		$h \leq 5$ mm	$h \leq 8$ mm	$h \leq 15$ mm
Druckholz		Anteil im Holzquerschnitt oder an der Oberfläche		
	Reaktionsholz bei Nadelhölzern	$\leq \dfrac{1}{5}$	$\leq \dfrac{2}{5}$	$\leq \dfrac{3}{5}$
Verfärbungen				
Bläue	Ursache:	zulässig	zulässig	zulässig
Rot- und Weißfäule	Pilzbefall	nicht zulässig	nicht zulässig	nicht zulässig
nagelfeste braune und rote Streifen		Anteil im Holzquerschnitt oder an der Oberfläche		
		$\leq \dfrac{1}{5}$	$\leq \dfrac{2}{5}$	$\leq \dfrac{3}{5}$
Mistelbefall				
		nicht zulässig	nicht zulässig	nicht zulässig
Insektenfraß				
		zulässig sind nur Fraßgänge von Frischholzinsekten ≤ 2 mm Durchmesser		

Werkstoffe, Hilfsstoffe

Zu den Kanthölzern zusätzliche/abweichende Sortierkriterien für Bretter, Bohlen u. Latten

Vorwiegend hochkant biegebeanspruchte Bretter und Bohlen sind wie Kantholz zu sortieren.

Sortiermerkmal	Erläuterungen	S 13	S 10	S 7
Äste	Einzeläste $l > b$. Wenn $b > 150$ mm $\Rightarrow l \geq 150$ mm	Durchmesser a kantenparallel messen		
		$a \leq \dfrac{1}{5} \cdot b$	$a \leq \dfrac{1}{3} \cdot b$	$a \leq \dfrac{1}{2} \cdot b$
	Kantenflächenäste	Durchmesser $a \leq b/3$		
	Astansammlung	Es wird innerhalb von 150 mm Länge gemessen		
		$A = \dfrac{\Sigma a}{2 \cdot b}$ für $a > 5$ mm		
		$A \leq \dfrac{1}{3}$	$A \leq \dfrac{1}{2}$	$A \leq \dfrac{2}{3}$
Krümmung Querkrümmung (Schüsselung)		$h \leq \dfrac{1}{50} \cdot b$	$h \leq \dfrac{1}{30} \cdot b$	$h \leq \dfrac{1}{20} \cdot b$
Markröhre		unzulässig	zulässig	zulässig

Rechnerische Ermittlung der Holzmengen

Schnittholzart	bildliche Darstellung	Berechnungsformeln	Erläuterungen
Scharfkantiges Holz		$A = l \cdot b$ $V = l \cdot b \cdot d$	b u. d sind die Querschnittsmaße des sägerauhen Holzes bei 30 % Holzfeuchte
Unbesäumte Bretter		$A = l \cdot b_m$ $V = l \cdot b_m \cdot d$ $b_m = \dfrac{b_1 + b_2}{2}$	Bestimmung von b_m nur nach den schmalen Breiten auf der linken Brettseite
Unbesäumte Bohlen		$A = l \cdot b_m$ $V = l \cdot b_m \cdot d$ $b_m = \dfrac{b_1 + b_2 + b_3 + b_4}{4}$	Bestimmung von b_m nach den Abmessungen auf beiden Brettseiten
Stammblock		$A_{ges} = l \cdot \Sigma b$ $V = l \cdot \Sigma b \cdot d$ $\Sigma b = b_1 + b_2 + b_3 + \dots b_n$	Die Breiten werden „stammliegend" gemessen, d. h. immer die oberen Brettbreiten

Sortierklassen für Schnittholz bei der maschinellen Sortierung — DIN 4074

Klassen	MS 17	MS 13	MS 10	MS 7
Merkmale	Schnittklasse A und Sortierklasse S 13	Schnittklass A und Sortierklasse S 13	Schnittklass B und Sortierklasse S 10	Schnittklass C und Sortierklasse S 7
Tragfähigkeit	besonders hoch	überdurchschnittlich	üblich	gering

Gütemerkmale von Schnittholz — DIN 68256, DIN EN 844

Gütemerkmal	Arten, Begriffe und Erläuterungen
Äste	• Oberflächenformen: Runder, ovaler, länglicher, Flügel- und Punktast ($\varnothing \leq 5$ mm) • Lage im Holz: Seitenast (in der Breitfläche), Kanten-, Kantenflächen- und durchgehender Ast (geht über die Breit- oder Schmalfläche durch) • Lage der Äste zueinander: Einzel-, Gruppen- und Doppelast, z. B. zwei Flügeläste • Grad der Verwachsung: Verwachsen, teilweise verwachsen und nicht verwachsen • Zustand des Astholzes: Gesund, hell, dunkel, dunkel verharzt, angefault und faul
Risse	• Entstehung der Risse: Kernriss, Frostriss, Trockenriss, Ringriss, Schilferriss (schräg verlaufender Riss in der Mitte eines Herzbrettes) • Lage der Risse im Holz: Seitenriss, Kantenflächenriss und Endriss (nur im Hirnholz) • Tiefe der Risse: Oberflächenriss (Haarriss), tiefer Riss und durchgehender Riss
Holzstruktur	Markröhre, Faserneigung, Druckholz (Buchs, Rothärte), Zugholz, Wirbel (gewellter Faserverlauf), Drehwuchs, Wechseldrehwuchs
Harzgalle	Einseitige und durchgehende Harzgalle, Harzzone
Rindeneinschluss	Einseitiger und durchgehender Rindeneinschluss
Unnormaler Kern	Falschkern: Unnormale Verfärbung des Stamminneren, z. B. bei Birke, Rotbuche Spitzkern: Falschkern mit gezacktem Rand bei Rotbuche
Farbfehler	Rötlich-braune und bläulich-braune Gerbstoffverfärbung, Flecken und Fladern im Splint, eingeschlossenes Splintholz (Mondring)
Fehler durch Pilze	Kernflecken und Streifen im Kern, Kernfäule, Rotstreifigkeit im Splintholz, Schimmel an der Holzoberfläche
Splintholzverfärbung	• Art der Farbe: Blaue, orange, gelbe, rosa bis hell violette und braune Verfärbung • Farbintensität: Helle und dunkle Verfärbung • Eindringtiefe: Flach (bis 2 mm tief), tief (mehr als 2 mm tief) und verdeckt (unter der Oberfläche)
Einlauf	Graue bis bräunliche biochemische Verfärbung des Holzes ohne Pilzeinwirkung an rindenfreien Holzoberflächen
Verstocken (Splintfäule)	Bräunliche bis weißfleckige biochemische Verfärbung von rindenfreiem Holz mit zusätzlichem Befall von holzzerstörenden Pilzen
Insektenfraßgänge	Flach (bis 5 mm tief), tief (mehr als 5 mm tief), klein ($\varnothing \leq 3$ mm) und groß ($\varnothing > 3$ mm)
Mistelloch	Loch im Schnittholz, hervorgerufen durch Mistelbefall
Merkmale durch Sägen	Baumkante am besäumten Schnittholz, tiefe Sägespuren, Wellen und rauer Sägeschnitt
Verformungen	Einfache und mehrfache Krümmung, Längskrümmung der Seite und der Schmalkante, Querkrümmung nach der Brettbreite, Spiraldrehung in Längsrichtung

Holz für Tischlerarbeiten	**DIN EN 942**

Allgemeine Sortierung nach der sichtbaren Holzqualität. Unberücksichtigt bleiben Merkmale, die sich auf die Festigkeit und Dauerhaftigkeit auswirken, soweit sie nicht von den Produktnormen behandelt werden.

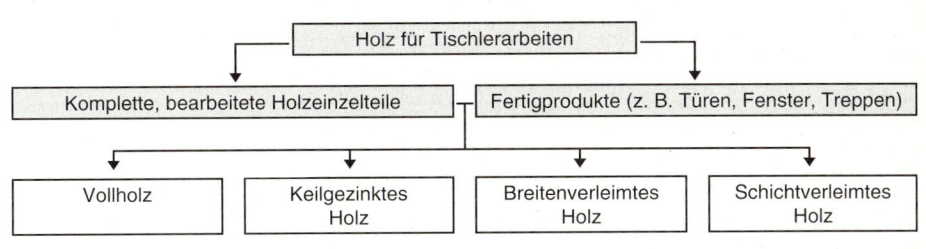

Merkmale		Offene Fläche (nach dem Einbau nicht ständig verdeckt)				
		Klasse J2	Klasse J10	Klasse J30	Klasse J40	Klasse J50
Äste		Gesunde Äste; lose und ungesunde Äste mit Pfropfen oder Füllmittel ausbessern				
	Anteil	–	30 % der Holzbreite b oder Dicke d		40 % b oder d	50 % b oder d
	Durchmesser	$\varnothing \leq 2$ mm	$\varnothing \leq 10$ mm	$\varnothing \leq 30$ mm	$\varnothing \leq 40$ mm	$\varnothing \leq 50$ mm
	Verteilung	beliebig	Abstand in Längsrichtung ≥ 150 mm			
Risse		unzulässig				
	Breite b		$b \leq 0,5$ mm		$b \leq 1,5$ mm, ausgebessert	
	Tiefe t		$t \leq 1/8$ der Holzdicke		$t \leq 1/4$ der Holzdicke	
	Einzellänge l_1		$l_1 \leq 100$ mm	$l_1 \leq 200$ mm	$l_1 \leq 300$ mm	
	Gesamt-länge l		$l \leq 10$ % der Werkstück-länge	$l \leq 25$ % der Werkstück-länge	$l \leq 50$ % der Werkstücklänge	
Harzgallen und Rindeneinwuchs		unzulässig	zulässig, wenn ausgebessert und undurchsichtig beschichtet wird			
			Länge ≤ 75 mm	keine Beschränkung der Länge		
Splint		zulässig; besondere Anforderungen an die Farbabstimmung vorher vereinbaren				
verfärbter Splint und Bläue		unzulässig	unzulässig	zulässig, wenn nach einer dekorativen Behandlung unsichtbar oder als Merkmal erwünscht		
freiliegendes Mark		unzulässig	unzulässig	unzulässig	zulässig nach Ausbesserung	
Schädigung durch Ambrosiakäfer		unzulässig	zulässig nach Ausbesserung; weiterer Befall durch holzzerstörende Pilze und Insekten ist unzulässig			
Baumkante		zulässig, wenn sie im bearbeiteten Einzelteil verdeckt wird				
Keilzinkung, Breitenverleimung, Schichtverleimung		unzulässig	zulässig, falls nicht anders festgelegt			

Die Merkmale sind ohne die aufgeführten Beschränkungen zulässig, wenn
- die Holzflächen nach dem Einbau durch andere Bauteile oder Einzelteile verdeckt werden
- die mechanischen Eigenschaften nicht beeinträchtigt werden
- die Anwendung des Holzes nicht beeinträchtigt wird

Werkstoffe, Hilfsstoffe

Gütemerkmale für Nadelschnittholz aus Fichte und Tanne — Tegernseer Gebräuche

Farbabweichung	Äste	Harzgallen	Risse	Baumkante
0%: blank ≤ 10%: leicht farbig ≤ 40%: mittelfarbig	Klein: kleinster Ast-∅ ≤ 2 cm mittelgroß: kleinster Ast-∅ ≤4 cm	klein: l ≤ 5 mm b ≤ 5 cm mittel: l ≤10 mm b ≤ 10 cm	klein: l ≤ Brettbreite mittelgroß: l ≤ 1,5 · Brettbreite	klein: l ≤ 1/4 · Brettlänge b ≤ 1/4 · Brettdicke mittel:l ≤ 1/2 · Brettlänge b ≤ Brettdicke

Gütebestimmungen für Nadelschnittholz aus Fichte und Tanne — Tegernseer Gebräuche

Güte-klasse	Farbe	Äste	Harzgallen	Risse	Baum-kante	Sonstige Merkmale
0	blank	ein kleiner Ast je m mit Astlänge l ≤ 5 cm	klein, bei astfreiem Holz	vereinzelt, klein	vereinzelt, klein	nicht rothart, Krümmung ≤ 2 cm je m (unbesäumt)
I	vereinzelt leicht farbig	festverwachsene kleine Äste mit Astlänge l ≤ 5 cm, ein kleiner Durchfallast je m.	vereinzelt, klein	vereinzelt, klein, kleine Endrisse	vereinzelt, klein	Wie Güteklasse 0, mit zusätzlicher Verfärbung, die der Käufer akzeptiert.
II	leicht farbig	gesunde mittelgroße Äste, Astlänge l ≤10 cm, zwei kleine Durchfalläste je m, bessere Seite ohne durchgehende Äste	klein	vereinzelt, klein, Endrisse ≤ Brettbreite	klein	Krümmung ≤ 2 cm je m bei unbesäumter Ware. Insektenfraß: auf beiden Seiten ausgeschlossen
III	mittel-farbig	wenig mittelgroße lose, sonst gesunde Äste	wenig, mittelgroß	mittelgroß	mittel-groß	geringer Insektenbefall und Krümmungen
IV	Ware, die der Güteklasse III nicht mehr entspricht. Als Nutzholz noch verwendbar.					

- Normallängen: 3 bis 6 m, bei Güteklasse IV auch 2 bis 6 m
- Brettbreiten ≥ 8 cm   • Brettdicken ≤ 33 mm   • Bohlendicken > 33 mm.

Beachte: Für Lärche gelten weitestgehend dieselben Gütebestimmungen. Bei Kiefer und Weymouthskiefer sind die Kriterien für Farbe (Blaufärbung) und für die Astgrößen artspezifisch definiert.

Gütebestimmungen für Hobelware — Tegernseer Gebräuche

Güteklassen für Fichte, Tanne, Kiefer, Lärche und Weymouthskiefer

Güte-klasse	Farbe	Äste	Harz-gallen	Risse	Baumkante	Sonstige Merk-male
I	vereinzelt leicht farbig, Kiefer leicht angeblaut	fest verwachsen, kleinster Ast-∅ ≤ 2,5 cm	verein-zelt klein	klein	klein,nur auf der ungehobelten Seite	keine Hobelfehler und keine ausgedübelten Stellen
II	leicht farbig, Kiefer angeblaut	fest verwachsen, schwarz, kleinster Ast-∅ ≤ 4 cm	klein	klein	wie bei Güteklasse I	kleine Hobelfehler, Ausdübelungen
III	mittelfarbig, Kiefer blau	vereinzelt klein, ausgeschlagen	zulässig	l ≤ 1/4 der Brettlänge	wie bei Güteklasse I	Hobelfehler sind zulässig
Rauh-spund	farbig, Kiefer blau	groß, auch lose oder ausgeschlagen	zulässig	l ≤ 1/3 der Brettlänge	mittelgroß	Insektenfraß ist zulässig

Normlängen: 2 bis 6 m, Breite gemessen mit Feder ≥ 8 cm, bei Güteklasse I und II Breite 8 cm bis18 cm

Die Tegernseer Gebräuche gelten nur für den inländischen Handel mit Rundholz, Schnittholz u. a.

Definition: Konstruktiver und chemischer Holzschutz

Begriff	Erläuterung	Beispiele
Konstruktiver Holzschutz	Alle konstruktiven Maßnahmen, die eine unzuträgliche Feuchtebelastung für Holzbauteile sowie den unkontrollierten Zugang von holzschädigenden Insekten verhindern.	• Abdeckung insbesondere von Hirnholz vor Wasser • Kein direkter Erdkontakt, 40 cm Abstand vom Erdreich • Wasserabweisende Beschichtung bzw. Anstrich • Schutz vor Feuchte aus angrenzenden Bauteilen • Auswahl von Hölzern mit geeigneter Resistenz nach DIN 68364 • Holzfeuchte der Einbausituation anpassen • Außenkanten und Ecken abrunden
Chemischer Holzschutz	Einsatz von fungiziden (pilzabtötenden) und insektiziden (insektentötenden) Stoffen. Diese Holzschutzwirkstoffe sind Gifte.	• Direktes Einbringen von Holzschutzmitteln ins Holz mit verschiedenen Verfahren • Holzschutzwirkstoffe als Zusatz zu Anstrichstoffen

Holzschutz im Hochbau   DIN 68800

Holzschutz-maßnahmen	DIN	Wesentliche Inhalte	Grad der Verbindlichkeit
Vorbeugender baulicher Schutz	68800-2	• Bauliche Maßnahmen, Konstruktionsdetails • Konstruktionen ohne chemischen Schutz	Bauaufsicht, Vorrang vor DIN 68800-3
Vorbeugender chemischer Schutz	68800-3	• Schutzmaßnahmen und Gefährdungsklassen • Einbringverfahren und -mengen • Schutzmittel, Schutzbehandlung und Nachbehandlung • Bescheinigung und Kennzeichnung • Hinweise für den Schutz von Fenstern und Verkleidungen	Bauaufsicht
Bekämpfende Maßnahmen	68800-4	• Bekämpfungsmaßnahmen bei Vorliegen eines Insekten- oder Pilzbefalls • Prüfung und Kennzeichnung der vorgenommenen Maßnahmen	–
Vorbeugender chemischer Schutz von Plattenwerkstoffen	68800-5	• Holzwerkstoffe und Gefährdungsklassen • Maßnahmen gegen Brandeinwirkung • Kennzeichnung	–

Parallel zu diesen in Deutschland verbindlichen Normen existiert ein weiteres europäisches Normenwerk zum Holzschutz, das jedoch inhaltlich weitgehend mit diesen Normen abgestimmt ist. Bei Arbeiten im europäischen Ausland können deshalb folgende Normen zur Anwendung kommen:
DIN EN 335; DIN EN 350; DIN EN 351; DIN EN 460; DIN EN 599

Prinzipien für Holzschutzmaßnahmen

• Eine Gefährdung durch Pilze existiert erst bei langanhaltender Holzfeuchte weit über 25 %. Die Holzfeuchte durch konstruktive Maßnahmen unter 20 % zu halten, bedeutet hinreichende Sicherheit.
• Durch luftdichte und diffusionsoffene Bauweisen sowie die feuchteschutztechnische Trennung angrenzender Bauteile lässt sich im Wohnungsbau ein Feuchteschutz erreichen, der Holzbauteile dauerhaft unter 20 % Holzfeuchte hält. Entsprechende Beispiele, die der Gefährdungsklasse 0 zuzuordnen sind, zeigen DIN 68800-2 und die Kommentare zur DIN 68800.
• Konstruktive Holzschutzmaßnahmen sind vorrangig auszuschöpfen. Chemische Holzschutzmaßnahmen sind allenfalls eine Ergänzung.
• Holzschutzmittel (Insektizide und Fungizide) sind Gifte, die sowohl Verarbeiter als auch Nutzer der Bauteile gesundheitlich gefährden können. Ihr Einsatz hinsichtlich Menge und verwendetem Wirkstoff muss deshalb auf das im Einzelfall erforderliche Mindestmaß beschränkt bleiben.

Gefährdungsklassen und Zuordnung von Holzbauteilen — DIN 68800-3

Gefähr-dungs-klasse	Beanspruchung des Holzes	Gefährdung durch				Anwendungsbereiche
		Insek-ten	Pilze	Auswa-schung	Moder-fäule	
0	trockener Innenausbau	nein	nein	nein	nein	mittlere Luftfeuchte ≤ 70 %
1	trockener Innenausbau	ja	nein	nein	nein	mittlere Luftfeuchte ≤ 70 %
2	• kein Erdkontakt • vor direkter Witte-rung oder Auswa-schung geschützt • vorübergehende Be-feuchtung möglich	ja	ja	nein	nein	• Innenbau >70 % Luftfeuchte • in Nassbereichen wenn Holzteile wasserabweisend abgedeckt • Außenbauteile ohne direkte Wetterbeanspruchung
3	• kein Erdkontakt • der Witterung aus-gesetzt	ja	ja	ja	nein	• Außenbauteile mit Wetterbe-anspruchung • Innenbauteile in Nassräu-men
4	• dauernder Erdkon-takt oder • ständig starke Befeuchtung	ja	ja	ja	ja	• Holzteile mit ständigem Erd-kontakt und/oder • Süßwasserkontakt auch bei Ummantelung

Gefährdungsklasse 0 — DIN 68800-3

Die Gefährdungsklasse 0 bedeutet, dass ein Bauteil durch konstruktive Maßnahmen hinreichend ge-schützt ist.
Bauteile, die nach oben aufgeführter Tabelle einer höheren Gefährdungsklasse (GK) zuzuordnen sind, fallen unter folgenden konstruktiven Maßnahmen in die Gefährdungsklasse 0:

GK	Bedingung	Beispiele
von 1 nach 0	Farbkernhölzer mit Splintholzanteil unter 10 % oder	alle Holzarten, deren Kernholz deutlich dunkler ist als das Splintholz
	übliches Wohnklima und gegen Insektenbefall allseitig geschlossene Bekleidung oder	Holzbalkendecken, Unterseite verputzt; unbelüftete Dächer
	übliches Wohnklima Holz offen und kontrollierbar	offenliegende Stützen, Balken oder Sparren in Wohnräumen
von 2 nach 0	splintfreie Farbkernhölzer der Resistenzklassen 1, 2 oder 3	Robinie, Eiche, Douglasie, Lärche
von 3 nach 0	splintfreie Farbkernhölzer der Resistenzklassen 1 oder 2	Robinie, Eiche
von 4 nach 0	splintfreie Farbkernhölzer der Resistenzklasse 1	Robinie

Prüfprädikate für Holzschutzmittel

Eignung des Holzschutzmittels	Prüfprädikat	Eignung des Holzschutzmittels	Prüfprädikat
Insekten vorbeugend	Iv	gegen Pilze wirksam	P
Insekten bekämpfend	Ib	der Witterung ausgesetzt	W
für extreme Beanspruchung	E	Feuerschutzmittel	F

Zuordnung zu den Gefährdungsklassen — DIN 68800-3

Gefährdungsklasse	0	1	2	3	4
Erforderliche Prüfprädikate des Holzschutzmittels	–	Iv	Iv, P	Iv, P, W	Iv, P, W, E

Einsatzbereiche chemischer Holzschutzmaßnahmen			DIN 68800-3
Bauteile	tragende und aussteifende Bauteile	nicht tragende Bauteile, maßhaltig	nicht tragende Bauteile, nicht maßhaltig
Beispiele	alle Bauteile, die für die Standsicherheit von Bedeutung sind	Außenfenster, Außentüren	Verkleidungen außen und innen
Verpflichtung zum Einsatz chemischer Maßnahmen	Die Norm stellt Anforderungen, da tragende und austeifende Bauteile der Bauaufsicht unterliegen.	Die Norm gibt Hinweise; ansonsten besteht Vertragsfreiheit. Regelungen zur Haftung und Gewährleistung sollten beachtet werden.	
Prioritäten bei der Entscheidung	Chemische Maßnahmen kommen, soweit erforderlich, erst nach Ausschöpfung baulicher Maßnahmen entsprechend der Zuordnung zu einer Gefährdungsklasse zum Einsatz.	Chemische Maßnahmen kommen, soweit erforderlich, erst nach Ausschöpfung baulicher Maßnahmen entsprechend der Zuordnung zu einer Gefährdungsklasse zum Einsatz. Der Verzicht ist zulässig.	Chemische Maßnahmen kommen nur nach Abwägung von Gefährdung und Wert des Bauteils sowie gesundheitlichen und umweltbezogenen Gesichtspunkten zum Einsatz.
Formvorschriften	Nachweis ausgeführter chemischer Holzschutzmaßnahmen	Verzicht auf chemische Maßnahmen muss schriftlich vereinbart werden.	Vereinbarung im Einzelfall, ob chemische Maßnahmen vorgenommen werden sollen.
Erforderliches Prüfzeichen der eingesetzten Holzschutzmittel	Amtliches Zeichen der Materialprüfanstalt	Gütezeichen RAL — Holzschutzmittel — Zeichen der RAL-Gütegemeinschaft für Holzschutzmittel	

Holzschutzmittel zum vorbeugenden Schutz gegen holzzerstörende Pilze und Insekten			
Typ	Beispiele[1]	Einsatzgebiete	Einsatzbedingungen
Wasserlösliche Salze	B-, HF-, SF-, CFB-, CKB-, CKF-Salze	Vorwiegend bei tragenden Bauteilen, die keine Oberflächenveredelung benötigen, und bei Hölzern im Landschaftsbau	Einsatz bei Holzfeuchten über 30 %
Lösemittelhaltige Präparate	Imprägniermittel	bindemittelfrei für die Imprägnierung von Hölzern als Basis für Anstriche	Einsatz bei trockenem Holz
	Grundiermittel	bindemittelhaltig und pigmentfrei zur Grundierung von Hölzern	
	Lasuranstrichmittel	bindemittel- und pigmenthaltig als Lasuranstrich	
Steinkohlenteerölpräparate	Teeröle	Holz im Freien bei Erdkontakt, z. B. Zäune, Schwellen und Masten	Einsatz bei trockenem Holz

[1] B Bor, C Chrom, F Fluor, HF Hydrogen-Fluorid, K Kupfer, SF Silicofluorid

Wetterschutzmittel

Wetterschutzmittel sind reine Anstrichstoffe ohne Holzschutzwirkstoffe. Einsatz:
• wenn fungizide oder insektizide Wirkstoffe nicht erforderlich sind,
• auf Holzschutzgrundierungen und -imprägnierungen als Zwischen- und Endanstrich.

Werkstoffe, Hilfsstoffe

Eindringtiefen von Holzschutzmitteln — DIN 52175

Eindringtiefe	Schutzart	Erläuterungen
< 1 mm	Oberflächenschutz	Wirkung des Holzschutzmittels bleibt auf die Oberfläche begrenzt. Tiefere Holzschichten oder teilweise offene Leimfugen bleiben ungeschützt.
< 10 mm	Randschutz	Schutz einige Millimeter tief. Spätere Trocknungsrisse können ungeschützte Holzflächen freilegen.
≥ 10 mm	Tiefschutz	Weitgehender Schutz, der jedoch nicht das Splintholz in voller Tiefe erfasst. Für den bewitterten Bereich eingeschränkt geeignet.
bis Kernholz	Vollschutz	Wirkungsvollster Schutz, der das gesamte Splintholz erfasst. Das Kernholz von Farbkernhölzern nimmt kaum Holzschutzmittel auf.

Einbringverfahren

Verfahren	Beschreibung	Anwendungsbereiche	Schutzart
Streichen	Auftrag mit Pinsel oder Rolle	Nachbehandlung, Renovierung oder Feuerschutzmittel	Oberflächenschutz
Spritzen	Auftrag mit Spritzpistole	Kanthölzer, Latten; nur in geschlossenen Anlagen zulässig	Oberflächenschutz
Tauchen	Schwimmende Lagerung der Hölzer in eine Wanne mit Tränkmittel	Imprägnierung von Fensterhölzern oder Außenverkleidungen	Randschutz
Fluten	Hölzer werden in stationärer Anlage mit Holzschutzmittel übergossen	Imprägnierung von Fensterhölzern oder Außenverkleidungen	Randschutz
Trogtränkung	Hölzer werden in einem Trog bis zu mehreren Tagen untergetaucht	Dachsparren, Balken und Hölzer im bewitterten Bereich	Tiefschutz
Kesseldrucktränkung	Holzschutzmittel wird mit Überdruck in Druckkesseln in das Holz gepresst	Bewitterte Holzkonstruktionen, Landschaftsbau	Vollschutz
Bohrlochtränkung	Holzschutzmittel wird in gebohrte Löcher gegossen	Sanierung von Holzbauteilen	Tiefschutz, Vollschutz
Begasung	Hölzer werden mit giftigen Gasen (Blausäure) begast	Restaurierung von Kunstwerken, Antiquitäten	Abtöten von Insekten
Heißluftverfahren	Hölzer werden über 55 °C erwärmt	Dachstühle, Möbel, Kunstgegenstände	Abtöten von Insekten

Sicherheitshinweise für den Umgang mit Holzschutzmitteln

Bereich	Gefährdung	Schutzmaßnahmen
Hautschutz	Ätzende, reizende und giftige Wirkung beachten	• Schutzhandschuhe tragen • unbedeckte Haut mit Hautschutzsalbe schützen
Augenschutz	Ätzende und reizende Wirkung beachten	• Spritzauftrag nur in geschlossenen Anlagen • Schutzbrille tragen
Atemschutz	Lösemittel- und Giftgasabscheidungen	• für gute Durchlüftung der Innenräume sorgen • Atemschutzmaske tragen
Schutz vor Missbrauch	Verwechslung mit anderen Mitteln vermeiden	• Deutlich erkennbare Kennzeichnung der Mittel • Sicherheitskennzeichnung am Arbeitsplatz
Umweltschutz	Schutz von Pflanzen, Tieren, Grundwasser und Boden	• Mittel im Originalgebinde belassen • Reste als Sondermüll entsorgen
Hygiene	Mittel von Körper und Nahrung fernhalten	• Holzschutzmittel von Speisen u. Getränk fernhalten • nach der Arbeit Hände sorgfältig reinigen

Bekämpfungsmaßnahmen · DIN 68800-4

Grundsätzliche Maßnahmen

- Bekämpfungsmaßnahmen bei Pilzbefall und **Lebendbefall** durch Insekten erforderlich
- Einsatz von Bekämpfungsmitteln so weit wie möglich beschränken, nur geprüfte Mittel verwenden
- Schadensfeststellung und Bekämpfung nur durch qualifizierte Fachleute
- Ausgebaute, befallene Holzteile geordnet entsorgen

Pilzbefall	Insektenbefall
• Befallene Holzteile entfernen (30 cm um den sichtbaren Befall, bei Echtem Hausschwamm 1 m) • Ursache erhöhter Feuchte feststellen und beseitigen • Verbleibende und neue Hölzer nach DIN 68800-3 behandeln, dabei Gefährdungsklasse 0 anstreben • Mauerwerk im Schadensbereich möglichst erneuern, ansonsten chemisch behandeln • bei besonders hoher Feuchtebelastung auf erneuten Einbau von Holz verzichten und alternative Werkstoffe wählen • Befallsausmaß ermitteln und vermulmte Teile entfernen	• Standsicherheit prüfen • Maßnahmen zur Bekämpfung auswählen (Austausch der Hölzer, chemische Maßnahmen, Heißluftverfahren[1], Begasungsverfahren) • Neu eingebaute Hölzer nach DIN 68800-3 behandeln, dabei Gefährdungsklasse 0 anstreben • sofern Gefährdungsklasse 0 nicht erreicht werden kann, alle Teile der Holzkonstruktion vorbeugend chemisch schützen. • bei Hausbockbefall in mehr als 60 Jahre altem Holz sowie bei geringem Anobienbefall chemische Maßnahmen auf befallene Holzteile beschränken • Nicht befallene, unbehandelte Holzteile regelmäßig überprüfen

Kennzeichnung der behandelten Bauteile

- Nach chemischer Behandlung sind behandelte Holzbauteile an mindestens einer sichtbar bleibenden Stelle in dauerhafter Form zu kennzeichnen.[2]
- Bei Einsatz lösemittelhaltiger chemischer Schutzmittel ist Anbringung eines Warnschildes mit Hinweis auf Gesundheitsgefährdung und Feuergefährlichkeit für ausreichend langen Zeitraum erforderlich.

[1] Eine Bekämpfung holzzerstörender Insekten kann auch durch das Heißluftverfahren (Mindesttemperatur von 55 °C, Dauer 60 min.) erfolgen. Ein vorbeugender Schutz wird dadurch aber nicht erreicht.
[2] Entsprechende Schilder sind bei Holzschutzmittelherstellern erhältlich.

Brennbarkeitsklassen von Baustoffen · DIN 4102

Klasse	A 1	A 2	B 1	B 2	B 3
Baustoff	nicht brennbar, anorganische Stoffe	nicht brennbar, organische Stoffe	schwer entflammbar	normal entflammbar	leicht entflammbar
Beispiele	Sand, Kies, Beton, Steine, Glas, keramische Platten, Metalle	Gipskartonplatten (Karton schwer entflammbar) und Mineralfaserplatten mit Prüfzeichen	Gipskartonplatten, Asbestpappe, Eichen-Parkett	Holz, genormte Holzwerkstoffe, kunststoffbeschichtete Flachpressplatten, PVC hart	Holzspäne, Holzwolle, Holz unter 2 mm Dicke, Papier

Feuerwiderstandsklassen · DIN 4102

Bauteile werden in Feuerwiderstandsklassen eingeteilt; dabei wird angegeben, über welchen Zeitraum in Minuten (30, 60, 90, 120, 180) sie im Brandfall einen Feuer Widerstand leisten. Der Nachweis erfolgt durch entsprechende Prüfungen. Für die Bauteile werden Kennbuchstaben verwendet (z. B. F 30).

Bauteil	allgemein	nichttragende Außenwände	Türen, Tore	Verglasungen
Kennbuchstabe	F	W	T	G

Holzwerkstoffe: Übersicht

Werkstoff-gruppe	Lagenholz		Spanwerkstoffe	Faserwerkstoffe
	Schichtholz	Sperrholz		
Merkmale	verleimte Holz-schichten aus Bret-tern oder Furnieren, bei denen die Faser-richtung von Innen-lagen und Decklagen parallel verläuft	Platte aus mindes-tens drei aufeinander verleimten Lagen, deren Faserrichtun-gen sich im rechten Winkel kreuzen.	mit Bindemitteln (Leim, Gips, Zement) gebundene Späne verschiedener Größe und Anordnung	mit Holzfasern und Bindemitteln ver-presste Werkstoffe
Werkstoff-typ (Beispiele)	• Brettschichtholz • Furnierschichtholz • Furnierstreifenholz	• Furniersperrholz • Stabsperrholz • Stäbchensperrholz	• Flachpressplatten • OSB-Platten • Gipsgebundene Spanplatten • Spanstreifenholz	• Mitteldichte Fa-serplatten (MDF) • Hartfaserplatten • Gipsfaserplatten • Holzfaserdämm-platten

Holzwerkstoffe nach der Anwendung

Einsatzbereich	für allgemeine Zwecke	für das Bauwesen
Anforderungen	• keine besonderen elastomechanischen oder bauphysikalischen Anforderungen • Einzelvereinbarungen zwischen Her-steller und Anwender	• in Baubestimmungen und Normen festgelegte elastomechanische oder bauphysikalische Anforderungen • bei Abweichungen in Art und Herstel-lung sind bauaufsichtliche Zulassungen erforderlich
Verwendung	• Ausbau von Räumen und Fahrzeugen • Behälterbau • Gehäuse- und Möbelbau • Maschinen- und Anlagenbau • Lager- und Werkstattausrüstungen • Transport- und Verpackungswesen • Werkzeug- und Vorrichtungsbau	• tragende und aussteifende Bauteile • spezielle Anforderungen an sonstige Bauteile nach Baubestimmungen oder der Verdingungsordnung für Bauleis-tungen (VOB)

[1] Holzwerkstoffe für allgemeine Zwecke dürfen nicht in Bauteilen verwendet werden, in denen Holzwerkstoffe für das Bauwesen gefordert sind. Eine Verwendung von Werkstoffen für das Bauwesen zu allgemeinen Zwecken ist jedoch grundsätzlich zulässig, sofern die Eigenschaften gleichwertig sind.

Kategorien der Anwendung nach europäischem Normenwerk (DIN EN)

Kategorie	Erläuterung
Trockenbereich	Bauteil in der Gefährdungsklasse 1 (siehe Seite 82)
Feuchtbereich	Bauteil in der Gefährdungsklasse 2
Außenbereich	Bauteil in der Gefährdungsklasse 3
allgemeine Zwecke	Möbelbau, Innenausbau
tragende Zwecke	Einsatz in einer tragenden Konstruktion (planmäßig miteinander verbundene Teile, die statisch berechnet werden).
Lasteinwirkungsdauer	• sehr kurz und kurz: außergewöhnliche Einwirkungen, Schnee- und Windlast • mittel, lang, ständig: Verkehrslasten, Nutzlasten, Eigenlast

Aufbau von Sperrholz

Begriff	Erklärung
Innenlage	Innere Lage des Sperrholzes, die entweder aus einem einzelnen Furnier oder aus mehreren fugenverleimten oder dicht nebeneinander gelegten Furnierstreifen besteht
Innerste Lage	Die Innenlage, auf der die anderen Lagen beiderseitig symmetrisch angeordnet sind
Mittellage	Die Mittellage von Sperrholz, wenn diese wesentlich dicker ist als die übrigen Lagen. Bestehend aus • mit paralleler Faserrichtung aufeinander geleimten Furnieren • dicht nebeneinander liegenden, miteinander verleimten oder nicht verleimten Holzleisten, Holzstäben oder Holzstäbchen • anderen plattenförmigen Werkstoffen • Hohlraumgittern (z. B. Waben)
Deckfurnier (Decklage)	Äußere Lage des Sperrholzes, die entweder aus einem einzelnen Furnier oder aus mehreren fugenverleimten oder dicht nebeneinander gelegten Furnierstreifen besteht
Absperrfurnier	Die Innenlage unter der Decklage mit quer zu dieser verlaufenden Faserrichtung
Vorderseite	Bessere Oberfläche der Sperrholzplatte

Sperrholz: Plattentypen   DIN 68708, DIN EN 313-2

Kurz-zeichen	Bezeichnung [1]	Beschreibung
FU	Furniersperr-holz	Sperrholz, bei dem alle Lagen aus parallel zur Plattenebene liegenden Furnieren bestehen
TI	Tischlerplatte	Sperrholz mit einer Mittellage aus Vollholz in Form von Leisten oder hochkantgestellten Furnierstreifen
SR	Streifenplatte	Tischlerplatte, deren Mittellage aus nicht miteinander verleimten Vollholzleisten besteht, die in der Regel etwa 24 mm, höchstens 30 mm breit sind
ST	Stabsperrholz	Tischlerplatte, deren Mittellage aus aneinander geleimten Holzleisten besteht, die in der Regel etwa 24 mm, höchstens 30 mm breit sind
STAE	Stäbchen-sperrholz	Tischlerplatte mit Mittellagen aus hochkant zur Plattenebene stehenden und miteinander verleimten Holzstäbchen oder Furnierstreifen bis 8 mm Dicke
–	Hohlraum-Sperrholz	Sperrholz mit Mittellage aus einer Hohlraum-Konstruktion. Äußere Lagen aus jeweils mindestens zwei über kreuz angeordnete Furnierlagen.
–	Mehrschicht-sperrholz	Sperrholz aus mindestens fünf Furnierlagen
–	Sternholz	Furnierplatte, deren Lagen sternförmig angeordnet sind
–	Formsperrholz	In Formpressen hergestelltes Sperrholz, das zylindrisch oder sphärisch gewölbt ist

[1] Es sind zur Zeit zwei Normen zu Begriffen für Sperrholz gültig. Im Falle von Widersprüchen wurden die Begriffe der DIN EN 313-2 angegeben.

Verleimung von Sperrhölzern   DIN 68708

Kurz-zeichen	Bezeichnung	Beschreibung
IF 20	Innensperrholz	Sperrholz, das nur zur Verwendung in geschlossenen Räumen mit im allgemeinen geringer relativer Luftfeuchte bestimmt ist.
AW 100	Außensperrholz	Sperrholz, dessen Verleimung gegen die im Freien auftretenden Witterungseinflüsse beständig ist.

Güteklassen für Deckfurniere bei Sperrholz für allgemeine Zwecke				DIN 68705-2
Güte-klasse	Laubhölzer		Nadelhölzer	
	der Tropen	der gemäßigten Zonen	Fichte, Tanne und Ähnliche	Kiefer, Lärche
1 max. 2 der Merkmale zulässig	leichte Holzverfärbung bis 1/8 der Fläche			–
	je m² drei gesunde Wirbel oder Aststellen bis 10 mm ⌀	je m² drei gesunde Wirbel oder Aststellen bis 15 mm ⌀	je m² drei einwandfrei ausgebesserte Äste	
	–	vereinzelt vorkommende einwandfrei aus-gekittete Randrisse bis 1/10 der Plattenlänge und 3 mm Breite		–
2 max. 3 der Merkmale zulässig	Fugen mit gelegentlich geringen Undichten; vereinzelt vorkommende beschichtungsfähig ausgekittete Fugen bis 2 mm Breite			
	leichte Holzverfärbung und bis ¼ der Fläche leichte Farbfehler			leichte Holzverfär-bung, leichte Farb-fehler bis 1/8 der Fläche
	Punktäste, vereinzelt vorkommende Wirbel und Hirnholzstellen, ausgekittete Gallen			
	vereinzelte ver-wachsene Äste und Aststellen bis 15 mm ⌀	vier verwachsene Äste und Aststellen bis 25 mm ⌀ je m³		
	beschichtungsfähig ausgebesserte Äste			
	vereinzelt vorkommende beschichtungsfähig ausgekittete Risse bis 1/5 der Plattenlänge und 3 mm Breite			
	vereinzelt vorkommende kleine Insektenfraßlöcher			
	geringfügiger Leimdurchschlag			
3 max. 4 der Merkmale zulässig	vereinzelt vorkommende fehlerhafte Fugen			
	Farbfehler			
	Punktäste, Wirbel, Hirnholzstellen und Gallen, letztere auch ausgekittet			
	vier verwachsene Äste und Aststellen je m², bei Platten aus drei Furnierlagen Äste bis 25 mm ⌀, bei Platten aus fünf und mehr Lagen Äste 60 mm ⌀			
	ausgebesserte Stellen			
	Risse bis 1/3 der Plattenlänge und 5 mm Breite			
	Insektenfraßlöcher			
	Leimdurchschlag			
	raue Stellen mit Faserausriss			
	Durchzeichnung von Überleimern der Mittellagenfugen			

Plattentypen nach Güteklassenkombination									DIN 68705-2
Deckfurniere	aus tropischen Laubhöl-zern bei Furniersperrholz			aus europäischen Hölzern und überseeischen Nadelhölzern bei Furniersperrholz				bei Stab- und Stäbchen-sperrholz	
Güteklassen [1]	1-2	1-3	2-3	1-3	2-2	2-3	3-3	1-2	2-2	2-3

[1] Angabe für Vorderseite-Rückseite; Beispiel für Kennzeichnung siehe Seite 90.

Flachpressplatten für allgemeine Zwecke — DIN 68761

Kurzzeichen	Definition
FPY	Flachpressplatte für allgemeine Zwecke z. B. Möbel-, Phonomöbel-, Geräte- und Behälterbau
FPO	Flachpressplatte mit definierten Anforderungen an die feinspanige Oberfläche z. B. für Direktlackierung oder Folienkaschierung

Kunstharzbeschichtete dekorative Flachpressplatten — DIN 68765

Kurzzeichen	Definition
KF	Spanplatte für den Möbel- und Innenausbau mit einer Dekorschicht aus mit härtbaren Kondensationsharzen getränkten und verpressten Trägerbahnen aus Papier; ein- oder zweistufiger Aufbau; Dekorschicht in der Regel Melaminharz
Z	Sonderplatten mit erhöhter Widerstandsfähigkeit gegen Zigarettenglut

Dicke der Dekorschichten

Klasse	Schichtdicke in mm	Erläuterung
1	bis 0,14	wird mit einer Schicht erreicht
2	über 0,14	Aufbau der Kunstharzschicht mit einer zusätzlichen Unterlage (Zwei-Blatt-Aufbau)

Verhalten bei Abriebbeanspruchung

Klasse	Erreichte Umdrehungszahl DIN 53799	Erläuterung
N	über 50 bis 150	Die Prüfung nach DIN 53799 erfolgt mit einem
M	über 150 bis 350	drehbaren Schleifteller. Die Umdrehungszahl gibt
H	über 350 bis 650	an, bei welcher Anzahl noch keine deutlich
S	über 650	sichtbaren Spuren zurückbleiben.

Holzfaserplatten: Plattentypen — DIN EN 622

Anwendungsbereich	Harte Platten	Mittelharte Platten	Poröse Platten	Platten nach dem Trockenverfahren
allgemein, trocken	HB	MBL, MBH	SB	MDF
allgemein, feucht	HB.H	MBL.H, MBH.H	SB.H	MDF.H
allgemein, außen	HB.E	MBL.E, MBH.E	SB.E	-
tragend, trocken	HB.LA	MBH.LA1	SB.LS	MDF.LA
tragend, hochbelastbar, trocken	-	MBH.LA2	-	-
tragend, feucht	HB.HLA1	MBH.HLS1	SB.HLS	MDF.HLS
tragend, hochbelastbar, feucht	HB.HLA2	MBH.HLS2	-	-

Kunstharz-Pressholz — DIN 7707-2

Bezeichnung	Kurzzeichen	Erläuterung
Kunstharz-Pressholz ("Panzerholz")	KP	Schichtpressstoff aus mindestens fünf Furnierschichten Rotbuche und Phenolharz. Die Platten haben eine hohe Rohdichte und hohe Festigkeit. Einsatzgebiete: Vorrichtungs- und Formenbau und durchschusshemmende und einbruchhemmende Bauteile. Auch in sprenghemmender Ausführung.

Werkstoffe, Hilfsstoffe

Formaldehyd-Emissionsklassen für Holzwerkstoffe — DIBt-Richtlinie 100

Emissionsklasse	Emissionswert in ppm	Erläuterungen
E 1	bis 0,1	Eingesetzte Holzwerkstoffe müssen unter dem Grenzwert liegen. Durch Verwendung von Leimen auf Diisozyanat-Basis weitgehend formaldehydfreie Werkstoffe möglich.
E 1b	bis 0,1	Rohplatten der Klassen E2 und E3, die den Grenzwert durch Aufbringen einer geeigneten Beschichtung aus Folien oder Lacken unterschreiten (Zulassung erforderlich).
E 2	über 0,1 bis 1,0	Ohne geeignete Beschichtung im Bauwesen nicht zulässig.
E 3	über 1,0 bis 2,3	

Vorzugsmaße für Holzwerkstoffe — DIN 4078

Holzwerkstoff	Dicke in mm	Länge in mm	Breite in mm
Furniersperrholz	4; 5; 6; 8; 10; 12; 15; 18; 20; 22; 25; 30; 35; 40; 50	1220; 1250; 1500; 1530; 1830; 2050; 2200; 2440; 2500; 3050	1220; 1250; 1500; 1530; 1700; 1830; 2050;2440;2500; 3050
Stäbchen- und Stabsperrholz	13; 16; 19; 22; 28; 30; 38	1220; 1530; 1830; 2050; 2500; 4100	2440; 2500; 3500; 5100; 5200; 5400

Zulässige Grenzabmaße für Plattenwerkstoffe

Werkstoff	Dicke in mm	Länge/Breite in mm	Regelwerk
Sperrholz für allgemeine Zwecke	+ 0,2 / − 0,5	± 3	DIN 68705-2
FPY-Platten	± 0,3	± 5	DIN 68761-1
FPO-Platten innerhalb einer Platte	± 0,2	± 5	DIN 68761-4
FPO-Platten von Platte zu Platte	± 0,3	± 5	
KF-Platten bis 20 mm Dicke	+ 0,5 / −0,3	± 5	DIN 68765
KF-Platten über 20 mm Dicke	± 0,5	± 5	
Harte Faserplatten (HB) bis 3,5 mm Dicke	± 0,3	± 5	DIN EN 622-1
Harte Faserplatten (HB) über 3,5 mm bis 5,5 mm Dicke	± 0,5	± 5	
Harte Faserplatten (HB) über 5,5 mm Dicke	± 0,7	± 5	
Mittelharte Faserplatten (MBL, MHB) bis 10 mm Dicke	± 0,7	± 5	
Mittelharte Faserplatten (MBL, MHB) über 10 mm Dicke	± 0,8	± 5	
Poröse Faserplatten (SB) bis 10 mm Dicke	± 0,7	± 5	
Poröse Faserplatten (SB) über 10 bis 19 mm Dicke	± 1,2	± 5	
Poröse Faserplatten (SB) über 19 mm Dicke	± 1,8	± 5	
MDF-Platten bis 19 mm Dicke	± 0,2	± 5	
MDF-Platten über 19 mm Dicke	± 0,3	± 5	

Kennzeichnung von Holzwerkstoffen

Angaben in folgender Reihenfolge:
1. Herstellerwerk; 2. DIN-Hauptnummer; 3. Plattentyp; 4. Dicke in mm; 5. weitere Kennzeichen

Beispiel	Kennzeichnung
Furnierplatte, Plattentyp IF, Güteklasse 1-3, Dicke 12 mm	Hersteller - DIN 68705 FU IF 1-3 - 12
Flachpressplatte FPY, Dicke 19 mm, Emissionsklasse E 1	Hersteller - DIN 68761 - FPY - 19 - E1

Flachpressplatten für allgemeine Zwecke: Festigkeit [1]

Holzwerkstoff	Nenndickenbereiche in mm					
	6 bis 13	über 13 bis 20	über 20 bis 25	über 25 bis 32	über 32 bis 40	über 40 bis 50
Mindestwerte für die Biegefestigkeit β_B in N/mm²						
Flachpressplatte FPY nach DIN 68761-1	18	16	14	12	10	8
Flachpressplatte FPO nach DIN 68761-4	16	15	14	12	10	8
KF-Platten nach DIN 68765 Schichtdicke bis 0,14 mm	17	16	15	13	11	9
KF-Platten nach DIN 68765 Schichtdicke über 0,14 mm	18	17	16	14	12	10
Mindestwerte für die Querzugfestigkeit β_z in N/mm²						
Flachpressplatten nach DIN 68761-1, DIN 68761-4 und DIN 68765	0,04	0,35	0,30	0,24	0,20	0,20

[1] Die Werte gelten nicht für die statische Bemessung tragender Bauteile.

MDF-Platten: Festigkeit   DIN 622-5

Plattentyp [1]	Nenndickenbereiche in mm								
	1,8 bis 2,5	> 2,5 bis 4	> 4 bis 6	> 6 bis 9	> 9 bis 12	> 12 bis 19	> 19 bis 30	> 30 bis 45	> 45
Anforderungen an die Biegefestigkeit β_B in N/mm²									
MDF	23	23	23	23	22	20	18	17	15
MDF.H	27	27	27	27	26	24	22	17	15
MDF.LA	29	29	29	29	27	25	23	21	19
MDF.HLS	34	34	34	34	32	30	28	21	19
Anforderungen an die Querzugfestigkeit β_z in N/mm²									
MDF	0,65	0,65	0,65	0,65	0,60	0,55	0,55	0,50	0,50
MDF.H	0,70	0,70	0,70	0,80	0,80	0,75	0,75	0,70	0,60
MDF.LA	0,70	0,70	0,70	0,70	0,65	0,60	0,60	0,55	0,50
MDF.HLS	0,70	0,70	0,70	0,80	0,80	0,75	0,75	0,70	0,60

[1] Plattentypen siehe Seite 89

Harte Faserplatten: Festigkeit   DIN 622-2

Plattentyp [1]	Nenndickenbereiche in mm			Nenndickenbereiche in mm		
	≤ 3,5	>3,5 bis 5,5	> 5,5	≤ 3,5	>3,5 bis 5,5	> 5,5
	Biegefestigkeit β_B in N/mm²			Querzugfestigkeit β_z in N/mm²		
HB	30	30	25	0,50	0,50	0,50
HB.H	35	32	30	0,60	0,60	0,60
HB.E	40	35	32	0,70	0,60	0,50
HB.LA	33	32	30	0,60	0,60	0,60
HB.LA1	38	36	34	0,80	0,70	0,65
HB.LA2	44	42	38	0,80	0,70	0,65

[1] Plattentypen siehe Seite 89.

Mittelharte Faserplatten: Festigkeit				DIN 622-3
Plattentyp [1]	Nenndickenbereich in mm		Nenndickenbereich in mm	
	≤ 10	> 10	≤ 10	> 10
	Biegefestigkeit β_B in N/mm²		Querzugfestigkeit β_z in N/mm²	
MBL	10	8	–	–
MBH	15	12	0,10	0,10
MBL.H	12	10	–	–
MBH.H	18	15	0,30	0,30
MBL.E	14	12	–	–
MBH.E	21	18	0,30	0,30
MBH.LA1	18	15	0,10	0,10
MBH.LA2	21	18	0,20	0,20
MBH.HLS1	25	22	0,40	0,40
MBH.HLS2	28	25	0,40	0,40

[1] Plattentypen siehe Seite 89.

Beispiele für Dickenquellung von Holzwerkstoffen			
Plattentypen [1]	Dickenquellung in % [2]	Holzwerkstoff	Dickenquellung in % [2]
Flachpressplatten	8	HB (Trockenbereich) 5 mm	30
MDF (Trockenbereich) 19 mm	8	HB.H (Feuchtbereich) 5 mm	20
MDF.H (Feuchtbereich) 19 mm	8	HB.E (Außenbereich) 5 mm	10
MBL (Trockenbereich)	20	SB (Trockenbereich)	10
MBL.H (Feuchtbereich)	15	SB.H (Feuchtbereich)	7
MBL.E (Außenbereich)	9	SB.E (Außenbereich)	6

[1] Plattentypen siehe Seite 89.
[2] Sofern Dicken angegeben sind, erhöht sich die Dickenquellung mit geringeren Dicken.

Dekorative Hochdruck-Schichtpressstoffplatten (HPL)			DIN 16926
Typen			
Typ	Eigenschaften/Anwendung		
N	für allgemeine Anwendung		
P	bei bestimmter vom Hersteller anzugebender Temperatur nachformbar		
F	mit erhöhter Widerstandsfähigkeit gegenüber Flammeneinwirkung		
C	Kompaktschichtpressstoff		
CF	Kompaktschichtpressstoff mit erhöhter Widerstandsfähigkeit gegen Flammeneinwirkung		

Kennzahlen für bestimmte Eigenschaften			
Kennzahl	Verhalten bei Abrieb Anzahl der Umdrehungen	Verhalten bei Stoß Federkraft in N	Verhalten bei Kratzen Gewichtskraft in N
1	≥ 50	≥ 12	≥ 1,5
2	≥ 150	≥ 15	≥ 1,75
3	≥ 350	≥ 20	≥ 2,0
4	≥ 650	≥ 25	≥ 3,0

Anforderungen an HPL		DIN 16926
Anforderungsprofil	typisches Anwendungsgebiet	Anwendungsklasse [1]
besonders hoher Abriebwiderstand, hohe Stoß-festigkeit, besonders hohe Kratzfestigkeit	Zahltheken Laminatfußböden	434
hoher Abriebwiderstand, mittlere bis hohe Stoßfestigkeit, mittlere bis hohe Kratzfestigkeit	Küchenarbeitsplatten Gaststättentische	333
mittlerer Abriebwiderstand, geringe bis mittlere Stoßfestigkeit, mittlere bis hohe Kratzfestigkeit	Küchenfronten, Regalböden	223
geringer Abriebwiderstand, geringe Stoßfestig-keit, geringe Kratzfestigkeit	Möbelkorpus	111

[1] Angabe der Kennzahlen für Abrieb, Stoß und Kratzen.

Furnier: Begriffe	DIN 4079, DIN 68330
Begriff	Erklärung
Furnier	Dünnes Blatt aus Holz, Dicke nicht über 7 mm
Schälfurnier	vom rotierenden Stamm auf der Schälmaschine abgetrenntes Furnier
Rundschälfurnier	aus zentrisch rotierendem Stamm durch Rundschälen gewonnenes Furnier
Exzenter-Schälfurnier	aus exzentrisch eingespanntem Stamm durch Schälen gewonnen
Radialfurnier	nach dem Bleistiftanspitzer-Prinzip geschältes, kreisförmiges Furnier
Messerfurnier	durch geradlinige Messerbewegung gewonnenes Furnier
Spiegelschnitt	im Radialschnitt aus einem Stammviertel (Quartier) gemessertes Furnier
Fladerschnitt	im Fladerschnitt gemessertes Furnier
Sägefurnier	durch Sägen gewonnenes Furnier
Deckfurnier	Furnier für die Sichtfläche eines Werkstücks
Außenfurnier	Deckfurnier für die Außenfläche eines Werkstücks
Innenfurnier	Deckfurnier für die Innenfläche eines Werkstücks, z. B. Korpusinnenseite
Unterfurnier	Furnier zur Verbesserung der Oberfläche und Formstabilität
Absperrfurnier	Furnier zur Verbesserung der Formstabilität
Langfurnier (L)	aus dem Stamm parallel zur Stammachse abgetrenntes Furnier
Maserfurnier (M)	Furnier aus Wurzelknollen oder Stammstücken mit unregelmäßigem Wuchs

Handelsübliche Dicken von Deckfurnieren	DIN 4079
Nenndicke in mm	Holzart
0,50	Sapelli, Sipo, Makoré, Nussbaum
0,55	Ahorn, Birke, Birnbaum, Bubinga, Rotbuche, Kirschbaum, echtes Mahagoni, Mansonia, Sen, Teak
0,60	Bergahorn, Eiche, Erle, Esche, Koto, Limba, Okoumé, Pappel, Rüster, Sen, Teak
0,65	Edelkastanie, Eiche, Linde, Pappel
0,70	Abachi
0,85	Douglasie, Redpine
0,90	Kiefer, Lärche
1,00	Fichte, Tanne

Bezeichnung von Furnieren	
Beispiel	Bezeichnung
Messerfurnier, Langfurnier, Dicke 0,55 mm, Rotbuche	Messerfurnier L 0,55 DIN 4079 - BU

Holzwerkstoffe für das Bauwesen

Holzwerkstoff	Merkmale	Kennzeichnung	Anwendung
Mehrschicht- platten	drei oder fünf miteinander verleimte Brettlagen; Lagen verlaufen im Winkel von 90° zueinander	Plattenart, Zulassungsbe- scheid, Anzahl der Lagen, Plattentyp, Plattendicke, Ü-Zeichen: Hersteller, Zulas- sungsnummer, fremdüberwa- chende Stelle	Tragende und aus- steifende Beplan- kung von Holztafeln (Wand- Dach- und Deckenscheiben)
Bau-Furnier- sperrholz (BFU)	kreuzweise verleimte, sym- metrisch zur Mittelachse angeordnete Furniere	Ü-Zeichen: Hersteller, DIN 68705-3 bzw. Zulassungs- nummer, fremdüberwachende Stelle, Plattentyp, Emissions- klasse, Dicke	Tragende und aus- steifende Beplan- kung von Holztafeln (Wand-, Dach- und Deckenscheiben)
BFU-Buche (BFU-BU)	Bau-Furniersperrholz aus Buche, wobei eine Lage aus zwei parallel zueinander verlaufenden Furnieren bestehen kann.	Ü-Zeichen: Hersteller, DIN 68705-5, fremdüberwachende Stelle, Plattentyp, Emissions- klasse, Dicke, Festigkeits- klasse	Verstärkung von Durchbrüchen und Ausklinkungen
Bau-Stabsperr- holz (BST)	Furnierplatte mit Mittellagen aus aneinander geleimten Holzleisten	Hersteller, DIN 68705-4, Plat- tentyp, Dicke, fremdüberwa- chende Stelle	Im Bauwesen heute relativ selten einge- setzt;
Bau-Stäbchen- sperrholz (BSTAE)	Furnierplatte mit Mittellagen aus hochkant zur Platten- ebene stehenden und mit- einander verleimten Holz- stäbchen	Hersteller, DIN 68705-4, Plat- tentyp, Dicke, fremdüberwa- chende Stelle	weitgehend durch Furniersperrhölzer ersetzt.
Furnierschicht- holz (FSH)	besteht aus ca. 3 mm dicken Schälfurnieren aus Nadel- holz parallel zur Längsrich- tung des Furnierschichthol- zes verlaufend	Werkstoff, Ü-Zeichen: Herstel- ler, Zulassungsnummer, fremdüberwachende Stelle, Furnierschichtholz-Art	Balken, Stützen, Fachwerkstäbe, Platten, flächige Tragelemente
Furnierstreifen- holz, Parallam PSL (Parallel Strand Lumber)	ca. 3 mm dicke und 16 mm breite Schälfurnierstreifen parallel zur Balkenlängsach- se ausgerichtet	Werkstoff, Ü-Zeichen: Herstel- ler, Zulassungsnummer, fremdüberwachende Stelle	Träger, Pfetten, Stützen, Fachwerk- stäbe, Schwellen
Spanstreifenholz Intrallam LSL (Laminated Strand Lumber)	ausgerichtete Pappel- Spanstreifen von ca. 0,8 mm × 25 mm × 300 mm	Werkstoff, Güteklasse, Ü-Zeichen: Hersteller, Zulas- sungsnummer, fremdüberwa- chende Stelle	Träger, Pfetten
OSB-Flach- pressplatten (Oriented Strand Board)	parallel zur Plattenoberflä- che liegende Langspäne, Abmessung: ca. 0,6 mm dick, 75 mm lang und 35 mm breit	Plattenart, Ü-Zeichen: Herstel- ler, Zulassungsnummer, fremdüberwachende Stelle, Plattentyp, Emissionsklasse, Nenndicke	Tragende und aus- steifende Beplan- kung von Holztafeln (Wand-, Dach- und Deckenscheiben)
Flachpress- platten (FP)	kleine Späne parallel zur Plattenebene, mehrschichtiger Aufbau	Ü-Zeichen: Hersteller, DIN 68763, fremdüberwachende Stelle, Plattentyp, Emissions- klasse, Dicke	Tragende und aus- steifende Beplan- kung von Holztafeln

Holzwerkstoffe für das Bauwesen (Fortsetzung)

Holzwerkstoff	Merkmale	Kennzeichnung	Anwendung
Harte Holzfaserplatten (HFH)	verholzte Fasern werden im Nassverfahren durch starkes Verpressen ohne Klebstoff hergestellt (Verfilzung und materialeigene Verklebung)	Ü-Zeichen: Hersteller, DIN 68754, fremdüberwachende Stelle, Dicke, Plattentyp, Emissionsklasse	Tragende und aussteifende Beplankung
Mittelharte Holzfaserplatten (HFM)	verholzte Fasern werden ohne Klebstoff im Nassverfahren durch Verpressen hergestellt	Ü-Zeichen: Hersteller, DIN 68754, fremdüberwachende Stelle, Dicke, Plattentyp, Emissionsklasse	Tragende und aussteifende Beplankung
Mitteldichte Holzfaserplatten (MDF)	verholzte Fasern werden mit Klebstoff im Trockenverfahren durch Verpressen hergestellt	Ü-Zeichen: Hersteller, DIN 68754, fremdüberwachende Stelle, Dicke, Plattentyp, Emissionsklasse	Tragende und aussteifende Beplankung
Poröse Holzfaserplatten (HDF)	Herstellung aus Ligno-Cellulosefasern im Nassverfahren (Verfilzung und eigene Verklebung)	Plattenart, Hersteller, DIN 68750, Dicke, Ü-Zeichen	Wärmedämmung, Luft- und Trittschalldämmung
Bituminierte Holzfaserplatten (BPH)	Herstellung aus Ligno-Cellulosefasern im Nassverfahren (Verfilzung und eigene Verklebung)	Plattenart, Hersteller, DIN 68752, Plattentyp, Dicke, Ü-Zeichen	Wärmedämmung, Luft- und Trittschalldämmung, Bereiche mit erhöhter Feuchte
Holzfaserdämmplatten für das Bauwesen (SBW)	Herstellung aus Ligno-Cellulosefasern im Nassverfahren (Verfilzung und eigene Verklebung)	Plattenart, Hersteller, DIN 68755, Wärmeleitfähigkeitsgruppe, Baustoffklasse nach DIN 4102, Dicke, Ü-Zeichen	Wärmedämmung
Zementgebundene Flachpressplatten	bestehen aus chemisch behandelten Spänen aus Fichte und Tanne und Portlandzement Z 45 F	Zementgebundene Flachpressplatte, Ü-Zeichen: Hersteller, Zulassungsnummer, fremdüberwachende Stelle, Baustoffklasse	Tragende und aussteifende Beplankung
Gipsgebundene Flachpressplatten	bestehen aus kalziniertem Gips und Spänen aus Fichte und Aspe	Gipsgebundene Flachpressplatte für Wandtafeln, Ü-Zeichen: Hersteller, Zulassungsnummer, fremdüberwachende Stelle, Dicke	Mittragende und aussteifende Beplankung
Gipsfaserplatten	bestehen aus Gips und recycleten Papierfasern	Gipsfaserplatten für Wandtafeln, Ü-Zeichen: Hersteller, Zulassungsnummer, fremdüberwachende Stelle, Dicke	Mittragende und aussteifende Beplankung
Gipskartonplatten	bestehen aus mit Karton ummanteltem Gips; Karton wirkt als Armierung	Ü-Zeichen: Hersteller, DIN 18180, fremdüberwachende Stelle, Plattenart, Baustoffklasse nach DIN 4102-1	Mittragende und aussteifende Beplankung
Holzwolle-Leichtbauplatten (HWL)	bestehen aus Holzwolle und mineralischen Bindemitteln (Zement oder Magnesit)	DIN 1101, Herstellerwerk	Wärmedämmung und Putzträger

Holzwerkstoffe für das Bauwesen: Bauphysikalische Kennwerte

Holzwerkstoff [3]	Technische Regel	Rohdichte[1] ϱ (20 °C/65 %) kg/m³	Wärmeleit- fähigkeit[1] W/(mK)	Wasserdampf- diffusionswider- standszahl[1][2] μ	Feuerwider- standsklasse DIN 4102
Mehrschichtplatten	Bauaufsichtl. Zulassung	400 bis 500	0,14	50/400	B2
Bau-Furniersperrholz (BFU)	DIN 68705-3, bauaufsichtl. Zulassung	450 bis 800	0,15	50/400	B2
BFU-Buche	DIN 68705-5	700 bis 850	0,15	50/400	B2
Furnierschichtholz (FSH)	Bauaufsichtl. Zulassung	410 bis 600	0,14	60 bis 80	B2
Furnierstreifenholz (PSL)	Bauaufsichtl. Zulassung	600 bis 700	0,14	50/100	B2
Spanstreifenholz (LSL)	Bauaufsichtl. Zulassung	600 bis 700	–	–	B2
OSB-Platten	Bauaufsichtl. Zulassung	600 bis 700	0,12 bis 0,13	50 bis 300	B2
Flachpressplatten (FP)	DIN 68763 Zulassung DIBt	550 bis 700	0,13	50/100	B2
Harte Holzfaserplat- ten (HFH)	DIN 68754	800 bis 1100	0,17	70	B2
Mittelharte Holz- faserplatten (HFM)	DIN 68754	650 bis 800	0,17	70	B2
Poröse Holzfa- serplatten (HDF)	DIN 68750	200 bis 300	0,047 bis 0,058	5	B2
Bituminierte Holz- faserplatten (BHP)	DIN 68752	150 bis 450	0,040 bis 0,070	5	B2
Wärmedämmplatten (SWB)	DIN 68755	200 bis 500	0,040 bis 0,070	5	B2
Zementgebundene Flachpressplatten	Bauaufsichtl. Zulassung	1000 bis 1500	0,35	20/50	B1
Gipsgebundene Flachpressplatten	Bauaufsichtl. Zulassung	1150 bis 1400	0,35	10/25	A2
Gipsfaserplatten	Bauaufsichtl. Zulassung	1120 bis 1250	0,35	10	A2
Gipskartonplatten	DIN 18180, bauaufsichtl. Zulassung	850 bis 1100	0,21	8	A2
Holzwolle-Leicht- bauplatten (HWL)	DIN 1101	360 bis 570	0,090	2/5	B1

[1] Die Werte geben den Rahmen der auf dem Markt vorhandenen Holzwerkstoffe an. Im Einzelfall gelten die technischen Merkblätter der Hersteller.

[2] Es sind die für den jeweiligen Anwendungsfall ungünstigsten Werte (x/y) zur Berechnung heranzu- ziehen.

[3] Die aufgeführten Werte gelten nicht für Platten für allgemeine Zwecke (Seite 87).

Holzwerkstoffe für das Bauwesen: Lieferabmessungen

Holzwerkstoff	Bestellangaben	Abmessungen in mm	
		Länge	Breite
Mehrschichtplatten	Mehrschichtplatte aus Nadelholz, Anzahl der Lagen, Zulassungsnummer, Plattentyp, Dicke, Länge, Breite	2500/3000 2000 4000/4500/5000 5000	5000 5000/6000 1250 2050
Bau-Furnier-sperrholz (BFU)	Bau-Furniersperrholz, DIN 68705 bzw. Zulassungsnummer, Plattentyp, Emissions-klasse, Dicke, Länge, Breite	2500/3000 2400/3050	1250/1500 1200/1525
BFU-Buche (BFU-BU)	Bau-Furniersperrholz aus Buche, DIN 68705-5, Plattentyp, Emissionsklasse, Festigkeitsklasse, Dicke, Länge, Breite	2200/2500 2500 2200	1850 1500 1250
Furnierschichtholz (FSH)	Furnierschichtholz, Zulassungsnummer; Furnierschichtholz-Art, Dicke, Länge, Breite	max. 23000 max. 20000	1820 610
Furnierstreifenholz (PSL)	Furnierstreifenholz, Zulassungsnummer, Furnierstreifenholz-Art, Breite, Höhe, Länge	max. 20000	44 bis 280 Höhe: 44 bis 483
Spanstreifenholz (LSL)	Spanstreifenholz, Güteklasse; Zulassungs-nummer, Dicke, Länge, Breite	max. 2483	max. 10700
OSB-Platten	OSB-Flachpressplatten, Plattentyp, Zulas-sungsnummer, Dicke, Länge, Breite, etwai-ge Sondereigenschaften	2500/5000 5000 2440 2620	1250 1250/2500/2620 1220 1250
Flachpressplatten (FP)	Flachpressplatten DIN 68763, Plattentyp, Emissionsklasse, Dicke, Länge, Breite	4100 2710 2750/5300	1850 2080 2050
Harte Holzfaser-platten (HFH)	Harte Holzfaserplatte, DIN-Nummer bzw. Zulassungsnummer, Plattentyp, Dicke, Länge, Breite	1250	2500
Mittelharte Holz-faserplatten (HFM)	Mittelharte Holzfaserplatte, DIN-Nummer, Plattentyp, Dicke, Länge, Breite		
Weiche Holzfa-serplatten (HDF, BHP, SWB)	Poröse Holzfaserplatte oder Bitumen-Holzfaserplatte oder Holzfaserdämmplatte, DIN Nummer, Plattentyp, Dicke, Länge, Breite	1250	2500
Zementgebundene Flachpressplatten	Zementgebundene Flachpressplatte, Zulas-sungsnummer, Dicke, Länge, Breite	2600/3100/3200/ 3350 6500	1250 3000
Gipsgebundene Flachpressplatten	Gipsgebundene Flachpressplatte, Zulas-sungsnummer, Dicke, Länge, Breite	2500	1250
Gipsfaserplatten	Gipsfaserplatte, Zulassungsnummer, Dicke, Länge, Breite	2500/3000/3500	1245/1250
Gipskartonplatten	Gipskartonplatte, Plattentyp, Dicke, Länge, Breite, Kantenform	2000 bis 4000	625/1250
Holzwolle-Leicht-bauplatten (HWL)	Holzwolle-Leichtbauplatte, DIN 1101, An-wendungstyp, Dicke	2000	500

Werkstoffe, Hilfsstoffe

Werkstoffe, Hilfsstoffe

Holzwerkstoffe für das Bauwesen: Holzwerkstoffklassen			DIN 68800-2
Holzwerk-stoffklasse	20	100	100 G
Bedeutung	Verleimung nicht wetter-beständig	Verleimung wetterbeständig	Verleimung wetterbeständig, Holzart Resistenzklasse 2 oder Behandlung mit Holz-schutzmitteln gegen Pilze
Max. zul. Holzfeuchte	15 %; Holzfaserplatten 12 %	18 %	21 %
Plattentypen	BFU 20 BST 20; BSTAE 20 V 20 HFH 20 HFM 20	BFU 100; BFU-BU 100 BST 100; BSTAE 100 V 100 HFH 100 HFM 100	BFU 100 G; BFU-BU 100 G BST 100 G; BSTAE 100 G V 100 G
Anwendung	Raumseitige Beplankung in Wohngebäuden sowie Gebäuden mit vergleich-barer Nutzung	Außenbeplankung von Außen-wänden, wenn Hohlraum zwischen Außenbeplankung und Wetterschutz ausrei-chend belüftet.	Obere Beplankung von Dächern ohne Wärmedämm-schicht oder mit oberseitiger wasserabweisender Folie.

Spanplatten für Sonderzwecke im Bauwesen		DIN 68762
Plattentyp	Beschreibung	
LF	Leichte Flachpressplatten mit erhöhtem Schallabsorptionsgrad mit oder ohne Beschichtung bzw. Beplankung	
LRD	Beidseitig beschichtete oder beplankte Strangpress-Röhrenplatten mit durchbrochener Oberfläche und höherem Schallabsorptionsgrad	
LMD	Beidseitig beschichtete oder beplankte Strangpress-Vollplatten mit durchbrochener Ober-fläche und höherem Schallabsorptionsgrad	
LR	Beidseitig beschichtete oder beplankte Strangpress-Röhrenplatten mit geschlossener Oberfläche	

Strangpressplatten für das Bauwesen		DIN 68764
Plattentyp	Beschreibung	
SV	Vollplatte	
TSV	Beidseitig beplankt mit mind. 1 mm dicken Buche-Furnieren oder 2 mm dicken harten Holzfaserplatten	
SR	Röhrenplatte	
SV1; TSV1; SR1	Verleimung beständig in Räumen mit im allgemeinen niedriger Luftfeuchtigkeit	
SV2; TSV2; SR2	Verleimung beständig gegen hohe Luftfeuchtigkeit (nicht wetterbeständig)	

Gipskartonplatten				DIN 18180
Kurzzeichen	Plattentyp	Kurzzeichen	Kantentyp	
GKB	Gipskarton-Bauplatten	AK	Abgeflachte Kante	
GKF	Gipskarton-Feuerschutzplatten	VK	Volle Kante	
GKBI	Gipskarton-Bauplatten-imprägniert	RK	Runde Kante	
GKFI	Gipskarton-Feuerschutzplatten-imprägn.	HRK	Halbrunde Kante	
GKP	Gipskarton-Putzträgerplatten	HRAK	Halbrunde abgeflachte Kante	

Werkstoffe, Hilfsstoffe

Holzwerkstoffe für das Bauwesen: Festigkeit

Holzwerkstoff	Nenndickenbereich in mm					
	6 bis 13	über 13 bis 20	über 20 bis 25	über 25 bis 32	über 32 bis 40	über 40 bis 50
Mindestwerte für die Biegefestigkeit β_B in N/mm²						
V 20 nach DIN 68763	18	16	14	12	10	8
V 100 und V 100 G nach DIN 68763	19	18	15	12	10	8
BST, BSTAE nach DIN 68705-4	20					
Mindestwerte für die Querzugfestigkeit β_z in N/mm²						
V 20 nach DIN 68763	0,40	0,35	0,30	0,24	0,20	0,20
V 100 und V 100 G nach DIN 68763	0,15	0,15	0,15	0,10	0,10	0,07

Holzwerkstoffe für das Bauwesen: Zulässige Spannungen

Holzwerkstoff	Biegung rechtwinklig zur Plattenebene		Zug in Plattenebene		Druck in Plattenebene	
	$\parallel$	$\perp$	$\parallel$	$\perp$	$\parallel$	$\perp$
	in N/mm²					
Mehrschichtplatten	3 ... 21	3 ... 11	1,5 ... 7,7	0,9 ... 5,5	3,5 ... 11	4 ... 13
Bau-Furniersperrholz	5 ... 13	2 ... 5	3 ... 8	2 ... 4	4 ... 8	3 ... 4
BFU aus Buche	18 ... 29	5 ... 17	13 ... 20	9 ... 14	7 ... 10	5 ... 10
Furnierschichtholz	11 ... 21	–	9 ... 17	0,2 ... 2,5	11 ... 19	3 ... 5
Furnierstreifenholz	21	–	18	–	20	–
Spanstreifenholz	10,4 ...12,5	–	10 ... 12	–	12 ... 13	–
OSB-Platten	4,2 ... 8	2,2 ... 3,6	2,0 ... 2,6	1,4 ... 1,6	3,2 ... 4,5	2,2 ... 2,8
Flachpressplatten	2 ... 4,5		1,25 ... 2,5		1,75 ... 3	
• Zementgebunden	1,4 ... 3		0,5 ... 1		2 ... 4,5	
• Gipsgebunden	1,3		0,5		2	

Holzwerkstoffe für das Bauwesen: Elastizitätsmodul[1]

Holzwerkstoff	Biegung rechtwinklig zur Plattenebene		Druck/Zug in Plattenebene	
	$\parallel$	$\perp$	$\parallel$	$\perp$
	in N/mm²			
Mehrschichtplatten	6000 ... 10000	700 ... 5200	1500 ... 3000	1000 ... 4000
Bau-Furniersperrholz	5500 ... 9000	400 ... 3000	4500 ... 5000	1000 ... 3500
BFU aus Buche	5900 ... 9600	650 ... 4000	4400 ... 6600	3000 ... 4700
Furnierschichtholz	10000 ... 14500	0 ... 2000	10000 ... 13000	0 ... 2000
Furnierstreifenholz	14500	-	14500	-
Spanstreifenholz	9500 ... 11500	-	10000 ... 12500	-
OSB-Platten	3800 ... 7000	1300 ... 2800	2900 ... 4200	2200 ... 2600
Flachpressplatten	1200 ... 3200		900 ... 2200	
• Zementgebunden	4500 ... 7500		D: 1500 ... 2500; Z: 4500 ... 6000	
• Gipsgebunden	4200		4200	

[1] Die Werte geben die Spannbreite über die verschiedenen Hersteller und Plattendicken wieder.

Lamellierte Fenster- und Haustürkanteln

Merkmal	Beschreibung
Holzarten	alle gängigen Fensterhölzer: z. B. Fichte, Kiefer, Douglasie, Meranti, Lärche
Aufbau der Kanteln	Zweilagig und dreilagig; Dicke der Lamellen sollte 15 mm nicht unterschreiten
Verleimung	D 4 nach DIN EN 204; Längsverbindung mit Keilzinkung
Holzfeuchte	13 ± 2 %; Feuchtedifferenz zwischen den Lamellen nicht mehr als 2 %

Gängige Abmessungen

Kanteln	Querschnittsmaße in mm	Längen in mm
Fensterkanteln	72 × 76; 72 × 86; 72 × 105; 72 × 115	je nach Querschnitten und Holzart
Haustürkanteln	72 × 145; 72 × 150	bis zu 6000
Türfriese	42 × 160; 42 × 250	

Brettschichtholz   DIN EN 390

Bauteil aus Brettlagen, die vorwiegend parallel zur Faserrichtung verleimt sind.

Breiten: 50 mm bis 300 mm	Höhen: 100 mm bis 2500 mm

Dämmstoffe

Dämmstoff	Beschreibung	Rohdichte in kg/m³	Wärmeleitfähig-keit[1] in W/(m·K)	μ-Wert	Baustoff-klasse[2]
Expandiertes Polystyrol (EPS)	Polystyrol durch Wasserdampf zu Platten aufgeschäumt, Partikelschaum	15 … 30	0,035 … 0,040	20/100	B1
Extrudiertes Polystyrol (XPS)	Polystyrol durch Treibmittel zu Platten aufgeschäumt	25 … 60	0,030 … 0,040	80/250	B1
Polyurethan-Hartschaum (PU)	Polyurethan durch Treibmittel zu Platten aufgeschäumt	30 … 40	0,020 … 0,035	30/100	B1/B2
Polyurethan-Ortschaum (PU)	Schaum zum Einsprühen in Hohlräume, Montageschaum	≥ 37	0,030	30/100	B1/B2
Steinwolle	Mineralfasern lose oder als Dämmstoffmatten	30 … 150	0,035 … 0,040	1	A
Glaswolle	Glasfasern lose oder als Dämmstoffmatten	30 … 150	0,035 … 0,040	1	A
Schaumglas	geschlossenzelliges zu Platten aufgeschäumtes Glas	100 … 500	0,045 … 0,060	dicht	A
Blähperlit	aufgeblähtes vulkanisches Gestein als Schüttung	700 … 210	0,050	1 … 4	A
Korkplatten/-schrot	Korkschrot als Schüttung oder aufgeschäumt zu Korkplatten	80 … 200	0,045 … 0,055	5/10	B2
Zelluloseflocken/-matten	aus Altpapier zum Einblasen in Wandhohlräume hergestellt	35 … 80	0,045	1 … 2	B1; B2
Schafwolle	Matten aus Schafwolle	30 … 40	0,040	1 … 3	B2
Kokosmatten	aufbereitete Kokosfasern zu Matten vernadelt	125	0,045	1	B2
Schilf	Schilfrohr verpresst zu Platten	225	0,050 … 0,060	1	B2, B3

[1] Wärmeleitfähigkeitsgruppe (WLG): 040 entspricht 0,040 W/(m · K).
[2] Feuerwiderstand nach DIN 4102.

Metalle

Werkstoff	Beschreibung	Anwendung
Eisen (Fe)	Silberweiß, relativ weich, korrosionsanfällig	als Rohstoff für Stahl
Stahl	Schmiedbare Eisenlegierung mit bis zu 2 % Kohlenstoff	Baustahl, Blech, Beschläge
Guss-eisen	Eisen mit Kohlenstoffgehalt über 2 %, große Härte und Verschleißfestigkeit, feuer-, säure- und laugenbeständig	Rohre, Kessel, Walzen
Aluminium (Al)	Silberweißes Leichtmetall, weich; beständig gegen Witterungseinflüsse und leichte Säuren; wird durch Kalk angegriffen	Fahrzeugbau, Fenster, Haustüren, Bauprofile, Gehäuse, Zierleisten, Folien
Kupfer (Cu)	Hellrot, zäh, dehnbar, relativ weich; sehr gute elektrische und Wärmeleitfähigkeit; widerstandsfähig gegen Säuren und Laugen; braune bis grüne Oxidschicht (Patina)	Regenrinnen, Dacheindeckungen, Wasserleitungen, elektrische Leiter
Zink (Zn)	Bläulichweiß, hart, spröde; wird von Säuren und Laugen angegriffen; witterungsbeständige mattgraue Oxidschicht	Gießwerkstoff und Korrosionsschutz für Stahl
Blei (Pb)	Bläulich-hellgrau; weich; witterungsbeständig	Dacheindeckungen
Edelstahl	Besonders reiner Stahl, teilweise als Legierung; erhöhte Korrosionsbeständigkeit, Härte oder Zähigkeit	Spülbecken, Bleche, Werkzeuge
Messing	Legierung aus Kupfer und Zink, härter als Kupfer; gut formbar bzw. spanend zu bearbeiten	Beschläge, Schrauben
Zink-legierung	Legierung aus Zink, Aluminium und Kupfer, gut geeignet zur Herstellung von Formteilen im Druckgussverfahren	Beschläge, geformte Kleinteile (Zamak)

Metalle als Legierungselemente[1]

Metall	Erhöhung von	Metall	Erhöhung von
Chrom	Festigkeit, Härte Korrosionsbeständigkeit	Nickel	Korrosionsbeständigkeit
Wolfram	Härte, Zähigkeit, Korrosionsbeständigkeit	Molybdän	Härte, Zähigkeit, Dauerfestigkeit
Vanadium	Härte, Zähigkeit und Dauerfestigkeit	Cobalt	Härte

[1] Legieren ist das Zufügen von Zusätzen (Legierungselementen) zu Stahl oder anderen Metallen zur Verbesserung gewünschter und Verhinderung unerwünschter Eigenschaften.

Oberflächenveredelung und Korrosionsschutz

Verfahren	Beschreibung	Anwendung
Eloxieren	Herstellen einer Oxidschicht durch anodische Oxidation zur Verbesserung des Aussehens und als Korrosionsschutz	Transparente Oxidschicht auf Aluminium
Galvanisieren	Elektrochemisches Beschichten durch Eintauchen in Metallsalzbäder aus Chrom, Nickel und Kupfer unter Einwirkung von elektrischem Strom	Beschläge: Stahl vermessingt oder verchromt
Emailieren, Glasieren	Überziehen mit einer Schmelze, die beim Abkühlen glasig erstarrt, in einer oder mehreren Schichten	Spülbecken, Badewannen, Schilder
Lackieren	Spritzen oder Tauchen und anschließende Trocknung bei Raumtemperatur oder erhöhter Temperatur (Einbrennlackieren bei ca. 120 °C)	Stahlteile an Bauwerken
Schmelz-tauchen	Überzug durch Eintauchen in flüssiges Metall, z. B. Zink, Blei oder Zinn	Feuerverzinkung von Eisen und Stahl

Zur Montage von Metallteilen sollten grundsätzlich Schrauben und Befestigungsmittel aus dem gleichen Werkstoff verwendet werden, da ansonsten die Gefahr von Kontaktkorrosion besteht (Seite 55).

Lacke und Oberflächenveredlung – Begriffe, Abkürzungen, Definitionen

Kürzel	Bedeutung	Kürzel	Bedeutung
CN	Cellulose-Nitrat, Bezeichnung für NC-Lacke	NC	Nitrocellulose, siehe CN; NC ist nur in der Umgangssprache gebräuchlich
DD	Desmodur-Desmophen (Firmenname für PUR-Lack)	WL/AC	Wasserlack auf Acrylbasis
PUR	Polyurethan, bekannt als DD-Lack	WL/PU	Wasserlack auf Polyurethanbasis
UP	Ungesättigte Polyester	WL	Wasserlack, Hydrolack
ESTA	Elektrostatische Applikation von Lack	SH	Säurehärtend
MV	Mischungsverhältnis	IR	Infra-Rot
UV	Ultra-Violett	ESH	Elektronenstrahl-Härtung
CKW	Chlor-Kohlen-Wasserstoff	IST	Impuls-Strahlungs-Trocknung
FKG	Festkörpergehalt; der in einer Lösung enthaltene, nach dem Verdunsten des Lösemittels verbleibende Festkörper-Rückstand	VOC	Volatile organic compounds; flüchtige organische Stoffe; zur Reduzierung des VOC-Ausstoßes gibt es eine EU-Richtlinie (VOC-Richtlinie)
HVLP	High-volumen, low Pressure; Spritzverfahren mit niedrigem Druck und hohem Lackvolumen	HSLP	High-solid, low-pressure; Spritzverfahren mit niedrigem Druck, Lack mit hohem Festkörpergehalt
FCKW	Fluor-Chlor-Kohlenwasserstoff	WGK	Wassergefährdungs-Klassen
CKW	Chlor-Kohlen-Wasserstoff	Ex-RL	Explosionsschutz-Richtlinie (ZH1/10)

Definitionen – Auswahl

Viskosität
Fließverhalten, allgemein als Konsistenz bezeichnet. Zur Bestimmung fließt eine definierte Menge der Flüssigkeit mit definierter Temperatur durch eine Düse. Die notwendige Zeit wird festgehalten.

Additive
Zusatzstoffe und Hilfsmittel, die dem Lacksystem bestimmte Eigenschaften geben, z. B. Aktivatoren, Antiabsetzmittel, Antiblasenmittel, Mattierungsmittel, UV-Zusatz, Verlaufmittel, Schleifmittel.

Fungizid
Holzschutzmittel gegen Pilze.

Insektizide
Holzschutzmittel gegen Insekten.

Filmbildner
Bestandteil des Bindemittels, der im Wesentlichen den Lackfilm ergibt (z. B. Cellulosenitrat, Harze u. a.)

Pigmente
Farbpigmente färben den Lack und somit den Lackfilm.

Dispersion
Stoffgemisch, bei dem in einem flüssigen Dispersionsmittel andere Stoffteilchen schweben. Man unterscheidet Suspensionen und Emulsionen.

Koagulat
Chemisches Mittel zum Binden (Ausflocken) des Lackes im Wasser von Spritzständen.

Suspension
Feste Stoffteilchen schweben in einer Dispersionsflüssigkeit (fest in flüssig).

Emulsion
Flüssige Stoffe schweben in einer Dispersionsflüssigkeit (flüssig in flüssig).

Endotherme Reaktion
Chemische oder physikalische Prozesse, die unter Verbrauch von Wärme ablaufen.

Exotherme Reaktion
Chemische oder physikalischer Prozess, bei dem Energie in Form von Wärme frei wird.

Chemische Härtung
Eine chemische Reaktion durch zugemischte oder bereits im Lack eingebaute Härter führt zur Aushärtung. Hitze beschleunigt den Vorgang, Kälte verzögert ihn.

Physikalische Härtung (Trocknung)
durch das Verdunsten des Lösemittels bzw. des Dispersionsmittels verbinden sich die Filmbildner zu der gewünschten Lackschicht.

Medium-Solid-System
Lacksysteme mit einem FKG von 50 bis 60 %.

High-Solid-System
Lacksysteme mit hohem FKG von ca. 60 bis 80 %.

Gefahrenklasse B
alle brennbaren Flüssigkeiten, die sich bei 15 °C in jedem beliebigen Verhältnis in Wasser lösen und einen Flammpunkt unter 21 °C haben.

Gefahrenklassen A I bis AIII
A I   Flammpunkt unter 21 °C
A II   Flammpunkt von 21 bis 55 °C
A III Flammpunkl von 55 bis 100 °C

Lacksysteme für den Möbel- und Innenausbau (Auswahl)

Lack	Lösemittelanteil organischer Lösemittel [1]	Beständigkeit [1]	Verarbeitbarkeit [1]
Nitrocellulose	ca. 70 bis 75 %	Beständigkeit gegen Lösemittel eingeschränkt, keine Wetterbeständigkeit, geringe Härte, empfindlich gegen Feuchtigkeit, Lichtbeständigkeit bei hellen Farbtönen ggf. beachten	Breite Anwendungsmöglichkeiten, schnelle Verarbeitung, kurze Trockenzeit, polierbar, geringe Fülle, gute Zähigkeit Typischer Lack für die Innenanwendung
Polyurethanlack	ca. 70 % Bekannte Bezeichnung der Lacke auch PUR oder DD	Hervorragend gegen chemische Einflüsse, lichtecht, unempfindlich gegen Feuchtigkeit, wetterbeständig, mechanisch beanspruchbar	Breite Anwendung, Trocknung gegenüber CN-Lack deutlich länger, Topfzeit ist zu beachten, Einsatz von 2-Komponenten-Geräten empfehlenswert, hohe Füllkraft, guter Glanz, ideal zum Isolieren von kritischen Untergründen (z. B. Exoten-Hölzer), gute Haftung
Wasserlack, konventionell	ca. 7 bis 9 % Lacke werden auch Acryllacke genannt	Einschränkungen bei bestimmten Lösemitteln, wetterbeständig, hohe mechanische Festigkeit, nicht vergilbend, thermoplastisch	Einhaltung ausreichender Temperaturen notwendig (Werkstück-, Luft- und Lacktemperatur), Holzoberflächen werden meist mehr aufgeraut als bei anderen Lacken, höhere Trockenzeiten, geringe Geruchsbelästigung, Abstimmung der Beizen mit dem Lack erforderlich, nur rostfreie Geräte und Werkzeuge verwenden
Polyesterlack	ca. 30 bis 45 % Lösemittel werden größtenteils chemisch gebunden	Hervorragend gegen chemische Einflüsse, harter Film, für geschlossenporige Lackierungen, nicht für Außenanwendung	Problemlos bei der Spritzapplikation, Topfzeit beachten, Einsatz von Dosiergeräten empfehlenswert, Verarbeitung mit anderen Lacken in einer Spritzkabine vermeiden (siehe Unfallverhütungsvorschrift VBG 23), auch UV-härtend erhältlich
Säurehärtende Lacke	ca. 70 bis 80 %	Sehr hart, hochglänzend, gut polierbar, widerständig gegen Schlag und Stoß, kratzfest, beständig gegen Wasser und Haushaltschemikalien	Bei SH-Lacken wird bei der Härtung Formaldehyd abgespalten, wodurch eine Gesundheitsgefährdung entstehen kann; SH-Lacke bestehen aus einer Kombination der Polykondensationsharze, den Härter nicht in metallischen Gefäßen aufbewahren, Chemische Reaktion beginnt mit Härterzugabe, daher begrenzte Topfzeit

Neben den hier aufgeführten Lacksystemen gibt es noch die „Schelllacke". Aufgrund der geringen Anwendung (lediglich bei der Restaurierung) wird auf eine Beschreibung verzichtet.

[1] Für die konkrete Anwendung unbedingt die Herstellerangaben, die Sicherheitsdatenblätter und sonstige Merkblätter beachten. Grundsätzlich können Lacke auf die Wünsche des Verarbeiters eingestellt werden.

Lackbezeichnungen nach Anwendung und Eigenschaft

Lackbezeichnungen	Anwendung, Eigenschaft, Einsatzgebiet (Beispiele)
Basisbeschreibende Lackbezeichnung	Die chemische Basis gibt dem Lack den Namen. Beispiel NC-Lack, PUR-Lack usw.
Lösemittelanteilbeschreibende Lackbezeichnung	Lösemittellacke enthalten hohe Anteile organischer Lösemittel. Lösemittelarme Lacke enthalten verringert Mengen organischer Lösemittel. Wasserlacke enthalten als Verdünnungs-/Dispersionsmittel Wasser, organische Lösemittel sind im geringem Umfang weiter enthalten.
Verfahrenbeschreibende Lackbezeichnungen	Das Verfahren gibt dem Lack den Namen. Beispiele: Walzlack, Spritzlack, Gießlack, Tauchlack, Polierlack usw.
Anwendungsbeschreibende Lackbezeichnung	Die Anwendung gibt dem Lack den Namen. Beispiele: Fensterlack, Bootslack, Möbellack, Siegellack, Parkettlack usw.
Eigenschaftsbeschreibende Lackbezeichnungen	Die Lacknamen werden aus den Eigenschaften der Lacke abgeleitet. Beispiele: Hartlack, Lichtschutzlack, Brandschutzlack usw.

Lackbezeichnungen nach Anwendung und Eigenschaft

Lackbezeichnungen	Anwendung, Eigenschaft, Einsatzgebiet (Beispiele)
Komponentenbeschrei-bende Lackbezeichnungen	Einkomponentenlacke härten chemisch durch Luftfeuchte bzw. Luftsauer-stoff aus. Zweikomponentenlacke härten chemisch (Härterzugebe).
Verfestigungsbeschrei-bende Lackbezeichnungen	Die Art und Weise der Verfestigung des Lackes ergibt die Lackbezeichnung. Beispiel: physikalisch abbindende Lacke, chemisch härtende Lacke.
Ökologiebeschreibende Lackbezeichnungen	Hinweise auf Umweltfreundlichkeit der Lacke spiegeln sich im Namen wieder. Dabei handelt es sich meist um Wortschöpfungen. Beispiel: Biolack, Umweltfreundlicher Lack, Naturlacke (nach DIN 55945) usw.

Beschichtungen auf Holz und Holzwerkstoffen – Normen (Auswahl)

Die folgenden Normen gelten für ausgehärtete Lacke bzw. Oberflächenmaterialien im Innenbereich. Aus den Normen werden häufig Verbraucher-Anforderungen definiert.

Beanspruchbarkeit/Beständigkeit von Möbeloberflächen	DIN 68861, DIN EN 12720, 12721, 12722

Die DIN 68861 beschreibt die Prüfung von lackierten Holzoberflächen. Die Beständigkeit der Oberfläche wird in die Gruppe **A höchste** Beständigkeit bis max. **F geringste** Beständigkeit eingeteilt.
Folgende Prüfungen werden durchgeführt:
- Verhalten bei **Abrieb-Beanspruchung** – Beanspruchungsgruppen 2A bis 2F (DIN 68861-2). Ein mit Schmirgelpapier versehener drehbarer Prüfkörper wird mit definierter Kraft 500 mal auf der zu prü-fenden Fläche gedreht.
- Verhalten bei **Kratz-Beanspruchung** – Beanspruchungsgruppen 4A bis 4F (DIN 68861-4). Beispiel: Bei Beanspruchungsgruppe 4F darf mit einem bestimmten Ritzgerät eine in sich noch geschlossenen Markierung entstehen.
- Verhalten bei **Zigarettenglut** – Beanspruchungsgruppen 6A bis 6E (DIN 68861-6). Beispiel: Bei Bean-spruchungsgruppe 6E darf die Oberfläche durch Zigarettenglut zerstört werden. Die Zigarette wird erst 10 mm abgebrannt und dann auf die Oberfläche gelegt. Hier wird sie weiter 40 mm abgebrannt. Bei Beanspruchungsgruppe 6A darf an der Oberfläche keine Veränderung erkennbar sein.

Die Teile 1, 7 und 8 der DIN 68861 wurden durch europäische Normen ersetzt. Die DIN EN 12720, 12721 und 12722 legen die Bewertung für die Beständigkeit von Oberflächen fest. Es werden die Einstu-fungscode **1** bis **5** verwendet: **5** steht für **„keine Beschädigung"**, **1** für **„starke Markierung, zerstörte oder deutlich geschädigte Oberfläche"**.
Folgende Prüfungen werden durchgeführt:
- Beständigkeit von Oberflächen gegen kalte Flüssigkeiten, **DIN EN 12720**. Als Flüssigkeit werden z. B. Essigsäure, Azeton, Wasser, Tee, Reinigungsmittel, Kaffee, Olivenöl aufgeführt. Diese Norm ersetzt die DIN 68861-1.
- Beständigkeit von Oberflächen gegen trockene Hitze, **DIN EN 12722**. Die Prüftemperaturen liegen je nach Anforderungsfestlegung zwischen 55 °C und 200 °C. Diese Norm ersetzt die DIN 68861-7.
- Beständigkeit von Oberflächen gegen feuchte Hitze, **DIN EN 12721**. Die Prüftemperaturen liegen je nach Anforderungsfestlegung zwischen 55 °C und 100 °C. Diese Norm ersetzt die DIN 68861-8.

Beschichtung maßhaltiger Außenbauteile (insbesondere Fenster und Außentüren)

Allgemeine Anforderungen

Der Feuchtegehalt des Holzes darf in mindestens 5 mm Tiefe bei Nadelholz höchstens 14 % bei Laub-holz höchstens 12 % betragen (siehe auch VOB/C 18363 – Maler und Lackierarbeiten). DIN 68360-1 „Holz für Tischlerarbeiten" enthält die Gütebedingungen für Holz in der Außenanwendung.
Der Einsatz von Insektiziden ist i. d. R. nicht erforderlich. Gefordert wird jedoch nach DIN 68800-3 ein chemischer Holzschutz gegen Bläue und holzzerstörende Pilze. Ausnahme nur möglich bei Verwendung von Kernholz der Holzarten mit Resistenzklasse 1 und 2 (DIN EN 350-2). Die so eingestuften Kernhölzer sind auch bei anhaltender hoher Holzfeuchtigkeit „sehr resistent" bis „resistent". Beispiel für derartige Hölzer: Afzelia, Iroko, Merbau, Robinie, Teak. Ein Verzicht auf Holzschutzmittel sollte schriftlich verein-bart werden.
Unabhängig von der Beschichtung der maßhaltigen Bauteile sind alle konstruktiven Möglichkeiten aus-zuschöpfen, die Feuchtenester, Kapillarfugen usw. vermeiden („Konstruktiver Holzschutz").

Beschichtung maßhaltiger Außenbauteile (insbes. Fenster und Außentüren) – Fortsetzung

Normen, Richtlinien und Merkblätter (Auswahl)

DIN 18355	VOB Teil C – Tischlerarbeiten
DIN 18363	VOB Teil C – Maler- und Lackierarbeiten
DIN 68360	Holz für Tischlerarbeiten; Gütebedingungen für Außenanwendung
DIN 68800	Holzschutz, vorbeugende bauliche Maßnahmen, chemischer Holzschutz
DIN EN 927	Beschichtungsstoffe und Beschichtungssysteme für Holz im Außenbereich
Technische Richtlinien des Glaserhandwerks	Angaben zu Dichtstoffen, Dichtprofilen, Verglasung
Richtlinien des Instituts für Fenstertechnik e. V., Rosenheim (ift)	Anstrichverträglichkeit, Anstrichgruppen, lasierende Anstrichsysteme
Merkblätter des Bundesausschusses Farbe und Sachwertschutz e. V., Frankfurt/M.	Beschichtungen auf maßhaltigen Außenbauteilen aus Holz, insbesondere Fenster und Außentüren
Merkheft der Deutschen Gesellschaft für Holzforschung e. V., München	Oberflächenbehandlung von Holz im Außenbereich

Öle – Wachse – Naturfarben

Der Einsatz von Naturfarben, Wachsen und Ölen ist aufgrund der technischen Entwicklung inzwischen vielfältig. Bezüglich der Herstellung dieser Materialien verfolgen die Anbieter meist unterschiedliche Konzepte und Ansätze. Während einige Hersteller in gewissem Umfang auch Produkte der Petrochemie einsetzt, nutzen andere ausschließlich die in der Natur vorkommenden Grundstoffe. Unabhängig von diesen Konzepten verfolgen die Hersteller das Ziel, die Umweltbelastung durch Herstellung, Verwendung und Entsorgung der Produkte möglichst gering zu halten. Ein wesentliches Merkmal vieler Hersteller ist die sogenannte Volldeklaration der Bestandteile des jeweiligen Produktes. Die Bezeichnung „BIO" lässt nicht automatisch auf die Umweltfreundlichkeit der Produkte schließen.

Produkt	Anwendung – Eigenschaften – Zusammensetzung (Auswahl)
Öle	Öle werden für den Innenbereich gerne als Grundierung/Imprägnierung und gelegentlich als alleinige Oberflächenveredlung eingesetzt. Öle sind meist nicht wasserbeständig und daher für weniger beanspruchte Flächen nutzbar. Spezielle Öle können wasserbeständig sein. Öle sind meist ein Gemisch aus verschiedenen Grundstoffen. Als Grundstoffe kommen in Betracht (Auswahl): Leinöl, Ricinenöl, Citrusschalenöl, Safloröl, Holzöl, bleifreie Trockenstoffe.
Wachse	Auch Wachse werden ausschließlich für den Innenbereich verwendet. Mit Wachsen kann eine recht hohe Beanspruchbarkeit der Oberfläche erzielt werden (Hitzebeständigkeit bis 120 °C, Wasserfestigkeit u. a.). Wachse werden flüssig (mit Lösemittel) oder pastös (lösemittelfrei) angeboten. Pastöse Wachse werden meist mit Heißspritzgeräten aufgetragen (alternativ mit Lappen und Ballentuch). Das Nachbehandeln erfolgt mittels Polierbürste. Gewachste Oberflächen sind reparaturfreundlich, bedürfen aber auch einer gewissen Pflege. Anwendung bei Möbeln, Innenausbau und Fußboden. Als Grundstoffe für Wachse kommen in Betracht: Carnaubawachs, Bienenwachs, Leinöl, bleifreie Trockenstoffe. Auch Hydrowachse – mit Wasser als Lösemittel – werden angeboten.
Lasuren, Lacke	Lasuren und Lacke auf der Basis natürlicher Rohstoffe sind für den Innenbereich als auch für den Außenbereich im Einsatz. Als Grundstoffe kommen in Betracht: Leinölstandöl, Holzölstandöl, Naturharzester, Citrusschalenöl, Erd- und Mineralpigmente, bleifreie Trockenstoffe. Die erzielbaren Oberflächenqualitäten entsprechen den heutigen Anforderungen.
Beizen	Bestandteile der Beizen auf natürlicher Basis sind: Erd- und Mineralpigmente, Wasser, Leinöl, natürliche Harze u. a. Diese Hydro-Wachsbeizen sind nicht geeignet für Spritzwasserbereiche, Fußböden und Arbeitsplatten.

Öle, Wachse und Naturfarben minimieren die Belastung der Umwelt und der Arbeitswelt in der Regel deutlich. Trotzdem sind die Sicherheits- und die Verarbeitungshinweise der Hersteller zu berücksichtigen. Da auch gegen natürliche Materialien, Allergien oder Sensibilisierungen auftreten können, sollten Mindestmaßnahmen zur Arbeitssicherheit beachtet werde.

Beizen – Farbänderung von Holzoberflächen

Sämtliche chemischen und färbende Methoden, Holzoberflächen farblich zu verändern wurden in der historischen Praxis als „Beizen" bezeichnet. Beizmittel sind einen besondere Gruppe der Oberflächen-veredlungsprodukte.

Beizmittel werden nach dem Wirkprinzip unterteilt in:
- **Farbstoff-Beizen.** Sie lagern Farbpartikel im Holz an. Es entstehen meist negative Farbbilder (Frühholzbereich dunkler als Spätholzbereich). Farbstoff-Beizen färben physikalisch, da Farbpartikel ein- und aufgelagert werden.
- **Reaktions-Beizen** (Wirkstoff-Beizen). Sie aktivieren die Holzinhaltsstoffe und erzeugen dadurch eine Farbänderung. Es entsteht ein positives Farbbild (helle Bereiche bleiben heller, dunkle Bereiche werden dunkler.). Die Färbung entsteht durch chemische Vorgänge.

Farbstoff-Beizen

Die Bestandteile der Farbstoff-Beizmittel können in Wasser oder in Lösemittel gelöst sein. Daher unterscheidet man Wasserbeizen (Hydrobeizen) und Lösemittelbeizen:

Wasserbeizen	Lösemittelbeizen
• lassen sich aus Sicht des Gesundheitsschuztes problemlos verarbeiten,	• lassen sich problemlos verarbeiten,
• rauen i. d. R. die Holzoberfläche stark auf,	• sind problematischer aus der Sicht des Gesundheitsschutzes,
• haben lange Trockenzeiten,	• rauen die Holzoberfläche nicht auf,
• können durch nachfolgende Lackierung mit Wasserlack angelöst werden,	• trocknen sehr schnell durch Verdunstung des Lösemittels,
• werden überwiegend gebrauchsfertig angeboten.	• haben meist Ethylalkohol als umweltfreundliches Lösemittel (Alkoholbeizen).

Farbstoffbeizen werden je nach Anwendungsfall und Zusammensetzung auch wie folgt bezeichnet:
- Substratbeize enthält ein wirksames farbloses Beizsubstrat, das beim Auflösen färbt.
- Pigmentbeizen zeichnen sich durch besonders hohe Lichtechtheit aus.
- Spielzeugbeizen basieren auf Lebensmittelfarbstoffen.
- Spiritusbeizen sind Teerfarbstoffe, die klassisch in Spiritus gelöst sind.
- Beizlasuren sind färbende Lasuren.
Neben diesen Bezeichnungen werden noch firmeneigene Bezeichnungen wie Holztonbeize, Grundierbeize, Räucherbeize, Colorbeize usw. verwendet.

Reaktions-Beizen (Wirkstoff-Beizen)

Das Positive Farbbild entsteht, weil die chemisch aktivierbaren Holzinhaltsstoffe vor allem im Spätholz und weniger im Frühholz enthalten sind.
Für gerbstoffreiche Hölzer eignen sich besonders Chromate und Dichromate als sogenannte Einfachbeize. Heute werden chromathaltige Produkte jedoch kaum noch verwendet. Als Einfachbeizen gelten auch Räucherbeizen und Laugenbeizen.
Gerbstoffarmen Hölzern muss durch eine Vorbeize der Gerbstoff zugeführt werden. Die Nachbeize führt in Verbindung mit der Vorbeize zu der Färbung des Holzes.
Vor- und Nachbeizen werden heute überwiegend nur noch bei Restaurierungsarbeiten eingesetzt.

Vorbeizen – (Auswahl, aus Gesundheitsgründen werden heute nicht mehrt alle Mittel eingesetzt)

Stoff	Beiztöne	Stoff	Beiztöne
Blauholzextrakt	Violett, Schwarz	Katechu	Rötlichbraun
Brenzkatechin	Grau	Tannin	hell, Gelblichbraun
Paraphenylendiamin	Schwarz	Gallussäure	Grau

Nachbeizen – (Auswahl, aus Gesundheitsgründen werden heute nicht mehrt alle Mittel eingesetzt)

Als Nachbeize kommen/kamen folgende Chemikalien in Betracht:

- Alaun
- Eisenchlorid
- Eisensulfat
- Kaliumchromat
- Kaliumdichromat
- Kupferchlorid
- Kupfersulfat
- Natriumchromat
- Nickelchlorid
- Pottasche
- Salmiakgeist
- Soda

Klebstoffe

Klebstoffe verbinden Körper stoffschlüssig, ohne deren Form, Struktur und Eigenschaften zu verändern. Klebstoffe sind nichtmetallische Werkstoffe, die zusammengefügte Teile durch Kohäsion und Adhäsion miteinander verbinden.

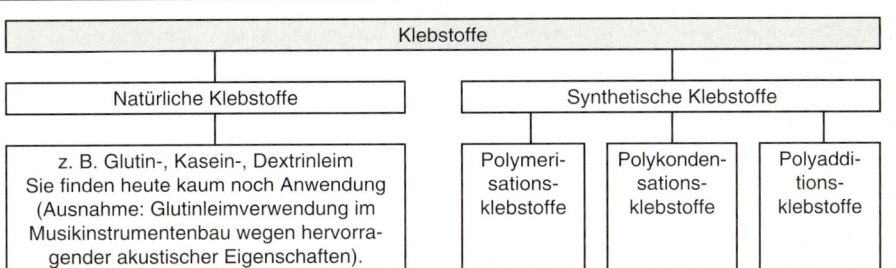

Abbinden von Klebstoffen

Klebstoffe können physikalisch oder chemisch abbinden:
- Beim **physikalischen** Abbinden entweicht das Dispersions- oder Lösemittel oder der Klebstoff geht vom flüssigen Zustand in den festen Zutand (z. B. KSCH). Die Makromoleküle sind bei diesen Klebstoffen bereits fertig und rücken beim Abbinden zusammen. Die Moleküle verfilzen miteinander.
- Beim **chemischen Abbinden** reagieren meist zwei Komponenten miteinander. Alternativ kann auch eine bei der Leimherstellung unterbrochene chemische Reaktion durch Wärme, Licht oder Feuchtigkeit wieder in Gang gesetzt werden. Die Makromoleküle bilden sich erst beim Abbinden. Beim chemischen Abbinden erfolgt eine Vernetzung

Der Abbindevorgang kann **kalthärtend** oder **warmhärtend** erfolgen. Bei Schmelzklebern erfolgt die Härtung z. B. durch Abkühlung.

Art der Abbindung – Kurzbezeichnungen[1] (Auswahl)

K ...	„K" steht für „Klebstoff"		KPCP	K-Polychloropren Kontaktkleber)	PM
KPVAC	K-Polyvinylacetat (Weißleim)	PM	KSCH	Schmelzkleber (Basis PUR, Polyamid oder EVA)	PM
KPVC	K-Polyvinylchlorid (PVC-Kleber)	PM	KEP	K-Epoxidharz	PA
KRF	K-Resorcin-Formaldehyd-Harz	PK	KPF	K-Phenol-Formaldehyd-Harz	PK
KUF	K-Harnstoff-Formaldehyd-Harz	PK	KMF	K-Melamin-Formaldehyd-Harz	PK
KPMMA	Plexiglaskleber	PM	KPUR	K-Polyurethan	PA
EVA	Ethylenvinylacetat (Schmelzkleber)	PM	PA	Polyamid (Schmelzkleber)	PM

[1] Verwendete Kürzel: PA Polyaddition; PM Polymerisation; PK Polykondensation.

Klebstoffe nach Art der Klebewirkung (Auswahl)

Dispersions-klebstoff (Leim)	Ein Kunststoff mit hoher Eigenfestigkeit (Kohäsion) und großer Anhangskraft (Adhäsion) wird in einer Flüssigkeit fein verteilt (gelöst). Es entsteht eine Dispersion. Wenn die Flüssigkeit verdunstet, bleibt der Kunststoff zurück und verbindet die Teile. Die Makromoleküle rücken zusammen und verkleben/verfilzen miteinander.
Lösungsmittel-klebstoff	Der Kunststoff ist in organischem Lösemittel gelöst. Nach dem Verdunsten bleibt ein zäher Kunststofffilm zurück, der oft größere Adhäsion als Kohäsion hat (z. B. Kaltverschweißung)
Kontaktkleb-stoff	In Lösemittel gelöste Festkörper werden auf die zu verbindende Fläche aufgetragen. Das Lösemittel verflüchtigt. Die Flächen werden mit hohem Druck zusammengefügt. Der Druck ist entscheidend für die Endfestigkeit der Klebstofffuge.
Reaktions-klebstoff	Zwei Komponenten werden vermischt oder anders zusammengebracht. Durch chemische Reaktion härtet der Klebstoff aus.

Anforderung an die Klebstofffuge – Beanspruchungsgruppen nach DIN EN 204[1]				
Gruppe	D1	D2	D3	D4
Anwendungsbereich	Innenbereich mit niedriger Luftfeuchte und kurzzeitig mehr als 50 °C, Holzfeuchte maximal 15 %	Innenbereich mit zeitweise hoher Luftfeuchte und/oder kurzzeitiger Wassereinwirkung, Holzfeuchte maximal 18 %	Innenbereiche mit hoher Luftfeuchte und kurzzeitiger Wassereinwirkung; Außenbereiche vor Witterungseinwirkungen geschützt	Innenbereiche mit häufiger Wassereinwirkung; Außenbereiche mit Witterungseinwirkung bei angemessenem Oberflächenschutz
Kurzbezeichnung	nicht wetterbeständig, trockenfest	nicht wetterbeständig, feuchtfest	begrenzt wetterbeständig und kaltwasserbeständig	witterungsbeständig, kochwasserfest
Beispiele	IF20, BFU20, BST20, V20	IF67, BFU100, BST100, V100	A100, BFU100G, V100G	AW100, BFU100G, V100G

[1] Es liegt z. Z. ein Entwurf für die nachfolgende EN 204 vor.

Klebstoffe (Auswahl)

Benennung[1]	Eigenschaften	Verwendung	Gefährliche Inhaltsstoffe
Glutinleim (KG)	elastisch, nicht feuchte- und wärmebeständig, anfällig gegen Bakterien und Schimmelbefall	Möbelbau, Restaurierung, nur in trockenen Räumen	keine
Caseinleim (KC)	elastisch, Feuchte- und Schimmelbeständig, Festigkeit ähnlich KPVAC	Möbelbau, Restaurierung	keine
Weißleim (KPVAC)	Thermoplastisch, Feuchte- und Temperaturbeständig, fast unbegrenzt haltbar	Montageleim, Furnierleim, Lack-, Fensterleim	keine
KUF	Wasserfest, sehr lange haltbar, hart, spröde, unlöslich	Kaltleim für Montage, Heißleim zum Furnieren	Formaldehyd
KMF	Wasserfest, hart, unlöslich, Beanspruchungsgruppe D2/D3	Montageleim, Furnierleim	Formaldehyd
KPF	Wasserfest, hart, spröde, unlöslich, Beanspruchungsgruppe D3	Montageleim, Furnierleim	Formaldehyd, Phenol
KRF	Wasserfest, hart, spröde, unlöslich, für höchste Ansprüche, D4-Verklebung	Montage-, Furnierleim, Boots-, Ingenieurholzbau	Formaldehyd
KPUR	Wasserfest, genügt höchsten Ansprüchen, hart, spröde, chemikalienbeständig, D4-Verklebung	Verkleben von Holz, Metall, Glas	Lösemittel, Isocyanate
KEP	Sehr gute Haftung auf allen fettfreien Untergründen, hoch chemikalienbeständig, auch für dicke Fugen, D4	Spezialverklebungen wie Holz/Metall, Metall/Glas, Holz/Glas usw.	Lösemittel, Epichlorhydrin aliphatische Amine
KUP	Hohe Festigkeit, wasserfest, gute Haftung, hart, für harte Materialien	Spezialverklebungen, Folienklebstoff	Lösemittel, Styrol
KPCP (Kontaktkleber)	Elastisch, wasserfest, wärmebeständig durch Härterzugabe bis etwa 130 °C	Kleben verschiedener Werkstoffe	Lösemittel
Sekundenkleber	Klebt innerhalb weniger Sekunden, härtet durch Feuchteaufnahme	Verklebung verschiedenster Materialien	Cyanacrylat
KSCH (Schmelzkleber)	Wärmebeständig von etwa 80 bis 150 °C, Feuchtebeständigkeit gut bis befriedigend, Verklebungen von D1 bis D3/D4	Kantenanleimmaschinen, Klebepistolen	ggf. Dämpfe bei der Verarbeitung

[1] Die Benennungen und Kurzzeichen sind in der DIN 4076-5 aufgeführt.

Elastomere, Plastomere, Duromere

Kunststoffe bestehen zu ihrem größten Teil aus organischen Grundbausteinen (Monomere), die durch Polyaddition, Polymerisation oder Polykondensation miteinander reagieren und dabei makromolekulare Strukturen (Polymere) bilden.

Elastomere	Plastomere (Thermoplaste)	Duromere (Duroplaste)
Gummielastisch verformbar in breitem Temperaturbereich. Molekülstruktur: linear verknüpft.	Wiederholt plastisch verformbar. Eigenschaften temperaturabhängig. Molekülstruktur: verzweigt, auch mit teilkristallinen Bereichen.	Im Zwischenstadium plastisch formbar. Nach Erhärtung nicht mehr erweichbar. Molekülstruktur: stark vernetzt.

| linear verknüpft | gedehnt | verzweigt | teilkristallin | vernetzt |

Kurzzeichen der Kunststoffe (Auswahl)

Kurz-zeichen	Her-stellung	Chemische Bezeichnung	Kurz-zeichen	Her-stellung	Chemische Bezeichnung
ABS	T PM	Acrylnitril	PET	T PK	Polyethylentherephtalat
ASA	T PM	Acrylnitril-Styrol-Acrylester	PF	D PK	Phenolformaldehyd(-Harz)
CA	T PK	Celluloseacetat	PIB	T PM	Polyisobutylen
CAB	T PK	Celluloseacetobutirat	PMMA	T PM	Polymethylmethacrylat
PC	T PK	Polycarbonat	PP	T PM	Polypropylen
EP	D PA	Epoxid-Polyester-Hybrid	PS	T PM	Polystyrol
EPE	D PM	Epoxidharzester	PTFE	T PA	Polytetrafluorethylen
EPS	D P	Expandiertes Polystyrol	PUR	D PM	Polyurethan
GF-EP	D PA	Glasfaserverst. Epoxidharze	PVAC	T PM	Polyvinylacetat
GFK	D –	Glasfaserverst. Kunststoffe	PVC	T PM	Polyvinylchlorid
MF	D PK	Melaminformaldehyd(-Harz)	PVC-C	T PM	chloriertes Polyvinylchlorid
MPF	D PK/PA	Melaminphenolformaldehyd	PVC-P	T PM	weiches Polyvinylchlorid
PA	T PK	Polyamid	PVC-U	T PM	hartes Polyvinylchlorid
PAN	T PM	Polyacrylnitril	RF	D PK	Resorcinformaldehyd
PB	T PM	Polybuten	SAN	T PM	Styrolacrylnitril
PE-HD	T PM	Polyethylen hoher Dichte	SP	T PM	gesättigter Polyester
PE-LD	T PM	Polyethylen niedriger Dichte	UF	D PK	Harnstoff-Formaldehyd(-Harz)
PE-X	T PM	vernetztes Polyethylen	UP	D PM/PA	ungesättigter Polyster(-Harz)

T Thermoplast, D Duroplast; PA Polyaddition, PM Polymerisation, PK Polykondensation.

Kunststoffe

Kurz-zei-chen	Bezeichnung	Eingetra-gener Han-delsname	Dichte in kg/dm^3	Zugfes-tigkeit N/mm^2	Gebrauchs-temperatur in °C	Beständigkeit gegen					Anwendung
						Säuren [1]	[2]	Laugen [1]	[2]	[3]	
PF	Phenol-formaldehyd	Bakelit, Supraplast	1,3	40...90	> +100	+	+	–	–	+	Formteile, Klebeharze, Leim, HPL
UF	Harnstoff-formaldehyd	Resamin	1,5	25	> +90	±	–	+	–	+	Klebeharze für HPL, Leim
UP	ungesättiger Polyester	Palatal, Vestopal	1,3... 1,6	80...140	−50...+130	+	±	±	–	+	Klebe-/Lack-harz, Gießharz

+ gute Beständigkeit; ± nur bedingt beständig; − nicht beständig; Angaben gelten für T = 20 °C

[1] Schwach; [2] stark; [3] organische Lösemittel.

Kunststoffe (Fortsetzung)

Kurzzeichen	Bezeichnung	Eingetragener Handelsname	Dichte in kg/dm³	Zugfestigkeit N/mm²	Gebrauchstemperatur in °C	Beständigkeit gegen Säuren [1]	[2]	Laugen [1]	[2]	[3]	Anwendung
ABS	Acrylnitril	Novodur, Terluran	1,06	40...50	> +100	+	±	+	±	−	Kantenanleimer
CA (CP)	Celluloseacetet	Cellidor, Cellit, Cellan,	1,3	5...10	> +80	±	−	±	−	+	glasklar, Lack, Folien,
PA	Polyamid	Durethan, Vestamid	1,13	35...85	> +70 (140)	−	−	+	-	+	Klebstoff, Beschläge
PC	Polycarbonat	Makrolon, Lexan	1,20	60	> +130	+	±	±	±	±	Verglasungen, Lack, Beschlag
PE-HD	Polyethylen	Baylon Hostalen	0,95	25	−60...+80	+	+	+	+	+	Rohre, Folien, Möbel, Kleint.
PE-LD		Lupolen Vestolen	0,92	11...20	−60...+60	+	+	+	+	+	Behälter, Isoliermaterial.
PIB	Polyisobutylen	Oppanol, Rhenpanol	0,93	3	−30...+70	+	+	+	+	−	Dach-, Isolierfolien, Fugenmasse, Klebstoff
PMMA	Polymetylmethacrylat	Plexiglas, Resatglas	1,18	70	> +68	+	−	+	+	+	Verglasung, Formteile, Lackharz
PP	Polypropylen	Hostalen PP Luparen	0,9	30	> +90	+	+	+	+	+	Rohre, Folien, Möbel, Kleint.
PS	Polystyrol	Polystyrol, Hostyren	1,05	40...65	> +70	+	+	+	+	±	Gehäuse, Verpackung, Folie
PS-E	PS-Hartschaum	Exporit, Styropor	...0,05	0,22...0,34	−200...+70	+	+	+	+	−	Wärmedämmg Schaumstoff
PTFE	Polytetrafluorethylen	Hostaflon, Teflon	2,1...2,2	15...35	−200...+280	+	+	+	+	+	g. Gleiteigens., s. g. gießbar
PUR	Polyurethan	Bayflex, Lycra	1,13...1,25	25...55	−40...+130	+	±	+	+	+	Formteile, Folie Lacke, Kleb-, Schaumstoff,
PVC	Polyvinylchlorid, hart	Hostalit Vestolit	1,38	50	> +70	+	+	+	+	+	Rohre, Behälter Fliese, Bodenbelag
	Polyvinylchlorid, weich	Mipolam, Trivolen	1,30	8...25	> +60	+	±	+	±	±	Dichtungsbahn Folien, Profile
PS	Polystyrol	Hostyren, Polystyrol, Vestyron	1,05	20...40	> +75	+	+	+	+	+	Wärmedämmung, Folie, Verpackung
EP	Epoxidharz	Avaldit, Epoxin	1,2	50...80	−50...+130	+	+	+	+	+	Gieß-, Klebe- und Lackharze
MF	Melaminformaldehyd	Melamin	1,5	>80	> +130	±	−	+	−	+	Klebeharze für Schichtstoffe, HPL-Platten, Lacke

+ Gute Beständigkeit; ± nur bedingt beständig; − nicht beständig; Angaben gelten für T = 20 °C

[1] Schwach; [2] stark; [3] organische Lösemittel.

Werkstoffe
Hilfsstoffe

Dichtstoffe

Unterteilung der Dichtstoffe nach DIN EN 26927

Plastische Dichtstoffe	Elastische Dichtstoffe
Plastische Dichtstoffe sind spritzbar. Sie härten nicht vollständig aus und behalten das plastische Verhalten. Das Rückstellvermögen ist gering. Verformungen sind dauerhaft. Einsatz nur bedingt möglich.	Elastische Dichtstoffe sind spritzbar. Nach der Vernetzung verhalten sie sich „gummiähnlich". Das Rückstellvermögen ist gut. Verformungen bilden sich zurück, solange die maximale Dehnung/Stauchung das Höchstmaß nicht überschreitet.

	Ausgangslage	
	Stauchung	
	Rückgang in Ausgangslage	
	Dehnung	
	Rückgang in Ausgangslage	
	Dehnung	

Einteilung der Dichtstoffe nach DIN EN 26927

1K einkomponentig
2K zweikomponentig
B   Bänder
P   Profile

Dichtstoff nach DIN EN 26927

Plastisch knetbar — 1K
Plastisch spritzbar — 1K 2K
Plastisch profiliert — B
Elastisch profiliert — B P

erhärtend[1]
plastisch
elastisch

[1] „Erhärtend" heißt, dass der Dichtstoff hart und in der Regel spröde wird. Der Begriff „erhärtend" ist nicht genormt.

Dichtstoffe – Rohstoffbasis und Reaktionssystem

Dichtstoffe

organisch trocknende Öle
- Leinöl
- Leinöl + Weichmacher

Kunststoffe
- Acryl
  - Lösungsmittel AC
  - Dispersions AC
- Butylkautschuk
- Polyurethan
  - 1 komp. PUR
  - 2 komp. PUR
- Polysulfid (Thiokol)
  - 1 komp. Thiokol
  - 2 komp. Thiokol
- MS-Polymer
  - 1 komp. MS-Pol.
- Silicon

Für den im Fensterbau bzw. im Glaserhandwerk benutzten Leinölkitt wird nach DIN 52460 die traditionelle Bezeichnung „Kitt" beibehalten.

Dichtstoffe – Kenndaten (Auswahl)

Art	Verfestigung	Temperaturbeständigkeit in °C	max. Gesamtverformung in %	Hinweise für den Einsatz
Leinölkitt	Oxidation	−10 bis +35	0 bis 1	spröde, lösemittelfrei
Alkydharzkitt	Hautbildung durch Oxidation	−20 bis +70	3 bis 5	plastisch
Butyl, Polyisobutylen	Abdunsten des Lösemittels	−20 bis +70	0 bis 5	plastisch
Acrylate • lösemittelhaltig	Abdunsten des Lösemittels	−20 bis +80	5 bis 10	zähelastisch
• Dispersion	Abdunsten des Wassers	−20 bis +80	10 bis 20	elastisch bis plastisch, Schwinden stark, bedingt wasserempfindlich
Polyurethan • einkomponentig	Vernetzt durch Feuchteaufnahme	−30 bis +70	20 bis 25	elastisch, bedingt anstrichfähig
• zweikomponentig	Komponenten vernetzen	−30 bis +70	25	elastisch, bedingt für Glasabdichtungen geeignet
Polysulfide • einkomponentig	Vernetzt durch Feuchteaufnahme	−30 bis +80	15 bis 25	elastisch
• zweikomponentig	Komponenten vernetzen	−30 bis +80	20 bis 25	elastisch, bedingt anstrichfähig
Polysiloxane (Silikone) Silikonacetat	säurevernetzend	−50 bis +150	15 bis 25	elastisch, freigesetzte Essigsäure kann Korrosion bewirken, nur neutralvernetzende Silikone sind anstrichfähig
Silikonbenzamid, -alkoxid, -oxim	neutralvernetzend	−50 bis +150	20 bis 25	
Silikonamin	alkalischvernetzend	−50 bis +150	20 bis 25	

Neben den hier aufgeführten Dichtstoffen gibt es noch die komprimierbaren Dichtstoffe, Dichtfolien usw. Die komprimierbaren Fugendichtstoffe werden auf Seite 113 behandelt.

An- und Verwendung von Dichtstoffen

Die VOB/C fordert nach DIN 18355, dass bestimmte Fugen abzudichten sind. Hierzu zählen :

• Bauanschlussfugen   • Glasabdichtungsfugen   • sonstige Fugen im Außenbereich

Die Fugen müssen gegen Luft und Wasser dicht sein. Auch die DIN 4108-7 gibt Ausführungs- und Planungsempfehlungen zur Luftdichtheit von Bauteilen und Anschlüssen.

Anforderungen an die Fugenabdichtung und deren Beanspruchung

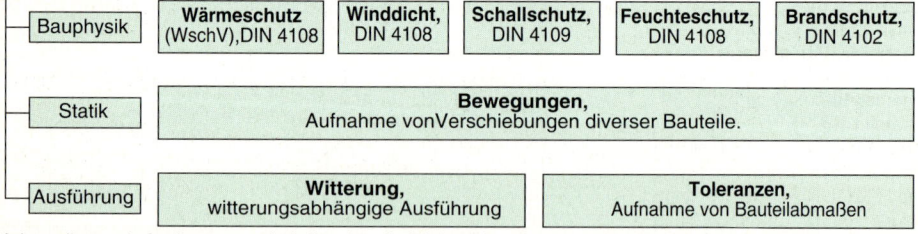

Bauphysik	**Wärmeschutz** (WschV), DIN 4108	**Winddicht,** DIN 4108	**Schallschutz,** DIN 4109	**Feuchteschutz,** DIN 4108	**Brandschutz,** DIN 4102

Statik	**Bewegungen,** Aufnahme von Verschiebungen diverser Bauteile.

Ausführung	**Witterung,** witterungsabhängige Ausführung	**Toleranzen,** Aufnahme von Bauteilabmaßen

Neben diesen Anforderungen sind die wirtschaftlichen Aspekte zu berücksichtigen. Hierzu zählen insbesondere die Verarbeitungskosten, Wartungskosten und die Lebenserwartung.

Grundregeln zur Anwendung von Dichtstoffen

Zur funktionsfähigen Abdichtung mit Dichtstoffen müssen konstruktive und verarbeitungstechnische Voraussetzungen gegeben sein bzw. beachtet werden.

Bewegungen, die vom Dichtstoff dauerhaft, ohne zu reißen aufgenommen werden müssen (Auswahl):

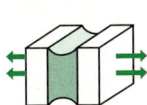 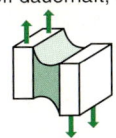 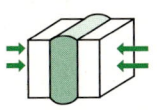 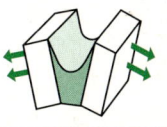

Freie Bewegungsmöglichkeit des Dichtstoffes muss durch Auswahl und Behandlung der Haftflächen sichergestellt sein.
Dichtstoffe sollen nur an zwei Haftflanken haften. Die Haftflanken sollten sich nahezu gegenüberliegen, damit der Dichtstoff die Bewegungen der Bauteile aufnehmen kann. Nichtbeachtung führt zum Reißen des Materials oder zum Ablösen an den Haftflanken. Durch Planung der Fuge lassen sich Fehler vermeiden.

Dreiflankenhaftung vermeiden		Die richtige Dreiecksfuge	
Falsch	Richtig	Falsch	Richtig

Maße der Fugendichtung – Fugenbreite, Fugentiefe, Fugenabstand   DIN 18540

Die Breite b und Tiefe d einer Fuge ist nicht nach optischen Aspekten auszulegen sondern anhand der baulichen Gegebenheiten. In DIN 18540 sind die Fugenmaße für Betonbauteile[1] in Abhängigkeit der auftretenden Bewegungen und der Nutzung eines Dichtstoffes mit zulässiger Gesamtverformung von 25 % angegeben. **Bei anderen Materialien[1] bedarf es einer Umrechnung unter Berücksichtigung der Ausdehnungskoeffizienten bzw. der Gesamtverformung** des gewählten Dichtstoffes.
Die Fugenbreite b muss größer sein als die Fugentiefe d (Fugendicke) um die Dauerdichtigkeit zu gewährleisten.

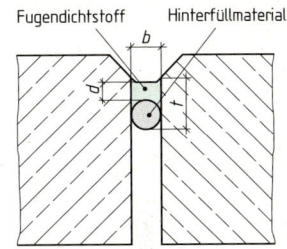

Fugendichtstoff   Hinterfüllmaterial

Abstand Fuge zu Fuge in Meter	bis 2	bis 3,5	bis 5	bis 6,5	bis 8
Erforderliche Mindestfugenbreite[1] b in mm	10	15	20	25	30
Dicke der Fugendichtmasse d in mm (incl. Volumenschwund) zulässige Abweichung in mm	8 ± 2	10 ± 2	12 ± 2	15 ± 3	15 ± 3

[1] Lineare Ausdehnungskoeffizienten in (mm/m) · 1/K: bei Beton 0,012; bei PVC 0,080; bei Stahl 0,012; bei Holz (quer zur Faser) 0,040. Die Fugenmaße sind entsprechend umzurechnen. Für die Planung sind die Mindestfugenbreiten um jeweils 5 mm zu erhöhen.

Komprimierbare Fugendichtbänder – Abdichtung mit vorkomprimierten Dichtungsbändern

Imprägnierte Schaumstoffdichtbänder haben folgende Vorteile: Schlag- und Regendicht bei entsprechender Komprimierung, dampfdurchlässig (je nach Komprimierung), Anpressdruck des Dichtbandes erfolgt durch die Rückstellkraft, keine Vorbehandlung der Fugenflanken notwendig, schallschutztechnisch günstige Eigenschaften.

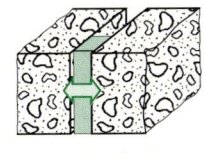 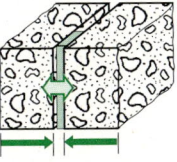 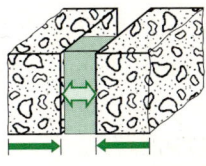

Verbindungen

Verbindungsarten (Fügetechnik)

Wirkprinzipien von Verbindungsformen und Verbindungsmitteln

kraftschlüssig – stoffschlüssig – formschlüssig	lösbar – nicht lösbar	fest – beweglich

Wirkung in der Fuge zwischen den Fügeteilen (Verbindungsformen, Beispiele)

Kraftschluss: Äußere Einwirkung erzeugt Reibungskräfte	**Stoffschluss:** Adhäsion und Kohäsion, werkstoffbezogen (s. Seite 24)	**Formschluss:** Form und Gegenform passen ineinander
• Nageln (nicht lösbar) • Schrauben (lösbar) • Verkeilen	• Leimen • Kleben • Schweißen, Löten	• Zinken • Zapfen, Dübeln • Federn, Graten

Zugehörige Verbindungsmittel – lösbar oder nicht lösbar (unlösbar)

• Schraube, Bolzen, Keil • Beschlag • Nagel, Klammer, fester Keil	• Schmelzklebstoff • Klebstoff, Leim, Lot	• Keil, Exenter, Passfeder • Beschlag • Klebstoff, Leim, Lot[1]

[1] Formschlüssige Verbindungen werden z. B. erst durch zusätzliches Leimen oder Kleben unlösbar.

Holz- und Holzwerkstoffverbindungen

Einachsig		Zweiachsig		Dreiachsig
Stoß	Fuge	Rahmenecke	Kastenecke	Stollenecke

Flächenkonstruktionen			Körperkonstruktionen	
in der Länge	in der Breite	im Rahmen	im Kasten	im Gestell

Verbindungsformen (Beispiele, s. Seite 115 ff)

• geschlitzt • geschäftet • überblattet • verkeilt • gefräst (Keilzk.) • schichtverleimt • gedübelt • gefedert	• stumpf (glatt) • gefräst • gespundet • überfalzt • profiliert • gedübelt • gefedert • geschraubt	• geschlitzt • gedübelt • gefedert (Formf.) • überblattet • gestemmt • gefräst (Minizk.) • Keilzapfen • geschraubt	• gedübelt • gefedert • gespundet • gezinkt • gegratet • gefalzt • stumpf verleimt • genagelt	• gestemmt • genutet (Nutzapfen) • gezinkt (Aufzinker) • verkeilt • eingehängt • verschraubt

Verbindungsmittel[1] (s. Seite 129 ff)

Dübel	Federn	Formfedern	Nägel u. Ä.	Schrauben	Beschläge	Keile
s. S. 129	s. S. 131	s. S. 131	s. S. 132 f.	s. S. 134 ff	s. S.116, 124	s. S. 124

[1] Die Vielzahl der praxis- und handelsüblichen Verbindungsmittel kann nur beispielhaft dargestellt werden. Ergänzend sind die Herstellerangaben in Katalogen und Anwendungshilfen nützlich.

Einachsige Holzverbindungen: Längen- und Dickenverbindungen

Bei der Längsverbindung von Teilstücken aus Vollholz oder Holzwerkstoffen werden die Stoßfugen (bei Vollholz an den Hirnenden) rechtwinklig oder in unterschiedlichen Konstruktionsformen zusammengefügt und im Regelfall verleimt. Längen- und Dickenverbindungen werden vor allem im Bau- und Ausbaubereich angewendet. Lösbare Verbindungen können gekeilt oder geschraubt werden.

Längenverbindung	Dickenverbindung
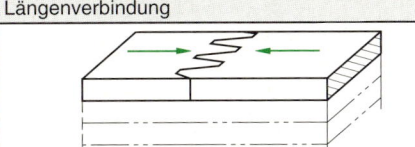	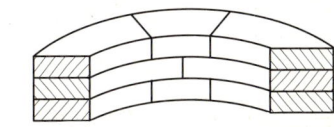
Beispiel: Keilgezinkte Lamelle zum Herstellen von Brettschichtholzteilen, wie Fensterrahmenhölzer	Beispiel: Schichtverleimter Bogen aus Vollholzsegmenten, stumpfer Stoß, ausreichend überlappt

Keilzinkenverbindung   E DIN 68140-1

Keilzinken bzw. „Minizinken"[1]

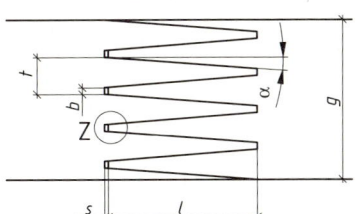

Bezeichnungsbeispiel bei
l = 15 mm und t = 3,8 mm:
Keilzinkung
DIN 68140-1 – 15/3,8

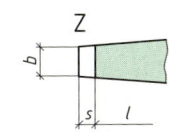

l Zinkenlänge
g Gesamtbreite
t Zinkenteilung
b Breite des Zinkengrundes
s Zinkenspiel
α Flankenwinkel:
　$\leq 7,5°$ bei $l \leq 10$ mm
　$\leq 7,1°$ bei $l > 10$ mm

$v = \dfrac{b}{t}$ Verschwächungsgrad

Gebräuchliche Profile (Maße in mm)				Fertigungsrichtung (rechtwinklig oder parallel zur Breitseite)
Bezeichnung	l	t	b	v
10 / 3,8	10	3,8	0,6	0,16
15 / 3,8	**15**	**3,8**	**0,42**	**0,11**
20 / 3,8	20	3,8	0,5	0,10
20 / 6,2	20	6,2	1,0	0,16
30 / 6,2	30	6,2	0,6	0,10
50 / 12,0	50	12,5	2,0	0,17

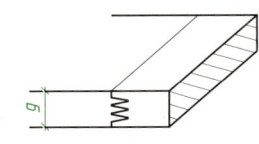

Durchgehende Zinkung	Einteilung mit Randzinken
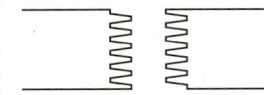	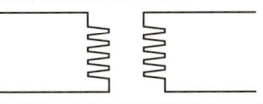 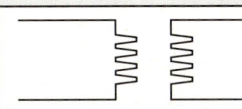

Anforderungen an Verbindungen bei tragenden und aussteifenden Holzbauteilen aus Nadelholz:

Werkstoff	zulässige Holzfeuchte	zulässiger Feuchteunterschied
Lamellen für Brettschichtholz[2]	15 %	4 %
Einteilige Hölzer	18 % (15 % bei Weiterverleimung)	5 %

- Es dürfen nur die in DIN 1052-1 genannten Nadelhölzer verwendet werden. Die erforderliche Sortierklasse nach DIN 4074-1 (s. Seite 76 ff.) ist einzuhalten.
- Beim maschinellen Bearbeiten muss ein einwandfreies Passen der Zinkenverbindung gesichert sein.

[1] Eine Keilzinkenverbindung ist eine Längsverbindung zweier Vollhölzer, deren Enden mit keilförmigen Zinken gleicher Teilung und gleichen Profils ineinandergreifen und miteinander verklebt sind.
[2] Die Holzenden dürfen vor der Keilzinkung keine sichtbaren Risse aufweisen.

Traditionelle Längenverbindungen

- Mit der zunehmenden Lamellierung von Halbzeugen aus Vollholz (s. Seite 115) und dem bevorzugten Verarbeiten von Holzwerkstoffen geht die praktische Bedeutung der traditionell für das Verlängern von Bauteilen aus Vollholz entwickelten Längsholzverbindungen zurück.
- Vorzugsweise bei Rundbogen und bei Restaurierungsarbeiten werden einige noch angewendet.

Schäftung ($l \approx 6 \cdot d$)[1]	Keilzapfen ($\beta \approx 30°$)	Stoß ohne Verbindungsmittel
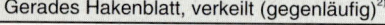		• Ein stumpfer Stoß (Hirnholz gegen Hirnholz) wäre keine geeignete Leimfläche. • Ziel ist desweiteren eine vergrößerte Leimfläche. • Pressdruck beachten!
Nut und Feder[2]	Dübel	Stoß mit Verbindungsmittel(n)[3]
Querholzfeder Verbindungsbeschlag		• Verbindungsmittel sind gleichzeitig Montagehilfe. • Bevorzugtes Anwenden bei kurzfaserigen Werkstoffen, wie Holzspanplatten. • Schablonen einsetzen!

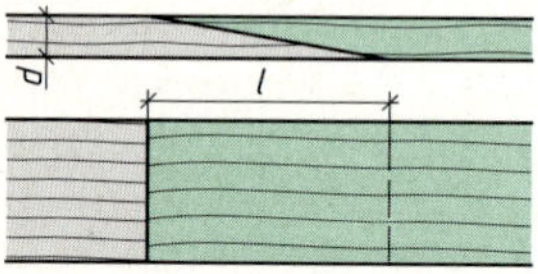

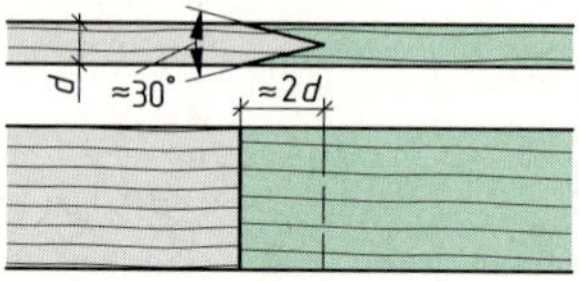

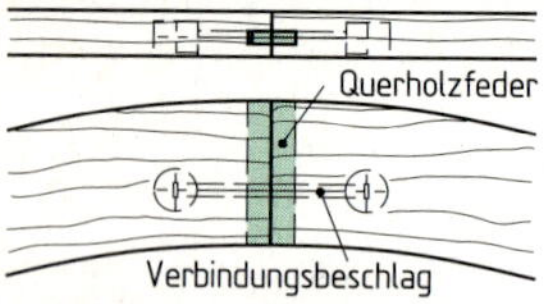

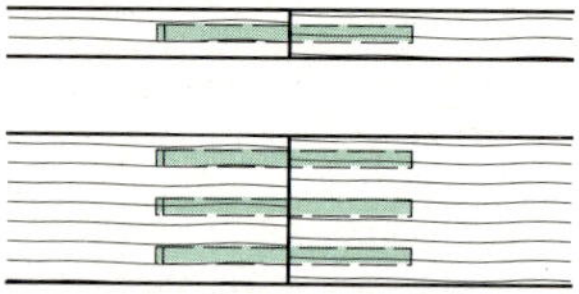

Überblattete Längsverbindungen im Holzbau[4]

Gerades Blatt	Schräges Blatt	Gerades Hakenblatt

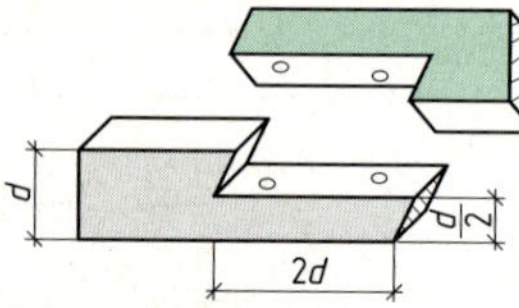

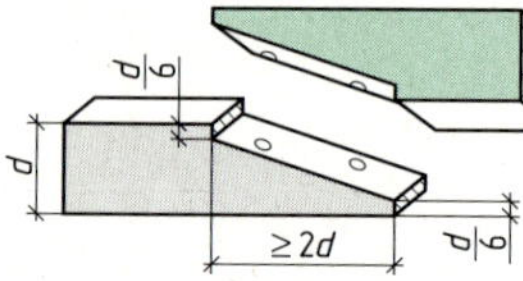

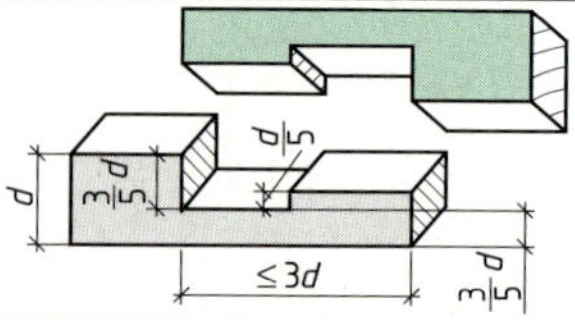

[1] Bei Laubholz 10 ...15d. [2] Auch gespundet bzw. mit Schlitz und Zapfen. [3] Weitere Verbindungsmittel, wie Formfedern s. Seite 131. [4] Zusätzliches Sichern durch Dübel oder Schraubbolzen (s. S. 134 ff).

Lösbare Längenverbindungen[1]

Gerades Hakenblatt, verkeilt (gegenläufig)[2]

„Deutscher Keilverschluss"	Keile	„Französischer Keilverschluss"
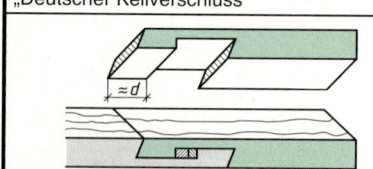	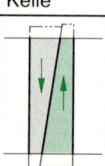	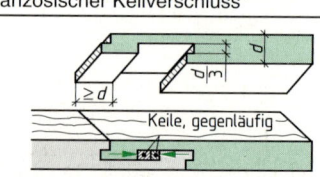Keile, gegenläufig

Verbindungsbeschlag für Länge oder Breite (z. B. Plattenverbinder aus Kunststoff oder Zinkdruckguss)

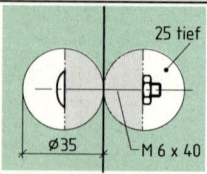
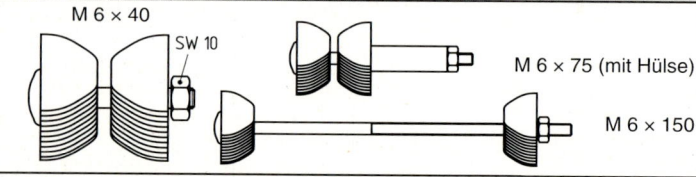

[1] Verbindungsmittel für weitere lösbare Konstruktionen s. S. 131. [2] Nachteilig für die Haltbarkeit ist der geringe Restquerschnitt und die geringere Druckfestigkeit der Holzkeile senkrecht zur Faser.

Breitenverbindungen: Verleimte Fugenkonstruktionen

Bei Breitenverbindungen von Teilen aus Vollholz (z. B. Tischplatte, Treppenstufe) oder aus Holzwerk-stoffen werden die Längsfugen stumpf oder mit unterschiedlichen Fugenprofilen verleimt oder unverleimt zusammengefügt. Beim Planen ist das unterschiedliche Quell- und Schwindverhalten des Werkstoffes Holz vor, während und nach der Verarbeitung maßgeblich zu berücksichtigen (s. Seite 70).

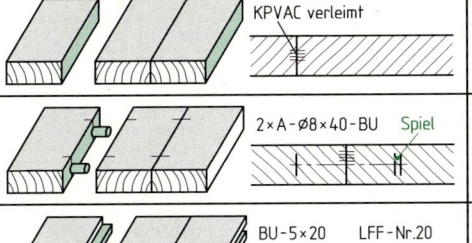

KPVAC verleimt

Stumpf gefügt
- Bei Vollholz Kern an Kern und Splint an Splint (nur im Gießereimodellbau Kern an Splint).
- Bei Sichtflächen rechte Seite nach außen.

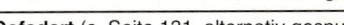

2 × A – Ø8 × 40 – BU   Spiel

Gedübelt (s. Seite 129)
- Zusätzliche Verbindungsmittel sind vorwiegend Verleimhilfe, insbesondere bei Vollholz.
- Dübel-Ø ≈ $^2/_5$ Holzdicke d, Dübellänge ≥ 2 · d.

Spiel   BU – 5 × 20   LFF – Nr. 20

Gefedert (s. Seite 131, alternativ gespundet)
- Bei Vollholz mit Längsholz- oder Sperrholzfeder (Breite : Dicke ≈ Holzdicke : $^1/_3$ Holzdicke).
- Insbesondere bei Spanplatten auch Formfedern.

Zahnprofil   Keilprofil

Gefräst – mit Verleimprofil
- „Kronenfugen" bei Vollholz besonders haltbar.
- Profil und Konterprofil werden mit einer Werk-zeugeinstellung „auf Umschlag" gefräst.

Aussteifen bzw. Sichern von Vollholzflächen

Gratleiste, stehend oder liegend[1]	Hirnleisten, verkeilt oder verleimt[2]	„Bewehrungsstäbe"[3]

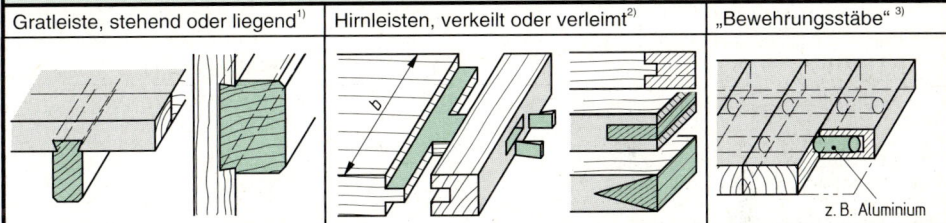

z. B. Aluminium

[1] Nur am vorderen Ende leimen, auf stehende Jahrringe achten. [2] Einleimen nur bei schmalen Flächen ($b ≤ 200$ mm). [3] Sichern breiter Flächen durch nicht sichtbare Metallstäbe oder Hartholzleisten.

Fräswerkzeuge für Breitenverbindungen („Verleimprofile")[1]   Herstellerangaben

P1 — 70° — 14 — ≤ 45 — 5

P3 — 30° — 16 — ≤ 45 — 5

P4 — 30° — 24 — ≤ 55 — 5

— 28,4 — HD — 3

P2 — 80° — 95 (55) — 5 — 3

P5 — 30° — 38,4 — ≤ 75 — 5

P6 — 30° — 24 — ≤ 75 — 5

— 30° — 15 — ≤ 48 — 5 — 5

[1] Unterschiedliche Profilformen (hier z. B. Profilfräsersatz P1 ... P6) für Tischfräsmaschinen.

Verbindungen

Breitenverbindungen: Nicht verleimte Fugenkonstruktionen

- Bei nicht verleimten Breitenverbindungen werden Profilbretter aus Vollholz bzw. „Täfelbretter" oder „Kassetten" aus Holzwerkstoffen auf einer Unterkonstruktion möglichst nicht sichtbar befestigt.
- Die Form der Verbindungsfugen ergibt sich aus der Gestalt der Längskanten („Schmalseiten") und der Art des Zusammenfügens. Aus gestalterischen Gründen werden auch lose Federn verwendet.

Form der Längskantenprofile

Fase	Falz	Nut	Feder	Schattennut	Profil

Fugenkonstruktionen

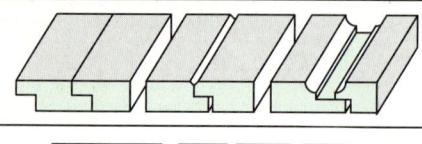

Gefalzt: Wechselfalze innen und außen
- Stumpfe Fugen sind oft ungleichmäßig offen.
- Fasen betonen Fuge und verfeinern die Ansicht.
- Profilierung und breiterer Außenfalz erhöhen Gestaltungsmöglichkeiten der Verbretterung.

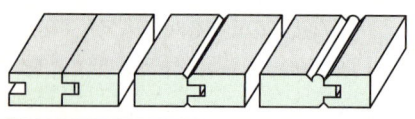

Gespundet: Nut und Feder angefräst
- Gespundete Fugen erfordern Spiel im Nutgrund.
- Gefaste Fugen gliedern und bewirken, dass Undichtheiten weniger auffallen.
- Mit Halbrundstab und Fase: „Stabbretter".

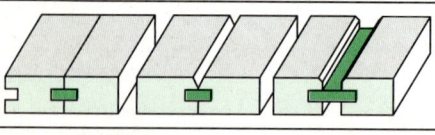

Gefedert: „Losefederverbindung"
- Federn („Fremdfedern") in der Regel aus Furniersperrholz oder Hartfaserplatten.
- Formfedern (s. Seite 131) für Holzwerkstoffe.
- Breite Federn als Gestaltungselemente.

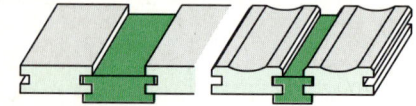

Überschoben: zwei Nutbretter
- Jedes zweite Brett wird befestigt. Seine äußeren Nutwangen wirken als Feder.
- Vielfältige Gestaltungsmöglichkeiten sowohl der außen- als auch der innenliegenden Bretter.

Fase- und Profilbretter (Beispiele[1])   DIN 68122, DIN 68123, DIN 68127

Fasebrett aus Nadelholz[2]	Akustik-Profilbrett	Stülpschalungsbrett, gespundet

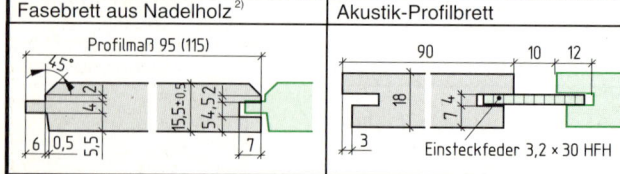

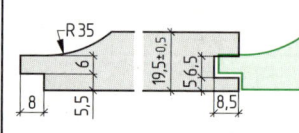

Einsteckfeder 3,2 × 30 HFH

Befestigen auf einer Unterkonstruktion (Beispiel: Profilbrett mit Schattennut, DIN 68126)

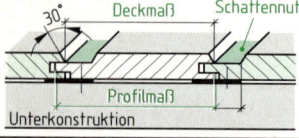

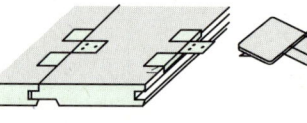

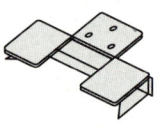

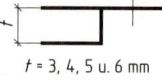

t = 3, 4, 5 u. 6 mm

- Beim Befestigen auf der Unterkonstruktion ist ausreichend Spiel zu berücksichtigen (Quellneigung!).
- Einzufärbende Bretter (insbesondere die Federn) vor dem Einbau einfärben!

[1] Neben diesen Halbzeugen aus Nadelholz gibt es eine Vielzahl von unterschiedlichsten Profilen und Größen aus Holz und Holzwerkstoffen, auch fertig beschichtet. [2] **Profilmaß** ist die Breite des Profilbrettes einschließlich der Feder, **Deckmaß** ist die Breite des Brettes ohne die Feder.

Rahmenkonstruktion: Ecken, Anschlüsse und Kreuzverbindungen (Beispiele[1])

Rahmeneckverbindungen		Rahmenanschlüsse	
Mit angearbeiteter Form	Mit Verbindungsmitteln	T-Form	Kreuzform
Durchgehender Zapfen, Rahmeninnenprofil auf Gehrung	Dübelverbindung mit Nutzapfen, Querstück mit Konterprofil	Mitten-Anschluss mit eingestemmtem Zapfen, nicht durchgehend	Kreuzsprosse überschoben, stumpf oder Innenprofil auf Gehrung

Gestalten von Rahmen und Rahmenverbindungen

z. B. Rahmenholzbreite bzw. Glasflächengröße	Formstabile Eckverbindungen statt Aussteifung

[1] Hier sind nur die Konstruktionsprinzipien gegenübergestellt. Weitere Beispiele siehe unten.

Rahmeneckverbindungen (unlösbar oder lösbar), Übersicht

Fuge (Brüstung) auf Gehrung		Fuge (Brüstung) rechtwinklig	
Stumpf oder mit angearbeiteter Verbindung	Mit Verbindungsmitteln (auch Montagehilfe[3])	Mit angearbeiteter Verbindungsform[1]	Mit Verbindungsmitteln (auch Montagehilfe[3])

• Stumpfer Stoß[1]
• Überblattung
• Zapfen und Schlitz
  - Gehrung einseitig
  - Gehrung beidseitig
• Keilzinken
	• Dübel, parallel oder über Eck (s. o.)
	• Winkel- u. Formdübel
	• Federn, Fremdzapfen
	• Formfedern
	• Verbindungselemente
		• Überblattung
		• Einfacher Zapfen
		• Doppelzapfen (s. o.)
		• Gestemmter Zapfen
		• Nutzapfen, auch mit Konterprofil
			• Dübel[2]
			• Federn
			• Formfedern
			• Fremdzapfen
			• Schrauben
			• Verbindungselemente

Vorzugsweise Anwendung bei profilierten Rahmenholzquerschnitten, z. B. Bilderrahmen, kleine Möbeltüren, auch Fensterrahmen (Minizinken). • **Vorteil:** Umlaufende Profile und Holzmaserung in der Ansicht (z. B. Furnierbilder) ermöglichen vielfältige Formgebung, einfach herzustellen. • **Nachteil:** Gehrungsfuge öffnet sich bei breiten Rahmenhölzern und starken Feuchteschwankungen keilförmig, Haltbarkeit begrenzt.		Bevorzugte Anwendung bei stärker beanspruchten Rahmen, z. B. Tür- und Fensterrahmen. • **Vorteil:** Sichern von Formstabilität und Haltbarkeit, Zusammenbau einfacher, Leimflächen und Restquerschnitt meistens größer (s. Seite 121). • **Nachteil:** Besonderer konstruktiver und technologischer Aufwand wegen Zusammentreffen von Längs- und Querholz in den Brüstungen, besonders bei Querschnitten mit Innenprofilen.	

[1] Im Regelfall geleimt. [2] Auch ergänzend z. B. zum Nutzapfen. [3] Z. B. Verleimhilfe gegen Verrutschen.

Verbindungen

Verbindungen

Rahmeneckverbindungen auf Gehrung

Stumpfer Stoß, nur verleimt[1]	Angearbeitete Verbindungsform	Gehrung mit Verbindungsmittel

Gehrungsecken ohne Verbindungsmittel – Verbindungsform angearbeitet

Minizinken (Keilzinken, siehe auch Seite 115)
- Passgenauer Formschluss beim Zusammenfügen.
- Nur mit Maschinen und Spezialwerkzeug herstellbar.
- Möglichst sofort nach Fräsvorgang verleimen.
- Haltbare Verbindung bei schmaleren Rahmenhölzern.

Schlitzzapfen, Gehrungsfuge einseitig oder beidseitig
- Umlaufendes Holzbild oder Profile erfordern auf Gehrung abgesetzte Brüstungen.
- Leimfläche des Zapfens wird aber verkleinert.
- Alternativ: Rahmenprofil einsetzen (s. Seite 122).

Überblattung auf Gehrung
- Einfache Rahmeneckverbindung, geringer Formschluss.
- Unbedingt verleimen, Leimfläche äußerst gering.
- Anwendung nur bei einfachen Zierrahmen, Bilderrahmen und Bekleidungen.

Stumpfe Gehrungsecken mit Verbindungsmitteln

Dübeln über Eck (Gerade Dübel, s. Seite 129)
- Der lange Dübel soll möglichst weit nach innen angeordnet werden und der kurze nicht zu weit nach außen.

Winkeldübel (WD[2], s. Seite 129)
- Gute Haltbarkeit und gleichzeitig nützliche Montagehilfe.

Zwillingsdübel (ZD[2], s. Seite 129)
- Mit Bohrmaschine und Schablone einfach herzustellen, für unterschiedlichste Gehrungswinkel, auch demontierbar.

Schwalbenformfeder (HFF[2], s. Seite 131)
- Rationelles Fertigen mit speziellem Fräsgerät.

Federn
- Federn vorwiegend aus Furniersperrholz, ggf. Vollholz.
- Zu vergleichen mit Schlitz-Zapfen oder Nut-Zapfen.

Formfedern (LFF[2], s. Seite 131)
- Einfach zu verarbeiten, Verbindungsmittel ist nicht sichtbar.

[1] Nur für leichte Rahmen und schmale Rahmenhölzer (z. B. Bilderrahmen). Sehr maßgenaue glatte Schnitte erforderlich. [2] Gebräuchliches Kurzzeichen, nicht genormt.

Verbindungen

Rahmeneckverbindungen mit rechtwinkliger Brüstungsfuge

Restquerschnitt

Rechtwinklige Überblattung
- Restquerschnitt ca. 50 %.
- Leimfläche gering: nur ein halber Zapfen!
- Geringer Formschluss: unbedingt verleimen, ggf. zusätzlich sichern, z. B. Schrauben, Dübel.

Restquerschnitt

Einfacher Zapfen
- Restquerschnitt ca. 33 % (Zapfendicke ≈ $\frac{1}{3}\,d$).
- Leimfläche doppelt (gegenüber Überblattung).
- Dichtheit der Brüstung sichern durch Leimangabe am „inneren Quadrat" des Zapfens (s. S. 123).

Doppelzapfen (z. B. für dicke Rahmenhölzer)
- Restquerschnitt ca. 40 % (Zapfendicke ≈ $\frac{1}{5}\,d$).
- Leimfläche vierfach (gegenüber Überblattung).
- Bei Zuschnitt von Rahmenhölzern Schwindrichtung des Holzes beachten: „stehende" Jahrringe.

Nutzapfen

Keile

Gestemmte und verkeilte Zapfenverbindung
- Für hoch beanspruchte Rahmen und breite Rahmenhölzer. Zapfenbreite ≤ 60 mm, Rest als Nutzapfen (ca. 15 mm lang) gegen Verwerfen.
- Durchgehender Zapfenteil kann verkeilt werden.
- Verkeilung soll in Brüstungsnähe wirken!

Rahmen mit Innenprofilen

Innenprofil auf Gehrung
- Absetzen des Rahmenholzes auf Brüstungs- und Anschneiden der Gehrung auf Profilbreite.
- Alternativ: Rahmen-Innenprofil einsetzen, z. B. als Füllungsleisten (s. Seite 122).

Brüstung mit Fase („unterschnitten")
- Die Brüstung wird schräg abgesetzt.

Brüstung mit Konterprofil („unterschultert").
- Mit Profilfräsersatz für Längs- und Konterprofile für innen ein- oder zweiseitig profilierte Rahmen.

Holzdübel Nutzapfen

Dübelverbindungen mit Nutzapfen[1]
- Nutzapfen verhindern das Verwerfen breiter Rahmenhölzer und völlig offene Fugen.
- Unbedingt flächenparallel bohren, um das Windschiefwerden des Rahmens zu vermeiden.

Profilfräsersätze für Konterverbindungen (Beispiele)

Längsprofil	Konterprofil	Fuge dicht	Sichtfuge	Profilformen (Auswahl)

Werkzeug

Füllung

Brüstung

[1] Weitere Dübelverbindungen s. Seite 302; weitere Verbindungsmittel s. Seite 120.

Rahmen und Füllungen (Beispiele)

Rahmenprofil genutet	Rahmenprofil gefalzt	Rahmenprofil ergänzt (Kehlstoß)

Füllungen in eine Nut eingefügt („eingenutet"), nicht auswechselbar

		Füllungen aus Vollholz
		• Werden ein- oder zweiseitig abgeplattet. • Gefahr des Klapperns durch Schwinden. • Seitlich ist ausreichend Spiel erforderlich[1].
		Füllungen aus Furniersperrholz • Eingeschnittene Kanten verhindern „Klappern". • Abgefalzt wird z. B. bei ungleichmäßiger Dicke. • Oberfläche vor Zusammenbau veredeln!
		Füllungen aus furnierten Platten • Vielfältige Gestaltungsmöglichkeiten, z. B. auch Schattenfuge oder Profilierung. • Einsatz von Federn möglich.

Füllungen „eingefalzt" und mit Füllungsstab oder Profilleiste befestigt

		Füllungsstab vorstehend (innen: Platzbedarf!)
		• Stab innen eingestiftet oder geschraubt. **Füllungsstab überfalzt** (außen) • Profilstab eingeleimt, innen eingestiftet.
		Füllungsstab bündig, mit Schattenfuge • Ohne betonte Fuge kein einwandfreier Anschluss **Füllungsstab zurückspringend** • Vorwiegend bei leichten und dünnen Füllungen.

Überschobene Füllungen

		• Überschobene Füllungen oder überschobene Rahmen bieten vielfältige Gliederungsmöglichkeiten bei Rahmenkonstruktionen. • Füllungen aus unterschiedlichsten Holzwerkstoffplatten erhöhen diese Gestaltungsvielfalt.

Füllungen im Kehlstoß

		• Bei einem Kehlstoß werden Rahmen durch beidseitig eingelegte Profilstäbe ergänzt. • Ein überschobener Kehlstoß ist wie ein zweiter Profilrahmen für weitere Füllungen. Fertigung und Zusammenbau sind sehr aufwendig.

[1] Besonders an den Längsholzkanten wegen des Quellens.

Gestellverbindungen (Dreiachsige Verbindungen)

Begriffe und Belastungen (Stollen-, Zargen- und Stegverbindungen)

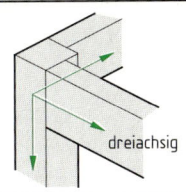
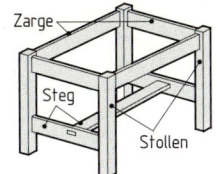

Gestelle werden nach dem „Brückenprinzip" aus Stützen (Stollen, Füße u.Ä.) und Trägern gestaltet:
- **Stollen** erfüllen stützende Funktion: vorwiegend Druck- und Biegebeanspruchung (Knicken).
- **Zargen** erfüllen tragende Funktion und werden auf Biegung beansprucht.
- **Stege** wirken vorwiegend wie Zugstäbe.

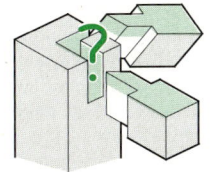

- **Gestellverbindungen** werden z. B. beim „Stuhl-Kippeln" oder „Möbelrücken" hohen Beanspruchungen ausgesetzt.
- Bei der Konstruktion geeigneter Verbindungen müssen Querschnitte und Formschlüssigkeit der Teile sowie Kraft- und Stoffschlüssigkeit sorgfältig aufeinander abgestimmt werden.[1]

Gestemmte Stollen-Zargen-Verbindungen

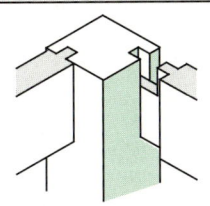
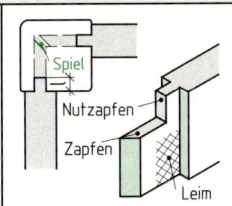

- **Zapfen** so lang wie möglich, daher weit nach außen anordnen und Gehrung anschneiden.
- Ausreichend Spiel berücksichtigen.
- Zapfendicke etwa $1/3$ bis $1/2$ der Zargendicke.
- Zapfenbreite etwa $1/2$ bis $2/3$ der Zargenhöhe, jedoch nicht größer als 60 bis 70 mm.
- **Nutzapfen** („Federzapfen", $l \leq 15$ mm) bewirkt allseitiges Einspannen des Zapfens (vgl. a, b).
- Sichert Zarge gegen Verdrehen bzw. Werfen.
- Der Stollenquerschnitt wird durch die kürzeren Zapfenlöcher oben weniger geschwächt.
- Schräge nach innen (c) erhöht Einspannung.
- Schräge nach außen (d) hat dagegen nur optische Gründe (Nutzapfen nicht sichtbar).
- Zapfen nur innen, Nutzapfen nicht einleimen.

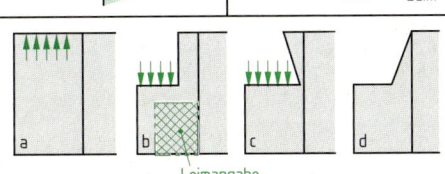

Gedübelte Stollen-Zargen-Verbindungen

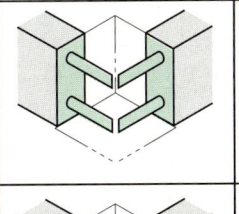
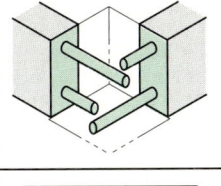

- **Dübelverbindungen** können passgenau, rationell und werkstoffsparend hergestellt werden.
- Wegen der Haltbarkeit der Verbindung sind möglichst große Dübellängen zu konstruieren.
- Die Dübel können daher auch auf Gehrung geschnitten, wechselseitig gekürzt oder versetzt angeordnet werden.
- **Nutzapfen** (Federzapfen) sind nur bei breiteren Zargen erforderlich. Sie werden im oberen Teil der Nut aber nicht eingeleimt, damit die (breiten) Zargen „arbeiten" können.
- Je nach Zargenquerschnitt sind zwei oder drei Dübel erforderlich, Dübelabstand ≤ 70 mm.
- Dübelarten und Abmessungen s. Seite 129.

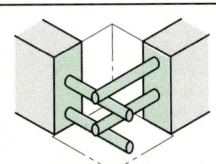

[1] Bei den hohen Anforderungen an Gestellverbindungen ist neben der Konstruktion auf Trockenheit des Holzes, Passgenauigkeit der Verbindungen und überlegtes Verleimen besonders zu achten.

Verbindungen

Gestellverbindungen (Fortsetzung)

Stollen-Zargen-Verbindungen für besondere Zwecke

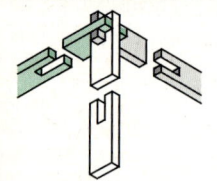 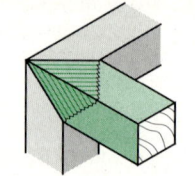

Steckverbindung
- Im Beispiel sind Teile mit gleichen Ausklinkungen zusammengefügt. Varianten sind möglich.

Minizinken (s. auch Seiten 115 und 120)
- Für fugenbündige Gestellecken, aus quadratischen Stollen und Zargen mit geeigneten Fräswerkzeugen dreiseitig auf Gehrung verbunden.

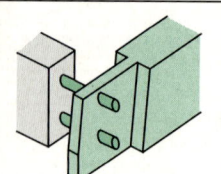 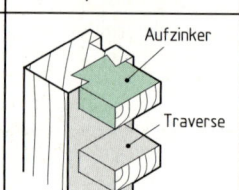

Aufzinker

Traverse

Gestemmt und gedübelt (z. B. bei Stühlen)
- Dübel bilden bei Verbindungen im Gestellbau mit sehr hohen Belastungen und kleinen Querschnitten zusätzlichen Formschluss für den Zapfen.

Aufzinker („Einzinker") und „Traverse"
- Anstelle einer Zarge, z. B. für Schubladeneinbau.
- Hohe Zargen steifen Gestelle aber besser aus.

Stegverbindungen lösbar oder fest verkeilt

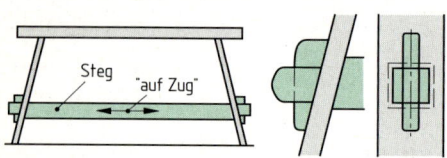

Steg "auf Zug"

Ein Steg wirkt vorwiegend einachsig (auf Zug), sichert aber zweiachsige und dreiachsige Stollen-, Rahmen- oder Wangenkonstruktionen.
- Stegverbindungen sind vergleichsweise wie Rahmenkonstruktionen gestaltet (s. Seite 121).
- Stegzapfen werden meistens zusätzlich verkeilt.
- Lösbare Keile bilden Kraft- und Formschluss.

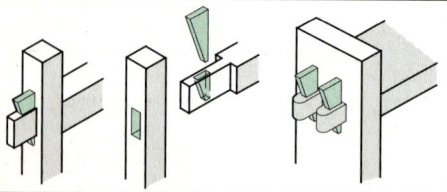

Keilzapfenverbindungen, lösbar
- Keilloch muss in den Stollen hineinreichen, damit der Keil stets am Stollen anliegt und anzieht.
- Ausreichend Vorholz beim Keilzapfen vorsehen.

Verkeilte Fingerzapfen
- Breite Stege erhalten mehrere Fingerzapfen, die ebenfalls verkeilt werden können.

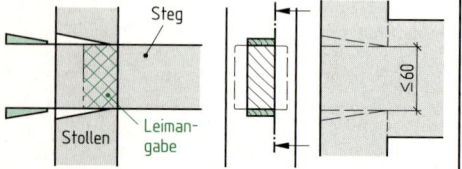

Steg

Stollen *Leimangabe*

$\geq 60°$

Stegzapfen fest verkeilt
- Bei richtigem Verkeilen bleibt die Brüstung auch beim Eintrocknen des Stollens dicht:
- Ein stumpfer Keil soll erreichen, dass der Keildruck nur am Zapfenansatz (Zapfenhals) wirkt.
- Leim ebenfalls nur innen (Zapfenhals) angeben.
- Zapfenbreite nicht größer als etwa 60 mm.

Verbindungsbeschlag[1]

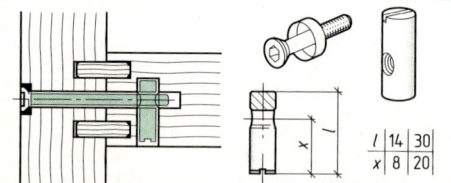

Lösbare Montageverbindung
- Sechskantschraube M 6 nach DIN 7991 mit Innensechskant SW 4 (Inbus, s. Seite 134).
- Schraubenkopf-Einlasshülse passend zur Senkkopfschraube M 6.
- Quermutterbolzen M 6 – ⌀ 10 mm, 30 mm lang.
- Holzdübel für Formschluss und als Montagehilfe.

l	14	30
x	8	20

[1] Die Beschlaghersteller bieten in Katalogen Beschläge für vielerlei Verwendungen und Baugrößen an.

Verbindungen

Verbindungen

Korpusverbindungen für Vollholz und Holzwerkstoffe[1]

Vollholz		Stabsperrholz		Furniersperrholz		Holzspanplatten		Holzfaserplatten	
gezinkt	gestemmt	gegratet	gespundet	gedübelt		gefedert		gefalzt	gefügt

Korpuseckverbindungen				T-förmige Anschlüsse (Mittenverbindungen)		
Vollholz, ge-zinkt (gefräste Fingerzinken)	Vollholz, halb-verdeckt ge-zinkt	Holzwerkstoff, gefügt (Geh-rungsprofil)		Holzwerkstoff, gefedert und verleimt	Vollholz, durch-gestemmte Fingerzapfen	Holzwerkstoff, gespundet und geschraubt

[1] Beispielgebende Übersicht, Leim und andere Verbindungsmittel sind zweckorientiert zu verwenden.

Wahl der Verbindungsformen (Beispiele)

Bevorzugte Vollholzverbindungen[1]					Bevorzugte Holzwerkstoffverbindungen[1]			
Zinken	Graten	Federn	Falzen	Nageln	Leimen	Dübeln	Federn	lösbar verbinden

Korpuseckverbindung[1]	T-förmige Anschlüsse[1]	Korpuseckverbindung[1]	T-förmige Anschlüsse[1]
z. B. Offene Zinkung, Schwalbenschwanzform (s. Seite 126 f)	z. B. Zwischenboden eingegratet („Gratboden"), hier zweiseitig	z. B. Eckverbindung auf Gehrung: Flachpress-platte mit Winkeldübel	z. B. Stumpfer Platten-anschluss: MDF-Platte mit Holzdübel gedübelt

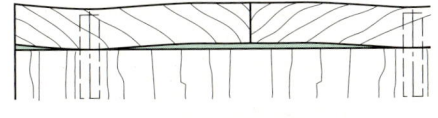

- Vollholz bietet hervorragende Gestaltungsmög-lichkeiten. Holzart und Holzstruktur beachten!
- Formschlüssige Verbindungen mit ansprechen-den Maßverhältnissen bevorzugen.
- Vollholzverarbeitung erfordert besondere hand-werkliche Fertigkeiten und Kenntnisse.
- Vollholzflächen neigen zum Verwerfen. Sie sollen „stehen" und trotzdem „arbeiten" können.

- Holzwerkstoffe gibt es in unterschiedlichsten Strukturen und für fast alle Anwendungen.
- Für Span- und Faserplatten glatte Leimfugen mit zusätzlichen Verbindungsmitteln bevorzugen.
- Rationelle Konstruktion, hohe Fertigungsgenau-igkeit und dadurch große Haltbarkeit erreichbar.
- Holzwerkstoffplatten sind maßbeständiger als Vollholz, aber sehr unterschiedlich strukturiert.

- Hirnholz ist als Leimfläche ungeeignet.
- Die Konstruktion muss Veränderungen durch Quellen und Schwinden berücksichtigen, z. B. Längsholz nicht langflächig auf Querholz oder eine Gratleiste nur im vorderen Teil leimen.
- Abscheren kurzer Vorholzflächen verhindern!
- Einen ausreichenden Restquerschnitt behalten.

- Verbindungsmittel sind auch Montagehilfen.
- Sie erhöhen ggf. die Festigkeit eines Platten-werkstoffs mit geringer Querzugfestigkeit in Nähe der Leimfuge (vgl. Bewehrung im Beton).
- Angearbeitete Verbindungen (z. B. Federn, Zinken) schwächen die Querschnitte bei kurzfa-serigen Werkstoffen (z. B. Spanplatten).

[1] Nur Prinzipdarstellungen, weitere Beispiele siehe Seite 126 ff.

Verbindungen

Zinkenverbindungen (Übersicht)

Fingerzinkung (Parallelzinkung)

Fingerzinken (Fingerzapfen)
- Gleichmäßige Verteilung der Zinken auf beide Teile ermöglicht Restquerschnitt von etwa 50 %.
- Haltbarkeit der Verbindung abhängig von hoher Passgenauigkeit der Maschinenarbeit und von der Verleimung (dünne Leimfuge anstreben).

Schwalbenschwanzzinkung (s. Seite 127)

"Schwalben"(-schwänze)

Zinken

je 50%

< 50%

Einfache Zinken (Offene Zinkung)
- Anwendung bei Vollholzkonstruktionen vorwiegend wegen traditioneller Formgebung.
- Wegen der Zinkenschräge ist Restquerschnitt von 50 % an beiden Teilen nicht erzielbar.
- Maschinenfertigung (s. u.) erhöht die Haltbarkeit infolge höherer Präzision der Passteile.

Zierzinken
- Die schmückende Wirkung schwalbenschwanzförmiger Zinken unterstreicht das handwerkliche Verarbeiten des „lebenden" Werkstoffes Holz.
- Hohe Anforderungen an Geschicklichkeit, Formempfinden, Präzision und Planungskompetenz.

Halbverdeckte Zinken
- Zinkung ist nur an der Schwalbenseite sichtbar.
- Am Zinkenstück bleibt etwa $1/4$ bis $1/3$ der Holzdicke als „Verdeck" stehen (s. Seite 127).
- Bei Schubladen oder anderen Kästen soll eine Schwalbe die Nut für den Boden überdecken.
- Erhebliche Stemmarbeit oder Maschinenzinken..

Verdeckte Zinken (Gehrungszinkung)
- Zinkung ist von keiner Seite sichtbar.
- Sowohl am Zinkenstück als auch am Schwalbenstück bleibt ein Verdeck (s. o.) stehen.
- Beide Verdecks werden auf Gehrung gefügt, die Kanten aber meist nur in der oberen Ansicht.

Maschinenzinken
- Fingerzinken werden grundsätzlich gefräst.
- Mit sehr variablen Zinkenfräsgeräten sind heute aber nahezu alle Formen passgenau herstellbar.
- Rationell: Übliche Oberfräsmaschine mit Zusatzgerät und darauf abgestimmte Werkzeugsätze, z. B. Zinkenfräser und Nutfräser.

Fräser

Schrägzinken und Trichterzinken (s. Seite 127)
- Offenes und verdecktes Zinken möglich.
- Zuerst werden die Schwalben angerissen, um durch entsprechende Formgebung die Gefahr des Abscherens zu vermindern (Faserverlauf!).
- Trichterzinken sind beidseitig schräg, erfordern vorab Zeichnen der wahren Form und Größe.

falsch

a $2a$

Einteilung von Schwalbenschwanzzinken

Schwalbenschwanzzinken haben heute vorwiegend ästhetische und traditionelle Bedeutung, gelten als Synonym für haltbare und gut aussehende (Hand)arbeit des Tischler- und Schreinerhandwerks.

Ziel: Schöne Form der Vollholzkonstruktion:	Ziel: Haltbarkeit der Kastenecken:
• Anzahl der Zinken (Feinheit der Konstruktion, Berücksichtigung von Holzart und Zweck) • Gleichmäßige Einteilung und Größenverhältnisse von „Schwalben" und Zinken untereinander. • Zinkenschräge und Holzstruktur	• Fertigungsgenauigkeit (dünne Leimfugen). • Größe der Leimflächen, Anzahl der Zinken. • Optimaler Restquerschnitt an beiden Teilen. • Zinkenschräge von max. 10° und verstärkte Randzinken.

Praxismethode: Anreißen ohne Rechnen bei beliebiger Breite der Kastenseiten

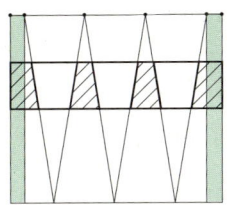  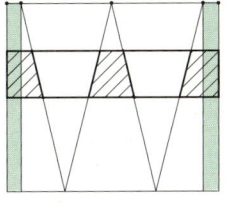

1:6

• Vier Seiten einspannen, auf der zweiten Hirnholzfläche entsteht die Zinkeneinteilung.
• Vorab Zugabe für Randzinken
• Teilung t an der oberen Kante ($t \geq$ Holzdicke) bestimmt feines oder groberes Zinkenbild[1].
• Die ideale Schräge liegt bei etwa 80° (Verhältnis $\approx$ 1 : 6).

Restquerschnitt am Schwalbenfuß (am zugehörigen Zinkenfuß s. o.)

 ≤50%

• Restquerschnitt von 50 % am Schwalben- und Zinkenstück nur bei Fingerzinken möglich.

[1] Wie auch die folgenden Zinkenschemen zeigen, ist die Holzdicke die wesentliche Bezugsgröße für das Festlegen der Zinkenteilung. Ein verbreiteter Mittelwert ist Holzdicke ≈ mittlere Schwalbenbreite.

Weitere Einteilungsbeispiele für offene und halbverdeckte Zinken (s. Seite 126)

Holzdicke d als Bezugsmaß für Zinkeneinteilung		
am Schwalbenkopf	in Schwalbenmitte	am Schwalbenfuß
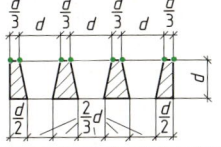	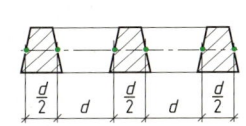	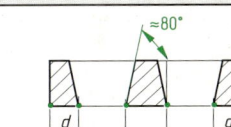

Teilung t durch Rechnen ermitteln, Verbreiterung der Randzinken ggf. vorab berücksichtigen!

Beispiel 1: $t = \dfrac{\text{Holzbreite} \cdot 3}{13}$	Beispiel 2: $t = \dfrac{\text{Holzbreite} \cdot 2}{7}$	Beispiel 3: $t = \dfrac{\text{Holzbreite} \cdot 2}{8}$

Offene und halbverdeckte[1] Zinkung (Beispiel)	Schrägzinkung[2]	Trichterzinkung[2]
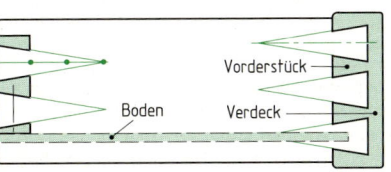		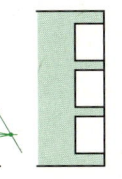 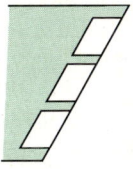

Vorderstück

Boden Verdeck

[1] Hier bezieht sich die Zinkeneinteilung auf die Holzdicke abzüglich Verdeck (gleich Schwalbenlänge).
[2] Bei gleicher Vorderansicht werden hier die Seitenansichten bei Schräg- und Trichterzinkung verglichen.

Verbindungen

Verleimte Flächenverbindungen ohne weitere Verbindungsmittel (Beispiele)

Maßgebend für das Auswählen der jeweils geeignetsten Verbindungsform ist der Plattenwerkstoff:

- Die Faserrichtung von Vollholzflächen oder ggf. die Richtung der Kernstruktur von Holzwerkstoffplatten (z. B. der Mittellage bei Stabsperrholz) ist unbedingt zu berücksichtigen.
- Hirnholz ist z. B. als Leimfläche ungeeignet, zu kurze Vorholzlängen führen zum Abscheren.
- Die kurzfaserige Struktur von Holzfaser- oder -spanplatten erlaubt kaum das Anfräsen von Verbindungsformen, z. B. Spunden, und ergibt auch ohne Verbindungsmittel brauchbare Verleimungen.

Verbindungen parallel zum Faserverlauf

stumpf verleimt

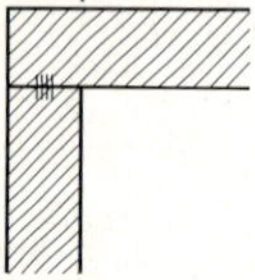

gespundet

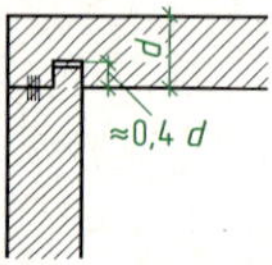

Daubenverbdg.

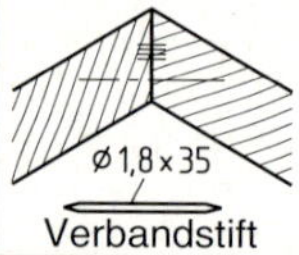

- Längsholzkanten ergeben gute Leimflächen; stumpfe Fugen sind meist ausreichend haltbar.
- Leimfläche bei besonderer Beanspruchung ggf. durch Anfräsen von Nut und Feder vergrößern.
- Bei Daubenverleimung, z. B. im Modellbau, werden als Montagehilfe ggf. Stahlstifte verwendet.

Verbindungen senkrecht zum Faserverlauf (s. Seite 125 ff und 129 ff)

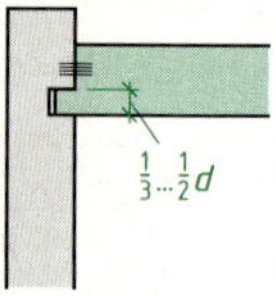

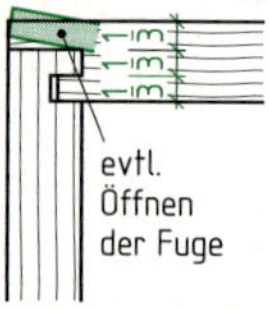

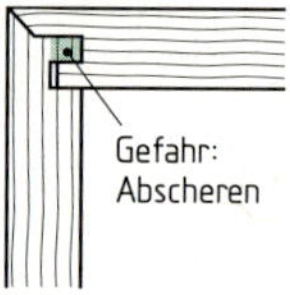

Gespundete Ecken[1)]

- Verdeck, auch auf Gehrung, kann sich werfen.
- Sehr kurzes Vorholz kann bei Belastung oder bereits beim Zusammenfügen abscheren.
- Verbindung wird kaum noch angewendet, vorteilhafter ist die überstehende Wangenkonstruktion.

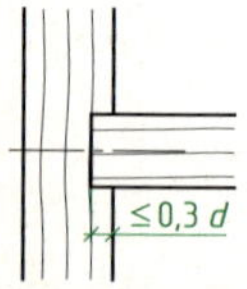

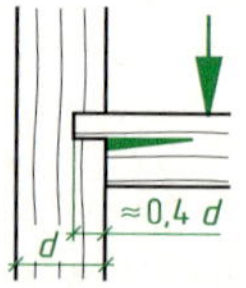

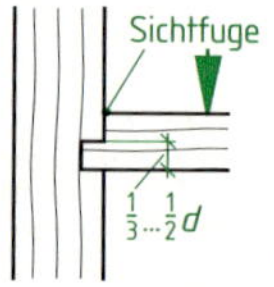

Gespundeter bzw. eingelassener Boden

- Eingelassener Vollholzboden wird in der Nut ein in Form gehalten, ggf. zusätzlich dübeln o. Ä.
- Querschnitt der Seite nur wenig schwächen!
- Bei starker Belastung: Feder oben – Abreißen möglich; Feder unten – Sichtfuge öffnet sich.

Gefräste Gehrungsverbindungen

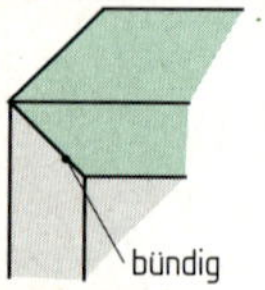

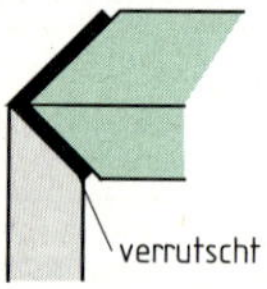

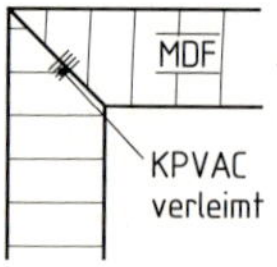

Gehrung stumpf verleimt

- Gute Haltbarkeit bei Span- und Faserplatten.
- Leimfläche ist um 41,1 % breiter als bei rechtwinkligem Stoß. Passgenau und eben herstellen!
- Gefahr des Verrutschens beim Verleimen, daher ggf. Montagehilfen (z. B. Verbindungsmittel).

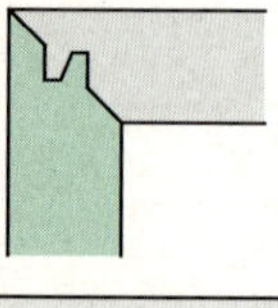

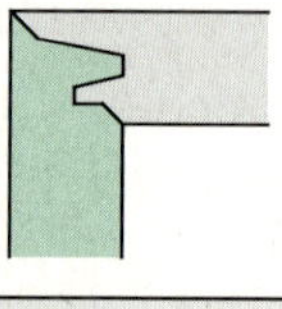

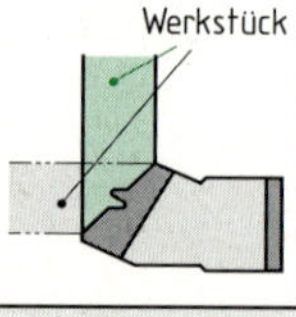

Verleimprofile

- Fertigen mit Gehrungs-Verleimprofil-Messerkopf oder mit Profilfräsersatz auf stationärer Fräse.
- Auswahl nach Anforderungen und Werkstoff.
- Fräsvorgang sowohl beim (auf)liegenden als auch beim stehenden Werkstück (am Anschlag).

Rückwand-Korpus-Verbindungen

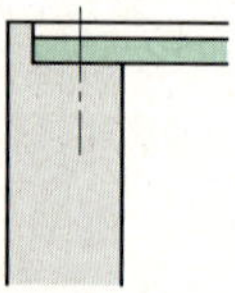

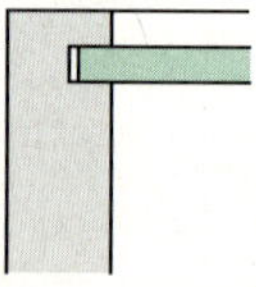

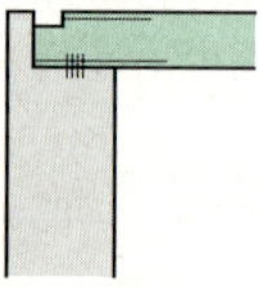

- Durch ohne Spiel in den Falz eingepasste Rückwand wird der Korpus ausgesteift. Befestigen mit Schrauben (lösbar), Stiften oder Klammern. Ein tieferer Falz verbessert den Wandanschluss.
- Wenn eingenutet, dann nur seitlich Spiel lassen.
- Sichtbare Rückwand ist vielfältig zu gestalten.

[1)] Gespundet: Nut und Feder sind an Werkstück angearbeitet. Gefedert: Fremdfedern in Nut eingefügt.

Gedübelte Eckverbindungen und Anschlüsse

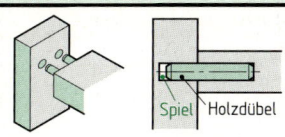 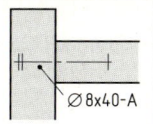

Spiel | Holzdübel | ∅ 8x40-A

Rechtwinkliger Anschluss
• Dübel sind zugleich rationell zu verarbeitende Verbindungsmittel und praktische Montagehilfen.
• Beim Bohren von Sacklöchern muss Spiel für überschüssigen Leim vorgesehen werden.

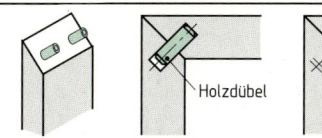 

Holzdübel | ∅ 8x25-A

Gedübelte Gehrungsecke
• Anordnung des geraden Dübels über Eck.
• Dübellöcher möglichst weit nach innen einbohren, dadurch größere Dübellänge möglich.
• Holzdübel stets trocken aufbewahren.

Winkeldübel | ∅ 8x25/25 WD

Gehrungsecke mit Winkeldübeln (s. u.)
• Winkeldübel sind aus Sperrholz oder Kunststoff.
• Dübellängen in jedem Teil bis 40 mm möglich.
• Waagerechtes Bohren, ggf. vor Anschneiden der Gehrung und einfache Montage.

Verbindungen

Holzdübel[1]   DIN 68150-1

Form A/AM	Form B/BM	Form C/CM		Außendurchmesser *d* (±0,2) in mm (Nennmaß)[4]								
Riffeldübel[2]	Glattdübel[2]	Quelldübel[2]		5[3]	6	**8**	10	12	14	16	18	20
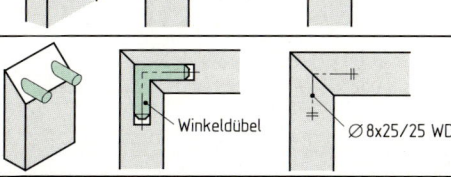			Länge *l* (±1) in mm	25 30 35	25 30 35 40	25 30 35 **40**	30 35 40 45 50 60 70	30 35 40 45 50 60 80	50 60 80 120 140 160	60 80 120 140 160	80 120 140 160	60 120 160
Holzarten	Rotbuche (BU), Eiche (EI), Sipo-Mahagoni (MAU), echtes Mahagoni (Swietenia, MAE)											

Norm-Bezeichnung eine Riffeldübels (Form A) mit Durchmesser *d* = 8 mm und Länge *l* = 45 mm aus Rotbuche (BU): **Holzdübel DIN 68150-1 – A – 8 × 40 – BU**

[1] Verbindungsmittel aus Vollholz-Rundstäben, gefräst (Form A, AM, B und BM) oder gepresst (C, CM).
[2] AM, BM oder CM bezeichnet Dübel zur maschinellen Verarbeitung (Form A, B bzw. C). [3] Nur Form A und B. [4] „Für Riffeldübel werden Werkzeuge mit Durchmesser-Nennmaßen +0,1 mm verwendet."

Winkeldübel (WD[1])

aus Sperrholz		aus Kunststoff	
FU	∅ 6 × 25 / 25 – FU ∅ 8 × 25 / 25 – FU ∅ 8 × 30 / 30 – FU ∅10 × 30 / 30 – FU		∅ 6 × 25 / 25 ∅ 8 × 30 / 30 ∅ 8 × 40 / 40 (alle Maße in mm)

[1] Empfohlenes Kurzzeichen, nicht genormt.

Zwillingsdübel für Gehrungsecken (ZD[1])		**Quelldübel und Leimperle** Herstellerangaben	
	Gehrungswinkel beliebig, Bohrer-∅ 10 mm ∅ 10/10 – 12 mm lang ∅ 10/10 – 24 mm lang ∅ 10/10 – 36 mm lang	Holzdübel mit Leimstopprille (DBP)  „Leimperle"	• Genau dosierte Leimmenge, keine Reste. • In Bohrloch einsetzen. • Aktivierung bei Eindrücken des Dübels.
[1] Empfohlenes Kurzzeichen, nicht genormt.		Anwendung von Hand und in Automaten möglich.	

Verbindungen

Gefederte Eckverbindungen und Anschlüsse

Durchgehende Feder

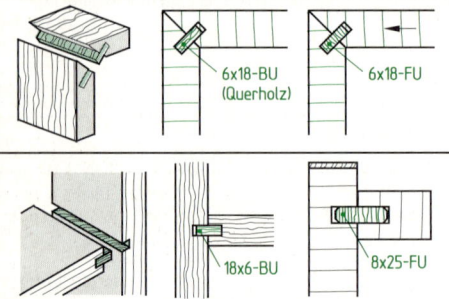

6x18-BU (Querholz)   6x18-FU

18x6-BU   8x25-FU

**Quer- oder Längsholzfedern (Vollholz[1]),
FU-, HFH-[2] oder Kunststofffedern**
- Dicke etwa $1/3$, Breite etwa $1/1$ der Plattendicke.
- Durchgehende Federn für kurzfaserige Plattenwerkstoffe (z. B. Spanplatten) weniger geeignet: Abscheren wegen Querschnittsschwächung!
- Dem Plattenwerkstoff anpassen: Querholz für Vollholzplatten „arbeitet" in gleicher Richtung.
- Längsholzfedern nur bei schmalen Korpusteilen.
- Federn bei Gehrungsecken möglichst weit nach innen anordnen: u. a. größere Breite möglich.
- Genügend Spiel für Leimreste berücksichtigen.

Formfedern: Winkelform, Lamellenform, Schwalbenform

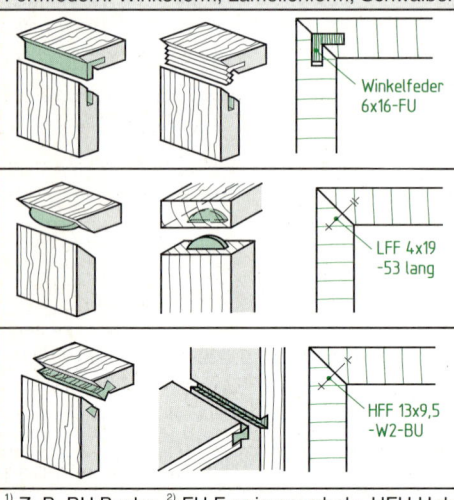

Winkelfeder 6x16-FU

LFF 4x19 -53 lang

HFF 13x9,5 -W2-BU

Winkelfeder aus Sperrholz oder Kunststoff, (WF[3], s. Seite 131)
- Gute Haltbarkeit auch bei Holzspanplatten.
- Größere Breite gegenüber gerader Feder.
- Fräsen der flächenparallelen Nut problemlos.
- Einfaches Zusammenbauen und Verleimen.

Lamellen-Formfeder (LFF[3], s. Seite 131)
- Segmentbogenform entspricht Werkzeugform.
- Formfedernuten bei Einzelfertigung mit handgeführter Spezial-Fräse rationell herstellbar.
- Plättchen aus gepresstem Vollholz (Quellen!)
- Kunststofflamellen als Montagehilfe einsetzbar.

Schwalben-Formfeder (HFF[3], s. Seite 131)
- Schwalbenform sichert Form- und Kraftschluss.
- Spezielle Nutfräsgeräte fräsen auch Sacknuten (nicht durchgehend) bis 140 mm Tiefe.
- Die Gehrungswinkel sind variabel zu gestalten.
- Einzel- u. Mengenfertigung, rationelle Montage.

[1] Z. B. BU Buche. [2] FU Furniersperrholz, HFH Holzfaserhartplatte. [3] Empfohlenes Kurzzeichen.

Gegratete Verbindungen (s. Seite 117)

Gratverbindungen sind spezifische Vollholzverbindungen. Die Gratfeder wird nur im vorderen Teil angeleimt. Die Vollholzfläche kann in der Breite „arbeiten", reißt nicht und bleibt auch formstabil.

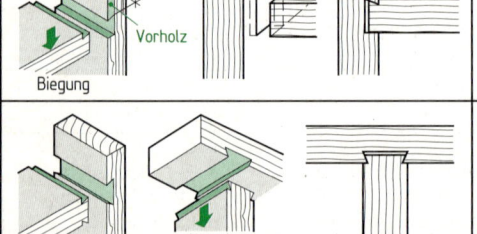

≥50   Vorholz   Biegung   Zug

Einseitiger Grat
- Anwendung meist bei Böden (Biegelast), stark belastete erhalten den Grat an der Oberseite.
- Gratnuttiefe (einschl. Spiel) ≤ $1/3$ Plattendicke.
- Gratnut und -feder sind nach vorn 1 bis 2 mm konisch wegen Keilwirkung beim Zusammenbau.

Zweiseitiger Grat (Gratleisten s. Seite 117)
- Anwendung meistens bei Mittelseiten (Zuglast).
- Nur eine Seite von Gratnut und -feder wird konisch, um Anreißen und Fertigen zu erleichtern.
- Gratschräge etwa 80° (s. Seite 127, Zinken).
- Vorholzlänge ≥ 50 mm verhindert Abscheren.

Winkelfedern aus Sperrholz (FU)

Für Plattendicke in mm		8	10	13	16	**19**	22	32
Federdicke	d	3	3	4	5	**6**	8	10
Federbreite	b	10	10	12	14	**16**	22	35

Winkelfedern aus Kunststoff

Winkelgröße	90°	135°	180°
Federdicke	2	2	2
Federbreite	15/15	15/15	35

Formfedern in Lamellenform aus Buche (LFF)[1]   Herstellerangaben

Typ-Nr.		0	10	20[2]	1	2	3[3]	S4[3]	S5	S6	S7	11	13	14
Handelsformen[4], Beispiele														
Länge	l	47	53	56	44	50	56	68	65	85	52	$\varnothing$	$\varnothing 50$	$\varnothing$
Breite	b	15	19	23	18	24	30	21	18	30	12	35	40	50
Dicke	d	4 (alle Maßangaben in mm)												
Maschine		Lamellennutfräse			Stationäre Fräse			Doppelendprofiler				Fräsmaschine		
Nutfräser		$\varnothing$ 100			$\varnothing$ 75			$\varnothing$ 140				–		
Nuttiefe		8	10	12	10	13	16	11	10	16	7	–		

Form, Werkzeug und Anwendungsbeispiele

Mittelwandverbindung   Korpuseckverbindungen   Rahmeneckverbindung

[1] Kurzzeichen für Linsenformfeder (nicht genormt), z. B. „Lamello-Feder". [2] Ergänzend auch in Kunststoff, z. B. als Montagehilfe: Typ C 20 und Typ K 20 (Haftlamelle). [3] Zusätzlich Typ 3a und 4a mit Ausklinkung für Rahmenecke. [4] Auch in Meterware, 15 bis 66 mm breit, 4 mm dick.

Formfedern in Schwalbenform (HFF)[1]   Herstellerangaben

Typ	b	d	Profil	Länge l in mm										
W-1	7	5,5		6	10	14	18	30	40	50	60	–	–	–
W-2	**10**	**8**		6	9,5	14	15,8	20,6	22	25,4	32	38	46	60
W-3	13	9,5		12,7	15,8	19	25,4	32	38	46	52	60	80	100
W-4	24	16		40	60	80	100	–	–	–	–	–	–	–

Anwendungsbereiche	Werkstoffe
W-1 eignet sich z. B. für Bilderrahmen W-2 ist Standardgröße im Bereich Tischler- und Schreinerei, Innenausbau W-3 im Bereich Pfosten/Riegel bei Holzquerschnitten bis zu 140 × 200 mm W-4 für schwere Rahmen und in Spanplatten besser gegen Ausreißen	• Kunststoff (massiv) • Holz (Buche, Eiche, Esche, Mahagoni) • ggf. Aluminium

[1] Empfohlenes Kurzzeichen für H-Formfeder (nicht genormt), z. B. „Hoffmann-Schwalbe".

Verbindungen

Gefaltete Gehrungsecken

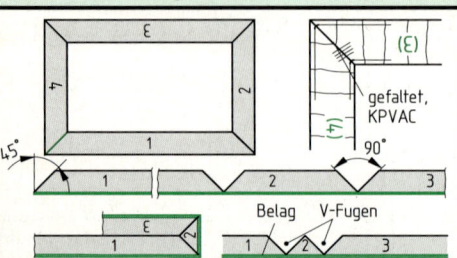

„Folding-Verfahren" (engl.: klappen, falten)
- In eine beschichtete (z. B. furnierte) Platte in Umfangslänge (1 + 2 + 3 + 4) wird an den vorgesehenen Faltstellen eine V-Fuge (90°) eingefräst, sodass nur die äußere Belagschicht bleibt.
- Die Plattenenden erhalten Gehrung von 45°.
- Passgenaues Verleimen nach dem Falten.
- Präzisionsarbeit mit Spezialmaschinen.
- Anwendung nicht nur bei Korpussen, z. B. auch bei furnierten Türzargen und Türbekleidungen.

Kunststoffbewehrte Gehrungsecken

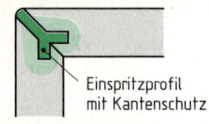

Einspritzprofil mit Kantenschutz

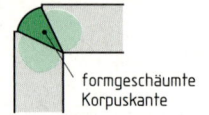

formgeschäumte Korpuskante

- Thermoplastische Kunststoffe werden heiß in Formfuge eingespannter Teile eingebracht.
- Für Holzspan- und -faserplatten mit poröser Mittelschicht (Eindringen und Festwerden).
- Nur für hochtechnisierte Verarbeitung geeignet.

Genagelte und geheftete Verbindungen (s. Seite 133)

Kastenecke (gefalzt)	Mittenanschluss	Einschlagrichtungen (-winkel) zur Holzfaser
	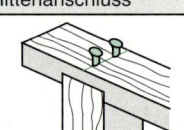	↓Holzfaser↓  ↓Markstrahlen↓  ↓Jahrringe↓ 

Kastenecke mit Eckleiste	Ausziehwiderstand abhängig von
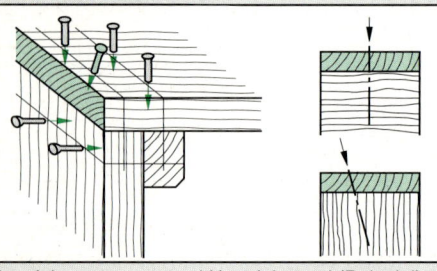	- Holzart, Rohdichte des Holzes und Holzfeuchte. - Nagelart und -abmessungen (s. Seite 133). - Oberflächenbeschaffenheit der Nägel. - Einbringtechnik: Das Stauchen der Nagelspitze vermindert z. B. die Spaltwirkung des Holzes, aber auch die Haltekraft des Nagels. - Einschlagwinkel (nur beim Nageln in Hirnholz): Schwalbenschwanzförmiges Ansetzen der Nägel verbessert den Kraftschluss durch Eindringen in Frühholz- und in festere Spätholzzonen.

Nagelabmessungen und Nagelabstand (Beispiel)

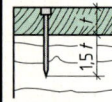 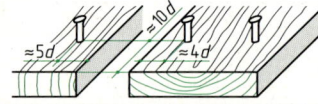	- Nageldurchmesser ≈ $1/10$ der Holzdicke. - Nagellänge ≈ 2,5 × Holzdicke des losen Teils. - Nagelabstand: Spalten des Holzes vermeiden. - Für dicke Nägel (ggf. bei Hartholz) vorbohren!

Stahlklammern für Klammernagler (Magazinnagler, „Tacker")

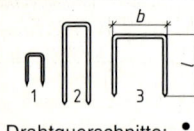

Drahtquerschnitte: ▬ ●

Rückenbreite *b* in mm:
1 Schmalrücken (bis 8)
2 Normalrücken (ab 10)
3 Breitrücken (ab 20)
Länge *l* von 8 bis 75 mm,
Querschnitt Ø 1 bis 1,8[1]

- Mechanisiertes Klammern ersetzt heute vielfach das Nageln (nicht demontierbare Verbindungen, z. B. bei Verpackungen, Rückwänden, Polsterungen, Verbretterungen, Trockenbauarbeiten).
- Eintreiben der einzelnen Klammer mit druckluftbetriebenen Naglern aus Klammermagazin.

[1] Auch Stahldraht mit Rechteckquerschnitt, der Klammergröße entsprechend.

Verbindungen

Drahtstifte (Nägel)[1] — DIN 1151, DIN 1152, Herstellerangaben

DIN 1151 Form A, Flachkopf, glatt	DIN 1151 Form B, Senkkopf, geriffelt	DIN 1152 Stauchkopf

Durchmesser[1]	d	0,9	1,0	1,2	1,4	1,6	1,8	2,0	2,2	2,5	2,8	3,1	3,8	bis	8,8
Größenangabe[2]	d	9	10	12	14	16	18	20	22	25	28	**31**	38	...	88
Länge[1] von	l	13	15	20	25	30	35	40	45	50	60	**65**	80	...	260
bis	l	–	–	–	–	–	–	–	55	60	65	80	100	...	–
Flachkopf, glatt		+	+	+	+	+	–	–	–	–	–	–	–	–	–
Senkkopf, geriffelt		–	–	–	+	+	+	+	+	+	+	**+**	+	+	+
Stauchkopf		–	+	+	+	+	+	+	+	+	+	+	+	–	–

Werkstoff: Stahl	Ausführung: **bk** blank oder **zn** verzinkt oder **me** metallisiert

Bezeichnungsbeispiel für einen Nagel: Gerundeter Drahtstift mit geriffeltem Senkkopf in der Größe von d = 3,1 mm Dicke und l = 65 mm Länge, Ausführung verzinkt: **Stift DIN 1151 – 31[2] × 65 – zn – B**

Größenmaße nach Herstellerangaben[1] (Beispiel)

Flachkopf	Senkkopf						Stauchkopf	
0,9 × 13	1,4 × 25	2,5 × 50	3,1 × 70	4,2 × 120	7,0 × 210		1,4 × 25	2,8 × 65
1,0 × 15	1,6 × 30	2,5 × 55	3,4 × 80	4,6 × 130	7,6 × 230		1,6 × 30	3,1 × 80
1,2 × 20	1,8 × 35	2,8 × 60	3,4 × 90	5,5 × 140	7,6 × 260		1,8 × 35	3,4 × 90
1,4 × 25	2,0 × 40	2,8 × 65	3,8 × 100	5,5 × 160	9,4 × 310		2,0 × 40	3,8 × 100
1,6 × 30	2,2 × 45	**3,1 × 65**	4,2 × 110	6,0 × 180	–		2,2 × 50	–

Stahl, blank, glanzverzinkt, feuerverzinkt, gelbchromatisiert (naturholzfarben)	naturblank

[1] Alle Maße in mm. [2] Davon abweichend wird bei der Bezeichnung von Nägeln nach DIN 1151 und 1152 der Durchmesser in Zehntelmillimeter, die Länge jedoch in mm angegeben.

Stifte für Möbel- und Innenausbau (Beispiele) — Herstellerangaben

	Schreinernagel	1,6 × 25	2,0 × 50	1,8 × 40	2,8 × 65
	Stahl,	1,6 × 35	2,5 × 60	2,0 × 50	3,1 × 80
	tiefer Senkkopf	• glanzverzinkt, gelbchromatisiert (für helles Holz)			
	Innenausbaustift	1,6 × 25	1,6 × 35	1,6 × 45	–
	Stahl, Senkkopf	• glanzverzinkt • vermessingt (für hellbraune Holzfarbe)			
		• verkupfert (rotbraunes Holz) • brüniert (für dunkles Holz)			
	Leistenstift	1,5 × 25	1,5 × 35	2,0 × 30	2,0 × 40
	Bastlerstift	1,25 × 20	1,25 × 25	1,25 × 37	1,25 × 50
	Stahl, Senkkopf	• glanzverzinkt, gelb- oder blauchromatisiert			
	Leisten-Stahlstift	2,6 × 45	2,6 × 55	2,6 × 65	–
	Stahl, gehärtet,	• lange Nadelspitze,			
	tiefer Senkkopf	• glanzverzinkt, gelbchromatisiert			
	Farbnagel	1,8 × 25	1,8 × 40	Stauchkopf, Stahl, gehärtet	
	Colorpin	1,75 × 25	1,75 × 32	1,75 × 40	Flachkopf

Farbgebung: Einbrennlackiert, schwarz, weiß, hellgrau oder zum Holzton passend, z. B.:
• hellbeige (Ahorn, Esche hell, Fichte) • hellbraun (Eiche hell, Rüster)
• dunkelbeige (Birke, Esche, Kiefer, Limba, Pinie) • mittelbraun (Eiche dunkel, Goldteak, Kirschbaum, Lärche)
• hellrotbraun (Birnbaum, Mahagoni)
• dunkelrotbraun (Palisander) • dunkelbraun (Nussbaum, Teak)

Verbindungen

Schrauben – Anschlussform für Schraubwerkzeuge (Antrieb, „Drive")

Sechskant (außen)	Schlitz	Kreuzschlitz Pozidrive (Z)	Kreuzschlitz Phillips (H)	Innenstern („Innentorx")	Innensechskant (Inbus)	Einwegform (Sicherheit)

Werkzeugeinsätze (Bits) für (Bohr-)Schrauber

für Steckschlüssel mit Innensechskant oder Innentorx	0,5 × 4,0 0,6 × 4,5 0,8 × 5,5 1,0 × 5,5 (6) 1,2 × 6,5 (8) 1,6 × 8,0	PZ 1 PZ 2 PZ 3 PZ 4	PH 1 PH 2 PH 3	T 8 T 10 T15 T 20 T 25 T 27 T 30 T 40	SW 3 SW 4 SW 5 SW 6 SW 8	Spezialeinsätze, aber nicht für Demontage

Schrauben – Form des Schraubenkopfes

Sechskant	Vierkant-	Zylinder-	Halbrund-	Flachrund[1]	Pan Head[2]	Flachkopf	Senkkopf

Linsen-Senkkopf	Senkkopf mit Nase[3]	Gewindestift	Rändelkopf	Flügelkopf	Augenkopf	Ringkopf	Hakenformen

[1] Mit Vierkantansatz. [2] Herstellerbezeichnung. [3] z. B. bei Spanplattenschrauben mit „Fräsrippen".

Holzschrauben   DIN 95 ... 97, DIN 7995 ... 7997, DIN 571

mit Schlitz	Linsensenkkopf DIN 95	Halbrundkopf DIN 96	Senkkopf DIN 97
mit Kreuzschlitz	Linsensenkk. DIN 7995	Halbrundkopf DIN 7996	Senkkopf DIN 7997
Sechskant / Innenstern	DIN 571	Stockschraube	Distanzschraube

Spanplattenschrauben (s. Seite 135)[1]   nicht genormt, Herstellerangaben

Antriebsformen	mit Vollgewinde	mit Teilgewinde	mit Spezialgewinde
mit Senkkopf	mit Linsensenkkopf	mit „Pan Head"	Senkkopf m. Fräsrippen

[1] Hersteller bieten eine Vielzahl von weiteren Schraubenformen zweckbezogen an.

Holzschrauben[1]   DIN 95 bis DIN 97, DIN 7995 bis DIN 7997[1]

Linsensenkkopf DIN 95, DIN 7995	Halbrundkopf DIN 96, DIN 7996	Senkkopf DIN 97, DIN 7997

Schraubenwerkstoffe und Kurzzeichen[3]

St Stahl, **Al-Leg.** Aluminium-Legierung, **CuZn** Kupfer-Zink-Legierung (bisher Ms Messing)

Gewindegröße (Nennmaß)		(2)	2,5	3	3,5	4	4,5	5	(5,5)	6	(8)[3]
Nenndurchmesser (max.)	d_s	2	2,5	3	3,5	4	4,5	5	5,5	6	8
Kopfdurchmesser ca. $2 \times d_s$	d_k	3,8	4,7	5,6	6,5	7,5	8,3	9,2	10,2	11	14,5
Nennlänge von	l	–	10	10	10	12	16	16	–	30	50
($b \geq 0,6 \cdot l$) bis	l	–	30	40	45	60	60	80...	–	80...	100

Genormte Nennmaße der Schraubenlänge *l* in mm

10	12	14	16	18	20	25	30	35	40	45	50	60	70	80	90	100	...[2]

Bezeichnungsbeispiele[1]

Bezeichnung einer Linsensenk-Holzschraube mit Schlitz (DIN 95), Gewindegröße 3,5 mm, Länge *l* 60 mm aus Kupfer-Zink-Legierung („Messing"): **Holzschraube DIN 95 – 3,5 × 60 – CuZn**	Bezeichnung einer Halbrund-Holzschraube mit Kreuzschlitz Z (für Pozidriv, DIN 7996), Gewindegröße 5 mm, Länge *l* 100 mm aus Stahl: **Holzschraube DIN 7997 – 5 × 100 – St – Z**

[1] S. Seite 134. [2] Längen über 80 mm sind von 10 mm zu 10 mm zu stufen. [3] S. Herstellerangaben.

Spanplattenschrauben[1]   Herstellerangaben

Handelsübliche Nennmaße für die Länge *l* in mm und Schraubenwerkstoffe (Beispiele)

10	12	13	15	16	17	20	25	30	35	40	45	50	55	60	70	80	...[2]

Stahl, (einsatz)gehärtet, gleitbeschichtet, verzinkt, blau- oder gelbchromatisiert bzw. blau oder gelb passiviert, schwarz verzinkt, vernickelt, vermessingt, brüniert, Edelstahl-rostfrei, Messing (CuZn) u. a.

Gewindegröße (Nenn-ø)	d_s	2,4	2,5	3,0	3,5	4,0	4,5	5,0	5,5	6,0	8,0
Bit-Größe • Kreuzschlitz	**Z**	Z 1		Z 2						Z 3	Z 4
• Kreuzschlitz	**H**	PH 1		PH 2						PH 3	PH 4
• Innenstern	**T**	T 8		T 10		T 15	T 20	T 25	T 27	T 30	T 40

mit Vollgewinde (VG)

Nennlänge von	l	10	12	10	12	12	15	16	–	30	–
(handelsüblich) bis	l	25	16	45	50	70	80	100	–	140	–

mit Teilgewinde (TG)

Nennlänge von	l	–	–	20	16	25	25	25	–	40	80
(handelsüblich) bis	l	–	–	45	50	70	80	120	–	300	300

mit Senkkopf und Kopflochbohrung (ø 2,4 mm)

Nennlänge von	l			25	25	20	40	–	–	–	–
(handelsüblich) bis	l			45	60	70	80	–	–	–	–

Kunststoff-Zierkappen für Schraubenköpfe (unterschiedliche Farben)

für Innenstern (T)	für Kreuzschlitz (Z/H)	für Kopflochbohrung (ø 2,4 mm)	für alle Köpfe

[1] S. Seite 134. [2] Längen über 80 mm werden meistens von 10 mm zu 10 mm gestuft angeboten.

Sechskant-Holzschrauben („Schlüsselschrauben")　　　　DIN 571, Herstellerangaben

d	4	5	6	7	8	10	12	16	20
SW	7	8	10	12	13	17	19	24	30
m	2,8	3,5	4	1)	5,5	7	8	10	13
e	7,5	8,6	10,9		14,2	18,7	22,9	26,2	33
l　von	16	16	20	60	25	30	35	50	60
bis	40	50	60		100	100	120	160	200
bis 1)			100	230	120		400		

Bezeichnungsbeispiel 2):
Holzschraube
DIN 571 – 8 × 80 – St

1) Nicht genormt, aber im Handel erhältlich. 2) Sechskant-Holzschraube („Schlüsselschraube") mit Nenndurchmesser 8 mm und Nennlänge 80 mm aus Stahl (Schlüsselweite *SW* 13 mm).

Flachrundschrauben mit Vierkantansatz und Sechskantmuttern　　　DIN 603, DIN EN 24032

Muttern 1)

d	M 5	M 6	M 8	M 10	M 12	M 16	M 20
SW	8	10	13	16	18	24	30
m 2)	4,7	5,2	6,8	8,4	10,8	14,8	18

Schrauben

v = d

Bezeichnungsbeispiel:
Flachrundschraube
DIN 603 - M 8 × 80 - gvz
(z. B. (g)vz (glanz)verzinkt)

d	M 5	M 6	M 8	M 10	M 12	M 16	M 20
d_K	13,5 •	16,5	20,6	24,6	30,6	38,8	46,8
k_{max}	3,3	3,88	4,88	5,38	6,95	8,95	11
f_{max}	4,1	4,6	5,6	6,6	8,75	12,9	15,9
r_1	10,7	12,6	16	19,2	24,1	29,3	33,9
b　$l \leq 125$	16	18	22	26	30	38	46
$l > 125$	–	24	28	32	36	44	52
l　von	16	16	20	20	30	55	70
bis	80	150	150	200	200	200	200
α	90°						60°

1) Allgemein verwendbare Sechskantmuttern mit Regelgewinde. 2) m Höhe der Mutter.

Sechskant-Hutmuttern (auszugsweise)　　　　DIN 1587

d	M 4	M 5	M 6	M 8	M 10	M 12	M 16	M 20
SW	7	8	10	13	16	18	24	30
m_{max}	3,2	4	5	6,5	8	10	13	16
d_1	6,5	7,5	9,5	12,5	15	17	23	28
h	8	10	12	15	18	22	28	34
t	5,3	7,2	7,7	10,7	12,7	15,7	20,6	25,6

Sechskantmuttern – 1,5d hoch (auszugsweise)　　　　DIN 6330, DIN 6331 1)

d	M 6	M 8	M 10	M 12	M 16	M 20	M 24	M 30
SW	10	13	16	18	24	30	36	46
$m = 1,5d$	9	12	15	18	24	30	36	45
$SR^{1)}$	9	11	15	17	22	27	32	41
d_2	7	9	11,5	14	18	22	26	32
$a^{2)}$	3	3,5	4	4	5	6	6	8
$d_1^{3)}$	14	18	22	25	31	37	45	58

1) Muttern mit kugeliger Auflageform (DIN 6330) für Verbindungen, die häufig zu lösen sind. 2) Muttern mit Bund (DIN 6331) benötigen keine Unterlegscheiben. 3) Beginn der kugeligen Auflageform.

Baustoff (Ankergrund)

Die Art und Beschaffenheit des Baustoffs, in dem verankert werden soll, bestimmt ganz entscheidend die Auswahl des Befestigungssystems und der Befestigungsmittel.

Beton		Mauerwerksbaustoffe				Plattenbau-elemente
Leichtbeton	Normal-beton	Vollsteine mit dichtem Gefüge	Lochsteine mit dichtem Gefüge	Vollsteine mit porigem Gefüge	Lochsteine mit porigem Gefüge	Platten und Tafeln

Beton:
- Normalbeton (Dichte: 2,0 bis 2,8 t/m³).
- Leichtbeton unterscheidet sich durch die Leichtzuschläge wie Bims, Blähton, Styropor usw. von Normalbeton. Das Bindemittel Zement ist bei beiden vorhanden. Durch die Leichtzuschläge, die häufig geringere Druckfestigkeit aufweisen als der Kies, entstehen z. T. ungünstige Verhältnisse für das Verankern von Dübeln.

Die Ziffern in den Kurzbezeichnungen der Baustoffe kennzeichnen die Druckfestigkeit. B 25 bedeutet z. B., dass ein Beton mit der Druckfestigkeit 25 N/mm² vorhanden ist. Dies ist die am häufigsten vorkommende Betonfestigkeit. Die mit einem Schwerlastdübel (meistens Stahldübel) erreichbare Tragkraft hängt u. a. von der Betonfestigkeit ab.

Mauerwerksbaustoffe: Verbundwerkstoff aus Steinen und Mörtel. Dabei ist die Druckfestigkeit der Steine höher als die des Mörtels, sodass eine Verankerung im Mauerwerksstein angestrebt werden sollte. Es werden vier Gruppen von Mauerwerkssteinen unterschieden:
- **Vollsteine** mit dichtem Gefüge. Sie sind gut für die Befestigung von Dübeln geeignet, da sie sehr druckfest sind.
- **Lochsteine** mit dichtem Gefüge (Loch- und Hohlkammersteine). Werden höhere Lasten in diese Baustoffe eingeleitet, sollten spezielle Dübel verwendet werden; z. B. solche, die die Hohlräume überbrücken oder ausfüllen.
- **Vollsteine** mit porigem Gefüge. Für optimale Befestigung Spezialdübel verwenden, z. B. solche mit großer Spreizfläche oder stoffschlüssige Dübel.
- **Lochsteine** mit porigem Gefüge. Besonders sorgfältig Dübel wählen und montieren, z. B. Dübel mit langer Spreizzone oder formschlüssig wirkende Netzanker.

Plattenbauelemente: Bei dünnwandigen Baustoffen sind Dübel zu wählen, die die Kräfte formschlüssig einleiten, d. h. direkt an der Plattenrückseite im Hohlraum verankern. Die dafür geeigneten Dübel werden als Hohlraumdübel bezeichnet.

Bohrverfahren dem Baustoff entsprechend

Drehbohren	Schlagbohren	Hammerbohren
Für Lochsteine, Bausteine mit geringer Festigkeit und Gasbeton nur Drehgang, damit die Bohrung nicht zu groß wird und in Lochsteinen die Stege nicht ausbrechen	Für Vollbaustoffe mit dichtem Gefüge	Für Vollbaustoffe mit dichtem Gefüge

Ein weiteres Bohrverfahren ist das Diamant- oder Kernbohrverfahren, das hauptsächlich für die Erstellung größerer Bohrdurchmesser oder bei starker Bewehrung verwendet wird.

Verbindungen

Montage

Bohrlochtiefe

Muss bis auf wenige Ausnahmen größer sein als die Verankerungstiefe, um für eventuell vorhandenes Bohrmehl oder für die eventuell austretende Schraube Platz zu haben und die Funktionssicherheit zu gewährleisten.

Bohrlochreinigung

Ein ungesäubertes Bohrloch reduziert die Haltewerte, deshalb ist beim oder nach dem Bohren das Bohrmehl zu entfernen.

Montagearten

Vorsteckmontage:
Der Dübel schließt meist bündig mit der Baustoffoberfläche ab.

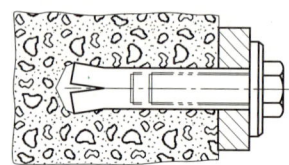 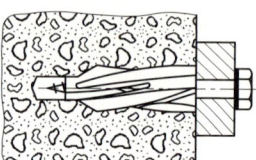

Durchsteckmontage:
Für Serienmontage und besonders bei mehr als zwei Dübeln je Montagegegenstand.

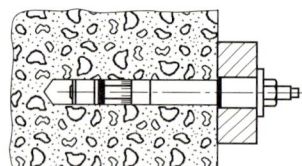 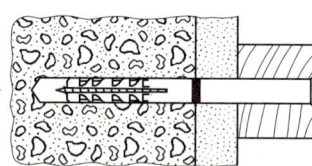

Abstandsmontage:
Das anzuschließende Bauteil wird mit einem bestimmten Abstand zur Verankerungsoberfläche mit Metallankern, die in einem metrischen Innengewinde Schrauben oder Gewindestangen aufnehmen, und Kontermuttern druck- und zugfest fixiert.

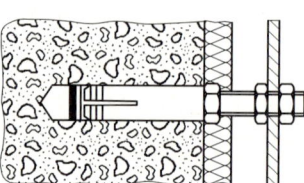 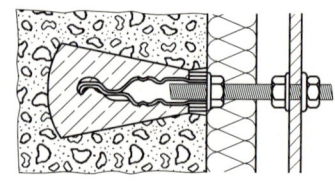

Verankerungstiefe:
Die Verankerungstiefe h_v entspricht bei Kunststoff- und bei Stahldübeln der Distanz zwischen Oberkante des tragenden Bauteiles bis zur Oberkante des Spreizteiles.

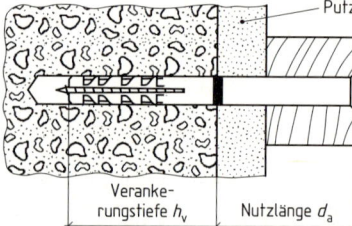

Putz

Verankerungstiefe h_v · Nutzlänge d_a

Brandschutz

Werden an zu verankernde Bauteile Anforderungen hinsichtlich der Feuerwiderstandsdauer gestellt, muss in der Regel das Brandverhalten der Gesamtkonstruktion einschließlich Verankerung durch ein Prüfzeugnis nachgewiesen werden.

Belastung

Mögliche Beanspruchungsarten auf ein Dübelsystem

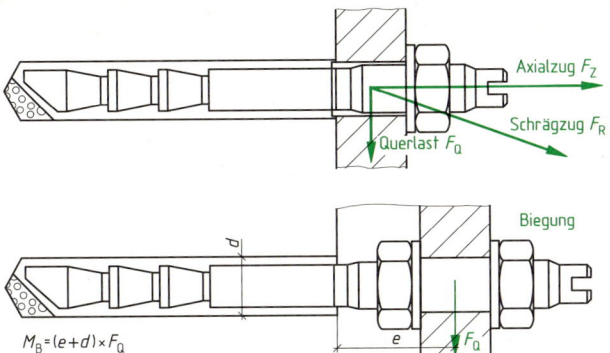

$M_B = (e+d) \times F_Q$

Größe und Art der Belastung

Die Lasten bzw. Kräfte, die bei der Befestigung eines Gegenstandes auftreten, sind ebenfalls bei der Auswahl des Dübels zu berücksichtigen. Diese Kräfte werden charakterisiert durch

• Größe,
• Richtung,
• Angriffspunkt.

Die Kräfte werden in kN angegeben, die Biegemomente in Nm.

Derzeitige Zulassungssituation für Stahldübel

Einteilung der Stahldübel in Gruppen

Die derzeit zugelassenen Stahldübel sind in vier Gruppen einzuteilen:

• Dübel, die nur in dauernd ungerissenem Beton (Risse sind überall dort zu erwarten, wo Lastarten wie Eigengewicht, Verkehr, Wind auf die Bauteile einwirken) verankert werden dürfen,
• Dübel, die sowohl in ungerissenem als auch in gerissenem Beton eingesetzt werden dürfen,
• Dübel, die ausschließlich zur Verankerung von Deckenbekleidungen verwendet werden,
• Dübel, die zur Verankerung von Verblendmauerwerken verwendet werden.

Die Auswahl risstauglicher Dübel bedeutet für den Statiker

• erheblich weniger Planungsaufwand, da kein Nachweis der Druckzone geführt werden muss,
• ein höheres Maß an Sicherheit, da auch im Riss eine hohe Tragfähigkeit erhalten bleibt.

Für den ausführenden Handwerker bedeutet die Verwendung zugzonentauglicher Dübel:

• Ohne nachweisen zu müssen, ob an der Verankerungsstelle tatsächlich ungerissener Beton vorhanden ist, sind diese Dübel zulassungsgemäß verwendbar.
• Er hat die Sicherheit, egal in welchem Betonbauteil und an welchem Ort er den Dübel verwendet, dass er grundsätzlich geeignet ist.

Risstaugliche Stahldübel

Dübel, die formschlüssig in ein hinterschnittenes Bohrloch eingesetzt werden, z. B. Zyklon-Anker. Bei diesen Ankern verhindert das Übermaß des konischen Teiles das Herausziehen des Ankers selbst bei aufgehendem Riss. Dieser Anker ist auch optimal für Schockbelastungen geeignet.

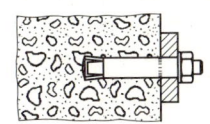

Dübel, die selbstständig die Durchmessererweiterung des Bohrloches durch den Riss ausgleichen, indem der Konus tiefer in das Spreizteil hineinwandert und dadurch den Spreizteildurchmesser vergrößert, z. B. Ankerbolzen. diese Dübel sind ebenfalls für die Aufnahme von Schocklasten geeignet.

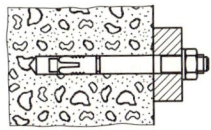

Verwendung zugelassener Dübel

Wenn bei Versagen der Dübel Gefahr für die öffentliche Sicherheit sowie für Leib und Leben anderer besteht, sind zugelassene Dübel zu verwenden. Wichtige Anwendungsbeispiele für die Verwendung zugelassener Dübel ist die Verankerung von Fassadenunterkonstruktionen, abgehängten Decken und Geländern.

Verbindungen

Verbindungen

Vorschriften für die Anwendung von Dübeln		
Anwendungsbereich: Verankerung von	Vorschriften für die Anwendung	Aussage zur Verankerung
tragenden Konstruktionen	Musterbauordnung vom 11.12.1993, § 3 (1) Allgemeine Anforderungen	Bauliche Anlagen sowie andere Anlagen und Einrichtungen im Sinne von § 1 Abs. 1 Satz 2 sind so anzuordnen, zu errichten, zu ändern und instandzuhalten, dass die öffentliche Sicherheit oder Ordnung, insbesondere Leben, Gesundheit oder die natürlichen Lebensgrundlagen, nicht gefährdet werden.
Vorsatzschalen (zweischaliges Mauerwerk)	DIN 1053 DIN 18515	Aufnahme einer Kraft von 1 kN bei max. 1 mm Weg.
Wärmedämmverbundsystem mit Mineraldämmstoffen oder WDVS mit Hartschaumdämmung und Eigenlasten über 0,1 kN/m²	IfBt-Mitteilungen (Institut für Bautechnik, Berlin) Heft 4/90	Bei Gebäudehöhen über 8 m sind für die Verankerung der Dämmung bauaufsichtlich zugelassene Dübel erforderlich, siehe auch IfBt-Mitteilung.
Arbeits- und Schutzgerüsten (Regelgerüste)	DIN 4420-1 sowie Merkblatt der Bau-BG	a) Für den Anwendungsfall zugelassenen Dübel erforderlich, oder b) Prüfung an der Verwendungsstelle.
dauerhafte Anschlagpunkte für Gerüste und Absturzsicherungen	DIN 4426	Vorhangfassaden > 8 m Höhe sind mit fest eingebauten Verankerungsvorrichtungen für Gerüste zu versehen
Absturzsicherungen	Richtlinie für Sicherheits- und Rettungsgeschirre ZH 1/55, 10.1982 DIN 4426	Anschlagpunkt muss im Versuch eine Stoßkraft von mindestens 7,5 kN aufnehmen. Beim rechnerischen Nachweis ist von einer Einzellast von 5kN auszugehen.
Feuerschutztüren in massiven Wänden aus Mauerwerk und Beton	DIN 18093	Es dürfen nur Dübel verwendet werden, deren Brauchbarkeit nachgewiesen ist, z. B. durch allgemeine bauaufsichtliche Zulassung.
Fensterwänden (≥ 9 m²)	DIN 18056	Die Verankerung ist statisch nachzuweisen.
Trapezprofilen	DIN 18807-4	Es sind bauaufsichtlich zugelassene Dübel zu verwenden.
leichten Deckenbekleidungen	DIN 18168	Zulassung für hängende Decken erforderlich.
hängende Drahtputzdecken	DIN 4121	Zulassung für hängende Decken erforderlich.
Holzwolleleichtbauplatten an Decken	DIN 1102	Zulassung für hängende Decken erforderlich. Ausnahme: unverputzte HWL-Platten bis 0,15 kN/m².
feuergeschützten Lüftungsleitungen und Installationseinrichtungen L 30 bis L 120	DIN 4102-4	Bauaufsichtlich zugelassene Stahldübel ≥ M 8, doppelt tief, mindestens jedoch 6 cm verankern; rechnerische Last max. 500 N je Dübel und max. 6 N/mm² bezogen auf den Stahlquerschnitt oder Brandprüfzeugnis einer anerkannten Prüfstelle.

Befestigungs-Systemplan (nach fischer)

- ● gut geeignet
- ○ bedingt geeignet

	Beton	Naturstein dicht.	Vollziegel	Kalksand-Vollstein	Bims-Vollstein	Gasbeton (Porenbeton)	Vollgipsplatten	Hochlochziegel	Kalksandlochstein	Hohlblock	Faserzementplatten	Gipskarton-Platten	Spanplatten	Metallprofile
Allgemeine Befestigungen														
Dübel	●	●	●	●	●	●	●	●	○	○	○			
Universaldübel	●	●	●	●	●	●	●	●	●	●	●	●	●	
Allrounddübel	●	●	●	●	●	●	●	●	●	●	●	●	●	
Gasbetondübel						●								
Metallspreizdübel	●	●	●	●	●	●		○	○	●				
Nylondübel, metr. Gewinde	●	●	●	●	●	○	●			○				
Dübel für metr. Schrauben	●	●	●	●	●	○	●	○	○	○				
Messingdübel											●		●	
Rahmen-Befestigungen														
Universalrahmendübel	●	●	●	●	●	●	○	●	●	●	●			
Rahmendübel	●	●	●	●	●	●	○	●	○	○	○			
Rahmendübel						●	●	●	●	●				
Rahmen-/Abstandsdübel														
Sicherheitsschraube														
Justierdübel	●	●	●	●	●	●	○	●	○	○	○			
Nageldübel	●	●	●	●	●	●	○	●	○	○	●			
Fensterrahmendübel	●	●	●	●	●	○	○	○	●	●				
Metallrahmendübel														
Fensterrahmenschraube	●	●	●	●	●			●	●	●				
Schwerlastbefestigungen/Stahlanker														
Zykon-Anker	●	○	○	○										
Zykon-Einschlaganker	●	○	○	○										
Ankerbolzen	●	○												
Hochleistungsanker	●	○												
Bolzen	●	○												
Schwerlastdübel	●	○												
Einschlaganker	●													
Nagelanker	●	○	○	○										
Mauerschraube	●													
Nagel	●	○	○	○										

Verankerungsgrund

Verbindungen

Verbindungen

Befestigungs-Systemplan (nach fischer)

● gut geeignet
○ bedingt geeignet

	Beton	Naturstein dicht.	Vollziegel	Kalksand-Vollstein	Bims-Vollstein	Gasbeton (Porenbeton)	Vollgipsplatten	Hochlochziegel	Kalksandlochstein	Hohlblock	Faserzementplatten	Gipskarton-Platten	Spanplatten	Metallprofile
Schwerlast-Befestigungen/Verbundanker														
Kombi-Reaktionsanker	●	○	○	○										
Reaktionsanker	●	○	○	○										
Hammerpatrone	●	○	○	○	○									
Injektions-Befestigungen														
Injektions-Anker			○	○	●	●	●	●	●	○				
Injektions-Netzanker								●	●	●				
Injektions-Anker	●	●	●	●	●			●	●	●				
Injektions-Anker	●	●	●	●	●			●	●	●				
Gerüst-Befestigungen														
Gerüstbefestigung	●	●	●	●	●	●	○	○	○	○				
Gerüstbefestigung	●	○	○	○	●	●	●	●		○				
Ringmutter														
Ösenschrauben	●	●	●	●	●	●	○	●	○	○				
Abdeckkappen														
Hohlraum-Befestigungen														
Hohlraumdübel											●	●	●	●
Anker											●	●	●	●
Hohlraum-Metalldübel											●	●		
Kippdübel											●	●	●	●
Gipskartondübel												●		
Sanitär-Befestigungen														
Waschtischbefestigung	●	●	○	●	○	○	○							
WC-Befestigung	●	●	●	●	○	○		●						
Sanitär-Befestigung	●	●	●	●	○	○	●	●						
Spezial-Befestigungen														
Balkonbefestigung														●
Treppenbefestigung	●	●												●

Befestigungs-Systemplan (nach fischer)

- gut geeignet
- ○ bedingt geeignet

Elektrobefestigungen	Beton	Naturstein dicht.	Vollziegel	Kalksand-Vollstein	Bims-Vollstein	Gasbeton (Porenbeton)	Vollgipsplatten	Hochlochziegel	Kalksandlochstein	Hohlblock	Faserzementplatten	Gipskarton-Platten	Spanplatten	Metallprofile
Rohrclip	•	•	•	•		•								
Justierclip														
Montagesockel	•	•	•	•		•								
Klebesockel														•
Leitungsschlaufe	•	•	•	•		•								
Kabelbügel	•	•	•											
Rohrclip	•	•	•	•										
Clipschelle														
Schelle														
Kabelbügel														
Sammelhalter														
Nagelschelle														
Kabelbinder														
Schraubenabstandschellen														
Befestigungsschelle														
Bauchemie														
Montagekleber														
Montageschaum														

Verbindungen

Befestigungen (Beispiele)

Allgemeine Befestigungen (fischer Dübel S)

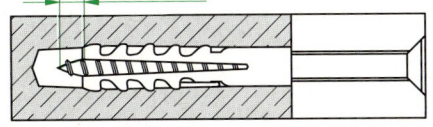

Wichtig: ≥1 × Schrauben-∅

Technische Beschreibung:
Geeignet für sämtliche Beton- und Mauerwerks-baustoffe, von Lochziegel über Porenbeton (Gasbeton) bis zu Leichtbauplatten.
Zur Befestigung von allen Gegenständen, die mit Holz- oder Spanplattenschrauben befestigt werden können.
Bestimmung der Mindestschraubenlänge:

1 × Schraubendurchmesser
+ Dübellänge
+ Dicke des Verputzes und/oder Isolierstoffes
+ Dicke des Montagegegenstandes
= Mindestschraubenlänge

Befestigungen (Beispiele)

Allgemeine Befestigungen (fischer Dübel S) (Maße in mm)

Wichtig: ≥ 1 × Schrauben-∅

Typ	Bohrer-∅ d	Mindest-Bohrlochtiefe t	Dübellänge $h_v = l$	Schrauben-∅ von/bis d_s
S 4	4	25	20	2 ... 3
S 5	5	35	25	3 ... 4
S 6	6	40	30	4 ... 5
S 8	8	55	40	4,5 ... 6
S 10	10	70	50	6 ... 8
S 12	12	80	60	8 ... 10
S 14	14	90	75	10 ... 12
S 16	16	100	80	12 (1/2")
S 20	20	120	90	16

Rahmenbefestigungen (fischer Universal-Rahmendübel FUR) (Maße in mm)

Technische Beschreibung:
Geeignet für Beton- und Mauerwerk in den Anwendungsbereichen
- Fensterbau (Verankerung von Winkeln und Profilen),
- Trockenbau, Innenausbau (Verankerung von Latten, Balken, Metallwinkeln),
- andere Bereiche (Verankerung von Hängeschränken, Regalen usw.),
- Fassadenbau (Verankerung von Latten, Balken und Rahmen).

Typ	Bohrer-∅ d	Mindest-Bohrlochtiefe t	Dübellänge $h_v = l$	maximale Nutzlänge d_a
FUR 10×80T	10	90	80	10
FUR 10×100T	10	110	100	30
FUR 10×115T	10	125	115	45
FUR 10×135T	10	145	135	65
FUR 10×160T	10	170	160	90
FUR 10×185T	10	195	185	115
FUR 10×200T	10	210	200	130
FUR 10×230T	10	240	230	160

Befestigungen (Beispiele)

Justierdübel, Justierschraube (fischer) (Maße in mm)

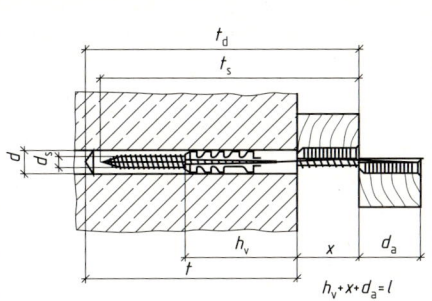

Technische Beschreibung:
- Geeignet für Beton, Leichtbeton, Kalksand-, Ziegel-voll-, Bimsvoll-, Natursteine, Gipsbauplatten usw.
- Zur Befestigung von Holzlatten mit 20 bis 25 mm Dicke.
- Zur stufenlosen Justierung von Holzunterkonstruktionen im Innenausbau.
- Dübel wird mit der Schraube bis zum Dübelrand eingeschlagen.
- Nach dem bündigen Eindrehen der Schraube ist der Abstand der Holzlatte zur Wand durch linksdrehen millimetergenau von 0 bis 30 mm einstellbar.
- Die Latte ist ohne Keile und Klötze zug- und druckfest auf Abstand fixiert.

Typ	Bohrer-Ø d	Mindest-Bohrlochtiefe bei Durchsteckmontage t_d	Mindest-Verankerungstiefe h_v	Dübellänge l	maximale Holzdicke d_a	maximaler Justierweg x	Schraube $d_s \times l_s$
S10J75S	10	115	50	75	25	30	6 × 110
JS 6×80	5	25 bis 80	30		25	25	6 × 80
JS 6×110	5	50 bis 110	30		25	55	6 × 110

Fensterrahmendübel (fischer) (Maße in mm)

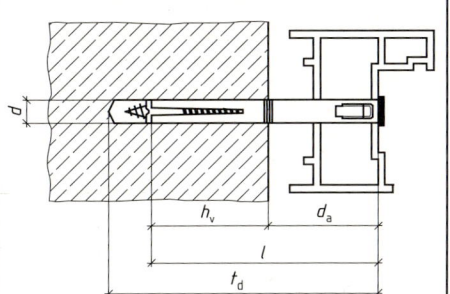

Technische Beschreibung:
- Geeignet für Beton, Porenbeton, Ziegelvollsteine, Kalksandlochsteine, Hohlblocksteine, Bimsvollsteine, Natursteine.
- Zur Befestigung von Fenster- und Türrahmen aus Holz, Metall und Kunststoff, Holzlatten, Kanthölzern usw.
- Durch Anziehen der Holzschraube wird der Kunststoffkonus in die Hülse gezogen und der Dübel verspreizt, ohne dass der Montagegegenstand gegen den Baustoff gezogen wird (wichtig bei Abstandsmontage).
- Kunststoffhülse verhindert Kontaktkorrosion und Wärmebrücken.

Typ	Bohrer-Ø d	Mindest-Bohrlochtiefe bei Durchsteckmontage t_d	Mindest-Verankerungstiefe h_v	Dübellänge l	maximale Nutzlänge d_a	Dübelrand
F 8S 75	8	90	40	75	25	10
F 8S 100	8	115	40	100	50	13
F 8S 120	8	135	40	120	70	10
F 8S 140	8	155	40	140	90	13
F 10S 75	10	90	50	75	15	12
F 10S 100	10	115	50	100	40	12
F 10S 120	10	135	50	120	60	12
F 10S 140	10	155	50	140	80	12
F 10S 165	10	180	50	165	105	12

Verbindungen

Befestigungen (Beispiele)

Fensterrahmenschraube (fischer)   (Maße in mm)

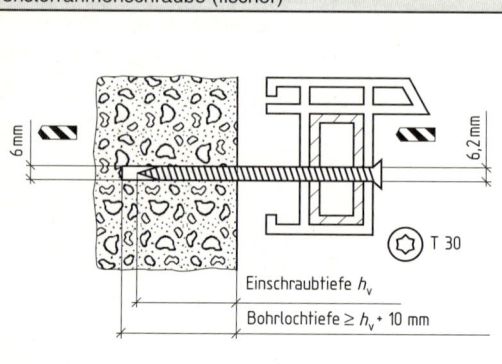

Einschraubtiefe h_v

Bohrlochtiefe $\geq h_v + 10$ mm

T 30

Technische Beschreibung:
- Geeignet für Beton, Porenbeton, Ziegelvollsteine, Kalksandvollsteine, Hochlochziegel, Hohlblocksteine, Bimsvollsteine, Naturstein usw.
- Zur Befestigung von Fenster- und Türrahmen aus Holz, Metall und Kunststoff, Rahmenkopplung und Fensterlaschen.
- Zur spannungsfreien Abstandsmontage ohne zusätzlichen Dübel.
- Das durchgehende Gewinde im Rahmen und Mauerwerk garantiert, dass der Montagegegenstand nicht gegen den Baustoff gezogen wird.
- Deshalb nachträglich keine Durchbiegung, auch nicht durch Montageschaum.

Typ Senkkopf	Bohrer-∅	Schrauben-länge	Werkzeug-aufnahme	Typ Zylinderkopf	Bohrer-∅	Schrauben-länge	Werkzeug-aufnahme
FFS7,5×72	6	72	T30	FFSZ7,5×72	6	72	7,5
FFS7,5×92	6	92	T30	FFSZ7,5×92	6	92	7,5
FFS7,5×112	6	112	T30	FFSZ7,5×112	6	112	7,5
FFS7,5×132	6	132	T30	FFSZ7,5×132	6	132	7,5
FFS7,5×182	6	152	T30	FFSZ7,5×152	6	152	7,5
FFS7,5×212	6	182	T30	FFSZ7,5×182	6	182	7,5

Injektions-Anker (fischer)   (Maße in mm)

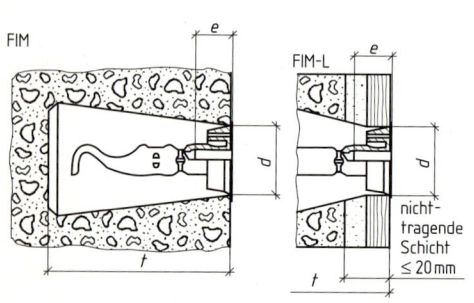

FIM

FIM-L

nicht-tragende Schicht ≤ 20 mm

Technische Beschreibung:
- Geeignet für Porenbeton, haufwerksporigen Beton, Vollsteine aus Leichtbeton, Hochlochziegel, Kalksandlochsteine, Gipswandbauplatten.
- Zur Befestigung von Handläufen, Konsolen, untergehängten Decken, Holzkonstruktionen, Fassaden- und Dachunterkonstruktionen aus Holz und Metall.
- Bauaufsichtlich zugelassenes Verankerungssystem.
- Konisches Bohrloch garantiert durch seinen Formschluss maximale Tragfähigkeit.
- Brandschutzprüfzeugnis zum Einsatz in Porenbeton auf Anforderung erhältlich.

Typ	Bohrer-∅ d	Bohrlochtiefe t	Dübellänge l	Gewinde	Einschraubtiefe $e_2 - e_1$ min.	max.
FI M 8	22	70	60	M 8	10	15
FI M 10	22	80	70	M 10	15	20
FI M 12	22	90	80	M 12	15	25
FI M 10 L	22	110	100	M 10	15	20
FI M 12 L	22	120	110	M 12	15	25

Verbindungen

Stechbeitel, Hohlbeitel und Lochbeitel — DIN 5139, 5142, 5143

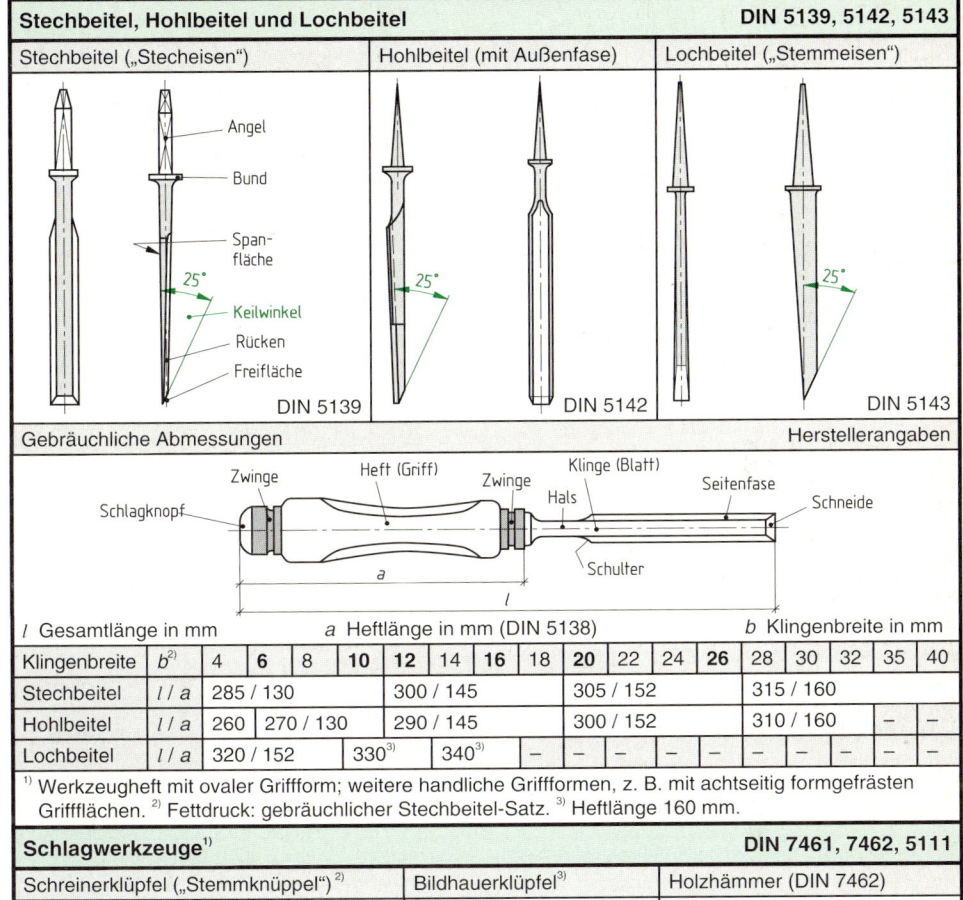

Stechbeitel („Stecheisen")	Hohlbeitel (mit Außenfase)	Lochbeitel („Stemmeisen")
Angel / Bund / Spanfläche / 25° / Keilwinkel / Rücken / Freifläche — DIN 5139	25° — DIN 5142	25° — DIN 5143

Gebräuchliche Abmessungen — Herstellerangaben

Schlagknopf · Zwinge · Heft (Griff) · Zwinge · Klinge (Blatt) · Hals · Schulter · Seitenfase · Schneide · *a* · *l*

l Gesamtlänge in mm *a* Heftlänge in mm (DIN 5138) *b* Klingenbreite in mm

Klingenbreite	$b^{2)}$	4	**6**	8	**10**	**12**	14	**16**	18	**20**	22	24	**26**	28	30	32	35	40
Stechbeitel	*l / a*	285 / 130			300 / 145			305 / 152				315 / 160						
Hohlbeitel	*l / a*	260	270 / 130		290 / 145			300 / 152				310 / 160				–	–
Lochbeitel	*l / a*	320 / 152			$330^{3)}$		$340^{3)}$		–	–	–	–	–	–	–	–	–	–

[1] Werkzeugheft mit ovaler Griffform; weitere handliche Griffformen, z. B. mit achtseitig formgefrästen Griffflächen. [2] Fettdruck: gebräuchlicher Stechbeitel-Satz. [3] Heftlänge 160 mm.

Schlagwerkzeuge[1] — DIN 7461, 7462, 5111

Schreinerklüpfel („Stemmknüppel")[2]	Bildhauerklüpfel[3]	Holzhämmer (DIN 7462)
Schlagkopf / Stiel / R 260 / h / l / a / b	d / h / l	Blechmantel

Typ	*l*	*a*	*b*	*h*	Gewicht in g	*l*	*d*	*h*	Gewicht	$l^{3)}$	d_m	*a*	Gewicht
1	300	105	65	80	400 (480)[2]	225	100	90	610 g	295	60	120	310 g
2	375	140	80	110	860 (980)	230	120	100	730 g	320	70	140	430 g
3	385	160	85	120	1000 (1100)	235	140	110	1050 g	335	80	150	580 g

[1] Unterschiedliche Stielformen s. DIN 5111. Verwendet werden auch Kunststoffhämmer. [2] Reform-Schreinerklüpfel (z. B. aus gedämpften Rotbuchenholz) haben beidseitig auf den Schlagflächen einen Einsatz aus Hartwerkstoff. [3] Z. B. Flaschnerhammer Typ 1 bis 3.

Fertigungstechnik

Fertigungstechnik

| Flächenhobel | | | | | | DIN- und Herstellerangaben (Maße in mm) | | | |

Hobel im Schnitt — DIN 7223 | Einfach- und Doppelhobeleisen (Hobelmesser)

Bezeichnung	Hobelkasten (Hobelkörper)				δ $\pm 5°$	Hobeleisen[1]				Hauptzweck
	DIN	Länge	Breite	Höhe		β	b	Klappe	DIN	
Schrupphobel	7310	240	50	66	45°	25°	33	nein/ja	5146	ebnen
Schlichthobel	7311	240	62...68	66	45°	25°	45...51	nein	5145	ebnen
Raubank(hobel)	7218	600	78...81	78	45°	25°	57...60	nein/ja	5145	eb./glät.
Doppelhobel	7219	240	62...68	66	45°	25°	45...51	ja	5145	eb./glät.
Kurzraubank	–	480	74	78	49°	25°	54	ja	5145	glätten
Putzhobel	7220	220	62...68	66	49°	25°	45...51	ja	5145	glätten
• Feineinstellung[2]	–	220	64	66	49°	25°	48[3]	ja	–	glätten
• Wendemesser[5]	–	220	64	66	49°	30°	48[3]	ja	–	glätten
Reformputzhobel[4]	7305	220	65	66	50°	25°	48	ja	5149	glätten
• Feineinstellung[2]	–	220	64	66	49°	25°	48[3]	ja	–	glätten
• Wendemesser	–	220	64	66	49°	30°	48	ja	–	glätten
Bestoßhobel[6] [10]	–	220	61	66	49°	25	45	ja	–	glätten
• Kunststoffkanten	–	220	61	66	49°	45[7]	45	ja	–	glätten
• Feineinstellung	–	220	61	66	49°	45[7]	45	ja	–	glätten
Schiffhobel[8]	–	260	60	–	55°	25°	44	ja	–	eb./glät.
Zahnhobel	–	220	64	66	75°	25	48[9]	nein	–	ebnen
Eiserne Hobel	7223	alternativ zu Hobelkästen aus Hartholz in vielen Ausführungen im Handel[10]								
Kunststoffhobel	–	aus Kunststoff und Metall (besonders die Sohle), meist mit Wendemessern								

Eiserner Hobel (DIN 7223) | δ schneidend oder schabend? | Wendemesser

[1] Hobeleisen mit Klappe sind „Doppelhobeleisen". Länge meist 180 oder 190 mm. [2] Mit Spann- und Einstellschrauben für spielfreies Einstellen, ohne Keil, -widerlager und Schlagknopf. [3] Länge 170 mm. [4] Mit Feineinstellung des Hobelmauls. [5] Zweischneidiges Wechselmesser (Keilwinkel 30°) in Trägereisen (180 lang) befestigt. [6] Mit Metallsohle, für Hirnholz und Kunststoffkanten, mit und ohne Feineinstellung. [7] HSS-Stahl (s. Seite 159), insbesondere für melaminharzbeschichtete Kanten. [8] Eiserner Hobel mit verstellbarer Sohle für gewölbte oder hohle Flächen. [9] Länge 160 mm, Zahnrillen in Spiegelfläche bilden gezahnte Schneide, schabende Wirkung ($\delta!$). [10] Z. B. „Hirnholzhobel" ($\delta \geq 28°$).

| **Formhobel** | | | | | | **Herstellerangaben (Maße in mm)** |

| Doppel-Simshobel | DIN 7307 | Hobeleisen (mit Stiel) und Klappe | DIN 7372 |

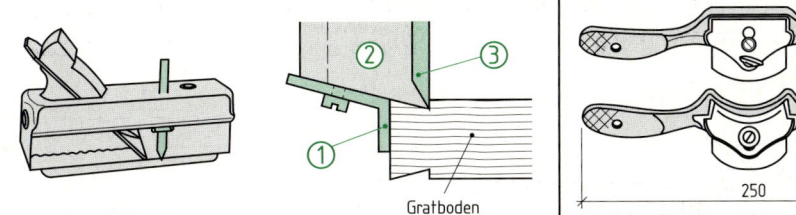

Bezeichnung	Hobelkörper			Hobeleisen			Hauptsächlicher
	Länge	Breite	δ	$b\,/\,l$	Klappe	β	Verwendungszweck
Einfach-Simshobel[1]	270	30	47°	30/190	nein	25°	Falz und Profil nacharbeiten
Doppel-Simshobel	270	30	50°	30/190	ja	25°	Falzgrund u. -wange putzen
Glaser-Simshobel	330	33	49°	33/190	ja	25°	Lange Fälze nacharbeiten
Ecksimshobel[2]	165	30	49°	30/190	ja/nein	25°	Falzecken z. B. an Fenstern
Türfalzhobel[3]	270	80	45°	30/55	nein	30°	und Türen nachhobeln
Falzhobel[4]	240	58	45°	33/180	nein	25°	Fertigen von Fälzen und
Nuthobel[5]	240	46	47,5°	[5] /190	nein	25°	Nuten unterschiedl. Größen
Grathobel[6]	240	56	45°	33/200	nein	25°	Gratfeder anhobeln
Grundhobel[7]	95	235	35°	[7] /130	nein	25°	(Grat-)Nutgrund ebnen
Schabhobel, gerade[8]	20	250	44°	52/45	nein/ja	34°	Rundungen u. Schweifungen
Schabhobel, bogenf.[8]	25	250	45°	52/55	nein	34°	Rundstäbe, Gestellteile
Furnierschabhobel[9]	70	250	69°	70/60	nein	–	Abziehen von Flächen

| Profilhobel, Profilschabhobel | Mit Simshobel vergleichbar, Hobeleisen[1] und Sohle sind dem Profil angepasst (z. B. Viertelstab-, Hohlkehl-, Karnieshobel). Als Schabhobel mit auswechselbaren Messern. Anwendung vorwiegend nur noch bei Restaurierungsarbeiten. |

| Grathobel mit Anschlag (1), Messer (2) und Vorschneider (3) | Schabhobel, gerade und bogenförmig |

Gratboden

[1] Siehe DIN 7306 und 7372 (Hobeleisen mit Stiel für Sims-, Falz- und Formhobel). [2] „Absatz-Simshobel" ist eigentlich ein geführtes Stecheisen (ohne Hobelmaul!). [3] „Hamburger Anschlägerhobel", für rechte und linke Falzecken an beiden Stirnenden eine Metallplatte als Druckkante (Hobelmaul) und dahinter das Hobeleisen. [4] Mit Vorschneider und verstellbaren Anschlägen (Falzbreite und Falztiefe).
[5] Verstellbare Anschläge und auswechselbare Nuthobeleisen, z. B. 3, 5, 7, 9, 12 und 14 mm breit.
[6] Wie Falzhobel.[4] Hobelsohle auf ca. 73° abgeschrägt (s. Abbildung), schrägstehendes Messer, ziehender Schnitt. [7] Abgewinkeltes Hobeleisen, auswechselbar (z. B. 10, 15 oder 20 mm breit). Die Gratnut (s. Seite 130) vorher mit Gratsäge einschneiden. [8] Schabhobel sind aus Gusseisen mit sehr kurzer Sohle und seitlichen Griffen. Die Sohlen- und Schneidenform ist gerade oder bogenförmig (konvex, s. Abbildung). [9] Statt Hobelmesser mit eingespannter Ziehklinge („Ziehklingenhobel").

Handsägen mit Griff („Heftsägen")		Herstellerangaben (Maße in mm)

Fuchsschwanz	DIN 7244	Stichsäge	DIN 7258	Furniersäge

Rückensäge	DIN 7243	Feinsägen	DIN 7235	Gratsäge

Heftsägen ohne Rücken (Blattdicke ≥ 1mm)

Bezeichnung	Länge		$h^{4)}$	Bezahnung[1]				Erläuterungen bzw.
	Säge	Blatt		t	n	$Z^{2)}$	$Art^{3)}$	Verwendungszweck
Fuchsschwanz	410	300	–	3,5	7	g	aStoß	Ab 400 mm Blattlänge geschlos-
	470	350	–	3,5	7	g	aStoß	sene Griffform;
	500	400	–	4,5	6	g	aStoß	grober Zuschnitt, z. B. Aufteilen
	600	500	–	4,5	6	g	aStoß	von großen Platten
Stichsäge, Holzgriff	460	300	–	4,5	5	m	aStoß	Sägen von runden Ausschnitten,
Metallgriff	250	150	–	3,5	8	k	aStoß	Erweitern kleinster Öffnungen

Heftsägen mit Rücken[4]

Bezeichnung	Säge	Blatt	h	t	n	Z	Art	Erläuterungen bzw. Verwendungszweck
Rückensäge	385	250	77	3,0	10	k	saStoß	Möglichst ausrissfreies Zu-
	440	300	77	3,0	10	k	saStoß	schneiden von Furnierplatten
	490	350	77	3,0	10	k	saStoß	(feiner Schnitt)
Feinsäge, gerader	330	200	45	2,0	15	f	saStoß	Feine Sägeschnitte in Holz;
oder gekröpfter Griff	380	250	45	2,0	15	f	saStoß	untere Reihe für Kunststoffe
	375	250	40	1,25	20	sf	saStoß	(z. B. HPL) und Buntmetalle
Feinsäge, Griff um-	380	250	45	2,0	12	f	saStoß	Zähne beiderseits wirkend, für
legbar	420	300	45	2,0	12	f	saStoß	Rechts- und Linksgebrauch
Einstrichsäge,	260	130	17	1,25	22	sf	saStoß	Für Holz und Kunststoffe
Wechselsägeblätter	260	130	17	1,0	27	sf	saStoß	Sehr feine Schnitte, für Metalle
Gratsäge	270	150	$v^{5)}$	4,0	6	k	stZug	Einsägen von Gratnuten
Furniersäge[6]	185	75	–	2,0	14	k	aZug	Kleine Zähne mit Messerschnitt

[1] t Zahnweite in mm; n Anzahl der Zähne je Zoll. [2] g große Zähne (grobe Bezahnung), m mittlere Zähne, k kleine Zähne, f feine Bezahnung, sf besonders feine Bezahnung. [3] Bezahnungsart: aStoß „auf Stoß", saStoß „schwach auf Stoß", aZug „auf Zug", stZug „stark auf Zug". [4] Schnitthöhe h begrenzt durch den Rücken. [5] v Schnitthöhe h verstellbar von 6 bis 18 mm. [6] Blatt auswechselbar.

Gehrungssägen (Spannsägen, Beispiele)							Herstellerangaben (Maße in mm)					

Modell-Größe	l_T	h	Schnittbreite in mm bei					Wechsel-Sägeblätter (für Holz, Metall)					
			90°	45°	36°	30°	22,5°	l	b	t_1	n_1	t_2	n_2
normal	450	100	100	100	100	100	100	550	45	1,75	15	2,5	11
groß	630	120	160	160	160	160	160	750	60	1,75	15	2,5	11
klein	315	60	50	50	50	50	50	366	30	1,75	15	–	–

l_T Tischlänge; h Schnitthöhe; t_1, t_2 Zahnweite in mm; l Blattlänge; b Blattbreite; n_1, n_2 Zähnezahl je Zoll

Gestellsägen				DIN 7245
Verwendung	Grobzuschnitt		Maßzuschnitt[1]	
	Ablängen	Besäumen	Abbreiten	Formatschneiden
Bezeichnung	**Absatzsäge**	**Spannsäge**		**Absatzsäge**
Bezahnung[1]	„schwach auf Stoß"	„auf Stoß"		„schwach auf Stoß"
Zahnteilung	mittel t = 3 bis 5 mm	grob t = 5 bis 7 mm	mittel t = 5 mm	fein t = 2,5 bis 3 mm"

Sägeblatt mit Schraubangel

l

„auf Stoß"   „schwach auf Stoß"   „beiderseits wirkend"

Mit breitem Blatt, b = 50 mm (japanisches Blatt b = 40 mm)		Mit schmalem Blatt, b = 6 mm
Spannsäge („auf Stoß")	l = 700 mm t = 5 bis 7 mm	**Absatzsäge** (saStoß)[2] l = 600 mm t = 2,5 bis 3 mm	**Schweifsäge** (saStoß)[2] l = 500 mm t = 3 mm

[1] Bezahnung „schwach auf Stoß". [2] Mit einwechselbaren trapezförmig gezahnten japanischen Sägeblättern (t = 2 mm) wird wegen geringer Sägeblattdicke von 0,6 mm „auf Zug" gesägt (s. Seite 150).

Japanische Handsägen (Nokogiri)	Herstellerangaben

- Japanische Sägen werden gezogen („auf Zug").
- Die Sägeblätter können daher sehr dünn und der Werkzeugstahl härter (und spröder) sein.
- Längere Standzeit der Schneiden.

- Angepasste Zahnformen z. B. Weichholz (stark auf Zug) oder Hartholz (schwach auf Zug).
- Feine Schneidfuge: geringere Spanungsarbeit.
- Genaue Schnitte mit hoher Oberflächengüte.

Kataba („einseitig")[1]	**Ryoba** („zweiseitig")[2]	**Dozuki**
Ohne Rücken für tiefe Quer- oder Längsschnitte in Vollholz	**Dreieckbezahnung** (z. B. oben) **Trapezbezahnung** (z. B. unten)	**Mit Rücken** für feine Querschnitte (z. B. Zapfenbrüstung)

Dreieckbezahnung, z. B. für Weich- oder Hartholz	Trapezbezahnung, hier für Längs- und Querholz

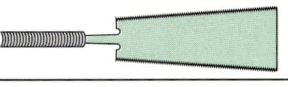 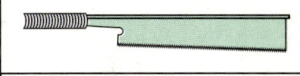

Ausräumzähne für Längsholz

Bezeichnung (Auswahl-Beispiele)	Sägeblatt (Maße in mm)[3]					Verwendungszweck
	l	b	d	t	t_2	
Kataba Quer	250	60	0,5	1,4	–	Querschnittsäge, Zähne wechsels. angeschliffen
Kataba Längs	250	60	0,5	2,8	–	Längsschn.: Zähne werden zum Griff hin kleiner
Kataba Super Hard	240	65	0,6	1,7	–	Robust, für Vollholz und Verbundwerkstoffe
Ryoba Komane	240	84	0,4	1,2	3,0	Universalsäge für Quer- bzw. für Längsschnitte
Ryoba Seiun	240	97	0,5	1,6	3,2	Auch längere Sägen für Zimmererarbeiten
Ryoba S-Cut	195	70	0,3	1,1	2,8	Handlich, für feine Arbeiten, Blatt hinterschliffen
Dozuki Universal	240	50	0,3	1,5	–	Für Passungen und Holzverbindungen (Zinken)
Dozuki Tenon[4]	240	55	0,3	1,0	–	Hauptsächlich für Querschnitte
Dozuki Mini Fine	150	30	0,3	1,0	–	Sehr feine Querschnitte, hohe Schnittgüte
Dozuki Super Hard[5]	240	50	0,3	1,4	–	Für verleimte Hölzer, Schicht- und Verbundstoffe

[1] Griffe hier verkürzt abgebildet. [2] Gebräuchlichste Säge. [3] l Länge; b Breite; d Dicke; t und t_2 Zahnteilung. [4] Verlängerter Rücken verbessert Aussteifung. [5] Spitze abgerundet für Eintauchschnitte.

Fertigungstechnik

Fertigungs-technik

Unterscheidungsmerkmale bei Bohrern (Auswahl)

• Ringgriff zum Drehen von Hand	• Einzieh-Gewindespitze für Bohren von Hand
• Vierkantschaft, verjüngt, für Bohrwinde	• Dach(form)spitze
• Zylinderschaft, abgesetzt oder durchgehend	• Zentrierspitze mit Vorschneider(n)
• Zylinderschaft mit Spannfläche	• Zylinderkopf mit unterschiedlichen Spitzen

[1] Weitere Einspannsysteme für maschinelles Bohren, z. B. für Zylinderschaft mit Anschlussgewinde.

Bohrwerkzeuge („Holzbohrer") für handgeführte Bohrgeräte[1]   DIN (s. u.)

Mit selbsttätigem Spänetransport				Ohne selbsttätigen Spänetransport			
Schnecken-bohrer	Schlangen-bohrer	Spiralbohrer mit Dach- oder Zentrierspitze		Forstner- und Kunstbohrer	Zentrum-bohrer	Versenker	
DIN 6464	6444	7480	7487	7483	6447	6446	DIN
6445[2]							

Form	–	C	G	–	A, D	C, E[2]	A,C,F	G[3]	Ø13	Ø22	A	B

Bohrerdurchmesser in mm (Stufung in mm-Sprüngen)

von	2	6	18	2	10	4	10	10	15[4]	25[5]	10	20
bis	16	16	32	12	15	12	50	40	25	45	16	30
Stufg.	(1)	(1)	(2)	(1)	(1)	(1)	(2) (5)	(2) (5)	stufenlos		(3)	(5)

[1] Bohrer für stationäre Bohrmaschinen s. Seite 173 f. [2] Form E Ø2 bis 12 mm (1) [3] Kunstbohrer Form E: Ø15 bis 80 (5) und 10 bis 40 mm (2). [4] auch Ø25 bis 40 mm. [5] auch Ø45 bis 75 mm.

Spiralbohrer mit Dach(form)spitze für unterschiedliche Werkstoffe   DIN 7487

Werkzeugwinkel (s. Seite 156)		Drallwinkel γ_x Typ	Spitzenwinkel ε, Beispiele
	Spannut: starke Steigung[1]	**10° bis 16°** **H** harte Werkst. mit schlecht fließend. (Krümel)-Spänen	60° bis 80° Holzspanplatten, z. B. Dübelbohrer, Schichtpressstoff 118° „Messing" (CuZn-Leg.) 130° Mauerwerk
	Spannut: Steigung normal	**25° bis 30°** **N** für mittelharte und kurzspanende Bohrwerkstoffe	80° bis 90° Hartholz 116° bis 120° Hirnholz 118° Stahl, unlegiert 130° Thermoplaste, Stahl, legiert
α Freiwinkel β Keilwinkel γ Spanwinkel ($\gamma = \gamma_x$) δ Schnittwink.	Spannut: geringe Steigung	**35° bis 40°** **W** für weiche und gut fließende langspanende Werkstoffe	80° bis 90° Querholz, Weichholz, Duroplaste, Pressstoffe 140° Aluminiumlegierung (weich), Kupfer

[1] Je härter der Werkstoff, umso größer der Keilwinkel β und damit auch die Steigung der Spannut.

© Verlag Gehlen

Hartmetall-Steinbohrer (HM)[1] — Herstellerangaben

Universalbohrer — Typ A	Hartmetallbohrer — Typ C	Hammerbohrer (s. Seite 137)
• Mit geschmiedetem Sechskantschaft und HM-Schneide	• Mit zylindrischem Schaft und Hartmetallbestückung	• Mit 2-Nut- oder 4-Nut-Aufnahmeschaft für Bohrhammer

Alle Maßangaben in mm: *d* Bohrdurchmesser, *a* Arbeitslänge (Bohr-, Spirallänge), *l* Gesamtlänge

Hartmetallbohrer, Typ C — Herstellerangaben

d	4	5	5,5	6	6	6,5	7	8	8	8	8,5	9	10	10[2]	12	12	12[2]
a	40	50	50	60	110	60	60	60	80	135	80	80	80	135	90	110	150
l	75	85	85	100	160	100	100	120	120	160	120	120	120	400	150	150	400

Typ C (Fortsetzung) / Universalbohrer, Typ A (Betonbohrer) — Herstellerangaben

d	14[2]	14	16	16	22	4	5	6	7	8	9	10[3]	12	14	16	18	20
a	90	110	90	110	140	50	65	70	70	95	95	95	105	105	105	100	100
l	150	150	150	150	200	95	105	115	115	135	135	135	150	150	150	160	160

Hammerbohrer — Herstellerangaben

d	5	5	6	6	6	8	8	8	10	10	10	10	12	12	12	12
a	50	85	50	105	200	50	100	150	100	150	200	250	100	150	200	400
l	110	140	110	160	266	110	160	210	160	210	260	310	150	200	260	450

Hammerbohrer (Fortsetzung)

d	13	14	14	14	14	15	15	15	16	16	18	20	20	22	24	–
a	200	100	150	200	400	100	200	200	150	200	250	150	300	200	200	–
l	266	160	210	260	450	166	260	350	210	350	300	200	350	250	250	–

[1] Schneidenwerkstoffe s. Seite 159. [2] Weitere Länge 140/200. [3] Auch 80/120.

Mehrzweck-Lochsägen[1] mit Hartmetall-Schneiden

Durchmesser in mm	25	30	35	40[2]	45	50[2]	63	65[2]	68	71	74	76	80[2]	105

[1] Gesamtlänge: 72 mm; Zentrierbohrer ∅ 8 mm – Länge 120 mm; ggf. Aufnahmeschaft, Länge 95 oder 220 mm, Außengewinde M 16.
[2] Auch als Hohlbohrkrone (6 HM-Zähne, s. Bild) mit Zentrierbohrer für Bohrhammer (Mauerwerk, Natur- und Kunststein, Leichtbaustoffe).

Gewindebohrer[1] und Gewindeschneideisen

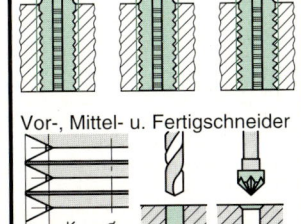

Vor-, Mittel- u. Fertigschneider

Kern-Ø
Außen-Ø
Kernloch-Ø

Bezeichnung	M4	M5	M6	M8	M10	M12	M16
Innengewinde	Kernloch(Bohrer)durchmesser[2]						
	3,2	4,2	5,0	6,8	8,5	10,2	14,0
Außengewinde	Bolzendurchmesser[3]						
	3,9	4,9	5,9	7,9	9,8	11,8	15,8
Werkstoff / Schmiermittel[4]	Stahl / Schneidöl		Gusseisen / Emulsion		Mg-Legierg. / trocken		NE-Metalle / Schneidöl[5]

[1] Dreiteilige Gewindebohrersätze (I, II, III) mit Vierkantzapfen für unterschiedliche Werkstoffe; Drehen mit „Windeisen". [2] Größer als der Kerndurchmesser des fertigen Gewindes; Bohrloch ansenken.
[3] Kleiner als Außendurchmesser *d* des fertigen Gewindes. [4] Gleichzeitig auch Kühlmittel. [5] Z. B. Petroleum für Aluminium-Legierungen.

Fertigungstechnik

Raspeln und Feilen (Beispiele) — DIN- und Herstellerangaben

Feilen-blatt und Feilen-heft	Blatt mit Kreuzhieb — Heft mit Stufenbohrung (DIN 395)

Unterhieb · Schnürung · Oberhieb · Zwinge · L · Angel

z. B. Blatt *l* = 250 mm, Griff 140 lang, Stufenbohrung: ∅7 – 65 tief und ∅10 – ca. 25 tief

Zahn-formen (DIN 7285)	Gehauener Feilenzahn	Schnittwinkel $\delta > 90°$: schabend $\delta \leq 90°$: schneidend	Gehauener Raspelzahn	Gefräster Feilenzahn

Hiebarten und zu bearbeitende Werkstoffe (Beispiele) — DIN 7285

Einhieb gerade	Einhieb schräg	Kreuzhieb (Zweih.)	Raspelhieb	Gefräst[1]
Blei, Zinn	Kupfer, Zink, Kunststoff	Holz, Stahl, Guss-eisen, CuZn-Leg.	Holz, Kunststoff, · Horn, Gummi	Aluminium, Kunst-stoffe, Holzwerkst.

Benennung nach der Querschnittsform (Auswahl)[2]

Flach-[3]	Halbrund-	Kabinett-	Rund-	Vierkant-	Dreikant-	Messer-	Flachrund-	Hrd.-hohl

[1] Mit Spanbrechernuten. [2] Handelsüblich weitere Formen bzw. Bezeichnungen, z. B. Vogelzungen-, Schwert-, Mühlsägefeilen; grün = Holzfeilen und -raspeln. [3] Flachstumpf und flachspitz.

Holzraspeln und Holzfeilen (Kreuzhieb) — DIN 7263

Werkzeuge (s. o., grün)	Bezeichnung (Form)	*l* = 150mm	Hieb	*l* = 200mm	Hieb	*l* = 250mm	Hieb	*l* = 300mm	Hieb
Holzraspel	flachstumpf	16 × 4	1/2	20 × 5	1/2	25 × 6,5	1/2	32 × 8	1/2
	halbrund	15 × 4,4	1/2/3	20 × 5,5	1/2/3	23,8 × 7	1/2/3	26,8 × 9	1/2/3
	rund	–	–	∅8	2	∅10	2	–	–
	Kabinettraspel	25 × 4,2	2	28 × 4,7	2/3	32 × 5,3	2/3	35,5 × 6	2/3
Holzfeile	Kabinettfeile[2]	25 × 4,2	1	28 × 4,7	1	32 × 5,3	1	35,5 × 6	1

[1] Hieb-Nummern: 1 grob, 2 mittel, 3 fein. Handelsüblich sind weitere Abmessungen und Hiebangaben (z. B. „Schweizer Hieb": 3 grob, 4 mittel, 5 fein, 10 ultrafein). [2] Nur beide Schmalseiten mit Einhieb.

Gefräste Feilen[1] für Metalle und Kunststoffe — DIN 7264

Werkzeug (Auswahl)[3]	*l* = 250 mm	Z	*l* = 300 mm	Z	*l* = 350 mm	Z	Bezahnung
Flachstumpffeile	26 × 7	1/2/3	31 × 8,3	1/2/3	36 × 8,8	1/2	Flachseiten, 1 Kante
Vierkantfeile	10 × 10	1	12 × 12	1	–	–	Vier Seiten
Rundfeile	∅10	1	∅12	1	–	–	Nicht schräg verzahnt
Halbrund-Hohlfeile	23 × 7	1/2	27 × 9	1/2	–	–	Hohle Seite nicht

[1] Bezahnung schräg eingefräst (s. oben). [2] Bezahnungs-Nummern (Z): 1 grob, 2 mittel, 3 fein.
[3] Des Weiteren z. B. Fräserfeil- und Raspel-Wechselblätter mit zwei Aufnahmebohrungen, ohne Angel.

Bezugsebenen am Werkzeug	DIN 6581

Begriff	Erläuterung
Werkzeugbezugsebene (WB)	Ist eine Ebene, die möglichst senkrecht zur angenommenen Schnittrichtung steht, jedoch nach einer Ebene, Kante oder Achse des Werkzeuges ausgerichtet ist. Bei Fräs- und Bohrwerkzeugen ist das eine Ebene durch den betrachteten Schneidenpunkt und die Werkzeugachse, bei Räumwerkzeugen eine Ebene senkrecht zur Längsachse des Werkzeuges.
Werkzeugschnittebene (WS)	Die Werkzeugschnittebene enthält die Schneide und verläuft durch den betrachteten Schneidenpunkt senkrecht zur Werkzeugbezugsebene.
Arbeitsebene (AE)	Die Arbeitsebene enthält die Schnitt- und die Vorschubrichtung. Es ist die Ebene, in der man die Entstehung des Spanes darstellt. Bei rotierenden Werkzeugen liegt der Flugkreis in der Arbeitsebene, wenn der Vorschub senkrecht zur Drehachse des Werkzeuges erfolgt. Erfolgt der Vorschub nicht senkrecht zur Drehachse des Werkzeuges, nimmt man meist auch die Ebene, die den Flugkreis enthält als Arbeitsebene, da die Vorschubgeschwindigkeit gegenüber der Schnittgeschwindigkeit vernachlässigt werden kann.
Keilmessebene	Die Keilmessebene ist eine Ebene senkrecht zur Werkzeugschnittebene und senkrecht zur jeweiligen Werkzeugbezugsebene. In den Bildern b) und c) ist die Keilmessebene identisch mit der Arbeitsebene.

a) Räumliches Bezugssystem

b) Bezugsebenen am Hobeleisen

c) Bezugsebenen am Messerkopf

d) Bezugsebenen am Gehrungsfräser

Fertigungstechnik

Begriffe der Werkzeuggeometrie

Geometrisch unbestimmte Schneiden	Verschieden angeordnete Schneiden mit nicht einheitlich festgelegter Keilform (z.B. Schleifkörner)
Geometrisch bestimmte Schneiden	Nach Form und Stellung gleichartige und bestimmbare Schneidkeile (z. B. Werkzeuge für Fräsmaschinen)

Winkel und Flächen am Werkzeug   DIN 6581

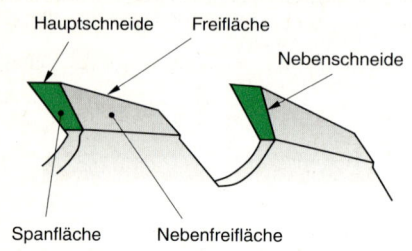

Hauptschneide Freifläche Nebenschneide
Spanfläche Nebenfreifläche

α Freiwinkel (α_N Nebenfreiwinkel, α_R Radialfreiwinkel)
β Keilwinkel
γ Spanwinkel ($\alpha + \beta + \gamma = 90°$)
δ Schnittwinkel ($\delta = \alpha + \beta$),
      für $\delta > 90°$ ist der Spanwinkel stets negativ
      (z. B. Kreissägeblätter für Pendelkappsägen)
λ Neigungswinkel
ε Spitzenwinkel, liegt zwischen Haupt- und Nebenschneide
ε_B Bohrerspitzenwinkel, liegt zwischen den Hauptschneiden
κ Einstellwinkel

Hartmetallbestücktes Kreissägeblatt mit Wechselzahn

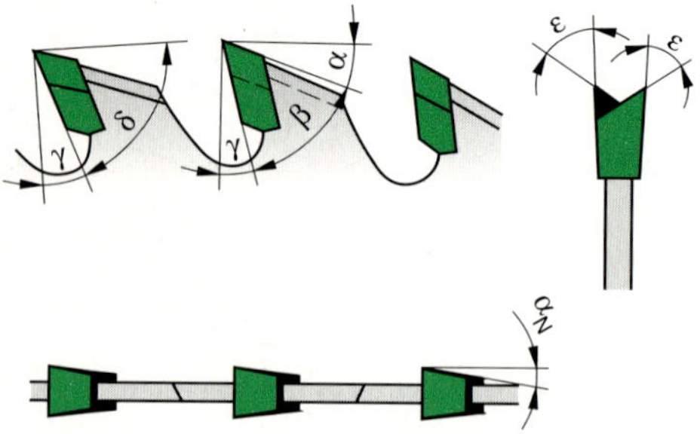

Spiralbohrer mit Dachspitze

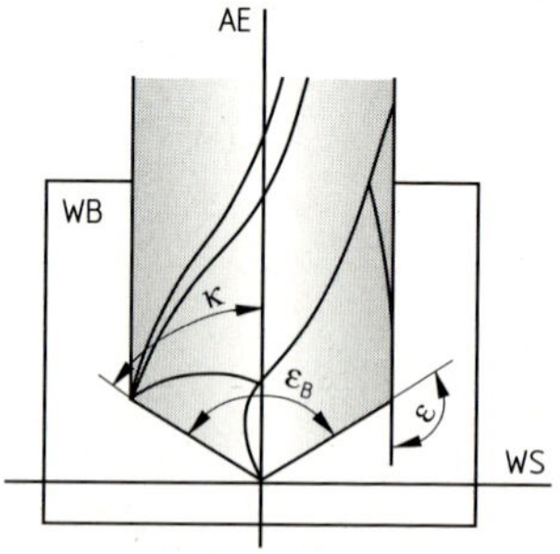

Hartmetallbestückter Nutfräser mit Vorschneider

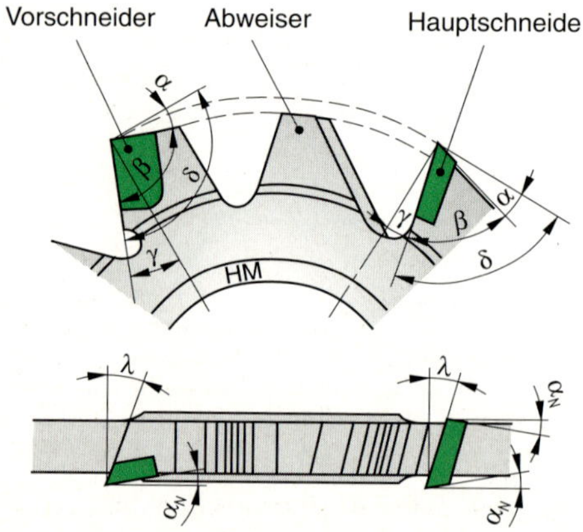

Vorschneider Abweiser Hauptschneide

PKD Oberfräser zum Formatieren

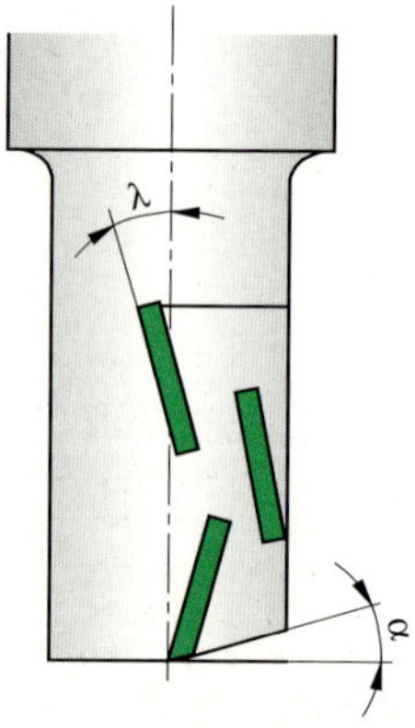

Spanungsrichtungen bei der Bearbeitung von Vollholz

Holz ist kein homogener Werkstoff. Alle Angaben über Schnittkräfte, Werkzeugverschleiß und anderes sind deshalb nur sinnvoll, wenn man zugleich sagt, in welcher Relativrichtung zum Holz der Schnitt liegt.

Bezeichnung der Relativschnittrichtungen nach Kivimaa

Zeichen	Faserschnittrichtung	Bearbeitbarkeit
A	senkrecht zur Faser (Hirnschnitt)	Hohe Schnittkräfte, schwierige Bearbeitbarkeit, vergleichsweise raue Oberfläche durch Faserausrisse, geringe Vorschubgeschwindigkeiten
B	längs zur Faser (Längsschnitt)	**Mit der Faser:** Sehr gute Oberflächenqualität, geringe Vorspaltung, hohe Vorschubgeschwindigkeiten möglich. **Gegen die Faser:** Schlechte Oberflächenqualität wegen der großen Vorspaltung.
C	quer zur Faser (Zwerchen)	Bei geringer Mittenspandicke, Schrägführung der Werkzeuge und kleinem Spanwinkel relativ gute Oberflächenqualität.

Fertigungs-technik

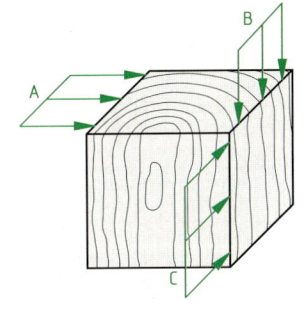

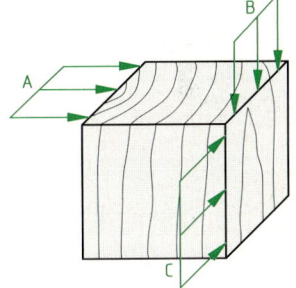

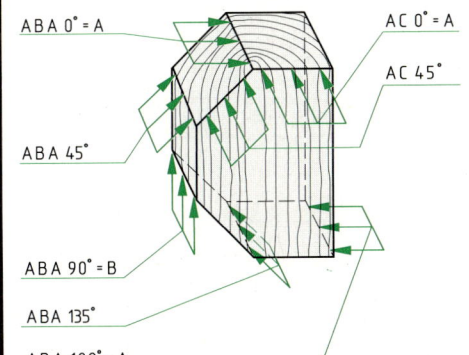

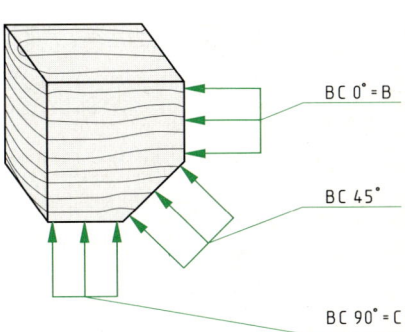

Bei Zwischenrichtungen sind vor allem die zwischen A und B von Bedeutung, da es nicht gleichgültig ist, ob man in einem bestimmten Winkel mit oder gegen die Faser schneidet.
Nach Kivimaa werden diese Schnitte mit ABA und der Winkelangabe zwischen A und B bezeichnet.
Eine Relativschnittrichtung von 45° wird somit mit ABA 45° (mit der Faser) oder mit ABA 135° (gegen die Faser) gekennzeichnet.
Bei Schnittrichtungen zwischen A und C einerseits und B und C andererseits ist es gleichgültig, ob ein bestimmter Winkel von der einen oder anderen Seite bearbeitet wird. Diese Schnittrichtungen werden mit Winkeln zwischen 0° und 90° angegeben.

Einfluss der Schneidengeometrie auf die Oberflächengüte, Krafteinsatz und Standweg

Die Schneidengeometrie hat großen Einfluss auf den Vorspalteffekt bei der Vollholzbearbeitung und damit auf die Oberflächengüte, den Kraftaufwand (Energiebedarf) und den Standweg der Werkzeuge.

Werkzeug-winkel	Funktion	Wirkung bei größer werdendem Winkel
Freiwinkel α	• Werkzeugführung • Freischneiden des Werkzeuges • Ermöglicht den Eingriff der Schneide	• Werkzeugführung wird schlechter • Oberflächengüte nimmt wegen Vibration ab • Krafteinsatz wird geringer
Keilwinkel β	• Spalten des Holzes	• Vorspalteffekt nimmt zu • Oberflächengüte nimmt ab • Krafteinsatz wird größer • Standweg wird länger
Spanwinkel γ	• Spanabführung	• Vorspalteffekt nimmt zu • Oberflächengüte nimmt ab • Krafteinsatz wird geringer • Standweg wird länger

Einfluss der Mittenspandicke h_m auf die Oberflächengüte und den Vorspalteffekt

Mit zunehmender Spandicke nimmt die Biegesteifigkeit des Spanes zu, d. h. je größer h_m, desto besser die Kraftübertragung und desto größer die Vorspaltung. Mit geeigneten Maßnahmen lässt sich auch bei großer Mittenspandicke der Vorspalteffekt verringern.

Maßnahmen gegen die Vorspaltung	Handwerkzeuge	Maschinenwerkzeuge
Span brechen um seine Biegespannung zu ver-ringern	Diese Funktion übernimmt beim Doppelhobel die Hobelklappe	Rotierende Werkzeuge. Diese Funktion wird nur bei Werkzeugen mit Keilleiste realisiert.
Parallelspan		
Span am Vorspalten hintern	Durch Druckwirkung auf die Oberflä-che, z. B. Druckkante des Hobel-mauls	Die Druckkantenfunktion wird bei rotierenden Werkzeugen über die Schnittgeschwindigkeit v_c und damit der Trägheit des Spanes realisiert. Für Fräswerkzeuge deshalb: $$v_c > 40 \frac{m}{s}$$
Kommaspan		

Fertigungs-technik

Schneidstoffe in der Holz- und Holzwerkstoffbearbeitung

Haupt-gruppe	Kurz-zeichen	Schneidstoff	C-Gehalt in %	Legierungs-bestandteile in %	Anwendung
Stähle	WS	Werkzeugstahl	0,45...1,7	keine	Bandsägeblätter, einfache Bohrer
	SP	Spezialstahl	> 0,6	< 5	Bohrer, Senker, Standard-Profilmesser, Fräsketten
	HL	Hochleistungsstahl	0,7...0,9	> 5	Einteilige Fräswerkzeuge, Hobelmesser
	SS	Schnellarbeitsstahl	0,5...2,06	< 12	Selten angewandt, einteilige Fräswerkzeuge
	HSS (HS)[1]	Hochleistungs-Schnellarbeitsstahl	0,5...2,06	> 12	Bohrer, einteilige Fräswerkzeuge, Hobel- und Wendemesser, Blanketts für Vollholzbearbeitung
Stellite	ST	Schmelzlegierung, aber kein Stahl	2...4	etwa 60 Cobalt 25 Chrom 10 Wolfram	Stellitierte (bestückte) Blockband- und Gattersägeblätter für Laub- und Exotenhölzer
Hart-metalle	HM (HW)[1]	Sintermetall aus Wolframcarbid und Cobalt. Für die Holzbearbeitung wird auschließlich die HM-Gruppe K eingesetzt. Weitere Gruppen sind P und M.[2]	im Carbid enthalten	keine Legierung	Einteilige Bohrer, Verbundwerkzeuge (Fräswerkzeuge, Kreissägeblätter, Zerspaner, Bohrer), zusammengesetzte Werkzeuge (Wende-, Profil- und Hobelmesser)
Diamant	PKD (DP)[1]	polykristalliner Diamant	100	–	Verbundwerkzeuge (Fräswerkzeuge, Kreissägeblätter, Zerspaner, Bohrer). **Vorteil:** 100 bis 300 fache Standzeit gegenüber HM. **Nachteil:** geringe Zähigkeit, d. h. Bruchgefahr bei Stoßbelastung.
	MKD (DM)[1]	monokristalliner Diamant	100	–	Anwendung wie PKD. **Vorteil:** MKD hat gegenüber PKD eine noch längere Standzeit (um Faktor 5).
Keramik		Oxidkeramik, Mischkeramik, Nitridkeramik	–	–	Hat für die Holzbearbeitung zur Zeit noch keine Bedeutung

[1] Die in Klammern gesetzten Abkürzungen in der zweiten Spalte beziehen sich auf die geänderten europäischen bzw. ISO-513-Benennungen.
[2] Die Gruppen P, M, K kennzeichnen die Zusammensetzung und damit den Anwendungsbereich der Hartmetalle (siehe DIN 4990).

Fertigungs-technik

Zähigkeit, Härte und Keilwinkel bei den verschiedenen Schneidstoffen

Zusammenhang zwischen Zähigkeit und Härte

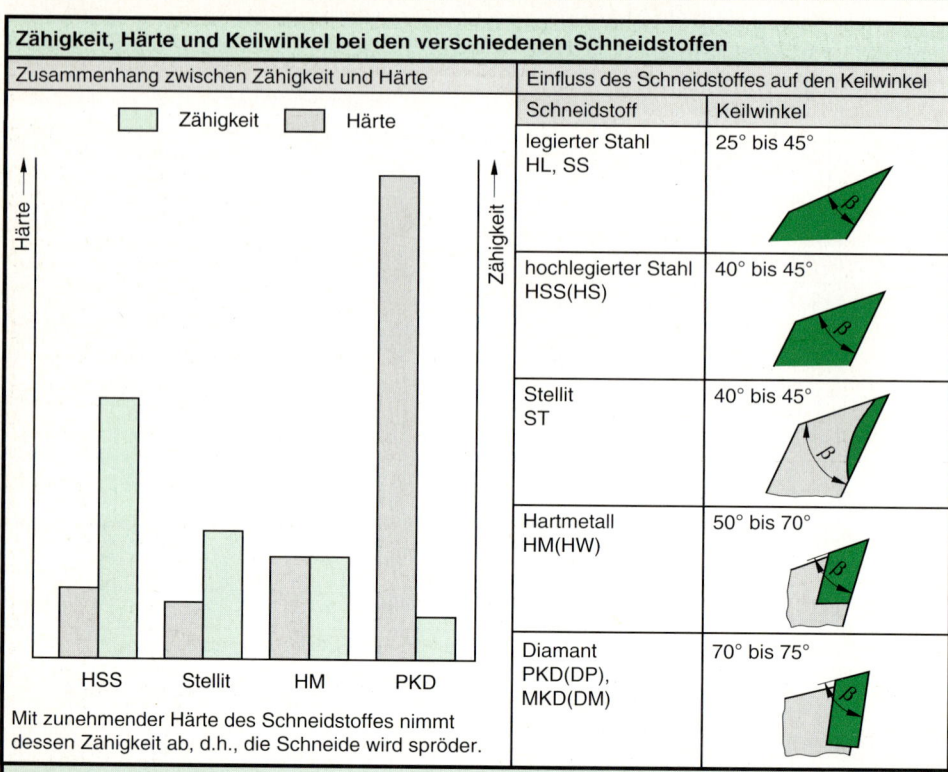

Zähigkeit　Härte

HSS　Stellit　HM　PKD

Mit zunehmender Härte des Schneidstoffes nimmt dessen Zähigkeit ab, d.h., die Schneide wird spröder.

Einfluss des Schneidstoffes auf den Keilwinkel

Schneidstoff	Keilwinkel
legierter Stahl HL, SS	25° bis 45°
hochlegierter Stahl HSS(HS)	40° bis 45°
Stellit ST	40° bis 45°
Hartmetall HM(HW)	50° bis 70°
Diamant PKD(DP), MKD(DM)	70° bis 75°

Werkzeugsysteme   DIN 8085

Bauart	Erklärung	Anwendung
einteilige Werkzeuge	Werkzeuge ohne verbundene oder lösbare Teile; der Werkzeugkörper und die Schneide bestehen aus einem Stück des gleichen Werkstoffes z. B. WS, HSS	Bohrer, Fräser, Bandsägeblätter, CV-Kreissägeblätter, Hobel- und Wendemesser
Verbundwerkzeuge und Verbundwerkzeug- sätze	Werkzeuge, bei denen die Schneidenträger (Schneidplatte) mit dem Werkzeuggrundkörper durch Stoffhaftung (z. B. Löten, Schweißen, Kleben) fest verbunden sind.	Bohrer, Fräser, Zerspaner, Kreissägeblätter, Gatter- und Blockbandsägeblätter, Hobelmesser
Zusammengesetzte Werkzeuge und Werkzeugsätze	Werkzeuge, bei denen ein oder mehrere Schneidenträger (Hobelmesser, Wendeplatten und -messer, Blanketts) in einem Werkzeuggrundkörper auswechselbar mechanisch befestigt sind. Der Schneidenträger selbst kann dabei in einteiliger oder Verbundausführung hergestellt sein.	Bohrer, Messerwellen, Messerköpfe
Zusammengesetzte Werkzeuge mit Hydro Spannsystem	Zusammengesetzte Werkzeuge die nicht mechanisch sondern hydraulisch gespannt werden. In den Werkzeuggrundkörper eingearbeitete Kanäle und Kammern sind mit Fett gefüllt. Durch Druckerhöhung auf 300 bar dehnen sich die Wände der Fettkammern aus, sodass der Messerkopf spielfrei und zentrisch auf der Maschinenspindel gespannt wird.	Hobel- und Profilmesser- köpfe

Ermittlung der Schnittgeschwindigkeit, Richtwerte

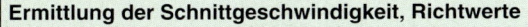

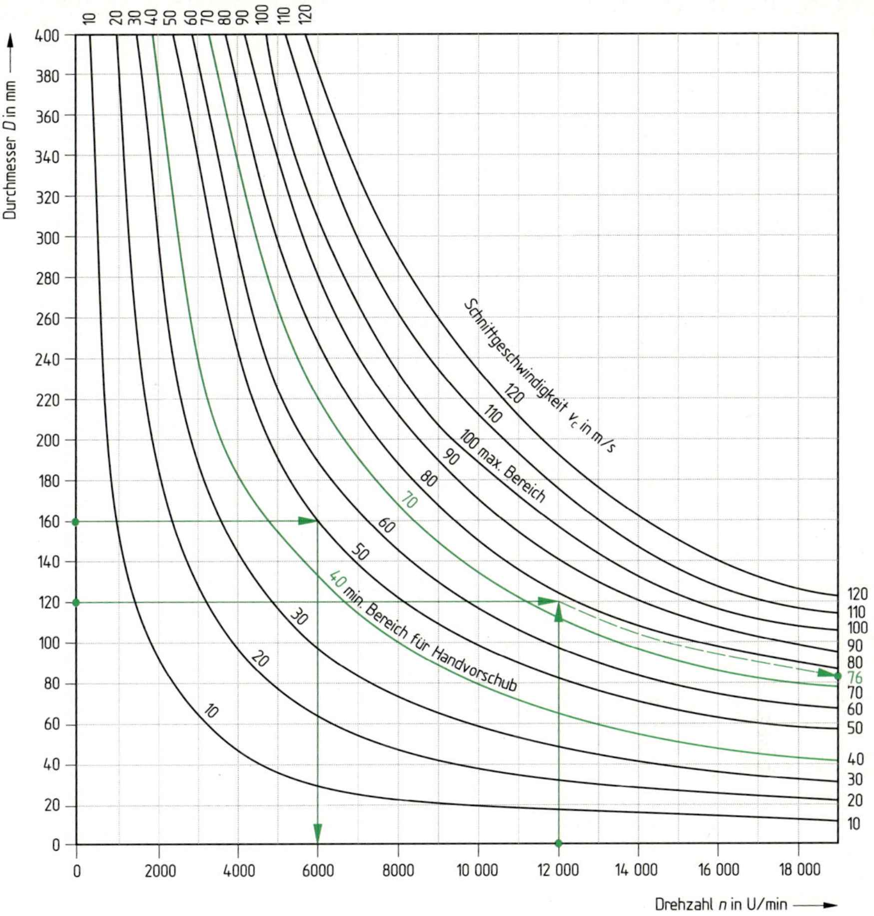

$$v_c = D \cdot \pi \cdot n$$

v_c Schnittgeschwindigkeit
D Durchmesser
n Drehzahl

Ablesebeispiele:
Messerkopf: $D = 120$ mm; $n = 12000$/min $\Rightarrow v_c =$ **76 m/s**
Fräser: $D = 160$ mm; $v_c = 50$ m/s $\Rightarrow n =$ **6000/min**

Richtwerte für Schnittgeschwindigkeiten

Werkstoff	HSS-Fräser	HM-Fräser	HM-Sägeblätter
Weichhölzer	50 ... 80 m/s	60 ... 90 m/s	70 ... 100 m/s
Harthölzer	40 ... 60 m/s	50 ... 80 m/s	70 ... 90 m/s
Spanplatte	–	60 ... 80 m/s	60 ... 80 m/s
Tischlerplatte	–	60 ... 80 m/s	60 ... 80 m/s
Hartfaserplatte	–	40 ... 60 m/s	60 ... 80 m/s
Kunststoffbeschichtete Platten	–	40 ... 60 m/s	60 ... 120 m/s

Sägemaschinenübersicht für Vollholz- und Holzwerkstoffzuschnitt

Vollholz		Plattenförmige Holzwerkstoffe

Längenzuschnitt	Breitenzuschnitt	Formatzuschnitt
Übertischkappsäge	Tischkreissäge	Formatkreissäge
Untertischkappsäge	Format- und Besäumkreissäge	Doppelabkürzsäge
Mehrfachablängsäge	Doppelbesäumkreissäge	Plattenaufteilsäge
Auslegerkreissäge	Vielblattkreissäge	
Bandsäge	Bandsäge	

Zahnformen für Kreissägeblätter

Bezeichnung	Bild	Anwendungsbereich
Flachzahn		Zuschneiden von Weich- und Harthölzern längs zur Faser, Leichtbauplatten, zementgebundene Holzspanplatten
Wechselzahn		Zuschneiden von Weich- und Harthölzern quer zur Faser, Aufteilen und Besäumen von Rohspanplatten, Spanplatten im Packet, furnierte Platten, Hartfaserplatten, Schichtpressholzplatten
Duplovitzahn (Hohlzahn)		Zuschneiden von getrockneten Weich- und Harthölzern quer zur Faser, furnierte Holzwerkstoffplatten, Schichthölzer
Duplovitzahn mit beidseitiger Fase		Trennen und Besäumen von beidseitig kunststoffbeschichteten Platten
einseitig spitz, links oder rechts		Beschneiden und abkappen von überstehenden Furnier-, Holz- und Kunststoffkanten
Dachzahn		Trennen von Platten mit hochempfindlichen Kunststoffbeschichtungen, Thermoplast-Vollplatten
Trapezzahn und Flachzahn		Aufteilen und Formatschneiden von kunststoffbeschichteten Spanplatten, Schichtstoffplatten sowie polymergebundene Kunststoffe (z. B. Corean)
Duplovitzahn und Dachzahn		Besäum- und Formatschnitte für empfindliche, kunststoffbeschichtete Span- und Faserplatten

Die Zahnkombinationen sind nur Beispiele, es werden noch andere Kombinationen eingesetzt.

Maßnahmen zur Lärmminderung an Kreissägeblättern

Ursache für die Lärmentstehung beim Kreissägen sind die Schwingungen im Kreissägeblatt, deshalb müssen diese mit geeigneten konstruktiven Maßnahmen verringert werden. Gleichzeitig wird durch verringerte Schwingungen die Schnittgüte verbessert und der Verschleiß verringert.

konstruktive Maßnahme	Wirkungsprinzip	Einsatzbereich
ausgenietete Dehnschlitze	An der Nahtstelle zwischen Niet und Kreissägestammblatt werden auftretende Schwingungen in Reibungswärme umgewandelt.	Trenn-, Gehrungs- und Format-schneiden
sehr dünne Dehnschlitze Laserschnitte	Lärmsenkung durch verringerte Luftverwirbelung. Die sehr dünnen Dehnfugen enden nicht mehr in einer Bohrung, sondern der Laserschnitt läuft bogenförmig aus, so dass auftretende Spannungen abgebaut werden.	Trenn-, Gehrungs- und Format-schneiden
Dämpfungsornamente	Asymetrische Figuren und ungleiche Zahnteilungen im Kreissägeblatt haben einen wesentlich besseren Dämpfungseffekt als symmetrisch aufgebaute Sägeblätter. Die Dämpfungswirkung kann durch sehr dünne Dehnschlitze noch verbessert werden.	Format- und Querschneiden
Stahl-Dämpfungsfolien Anti-Schall-Kreissägeblätter	Das Kreissägestammblatt besteht aus einem Verbundsystem mit einer viscoelastischen Kleberschicht in der Schwingungen sehr stark gedämpft werden. Zusätzlich wird durch das Verbundsystem die Steifigkeit des Sägeblttes erhöht.	Format- und Gehrungsschneiden Plattenaufteilung, Kapp- und Abkürzarbeiten

Wirksamkeit der Lärmdämpfung verschiedener Kreissägeblattausführungen

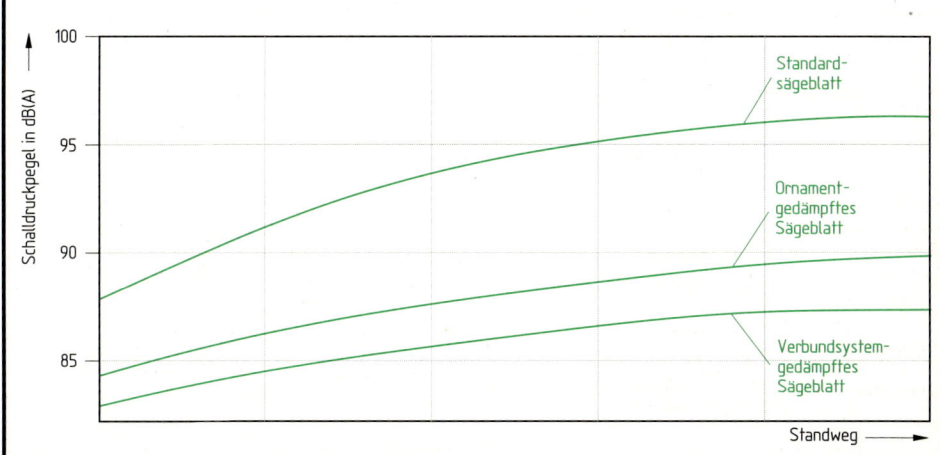

Spezielle Kreissägeblattausführungen und deren Anwendungsbereiche

Kreissägeblattausführung	Erläuterung
mit negativem Spanwinkel	Für bestimmte Anwendungsfälle müssen die Schnittkräfte anders gerichtet sein, damit ein sicheres Arbeiten möglich ist. Pendelkappsägen arbeiten im Gleichlauf. Damit die Arbeitssicherheit gewährleistet ist, dürfen die Schnittkräfte nicht in Vorschubrichtung wirken. Weitere Anwendungen sind das Zuschneiden von Hohlprofilen auf Tischkreissägen, Zuschnitte auf Gehrungs- und Doppelabkürzsägen.
mit Räumschneiden	Sägeblätter für die Vollholzbearbeitung. Die in speziellen Aussparungen im Stammblatt eingelassen Hartmetallschneiden räumen die Späne besser aus der Schnittfuge und verringern das Klemmen der Sägeblätter. Anwendung: Besäum- und Auftrennschnitte mit Einblatt- und Vielblattkreissägen.
mit Kühlelementen	Sägeblätter für die Vollholzbearbeitung. Die Aussparungen im Stammblatt sorgen für eine zusätzliche Belüftung und Kühlung während des Schnittes. Anwendung: Besäum- und Auftrennschnitte mit Einblatt- und Vielblattkreissägen.
Dünnschnitt-Kreissägeblätter	Sägeblätter für die Vollholzbearbeitung mit sehr dünnen Schnittbreiten ab 1,3 mm. Mit der Dünnschnittechnologie ist eine optimale Holzausnutzung möglich und eine verringerung des Späneanteils. Anwendung: Z.B.Lamellenzuschnitt auf Vielblattkreissägen in der Parkett-, Leisten- und Massivholzplattenfertigung.
Kehlfrässcheibe	Fräswerkzeug zum Herstellen größerer Hohlkehlen auf der Tischkreissäge. Durch variierte Vorschubrichtung und Holzanlage lassen sich verschiedene Profiltiefen und Profilbreiten herstellen. Z.B. Rustikale Bauprofile, Treppenkrümmlinge usw.

Nachschärfbereich für HM-Kreissägeblätter

Der Nachschleifabtrag richtet sich nach dem Grad der Schneidenabnützung. Als Richtwert kann ein Schleifabtrag von 0,2 mm an der Freifläche und 0,05 mm an der Spanfläche angenommen werden. Die Resthöhe und die Restdicke der HM-Schneide dürfen nicht kleiner als 1 mm werden.

Anforderungen an die Werkzeugaufnahme für Kreissägeblätter

Präzisions-HM-Kreissägeblätter können ihr hohes Leistungsvermögen hinsichtlich der Schnittgüte nur in Verbindung mit einer einwandfrei funktionierenden Maschine erbringen. Daher müssen Mindestanforderungen an den Rund- und den Planlauf der Werkzeugaufnahme erfüllt werden.
Zulässige Abweichung vom:
• Rundlauf ≤ 0,02 mm,
• Planlauf ≤ 0,02 mm.

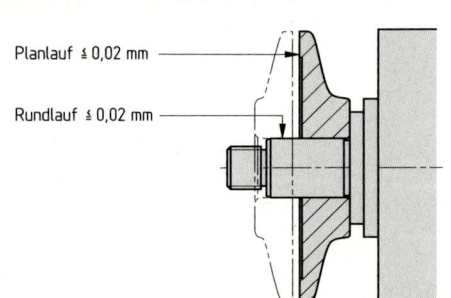

Planlauf ≤ 0,02 mm

Rundlauf ≤ 0,02 mm

Fertigungstechnik

Ermittlung der Vorschubgeschwindigkeit, Drehzahl, Zähnezahl und des Zahnvorschubes

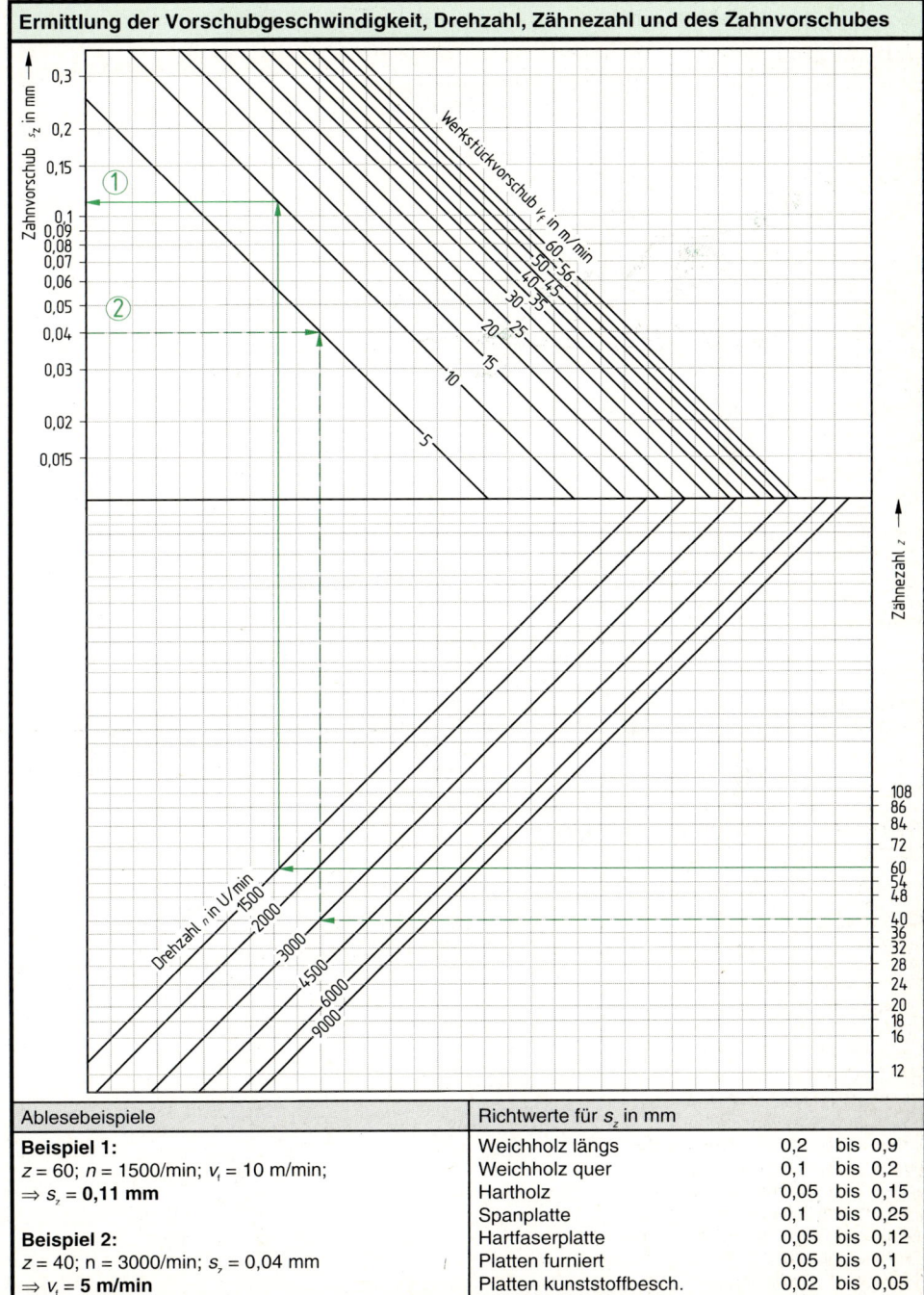

Ablesebeispiele	Richtwerte für s_z in mm			
Beispiel 1:	Weichholz längs	0,2	bis	0,9
$z = 60$; $n = 1500$/min; $v_f = 10$ m/min;	Weichholz quer	0,1	bis	0,2
$\Rightarrow s_z = $ **0,11 mm**	Hartholz	0,05	bis	0,15
	Spanplatte	0,1	bis	0,25
Beispiel 2:	Hartfaserplatte	0,05	bis	0,12
$z = 40$; n = 3000/min; $s_z = 0,04$ mm	Platten furniert	0,05	bis	0,1
$\Rightarrow v_f = $ **5 m/min**	Platten kunststoffbesch.	0,02	bis	0,05

Einflussgrößen auf die Schnittgüte und die Schnittkräfte

Sägeblattüberstand *ü*	Zahnvorschub *s*$_z$

Eintrittswinkel
Austrittswinkel

Vorschub/ Zahn = s_z

Der Ein- und Austrittswinkel des Sägezahnes und damit die Richtung der Schnittkräfte beeinflussen die Schnittkantenqualität. Mit zunehmendem Sägeblattüberstand (*ü*) wird die Qualität der oberen Schnittkante besser, die der unteren schlechter.	$$s_z = \frac{V_f}{n \cdot z}$$ s_z Zahnvorschub v_f Vorschub n Drehfrequenz z Zähnezahl

Mittlere Spandicke *h*$_m$	*h*$_m$ und spezifische Schnittkraft *F*$_s$

für Kiefer

Formel		Spangüte	Richtwerte für *h*$_m$ in mm
$$h_m = s_z \cdot \sqrt{1 - \left(\frac{h}{r}\right)^2}$$	h_m Spandicke s_z Zahnvorschub h, r siehe Abbildung	Feinschlichtspan Schlichtspan Schruppspan	0,014 bis 0,04 0,04 bis 0,1 0,16 bis 0,4

Fertigungs-technik

Einsatzarten von Kreissägen und Vorritzsägen

Gleichlauf von unten, z. B. Vorritzsägen	Gegenlauf von unten, z. B. Tischkreissäge

Ausrissgefahr

Vorritzsäge im Gleichlauf

Gegenlauf von oben, z. B. Vielblattkreissäge	Gleichlauf von oben, z. B. Doppelendprofiler

Ausrissgefahr

Vorritzsäge im Gleichlauf

Einteilung der Vorritzsägen

Bauart	Vorteil	Nachteil
einteilig, einseitig wirkend	• Problemlose, schnelle Einstellung auf eine Schnittkante der Hauptsäge	• Nur eine Schnittkante ausrissfrei
einteilig mit konischen Zähnen	• Schnittbreite lässt sich über die Schnitttiefe einstellen • Wirkt auf beide Schnittkanten der Hauptsäge • Einfache Justierung	• Ist wirkungslos, wenn zu schneidendes Material nicht vollflächig auf dem Maschinentisch aufliegt
einteilig mit zugehörendem Hauptkreissägeblatt	• Wirkt auf beide Schnittkanten der Hauptsäge • Einfache Justierung	• Haupt- u. Ritzsägeblatt müssen immer paarweise geschärft werden, damit die Schnittbreite nicht verändert wird • Verschleiß ist unterschiedlich
zweiteilig mit Zwischenringen	• Wirkt auf beide Schnittkanten • Ist in der Schnittbreite einstellbar • Für mehrere Hauptsägen nutzbar	• Komplizierte Justierung auf die exakte Schnittbreite • Schnittbreitenverstellung nur vom Spannflansch gelöst möglich
zweiteilig mit stufenloser Breiteneinstellung	• Wirkt auf beide Schnittkanten • Ist in der Schnittbreite stufenlos einstellbar • Einstellung problemlos auf dem Spannflansch möglich	–

Messerwellen-Systeme

Keilleisten-Welle	Brück-System	Tersa-Welle
Bauteile: Keilleisten, Druckfedern, Spannschrauben, HSS-Mehrweg-Hobelmesser	**Bauteile:** Keilleisten, Spannschrauben, Einstellhülsen, Messerträger mit Fixierstiften und Magneten HSS-Hobelmesser	**Bauteile:** Keilleisten, geteilt, HSS-, CV- oder HM-Einweg-Hobelmesser mit Halteprofil
Einstellehre bei jedem Messer-wechsel erforderlich	**Einstellehre** nur einmal für die Grundeinstellung erforderlich	**Einstellehre** nicht erforder-lich
Messerwechsel Die Druckfedern helfen beim Einstellen des Messer-Flug-kreises mit der Einstellehre. Die Keilleisten halten mithilfe der Spannschrauben das Messer kraftschlüssig in der Welle. Die Spannkraft wird durch die Flieh-kräfte verstärkt.	**Messerwechsel** Die Messer werden auf den Messerträgern durch Stifte justiert und mittels der integrier-ten Magnete gehalten. Die Messerträger werden auf die einmal ausgerichteten Einstell-hülsen gestellt und von der Keilleiste und den Spannschrau-ben gehalten. Die Spannkraft wird durch die Fliekräfte ver-stärkt.	**Messerwechsel** Die Keilleisten-Segmente können nach Verdrehen der Sicherungs-scheibe herausgenommen werden. Mit dem Hartholzkeil und Hammer werden sie durch Klopfen gelöst. Die Messer lassen sich seitlich herauszie-hen. Neue Messer einführen und Maschine einschalten. Die Flieh-kräfte spannen die justierten Messer.
Messerbefestigung kraft-schlüssig	Messerbefestigung kraft-schlüssig	Messerbefestigung form-schlüssig

Beurteilungskriterien für die Oberflächengüte

Messerschritt s_z	Bereichsklassifizierung für s_z
$$s_z = \frac{v_f \cdot 1000}{n \cdot z_{eff}}$$ v_f Vorschubgeschwindigkeit in m/min z_{eff} effektive Messerzahl n Drehfrequenz in 1/min s_z Messerschritt in mm	Die Übergänge sind fließend. Der Messerschritt muss je nach Verwendungszweck und Art der Nachbearbeitung unter Berücksichtigung wirt-schaftlicher und qualitativer Aspekte ausgewählt werden. Feinspan 0,3 bis 0,8 mm Schlichtspan 0,8 bis 1,7 mm Schruppspan 1,7 bis 2,5 mm

Messerwellen-Systeme (Fortsetzung)

Spiralmesser-Welle	Sinus-Welle	Centro-fix

Bauteile:
Spiralmesserträger mit Justierschlitzen, Keilhülsen-Imbusschrauben, HSS-Mehr- und Einwegmesser

Bauteile:
Keilleiste, geteilt, HSS- oder HM-Einweghobelmesser mit Halteprofil

Bauteile:
Keilleiste, geteilt, HSS- oder HM-Einweghobelmesser mit Halteprofil

Einstellehre nicht erforderlich

Einstellehre nicht erforderlich

Einstellehre nicht erforderlich

Messerwechsel
Die Messer werden vom Schärfdienst auf dem Messerträger justiert. Diese Einheit wird in die Hobelwelle eingesetzt und mit den Keilhülsen und Imbusschrauben gespannt. Diese Wellenkonstruktion gilt als die geräuschärmste.

Messerwechsel
Die Keilleistensegmente können nicht herausgenommen werden. Mit einem Hartholzkeil und Hammer werden sie durch Klopfen gelöst. Neue Messer einführen und Maschine einschalten. Die Fliehkräfte spannen die justierten Messer.

Messerwechsel
Die Keilleistensegmente können nicht herausgenommen werden. Mit einem Hartholzkeil und Hammer werden sie durch Klopfen gelöst. Nach Eindrücken eines Sicherungsstiftes lässt sich die Sicherungsscheibe drehen und das Messer seitlich herausziehen. Neue Messer einführen und Maschine einschalten. Die Fliehkräfte spannen die justierten Messer.

Messerbefestigung formschlüssig

Messerbefestigung formschlüssig

Messerbefestigung formschlüssig

Beurteilungskriterien für die Oberflächengüte

Rauhtiefe t	Bereichsklassifizierung für t
$$t = \frac{s_z^2}{4 \cdot D}$$ t Rauhtiefe D Flugkreisdurchmesser in mm s_z Messerschritt in mm	Die Übergänge sind auch hier fließend. Nicht immer kann bei einem Feinspan gemäß s_z-Kriterien auch ein Feinspan nach t-Gesichtspunkten erzeugt werden, weil der Werkzeugdurchmesser nicht immer frei wählbar ist. hohe Qualität 0,0005 bis 0,005 mm mittlere Qualität 0,005 bis 0,02 mm niedrige Qualität 0,02 bis 0,05 mm

Fertigungstechnik

Ermittlung der Vorschubgeschwindigkeit, Drehzahl, Messerzahl und des Messerschrittes

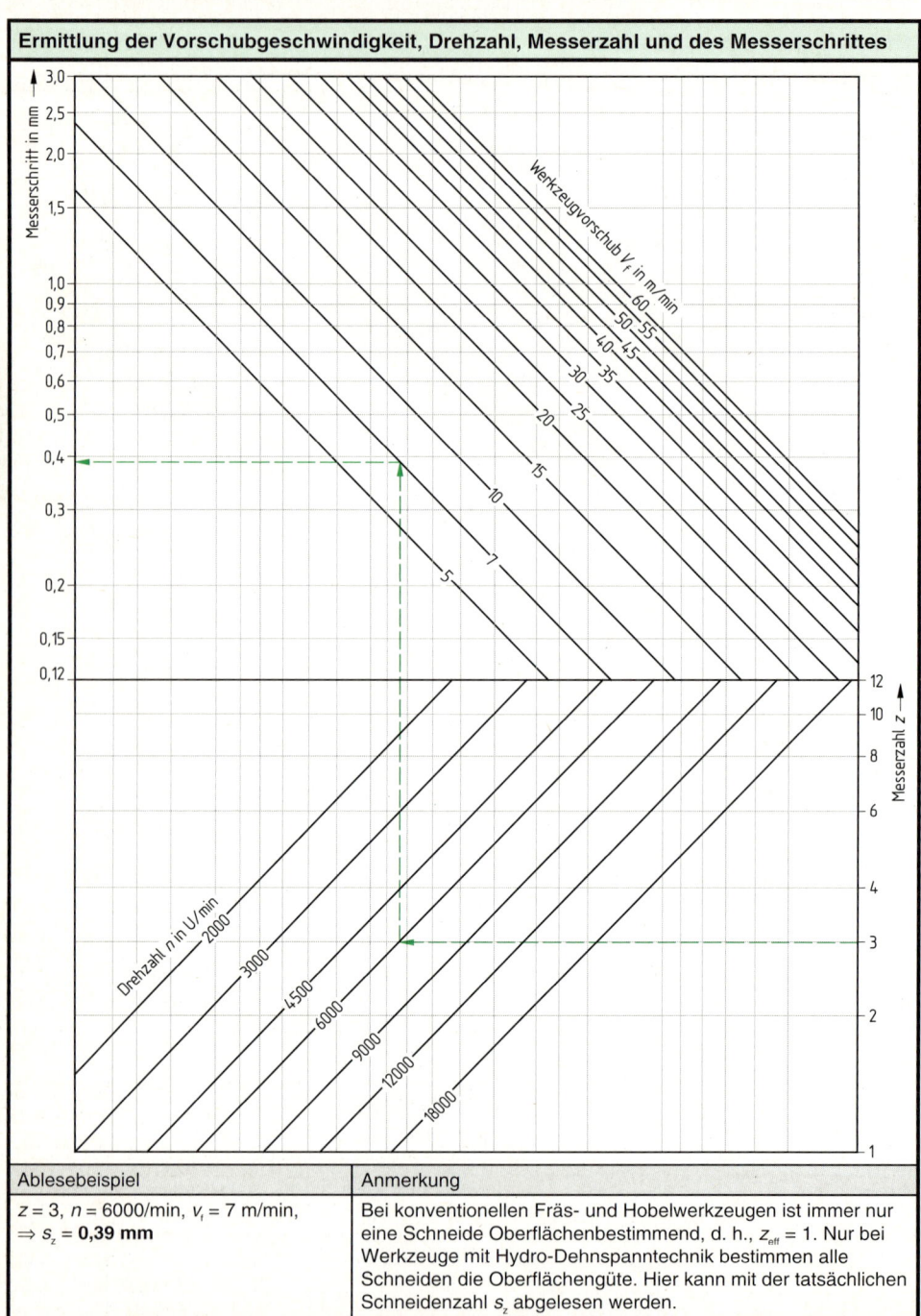

Ablesebeispiel	Anmerkung
$z = 3$, $n = 6000/min$, $v_f = 7$ m/min, $\Rightarrow s_z = \textbf{0,39 mm}$	Bei konventionellen Fräs- und Hobelwerkzeugen ist immer nur eine Schneide Oberflächenbestimmend, d. h., $z_{eff} = 1$. Nur bei Werkzeuge mit Hydro-Dehnspanntechnik bestimmen alle Schneiden die Oberflächengüte. Hier kann mit der tatsächlichen Schneidenzahl s_z abgelesen werden.

Werkzeugspannsysteme

konventionelle Werkzeugspannung

Die Werkzeuge (Fräser, Messerköpfe) werden auf die Maschinenspindel geschoben und stirnseitig mit einer Mutter gespannt. Damit sich das Werkzeug auf die Spindel schieben lässt, ist eine Passungstoleranz erforderlich. Sie kann bis zu 0,05 mm betragen, d. h., es befindet sich immer nur eine Schneide auf dem äußeren Flugkreis. Bei einer Rautiefe im mittleren Qualitätsbereich von 0,005 bis 0,02 mm kann also nur diese eine Schneide die Oberfläche bestimmen.

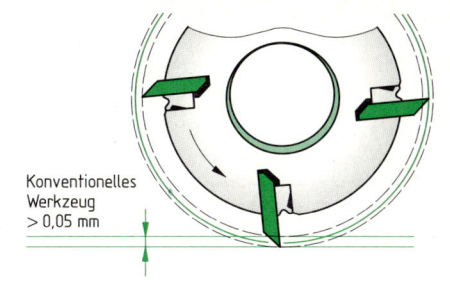

Konventionelles Werkzeug > 0,05 mm

Hydro-Dehnspanntechnik

Bei der Hydro-Dehnspanntechnik wird das Werkzeug hydraulisch gespannt. Dadurch sitzt das Werkzeug spielfrei und zentrisch auf der Maschinenspindel, d. h., es gibt keine Passungstoleranzen, sondern nur noch Rundlauftoleranzen der Maschinenspindel. Diese können bis zu 0,005 mm betragen. Bei einer Rautiefe im mittleren Qualitätsbereich wird also immer noch eine Schneide oberflächenbestimmend sein. Um zu erreichen, dass alle Schneiden auf einem Flugkreis liegen, muss das Werkzeug in der Maschine **gejointet** (nachgeschliffen) werden. Für diese Technik müssen die Maschinen über bestimmte Voraussetzungen, wie Hochleistungsspindeln, schwere Maschinenständer und Jointeinrichtung verfügen.

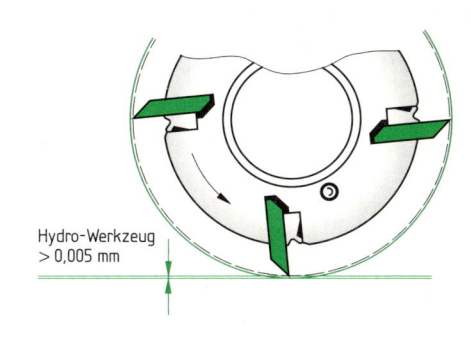

Hydro-Werkzeug > 0,005 mm

Messeranzahl und Vorschubgeschwindigkeiten für Hydrowerkzeuge

Da bei gejointeten Hydrowerkzeugen alle Messer die Oberfläche bestimmen, sind gegenüber den konventionellen Werkzeugen bei entsprechender Messerzahl und vergleichbarer Oberflächengüte wesentlich höhere Vorschubgeschwindigkeiten möglich. Dies hat vorallem für Kehlmaschinen große Bedeutung. Bei einer Drehfrequenz von $n = 6000/min$ ergeben sich folgende Werte:

v_f in m/min	Messerzahl z							
	4	6	8	10	12	14	16	20
	Messerschritt s_z in mm							
20	0,83	0,55	0,42	–	–	–	–	–
30	1,25	0,83	0,63	0,5	–	–	–	–
40	1,67	1,11	0,83	0,67	0,55	–	–	–
50	2,08	1,39	1,04	0,83	0,69	0,59	–	–
60	2,5	1,67	1,25	1,0	0,83	0,71	0,62	–
80	–	2,22	1,67	1,33	1,11	0,95	0,83	0,66
100	–	–	2,08	1,67	1,38	1,19	1,04	0,83
120	–	–	2,5	2,0	1,67	1,42	1,25	1,0
140	–	–	–	2,33	1,94	1,67	1,45	1,16
160	–	–	–	–	2,22	1,9	1,67	1,33
180	–	–	–	–	2,5	2,14	1,87	1,5

Fertigungstechnik

Spannsysteme für die Maschinenschnittstelle an Tisch- und Oberfräsmaschinen

Morsekegel-Aufnahme (**MK**-Aufnahme)	Hydro-Aufnahme (**PS**-System)
• Zentrisch und spielfrei spannende Werkzeugaufnahme für Tisch- und Oberfräsen. • Nicht geeignet für automatische Werkzeugwechselsysteme, weil die Aufnahme mit einer Überwurfmutter gespannt werden muss. • Geeignet für Fräswerkzeuge mit Bohrung, Verbundwerkzeuge und Schaftfräser. • Schaftwerkzeuge werden mit einer Spannzange in der Werkzeugaufnahme gespannt. • Axialkonstante der Werkzeuge nicht einstellbar.	• Werkzeugaufnahme mit einem Hydro-Spannsystem für zylindrische Werkzeugschäfte. • Zentrisch und spielfrei spannend. • Für Schaftdurchmesser 16 mm oder 25 mm. • Nicht geeignet für automatische Werkzeugwechselsysteme. • Häufig als Werkzeugschnittstelle bei CNC-Maschinen in Verbindung mit SK- und HSK-Aufnahmen eingesetzt. • Axialkonstante der Werkzeuge einstellbar.

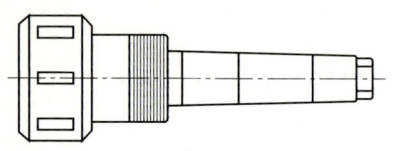

Spannzangenfutter mit MK-Schaft

Hydro-Spannfutter

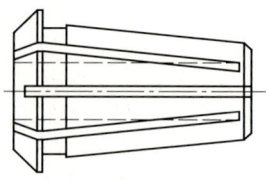

Präzisions-Spannzange

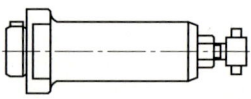

Adapter zur Aufnahme von Werkzeugen mit Bohrung in einem Hydro-Spannfutter

Steilkegel-Aufnahme (**SK**-Aufnahme)	Hohlsteilkegel-Aufnahme (**HSK**-Aufnahme)
• Zentrisch und spielfrei spannende Werkzeugaufnahme für CNC-Maschinen mit Kegelschaft. • Geeignet für automatische Werkzeugwechselsysteme. • Für die Werkzeugschnittstelle werden Spannzangenfutter, Hydro (PS) Spannfutter und Aufnahmen für Werkzeuge mit Bohrung verwendet. • Axialkonstante der Werkzeuge einstellbar.	• Zentrisch und spielfrei spannende Werkzeugaufnahme für CNC-Maschinen mit Hohlkegelschaft. • Geeignet für automatische Werkzeugwechselsysteme. • Große dynamische Belastbarkeit. • Sehr kurze Werkzeugwechselzeiten. • Werkzeugschnittstellen wie SK-Aufnahme. • Axialkonstante der Werkzeuge einstellbar.

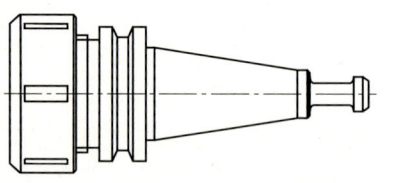

Spannzangenfutter mit SK-Schaft für automatischen Werkzeugwechsel

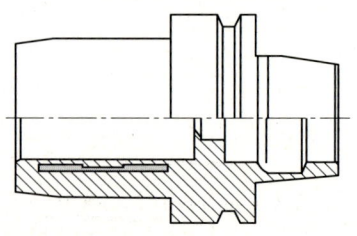

Hydro-Spannfutter mit HSK-Schaft

Bohrer für die maschinelle Holzbearbeitung (Auswahl)

Bohrerart	Kennzeichen	Anwendung/ Bemerkungen
Schlangen-bohrer	• Eingängige Förderschlange mit Spiral-windungen und großem Spanraum. • Bohrer hat keine „Seele" – deshalb sehr bruchempfindlich. • Bauform: Levin-Bohrer mit Dachspitze oder Zentrierspitze und Vorschneider. • Links- oder rechtsschneidender Bohrer.	• Sack- und Durchgangsbohrungen mit großer Bohrtiefe in Vollholz und Schicht-hölzer. • Bohrtiefen bis 75 mm ohne Zwischenent-leerung möglich. • Bei Bohrern mit Dachspitze auch an der Austrittsseite sehr gute Schnittqualität. • Schneidstoff: HSS, HM, PKD.
Spiralbohrer	• Rundgeschliffene Spannuten. • Je nach Bauart polierte Einfach- oder Dop-pelführungsfase, Dachspitze oder Zentrier-spitze u. Vorschneiden, rechtsschneidend. • Bauformen nach DIN 7487: Form A, mit Dachspitze und abgesetztem Zylinderschaft, Form C, mit Dachspitze und durchgehen-dem Zylinderschaft, Form D, mit Zentrierspitze, abgesetztem Zylinderschaft und zwei Vorschneiden, Form E, mit Zentrierspitze, durchgehen-dem Zylinderschaft und zwei Vorschneien.	• Beschlag- und Konstruktionsbohrungen. • Bohrer mit Dachspitze sind universell einsetzbar. • Bohrer mit Zentrierspitze für die Vollholz-bearbeitung und beschichtete Holzwerk-stoffe. • Bohrer mit Vorschneidern neigen zum Verlaufen und werden daher mit einer Zentrierspitze versehen. • Schneidstoff: SP, HSS, HM, PKD.
Dübelloch-bohrer	• Kurze Spiralbohrer mit kleinem Drall-winkel. • Mit oder ohne Führungsfase. • Links- oder rechtsschneidend. • Unterschiedliche Schaftformen: – Zylinderschaft mit Spannfläche und Stellschraube für den Längenausgleich, Schaftdurchmesser 8, 10, 13, 16 mm, – M8 oder M10 Gewindeschaft.	• Dübel- und Lochreihenbohrungen. • Für ausrissfreie Sacklöcher, Dübelbohrer mit Zentrierspitze und Vorschneiden. • Für beidseitig ausrissfreie Durchgangs-bohrung, Dübelbohrer mit kleinem Boh-rerspitzenwinkel $\varepsilon_B = 60°$. • Die Schaftausführung muss zu dem jeweiligen Spannfutter passen. • Schneidstoff: HSS, HM
Zylinder-kopfbohrer	• Forstnerbohrer: Kurze Zentrierspitze, zwei Hauptschneiden und eine geschlos-sene Umfangsschneide. • Nicht durchmesserkonstant.[1]	• Ausrissfreie Beschlag- und Querholz-dübelbohrungen, sowie kantenoffene Bohrungen in Vollholz. • Schneidstoff: SP, HSS.
	• Kunstbohrer: Kurze Zentrierspitze, zwei Hauptschneiden und zwei Vorschneiden. • Nicht durchmesserkonstant.[1]	• Ausrissfreie Beschlag- und Grundbohrun-gen in Vollholz und Holzwerkstoffe. • Schneidstoff: SP, HSS, HM, PKD.
Zylinder-kopfbohrer mit Wende-platten	• Wie Kunstbohrer, jedoch mit auswechsel-barer Zentrierspitze, Haupt- und Nebenschneiden. • Bohrer ist durchmesserkonstant.[1]	• Ausrissfreie Beschlag- und Grundbohrun-gen in Vollholz und Holzwerkstoffe. • Schneidstoff: HM.

[1] Zylinderkopfbohrer haben einen Nebenfreiwinkel und deshalb einen leicht konischen Zylinderkopf, der sich zum Schaft hin verjüngt. Bei jedem Schärfgang wird der Zylinderkopf etwas kürzer und damit auch etwas geringer im Durchmesser. Vor allem bei Beschlagbohrungen kann dies zu Passungsprob-lemen führen. Nur bei Präzisions-Zylinderkopfbohrern mit Wendeplatten bleibt der Durchmesser konstant, da hier die Schneiden nicht nachgeschärft sondern ausgewechselt werden.

Fertigungs-technik

Sonderwerkzeuge zum Bohren

Bohrerart	Kennzeichen	Anwendung/Bemerkungen
Scheibenschneider zweischneidiger Scheibenschneider	• Röhrenförmiges Bohr- (Fräs-) Werkzeug mit am Umfang angeordneten Hauptschneiden und einer Umfangsschneide. • Durchmesserangabe bezieht sich auf den Innendurchmesser. • Nicht durchmesserkonstant.	• Ausschneiden von Querholzdübeln. • Scheibenschneider können zu den Bohrern gerechnet werden, weil bei der Anwendung eine Bohrung entsteht. Betrachtet man ihn nach seinem Zweck, Dübel zu schneiden, ist es ein Fräser. • Schneidstoff: SP.
Langlochbohrer	• Bohr- (Fräs-) Werkzeug mit zwei Hauptschneiden und zwei achsparallelen Nebenschneiden, wobei die Hauptschneiden zum Bohren, die Nebenschneiden zum Fräsen dienen. • Nebenschneiden häufig mit eingelassenen Spanbrechernuten.	• Herstellen von Langlöchern in Vollholz für Zapfenverbindungen und Beschläge. • Schneidstoff: SP.
Pendelschlitzfräser	• Bohr- (Fräs-) Werkzeug mit zwei Vorschneiden und zwei achsparallelen Nebenschneiden. • Keine Hauptschneiden zum Bohren!	• Anwendung wie Langlochbohrer, jedoch auch für Plattenwerkstoffe geeignet. • Da keine Hauptschneiden zum Bohren vorhanden sind, wird das Werkzeug unter ständiger Pendelbewegung in den Werkstoff geführt. • Schneidstoff: HSS, HM.
Stufenbohrer	• Spiralbohrer mit zwei abgestuften Durchmessern und Zentrierspitze. • Links- oder rechtsschneidend.	• Herstellung von abgestuften Bohrungen für Schraubenlöcher in der Türenfertigung. • Schneidstoff: HSS, HM.
Senker zweischneidiger Kegelsenker	• Kegelsenker mit einem Spitzenwinkel von $\varepsilon_B = 90°$ (Ansenkwinkel) und ein oder drei Hauptschneiden. • Große Freiflächen, dadurch gute Führung des Werkzeuges.	• Nachträgliches Ansenken von Bohrungen. • Sauberes Schnittbild ohne Rattermarken. • Schneidstoff: SP, HSS, HM.
Aufstecksenker 90°-Aufstecksenker	• Kegelförmige Senker mit zwei Hauptschneiden. • Ansenkwinkel 90° oder 180°. • Links oder rechtsschneidend.	• Für die nachträgliche Montage an Spiral- und Dübelbohrern. • Zum ausrissfreien Senken und Bohren in einem Arbeitsgang. • Schneidstoff: HSS, HM.

Schleifmaschinenübersicht für die Holzbearbeitung

```
                          Schleifmaschinen
        ┌─────────────────────┬────────────────────┐
Handschleifmaschinen   Flächenschleifmaschinen   Profilschleifmaschinen
• Tellerschleifmaschinen    ┌─ Schwingschleifmaschinen   Schwingschleifmaschinen
• Bandschleifmaschinen      │  mit ebener Eingriffszone   mit Profilschuh
• Schwingschleifmaschinen   │
• Exzenterschleifmaschinen  ├─ Walzenschleifmaschinen    Bandschleifmaschinen
                            │                             • mit Schmalband
                            └─ Bandschleifmaschinen          und Profilschuh
                               • Langbandschleifmaschinen  • mit Profilgurt
                               • Breitbandschleifmaschinen
                               • Kreuzschliffautomaten      Rotationsschleifmaschinen
                               • Kantenschleifmaschinen     • mit unprofilierten
                               • Einzelholzschleifmaschinen    Rotationskörpern
                                                            • mit profilierten
                                                               Rotationskörpern
```

Schleifkornarten

Kornart	chemische Formel	Dichte in g/cm^3	Härte nach Mohs	Zähigkeits-verhältnis	Kornform	Schneid-fähigkeit
Korund[1]	Al_2O_3	3,9	9,2	130	blockig, sehr splittrig	gut
Silicium-carbid	SiC	3,2	9,7	130	blockig, splittrig	sehr gut

[1] Es gibt Naturkorunde und synthetische Korunde. Ein besonderer Korund ist Zirkonkorund, dieses Schleifkornmaterial zeichnet sich durch besonders hohe Zähigkeit aus und ist besonders für den Hochleistungsschliff von Vollhölzern geeignet.

Schleifmittelträger

Papiere[1]	A	B	C	D	E	F
Flächengewicht	75 g/cm^2	100 g/cm^2	125 g/cm^2	180 g/cm^2	250 g/cm^2	300 g/cm^2

[1] Für Schleifbänder (Breit- und Schmalbänder) werden hauptsächlich die Papiersorten D bis F verwendet.

Gewebe[2]	F	J	T	X	Y
Eigenschaften, Verwendung	extrem flexibel, für Profilschliff geeignet		robust, flexibel	robust bis sehr robust, für Schmal- und Breitbänder	

[2] Gewebeträger werden nach ihrer Flexibilität unterschieden. Für Schleifbänder werden hauptsächlich X- und Y-Gewebe verwendet. Als Fasermaterial werden Baumwolle und Polyester verwendet.

Schleifmittelaufbau

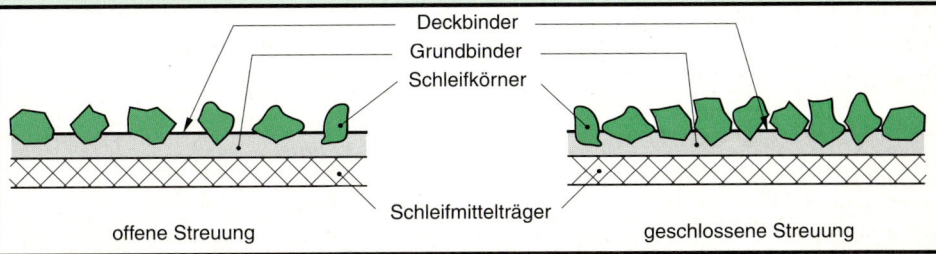

Deckbinder — Grundbinder — Schleifkörner — Schleifmittelträger

offene Streuung   geschlossene Streuung

Fertigungs-technik

Fertigungs-technik

Nachbehandlung der Schleifmittel

Antistatik-Behandlung	Auswirkung auf die Feldstärke	Antiadhäsive Überzüge
Beim Schleifen von Holz können Aufladungen von mehreren hundert kV entstehen. Die Folge davon ist elektrostatisch aufgeladener Schleifstaub der sowohl am Schleifmittel wie auch an der Maschine haftet. Dadurch wird die Standzeit stark verkürzt und zusätzlich kann durch plötzliche Funkenentladung eine erhebliche Brandgefahr entstehen. Die antistatische Behandlung von Schleifmitteln besteht in der Regel darin, dass Korn- und/oder Schleifmittelrückseite elektrisch leitfähig gemacht werden.	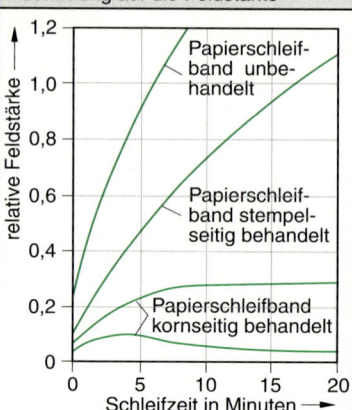	Die Freiräume zwischen den einzelnen Schleifkörnern dienen als Spanraum. Setzen sich diese Freiräume zu, wird der anfallende Schleifstaub nicht mehr ausreichend abtransportiert. Die Folge davon ist eine erhöhte Wärmeentwicklung, noch schnelleres Zusetzen des Bandes und damit ein größerer Verschleiß. Eine Behandlung mit antiadhäsiven Überzügen auf der Kornseite der Schleifmittel soll das Festsetzen von Staubpartikeln vermeiden.

Schleifbandverbindungen

Überlappte Bandverbindung		Unterklebte Bandverbindung	
	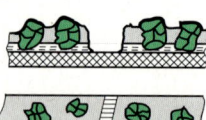		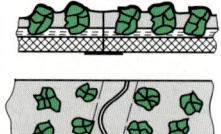
Standardverbindung für alle Papier- und Gewebebänder	kornfreie, geschliffene Verbindung für Papier- und Gewebebänder	stumpfgestoßene Verbindung für Gewebebänder mit Unterklebung	stumpfgestoßene Sinus-wellenschnitt-Verbindung für Papier- und Gewebebänder mit Unterklebung

Schleifbandauswahl

Schleifmittel	Holzart				
	Nadelholz (z. B. Kiefer parallel zur Faser)	Nadelholz (z. B. Kiefer senkrecht zur Faser)	Hartholz (z. B. Eiche parallel zur Faser)	Hartholz (z. B. Eiche senkrecht zur Faser)	unregelmäßige Maserung (z. B. Kirsche)
Träger	E- oder F-Papier				
Kornart	Korund (Al_2O_3)				
Streudichte	offen	geschlossen	geschlossen	geschlossen	geschlossen
Korngröße	120 bis 150	220 bis 240	120 bis 150	220 bis 240	220 bis 240
Besonderheit	stearatisiert	antistatik-behandelt			

Einstellbedingungen, Einstellgrößen

Werkstoff	Vollholz, Furnier	Spanplatte, MDF	Leimholz Kalibrieren	Lackgrundierung	Lack
Schnittgeschwindigkeit v_c in m/s	20 bis 25	22 bis 25	45 bis 50	1,5 bis 4	1 bis 12
Vorschubgeschwindigkeit v_f in m/min	5 bis 20	25 bis 30	5 bis 15	15 bis 20	10 bis 15

Auswahl von Klebverfahren bei der Holzverarbeitung (s. auch S. 107 u. 108)

Prinzipielle Verfahren	Verarbeitungsschritte	Anwendungsbeispiele u. Klebstoffe
Nasskleben im Aktivverfahren (Kalt-Kalt oder Kalt-Warm)	• Flüssiger, ein- oder beidseitiger Auftrag • Zusammenlegen und verpressen (mit o. ohne Temperatur/Warm- o. Kaltleim)	• Vollholz, Furnier, Holzwerkstoff • KPVAC, KRF, KUF, KPF, KMF, KEP, KUP
Nasskleben im Kaltleim-Aktivierverfahren (KA); auch Heißsiegel-Verfahren	• Flüssiger, ein- oder beidseitiger Auftrag • Nach völligem Abtrocknen (z. B. durch Heißluft oder UV-Strahlung) wieder aufschmelzen und dann verpressen	• Kantenanleimmaschinen • Post-[1] und Softforming[2] • modifizierte KPVAC, KPCB, KUF, KMF, KPF
Filmleimverfahren (Klebfilme stets mit Träger-, Klebfolien ohne Trägermaterial)	• Trockener Papierträger mit Leimimprägnierung zwischen den Werkstücken • Verpressen bei hoher Temperatur und hohem Druck	• Lagenholzherstellung (Sperrholz, Brettschichtholz, Pressschichtholz) • Direktbeschichtung von Sperrholz • K(F)UF, K(F)MF, K(F)PF
Schmelzkleben im Heiß-Kalt-Verfahren (HK)	• Aufschmelzen, flüssiger einseitiger Auftrag und sofortiges Verpressen notwendig, da der Klebstoff sofort wieder erstarrt und seine Klebfestigkeit erreicht (fast beliebig oft wiederholbar)	• Gerade Kanten, Softforming[2], Profilummantelung (ca. 200 °C) • Montageverklebungen (ca. 150 °C) • KSCH („Hotmelt") auf EVA-, PA- oder PUR-Basis
Schmelzkleben im Heiß-Kalt-Reaktiv-Verfahren (HKR); auch Heiß-Kalt-Heiß (HKH)	• Aufschmelzen, flüssiger einseitiger Auftrag und erstarren lassen • Reaktivieren (wieder aufschmelzen bei ca. 200 °C) und sofortiges Verpressen	• Vorbeschichtete Kanten für Softforming, Kanten- und Profilummantelung; auch zum „Aufbügeln" • Klebstoffe wie beim HK-Verfahren
Kontaktklebeverfahren	• Flüssiger, beidseitiger Auftrag • Nach dem Abdunsten mit kurzem starken Druck zusammenfügen	• KPCB mit Härter auch im Küchenbereich (bis ca. 120 °C belastbar) • KPAN (Acryl-Nitril-Basis) für PVC
Haftklebeverfahren	• Hineinpressen des Haftklebers in die Oberflächenstruktur des Werkstücks • Klebstoff bleibt in zähflüssigem Zustand (Kriechneigung, ablösbar)	• Ein- u. doppelseitige Klebebänder • Haftkleber auf Polyisobutylen-, Polyvinyläther- oder Naturkautschukbasis

[1] **Postforming-Profile**
(quasi „fugenlos")
• Ummanteln von Flächen und Kanten mit HPL oder besch. Furnier
• Im Durchlauf oder stationär hergestellt

[2] **Softforming-Profile**
(mit sichtbaren Fugen)
• Ummanteln von profilierten Kanten mit Furnier, Folie oder mit flexiblen Laminatkanten
• Im Durchlauf hergestellt

Spezifischer Pressdruck[1] für Breitflächenverklebungen

Richtwerte für den spezifischen Pressdruck p_{sp}[1] in N/mm^2

Furnierplatten aus Weichholz[2]	0,6...1,0	Schichtpressstoffplatten aufkleben[2]	0,3...0,5
Furnierplatten aus Hartholz[2]	1,2...1,5	Vollholzverleimung von Weichhölzern[3]	0,4...0,6
Absperren von Tischlerplatten[2]	0,6...0,8	Vollholzverleimung von Harthölzern[3]	0,8...1,2
Deckfurnieren[2]	0,4...0,6	Schichtholzverleimung[2]	1,0...2,0
Absperren u. Deckfurnieren auf einmal[2]	0,5...0,6	Pressschichtholzverleimung[2]	max. 30

$$F_P = F_{ges} = p_M \cdot A_K \cdot \eta = p_{sp} \cdot A_W \qquad p_M = \frac{p_{sp} \cdot A_W}{A_K} \qquad p_{sp} = \frac{F_P}{A_W}$$

F_P oder F_{ges} Gesamtpresskraft[4]
p_M abgelesener bzw. einzustellender Manometerdruck[5]
A_K Fläche aller Presskolben[6]

η Wirkungsgrad (0,8...0,98)
p_{sp} spezifischer Pressdruck (Herstellerangabe)
A_W Fläche aller aufgelegten Werkstücke; auch spezifische Pressfläche A_{sp}

[1] Grundsätzlich sind die Angaben des Klebstoffherstellers vorrangig zu beachten.
[2] In der Regel warm bzw. heiß verleimt. [3] Bei Kaltverleimung.
[4] 1 N ≙ 0,102 kp ≙ 0,102 kg; 1 kg ≙ 9,81 N ≙ 1 kp. [5] 1 bar = 0,1 N/mm^2. [6] A_{Kreis} = 0,785 · d^2 = U^2 : 12,566.

Fertigungstechnik

Applikationsmethoden (Auswahl)

Verfahren	Erläuterung
Streichen, Rollen	• Einfaches, zeitaufwendiges Beschichtungsverfahren für den Handauftrag • Überall einsetzbar mit geringen Lackverlusten • Ungleichmäßige Filmdicken
Spritzen	• Siehe Seiten 179 und 180
Tauchen	• Werkstücke werden mechanisch in eine lackgefüllte Wanne getaucht. Damit der Lack gleichmäßig auf der Werkstückoberfläche verlaufen kann, muss die Auftauchgeschwindigkeit der Viskosität des Lackes angepasst werden. • Rationelles, verlustarmes Verfahren für die Beschichtung von Rahmen und Stuhlgestellen in der Serienfertigung • Gute Verkettungsmöglichkeiten mit anschließender Lacktrocknung
Fluten	• Besonderes Spritzverfahren – Werkstücke werden in Durchlaufanlagen tropfsatt automatisch gespritzt. Der überschüssige Lack tropft in eine Auffangwannen und wird über einen Kreislauf dem Lackbehälter erneut zugeführt. • Gute Benetzung der Bauteile • Hauptanwendungsbereich in der Fensterfertigung
Walzen	• Beschichtungsstoffe werden mit einer gummierten Walze aufgetragen, wobei die Auftragsmenge über den Anpressdruck der Stahl-Dosierwalze zur Auftragswalze geregelt wird • setzt flächenparallele Werkstücke voraus • geringe Auftragsdicken möglich (ab 5 g/m^2) • für unterschiedliche, auch hochviskose Beschichtungsstoffe geeignet • verlustfreie und rationelle Beschichtung • gute Verkettungsmöglichkeiten in Lackieranlagen • Vorschubgeschwindigkeit 6 bis 30 m/min
Gießen	• Gießmaschinen arbeiten im Überlaufsystem, d. h., ein geschlossener Gießfilm fließt vom oberen Gießkopf in eine darunterliegende Auffangwanne. Von dort wird der Lack zurück zum Gießkopf gepumpt. Über ein Transportband werden die Werkstücke durch den Gießfilm gefördert und dabei sehr gleichmäßig beschichtet. Die Auftragsmenge wird über die Durchlaufgeschwindigkeit und Gießlippenabstand gesteuert. • Für Reaktionslacke Maschine mit zwei Gießköpfen ausrüstbar • Für plane Werkstücke geeignet • Nassauftragsmengen von 40 bis 600 g/m^2 • Verlustarme und rationelle Beschichtung • Gute Verkettungsmöglichkeiten in Lackieranlagen • Durchlaufgeschwindigkeit 30 bis 120 m/min

Wirkungsgrad in Abhängigkeit der Applikationsverluste

Applikationssystem	Wirkungsgrad	Bemerkung
Spritzen, konventionell	30 % bis 60 %	teileabhängig
Spritzen, Airless-Verfahren	40 % bis 75 %	teileabhängig
Spritzen, Heißverfahren	40 % bis 60 %	teileabhängig
Spritzen, elektrostatisch	50 % bis 70 %	teileabhängig
Spritzen, elektrostatisch mit Hochrotationsscheibe	75 % bis 90 %	teileabhängig
Tauchen	90 %	–
Walzen	100 %	–
Gießen	95 %	–

Fertigungstechnik

Spritzlackieren

Spritztechniken			
konventionelles Spritzen	Airless-Spritzen	Airmix-Spritzen	elektrostatisches Spritzen
Niederdruckmethode	Hochdruckmethode	Kombi- oder Mittel-druckmethode	

Unabhängig von der jeweiligen Methode kann manuell, automatisch oder mit Robotern gespritzt werden. Für das elektrostatische Spritzen können alle drei Spritzmethoden zum Einsatz kommen.

Konventionelles Spritzlackieren	Airless-Spritzlackieren

Konventionelles Spritzlackieren

Arbeitsprinzip: Der Lack wird bis an die Austritts-düse der Spritzpistole geführt. Mit dem Abdrück-hebel der Pistole wird nacheinander das Druckluft-ventil geöffnet und die Farbnadel für die Lackzu-fuhr zurückgezogen, sodass der Lack die Austritts-düse passieren kann. Die Farb- und Luftstrahlen treffen außerhalb der Austrittsdüse aufeinander, wo die Farbe in kleine Tropfen zerstäubt wird. Die Breite des Strahls und das Spritzbild wird durch die Luftmenge an der Austrittsdüse reguliert.

- Flexible und anpassungsfähige Methode
- Lackzufuhr aus oben- oder untenliegenden Becher (Fließ- oder Saugsystem)
- Lack wird mit Druckluft transportiert
- Arbeitsdruck bis etwa 7 bar
- Druckluftbedarf etwa 400 l/min
- Relativ geringe Farbausstoßmenge
- Relativ starke Farbnebelbildung

Airless-Spritzlackieren

Arbeitsprinzip: Der Lack wird mit hohem Druck zur Austrittsdüse der Spritzpistole geführt. Beim Austritt aus der Düse wird der Lack zerstäubt. Der Druck wird mithilfe von luftbetriebenen Kolben-pumpen oder elektrischen Membranpumpen erzeugt. Deshalb wird diese Methode auch als **luftfreies Spritzen** bezeichnet.

- Lack wird durch Druckerhöhung transportiert, jedoch **ohne** Druckluft
- Keine störende Verwirbelung in Konstruktionsecken
- Breite des Lackstrahles und Farbmenge werden durch Austausch der Austrittsdüsen verändert
- Arbeitdruck (Lack) bis 200 bar
- Geringe Farbnebelbildung und damit Verbunden eine bessere Materialausnutzung
- Große Farbausstoßmenge
- Nicht so gute Lackzerstäubung wie bei der konventionellen Spritzlackierung
- Spritzflächenbreite nicht so flexibel regulierbare

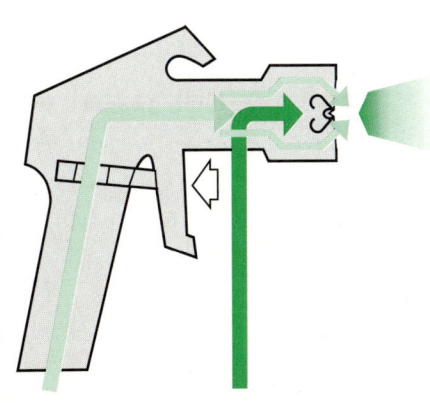

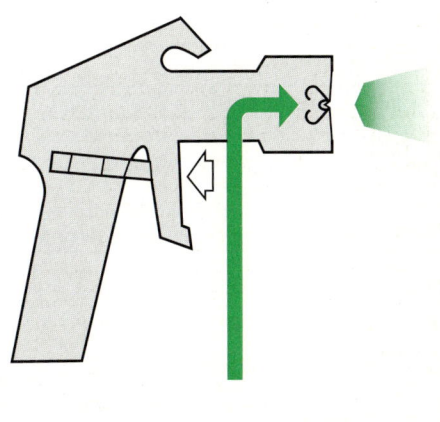

Fertigungs-technik

Fertigungstechnik

Spritzlackieren (Fortsetzung)

Airmix-Spritzen	elektrostatisches Spritzen
Arbeitsprinzip: Eine Hochdruckpumpe mit regulierbarem Druck saugt den Lack aus einem offenen Behälter und fördert ihn zur Austrittsdüse. Die Spritzpistole ist mit einer Spezialdüse ausgerüstet, die den Lack zerstäubt und anschließend den Lacknebel mit Druckluftstrahlen aus der „Hornöffnung" fein verteilt und formt. • Auch als Air-Plus, Aircoat, Airconti oder Airassist bezeichnet • Prinzip der Luft-Ummantelungs-Zerstäubung • Kombination aus konventioneller und Airless-Spritztechnik • Arbeitsdruck (Lack) zwischen 15 bis 45 bar • Arbeitsdruck der Zusatzluft für die Lackzerstäubung zwischen 0,5 bis 2 bar • Druckluftbedarf etwa 80 l/min • Sehr feine und weiche Lackzestäubung	**Arbeitsprinzip:** Lackteilchen erhalten eine elektrisch positive Ladung und streben dadurch zur negativ geladenen Bauteiloberfläche. • Medium ist ein Dielektrikum, ein magnetisches Feld, welches mit einer hohen Gleichspannung bis zu 75000 Volt zwischen Spritzaustrag und Bauteil aufgebaut wird • Feldlinien bauen sich um das gesamte Bauteil auf, was eine allseitige Lackierung ermöglicht • Voraussetzung ist eine leitende Materialoberfläche (Holz ab 8 % Holzfeuchte ausreichend) • Lackzerstäubung mit oder ohne Zusatzluft möglich • Sprühnebel gelangt fast vollständig auf die Werkstoffoberfläche – sehr geringe Auftragsverluste • Sehr gleichmäßiger Lackauftrag • Relativ hohe Investitionskosten erforderlich
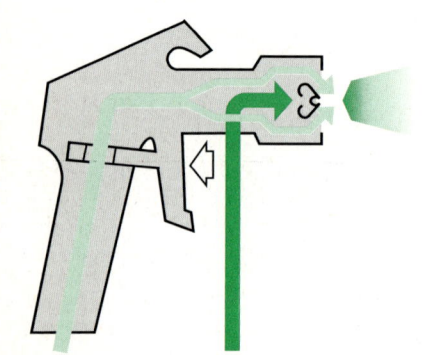	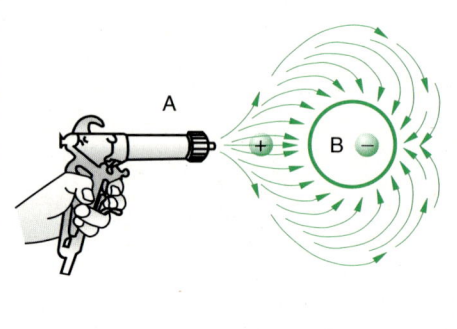

Modifizierte Spritzverfahren

Verfahren	Erläuterung
HVLP-Spritzverfahren High solid low pressure	• Spritznebelreduziertes Druckluftspritzen • Arbeitsdruck im Bereich des Niederdruckes von 0,2 bis 0,7 bar • Lackverwirbelung nach dem Turbinenprinzip im Inneren der Pistole • Geringer Rückprall und Verwirbelung der Lackpartikel auf der Oberfläche • Nachteile: geringe Austragsleistungen, Lackviskosität max. 20 s (DIN 53211)
SATA-Spritzpistole	• Luftsparendes und spritznebelarmes Druckluftspritzen • Arbeitsdruck von 1 bis 1,5 bar • Geringer Luftverbrauch von etwa 130 l/min • Lackviskosität von 25 bis 150 s
Heißspritztechnik	• Durch Erwärmung der Lacke sinkt die Viskosität – geringerer Lösungsmittelanteil erforderlich und verkürzte Trockenzeiten • Kunstharzlacke, Wachse und Öle bis 80 °C, Wasserlacke bis 45 °C

Farbnebelabsaugung bei der Spritzlackierung

Beim Spritzlackieren muss der Arbeitsraum mit einem Belüftungssystem ausgestattet sein, damit Lösungsmitteldämpfe und andere chemische Substanzen des Beschichtungsmaterials beseitigt werden. Deshalb sind die bei der Spritzlackierung entstehenden Farbnebel mit hohem Wirkungsgrad von der Luft zu trennen. Die Trennung kann etweder mit einer Trockenabscheidung oder einer Nassabscheidung erfolgen (VBG 23 siehe S. 354).

Trockenabscheidung	Nassabscheidung
• Hochleistungsventilatoren saugen die Farbnebel durch ein Filtersystem und geben die so gereinigte Luft ins Freie bzw. in die Wärmerückgewinnung (Wärmetauscher) ab • Als Filter dienen meist großflächige Glasfiltermatten, die hinter einer Prallwand liegen • Einfache kostengünstige Technik • Wirkungsgrad stark abhängig von der Sauberkeit der Filtermatten • Keine wechselseitige Verarbeitung von wärmeentwickelnden Stoffen mit leicht entzündlichen Stoffen möglich[1] • Teilweise aufwendige Reinigung	• Bei der Nassabscheidung wird die farbnebelbelastete Luft an einem Wasservorhang vorbeigeführt, sodass die Lackpartikel vom Wasser erfasst und mitgerissen werden. Dem Wasserkreislauf ist ein Koaggulierungsmittel zugemischt, um ein Trennen der Lackreste vom Wasser zu ermöglichen. • Aufwendige Technik durch Wasserkreislauf und Lackschlammabscheidung (Sondermüll) • Hoher Wirkungsgrad • Wechselseitige Verarbeitung von wärmeentwickelnden Stoffen mit leichtentzündlichen Stoffen möglich

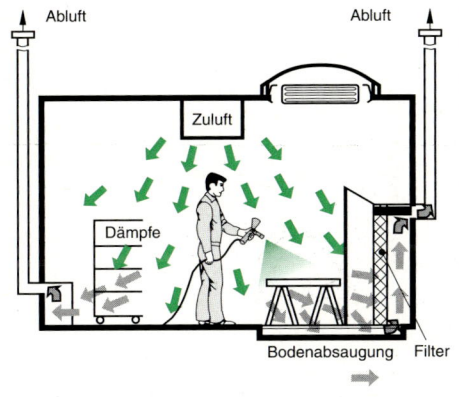

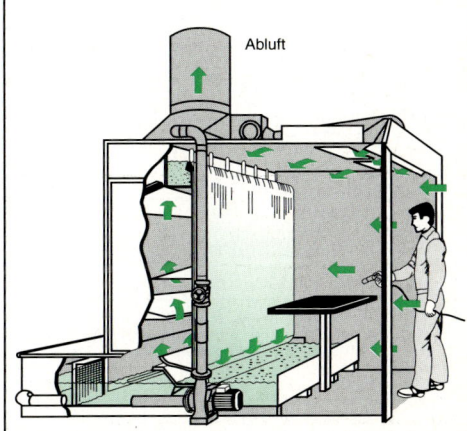

[1] Wärmeentwickelnde Stoffe sind u. a. Öllacke, Epoxidharzprodukte, Polyesterlacke, Acrylate auf Lösungsmittelbasis. Beachte: Entgegen oft anderer Aussagen entwickeln reine PUR-Lacke bei ihrer Aushärtung kaum Wärme, weshalb sie nicht in diese Gruppe gehören.
Leichtentzündlich ist vor allem CN-Lack, auch als 5 % Zumischung zu Kunstharzlacken.

Lacktrocknung (Auswahl)

Trocknungsverfahren	Lack	Bemerkungen
Trocknen mit Luft als Wärmeträger	alle wärmehärtenden, lösungsmittelhaltigen Lacke	relativ lange Trockenzeiten, erhöhte Gefahr von Schmutzeinschlüssen
Trocknen mit IR-Strahlen (Infrarot)	SH-Lacke, PUR-Lacke	relativ kurze Trockenzeiten, Lösungsmittelzusammensetzung muss auf Strahlungsleistung abgestimmt sein
Trocknen mit UV-Strahlen (Ultraviolett)	Polyesterlacke, Acryllacke	Trocknung nur auf direkt bestrahlten Flächen, gute Oberflächenqualität

Definitionen

Begriff	Erklärung
Messen	Messen ist das Aufnehmen physikalischer und technischer Größen.
Steuern	Steuern ist der Vorgang in einem System, bei dem eine oder mehrere Größen als Eingangsgrößen andere Größen als Ausgangsgrößen beeinflussen.
Regeln	Regeln ist ein Vorgang, bei dem fortlaufend eine Größe, die Regelgröße (die zu regelnde Größe), erfasst, mit einer anderen Größe der Führungsgröße verglichen und im Sinne einer Angleichung an die Führungsgröße beeinflusst wird. Kennzeichen für das Regeln ist der geschlossene Wirkungsablauf, bei dem die Regelgröße im Wirkungsweg des Regelkreises fortlaufend sich selbst beeinflusst
NC-Technik	Numerical Control: Nummerische Steuerung, die mit einem Programm aus Zahlen und Buchstaben an Bearbeitungsmaschinen eine Steuerung der Werkzeuge und/oder Anschläge mit hoher Präzision ermöglicht.
CNC-Technik	Computerized Numerical Control: Nummerische Steuerung mit Computerunterstützung zur Speicherung und Bearbeitung der Programme.
SPS	Die speicherprogrammierbare Steuerung ist ein digital arbeitendes elektronisches System mit einem programmierbaren Speicher für anwendungsorientierte Steueranweisungen mittels Funktionen, die durch digitale oder analoge Ein- und Ausgangssignale Maschinen oder Prozesse steuern.
analog	durch eine entsprechende Größe, z. B. Spannung, dargestellt
digital	durch Ziffern dargestellt

Messgrößen   DIN 19227-1

Kenn-buch-stabe	Erläuterung	Kenn-buch-stabe	Erläuterung
D	Dichte	R	Strahlungsgrößen
E	Elektrische Größen	S	Geschwindigkeit, Drehzahl, Frequenz
F	Durchfluss, Durchsatz	T	Temperatur
G	Abstand, Länge, Stellung, Dehnung	U	Zusammengesetzte Größen
H	Handeingabe, Handeingriff	V	Viskosität
K	Zeit	W	Gewichtskraft, Masse
L	Stand (z. B. Füllstand)	X	Sonstige Größen
M	Feuchte	Z	Noteingriff, Schutzeinrichtung
P	Druck	+ bzw. −	Oberer bzw. unterer Grenzwert
Q	Stoffeigenschaft, Qualitätsgrößen	/	Zwischenwert

Schema einer Steuerung

Signaleingabe	Signalverarbeitung	Signalausgabe
Eingangsgrößen werden über Signalglieder erfasst	Informationen werden gespeichert bzw. mittels Steuergliedern verknüpft	Informationen werden über Stellglieder und Antriebsglieder ausgeführt
Informationsteil	Verknüpfungs- oder Logikteil bzw. Steuerungssystem	Ausführungsteil

Fertigungs-technik

Grundbegriffe der Steuerungs- und Regelungstechnik — DIN 19226-4

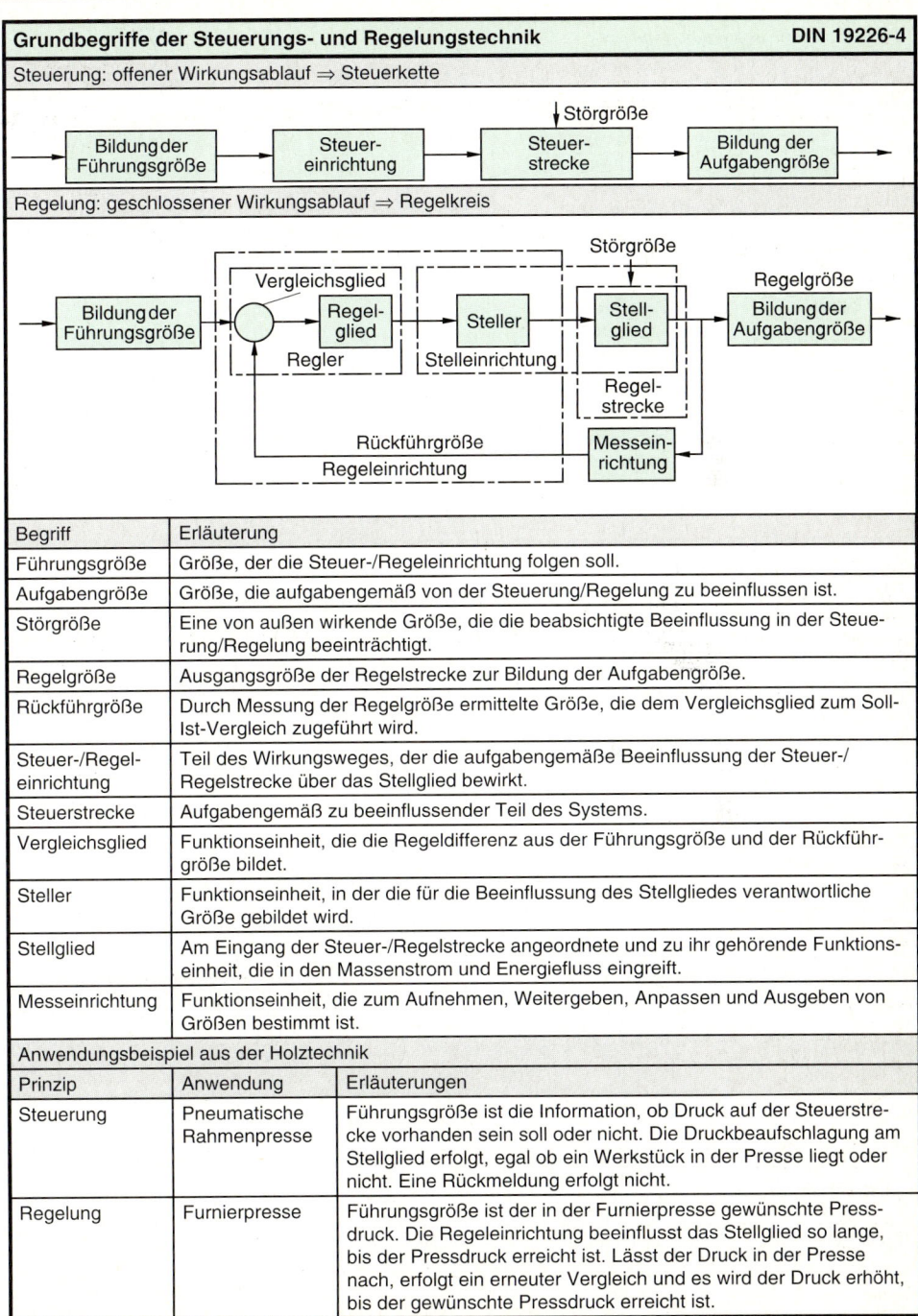

Begriff	Erläuterung
Führungsgröße	Größe, der die Steuer-/Regeleinrichtung folgen soll.
Aufgabengröße	Größe, die aufgabengemäß von der Steuerung/Regelung zu beeinflussen ist.
Störgröße	Eine von außen wirkende Größe, die die beabsichtigte Beeinflussung in der Steuerung/Regelung beeinträchtigt.
Regelgröße	Ausgangsgröße der Regelstrecke zur Bildung der Aufgabengröße.
Rückführgröße	Durch Messung der Regelgröße ermittelte Größe, die dem Vergleichsglied zum Soll-Ist-Vergleich zugeführt wird.
Steuer-/Regeleinrichtung	Teil des Wirkungsweges, der die aufgabengemäße Beeinflussung der Steuer-/Regelstrecke über das Stellglied bewirkt.
Steuerstrecke	Aufgabengemäß zu beeinflussender Teil des Systems.
Vergleichsglied	Funktionseinheit, die die Regeldifferenz aus der Führungsgröße und der Rückführgröße bildet.
Steller	Funktionseinheit, in der die für die Beeinflussung des Stellgliedes verantwortliche Größe gebildet wird.
Stellglied	Am Eingang der Steuer-/Regelstrecke angeordnete und zu ihr gehörende Funktionseinheit, die in den Massenstrom und Energiefluss eingreift.
Messeinrichtung	Funktionseinheit, die zum Aufnehmen, Weitergeben, Anpassen und Ausgeben von Größen bestimmt ist.

Anwendungsbeispiel aus der Holztechnik

Prinzip	Anwendung	Erläuterungen
Steuerung	Pneumatische Rahmenpresse	Führungsgröße ist die Information, ob Druck auf der Steuerstrecke vorhanden sein soll oder nicht. Die Druckbeaufschlagung am Stellglied erfolgt, egal ob ein Werkstück in der Presse liegt oder nicht. Eine Rückmeldung erfolgt nicht.
Regelung	Furnierpresse	Führungsgröße ist der in der Furnierpresse gewünschte Pressdruck. Die Regeleinrichtung beeinflusst das Stellglied so lange, bis der Pressdruck erreicht ist. Lässt der Druck in der Presse nach, erfolgt ein erneuter Vergleich und es wird der Druck erhöht, bis der gewünschte Pressdruck erreicht ist.

Fertigungstechnik

Fertigungs-technik

Vergleich von Steuerungsarten

Auswahlkriterien	verbindungsprogrammiert (VPS)				speicherprogram-miert (SPS)
	pneumatisch	hydraulisch	elektromechanisch	elektronisch	
Typische Bauelemente	Wegeventile	Wege-/ Sitzventile	Relais/Schütz	integrierte Bauelemente	veränderbare Software
Empfindlichkeit gegenüber Umgebungseinflüssen	unempfindlich		empfindlich gegenüber Staub und Feuchtigkeit	sehr empfindlich, z. B. gegen Feuchtigkeit und Störfelder	
Installationskosten bei umfangreichen Steuerungen	hoch	sehr hoch (Kosten für Bauelemente)	hoch	mittel	gering
Zuverlässigkeit, Lebensdauer	abhängig v. Sauberkeit der Druckluft	bei intensiver Wartung sehr hoch	abhängig vom Schaltspiel	bei entsprechender Kühlung unbegrenzt	
Wartungsaufwand	gering	hoch	gering	wartungsfrei	
Signalgeschwindigkeit	niedrig		hoch	sehr hoch	

Steuerungsarten nach Signalverarbeitung

Synchrone Steuerung	Asynchrone Steuerung	Verknüpfungssteuerung	Ablaufsteuerung
Signalverarbeitung erfolgt synchron zu einem Taktsignal	Signaländerungen erfolgen taktunabhängig nur durch Änderung der Eingangssignale	Ausgangssignalen werden durch logische Verknüpfungen definierte Zustände der Eingangssignale zugeordnet	Schrittweiser Ablauf; programmgemäß schrittweises Weiterschalten mit Weiterschaltbedingungen

Steuerungsarten nach Programmverwirklichung

Verbindungsprogrammierte Steuerung (VPS)		Speicherprogrammierbare Steuerung (SPS)	
Fest programmierbar	Umprogrammierbar	Austauschprogrammierbar	Frei programmierbar
VPS, bei der Programmänderungen nicht vorgesehen sind	VPS, bei der Programmänderungen vorgesehen und in einfacher Weise möglich sind	SPS mit Nur-Lese-Speicher; Inhalt nach erfolgter Programmierung nur durch mechanische Eingriffe veränderbar	SPS mit Schreib-Lese-Speicher (RAM); Inhalt ohne mechanische Eingriffe in beliebig kleinem Umfang veränderbar

Steuerungsarten nach Energieträger

Mechanische Steuerungen	Elektr./Elektronische Steuerungen	Pneumatische Steuerungen	Hydraulische Steuerungen
Mechanische Bauelemente	Elektrische Ladungsträger	Druckluft	Druckflüssigkeiten

Bildzeichen für Elektro-, Mess-, Steuerungs- und Regelungstechnik — DIN 19227-2

Bildzeichen	Erklärung	Bildzeichen	Erklärung
Bildzeichen für Aufnehmer			
F	Aufnehmer für Durchfluss, allgemein	P	Widerstandsaufnehmer für Druck
F	Induktiver Durchflussaufnehmer	P	Membranaufnehmer für Druck
FQ	Volumenzähler mit Impulsgeber	L	Aufnehmer für Stand (Niveau), allgemein
T	Aufnehmer für Temperatur, allgemein	L	Kapazitiver Aufnehmer
L	Aufnehmer für Stand mit Schwimmer	Q	Aufnehmer für pH-Wert
L	Membranaufnehmer mit Stand	W	Aufnehmer für Gewichtskraft, Messdose mit Widerstandsänderung
L	Widerstandsaufnehmer für Stand	W	Aufnehmer für Gewichtskraft, Masse, Waage, anzeigend
CO_2 L	Aufnehmer für CO_2-Gehalt	S	Aufnehmer für Geschwindigkeit, Drehzahl, mit Tachogenerator
T	Widerstandsthermometer	G	Aufnehmer für Abstand, Stellung, Länge, mit Widerstandsgeber
Bildzeichen für Anpasser			
	Signal- oder Messumformer, allgemein	L	Messumformer für Stand mit pneumatischem Einheitssignalausgang
	Signal- oder Messumformer mit galv. Trennung, mit Zündschutzart "Eigensicherheit"	#	Analog-Digital-Umsetzer
	Messumformer mit elektrischem Signalausgang	A	Umsetzer für elektrische Einheitssignale in pneumatische Einheitssignale
A	Messumformer mit pneumatischem Signalausgang		Signalverstärker
PD	Messumformer für Differenzdruck mit pneumatischem Einheitssignalausgang		Signalspeicher

Bildzeichen für EMSR-Technik – Fortsetzung			**DIN 19227-2**
Bildzeichen	Erklärung	Bildzeichen	Erklärung
Bildzeichen für Regler und Steuergeräte			
	PID-Regler mit steigendem Ausgangssignal bei steigendem Eingangssignal		Schreibender Regler
	PI-Regler mit fallendem Ausgangssignal bei steigendem Eingangssignal		Regler als Software-Funktion mit Kennzeichnung der Eingangs- und Ausgangsgrößen
	Anzeigender Regler		Steuergerät
Bildzeichen für Stellgeräte und Zubehör			
	Stellort, Stellglied — Stellantrieb, allgemein		Kolben-Stellantrieb — Motor-Stellantrieb
	Stellgerät — Membran-Stellantrieb		Magnet-Stellantrieb — Feder-Stellantrieb
	Bei Hilfsenergieausfall nimmt Stellgerät Stellung für maximalen (li.) oder minimalen (re.) Massenstrom bzw. Energiefluss ein		Ventil-Stellglied — Klappen-Stellglied mit Magnetantrieb
Bildzeichen für Ausgeber			
	Anzeiger, analog		Schreiber, digital
	Anzeiger, digital		Drucker
	Zähler		Leuchtmelder
Bildzeichen für Bediengeräte			
	Einsteller, allgemein		Schaltgerät, allgemein
	Signaleinsteller für elektrisches Einheitssignal mit Anzeiger		Automatische Messstellenabfrage, Schalter für 12 Stellen
Bildzeichen für Leitungen, Leitungsverbindungen, Anschlüsse und Signale			
	EMSR-Leitung, Linienbreite = 0,25 mm — Rohrleitung, Linienbreite ≥ 1 mm		Lichtwellenleiter — Geschirmte Leitung
	Einheitssignalleitung, elektrisch — Einheitssignalleitung, pneumatisch		Koaxialleitung — Wirkungslinie mit -richtung

Elektrotechnische Schaltzeichen für Kontakte, Schalter, Elektromech. Antriebe — DIN 40900

Bildzeichen	Erklärung	Bildzeichen	Erklärung
Betätigungsarten			
	von Hand, allgemein		durch Drücken
	durch Ziehen		durch Kippen
	durch Drehen		durch Rolle oder Nocken
	durch Hebel		durch Pedal
	durch Berührung		durch pneumatischen oder hydraulischen Druck
	durch Schaltuhr		durch Notschalter
	durch thermischen Antrieb, z. B. Bimetall		durch elektromagnetischen Antrieb
Schaltverhalten			
	Raste; Ein bzw. Ausrasten bei Betätigung		Sperre in einer Richtung
	Sperre in zwei Richtungen		Verzögerung nach links
	Verzögerung nach rechts		Darstellung im betätigten Zustand (Betriebszustand)
Kontakte		**Elektromechanische Antriebe**	
	Schließer (Einschaltglied) mit Kontaktbezeichnungen		Elektromechanisch, allgemein
	Öffner (Ausschaltglied) mit Kontaktbezeichnungen		Elektomechanischer Antrieb mit Rückfallverzögerung
	Wechsler (Umschaltglied) mit Kontaktbezeichnungen		Elektomechanischer Antrieb mit Ansprechverzögerung

Schalter und Sensoren (Auswahl)

	Schließer			Öffner		Wechsler
	hand-betätigt	verzögert betätigt	rollen-betätigt	rollen-betätigt	betätigter Zustand	rollen-betätigt
	Kapazitiver Sensor			Magnetischer Sensor		
	Induktiver Sensor			Optischer Sensor		

Fertigungs-technik

Fertigungstechnik

Grafische Symbole der Fluidtechnik – Energieumformung/-speicherung   DIN ISO 1219-1

Bildzeichen	Erklärung	Bildzeichen	Erklärung
Energiequellen, Pumpen, Motoren und Behälter			
	Pneumatische Energiequelle		Hydraulische Energiequelle
	Kompressor (Pneumatikpumpe)		Hydropumpe mit einer Volumenstromrichtung
	Pneumatikmotor mit wechselnder Volumenstromrichtung und zwei Drehrichtungen		Hydromotor mit einer Volumenstromrichtung und einer Drehrichtung
	Luftbehälter		Elektromotor
Zylinder			
	Einfach wirkender Pneumatikzylinder, Vorhub durch Druckbeaufschlagung, mit nicht definierter Rückhubmethode		Einfach wirkender Hydraulikzylinder, Vorschub durch Feder, Rückhub durch Druckbeaufschlagung
	Doppelt wirkender Pneumatikzylinder mit zweiseitiger Kolbenstange		Doppelt wirkender Hydraulikzylinder mit einstellbarer Dämpfung auf beiden Kolbenseiten
	Einfach wirkender Teleskopzylinder, pneumatisch		Doppeltwirkender Teleskopzylinder, hydraulisch

Grafische Symbole der Fluidtechnik – Druckmittelaufbereitung   DIN ISO 1219-1

Aufbereiter

Bildzeichen	Erklärung	Bildzeichen	Erklärung
	Filter, allgemeines Symbol		Lufttrockner
	Abscheider, Ablassventil mit manueller Entwässerung		Öler
	Filter mit Abscheider, automatische Entwässerung		Aufbereitungseinheit, z. B. bestehend aus Filter, Abscheider, Druckreduzierventil, Manometer, Öler

Grafische Symbole der Fluidtechnik – Betätigungseinrichtungen DIN ISO 1219-1

Bildzeichen	Erklärung	Bildzeichen	Erklärung
Muskelkraftbetätigung			
	Allgemeines Symbol; ohne Angabe der Betätigungsart		Druck-/Zugknopf, zwei Betätigungsrichtungen
	Druckknopf, eine Betätigungsrichtung		Hebel
	Zugknopf, eine Betätigungsrichtung		Pedal, eine Betätigungsrichtung
Mechanische Betätigung			
	Stößel, eine Betätigungsrichtung		Feder, zwei Betätigungsrichtungen
	Stößel mit einstellbarer Hubbegrenzung		Rollenstößel/-hebel
Elektrische Betätigung			
	Elektrische Betätigung, z. B. Magnet, linear, eine Wicklung		Elektromotor, zwei Drehrichtungen
Betätigung durch Druckbeaufschlagung oder Druckentlastung			
	Direkt wirkende Betätigung durch Druck oder Druckentlastung		Direkt wirkende Betätigung durch unterschiedlich große, sich gegenüberliegende Steuerflächen
	Direkt wirkende Betätigung, interner Steuerkanal		Direkt wirkende Betätigung, externer Steuerkanal
	Indirekt wirkende Betätigung durch pneumatische Betätigung einer Vorsteuerstufe		Indirekt wirkende Betätigung durch pneumatische Entlastung einer Vorsteuerstufe
	Indirekt wirkende Betätigung durch hydraulische Betätigung in zwei aufeinander folgenden Vorsteuerstufen		Indirekt wirkende Betätigung durch zweistufige Betätigung, z. B. durch elektropneumatische Vorsteuerstufe

Fertigungstechnik

Grafische Symbole der Fluidtechnik – Leitungen und Leitungsverbindungen   DIN ISO 1219-1

Leitungen		Luftauslassöffnungen	
Bildzeichen	Erklärung	Bildzeichen	Erklärung
	Arbeitsleitung, Rückflussleitung, Elektrische Leitung		Luftauslassöffnung; glatt, ohne Anschlussmöglichkeit
	Steuerleitung, Steuerfluidversorgungs-, Leckstrom-, Spül- oder Entlüftungsleitung		Luftauslassöffnung; glatt, mit Anschlussmöglichkeit

Grafische Symbole der Fluidtechnik – Energiesteuerung und -regelung   DIN ISO 1219-1

Bildzeichen	Erklärung	Bildzeichen	Erklärung
Wegeventile			
Benennung: Die erste Ziffer gibt die Anzahl der Anschlüsse (ohne Steuer- und Leckstromleitung), die zweite Ziffer die Anzahl der Schaltstellungen an, z. B. 4/2-Wegeventil.			
	2/2-Wegeventil; zwei Anschlüsse, zwei Schaltstellungen (Sperr-Ruhestellung)		4/2-Wegeventil; vier Anschlüsse, zwei Schaltstellungen
	2/2-Wegeventil; zwei Anschlüsse, zwei Schaltstellungen (Durchfluss-Ruhestellung)		4/3-Wegeventil; vier Anschlüsse, drei Schaltstellungen (Sperr-Mittelstellung)
	3/2-Wegeventil; drei Anschlüsse, zwei Schaltstellungen (Sperr-Ruhestellung)		4/3-Wegeventil; vier Anschlüsse, drei Schaltstellungen (Schwimm-Mittelstellung)
	3/2-Wegeventil; drei Anschlüsse, zwei Schaltstellungen (Durchfluss-Ruhestellung)		5/2-Wegeventil; fünf Anschlüsse, zwei Schaltstellungen
	3/3-Wegeventil; drei Anschlüsse, drei Schaltstellungen (Sperr-Mittelstellung)		5/3-Wegeventil; fünf Anschlüsse, drei Schaltstellungen (Sperr-Mittelstellung)
Druckventile			
	Einstufiges, direkt wirkendes Druckbegrenzungsventil; Einlassdruck durch Öffnen der Ablass-/Auslassöffnung, z. B. Feder gesteuert		Einstufiges, direkt wirkendes Zwei-Wege-Druckreduzierventil; federbelastet
	Zweistufiges, vorgesteuertes Druckbegrenzungsventil mit Fernsteuerung		Zweistufiges, vorgesteuertes Zwei-Wege-Druckreduzierventil; Vorsteuerventil federbelastet, Hauptventil hydraulisch betätigt, externe Steuerölrückführung

Grafische Symbole der Fluidtechnik – Energiesteuerung und -regelung   DIN ISO 1219-1

Bildzeichen	Erklärung	Bildzeichen	Erklärung
Stromventile			
	Einstellbares Drosselventil, ohne Angabe der Verstelleinrichtung oder Ventilart		Einstellbares Drosselventil mit Rollenstößelbetätigung, federbelastet
	Absperrventil mit einer gesperrten Stellung		Zwei-Wege-Stromregelventil mit veränderlichem Auslassstrom
	Drosselrückschlagventil, veränderbarer Ausgangsstrom, freier Volumenstrom in einer, gedrosselt in anderer Richtung		Stromteiler
Sperrventile			
	Rückschlagventil		Entsperrbares Rückschlagventil, schließt ohne Rückstellfeder (Steuerdruck)
	Rückschlagventil, federbelastet		Entsperrbares Rückschlagventil, öffnet gegen Rückstellfeder (Steuerdruck)
	Wechselventil (ODER-Funktion)		Zweidruckventil (UND-Funktion)

Anwendungsbeispiel

Pneumatisch gesteuerte Rahmenpresse

Fertigungstechnik

Schaltalgebraische Grundlagen				DIN 19226-3, DIN 44300-5, DIN 66000	
Benennung	Zeichen	Funktionsgleichung	Schalttabelle		Beschreibung

Benennung	Zeichen	Funktionsgleichung	a		x	Beschreibung
Negation NICHT	¬ oder ‾	$x \neg a$ oder $x = \bar{a}$	a 0 1		x 1 0	Der Ausgang weist nur dann den 1-Zustand auf, wenn sich der Eingang im 0-Zustand befindet.

Benennung	Zeichen	Funktionsgleichung	a	b	x	Beschreibung
Konjunktion, UND-Verknüpfung	∧	$x = a \wedge b$	0 1 0 1	0 0 1 1	0 0 0 1	Der Ausgang weist nur dann auf den 1-Zustand, wenn sich alle Eingänge im 1-Zustand befinden.
Disjunktion, ODER-Verknüpfung	∨	$x = a \vee b$	0 1 0 1	0 0 1 1	0 1 1 1	Der Ausgang weist dann den 1-Zustand auf, wenn sich mindestens ein Eingang im 1-Zustand befindet.
NAND-Verknüpfung	$\bar{\wedge}$	$x = a \,\bar{\wedge}\, b$	0 1 0 1	0 0 1 1	1 1 1 0	Der Ausgang weistdann den 1-Zustand auf, wenn sich mindestens ein Eingang im 0-Zustand befindet.
NOR-Verknüpfung	$\bar{\vee}$	$x = a \,\bar{\vee}\, b$	0 1 0 1	0 0 1 1	1 0 0 0	Der Ausgang weist nur dann den 1-Zustand auf, wenn sich alle Eingänge im 0-Zustand befinden.
Äquivalenz (Exklusiv-NOR)	↔	$x = a \leftrightarrow b$	0 0 1 1	0 1 0 1	1 0 0 1	Der Ausgang weist nur dann den 1-Zustand auf, wenn sich alle Eingänge in demselben Zustand befinden.
Antivalenz, XOR-Verknüpfung (Exklusiv-ODER)	↮	$x = a \nleftrightarrow b$	0 0 1 1	0 1 0 1	0 1 1 0	Der Ausgang weist nur dann den 1-Zustand auf, wenn sich beide Eingänge in unterschiedlichen Zuständen befinden.

Rangfolge der Symbole nach der Stärke der Bindung		
1. ¬ oder ‾	2. ∧ ∨ $\bar{\wedge}$ $\bar{\vee}$	3. ↔ ↮

Die Rangfolge gibt an, welches Symbol bei mehreren Verknüpfungen in einer Formel zuerst ausgeführt wird. Symbole der gleichen Rangfolge binden unter sich gleich stark.
Durch Verwendung von Klammern entsprechend den mathematischen Klammerregeln können weitere Abstufungen erfolgen.

Fertigungstechnik

Speicherprogrammierte Steuerungen (SPS)			DIN EN 61131-3
SPS-Programmierung durch Kontaktplan			
Symbol	Erklärung	Symbol	Erklärung
⊣ ⊐E – – –	Eingang, kehrt Signal nicht um (betätigter Schließer/unbet. Öffner)	– – – (S)⊣	Ausgang setzen
⊣ ⊐/E – – –	Negierter Eingang, kehrt Signal um (unbetät. Schließer/ betät. Öffner)	– – – (/)⊣	Negierter Ausgang
– – – ( )⊣	Ausgang, allgemein	– – – (R)⊣	Ausgang rücksetzen

Speicherprogrammierte Steuerungen (SPS)			DIN EN 61131-3
SPS-Programmierung durch Anweisungsliste			
Eine Anweisungsliste besteht aus:			
Operationsteil		Operandenteil	
Operationen zur Signalverarbeitung	Operationen zur Programmorganisation	Operandenkennzeichen	Parameter (Zahlen)
Zeichen	Beschreibung	Zeichen	Beschreibung
Operationen zur Signalverarbeitung			
U	UND-Verknüpfung; erfolgt, wenn Abfrage Signalzustand 1 ergibt	UN	UND-NICHT-Verknüpfung erfolgt, wenn Abfrage Signalzustand 0 ergibt
O	ODER-Verknüpfung; erfolgt, wenn Abfrage Signalzustand 1 ergibt	ON	ODER-NICHT-Verknüpfung erfolgt, wenn Abfrage Signalzustand 0 ergibt
N	NICHT/Negation	XO	Exklusiv-ODER
ADD	Addieren	SUB	Subtrahieren
MUL	Multiplizieren	DIV	Dividieren
S, R	Setzen/Rücksetzen	ZV, ZR	Vor-/Rückwärtszählen
SE, SA	Einschalt-/Ausschalt-verzögerung	=	Zuweisung
Operationen zur Programmorganisation			
NOP	Nulloperation: Leerstelle programmieren	L	Laden: Beginn einer Anweisungsfolge
BA	Baustein-Aufruf: Nummer des Bausteins angeben	BAB	Bedingter Baustein-Aufruf: Nummer des Bausteins angeben
BE	Baustein-Ende: Steht am Schluss	PE	Programm-Ende: Steht am Schluss
SP	Unbed. Sprung: Sprungadresse angeben	SPB	Bedingter Sprung
(	Klammer AUF: nicht allein stehend	)	Klammer ZU: kann allein stehen
Operandenkennzeichen			
E	Eingang (input); ergänzen mit Nr. des Geräteeingangs	A	Ausgang (output); ergänzen mit Nr. des Geräteausgangs
M	Merker (memory); ergänzen mit Nr. des Merkers im SPS-Gerät	T	Zeitglied (timer); ergänzen mit Nr. des Timers im Gerät
Z	Zähler (counter); ergänzen mit Nr. des Zählers im Gerät	K	Konstante (constant); Eingabe einer Konstanten, Zeit oder Zählerstand
P	Programmbaustein; ergänzen mit Nr.	F	Funktionsbaustein; ergänzen mit Nr.

Speicherprogrammierte Steuerungen (SPS) — DIN EN 61131-3

SPS-Programmierung durch Logikplan/Funktionsplan

Symbol	Erklärung	Symbol	Erklärung
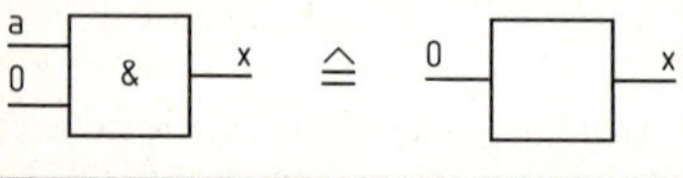	UND-Verknüpfung	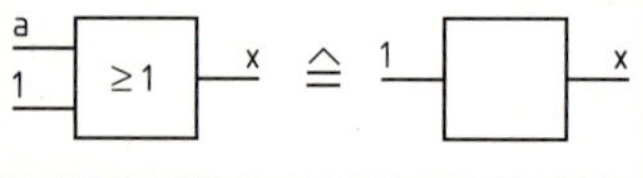	ODER-Verknüpfung

Beispiele zur Programmierung von SPS

Funktion	Logikplan/Funktionsplan	Kontaktplan	Anweisungsliste Adresse	Anweisungsliste Anweisung
UND	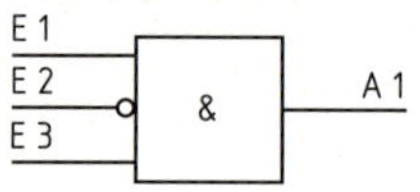	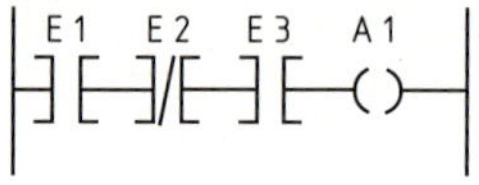	001 002 003 004 005	U E 1 UN E 2 U E 3 = A 1 PE
ODER	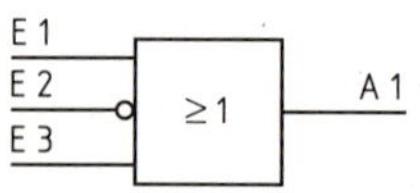	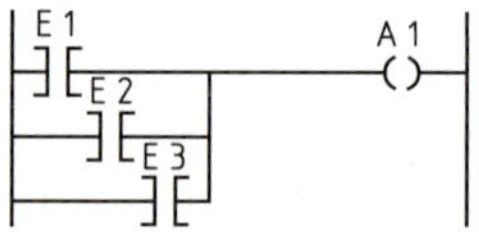	001 002 003 004 005	U E 1 O E 2 O E 3 = A 1 PE
UND vor UND mit Zwischen-merker	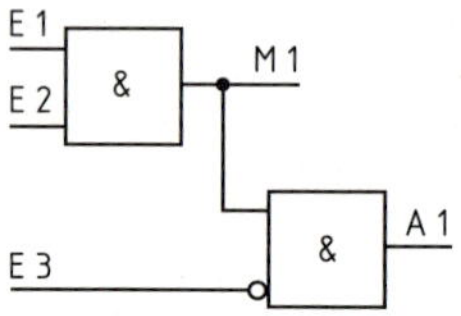	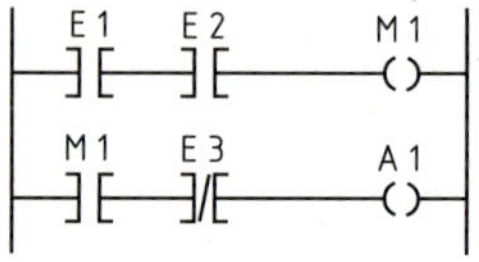	001 002 003 004 005 006 007	U E 1 U E 2 = M 1 U M 1 UN E 3 = A 1 PE
ODER vor UND mit Zwischen-merker	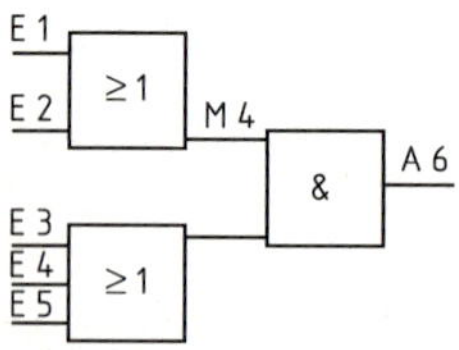	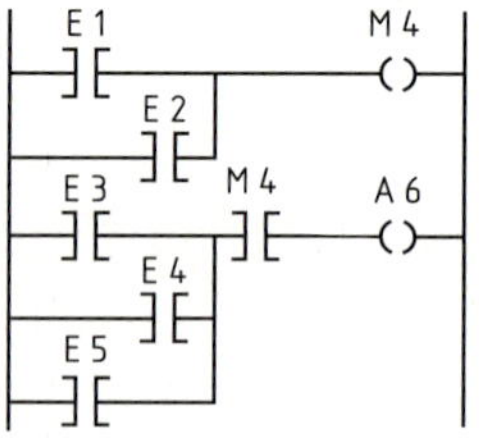	001 002 003 004 005 006 007 008 009	U E 1 O E 2 = M 4 U E 3 O E 4 O E 5 U M 4 = A 6 PE
Exklusives ODER (Antivalenz)	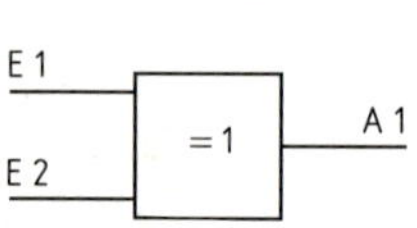	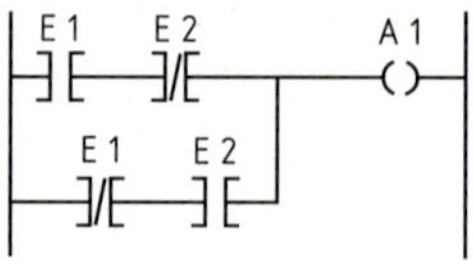	001 002 003 004 005 006 007 008	U E 1 UN E 2 O(UN E 1 U E 2) = A 1 PE
Einschalt-verzögerung	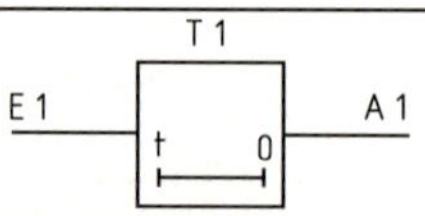 Verzögerungszeit: $7 \cdot 0{,}01\ s \cdot 10^2$	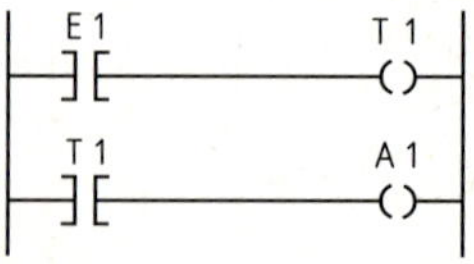	001 002 003 004 005 006	U E 1 L KT 7.2 SE T 1 U T 1 = A 1 PE

Koordinatensysteme an CNC-Maschinen

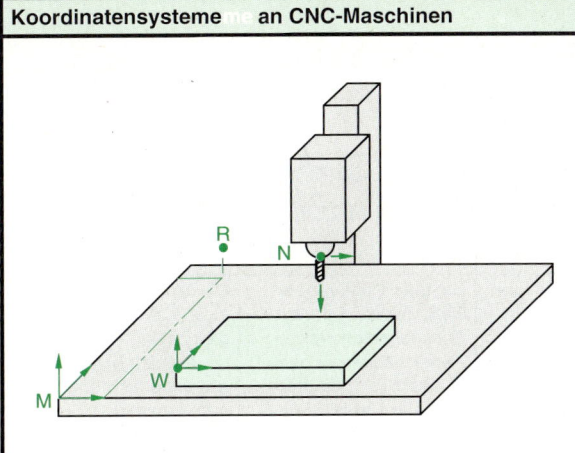

	Das **Maschinenkoordinatensystem** beschreibt in der Regel den gesamten Arbeitsraum der CNC-Maschine und hat seinen Ursprung im Maschinennullpunkt.
	Das **Werkzeugkoordinatensystem** hat seinen Ursprung im Werkzeugaufnahmepunkt. In diesem Koordinatensystem werden die Werkzeuglängen und -durchmesser der einzelnen Werkzeuge vermessen und anschließend im Werkzeugregister abgelegt.
	Das **Werkstückkoordinatensystem** dient zur Programmierung der Bearbeitungsgänge am Werkstück unabhängig vom Maschinenkoordinatensystem.

Maschinennullpunkt (M) 	Bei der Konstruktion der CNC-Maschine festgelegter Nullpunkt im Messsystem, der in der Regel an einem Eckpunkt des Arbeitsraumes der Maschine liegt.
Werkstücknullpunkt (W) 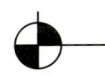	Dieser Punkt wird als Ursprung des Werkstückkoordinatensystems vom Programmierer nach den Erfordernissen des jeweiligen Werkstücks festgelegt. Durch die sogenannte Nullpunktverschiebung wird der Werkstücknullpunkt im Maschinenkoordinatensystem festgelegt.
Werkzeugaufnahmepunkt (N)	Dieser Punkt ist der Ursprung des Werkzeugkoordinatensystems. Auf ihn beziehen sich die Angaben im Werkzeugregister, die Längen und Durchmesser der verwendeten Werkzeuge beschreiben.
Referenzpunkt (R)	Der Referenzpunkt ist ein vom Maschinenkonstrukteur im Arbeitsraum festgelegter Punkt, der beim Einschalten der Maschine angefahren wird, um den Ursprung des Werkzeugkoordinatensystems im Maschinenkoordinatensystem festzulegen. Die Maschinensteuerung „weiß" damit, wo sich der Werkzeugaufnahmepunkt im Arbeitsraum befindet.

Koordinatenachsen an CNC-Maschinen   **DIN 66217**

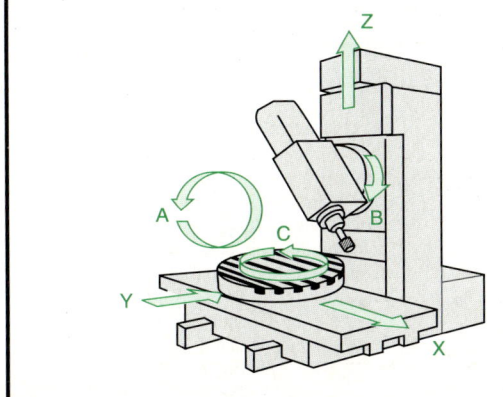

Achse	Verfahrwege
X	Gradlinige Bewegung in X-Richtung
Y	Gradlinige Bewegung in Y-Richtung
Z	Gradlinige Bewegung in Z-Richtung
A	Drehung um die X-Achse
B	Drehung um die Y-Achse
C	Drehung um die Z-Achse

Fertigungstechnik

Steuerungsarten an CNC-Maschinen			DIN ISO 2806
Punktsteuerung	Streckensteuerung	Bahnsteuerung	
Die Steuerung fährt auf unkontrolliertem Weg einen Punkt an	Die Steuerung fährt auf kontrolliertem Weg eine Strecke entlang einer Achse	Die Maschine verfährt linear in zwei oder drei Achsen gleichzeitig, wobei sich die Achsen in einem festgelegten Verhältnis **abhängig** voneinander bewegen	Die Maschine verfährt in zwei oder drei Achsen gleichzeitig, wobei sich die Achsen **unabhängig** voneinander bewegen
Eilgang auf einen bestimmten Punkt	Geradlinige Bewegung mit festgelegtem Vorschub	Beliebige geradlinige Bewegung im Raum mit festgelegtem Vorschub	Beliebige Bahn im Raum mit festgelegtem Vorschub

Programmierung von CNC-Maschinen		DIN 66025-1

Begriffsdefinitionen

Begriff	Erklärung	Beispiel
Adresse	Ein Adressbuchstabe gibt an, um welche Information es sich bei der folgenden Ziffer handelt	Bedeutung siehe Tabelle Adressbuchstaben
Wort	Ein Wort besteht aus einer Adresse und einer Ziffernfolge.	G01; T01; X20.05; F1000
Satz	Ein Satz besteht aus mehreren Worten, die widerspruchsfrei eine Arbeitsanweisung für die CNC-Maschine ergeben.	N10 G01 X30 Y50 Z20 F1500 (Satz 10: „Verfahre mit Vorschub von 1500 mm/min auf den Punkt X = 30; Y = 50; Z = 20")

Begriff	Erläuterung
Geometrische Information	Die zu fertigende Form eines Werkstücks wird geometrisch mit Wegbedingungen und Koordinaten beschrieben.
Technologische Information	Zur Fertigung sind zusätzlich Angaben zu Vorschub, Spindeldrehzahl, Werkzeugabmessungen, Drehrichtung der Spindel u. a. erforderlich.

Adressbuchstaben

Adresse	Bedeutung	Adresse	Bedeutung
A	Drehbewegung um X-Achse	N	Satz-Nummer
B	Drehbewegung um Y-Achse	S	Spindeldrehzahl
C	Drehbewegung um Z-Achse	T	Werkzeug
D	Werkzeugkorrekturspeicher	U	zweite Bewegung parallel zur X-Achse
F	Vorschub		(z. B. inkrementelle Bewegung)
G	Wegbedingung	V	zweite Bewegung parallel zur Y-Achse
I	Interpolationsparameter parallel zur X-Achse		(z. B. inkrementelle Bewegung)
J	Interpolationsparameter parallel zur Y-Achse	W	zweite Bewegung parallel zur Z-Achse (z. B. inkrementelle Bewegung)
K	Interpolationsparameter parallel zur Z-Achse	X	Bewegung in Richtung X-Achse
		Y	Bewegung in Richtung Y-Achse
M	Zusatzfunktion	Z	Bewegung in Richtung Z-Achse

Programmierung von CNC-Holzbearbeitungsmaschinen — DIN 66025-2

Ausgewählte Wegebedingungen für Bohr- und Fräsmaschinen

Die Verwendung der Ziffern für Wegbedingungen kann sich bei Maschinen verschiedener Hersteller deutlich unterscheiden, da die DIN 66025 nicht in jedem Fall verbindliche Festlegungen trifft. Aufgeführt sind deshalb die im Rahmen der DIN-Festlegungen in der Holzverarbeitung gebräuchlichsten Wegbedingungen.

Gruppe	Wort	Wegbedingung	Erläuterung
a	G00 G01 G02 G03	Punktsteuerungsverhalten Geraden-Interpolation Kreisinterpolation im Uhrzeigersinn Kreisinterpolation im Gegenuhrzeigersinn	Eilgang zu einem bestimmten Punkt Geradlinige Fräs- oder Bohrbewegung Beliebige Kreisbögen bis zum Vollkreis unter Angabe des Keismittelpunktes mit den Parametern I, J und K
–	G04	Verweilzeit, zeitlich vorbestimmt	Die Zeit für den Stillstand, bis die Spindel beim Einschalten die gewünschte Drehzahl erreicht hat, kann angegeben werden.
d	G40 G41 G42	Aufheben der Werkzeugkorrektur Werkzeugbahnkorrektur, links Werkzeugbahnkorrektur, rechts	Bei eingeschalteter Werkzeugbahnkorrektur verfährt die Spindel um den Werkzeugradius versetzt links oder rechts neben dem programmierten Weg.
f	G53 G54 bis G59	Aufheben der Nullpunktverschiebung Nullpunktverschiebung in 6 Registern speicherbar (Register 1 entspricht G54, 2 entspricht G55,...)	Die Koordinaten des Werkstücknullpunktes werden in eines der freien Register geschrieben. Mit der entsprechenden Wegebedingung wird die Verschiebung aus dem laufenden Programm aktiviert.
m	G70 G71	Maßangaben in Inch Maßangaben in Millimeter	Umschalten vom englischen auf das metrische Messsystem
–	G74	Anfahren Referenzpunkt	Referenzfahrt im laufenden Programm
e	G80 G81 bis G89	Aufheben Arbeitszyklus Arbeitszyklen	Arbeitszyklen sind komplexe Funktionen, die eine Vielzahl von vordefinierten Arbeitsschritten zusammenfassen. Mit Eingabe weniger Parameter können Kreistaschen, Rechtecktaschen, Bohrbilder oder Lochreihen gefräst bzw. gebohrt werden.
j	G90 G91	Absolute Maßangaben Inkrementelle Maßangaben	Absolute Maßangaben beziehen sich immer auf den Ursprung des jeweiligen Koordinatensystems, inkrementelle Maßangaben haben als Ursprung (X = 0; Y = 0) die jeweilige Startposition der einzelnen Verfahrbewegung.
k	G94 G95	Angabe der Vorschubgeschwindigkeit in mm/min (inch/min) Angabe des Vorschubes in Millimeter (inch) je Umdrehung	Zeitabhängiger Vorschub Drehzahlabhängiger Vorschub
l	G96 G97	Konstante Schnittgeschwindigkeit Angabe der Spindeldrehzahl	Schnittgeschwindigkeit konstant bei verschiedenen Werkzeugradien oder feste Drehzahl

Die in Gruppen mit Buchstabenbezeichnung zusammengefassten Wegebedingungen bleiben in der Steuerung gespeichert über die weiteren Sätze solange wirksam, bis sie durch eine Bedingung aus derselben Gruppe abgewählt oder ersetzt werden. Zwei Wegebedingungen aus einer Gruppe dürfen nicht in einem Satz stehen.

Programmierung von CNC-Maschinen		DIN 66025-2

Ausgewählte Zusatzfunktionen an Bohr- und Fräsmaschinen

Wort	Bedeutung	Erläuterung
M00	Programmierter Halt	Stillsetzen der Maschine am Ende eines Satzes; Spindel aus; Eingriff in den Arbeitsraum der Maschine möglich.
M01	Wahlweiser Halt	Entscheidung während des Programmablaufs möglich, durch Betätigung eines entsprechenden Schalters.
M03 M04	Spindel im Uhrzeigersinn Spindel gegen Uhrzeigersinn	Spindel läuft sofort an; Funktion bleibt gespeichert bis Abwahl durch entsprechende Anweisung.
M05	Spindel Halt	Schnellstmögliches Stillsetzen der Spindel am Ende des Satzes; wird durch M03 aufgehoben.
M06	Werkzeugwechsel	Auslösung des Werkzeugwechsels.
M30	Programmende mit Rücksetzen	Alle Funktionen werden abgeschaltet; Steuerprogramm wird auf den Programmanfang zurückgesetzt.
M40	Automatische Getriebeschaltung	Drehzahl stellt sich sofort werkzeugabhängig ein, wenn die entsprechende Angabe bei der Werkzeugdefinition gemacht wurde; bleibt gespeichert.
M41 bis M45	Getriebestufe 1 bis 5	Anwahl von Getriebestufen zur stufenweisen Drehzahleinstellung; sofort wirksam u. bleibt gespeichert.
M60	Werkstückwechsel	Spindel hält am Ende des Satzes; Werkstück wird freigegeben, Sicherheitsfunktionen sind deaktiviert.

Programmierbeispiel

Werkstück	Programm
Fräsen der Kontur eines Füllungselements mit einem Fräser mit einem Durchmesser von 10 mm	Das Programm sieht einen Verfahrweg beginnend in Startpunkt P0 über P1, P2 etc. wieder zum Punkt P0 vor. Die Z-Achse bleibt unberücksichtigt.

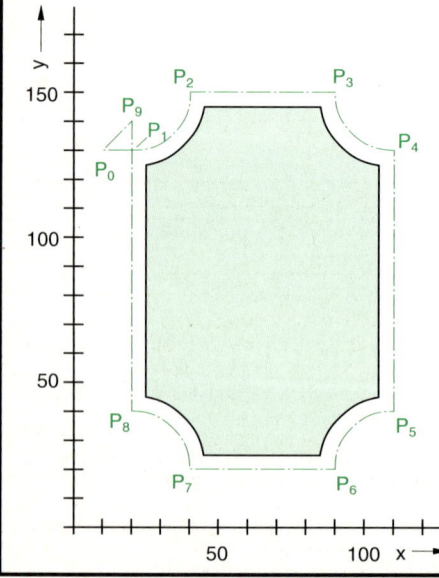

Programmsätze	Zielpunkt
N00 M03	
N10 G01 X20 Y130 F2000	P1
N20 G03 X40 Y150 I0 J20	P2
N30 G01 X90 Y150	P3
N40 G03 X110 Y130 I20 J0	P4
N50 G01 X110 Y40	P5
N60 G03 X90 Y20 I0 J-20	P6
N70 G01 X40 Y20	P7
N80 G03 X20 Y40 I-20 J	P8
N90 G01 X20 Y140	P9
N100 G00 X10 Y130	P0
N110 M30	

Die Parameter I und J geben jeweils die Position des Kreismittelpunkts vom jeweiligen Startpunkt aus in X(I)- und Y(J)-Richtung an.

Holzbearbeitungsmaschinen mit CNC-Steuerung

Dargestellt werden Grundtypen von CNC-Maschinen für die Holzverarbeitung.

Maschinentyp	Beschreibung	Wesentliche Merkmale	Anwendungsbereiche
Oberfräse	Grundtyp für Fräsarbeiten	• nur Fräsaggregate • bis zu 5 Achsen	• Vollholzbearbeitung • Treppenbau
Bohrmaschine	Grundtyp speziell für Bohrarbeiten	• nur Bohraggregate • Mehrfachspindeln	• Dübelbohrungen • Beschlagbohrungen
Bearbeitungs-zentrum	Maschine zur Komplettbearbeitung von großformatigen Werkstücken	• Kombination von Bohr- und Fräsaggregaten • je nach Bearbeitungszweck eher als Bohr- oder eher als Fräsmaschine ausgestattet • eventuell weitere Sonderaggregate wie zum Beispiel Nutsäge oder Leimaggregat für geschweifte Kanten als Ergänzungsmodule	Plattenbearbeitung, zum Beispiel • Türenfertigung • Möbelbau • Innenausbau • Fahrzeugausbau • Ladenbau
Durchlaufmaschine zur Kantenbearbeitung	Werkstücke laufen an mehreren Aggregaten in Reihe zum Anleimen und Bearbeiten vorbei	Modulartiger Aufbau mit zustellbaren Aggregaten je nach Bearbeitungsfolge, zum Beispiel • Anleimaggregat • Fräsaggregat • Ziehklinge, Bürste	• Einleimer und Anleimer an Plattenwerkstoffen • Kantenbearbeitung
Platten-aufteilsäge	Spezialmaschine für den Plattenzuschnitt	• Sägeaggregat in zwei Achsen verfahrbar • Computerunterstützung bei der Zuschnittoptimierung	• Plattenzuschnitt
Winkel-kombination	Maschine mit im rechten Winkel angeordneter Schlitz- und Zapfen- sowie Profilierstrecke.	• Mehrere Frässpindeln mit mehrfach bestückten Werkzeugsätzen, die je nach Bearbeitungsaufgabe in der Höhe positioniert werden. • Anordnung im rechten Winkel für aufeinanderfolgende Quer und Längsbearbeitung im Durchlauf.	• Fensterbau • Haustürenbau
Drehmaschine	nummerisch gesteuerte Drehmaschine	• Positionierung des Drehmeißels • Drehzahlsteuerung	Drechseln

Beispiele für CNC-Steuerung an konventionellen Holzbearbeitungsmaschinen

Holzbearbeitungs-maschine	steuerbare Aggregate	Praktische Auswirkungen
Formatkreissäge	• Höhe der Welle • Neigung der Welle • Parallelanschlag • Queranschlag • Drehzahl	• Speicherung von Maschineneinstellungen für jedes einzelne Werkstück • Exakte Einstellung der Maschine bei nachträglichem Zuschnitt einzelner Teile • Angabe der Schnittgeschwindigkeit anstelle einer Drehzahl
Tischfräse	• Spindelhub • Spindelneigung • Anschläge • Drehzahl • Tischöffnung	• kurze Rüstzeiten durch spezielle Werkzeugaufnahme oder mehrere Werkzeuge auf der Spindel • schnelle und exakte Einstellung der Maschine • hohe Wiederholgenauigkeit

Fertigungs-technik

Baustile

Romanik ca. (800) 1000 bis 1250	Gotik ca. 1250 bis 1500	Renaissance ca. 1500 bis 1650	Barock ca. 1650 bis 1800
• Rundbögen (nach römischen Vorbildern) an kleinen Fenstern, niedrigen Portalen und Galerien • wuchtige, massig wirkende Bauweise • wehrhaft mit runden Türmen • Säulen mit einfachen Würfelkapitellen • Tonnen- und Kreuzgewölbe • strenge, geometrische Gliederung	• Spitzbogen in Verbindung mit Strebepfeilern (Skelettbauweise) • Wand wird in einzelne Pfeiler aufgelöst • feingliedrig (Maßwerk) • Säulen hoch und schlank, z. T. als Halbsäulen (Dienste) oder gebündelt • Kreuzrippen- und Netzgewölbe • die Senkrechte stark betonend	• Antike als Vorbild (Wiedergeburt) • klare, die waagerechte betonende Fassaden mit im unteren Schaft geteilten Säulen, die auf einem quaderförmigen Sokkel stehen und sich auf das Geschoss beschränken (Geschossgliederung) • Giebel an Fenstern und Portalen • Kuppelbauten	• Strenge Formen werden durch Schwünge aufgelockert • Säulen reichen über das Geschoss hinaus (Kolossalordnung) • absolute Symmetrie • Risalite zur Betonung der Mitte und Ecken • Repräsentation als wichtigestes Gestaltungsprinzip • riesige Schlossbauten mit Stadtanlagen

Baustile

Klassizismus ca. 1800 bis 1850	Historismus, Eklektizismus, ca. 1850 bis 1900	Jugendstil um 1900	20. Jahrhundert

• Durch Ausgrabungen u. a. der Römerstadt Pompeji antike Mode-welle • reiche Verwendung von Säulen und Gie-beldreiecken, Kuppeln mit Kolonaden und Ballustraden • streng gegliedert, klar in der Form • völlig neue Bauaufga-ben, z. B. Museen als Aufbewahrungsort für das alte Kulturgut	• **Historismus:** stilrein (Nachahmung versch. historischer Baustile) • nach 1871 Grünerzeit • neuromanisch und neugotisch meist für Kirchen, neurenais-sance meist für Rat-häuser, Theater, Mu-seen • **Eklektizismus:** jedes Baudetail in einer an-deren, als „passend" empfundenen Stilform	• Historische Stilformen wurden als nicht zeit-gemäß angesehen; man versuchte, etwas Neues zu erfinden • gerade Linien und rechte Winkel wurden in der Ornamentik ausgeschaltet, dafür nachempfundene Na-turformen (Blätter, Blüten und Ranken) • geschwungene Linien für Fassaden, Türen, Fenster, Balkongitter	• Vor allem das 1919 gegründete Bauhaus von großem Einfluss • in Frankreich Le Corbusier ähnliche Wirkung • durch Stahlbeton- und Stahlbau freiere Ge-staltungsmöglichkeiten („Wolkenkratzer" in Skelettbauweise) • letztes Drittel des 20. Jahrhundert Postmo-derne: Anlehnung an den Klassizismus

Möbelbau

Möbelbau (sidebar)

Möbelstile

Romanik ca. (800) 1000 bis 1250	Gotik ca. 1250 bis 1500	Renaissance ca. 1500 bis 1650	Barock ca. 1650 bis 1730
• Schränke nur in Sakristeien zur Aufbewahrung der Messgewänder, meist giebelförmig • sonst nur Truhen. • derbe Zimmermannskonstruktionen • die meisten Holzverbindungen waren noch unbekannt • Brettflächen oft durch ausgeschmiedete Bänder zusammengehalten	• Zweigeschossige Schränke (zwei übereinandergestellte Truhen) mit einem vorspringenden Sockel • fast alle Standardholzkonstruktionen und Holzverbindungen • Masswerk und Faltwerk als Dekor • trapezförmig ausgeschmiedete Schlossplatten und lang ausgezogene Scharnierbänder	• Schrank bleibt zweigeschossig • Front wie Palastfassade aufgebaut • zuweilen Architekturelemente sklavisch an Möbeln kopiert • ganze Raumbilder perspektivisch in Intarsien umgesetzt • Rahmenkonstruktion vorherrschend • Medaillonschnitzerei beliebt	• Repräsentationsschrank (bis 3 m Höhe), eingeschossig, stark profilliertes Kranzgesims • regional unterschiedliche Typen: Hamburger „Schapp", Danziger Schrank, Frankfurter Schrank • klare Betonung der Symmetrie • Füße in meist abgeplatteter Kugelform • gewundene Säulen

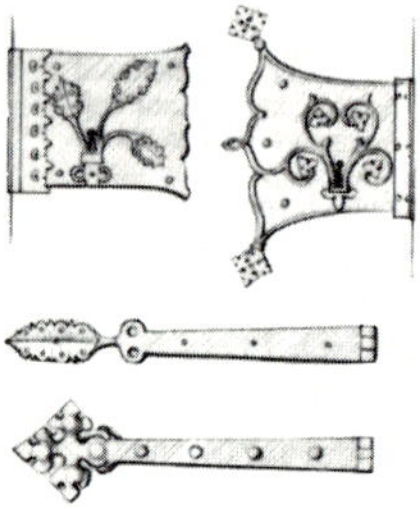

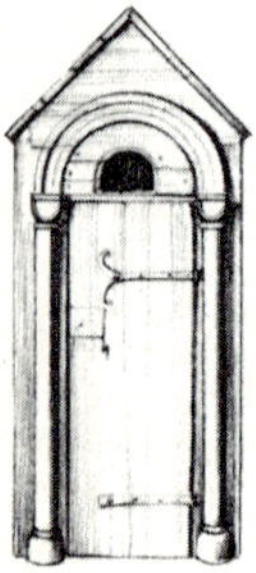

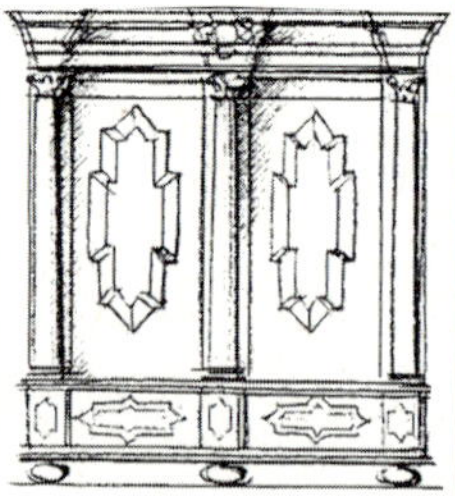

Möbelstile

Rokoko ca. 1730 bis 1760	Klassizismus ca. 1760 bis 1850	Jugendstil um 1900	20. Jahrhundert
• Geschwungene Form überwiegt (abwechselnd konvex/konkav) • da es als unschicklich galt, Holzverbindungen zu zeigen, wurden Möbel mit Schmuckwerk überladen, beliebtes, unsymmetrisches Ornament: Muschelwerksdekor (Rocaille) • exklusive (höfische) Möbel mit Intarsien, Lackoberflächen (Rahmenmöbel)	Man unterscheidet drei Entwicklungsphasen anhand des Dekors: • **Zopfstil** (in Frankreich Louis XVI): Girlanden, Eier- und Perlstäbe • **Emire:** Palmetten, Lanzen Rutenbündel (römische Siegeszeichen) • **Biedermeier:** Dekoratives Furnierbild, klare Form, bequem und zweckmäßig	• Alle Dinge des täglichen Lebens einbezogen, wie Möbel, Tapeten, Lampen, Besteck, Kleidung • Frankreich: vegetative Formen; England und Schottland: strenges Design; Deutschland: beides • Rückbesinnung auf die kreativen handwerkliche Fähigkeiten u. a. auch als Protest gegen Industrialisierung	• Wichtige Impulse seit 1920 durch das Bauhaus, Sitzmöbel heute noch „Klassiker" • ähnliche Entwicklungen in anderen Ländern, z. B. Holland „de Stijl" • ab 1945 erste Impulse aus Skandinavien • Mitte des 20. Jh. neue Möbelformen aus Kunststoff und Stahl • letztes Drittel 20. Jh. weiche Linienführung

Möbelbau

Möbelbau

Möbel bezeichnen   DIN 68880

Aufbewahren	Arbeiten	Sitzen	Liegen
Schrank, Regal, Truhe, Kommode, Kleinmöbel	Tisch, Pult, Sekretär	Stuhl, Hocker, Bank, Sessel, Sofa	Bett, Liege

Möbel konstruieren

Brettbau	Rahmenbau	Plattenbau
Flächen und Korpus aus verleimten oder unverleimten Brettern	Flächen und Korpus aus Rahmenhölzern und Füllungen	Flächen und Korpus aus großformatigen Werkstoffen

Wangenbau	Stollenbau	Gestellbau
Flächen und Korpus an senkrecht durchlaufenden Flächen	Flächen und Korpus an senkrecht durchlaufenden Pfosten	Flächen und Korpus an oder auf skelettartigen Gerüsten

Funktionsteile

Drehend	Faltend	Schiebend	Rollend

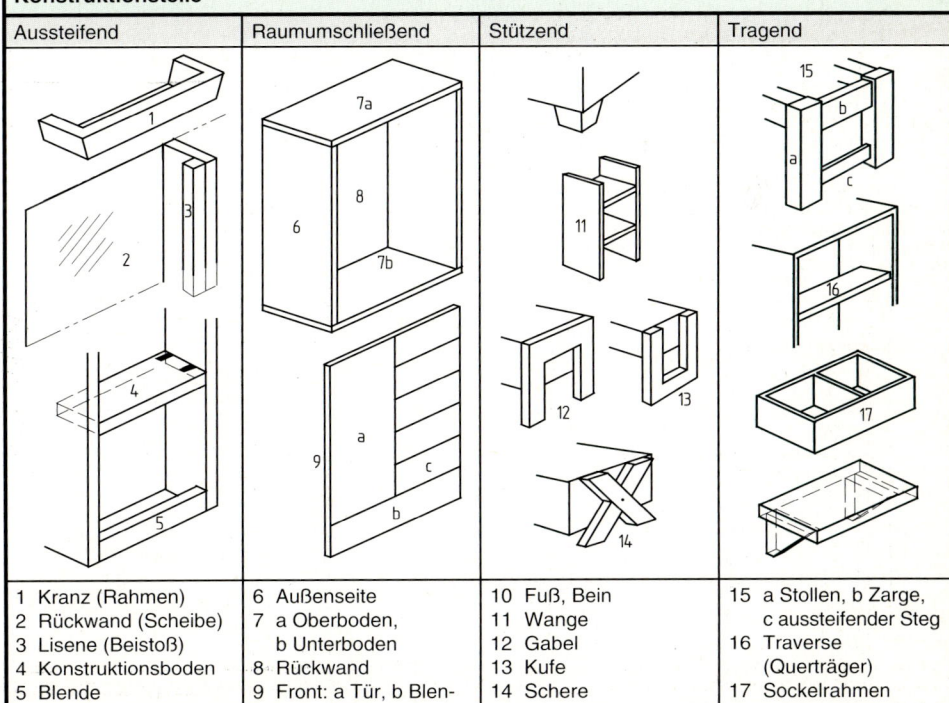

• Tür, senkrecht • Klappe, waagerecht	• Flügel, senkrecht • Flügel, mehrteilig	• Tür, waagerecht • Auszug, waagerecht	• Jalousie senkrecht oder waagerecht

Konstruktionsteile

Aussteifend	Raumumschließend	Stützend	Tragend

1 Kranz (Rahmen)
2 Rückwand (Scheibe)
3 Lisene (Beistoß)
4 Konstruktionsboden
5 Blende
	6 Außenseite
	7 a Oberboden,
	  b Unterboden
	8 Rückwand
	9 Front: a Tür, b Blen-
	  de, c Aufdopplung
		10 Fuß, Bein
		11 Wange
		12 Gabel
		13 Kufe
		14 Schere
			15 a Stollen, b Zarge,
			  c aussteifender Steg
			16 Traverse
			  (Querträger)
			17 Sockelrahmen
			18 Knagge (Tragarm)

Möbelbau

Möbelbau *(side tab)*

Möbel aussteifen

Möbel sollten mechanische Belastungen ohne sichtbare Verformungen aufnehmen und ableiten können.

Belasten	Verformen	Aussteifen
Bewegliche Möbelteile belasten diese mit zusätzlichen Hebelkräften und sind daher besonders zu berücksichtigen.	Möbel verformen sich und müssen in jeder Ausdehnungsrichtung/-ebene mindestens einmal ausgesteift werden.	Eine Ebene ist mit mindestens drei Verbindungspunkten ausgesteift, wenn diese sich nicht auf einer Geraden befinden.

vertikale Kräfte | Durchbiegen | Verstärken

horizontale Kräfte | Verschieben | biegesteif Verbinden

entgegengesetzte Kräfte | Verdrehen | Dreieck- oder Scheibenprinzip

Möbel gestalten

Aussehen: Wie soll das Möbel wirken?	**Gebrauch**: Wie wird das Möbel eingesetzt?
• klassisch oder modern • gewöhnlich oder individuell • markant oder dezent • komplex oder schlicht	• gefahrlose Greif- und Abstellmöglichkeiten • ergonomische Arbeits- und Betätigungshöhen • gesetzliche Vorschriften für bewegliche und feststehende Elemente
Haltbarkeit: Welche Einwirkungen treten auf?	**Fertigung**: Welche Verfahren werden verwendet?
• innere Druck-, Zug- und Scherbelastungen • Biege- und Knickbelastungen • äußere Abrieb- und Stoßbelastungen • senkrechtes und horizontales Verschieben	• rationell oder zeitintensiv • umwelt- und resourcenschondend • wiederverwertbar, recycelbar • räumlicher und zeitlicher Ablauf

Möbelgestalt

Beim Betrachten eines Möbels sollte der Blick durch harmonische Spannungen gefesselt werden. Stimmungen können durch gestaltbeeinflussende Eigenschaften gezielt erzeugt werden. Beim Kombinieren verschiedener Eigenschaften ist stets auf eine klare, eindeutige und prägnante Gestalt zu achten.

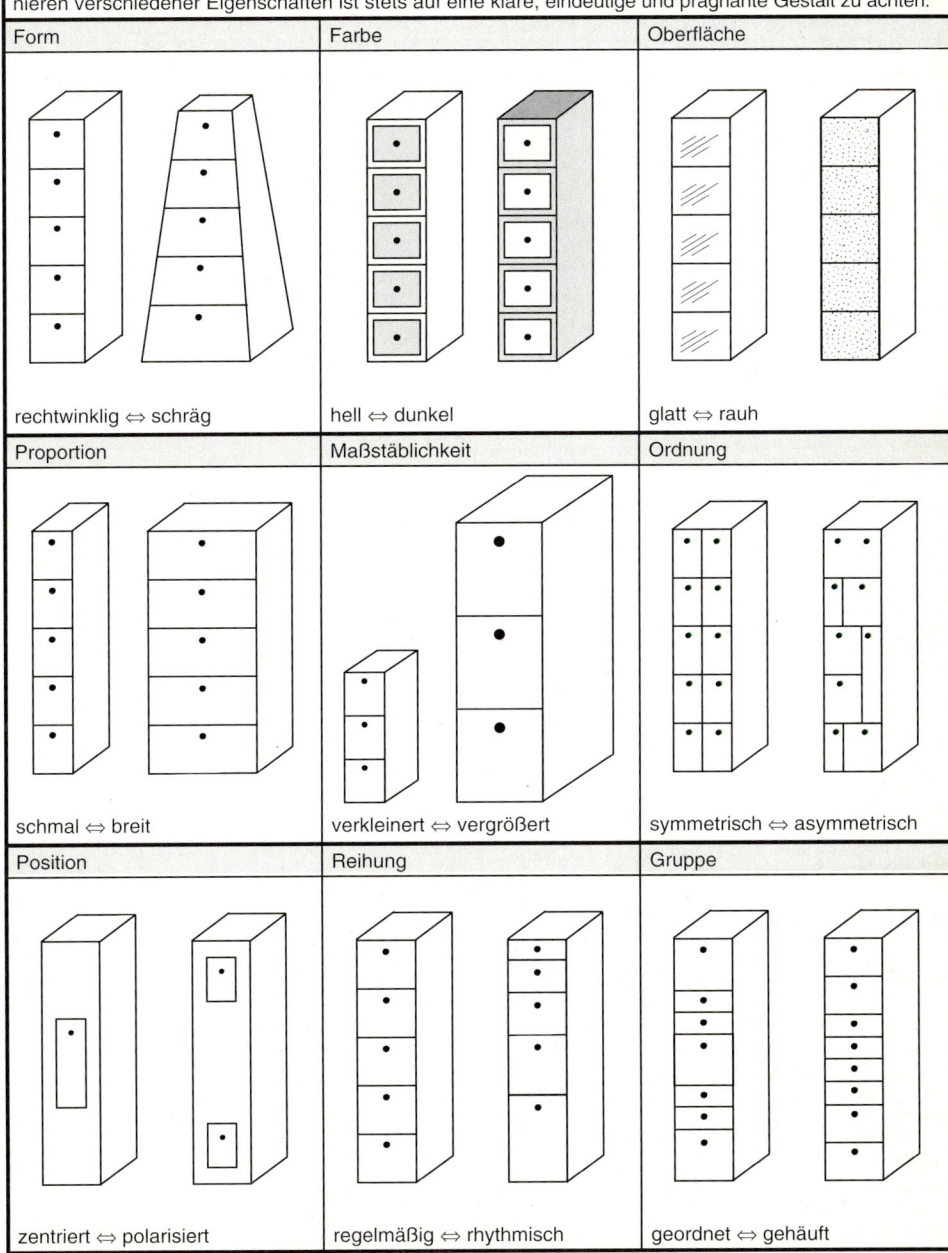

Form	Farbe	Oberfläche
rechtwinklig ⇔ schräg	hell ⇔ dunkel	glatt ⇔ rauh
Proportion	Maßstäblichkeit	Ordnung
schmal ⇔ breit	verkleinert ⇔ vergrößert	symmetrisch ⇔ asymmetrisch
Position	Reihung	Gruppe
zentriert ⇔ polarisiert	regelmäßig ⇔ rhythmisch	geordnet ⇔ gehäuft

Möbelbau

Möbelbau

Möbelmaße

- Die Möbelmaße richten sich nach den Körpermaßen der Benutzer, nach den Maßen der Aufbewahrungsgegenstände, nach den Raumgrößen und den Transportbegrenzungsmaßen.
- Der Bewegungsraum des Menschen und die Tätigkeiten, die er verrichtet, bestimmen maßgeblich die Abmessungen, der hierzu notwendigen Möbel.

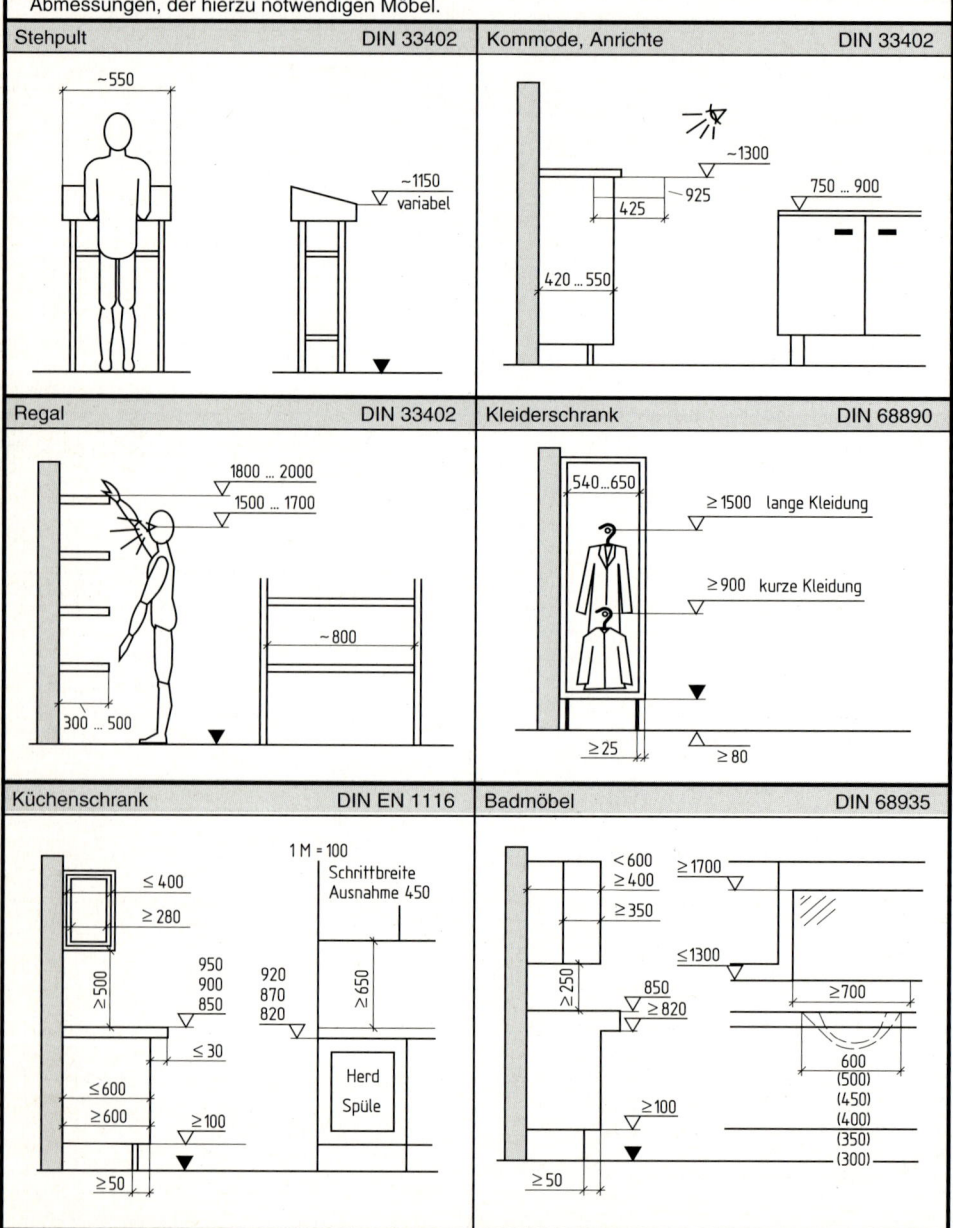

Stehpult	DIN 33402

Kommode, Anrichte	DIN 33402

Regal	DIN 33402

Kleiderschrank	DIN 68890

Küchenschrank	DIN EN 1116

Badmöbel	DIN 68935

Möbelmaße (Fortsetzung)

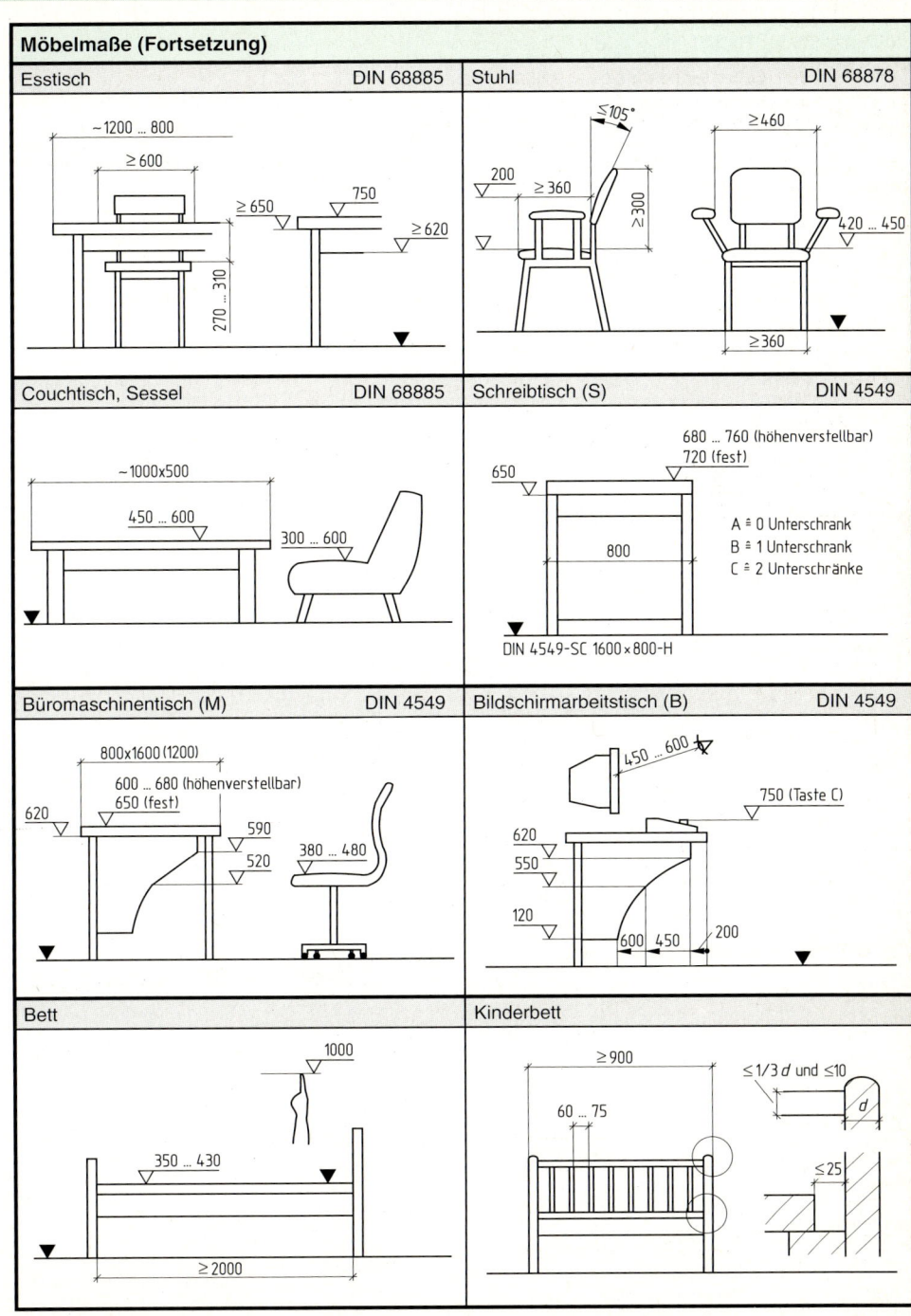

Esstisch DIN 68885	**Stuhl** DIN 68878
Couchtisch, Sessel DIN 68885	**Schreibtisch (S)** DIN 4549
Büromaschinentisch (M) DIN 4549	**Bildschirmarbeitstisch (B)** DIN 4549
Bett	**Kinderbett**

Möbelbau

Möbelmaße für Registratur- und Karteischränke	DIN 4545

- Sockelhöhe ≥ 45mm; Höhen-Modulmaß 50 mm für die Inneneinteilung
- Tiefe = 420 mm; R rechtsöffnend; L linksöffnend; H Holzwerkstoff

Typ A: Beistellschrank mit Rollladen

DIN 4545 – AR 720 × 800 – H	Höhe	Breite
	720	800 1600
	1150	780 800 1560 1600

Typ B: Registraturschrank mit Rollladen

DIN 4545 – BRL 790 × 1350 – H	Höhe	Breite
	790	1350 1560 1600
	1150	1350 1560 1600

Typ C: Beistellschrank mit Schiebetür

DIN 4545 – C 750 × 1200 – H	Höhe	Breite
	650	780 800 1200 1560 1600
	720	800 1200 1600
	750	780 800 1200 1560 1600

Typ G: Registratur-/Karteischrank mit Schubladen

DIN 4545 – G 1050 × 420 – H	Höhe	Breite
	720	420 800
	750	420 800
	1050	420 800
	1350	420 800

Typ D: Registraturschrank mit Schiebetür

DIN 4545 – D 1150 × 1600 – H	Höhe	Breite
	790	1200 1560 1600
	1150	1200 1560 1600

Typ E: Registraturschrank mit Flügeltür

DIN 4545 – E 1530 × 1200 – H	Höhe	Breite
	1530	1200

Möbelbau

Körpermaße und Bewegungsräume

Kleinste Frau

Mittelgroße Frau und kleinster Mann

Größte Frau und mittelgroßer Mann

Größter Mann

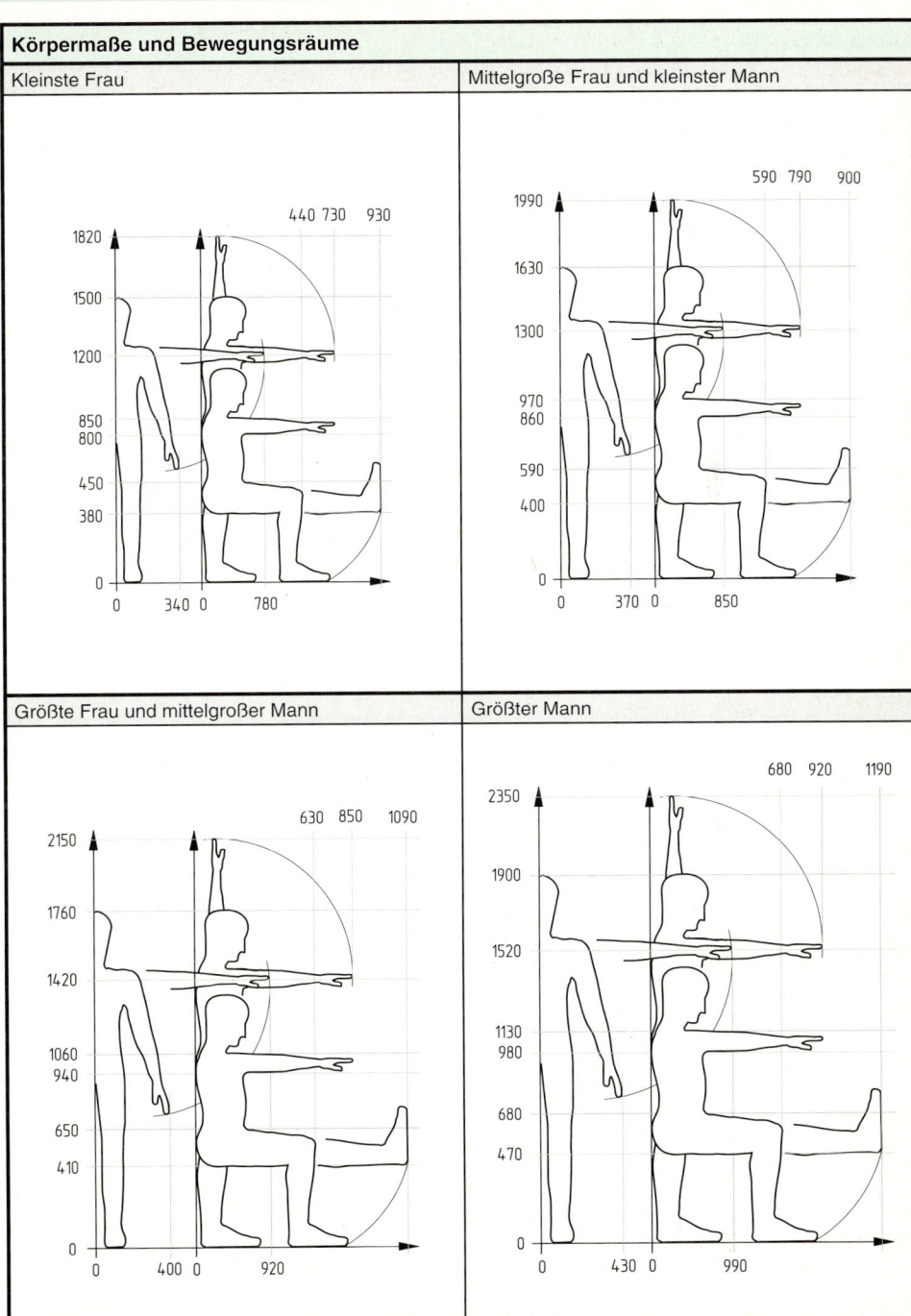

Möbelbau

Möbelbau

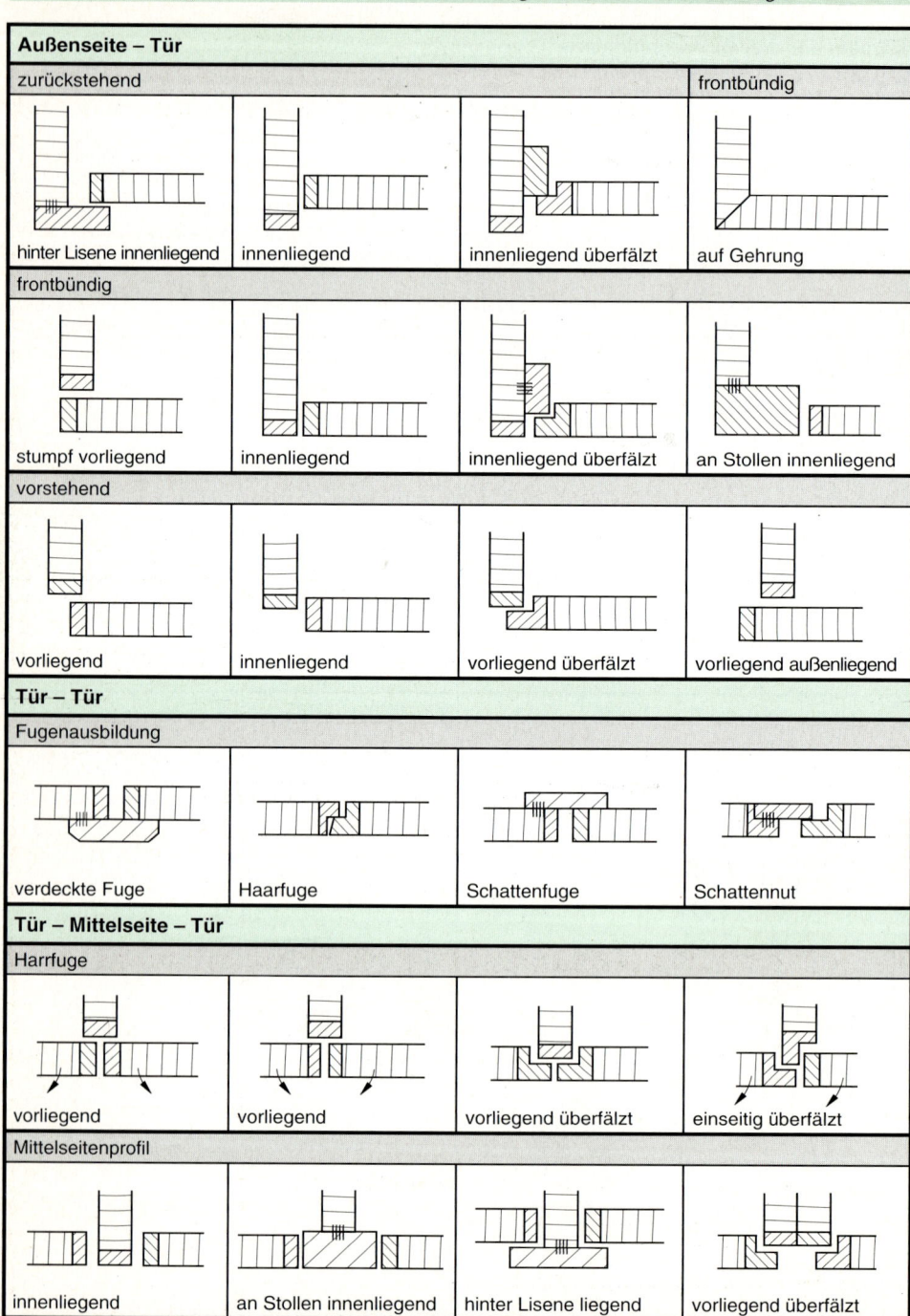

Außenseite – Tür

zurückstehend | frontbündig

hinter Lisene innenliegend | innenliegend | innenliegend überfälzt | auf Gehrung

frontbündig

stumpf vorliegend | innenliegend | innenliegend überfälzt | an Stollen innenliegend

vorstehend

vorliegend | innenliegend | vorliegend überfälzt | vorliegend außenliegend

Tür – Tür

Fugenausbildung

verdeckte Fuge | Haarfuge | Schattenfuge | Schattennut

Tür – Mittelseite – Tür

Harrfuge

vorliegend | vorliegend | vorliegend überfälzt | einseitig überfälzt

Mittelseitenprofil

innenliegend | an Stollen innenliegend | hinter Lisene liegend | vorliegend überfälzt

Checkliste zur Auswahl von Drehbeschlägen

Anschlagwinkel	Korpuswinkel	Drehbeschlag	Öffnungswinkel
gerade	180°	Stollenscharnier	95°; 100°
		Einlassscharniere Einbohrscharnier Klappenscharnier Kurzscharnier Stangenscharnier Paraventscharnier	maximal je nach Anschlag
stumpfwinklig	120°; 127,5°; 135°; 142,5°; 150°	Topfscharnier	95°; 100°; 110°;
	135°; 90° bis120°	Glastürscharnier	92°; 120°
rechtwinklig	90°	Topfscharnier, verdeckt	95°; 100°; 110°; 120°; 125°; 160°; 170°; 175°
		Gehrungsscharnier	90°; 120°; 135°
		Topfscharnier, sichtbar	140°; 180°; 250°; 270°
		Einlass-, Einbohrscharnier	180°
		Aufschraubscharnier	90°
		Zapfenband	90°; 140°; 180°; 250°
		Winkelscharnier, Einbohrband, Zylinderband, Fitschband	maximal je nach Anschlag
spitzwinklig	65°; 45°	Topfscharnier	100°; 120°
	60° bis 90°	Glastürscharnier	120°
parallel	0°	Einlassscharnier Einbohrscharnier Klappenscharnier Kurzscharnier Stangenscharnier	180°

Möbelbau

Möbelbau

Scharniertypen			DIN 68856
Stangen-, Kurzscharnier	**Klappenscharnier**	**Winkelscharnier**	**Paravent-Scharnier**
• frontbündig vorliegend • frontbündig innen- liegend • 180°	• stumpf vorliegend • vorspringend innen- liegend • 90°	• vorliegend • zweiarmig für Mittel- seite • 180°, 220	• an Stollen liegend • Türen in einer Ebene liegend • 360°
Einbohrscharnier	**Einlassscharnier**	**Aufschraubscharnier**	**Stollenscharnier**
• stumpf aufliegend • stumpf innenliegend • an Stollen liegend • 180°	• stumpf vorliegend, innenliegend • überfälzt innenliegend • 180°	• vorliegend • innenliegend • 90°, 120°	• vorliegend, innen- liegend • an Stollen liegend • 90° bis 95°
Topfscharnier	**Profiltürscharnier**	**Glastürscharnier**	**Gehrungsscharnier**
• vorliegend • innenliegend • vorstehend überfälzt • 90° bis 270°	• vorliegend • innenliegend • Türdicke bis 32 mm • 110°	• vorliegend • innenliegend • abgewinkelt • 90°; 120°	• Gehrungswinkel 22,5° bis 45° • 90° bis 135°

Bandttypen			DIN 68856
Lappenband (Zylinder-)	**Fitschband**	**Zapfenband**	**Einbohrband (Zylinder-)**
• vorliegend • innenliegend • vorstehend überfälzt • 90° bis 270°	• vorstehend vorliegend • vorstehend überfälzt • 180°	• innenliegend • hinter Lisene liegend • 90° bis 180° • 250° Eckzapfenbänder	• vorliegend, innenliegend • überfälzt • Zwillingsanschlag • 180°

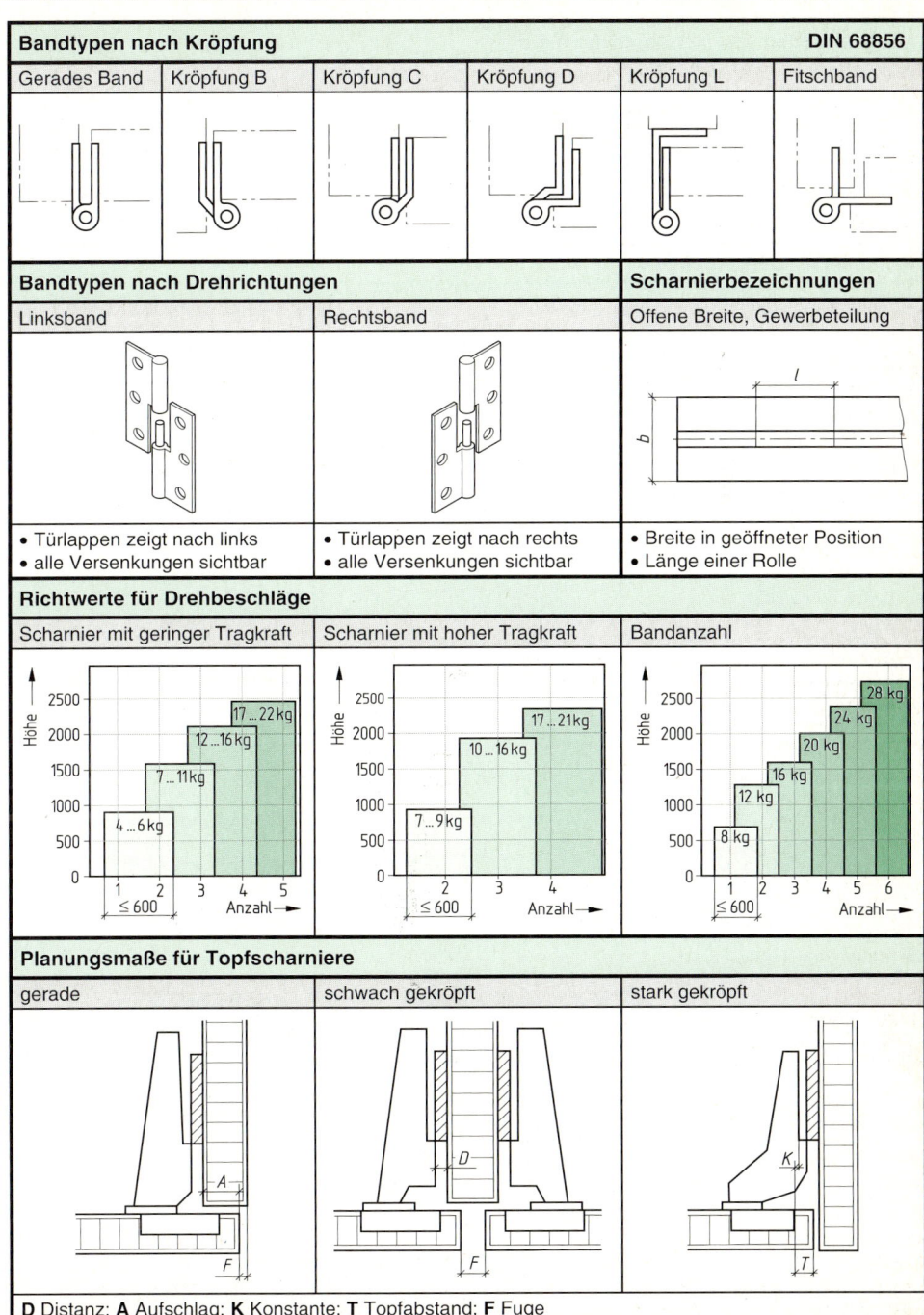

Bandtypen nach Kröpfung — DIN 68856

Gerades Band	Kröpfung B	Kröpfung C	Kröpfung D	Kröpfung L	Fitschband

Bandtypen nach Drehrichtungen

Scharnierbezeichnungen

Linksband	Rechtsband	Offene Breite, Gewerbeteilung
• Türlappen zeigt nach links • alle Versenkungen sichtbar	• Türlappen zeigt nach rechts • alle Versenkungen sichtbar	• Breite in geöffneter Position • Länge einer Rolle

Richtwerte für Drehbeschläge

Scharnier mit geringer Tragkraft	Scharnier mit hoher Tragkraft	Bandanzahl

Scharnier mit geringer Tragkraft:
- 4 … 6 kg
- 7 … 11 kg
- 12 … 16 kg
- 17 … 22 kg

Scharnier mit hoher Tragkraft:
- 7 … 9 kg
- 10 … 16 kg
- 17 … 21 kg

Bandanzahl:
- 8 kg
- 12 kg
- 16 kg
- 20 kg
- 24 kg
- 28 kg

Planungsmaße für Topfscharniere

gerade	schwach gekröpft	stark gekröpft

D Distanz; **A** Aufschlag; **K** Konstante; **T** Topfabstand; **F** Fuge

Möbelbau

Montageplattentypen für Topfscharniere DIN 68856

Form		Distanzplatte		Befestigung	
gerade	gekreuzt	gerade	schräg	eingepresst	aufgeschraubt

Scharnierarmbefestigung für Topfscharniere

Aufclipsen	Aufschieben	Aufschrauben
• Scharnierarm an Montageplatte einhaken • bis zum Einrasten gegendrücken	• Scharnierarm auf Montageplatte aufschieben • mit vormontierter Schraube fixieren	• Scharnierarm auf Montageplatte • mit vormontierter Schraube fixieren
Arretieren	**Aufclipsen**	**Aufschrauben**
• Topfunterteil einpressen und verspreizen • Topfoberteil mit Scharnierarm einsetzen und drehen	• Topfscharnier einsetzen • Führungszapfen durch Hinunterdrücken des Bügel verspreizen	• Topfscharnier einsetzen und verschrauben • Schrauben verspreizen ggf. Zapfen vorhanden

Ändern des Türaufschlags bei Topfscharnieren

Seitenverstellung	Scharnierkröpfung	Montageplattenhöhe	Topfabstand

Möbelbau

System 32 bei Bewegungs-, Sockel-, Verbindungs- und Verschlussbeschlägen

Planungsmaße für Lochreihen und Beschläge

- Maße x und y sowie Bohrtiefen sind herstellerabhängige Maße.
- Gleiche Randabstände a ermöglichen einen beliebigen Austausch der Seiten.

$h_{Seite} = 32 \text{ mm} \cdot \ldots + d$	$b_{Seite} = 2 \cdot 37 \text{ mm} + \ldots$	$l = \frac{1}{2}\, d + 32 \text{ mm} \cdot \ldots - 16 \text{ mm}$

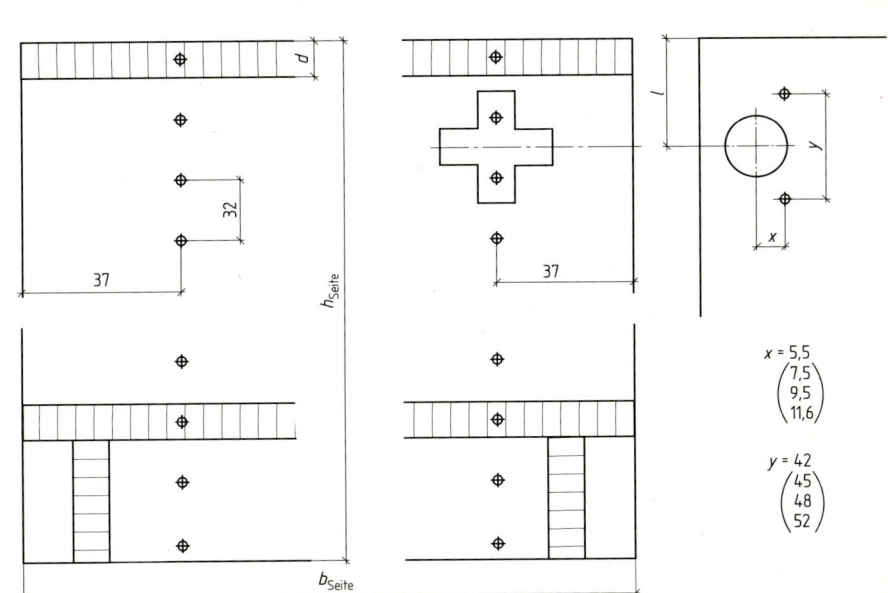

$$x = 5,5 \begin{pmatrix} 7,5 \\ 9,5 \\ 11,6 \end{pmatrix}$$

$$y = 42 \begin{pmatrix} 45 \\ 48 \\ 52 \end{pmatrix}$$

Beispiel: Schrankseite mit einer Seitendicke von $d = 19$ mm

Höhe h_{Seite}	$h_{Seite} - d$	Soll-Wert	Raster-Wert	$h_{Raster} + d =$		Ist-Wert
2200 mm	2200 mm - 19 mm =	2181 mm	2176 mm	2176 mm + 19 mm =		2195 mm
Breite b_{Seite}	$b_{Seite} - 2 \cdot 37$ mm	Soll-Wert	Raster-Wert	$b_{Raster} + 2 \cdot 37$ mm =		Ist-Wert
650 mm	650 mm − 74 mm =	576 mm	576 mm	576 mm + 74 mm =		650 mm

Ermitteln von Seitenlängen und Seitenbreiten im System 32 anhand von Raster-Werten

Faktor	+ 1	+ 2	+ 3	+ 4	+ 5	+ 6	+ 7	+ 8	+ 9	+ 10
0 …	32	64	96	128	160	192	224	256	288	320
10 …	352	384	416	448	480	512	544	576	608	640
20 …	672	704	736	768	800	832	864	896	928	960
30 …	992	1024	1056	1088	1120	1152	1184	1216	1248	1280
40 …	1312	1344	1376	1408	1440	1472	1504	1536	1568	1600
50 …	1632	1664	1696	1728	1760	1792	1824	1856	1888	1920
60 …	1952	1984	2016	2048	2080	2112	2144	2176	2208	2240
70 …	2272	2304	2336	2368	2400	2432	2464	2496	2528	2560
80 …	2592	2624	2656	2688	2720	2752	2784	2816	2848	2880
90 …	2912	2944	2976	3008	3040	3072	3104	3136	3168	3200

Möbelbau

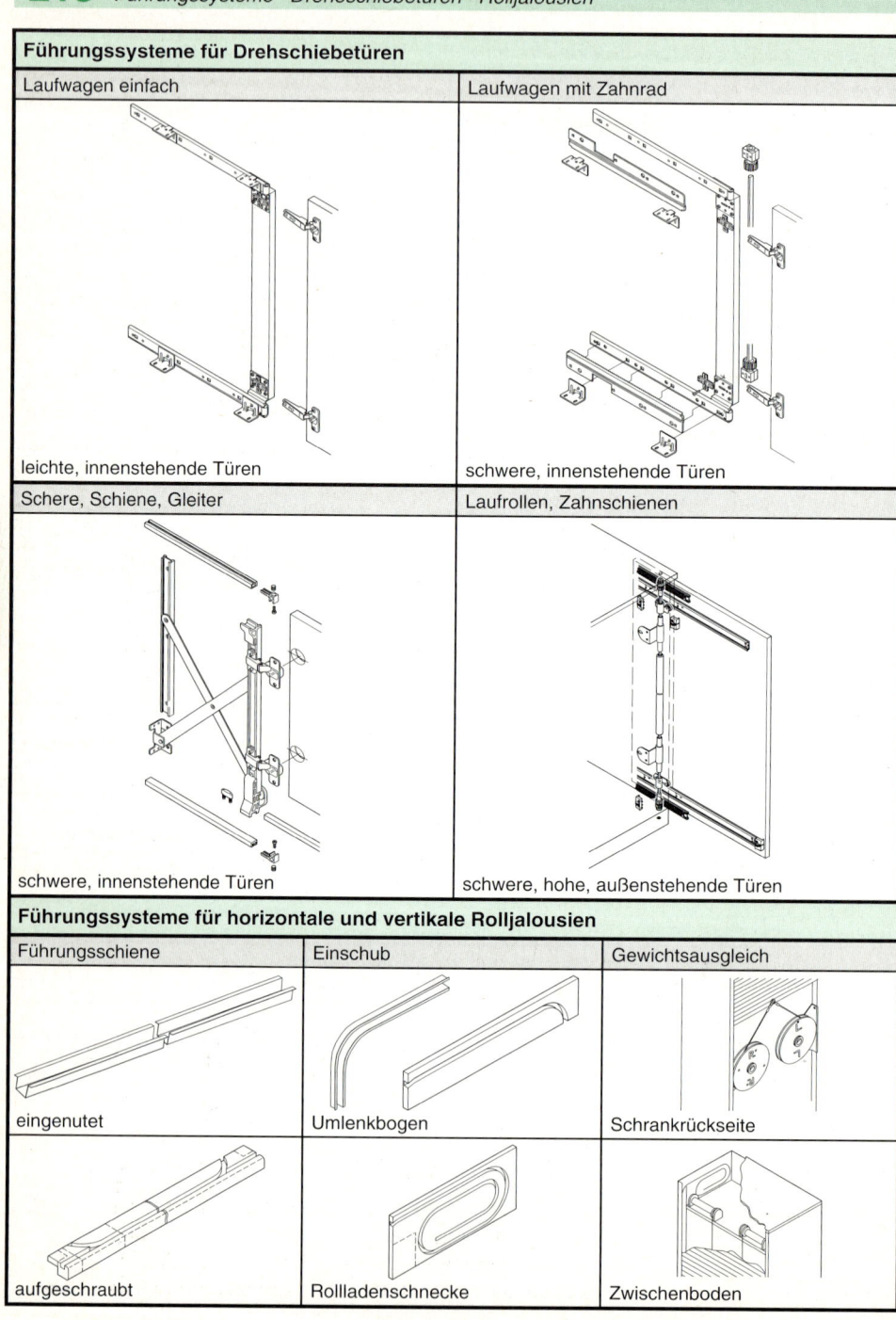

Führungssysteme für Drehschiebetüren

Laufwagen einfach	Laufwagen mit Zahnrad
leichte, innenstehende Türen	schwere, innenstehende Türen
Schere, Schiene, Gleiter	Laufrollen, Zahnschienen
schwere, innenstehende Türen	schwere, hohe, außenstehende Türen

Führungssysteme für horizontale und vertikale Rolljalousien

Führungsschiene	Einschub	Gewichtsausgleich
eingenutet	Umlenkbogen	Schrankrückseite
aufgeschraubt	Rollladenschnecke	Zwischenboden

Bezeichnungen für Falttürbeschläge

Flügelpaar	Türpaket	Kupplung	Bündighalter
	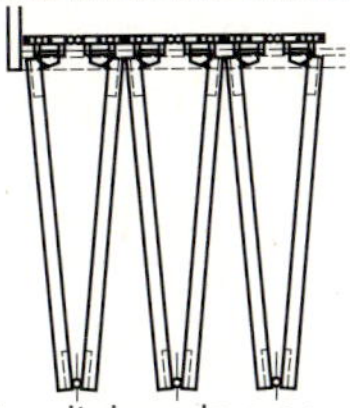	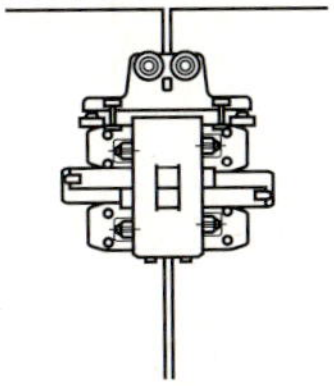	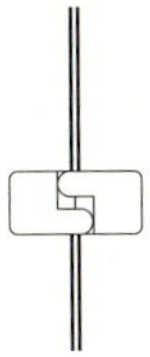
Falttürscharnier verbindet zwei Flügel	alle miteinander verbundenen Flügelpaare	verbindet zwei Laufwerke zu einer Einheit	vermeidet ein Ausbeulen zweier Flügelpaare

- Die Durchbiegung des Oberbodens ist einzuschränken. Der Schrank ist gegen Kippen zu sichern.
- Zum lautlosen und beschädigungsfreien Öffnen und Schließen sollten die Flügel gedämpft werden.
- Türpakete mit einer ungeraden Anzahl an Türflügeln sind möglich.

Führungssysteme für Falttüren

Führungsschienen am Oberboden

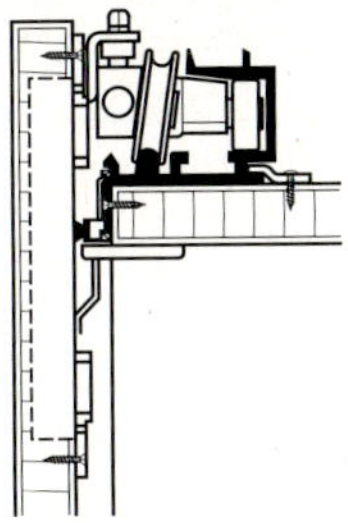

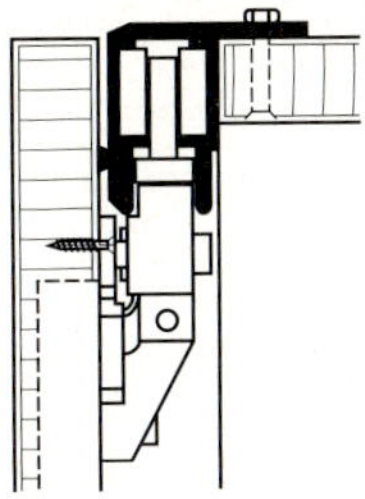

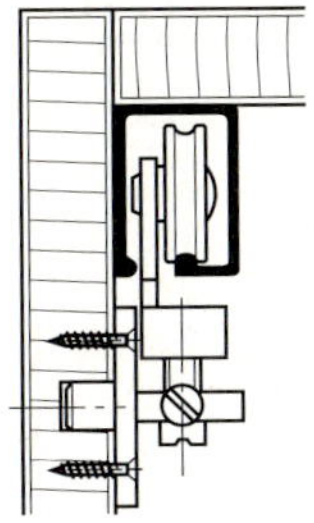

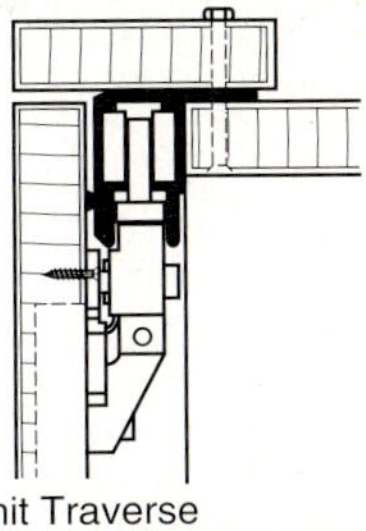

auf | an | unter | mit Traverse

Führungsschienen am Unterboden

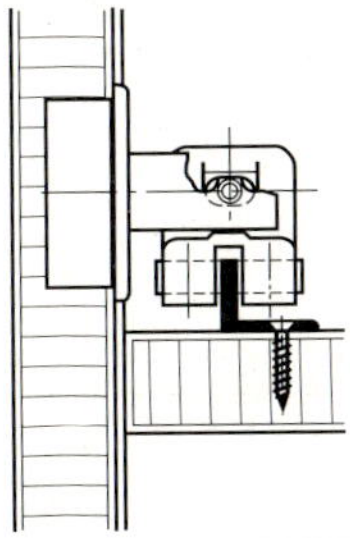

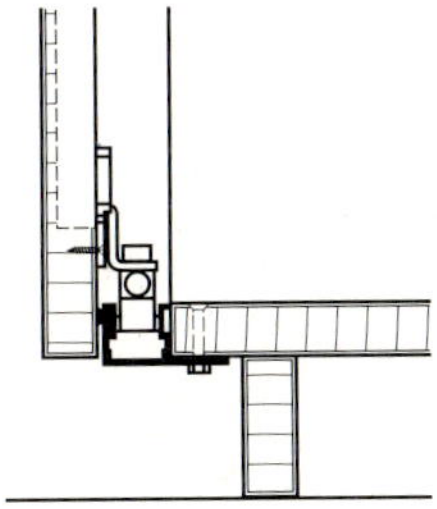

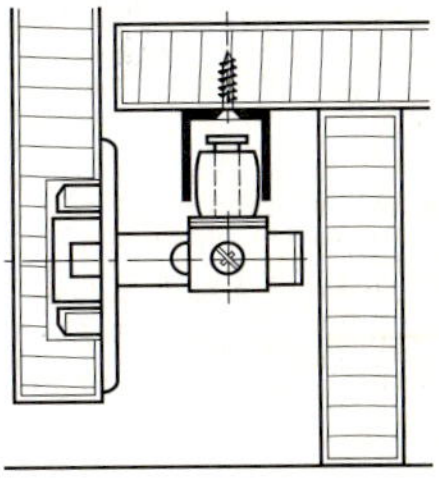

auf | an | unter

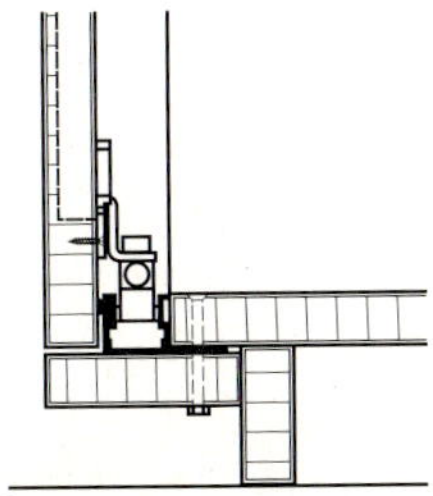

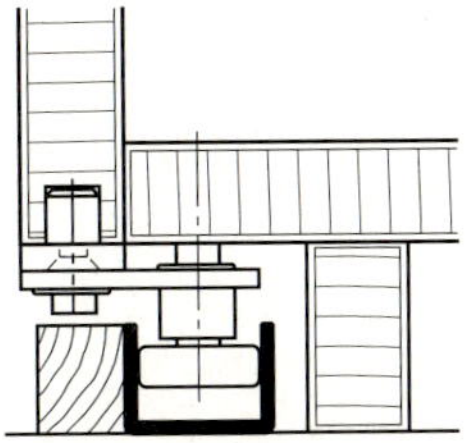

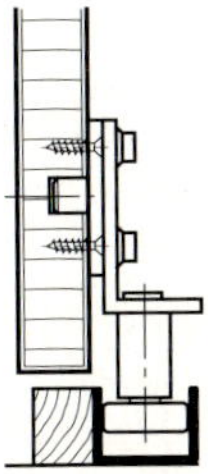

mit Traverse | auf Fußboden mit Sockel | auf Fußboden ohne Unterboden

Möbelbau

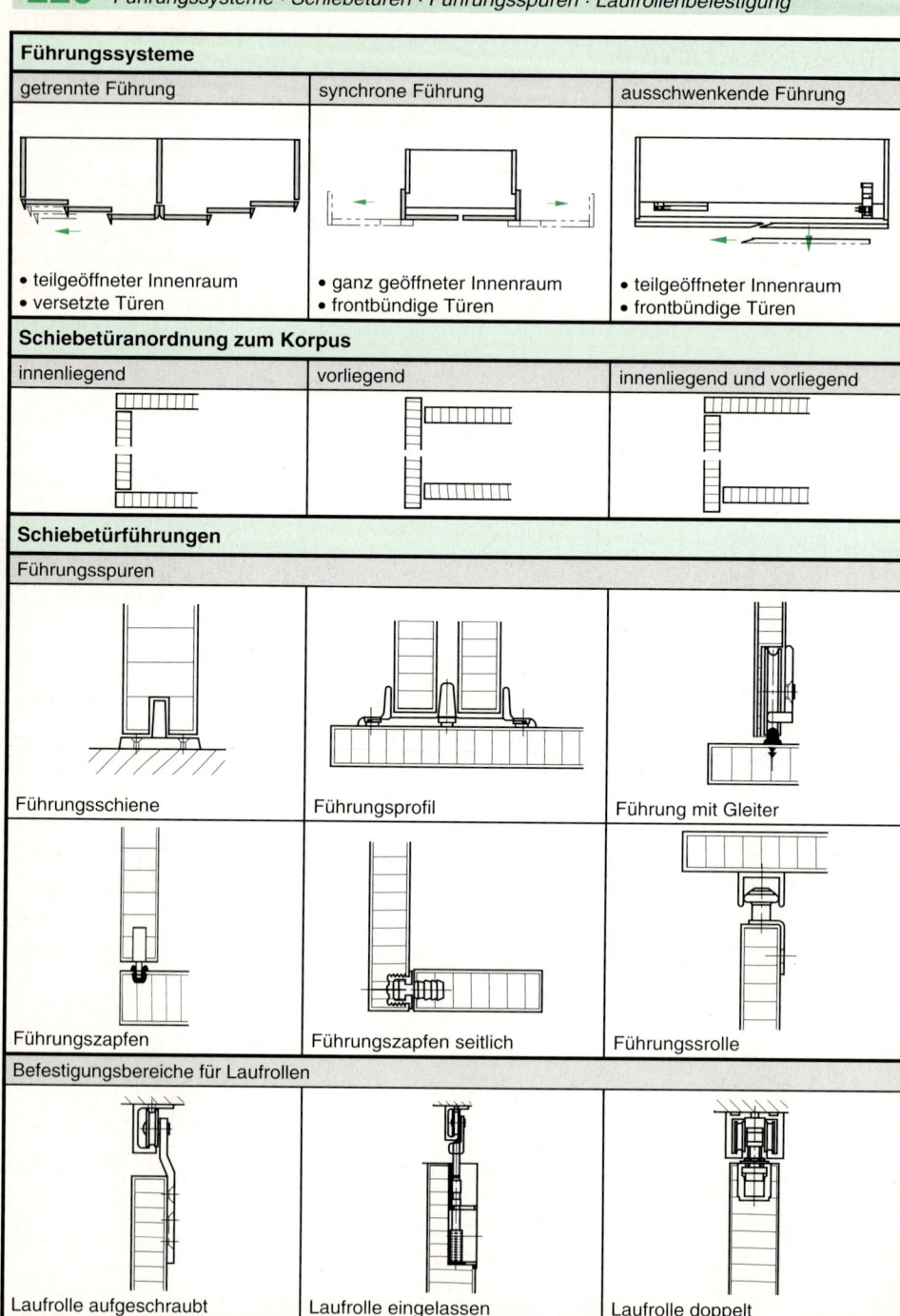

Führungssysteme

getrennte Führung	synchrone Führung	ausschwenkende Führung
• teilgeöffneter Innenraum • versetzte Türen	• ganz geöffneter Innenraum • frontbündige Türen	• teilgeöffneter Innenraum • frontbündige Türen

Schiebetüranordnung zum Korpus

innenliegend	vorliegend	innenliegend und vorliegend

Schiebetürführungen

Führungsspuren

Führungsschiene	Führungsprofil	Führung mit Gleiter
Führungszapfen	Führungszapfen seitlich	Führungsrolle

Befestigungsbereiche für Laufrollen

Laufrolle aufgeschraubt	Laufrolle eingelassen	Laufrolle doppelt

Möbelbau

© Verlag Gehlen

Befestigen von Schiebetürbeschläge

Oberboden

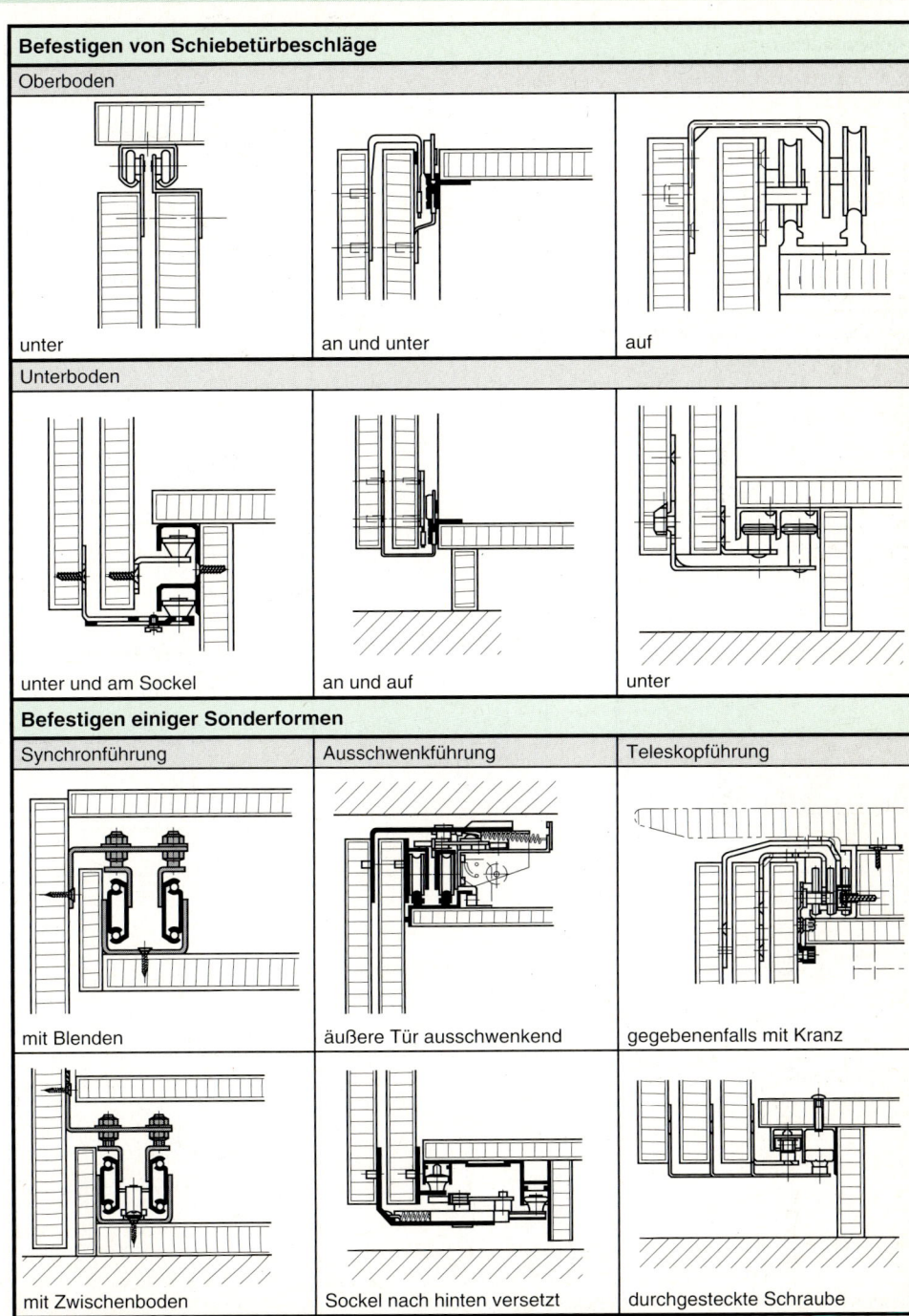

unter

an und unter

auf

Unterboden

unter und am Sockel

an und auf

unter

Befestigen einiger Sonderformen

Synchronführung

mit Blenden

mit Zwischenboden

Ausschwenkführung

äußere Tür ausschwenkend

Sockel nach hinten versetzt

Teleskopführung

gegebenenfalls mit Kranz

durchgesteckte Schraube

Möbelbau

Möbelbau

Auszugsarten

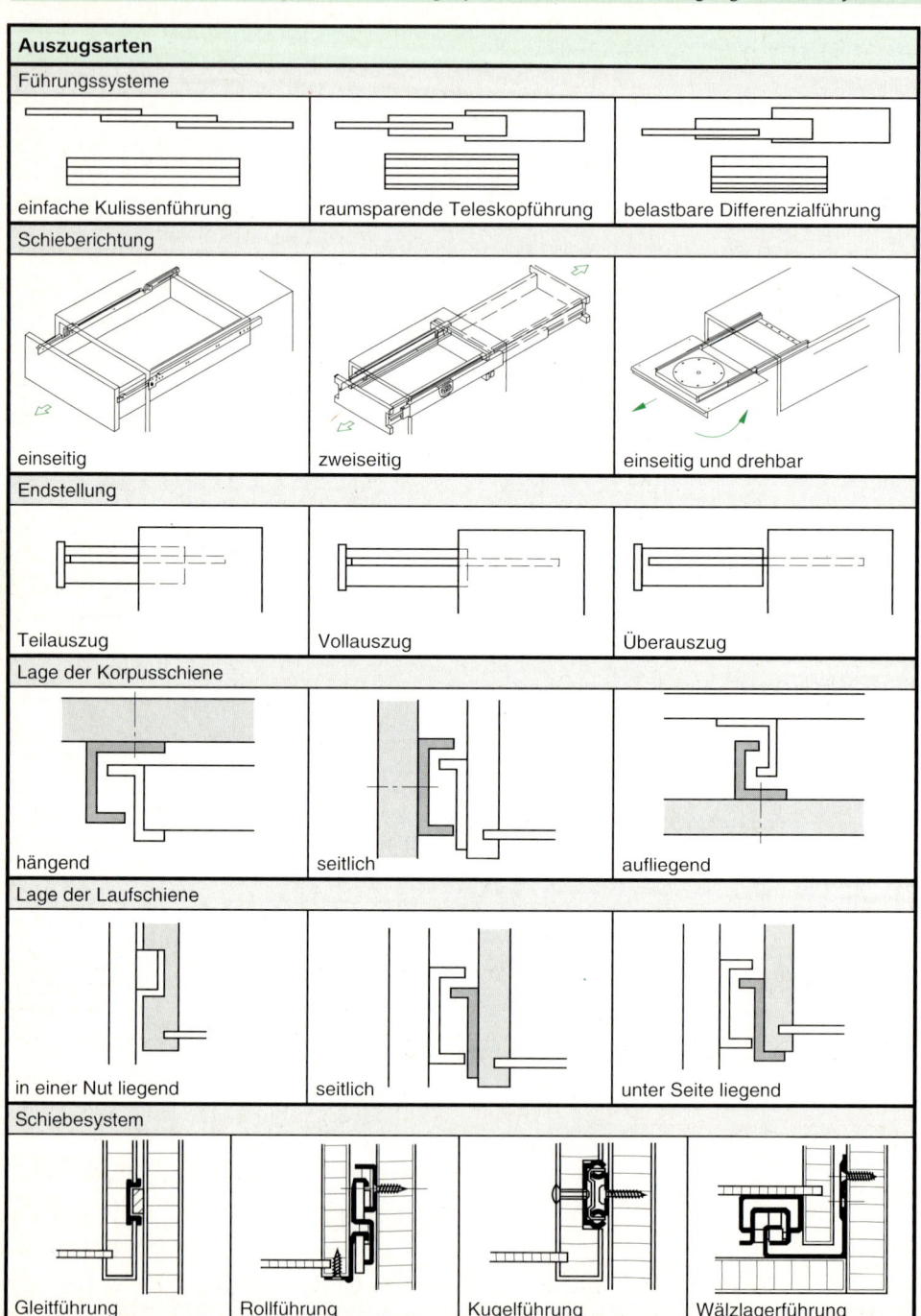

Führungssysteme

einfache Kulissenführung | raumsparende Teleskopführung | belastbare Differenzialführung

Schieberichtung

einseitig | zweiseitig | einseitig und drehbar

Endstellung

Teilauszug | Vollauszug | Überauszug

Lage der Korpusschiene

hängend | seitlich | aufliegend

Lage der Laufschiene

in einer Nut liegend | seitlich | unter Seite liegend

Schiebesystem

Gleitführung | Rollführung | Kugelführung | Wälzlagerführung

Möbelbau

Schiebebeschläge für Schränke und Wände

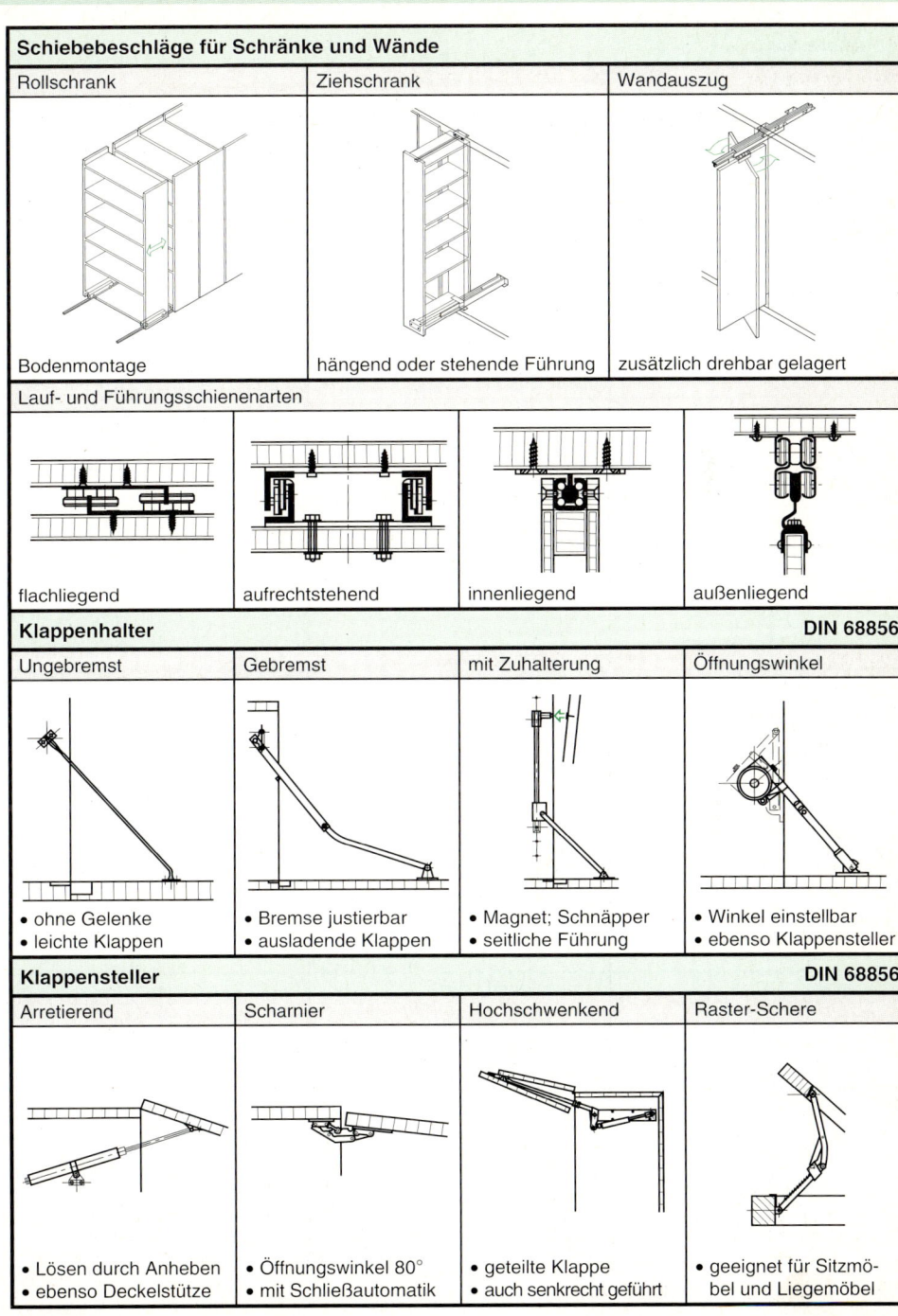

Rollschrank	Ziehschrank	Wandauszug
Bodenmontage	hängend oder stehende Führung	zusätzlich drehbar gelagert

Lauf- und Führungsschienenarten

flachliegend	aufrechtstehend	innenliegend	außenliegend

Klappenhalter   DIN 68856

Ungebremst	Gebremst	mit Zuhalterung	Öffnungswinkel
• ohne Gelenke • leichte Klappen	• Bremse justierbar • ausladende Klappen	• Magnet; Schnäpper • seitliche Führung	• Winkel einstellbar • ebenso Klappensteller

Klappensteller   DIN 68856

Arretierend	Scharnier	Hochschwenkend	Raster-Schere
• Lösen durch Anheben • ebenso Deckelstütze	• Öffnungswinkel 80° • mit Schließautomatik	• geteilte Klappe • auch senkrecht geführt	• geeignet für Sitzmö- bel und Liegemöbel

Zuhalterungen   DIN 68856

Magnetschnäpper	Magnet-Druckverschluss	Unterfurniermagnet

Rollenschnäpper	Feder-Druckschnäpper mit Rolle	Doppelrollenschnäpper

Kugelschnäpper	Doppelkugelschnäpper	Stiftschnäpper

Schubriegel	Doppeltürverschluss	Sockelschnäpper

Viele Ausführungen gibt es wahlweise zum Aufschrauben, Einbohren, Einpressen oder Einlegen.

Möbelbau

Verbinder · DIN 68856

Exzenterbeschlag

direkt eingeschraubter Bolzen

Bolzen in Muffe mit Gewinde

Bolzen in Hülse mit Gewinde

Bolzen mit Gelenk (20° bis 180°)

durchgesteckter Doppelbolzen

Tablarverbinder	Einrastverbinder	Einsteckriegelverbinder
a) für Konstruktionsböden b) eingesteckt für Einlegeböden	Verspannen mit Schraubendreher	

Einhängebeschlag	Aufschiebebeschlag	Gelenkverbinder

Plattenverbinder	Verbinder mit Querbolzen	Kranzprofilverbinder

Möbelbau

Möbelbau

Schlossarten (einlassen, einstecken oder aufschrauben)   DIN 68851

Fallenschloss	Riegelschloss	Drehstangenschloss	Schubstangenschloss

(Haken, Zirkel, Flügel)

Hebelverschluss	Druck-Zylinderschloss

Klappenschloss	Jalousienschloss

Hebelschließwege für Stiftzylinder

Schließwege für 90°				Schließwege für 180°			
A	B	C	D	1	2	3	4

E	F	G	H	5	6	7	8

Hebel gerade oder gekröpt. Schlüssel auch als Vierkantnuss oder Dreikantdorn.

Schlüsselarten   DIN 68851

Bartschlüssel			Zylinderschlüssel	

Bart	Nutbart	Bundbart	Einschnitte	Vertiefungen

Zentralverschluss

Druckzylinder an Korpusseite	Drehzylinder an Korpusseite	Druckzylinder an Rückwand
eingelassen (oder aufliegend)	aufliegend (oder eingelassen)	eingelassen (oder aufgeschraubt)

Schließsysteme

Hauptschlüssel	Generalhauptschlüssel	Zentralschloss
Hauptschlüssel schließt alle verschieden schließenden Schlösser.	Generalhauptschlüssel schließt alle Hauptgruppen- und Gruppenschlösser und Schlösser.	Untereinander nicht austauschbare Schlüssel schließen ein Zentralschloss.

Zentralschloss-Hauptschlüssel	Möbel-Bauzylinder-Schlüssel
Untereinander nicht austauschbare Schlüssel schließen ein Zentralschloss.	Ein Schlüssel schließt eine Tür und eine Möbeltür, der Hauptschlüssel nur die verschiedenen Türen.

Kriterien für die Sicherheit von Schlössern

Einbrechen	Nachschließen	Duplizieren
Gewalt anwenden: • Abbrechen, Abdrehen • Bohren • Ziehen, Kernziehen • Durchschlagen	Schließen mit nicht passenden Schlüsseln: • Toleranzen zu groß • Material verschlissen • Kerbenwinkel zu groß	Schließen mit nachgefertigten Schlüsseln: • Tastbesteck ermittelt Trennlinie • Schlüsselkanal hat zu viel Bewegungsfreiräume

Möbelbau

Möbelbau

Bodenträger

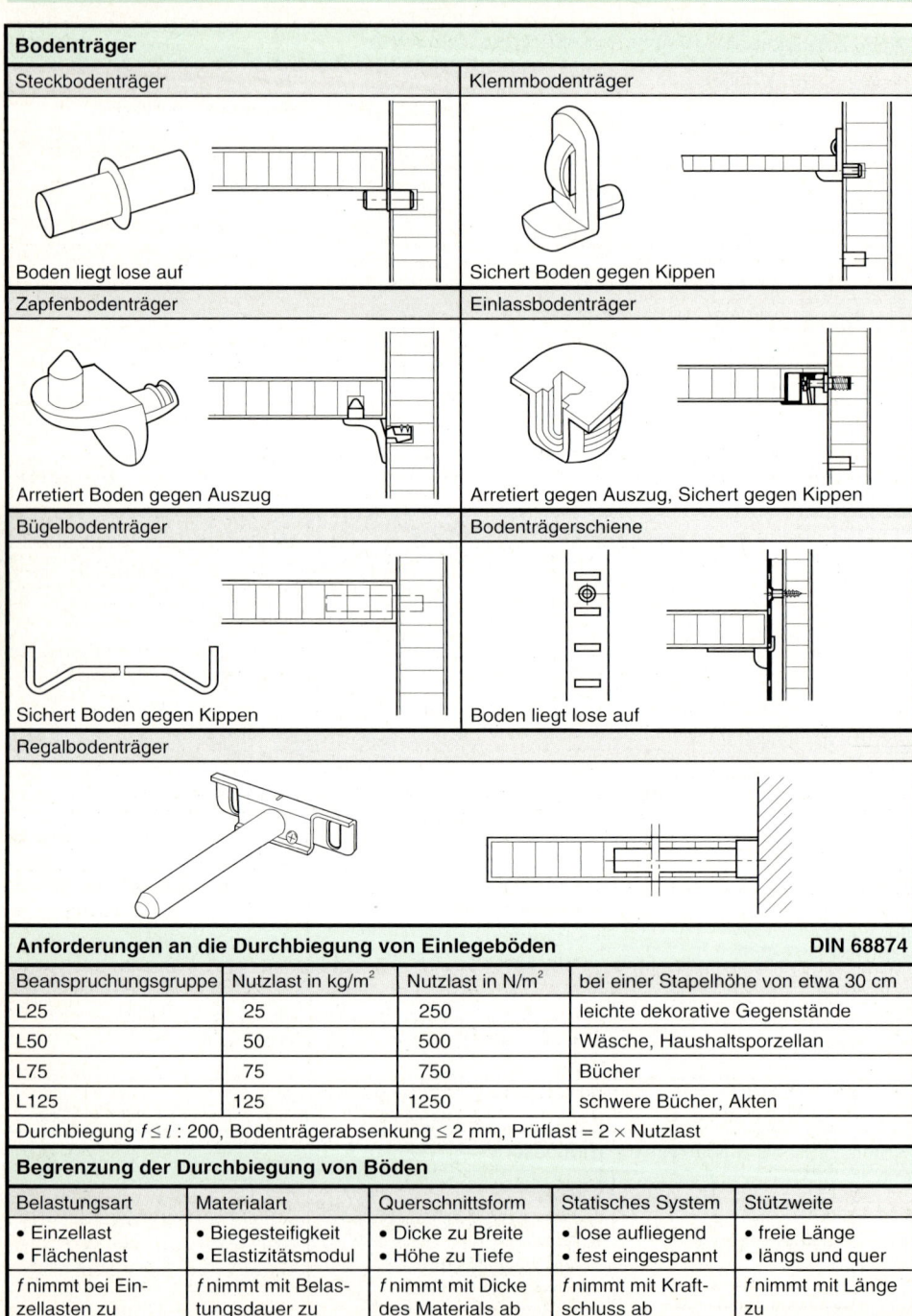

Steckbodenträger	Klemmbodenträger
Boden liegt lose auf	Sichert Boden gegen Kippen

Zapfenbodenträger	Einlassbodenträger
Arretiert Boden gegen Auszug	Arretiert gegen Auszug, Sichert gegen Kippen

Bügelbodenträger	Bodenträgerschiene
Sichert Boden gegen Kippen	Boden liegt lose auf

Regalbodenträger

Anforderungen an die Durchbiegung von Einlegeböden   DIN 68874

Beanspruchungsgruppe	Nutzlast in kg/m²	Nutzlast in N/m²	bei einer Stapelhöhe von etwa 30 cm
L25	25	250	leichte dekorative Gegenstände
L50	50	500	Wäsche, Haushaltsporzellan
L75	75	750	Bücher
L125	125	1250	schwere Bücher, Akten

Durchbiegung $f \leq l : 200$, Bodenträgerabsenkung ≤ 2 mm, Prüflast = 2 × Nutzlast

Begrenzung der Durchbiegung von Böden

Belastungsart	Materialart	Querschnittsform	Statisches System	Stützweite
• Einzellast • Flächenlast	• Biegesteifigkeit • Elastizitätsmodul	• Dicke zu Breite • Höhe zu Tiefe	• lose aufliegend • fest eingespannt	• freie Länge • längs und quer
f nimmt bei Einzellasten zu	f nimmt mit Belastungsdauer zu	f nimmt mit Dicke des Materials ab	f nimmt mit Kraftschluss ab	f nimmt mit Länge zu

Sichtbare Möbelflächen in vorgesehener Gebrauchslage   DIN 68871

Begriff	Definition	Beispiel
Vollholz	Anrichte, Esche massiv	• Alle Möbelelemente aus den genannten Holzarten, nicht furniert • Ausnahmen: Rückwand, Schubkastenboden
Vollholzteile	Hocker, Erle-Furnier mit Buche	• Holzart der Vollholzteile entspricht nicht der Furnierholzart • Angabe nur bei Tischen und Sitzmöbeln erforderlich
Folien	Tisch, duroplastische Kunststoff-Oberfläche	• Angabe der überwiegenden Materialien • Unterscheidung in duroplastisch oder termoplastisch
Furnier	Kommode, Eiche-Furnier	• Alle Furniere aus den genannten Holzarten
Nicht Vollholzteile	Regal, KI-Furnier, Kunststoff-Lisene	• Alle Teile, die das Aussehen des Möbels mitbestimmen • Profile, Ornamente ....
Platten	Bücherschrank, Melaminschichtpressstoffplatten HPL	• Angabe der überwiegenden Materialien • Meist: HPL, KH, KF

Möbeloberflächenbehandlung   DIN 68871

Begriff	Definition	Begriff	Definition
Naturbehandelt	Farbe und Struktur unverändert	Nachbildung	nachgeahmte Holzart mit Zusatz „…–Nachbildung"; fotochemisch, fotomechanisch, andere technische Verfahren
Gebeizt	Farbe verändert	Lackiert	klar: durchsichtiger Lack deckend: undurchsichtiger Lack
Mattiert	mattglänzend, offene Poren	Poliert	hochglanzpoliert: unverzerrtes Widerspiegeln anpoliert: schwach glänzend

Technische Qualitätsprüfung

Verschiedene Prüfstellen ermitteln eine definierbare Gebrauchstauglichkeit von Produkten: verletzungsarm, sachbeschädigungsarm, elektrische Sicherheit, mechanische Sicherheit …

Prüfstellen

GDM	LGA	NIMM
Deutsche Gütegemeinschaft Möbel e. V. Tillystraße 2 90431 Nürnberg	Möbelprüfinstitut der Landesgewerbeanstalt Nürnberg Tillystraße 2 90431 Nürnberg	Nordwestdeutsches Institut für Möbel- und Materialprüfung Klingenberg Straße 2 32758 Detmold

Zertifikate

RAL-Gütezeichen nach GDM-Richtlinien	GS-Zeichen für geprüfte Sicherheit nach dem Gerätesicherheitsgesetz	Firmenspezifische Güte- oder Möbelpässe

Möbelbau

Einsatzempfehlung für Innentüren

Einsatzstelle	Hygrothermische Beanspruchung			Mechanische Beanspruchung		
	I [1] (normale)	II [2] (mittlere)	III [3] (hohe)	N (normale)	M (mittlere)	S (hohe)
Wohnungsinnentüren[4]	×			×		
Wohnungsabschlusstür		×[5]	×[5]			×
Türen zu nicht ausgebauten Dachgeschossen			×	×		
Kellerabgangstüren		×		×		
Gewerbliche Räume						
Büroräume	×				×	
Schulräume	×					×
Hotelzimmer	×				×[6]	×[6]
Kantinen		×				×
Eingänge von Praxen		×	×[5]		×	

Nicht berücksichtigt wurden Türen, die starken Feuchtigkeitsbelastungen ausgesetzt werden, z. B. Türen in Bädern oder Toiletten von Hotels oder Schulen. Hierfür werden spezielle Feuchtraumtüren angeboten.

[1] Warme Seite: 23 °C, 30 % relative Luftfeuchtigkeit; kalte Seite: 18 °C, 50 % relative Luftfeuchtigkeit.
[2] Warme Seite: 23 °C, 30 % relative Luftfeuchtigkeit; kalte Seite: 13 °C, 65 % relative Luftfeuchtigkeit.
[3] Warme Seite: 23 °C, 30 % relative Luftfeuchtigkeit; kalte Seite: 3 °C, 80 % relative Luftfeuchtigkeit.
[4] In Bereichen mit langfristig höherer Luftfeuchtigkeit (z. B. immer offenstehende Fenster) werden Türen der Klimaklasse II empfohlen.
[5] Bei beheizten Hausfluren/Treppenhäusern genügt in der Regel Klimaklasse II; bei nicht beheizten Hausfluren/Treppenhäusern empfiehlt sich dringend Klimaklasse III.
[6] Auswahl unter Berücksichtigung der zu erwartenden mechanischen Beanspruchung.

Anforderungen an die Luftschalldämmung von Türen — DIN 4109

Mindestanforderungen an die Luftschalldämmung von Türen gemäß DIN 4109 Tab. 3; in Klammern ( ) angegebene Werte entsprechen den Vorschlägen für erhöhten Schallschutz gemäß Beiblatt 2 zu DIN 4109.

Gebäudeart	Bereiche und Räume zwischen denen eine Tür eingesetzt wird		erf. R_w [1] $R_{w,R}$ [2] in dB	$R_{w,P}$ [3] in dB
Geschosshäuser mit Wohnungen und Arbeitsräumen	Hausflure Treppenräume	Flure, Dielen	27 (37)	32 (42)
		Aufenthaltsräume von Wohnungen	37	42
Schulen/Unterrichtsbauten	Flure	Unterrichtsräume und ähnliche Räume	32	37
Beherbergungsstätten	Flure	Übernachtungsräume	32 (37)	37 (42)
Krankenanstalten/ Sanatorien	Flure	Untersuchungs- bzw. Sprechzimmer	37	42
	Flure	Krankenräume	32 (37)	37 (42)
	Flure	Operations- bzw. Behandlungsräume	32	37

[1] Der hier angegebene R_w-Wert ergibt sich aus der Eignungsprüfung und muss mindestens dem erforderlichen R_w entsprechen.
[2] Bewertetes Schalldämm-Maß als Rechenwert.
[3] Bewertetes Schalldämm-Maß als Prüfwert.

Innenausbau

Beispiel für den Aufbau von Massivholztürblättern

Flächenbauweise; breite Bohlen	Rahmenbauweise	Flächen- oder Rahmenbauweise; Leimholz	Flächen- oder Rahmenbauweise; lamelliert

Vollraumtürblatt mit Einlagen

mit Holzwerkstoffplatteneinlage (z. B. Stab-Sperrholz)	mit Furnierplatteneinlage (z. B. Multiplex)

Vollraumtürblatt mit Hohlraum-Einlagen

mit Hohlraumplatteneinlage	mit Holzwerkstoffplatten und Distanzleisten als Einlage

Vollraumtürblatt mit Dämmmaterial

mit Dämmkerneinlage und Stabilisator	mit Dämmkerneinlage und Holzwerkstoffplatten-Einlagen

Türblatt mit Vorsatzschale

Vorsatzschale auf Distanz, mit oder ohne Hinterlüftung	Vorsatzschale ohne Distanz, ohne Hinterlüftung

Hohltürblatt mit Stabilisator

Füllungstür in Rahmenbauweise

Konstruktionsprinzipien von Türzargen

Doppelfalzzarge

Blendrahmen

Stahlumfassung

Stahlumfassungsdoppelfalzzarge

Blockrahmen

Doppelfalz-Blockrahmen

Innenausbau

Abdichtungsmöglichkeiten zwischen Tür und Fußboden

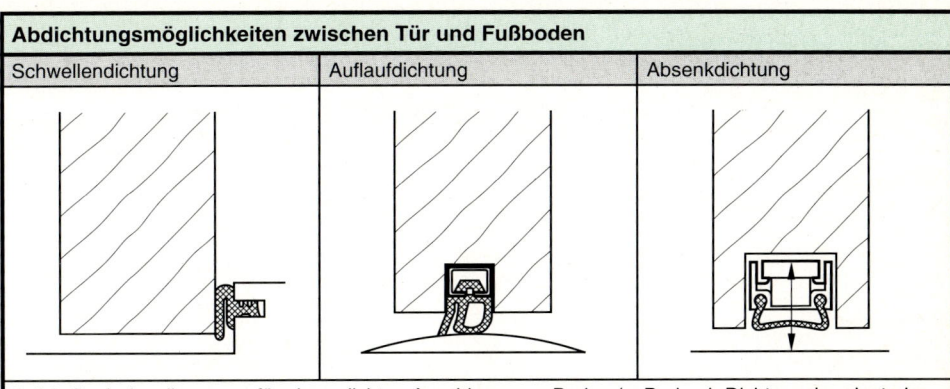

Schwellendichtung	Auflaufdichtung	Absenkdichtung

Bei Auflaufschwellen muss für einen dichten Anschluss zum Boden (z. B. durch Dichtungsbandunterlage) gesorgt werden. Nicht auf durchlaufenden Teppichboden aufsetzen.

Schallübertragungswege und Entkoppelungsmaßnahmen im Fußbodenanschlussbereich

schlecht	besser	beste Lösung mit völliger Entkopplung

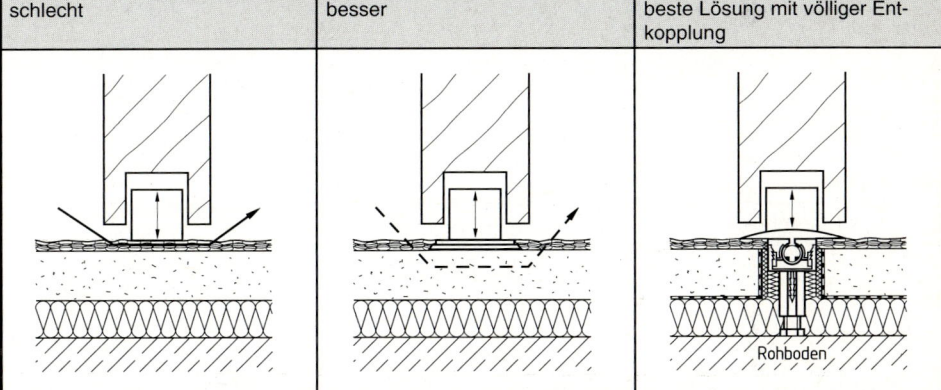

Rohboden

Hinterfüllungs- und Abdichtungsmaßnahmen an Türzargen

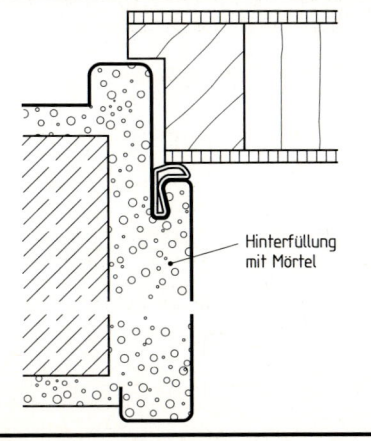

Hinterfüllung mit Mörtel

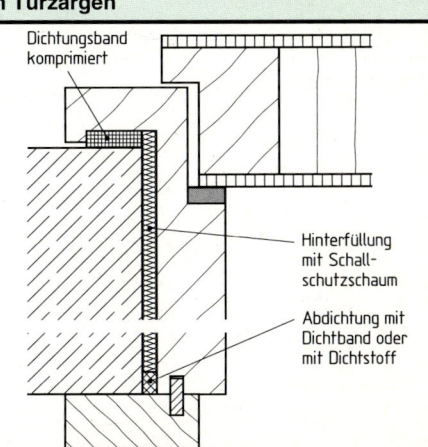

Dichtungsband komprimiert

Hinterfüllung mit Schallschutzschaum

Abdichtung mit Dichtband oder mit Dichtstoff

Innenausbau

Sicherheitsbeschläge – Einbruchhemmung auf der Schließseite

Angriffseite = Schließseite

gefälzt	stumpf eingeschlagen

Zylinderlänge 34 (37) 28...25 — Mitte Schlosskasten — 7 / 42 (45) / 15 / 15

Angriffseite

Zylinderlänge 29 (32) 30...33 — Mitte Schlosskasten — 7 / 20 / 42 (45) / 15

Angriffseite

Sicherheitsbeschläge – Einbruchhemmung auf der Öffnungsseite

Angriffseite = Öffnungsseite

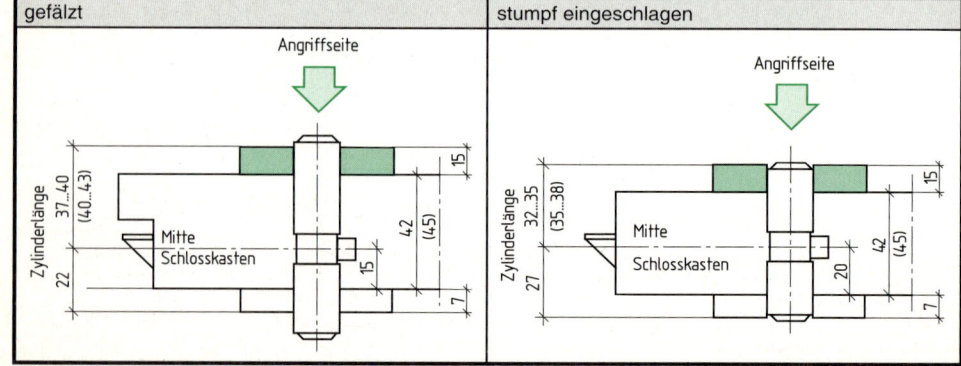

gefälzt	stumpf eingeschlagen

Angriffseite

Zylinderlänge 37...40 (40...43) 22 — Mitte Schlosskasten — 15 / 42 (45) / 15 / 7

Angriffseite

Zylinderlänge 32...35 (35...38) 27 — Mitte Schlosskasten — 15 / 20 / 42 (45) / 7

Innenausbau

© Verlag Gehlen

Einsatzempfehlungen einbruchhemmender Türen			DIN V 18103
Gefährdung	Einfamilienhaus (Lage)		Mehrfamilienhaus
	geschützt	ungeschützt	
normal	ET 1	ET 1	ET 1
erhöht[1]	ET 1	ET 2	ET 1
hoch[2]	ET 2	ET 3	ET 2

Für den gewerblichen Bereich wird empfohlen, alle Klassifizierungen um eine Klasse zu erhöhen.

[1] Erhöhte Sachwerte. [2] Personenschutz, hoher Sachwertschutz.

Montageanleitung einer Sicherheitstür mit Holzwerkstoffzarge

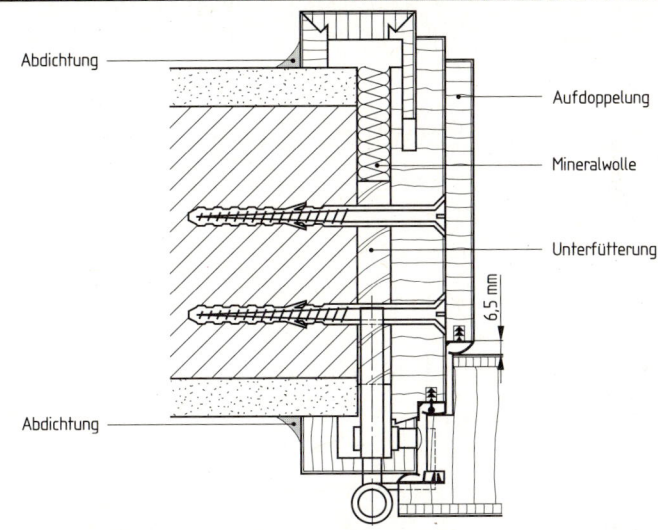

1. Zarge nach der im Zargenkarton liegenden Montageanleitung zusammenbauen.
2. Die Zarge in die Wandöffnung stellen, lot- und fluchtgerecht ausrichten und festkeilen. Die Bandseite der Zarge mit den beiliegenden Schrauben und Dübeln durch das Futterbrett in der Wand festschrauben. (Die Schrauben werden hinterher durch die Aufdopplung verdeckt). Im Bereich der Verschraubung die Zarge hinterfüttern.
3. Drückergarnitur an das Türblatt schrauben und Profilzylinder einsetzen.
4. Türblatt einhängen, Zarge am Türblatt ausrichten und die Schlossseite der Zarge in der Wand festschrauben. Auf ein gleichmäßiges Falzspiel von etwa 2 bis 4 mm aufrecht und oben quer achten.
5. Türblatt auf Funktion prüfen. Die Tür muss zweitourig abschließbar sein. Eventuell Schließblech nacharbeiten (z. B. nachfeilen).
6. Aufdopplung anbringen. Damit auch die zweite Dichtebene voll zur Wirkung kommt, die Aufdopplung mit der Dichtung gegen das eingehängte Türblatt drücken, sodass die Dichtung überall gut aber nicht zu stramm anliegt, Abstand etwa 6,5 mm (siehe Bild). Die Aufdopplung ist mit Spezialkleber oder mit Silikon zu befestigen.
7. Bei Schallschutzanforderungen ist der Hohlraum zwischen Zargenrückseite und Mauerleibung mit Mineralwolle auszustopfen, wenn genügend Zwischenraum vorhanden ist. Unbedingt sind jedoch die Fugen zwischen den Falz- und Zierbekleidungen und der Wandfläche abzudichten (Silikon o. Ä.).
8. Feder der Zierbekleidung nur punktweise mit Weißleim versehen und Zierbekleidung aufstecken.
9. Zargen, die in Räumen mit Fliesen-, Steinzeug- oder Kunststoffböden montiert sind, können durch Wischwasser aufquellen. Um dies zu verhindern, müssen die Zargen am Bodenanschluss mit Silikon rundum versiegelt werden.

Beispiele für Sicherheitstüren

mit Blockrahmen aus Hartholz (Dicke etwa 43 mm)

mit Küffner Eckzargen aus Aluminium (Dicke etwa 43 mm)

Doppeltüren

Doppeltürzarge für erhöhten Schallschutz

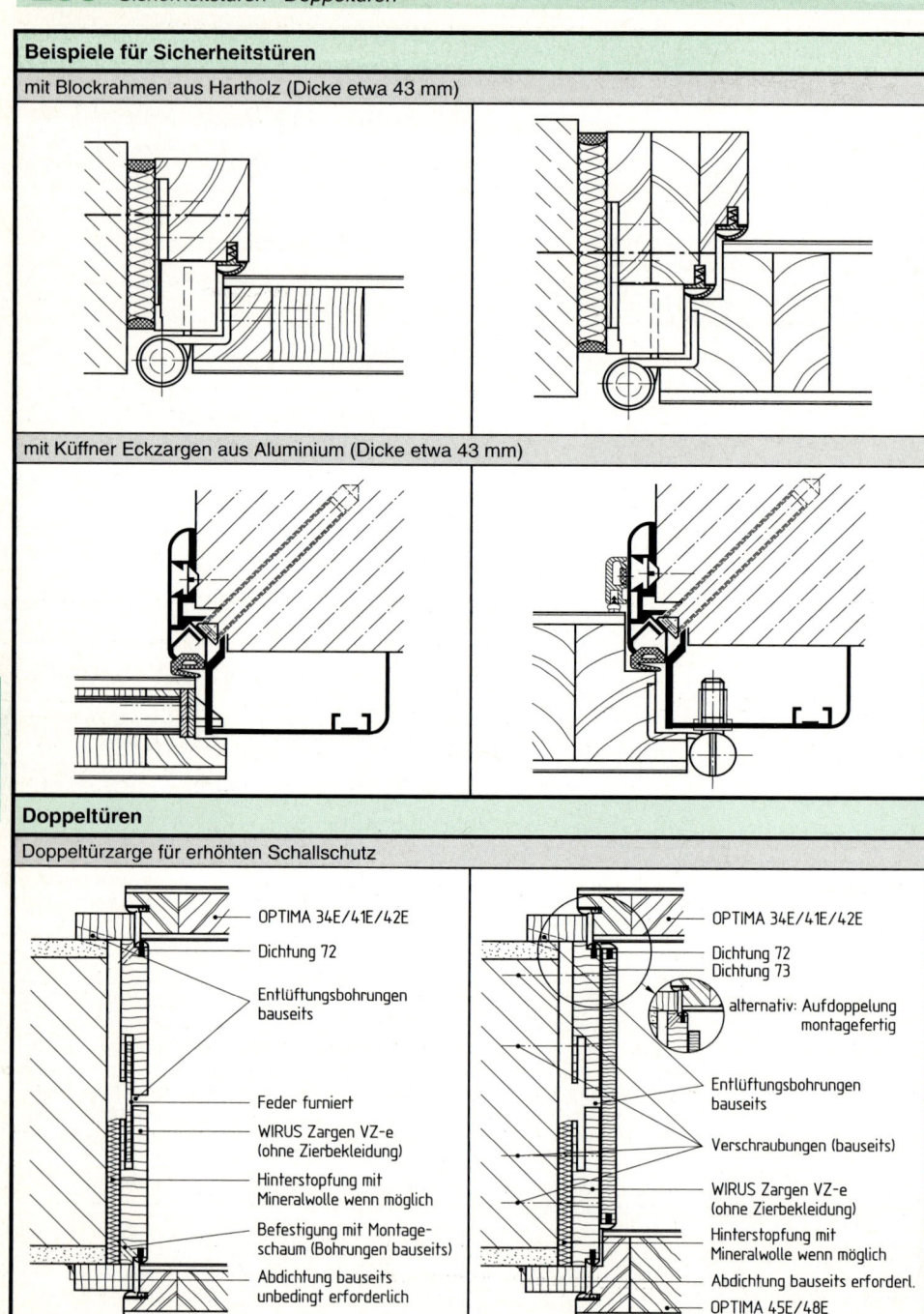

OPTIMA 34E/41E/42E

Dichtung 72

Entlüftungsbohrungen bauseits

Feder furniert

WIRUS Zargen VZ-e (ohne Zierbekleidung)

Hinterstopfung mit Mineralwolle wenn möglich

Befestigung mit Montageschaum (Bohrungen bauseits)

Abdichtung bauseits unbedingt erforderlich

OPTIMA 34E/41E/42E

Dichtung 72
Dichtung 73

alternativ: Aufdoppelung montagefertig

Entlüftungsbohrungen bauseits

Verschraubungen (bauseits)

WIRUS Zargen VZ-e (ohne Zierbekleidung)

Hinterstopfung mit Mineralwolle wenn möglich

Abdichtung bauseits erforderl.

OPTIMA 45E/48E

Innenausbau

Schallschutztüren für normgerechten Schallschutz

Bauteile	Anforderungen erf. R_w in dB	Schallschutzklasse VDI 3728	Anforderungen um das Vorhaltemaß erhöht R_w in dB
Geschosshäuser mit Wohnungen und Arbeitsräumen			
Türen die von Hausfluren oder Treppenräumen in Flure und Dielen von Wohnungen und Wohnheimen oder von Arbeitsräumen führen	27	1	≥ 32
Türen die von Hausfluren oder Treppenräumen unmittelbar in Aufenthaltsräume – außer Flure und Dielen – von Wohnungen führen	37	3	≥ 42
Beherbergungsstätten			
Türen zwischen Fluren und Übernachtungsräumen	32	2	≥ 32
Krankenstationen, Sanatorien			
Türen zwischen Untersuchungszimmern	37	3	≥ 42
Türen zwischen • Fluren und Krankenräumen • Operations- bzw. Behandlungsräumen	32	2	≥ 37

Beispiele für den Aufbau von Strahlenschutztüren

Merkmale	Erläuterung
Oberfläche	Edelhölzer: Messerfurnier, transparent lackiert. Schichtstoffe: Duropal, Perstorp. Streichfähig furniert, Hartfaserplatte geschliffen; lackierfertig grundierfolienbeschichtet
Rahmen (Doppelrahmen)	Furnierte Türen; dreiseitige Falzkantenbeschichtung, aufrechte Kanten furniert. Schichtstoffbeschichtete Türen: Falzkantenbeschichtung; Rotholz-/Limba-Einleimer, lackiert.
Absperrung	Hartfaserplatte etwa 3 mm, mit Bleieinlage.
Einlage	Stranggepresste Röhrenspanplatte.
Konstruktion	Sperrtür nach DIN 68706 -1; Aufbau siebenfach (Hartfaserplattendeck fünffach).
Dicke	Etwa 41 bis 45 mm, je nach Oberflächenbeschichtung und Bleieinlage.
Strahlenschutz	Je nach zu erwartender Strahlenbelastung ist der erforderliche Bleigleichwert vorzugeben. Aus technischen Gründen wird die geforderte Bleidicke aus zwei Folien erzeugt, die mit den jeweiligen Deckplatten verklebt werden. Beachten Sie beim Einsatz von Strahlenschutztüren die Bestimmungen nach DIN 6834.
Flächengewicht	Etwa 21 kg/m^2 und Bleigleichwert (je 1 mm Blei ergeben sich 11 kg/m^2).
Abmessungen	Nach DIN 18101, sowie Sondermaße auf Anfrage.
Kantenausbildung	Falz nach DIN 68706-1, stumpf einschlagend.
Sonderleistungen	Lichtöffnung, Lüftung usw. auf Anfrage.

Hinweis: Wegen des hohen Gewichts der Strahlenschutztüren sind diese nur in entsprechenden Stahlzargen zu verwenden.

Innenausbau

Beispiele für Gestaltungsmöglichkeiten von Innentüren

vollflächig glatt	mit Spion	mit Panik-stangengriff	Stiltür	Stiltür mit Lichtöffnung	mit Norm-Lichtöffnung LÖ 23	mit Aufleis-tung nach Wahl

mit Licht-öffnung nach Wahl	mit Licht-öffnung „Bullauge"	raumhoch mit Ober-blende und Kämpfer	raumhoch mit Oberlicht und Kämpfer	mit Ober-blende und Lichtöffnung im Türblatt	mit Oberblen-de und Licht-öffnung in Oberblende und Türblatt	mit Oberlicht und Kämp-fer; Lichtöff-nung im Türblatt

mit Panik-stangengriff	als Stiltür oder mit Aufleistung nach Wahl	als Stiltür mit Lichtöffnung	mit Norm-Lichtöff-nung LÖ 23	mit Lichtöffnung nach Wahl; asym-metrische Teilung

raumhoch mit Oberblende	raumhoch mit Oberblende und Kämpfer	mit Oberlicht und Kämpfer; Lichtöff-nung in den Tür-blättern	mit Oberblende und Lichtöffnung in Oberblende und Türblättern	raumhoch mit Oberblende; Lichtöffnung „Bullauge"

Diese Türen sind auch als Brand- und Rauchschutztüren erhältlich.

Innenausbau

Türblatt für hohe und höchste mechanische Beanspruchung

stumpf einschlagend, mit Zusatzrahmen und unverdecktem Hartholzanleimer

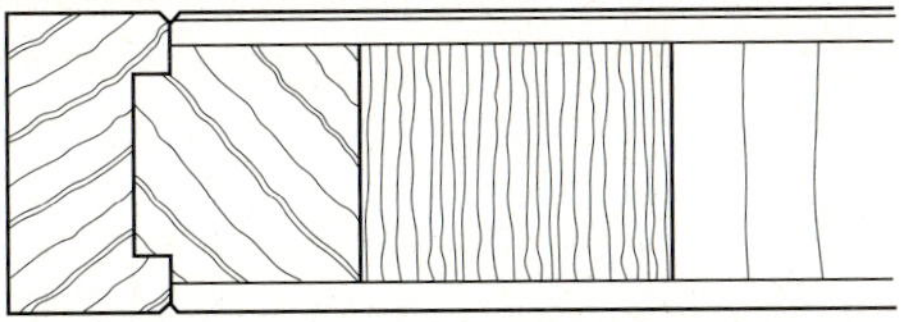

Türen mit Verstärkung im Bandbereich

an gefälzten Türen	an stumpf eingeschlagenen Türen

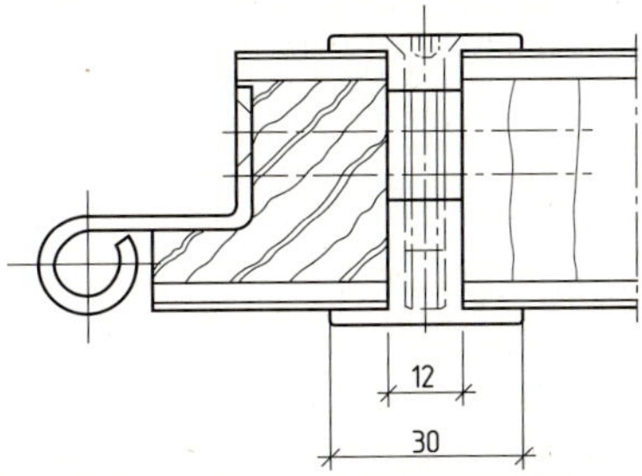

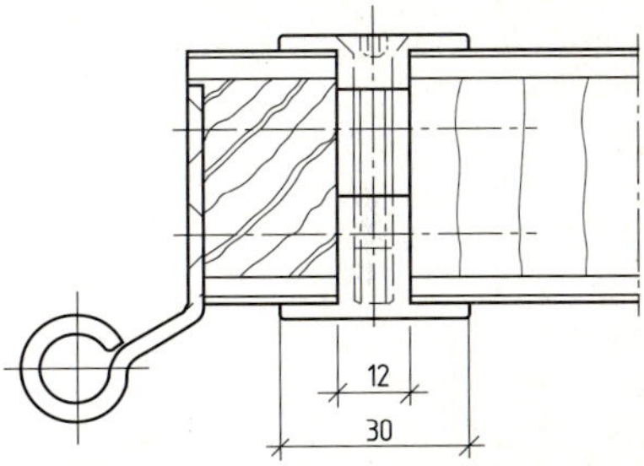

12
30

12
30

Anleimer aus schlagzähem Kunststoff

stumpf eingeschlagen, mit verdecktem Kunststoffanleimer	gefälzt, mit Zusatzrahmen und verdecktem Kunststoffanleimer

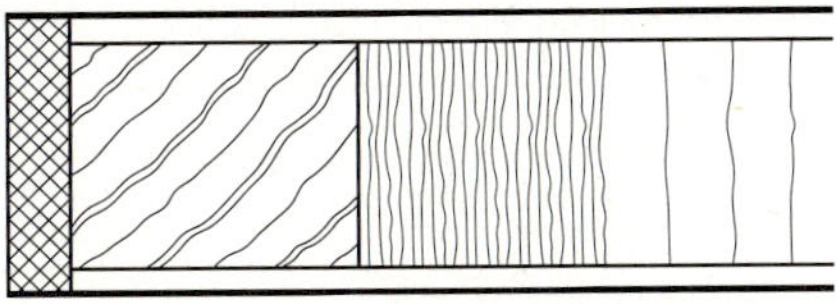

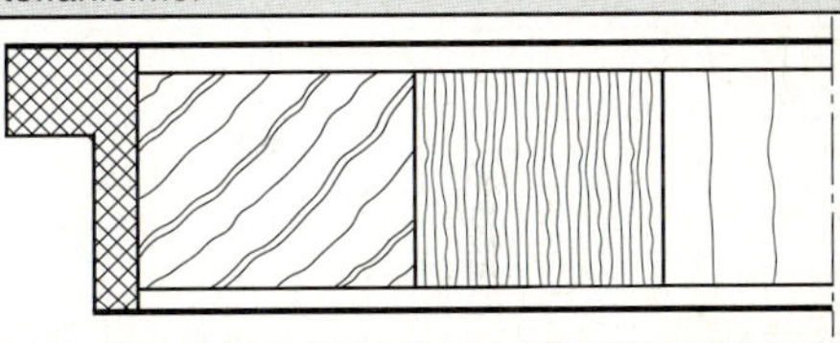

Anordnung der Schlossverstärkung

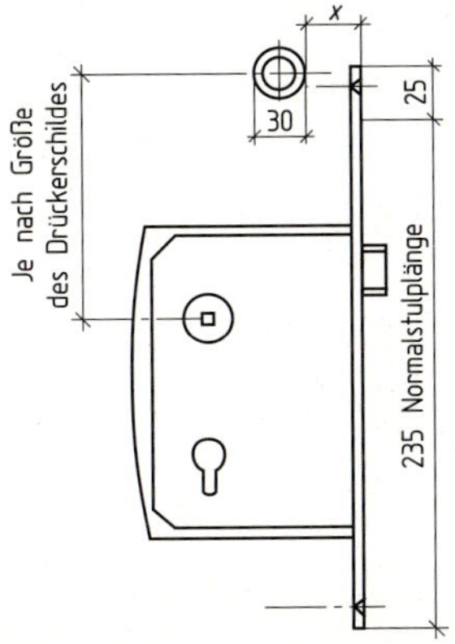

x
30
25
Je nach Größe des Drückerschildes
235 Normalstulplänge

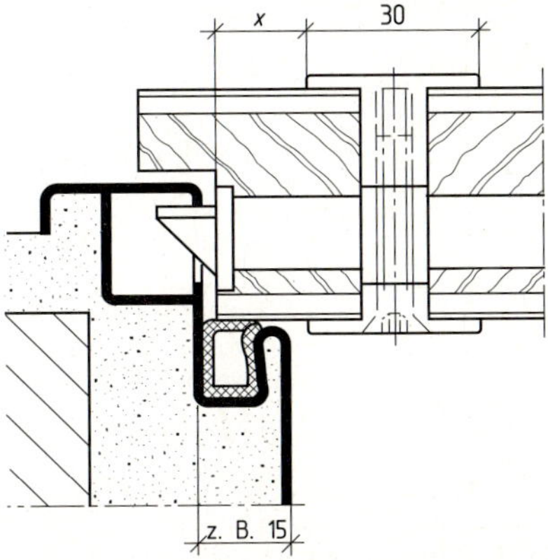

x
30

z. B. 15

Innenausbau

Bezeichnungen für Türdrückergarnituren	DIN 18255
Benennung	Kurzzeichen
Langschild	L
Kurzschild	K
Türrosette	R
Türdrückerrosette	DR
Schlüsselrosette	SR
Profilzylinderrosette	PZ
Buntbartlochung (auch für Zuhaltungsschlösser)	BB
Sonderlochung[1]	SO
Einsatz im Wohnbereich[2]	Wo
Einsatz im Objektbereich[3]	Ob

Bezeichnungsbeispiele

Bezeichnung einer Türdrückergarnitur mit Langschildern, mit Lochung für Buntbartlochung aus Aluminium mit Einsatz im Wohnbereich:
Garnitur DIN 18255 - L - BB - Al - Wo

Bezeichnung einer Türdrückergarnitur mit Kurzschildern, mit Profilzylinderlochung aus Kupfer-Zink-Legierung für Einsatz im Objektbereich:
Garnitur DIN 18255 - K - PZ - Ms - Ob

[1] Zum Beispiel für Rundzylinder oder Ovalzylinder in firmenspezifischen Maßen.
[2] Geringe Beanspruchung, geringe Benutzungshäufigkeiten.
[3] Hohe Beanspruchung, hohe Benutzungshäufigkeit.

Anforderungen an Türdrücker, Türschilder und Türrosetten

An die zu verwendenden Werkstoffe für Türdrücker, Türschilder und Türrosetten sind folgende Mindestanforderungen zu stellen (diese Aufforderungen beziehen sich auf das Türschild selbst, nicht auf den Drückerstift bei Türschildern für Badtüren):

Benennung	Kurz-zeichen	Beschreibung

Aluminium	Al	dekorativ anodisch oxidiert (eloxiert):
		• Gusslegierung: DIN 1725-2, Tabelle 5
		  „dekorative anodische Oxidation: ausgezeichnet"
		  G-/GK-AlMg3; G-/GK-AlMg5
		• Knetlegierung: DIN 1712-3, DIN 1725-1/2, Tabelle 3
		  „Eloxalqualität" Al99,5; AlMg1; AlMg3; AlMgSi0,5
		oder andere, gleichwertige Werkstoffe beschichtet:
		• Gusslegierung: DIN 1725-2
		• Knetlegierung: DIN 1712-3, DIN 1725-1

Kupfer-Zink-Legierung	Ms	GB-CuZn33 Pb nach DIN 17656
Kunststoff	PA	Formmasse Pa 6 nach DIN 16773-1 oder in Bezug auf Zugfestigkeit, Schlagzähigkeit und Kerbschlagzähigkeit und Temperaturverhalten gleichwertige Formmasse
Stahl	St	Sorte nach Wahl des Herstellers
Zinkdruckguss	Zn	Blockmetall GB-ZnAl4Cu1 nach DIN 1743-1
Nichtrostender Stahl	nr. St	nach DIN 17440, Sorte nach Wahl des Herstellers

Innenausbau

Benennung für Türdrücker und Türschilder

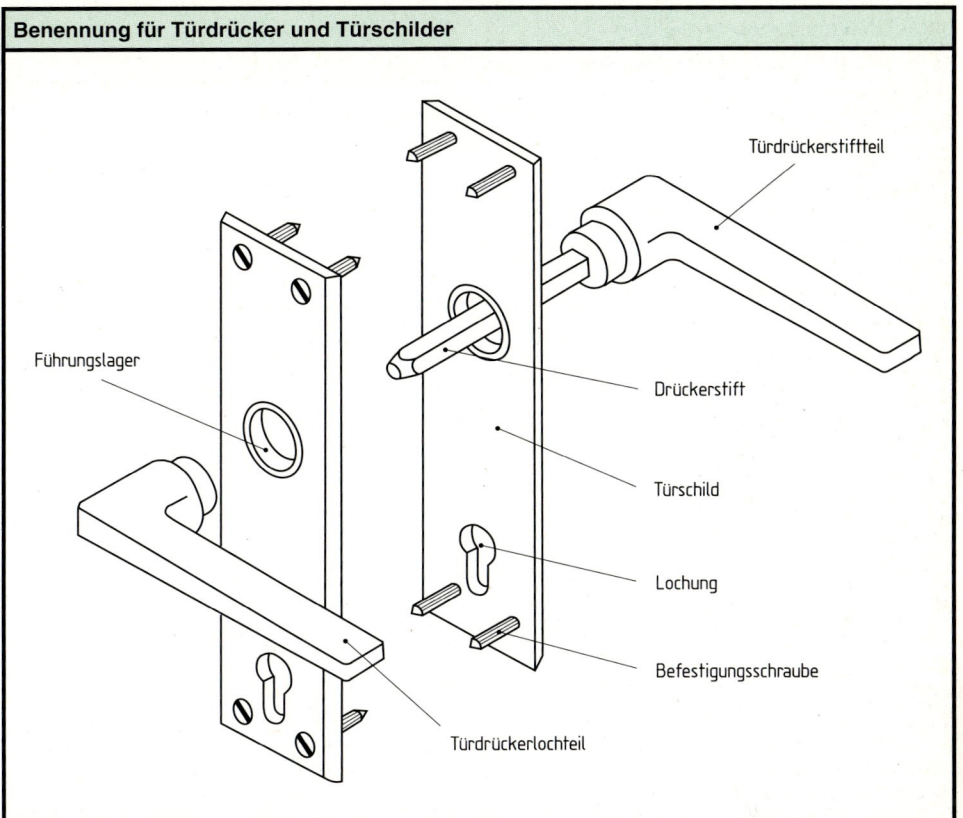

Türdrückerstiftteil

Führungslager

Drückerstift

Türschild

Lochung

Befestigungsschraube

Türdrückerlochteil

Oberflächenschutz für Türdrücker und Türschilder — DIN 18255

Türdrücker und Türschilder müssen folgenden Oberflächenschutz aufweisen:

Benennung	Kurzzeichen	Beschichtung[1]
Aluminium	Al	anodisch oxidiert (eloxiert) oder Farbüberzug mindestens 10 µm
Kupfer-Zink-Legierung (Messing)	Ms	lackiert nach Vereinbarung
Stahl und Edelstahl	St	lackiert oder galvanisiert 10 µm
Zinkdruckguss	Zn	Kupfer-Nickel-Überzug nach DIN 50968 Nickel-Chrom-Überzug nach DIN 50967 nach Vereinbarung

[1] Eine für die Beschichtung geeignete Vorbehandlung ist erforderlich.

Mindestbelastbarkeit für Drückerstift und Verbindungsteile — DIN 18255

Einsatzbereich	axiale Kraft mindestens	Drehmoment mindestens
Wohnbereich	1500 N	35 Nm
Objektbereich (z. B. Behördentür)	3000 N	45 Nm

Drückerstift und Verbindungsteile müssen korrosionsgeschützt sein.

Maße und Benennungen für Türschilder   DIN 18255

Türschild als Langschild mit Buntbartlochung (BB)

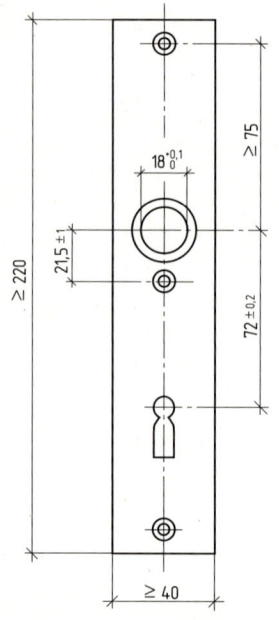
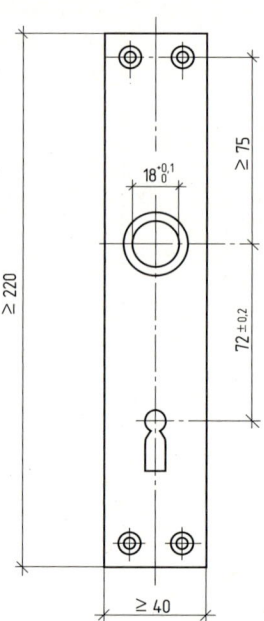

Türschild als Kurzschild mit Buntbartlochung (BB)	Türschild als Lang- oder Kurzschild mit Profilzylinderosette (PZ)	Türschild als Lang- oder Kurzschild mit Sonderlochung (SO) für Ovalzylinder

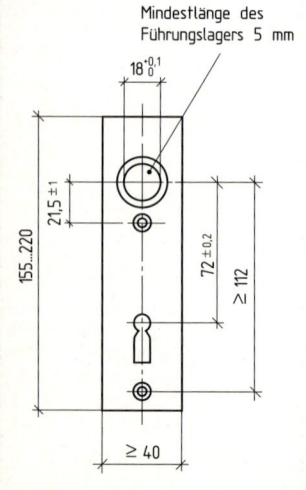

Mindestlänge des Führungslagers 5 mm

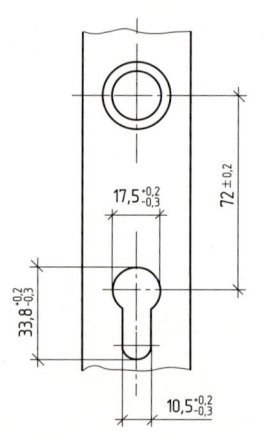

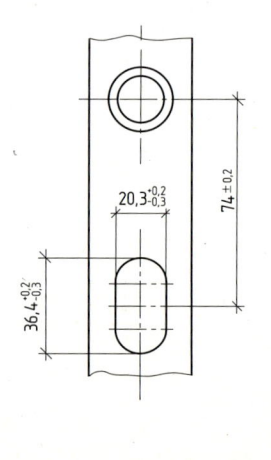

Maße und Benennungen für Türschilder

Türschild mit SO für Rund zylinder (Lang- oder Kurzschild)	Türschild für Badtüren Innenschild (Lang- oder Kurzschild)	Türschild für Badtüren Außenschild (Lang- oder Kurzschild)
$32,3^{+0,2}_{0}$ $78 \pm 0,2$	8 8 $78 \pm 0,2$	Schauzeichen wahlweise Notentriegelung z. B. Schlitz $78 \pm 0,2$
Türdrückerrosette mit Führungslager	**Schlüsselrosette mit BB**	**Schlüsselrosette mit PZ**
Mindestlänge des Führungslagers 5 mm $18^{+0,1}_{0}$ ≥ 45	$38 \pm 0,2$ ≥ 45	$17,5^{+0,2}_{-0,3}$ $33,8^{+0,2}_{-0,3}$ $10,5^{+0,2}_{-0,3}$
Schlüsselrosette mit SO für Ovalzylinder	**Schlüsselrosette für Badtüren (Innenseite)**	**Schlüsselrosette für Badtüren (Außenseite)**
$20,3^{+0,2}_{0}$ $36,4^{+0,2}_{0}$	8 8	Notentriegelung z. B. Schlitz Schauzeichen wahlweise

Innenausbau

Anforderungsklassen	DIN 18255

Klasse 1

Schloss für Innentüren (sogenanntes „leichtes Innentürschloss"):
- Dornmaß $A = 55^{+0,5}_{0}$ mm (siehe unten)
- Schlossdecken zweifach befestigt
- Anforderungen siehe unten

Klasse 2

Schloss für Innentüren mit erhöhten Anforderungen (sogenanntes „Innentürschloss"):
- Dornmaß $A = 55^{+0,5}_{0}$ mm (siehe unten)
- Schlossdecken zweifach befestigt
- Anforderungen siehe unten

Klasse 3

Schloss für Wohnungsabschlusstüren:
- Dornmaß $A = 55^{+0,5}_{0}$ mm (siehe unten)
- Schlossdecken dreifach befestigt
- Anforderungen siehe unten
- Typprüfung mit 200000 Betätigungen der Fallenfunktion und 50000 Betätigungen des Riegels bei fest montiertem Beschlag nach DIN 18257. Bei Buntbartschlössern und bei Badschlössern entfällt die Riegelprüfung

Klasse 4

Schloss für erhöhte Einbruchhemmung und hohe Benutzerfrequenz:
- Dornmaß $A = 55^{+0,5}_{0}$ mm bis $A = 100^{+0,5}_{0}$ mm (siehe unten)
- Nachschmiervorrichtung, soweit keine Dauerschmierung bzw. Wartungsfreiheit gegeben ist (siehe auch DIN 18357)
- Schutzhülsen (Späneschutz)
- Nach Wahl des Herstellers auch Kurbelfalle zulässig
- Nach Wahl des Herstellers auch 9 mm Drückerstift in Drückernuss zulässig
- Typprüfung mit 500000 Betätigungen der Falle („Tagfunktion") und 100000 Betätigungen des Riegels („Nachtfunktion") bei fest montiertem Beschlag nach DIN 18257. Bei Buntbartschlössern und bei Badschlössern entfällt die Riegelprüfung
- Schlossdecken dreifach befestigt
- Anforderungen siehe unten
- Klemmnuss
- Zusätzliches (eigenes) Nusslager
- Nach Wahl des Herstellers auch Fallenfeststeller zulässig

Dornmaße									
Klasse	1	2	3	4					
Dornmaß	55 mm	55 mm	55 mm	55 mm	60 mm	65 mm	70 mm	80 mm	100 mm

Anforderungen und besondere Merkmale für Einsteckschlösser

Klasse	Fallenfederkräfte in N		Moment der Drücker-hochhalte feder in Nm	Zulässiges Lastmoment am Drücker in Nm	Mindestbe-lastbarkeit der Falle in kN	Mindestbe-lastbarkeit des Riegels in kN	Riegel-gegen-kraft in kN
	min	max					
1	keine Anforderungen		> 0,8	keine Anforderungen			
2	2,5	4,0	1,2 ± 0,4	50	3	4	–
3	2,5	4,0	1,5 ± 0,4	50	3	6	2
4	2,5	4,0	1,5 ± 0,4	70	5	10	4

Innenausbau

Zweck von Wandbekleidungen

Gründe für das Bekleiden von Wänden

- Gestalterische Absicht.
- Überdeckung von Fugen und Unebenheiten an Wand und Decke.
- Erhöhung der Wärmedämmung, meist in Verbindung mit zusätzlichen Dämmstoffen.
- Verbesserung des Schallschutzes und der Raumakustik.
- Abdecken von Leitungen und Installation, auch bei gleichzeitiger leichter Zugänglichkeit.

Optische Wirksamkeit

- Die Betonung der Horizontalen lässt den Raum größer, aber niedriger erscheinen.
- Die Betonung der Senkrechten lässt den Eindruck eines kleineren, aber höheren Raumes entstehen.

Beispiele für Wandbekleidungen

- Paneele
- Stäbe
- Tafeln
- Rahmen
- Kassetten
- Lamellen
- Geflechte
- Rasterelemente

Werkstoffe

- Bei Massivholz sind Bekleidungen in Form von Brettern, Stäben, Rahmen und Füllung werkstoffbedingt kleingliedrig.
- Holzwerkstoffplatten ermöglichen eine Gestaltung mit größeren Elementen.

Gestaltungsmöglichkeiten von Wandbekleidungen

schmal, vertikal	schmal, horizontal	breit, vertikal	breit, horizontal
gefladert	diagonal	Fugen offen	versetzt
geschlossen	durchlaufend	Raster	Verband

Innenausbau

Innenausbau

Anordnungen im Raum

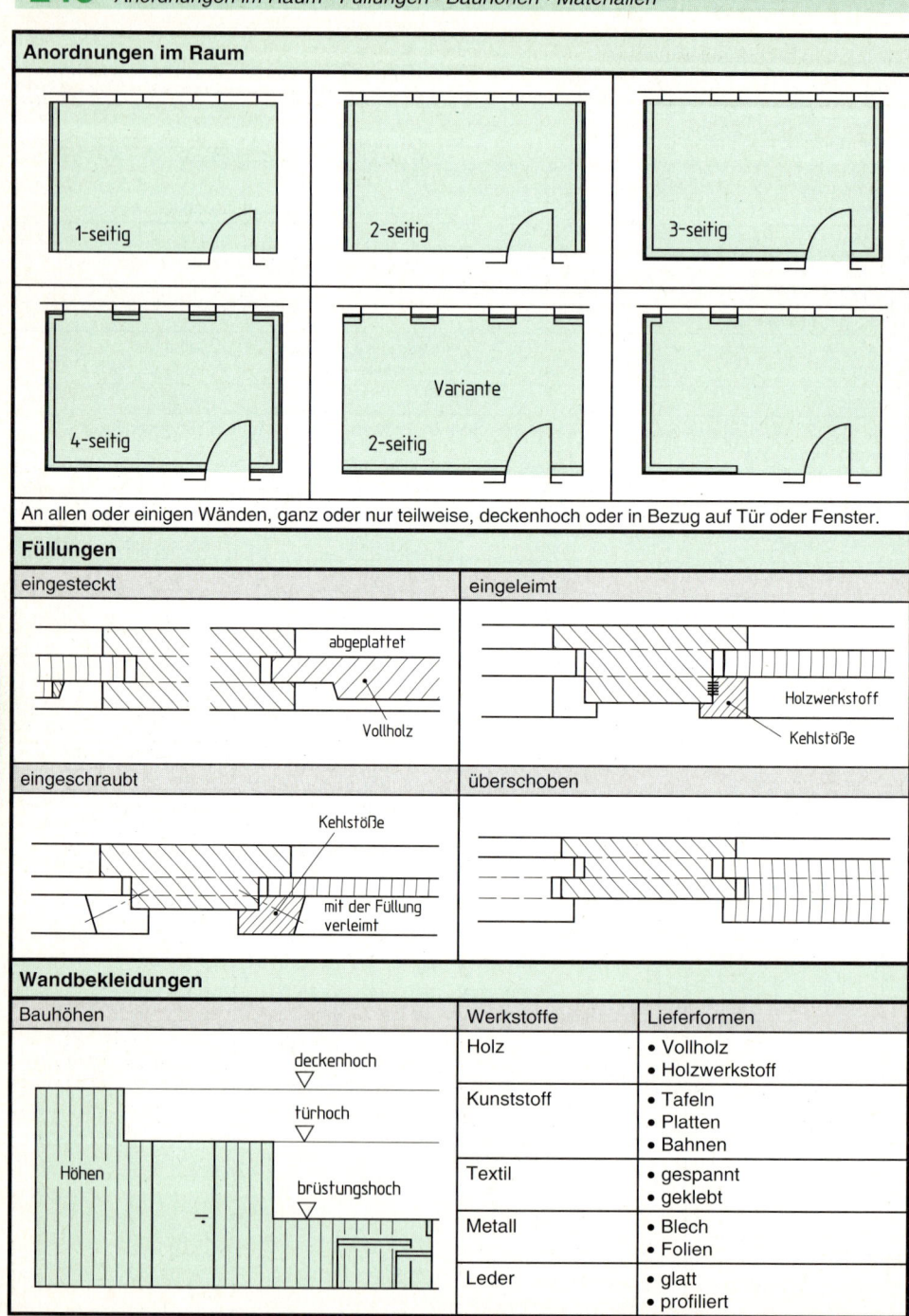

1-seitig

2-seitig

3-seitig

4-seitig

Variante
2-seitig

An allen oder einigen Wänden, ganz oder nur teilweise, deckenhoch oder in Bezug auf Tür oder Fenster.

Füllungen

eingesteckt

abgeplattet

Vollholz

eingeleimt

Holzwerkstoff

Kehlstöße

eingeschraubt

Kehlstöße

mit der Füllung
verleimt

überschoben

Wandbekleidungen

Bauhöhen

deckenhoch

türhoch

Höhen

brüstungshoch

Werkstoffe	Lieferformen
Holz	• Vollholz • Holzwerkstoff
Kunststoff	• Tafeln • Platten • Bahnen
Textil	• gespannt • geklebt
Metall	• Blech • Folien
Leder	• glatt • profiliert

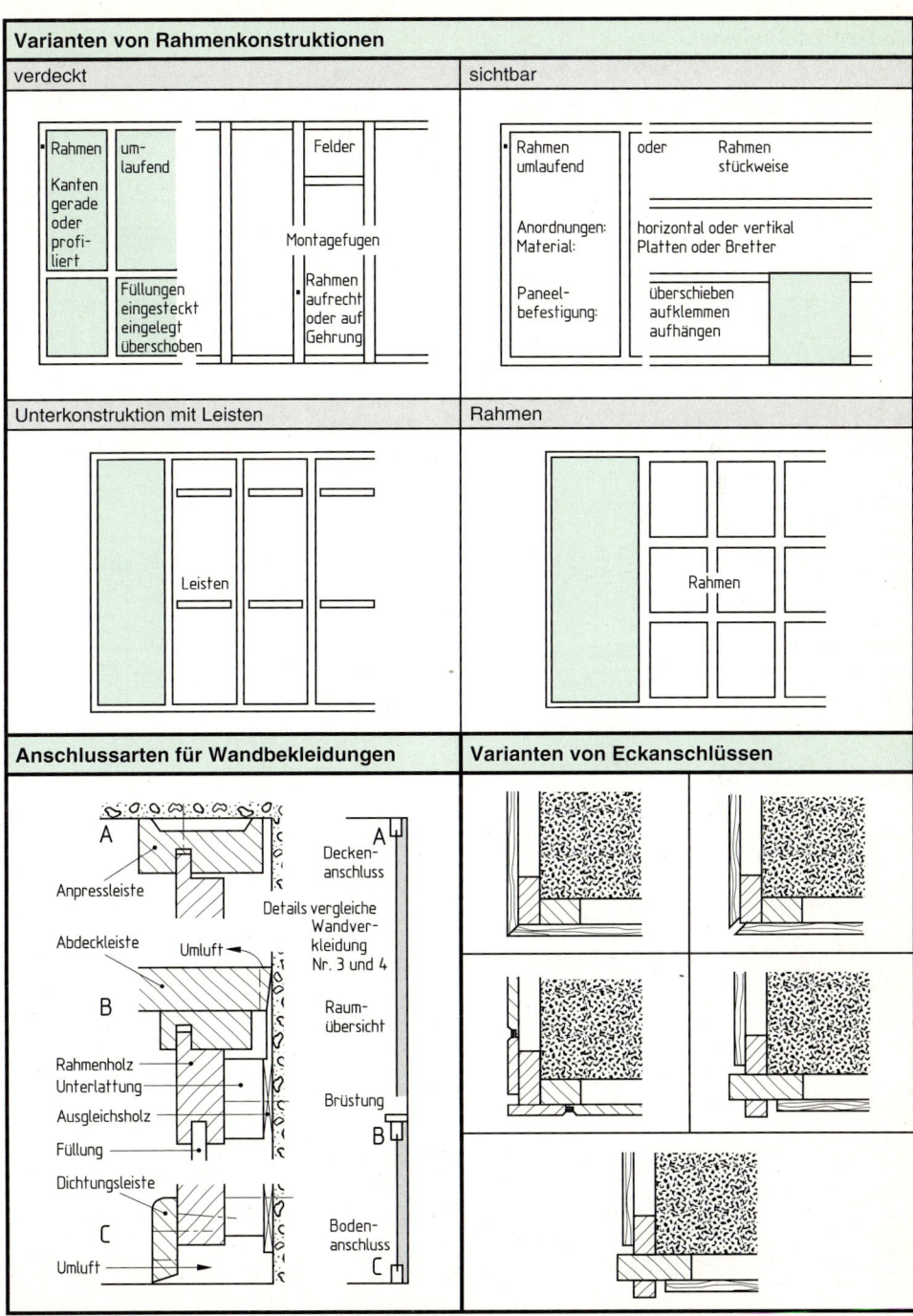

Varianten von Rahmenkonstruktionen

verdeckt

- Rahmen
  Kanten
  gerade
  oder
  profi-
  liert

  um-
  laufend

  Füllungen
  eingesteckt
  eingelegt
  überschoben

  Felder

  Montagefugen

  Rahmen
  aufrecht
  oder auf
  Gehrung

sichtbar

- Rahmen
  umlaufend

  Anordnungen:
  Material:

  Paneel-
  befestigung:

  oder   Rahmen
             stückweise

  horizontal oder vertikal
  Platten oder Bretter

  überschieben
  aufklemmen
  aufhängen

Unterkonstruktion mit Leisten

Leisten

Rahmen

Rahmen

Anschlussarten für Wandbekleidungen

A

Anpressleiste

Abdeckleiste   Umluft

B

Rahmenholz
Unterlattung
Ausgleichsholz
Füllung

Dichtungsleiste

C

Umluft

A
Decken-
anschluss

Details vergleiche
Wandver-
kleidung
Nr. 3 und 4

Raum-
übersicht

Brüstung

B

Boden-
anschluss

C

Varianten von Eckanschlüssen

Innenausbau

Innenausbau

Decken- und Bodenanschlüsse

Leisten horizontal **Leisten vertikal** **Rahmen**

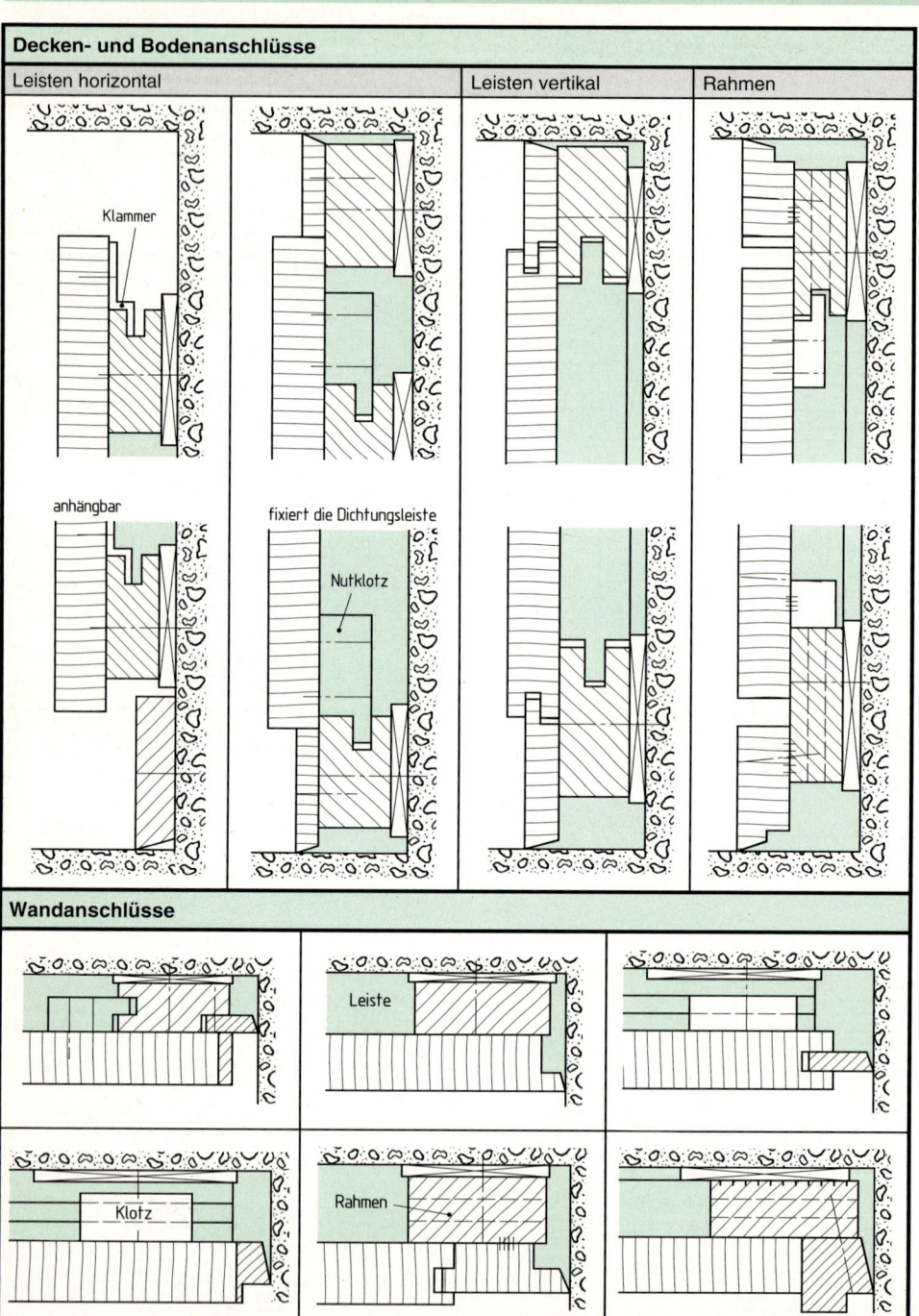

Klammer

anhängbar

fixiert die Dichtungsleiste

Nutklotz

Wandanschlüsse

Leiste

Klotz

Rahmen

Mindestquerschnitte für Unterkonstruktionen · DIN 18168-1

		Direktbefestigung			Angehängte Unterkonstruktion		
Grund- lattung	b in mm	45	60	50	30	40	–
	h in mm	24	40	30	50	60	–
Trag- lattung	b in mm	ohne Trag- lattung	48	50	50	48	50
	h in mm		24	30	30	24	30

Unterkonstruktionen

Bretter	Platten	Konterlattung

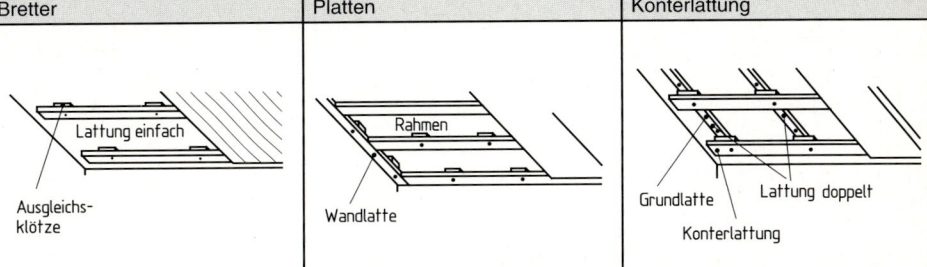

Bretter: Lattung einfach, Ausgleichs-klötze

Platten: Rahmen, Wandlatte

Konterlattung: Grundlatte, Lattung doppelt, Konterlattung

Werkstoffe

Holz	Vollholz und Holzwerkstoff
Metall	Blechtafeln
Kunststoff	Tafeln und Bahnen
Glas	Platten und Fasern

Technische Decken

Akustikdecke	Formen, Dämmstoffe
Lichtdecke	Leuchter und Strahler
Klimadecke	Heizung und Kühlung

Aufbau alter Holzbalkendecken

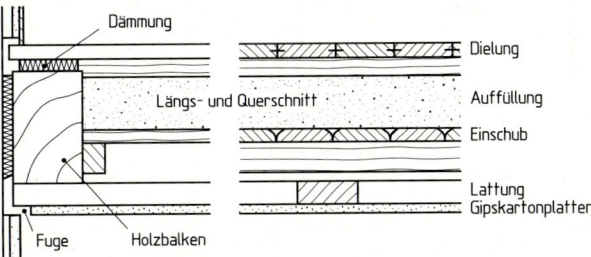

Dämmung

Längs- und Querschnitt

Fuge · Holzbalken

Dielung · Auffüllung · Einschub · Lattung Gipskartonplatten

Lattenbefestigungen

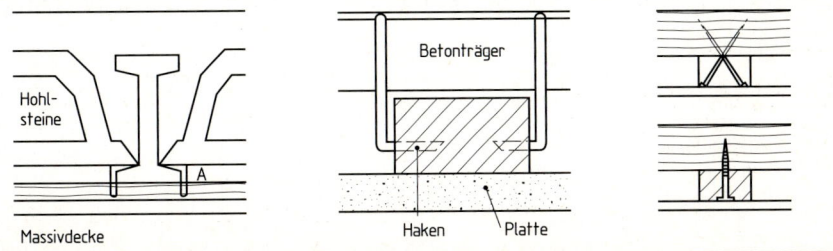

Hohl-steine

Massivdecke · A

Betonträger · Haken · Platte

Deckenvarianten

mit Gipskartonplatten

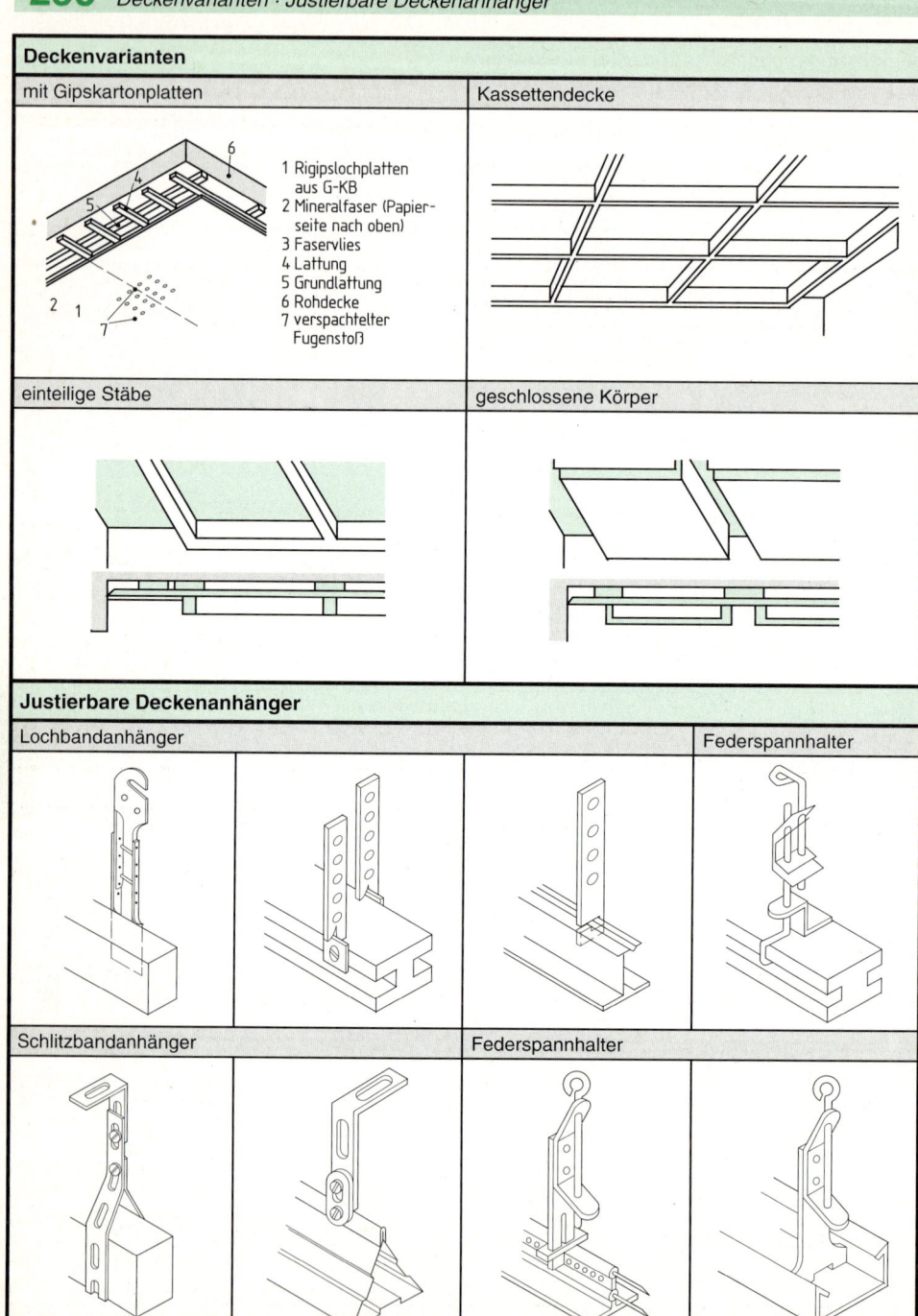

1 Rigipslochplatten aus G-KB
2 Mineralfaser (Papierseite nach oben)
3 Faservlies
4 Lattung
5 Grundlattung
6 Rohdecke
7 verspachtelter Fugenstoß

Kassettendecke

einteilige Stäbe

geschlossene Körper

Justierbare Deckenanhänger

Lochbandanhänger

Federspannhalter

Schlitzbandanhänger

Federspannhalter

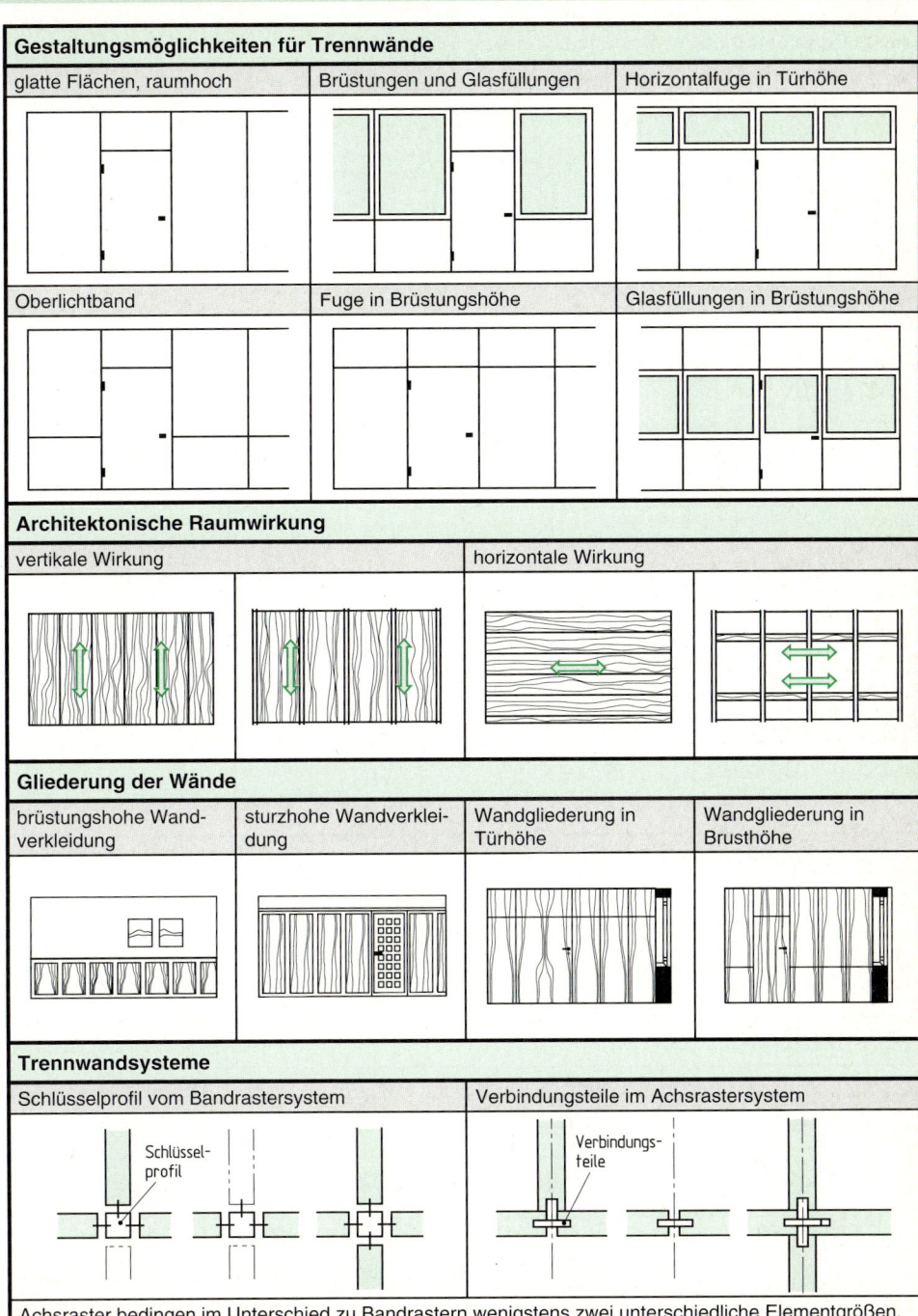

Gestaltungsmöglichkeiten für Trennwände

glatte Flächen, raumhoch

Brüstungen und Glasfüllungen

Horizontalfuge in Türhöhe

Oberlichtband

Fuge in Brüstungshöhe

Glasfüllungen in Brüstungshöhe

Architektonische Raumwirkung

vertikale Wirkung

horizontale Wirkung

Gliederung der Wände

brüstungshohe Wand-verkleidung

sturzhohe Wandverklei-dung

Wandgliederung in Türhöhe

Wandgliederung in Brusthöhe

Trennwandsysteme

Schlüsselprofil vom Bandrastersystem

Schlüssel-profil

Verbindungsteile im Achsrastersystem

Verbindungs-teile

Achsraster bedingen im Unterschied zu Bandrastern wenigstens zwei unterschiedliche Elementgrößen.

Innenausbau

© Verlag Gehlen

Innenausbau

Anschlüsse und Bauart einer schalldämmenden Trennwand

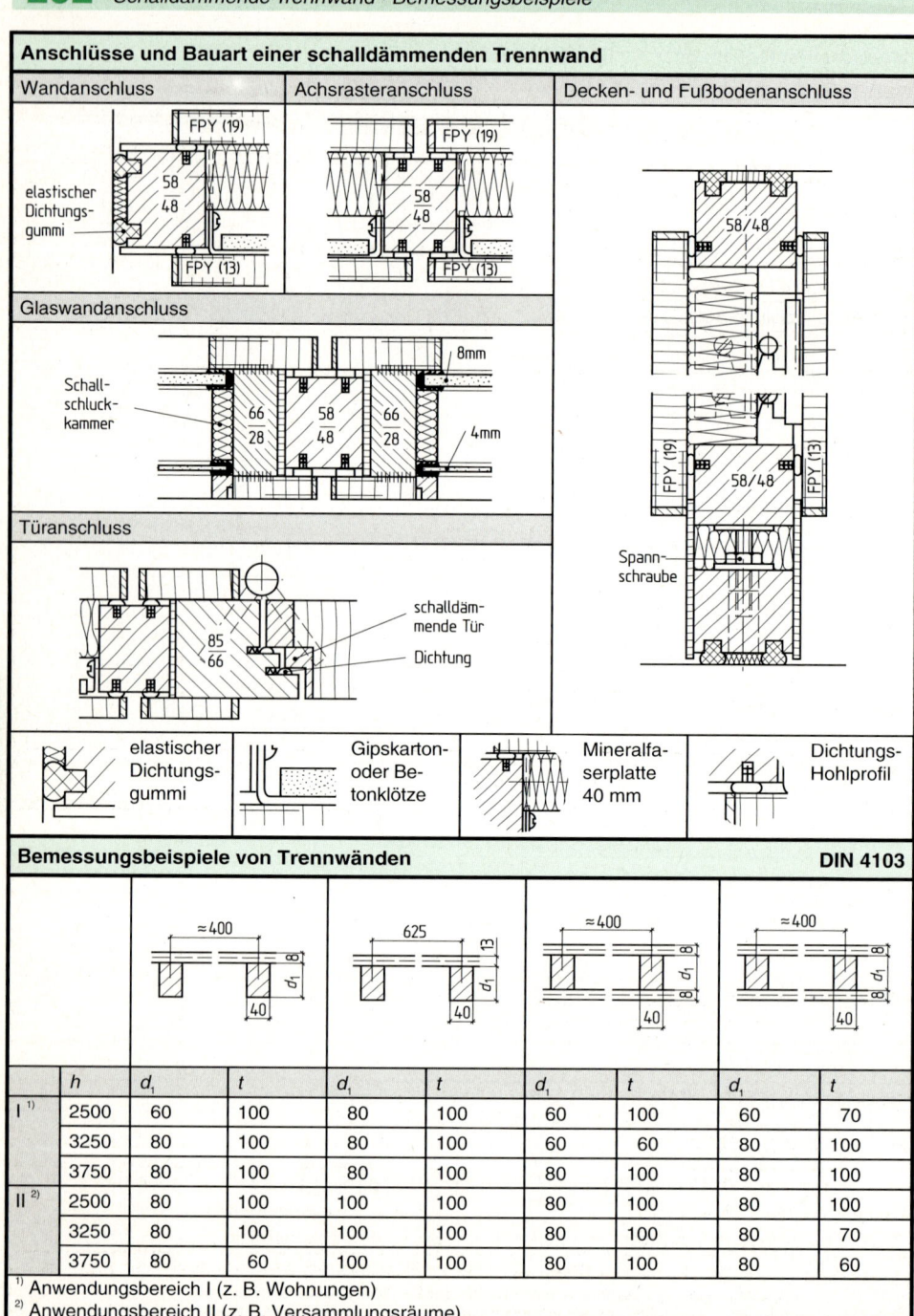

Wandanschluss

FPY (19)

elastischer Dichtungsgummi

58 / 48

FPY (13)

Achsrasteranschluss

FPY (19)

58 / 48

FPY (13)

Decken- und Fußbodenanschluss

58 / 48

FPY (19)   FPY (13)

58 / 48

Spannschraube

Glaswandanschluss

Schallschluckkammer

8 mm

66 / 28   58 / 48   66 / 28

4 mm

Türanschluss

85 / 66

schalldämmende Tür

Dichtung

elastischer Dichtungsgummi

Gipskarton- oder Betonklötze

Mineralfaserplatte 40 mm

Dichtungs-Hohlprofil

Bemessungsbeispiele von Trennwänden   DIN 4103

	h	d_1	t	d_1	t	d_1	t	d_1	t
I [1]	2500	60	100	80	100	60	100	60	70
	3250	80	100	80	100	60	60	80	100
	3750	80	100	80	100	80	100	80	100
II [2]	2500	80	100	100	100	80	100	80	100
	3250	80	100	100	100	80	100	80	70
	3750	80	60	100	100	80	100	80	60

[1] Anwendungsbereich I (z. B. Wohnungen)
[2] Anwendungsbereich II (z. B. Versammlungsräume)

© Verlag Gehlen

Mindestquerschnitte für Unterkonstruktionen — DIN 4103-4

Bekleidung/ Beplankung	Einsatzbereich	Wohnung, Büro, Hotel			Schule, Verkaufsraum		
	Wandhöhe in mm	2600	3100	4100	2600	3100	4100
		Mindestquerschnitte (Breite/Höhe) in mm					
Beliebige Bekleidung		60/60	60/60	60/80	60/80	60/80	60/80
Beidseitige, mechanisch verbundene Beplankung aus Holzwerkstoff oder Gipsbauplatten		40/40	40/60	40/80	40/60	40/60	40/80
Einseitig, mechanisch verbundene Beplankung aus Holzwerkstoff oder Gipsbauplaten		40/60	40/60	60/60	60/80	60/80	60/80
Beidseitige, geleimte Beplankung aus Holzwerkstoff		30/40	30/60	30/80	30/40	30/60	30/80

Schalldämm-Maße R'_w von Trennwänden in Holzbauart

Wandkonstruktion	R'_w im Prüfstand in dB	R'_w im Holzhaus in dB
GK 12,5 / FPY 60 / GK 12,5	–	37
FPY 13 / MiFa 40/60 / FPY 13	40	38
GK 9,5 / FPY 13 / MiFa 40/60 / FPY 13 / GK 9,5	48	42
FPY 13 / MiFa 40/80 / QL 22 / FPY 13	46	41
GK 9,5 / FPY 13 / MiFa 40/60 / 5 Tr / MiFa 40/60 / FPY 13 / GK 9,5	–	53

FP = Spanplatte nach DIN 68763
QL = Querlattung, $a \geq 500$ mm
Tr = Durchgehende Trennfuge

MiFa = Mineralischer Faserdämmstoff nach DIN 18165-1
GK = Gipskarton nach DIN 18180
R'_w = resultierende Schalldämmung

Messungen im Prüfstand mit den im Massivbau üblichen Nebenwegen, bzw. in Holzhäusern mit ange-nommenen einheitlichen Rippenabstand $a \geq 600$ mm und Rippenbreite $b_1 \geq 600$ mm.
Verwendet wurden ausschließlich mechanische Verbindungsmittel (keine Verleimung)

Innenausbau

Schalldämm-Maße R'_w für verschiedene Trennwandkonstruktionen

Wandkonstruktion	R'_w in dB
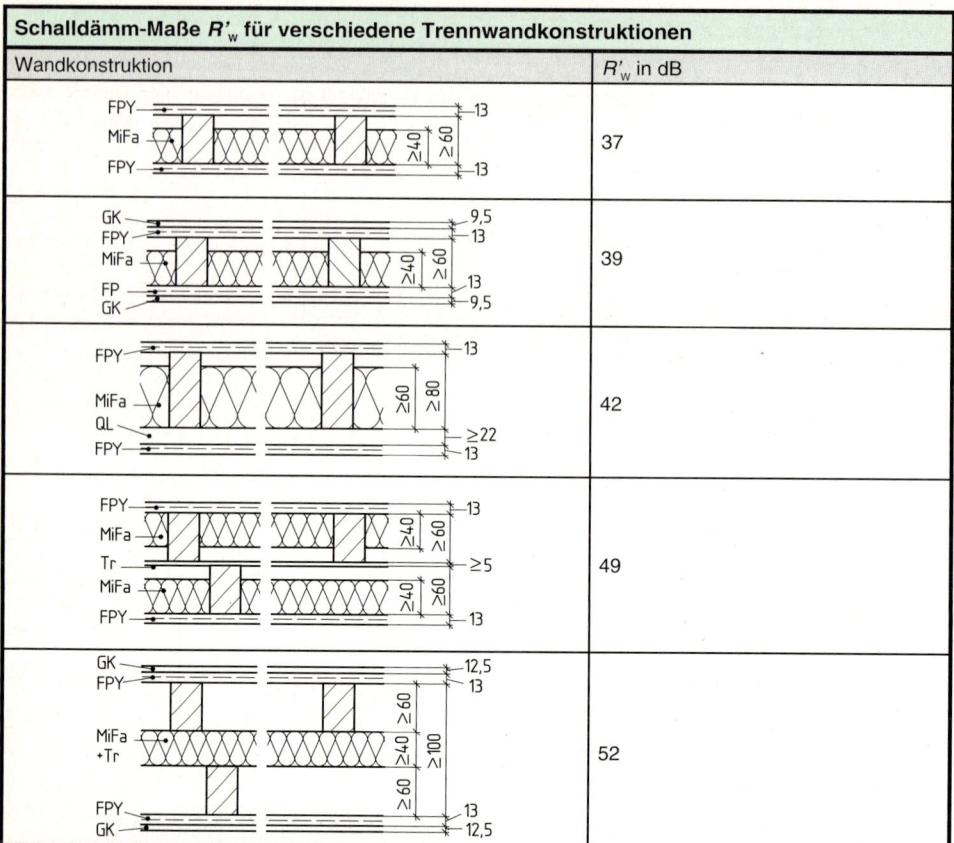	37
	39
	42
	49
	52

Mindestdicken von Beplankungen und Bekleidungen · DIN 4103-4

Unterstützungsabstand	1250 mit 2 Auflagern	1250 mit 3 Auflagern
Holzwerkstoffe:		
• ohne zusätzliche Bekleidung	13 mm	10 mm
• mit zusätzlicher Bekleidung	10 mm	8 mm
Bretterschalung	12 mm	12 mm
Gipsbauplatten	12,5 mm	12,5 mm

Standsicherheitsprüfung bei statischer Belastung von Trennwänden · DIN 4103-1

Steifenlast in 0,9 m Höhe	
• Wohnungen, Hotelräume, Büroräume	$p = 0{,}5$ kN/m
• Schulräume, Versammlungsräume	$p = 1{,}0$ kN/m
Konsollast in 1,65 m Höhe über OFF	
• bei maximalem Wandabstand von 0,30 m	$p = 0{,}4$ kN/m

Standsicherheitsprüfung bei Stoßbelastung von Trennwänden · DIN 4103-1

weicher Stoß	Stoßkörpermasse 50 kg, Aufprallgeschwindigkeit 2,0 m/s
harter Stoß	Stoßkörpermasse 1 kg, Aufprallgeschwindigkeit 4,47 m/s

Innenausbau

Einbauschranksysteme

Frontrahmen

Schrankelemente

Korpuselemente

Wangen mit Korpuselementen

Einbauschranksysteme

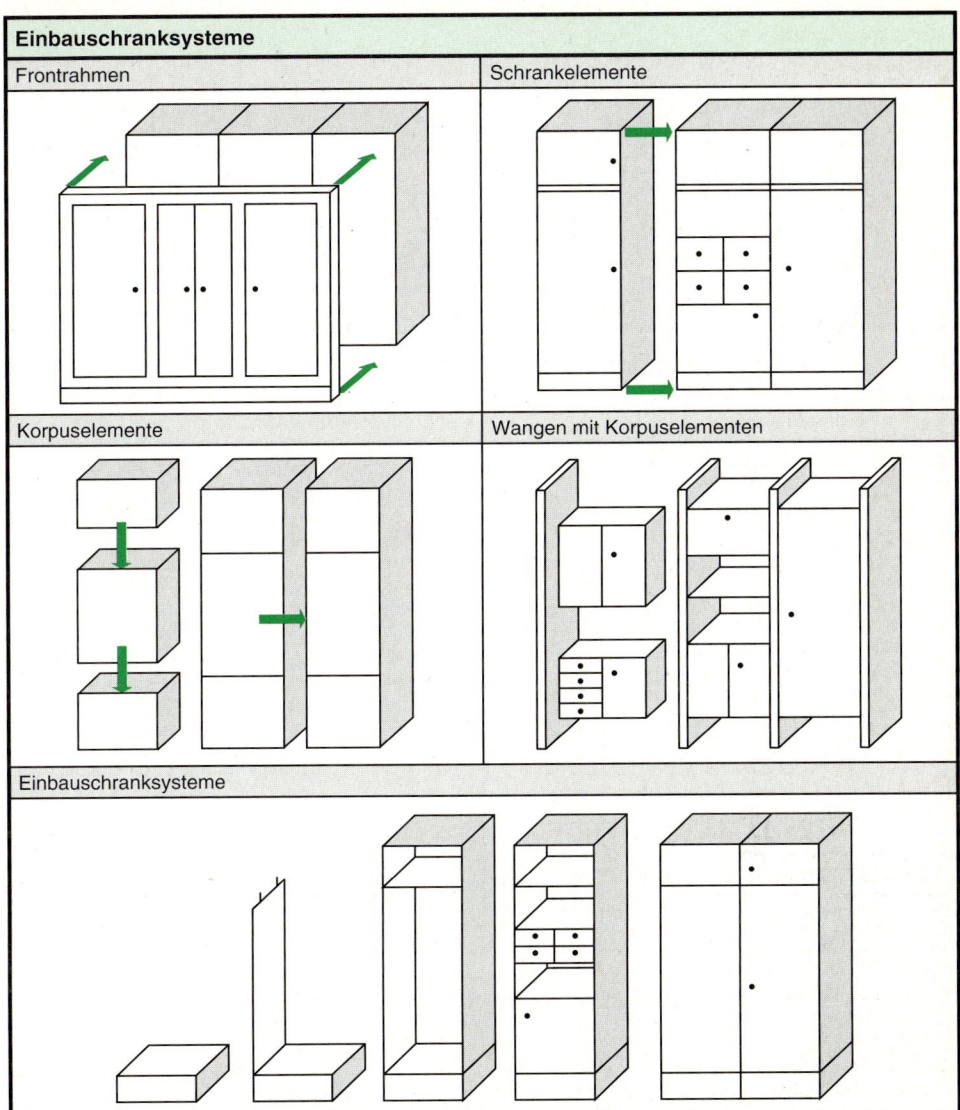

Einbauschranksysteme vermeiden doppelten Werkstoffeinsatz. Standardisierte Programme mit Funktionselementen, z. B. mit Sockeln, Böden, Seiten, Rückwänden und Fronten, erlauben die wirtschaftliche Erfüllung der Forderungen an Nutzung und Gestaltung.

Bauarten von Einbauschränken

Bauart	Nachteil
Addition ganzer Körper und Schrankelement	doppelte Seiten und Böden
Die Montage einzelner Bauteile zu Schrankwänden	längere Montagezeit
Das Aufhängen von Körpern zwischen Wangen	doppelte Seiten

Innenausbau

Mittelanschlüsse

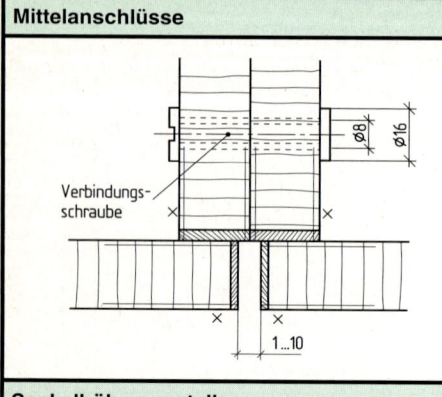

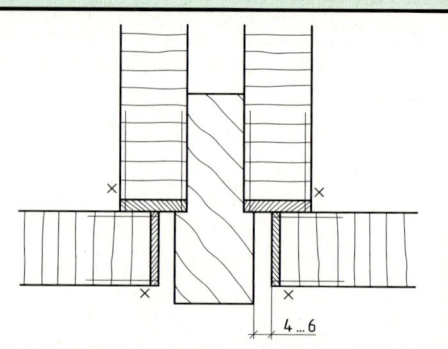

Sockelhöhenversteller

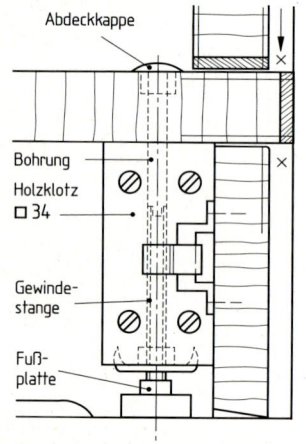

Sockelblendenbefestigung

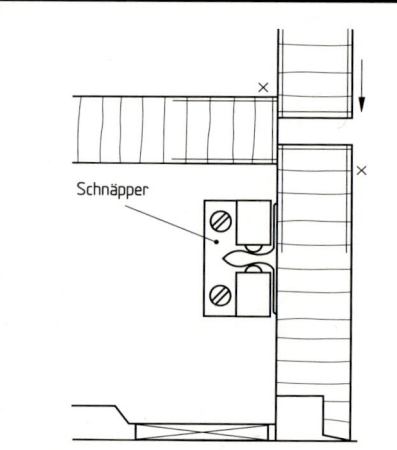

Technische Hinweise

Türen	Sie müssen dicht schließen
	Sie müssen leicht gangbar sein
	Ab 1600 mm Höhe mit Dreifachverriegelung
Schubkästen	Sie müssen dicht schließen
	Sie müssen leicht gangbar sein
	Schubkastenboden mit Fläche $\geq 0{,}25$ m²: Sperrholz $d \geq 6$ mm
Rückwände, Füllungen	• Sperrholz ≥ 6 mm, • Spanplatten ≥ 8 mm
Abstände	Belüfteter Abstand von Boden, Wand und Decke vor Außen- und Feuchtraumwänden besser ≥ 25 mm
	Lüftungsöffnungen in Boden- und Deckenblende ≥ 25 cm²/m
	Beim Einbau von Kühl- und Gefriergeräten, Fernseh-, Phonogeräten und Beleuchtungen Mindestabstand 50 mm
	Luftzirkulation durch Lüftungsgitter gewährleisten

Innenausbau

Positionen und Montage von Einbauschränken

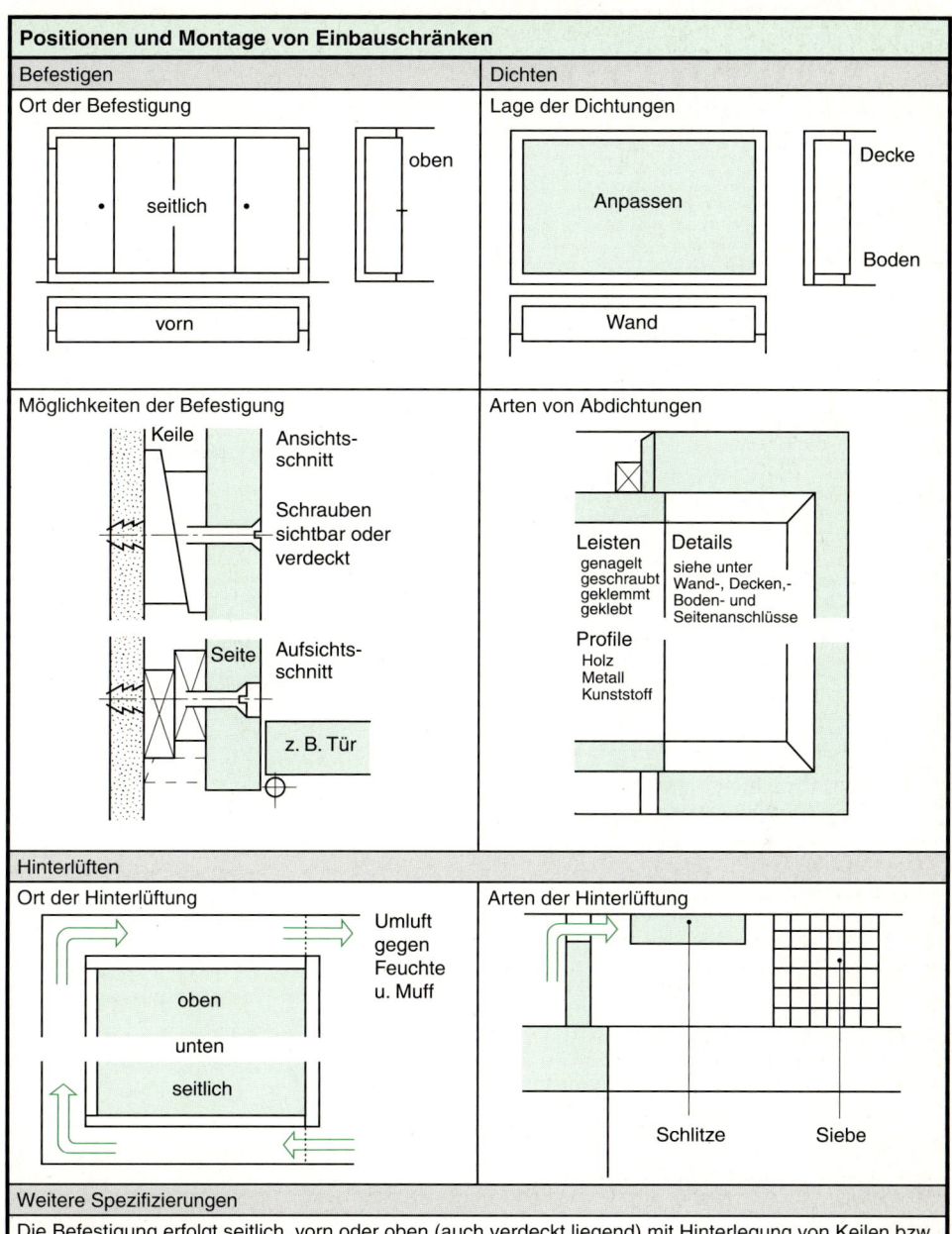

Befestigen	Dichten
Ort der Befestigung	**Lage der Dichtungen**

Befestigen – Ort der Befestigung: oben, seitlich, vorn

Dichten – Lage der Dichtungen: Anpassen, Decke, Boden, Wand

Möglichkeiten der Befestigung

Keile
Ansichtsschnitt
Schrauben sichtbar oder verdeckt
Seite
Aufsichtsschnitt
z. B. Tür

Arten von Abdichtungen

Leisten
genagelt
geschraubt
geklemmt
geklebt

Details
siehe unter Wand-, Decken,- Boden- und Seitenanschlüsse

Profile
Holz
Metall
Kunststoff

Hinterlüften

Ort der Hinterlüftung

oben
unten
seitlich

Umluft gegen Feuchte u. Muff

Arten der Hinterlüftung

Schlitze   Siebe

Weitere Spezifizierungen

Die Befestigung erfolgt seitlich, vorn oder oben (auch verdeckt liegend) mit Hinterlegung von Keilen bzw. Ausgleichstücken.

Die Dichtung erfolgt allseitig durch Leisten oder Profile.

Die Hinterlüftung durch Zu- und Abluftschlitze oder Löcher ist eine Vorkehrung gegen die Bildung von Fäulnis und Schimmel durch Baufeuchte.

Innenausbau

Fußbodenarten

Art	Ausführung
Dielenfußboden	Gehobelte, gepundete Bretter werden verdeckt genagelt oder geschraubt auf Lagerhölzern Holzbalkendecken oder Blindböden.
Holzpflaster • GE • RE-V • RE-W	Scharfkantig geschnittene Holzklötzchen, deren Hirnholzfläche als Lauffläche dient. • Für gewerbliche und industrielle Zwecke • Für Kirchen, Schulen, Wohnbereich • Für Werkräume im Ausbildungsbereich
Parkett • Tafelparkett • Massivparkett • Mosaikparkett • Stabparkett • Hochkantlamellenparkett • Fertigparkett	Nach DIN 280 auf festem Unterboden. • Massive oder furnierte, genutete oder gepundete Tafeln. • Stäbe ohne Nut und Feder. • Kleine Parketthölzer mit glatten Kanten, zu Verlegeeinheiten zusammengefasst. • Parkettstäbe sind umlaufend genutet, Verbindung mit Federn; Parkettriemen haben Nut und Feder. • Hochkant aneinander gereihte Mosaikparkett-Lamellen. • Mehrschichtige, abgesperrte quadratische Tafeln oder rechtwinklige Dielen, deren Oberfläche bei der Herstellung endbehandelt wird.

Holzdickensortierungen

Bodenart	Dicke in mm	Ausführungen
Dielenfußboden	19,5 bis 35,5	Güteklassen: I, II, III
Stabparkett	22	Natur N, Gestreift G, Rustikal R
Massivparkett	10 bis 15	Natur N, Gestreift G, Rustikal R
Mosaikparkett	8	Natur N, Gestreift G, Rustikal R
Tafelparkett	22	Natur N, Gestreift G, Rustikal R
Fertigparkett	7 bis 26	XXX, XX, X
Holzpflaster	22 bis 66	GE, RE-V, RE-W

Prüfungspunkte vor Holzfußbodenverlegung

• Größe von Unebenheiten des Unterbodens
• Risse im Untergrund
• Feuchtegehalt des Untergrundes
• Festigkeit der Untergrundoberfläche
• Porosität und Rauigkeit der Oberfläche
• Feuchtegehalt des Estrichs
• Feuchtegehalt des Klebers
• Höhenlage des Untergrundes
• Höhenlage anschließender Bauteile
• Temperatur des Untergrundes
• Temperatur- und Luftverhältnisse im Raum
• Aufheizprotokoll bei beheizten Fußböden
• Verunreinigungen der Oberfläche

Beispiele für Holzarten für Parkettböden

Einheimische Holzarten

Ahorn	Birke	Buche	Douglasie	Eiche
Esche	Fichte	Kiefer	Lärche	

Exotische Holzarten

Afrormosia	Mecrusse	Muhuhu	Sucupira	Wenge

Treppenbegriffe	DIN 18064
Treppe	Ein Bauteil aus einem Treppenlauf von mindestens drei zusammenhängenden Stufen
Lauflinie	Eine gedachte Linie, die den üblichen Weg der Benutzer einer Treppe angibt
Treppenpodest	Treppenabsatz zwischen zwei Treppenläufen
Treppenstufe	Bauteil einer Treppe, um Höhenunterschiede, in der Regel mit einem Schritt, zu überwinden
Trittstufe	Waagerechtes Stufenteil
Trittfläche	Die betretbare waagerechte Oberfläche einer Trittstufe
Antrittsstufe	Die erste (unterste) Stufe eines Treppenlaufs
Austrittsstufe	Die letzte (oberste) Stufe eines Treppenlaufs; ihre Trittfläche ist bereits Teil des Podestes
Stufenlänge	Länge des kleinstumschriebenen Rechtecks, das der Stufenvorderkante (bezogen auf die Einbaulage) anliegt
Stufenbreite	Breite des kleinstumschriebenen Rechtecks, das der Stufenvorderkante (bezogen auf die Einbaulage) anliegt

Bauarten von handwerklichen Treppen

einläufig, viertelgewendelt	einläufig, halbgewendelt	einläufig, halbgewendelt
Lauflinie		
zweiläufig, gewinkelt mit Podest	zwei- und gegenläufig mit Podest	einläufig, gerade
dreiläufig mit Podest	Spindeltreppe	Wendeltreppe
	Spindel	Auge

Innenausbau

Innenausbau

Bauarten von handwerklichen Treppen

Gestemmte Treppe mit Setzstufen	Gestemmte Treppe ohne Setzstufen	Eingeschobene Treppe ohne Setzstufen
Einseitig gestemmte, einseitig aufgesattelte Treppe ohne Setzstufen	Aufgesattelte Treppe mit Setzstufe	Aufgesattelte Treppe ohne Setzstufen

Neigungsdiagramm mit Schrittmaßregel

$2 \cdot s + a = 63$ cm

Steigschritt — Leitern — 75° — Aufzüge — Leiterntreppen Speichertreppen — 45° — Steigung — 36° — Nebentreppen — notwendige Hauptstreppen Idealneigung — 30° — 25° — 20° — Freitreppe — Rampen — Normalschritt

3,15 / 3,15 / 3,15 / 3,15 — 63 / 63 / 63

Richtwerte für Steigungshöhen

Treppe	Steigungshöhe in cm
in Einfamilienhäusern	17 bis 19
in Mehrfamilienhäuern	17 bis 18
in Schulen und Kaufhäusern	15 bis 17
im Freien und in Bahnhöfen	14 bis 16
im Keller und Speicher	19 bis 20

Toleranzen der Lagen der Stufenvorderkanten

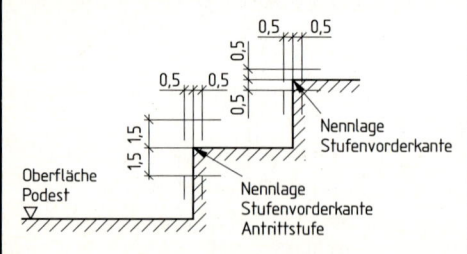

0,5 0,5
0,5
0,5 0,5
0,5
Nennlage Stufenvorderkante
1,5 1,5
Oberfläche Podest ▽
Nennlage Stufenvorderkante Antrittsstufe

- Das Istmaß von Steigung und Auftritt innerhalb eines Treppenlaufes darf gegenüber dem Nennmaß um nicht mehr als 0,5 cm abweichen.
- Von einer Stufe zur jeweils benachbarten Stufe darf die Abweichung der Istmaße untereinander dabei jedoch mehr als 0,5 cm betragen.
- Für vorgefertigte Treppenläufe in Wohngebäuden mit nicht mehr als zwei Wohnungen darf das Istmaß der Steigung der Antrittsstufe höchstens 1,5 cm vom Nennmaß abweichen.

Anforderungen an Treppenlaufbreite, Steigung und Auftritt — DIN 18065

Gebäudeart	Treppenart	Treppenlaufbreite (mindestens)	Steigung[1] s in cm	Auftritt[2] a in cm
Wohngebäude mit höchstens zwei Wohnungen	Treppen zu Aufenthaltsräumen	80	17 ± 3	28^{+9}_{-5}
	Keller- und Bodentreppen	80	≤ 21	≥ 21
	Baurechtlich nicht notwendige Treppen	50	≤ 21	≥ 21
Baurechtlich nicht notwendige Treppen innerhalb geschlossener Wohnungen		50	keine Festlegung	
Sonstige Gebäude	Baurechtlich notwendige Treppen	100	17^{+2}_{-3}	28^{+9}_{-2}
	Baurechtlich nicht notwendige Treppen	50	≤ 21	≥ 21

[1] Aber nicht < 14 cm. [2] Aber nicht > 37 cm.

Mindestmaße der Treppenteile (Konstruktionsteile), Fertigmaße

Dicke der Wangen	Dicke der Trittstufen	Dicke der Setzstufen	Höhe der Wangen	Besteck, oben und unten
Gestemmte Treppe mit Setzstufen				
45 mm	43 mm	14 mm	275 mm	40 mm
Gestemmte Treppe ohne Setzstufe				
50 mm	50 mm		260 mm	40 mm
Eingeschobene Treppe				
75 mm	43 mm		210 mm	40 mm unten
Aufgesattelte Treppe mit/ohne Setzstufe				
55 mm Holme	50 mm	14 mm	160 mm	
Die Einstemmtiefe von Tritt- und von Setzstufe beträgt 15 bis 20 mm.				

Gehbereiche für Treppen — DIN 18056

für gewendelte Treppen	für Spindeltreppen

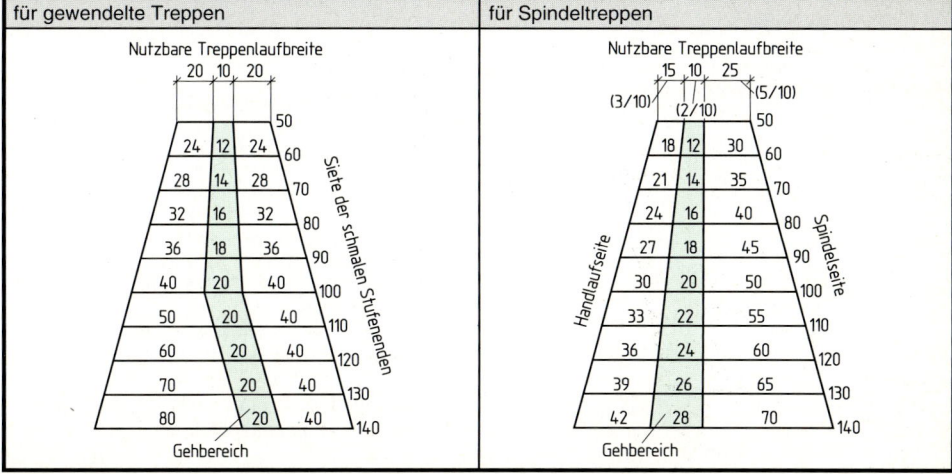

Innenausbau

Bezeichnungen des Treppenbaus an einer gestemmten Treppe

Decke

Austrittpfosten
Austrittstufe
Podest-balken

Geschosshöhe
lichte Durchgangshöhe

Wand- • Freiwange

Auftritt *a*

oberes Wangen-vorholz
unteres (Besteck)
40…60 mm

Steigung *s*
etwa 45mm

Trittstufe
Setzstufe (Stoßtritt)
Antrittstufe

Treppengrundmaß = Lauflänge

Antritts-pfosten
verdübelt

Hauptmaße für Gebäudetreppen	DIN 18065

Steigungsverhältnis = $\dfrac{\text{Steigungshöhe } (s)}{\text{Auftrittsbreite } (a)}$	Das ideale Steigungsverhältnis beträgt = $\dfrac{17 \text{ cm}}{29 \text{ cm}}$

Die Stufenbreite muss nicht gleich der Auftrittsbreite sein (z. B. Treppen mit Unterschneidung).

Kann das ideale Steigungsverhältnis von 17 cm zu 29 cm nicht annähernd eingehalten werden, sollte das tatsächliche Steigungsverhältnis mit den folgenden zwei weiteren Regeln verglichen werden:

Bequemlichkeitsregel	$a - s = 12$ cm
Gehsicherheitsregel	$a + s = 46$ cm

Weitere Anforderungen

Zwischenpodest	Nach höchstens 18 Stufen soll ein Zwischenpodest angeordnet werden.
Treppendurchgangshöhe	Die Treppendurchgangshöhe muss mindestens 200 cm betragen.
Wandabstand	Der Abstand darf auf der Wandseite der Treppenläufe und Treppenpodeste sowie auf der Seite der Umwehrung nicht mehr als 6 cm betragen.
Unterschneidung	Offene Treppen sowie Treppen mit Auftritten ≤ 26 cm sind um mindestens 3 cm zu unterschneiden.
Wendelstufen	Wendelstufen müssen an der schmalsten Stelle einen Mindestauftritt von 10 cm im Abstand von 15 cm von der inneren Begrenzung haben.
Handläufe	Handläufe sollen nicht tiefer als 75 cm und nicht höher als 110 cm sein. Der lichte Abstand des Handlaufes von benachbarten Bauteilen (z. B. fertige Wand) muss mindestens 4 cm betragen.
Geländer	Geländer müssen mindestens 90 cm, bei Absturzhöhen von mehr als 12 m jedoch mindestens 110 cm hoch sein.

Schrittmaße

zulässige Schrittmaße	$2 \cdot s + a = 59$ cm bis 65 cm
im Idealfall	$2 \cdot s + a = 63$ cm
für flache Treppen, $s < 17$ cm	$2 \cdot s + a = 61$ cm
für steile Treppen, $s > 18$ cm	$2 \cdot s + a = 65$ cm

Stufenverziehungen

nach der Winkelmethode	nach dem Halbkreisverfahren
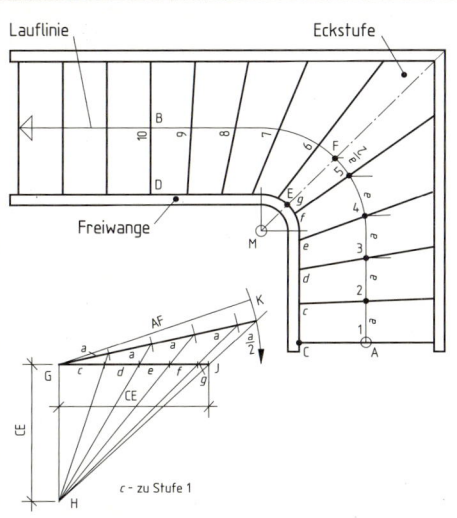	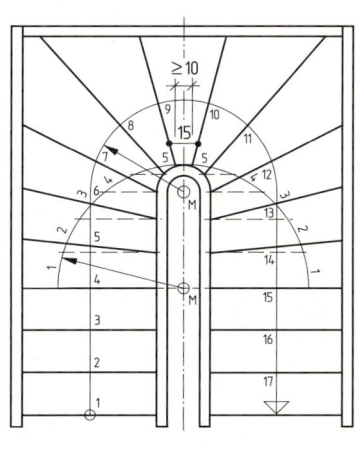

Grundlagen

Verbindungsmittel	
Für alle Stahlteile ist mindestens Stahl der Güte Fe 360 B nach DIN 10025 zu verwenden.	
Vollholzanforderungsnormen	
DIN 68360-2	Holz für Tischlerarbeiten
DIN 68365	Bauholz für Zimmerarbeiten
DIN 68368	Laubschnittholz für Treppenbau

Beispiel für Antritt einer gestemmten Treppe auf Massivdecke ohne Pfosten

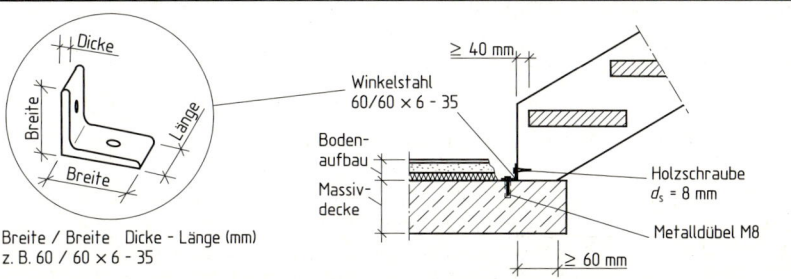

Breite / Breite Dicke – Länge (mm)
z. B. 60 / 60 × 6 - 35

Innenausbau

Beispiele für An- und Austritte von geradläufigen Treppen

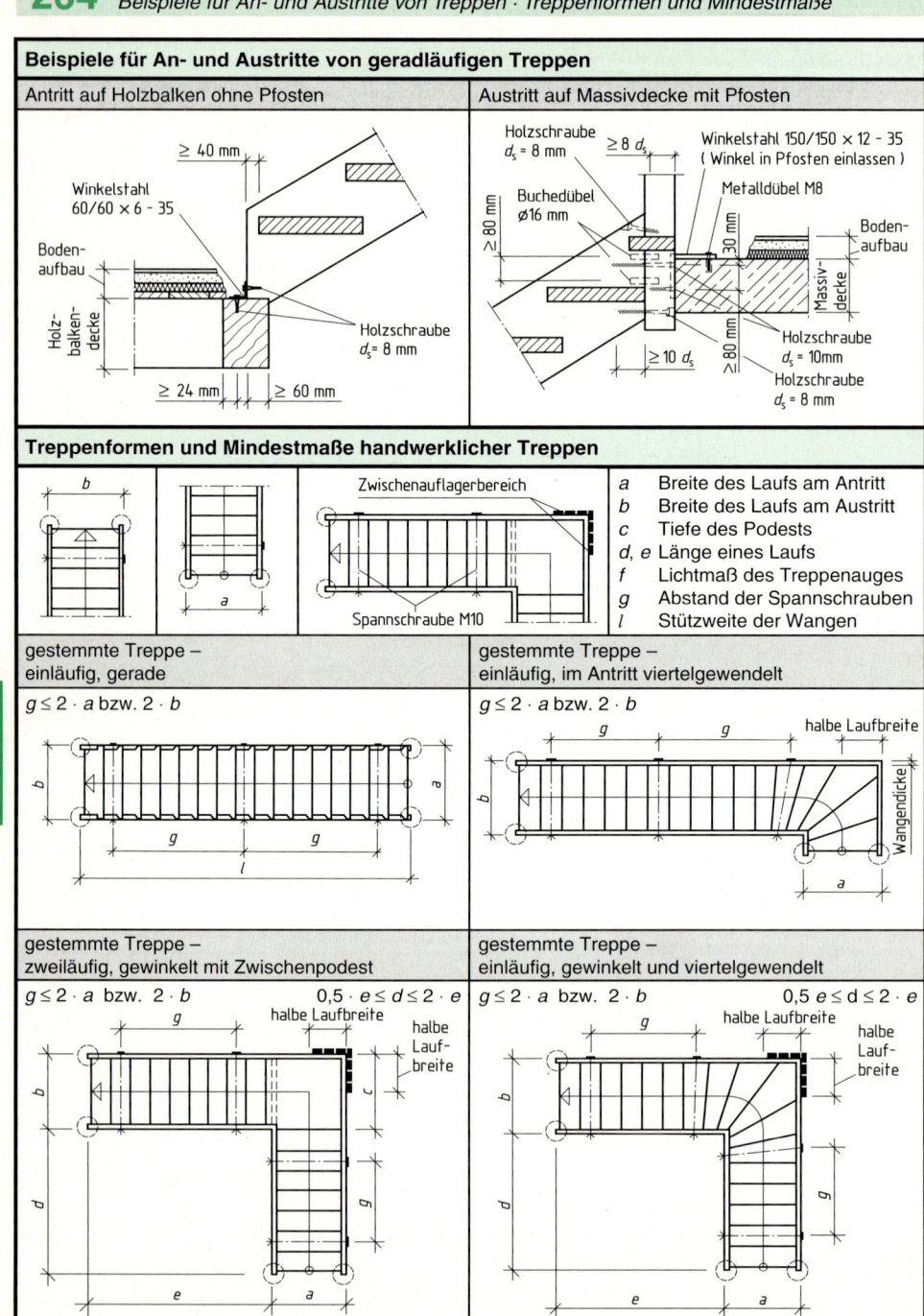

Antritt auf Holzbalken ohne Pfosten	Austritt auf Massivdecke mit Pfosten

Treppenformen und Mindestmaße handwerklicher Treppen

a Breite des Laufs am Antritt
b Breite des Laufs am Austritt
c Tiefe des Podests
d, e Länge eines Laufs
f Lichtmaß des Treppenauges
g Abstand der Spannschrauben
l Stützweite der Wangen

gestemmte Treppe –
einläufig, gerade

$g \leq 2 \cdot a$ bzw. $2 \cdot b$

gestemmte Treppe –
einläufig, im Antritt viertelgewendelt

$g \leq 2 \cdot a$ bzw. $2 \cdot b$

gestemmte Treppe –
zweiläufig, gewinkelt mit Zwischenpodest

$g \leq 2 \cdot a$ bzw. $2 \cdot b$ $0.5 \cdot e \leq d \leq 2 \cdot e$

gestemmte Treppe –
einläufig, gewinkelt und viertelgewendelt

$g \leq 2 \cdot a$ bzw. $2 \cdot b$ $0.5 \cdot e \leq d \leq 2 \cdot e$

Innenausbau

Weitere Treppenformen und Mindestmaße handwerklicher Treppen

gestemmte Treppe – zwei- und gegenläufig mit Zwischenpodest	gestemmte Treppe – einläufig, halbgewendelt

$0,7 \cdot d_2 \leq d_1 \leq 1,5 \cdot d_2$ $\qquad$ $g \leq 2 \cdot a$ bzw. $2 \cdot b$

$0,7 \cdot d_2 \leq d_1 \leq 1,5 \cdot d_2$ $\qquad$ $g \leq 2 \cdot a$ bzw. $2 \cdot b$

gestemmte Treppe – kreisbogenförmig gewendelt	eingeschobene Treppe

$0,9 \cdot l_1 \leq l_2 \leq 1,1 \cdot l_1$

$g \leq 2 \cdot a$ bzw. $2 \cdot b$

Mindestmaße für gestemmte Treppen

	Wangendicke	Wangenhöhe	Stufendicke
mit Setzstufen	45 mm	275 mm	43 mm
ohne Setzstufen	50 mm	260 mm	50 mm

Mindestmaße für eingeschobene Treppe

	Wangendicke	Wangenhöhe	Stufendicke
ohne Setzstufen	75 mm	210 mm	43 mm

Innenausbau

Flachgläser						DIN 1249 und DIN EN 572-1		

Flachgläser zählen zur Gruppe der Natron-Kalkgläser (Alkali-Kalkgläser). Eigenschaften: Hohe Lichtdurchlässigkeit, gute Durchsichtigkeit, glatte, porenfreie Oberfläche und eine gute Wasserbeständigkeit.

Durchschnittliche Zusammensetzung der Flachgläser			Gemenge für die Zusammensetzung	
Siliciumdioxid	SiO_2	70 bis 74 %	Quarzsand	59,0 %
Natriumoxid	Na_2O	12 bis 16%	Soda	17,0 %
Calciumoxid	CaO	5 bis 12%	Dolomit	15,0 %
Magnesiumoxid	MgO	0 bis 5%	Kalkstein	4,5 %
Aluminiumoxid	Al_2O_3	0,2 bis 2%	Sulfat und Kohle	3,5 %
Schwefeltrioxid	SO_3	0,5%	Feldspat	1,5 %

Aus dem Gemenge entsteht bei 1500 bis 1700 °C die Glasschmelze.

Flachglasarten

Fensterglas (F) DIN 1249-1	Spiegelglas (S) DIN 1249-3	Gussglas DIN 1249-4
Nahezu planes, durchsichtiges, im Ziehverfahren hergestelltes Glas	Planes, durchsichtiges, durch Fließen (Floaten) über ein Metallbad hergestelltes Glas	Planes, durchscheinendes, im Walzverfahren hergestelltes Glas, farbig oder farblos

Maße für Flachgläser								DIN 1249	

Maße für Fensterglas (F)								DIN 1249-2	
Nenndicke in mm	$3 \pm 0,2$	$4 \pm 0,3$	$5 \pm 0,3$	$6 \pm 0,3$	$8 \pm 0,4$	$10 \pm 0,5$	$12 \pm 0,6$	$15 \pm 1,0$	$19 \pm 1,0$

Maximale Länge: 3620 mm, maximale Breite: 3180 mm

Maße für Spiegelglas (S)								DIN 1249-3	
Nenndicke in mm	$3 \pm 0,2$	$4 \pm 0,2$	$5 \pm 0,2$	$6 \pm 0,2$	$8 \pm 0,2$	$10 \pm 0,3$	$12 \pm 0,3$	$15 \pm 0,5$	$19 \pm 1,0$
Max. Länge in mm	4500	6000	6000	6000	7500	9000	9000	6000	4500
Max. Breite in mm	3180	3180	3180	3180	3180	3180	3180	3180	2820

Maße für Gussgläser							DIN 1249-4
Gussglasarten	Drahtglas (D)		Drahtornamentglas (DO)		Ornamentglas (O)		
Nenndicke in mm	$7 \pm 0,7$	$9 \pm 1,0$	$7 \pm 0,7$	$9 \pm 1,0$	$4 \pm 0,5$	$6 \pm 0,5$	$8 \pm 0,8$
Max. Länge in mm	4500	4500	4500	4500	2100	4500	4500
Max. Breite in mm	2520	2520	2520	2520	1500	2520	2520

Bezeichnungsbeispiel: Gussglas DIN 1249-DO-9-2520 × 4500
9 mm dicke Drahtornamentglasscheibe mit einer Breite von 2520 mm und einer Länge von 4500 mm.

Allgemeine physikalische Eigenschaften von Flachglas	DIN 1249 -10
Dichte ϱ	2,5 kg/dm^3
Ritzhärte nach Mohs	5 bis 6
Wärmeleitfähigkeit λ (DIN 52612 und DIN 52613)	0,8 W/(m · K)
Längenausdehnungskoeffizient (DIN 52 328)	$9 \cdot 10^{-6} \cdot 1/K$
Statischer E-Modul	$7,3 \cdot 10^4$ N/mm^2
Druckfestigkeit	700 bis 900 N/mm^2
Bewertetes Schalldämmmaß (d = 3 bis 5 mm, DIN 52210-1)	22 bis 34 dB
spezifische Wärmekapazität c	810 J / (kg · K)

Fenster, Außentüren

Biegefestigkeit von Flachglas (Bruchwahrscheinlichkeit 5 %) — DIN 52 292 und DIN 52 303

Fensterglas	Spiegelglas		Gussglas		Einscheiben-Sicherheits-glas	Verbund-Sicherheits-glas
	ohne Drahtnetz	mit Drahtnetz	ohne Drahtnetz	mit Drahtnetz		
45 N/mm²	45 N/mm²	25 N/mm²	25 N/mm²	25 N/mm²	120 N/mm²	Σ der Scheiben

Technische Forderungen an das Glas im Fensterbau

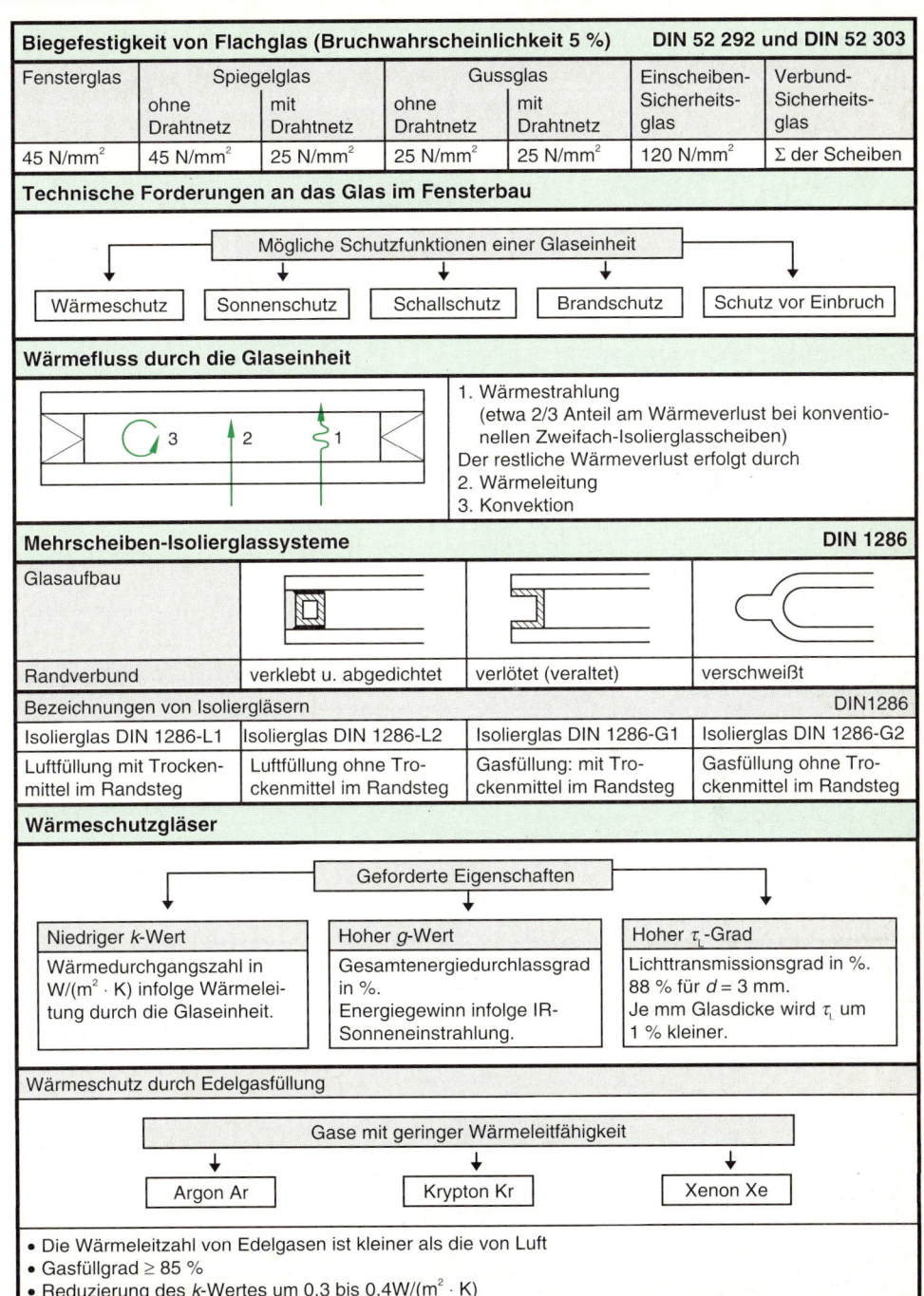

Mögliche Schutzfunktionen einer Glaseinheit

| Wärmeschutz | Sonnenschutz | Schallschutz | Brandschutz | Schutz vor Einbruch |

Wärmefluss durch die Glaseinheit

1. Wärmestrahlung
   (etwa 2/3 Anteil am Wärmeverlust bei konventionellen Zweifach-Isolierglasscheiben)
   Der restliche Wärmeverlust erfolgt durch
2. Wärmeleitung
3. Konvektion

Mehrscheiben-Isolierglassysteme — DIN 1286

Glasaufbau			
Randverbund	verklebt u. abgedichtet	verlötet (veraltet)	verschweißt

Bezeichnungen von Isoliergläsern — DIN1286

Isolierglas DIN 1286-L1	Isolierglas DIN 1286-L2	Isolierglas DIN 1286-G1	Isolierglas DIN 1286-G2
Luftfüllung mit Trockenmittel im Randsteg	Luftfüllung ohne Trockenmittel im Randsteg	Gasfüllung: mit Trockenmittel im Randsteg	Gasfüllung ohne Trockenmittel im Randsteg

Wärmeschutzgläser

Geforderte Eigenschaften

Niedriger k-Wert	Hoher g-Wert	Hoher τ_L-Grad
Wärmedurchgangszahl in W/(m² · K) infolge Wärmeleitung durch die Glaseinheit.	Gesamtenergiedurchlassgrad in %. Energiegewinn infolge IR-Sonneneinstrahlung.	Lichttransmissionsgrad in %. 88 % für $d = 3$ mm. Je mm Glasdicke wird τ_L um 1 % kleiner.

Wärmeschutz durch Edelgasfüllung

Gase mit geringer Wärmeleitfähigkeit

| Argon Ar | Krypton Kr | Xenon Xe |

- Die Wärmeleitzahl von Edelgasen ist kleiner als die von Luft
- Gasfüllgrad ≥ 85 %
- Reduzierung des k-Wertes um 0,3 bis 0,4 W/(m² · K)

Fenster, Außentüren

Wärmeschutzgläser (Fortsetzung)

Strahlungsverlauf durch ein Einfachglas

- ST Strahlungstransmission durch das Glas
- SR Strahlungsreflexion nach außen
- SA Strahlungsabsorption im Glas

Wärmeschutz durch IR-reflektierende Beschichtung

Lichtstrahlung	Wärmestrahlung
Lichttransmissionsgrad und g-Wert nehmen nur geringfügig ab.	k-Wert wird um 56 % gesenkt (Vergleich mit konventionellem Zweifach-Isolierglas).

Zuordnung der Wellenlängen des Lichts

Einfluss des Scheibenabstandes auf den k-Wert

Wirkungsweise der IR-reflektierenden Beschichtung

- Transparent für kurzwellige Strahlen insbesondere im sichtbaren Bereich
- Reflektierend für langwellige Strahlen (Wärmestrahlung)

Beispiel für die Zusammenstellung von Faktoren, die zur Optimierung des Wärmeschutzes beitragen

Beschreibung der Glaseinheit	k-Wert in W/(m²·K)	g-Wert	Lichttransmissionsgrad τ_L
Isolierglas 4-12-4 (Scheibe-Zwischenr.-Scheibe)	3,0	0,77	0,82
Isolierglas 4-12-4, Beschichtung	1,9	0,63	0,76
Isolierglas 4-12-4, Beschichtung, Ar-Füllung	1,5	0,63	0,76
Isolierglas 4-15-4, Beschichtung, Ar-Füllung	1,3	0,63	0,76

Beispiele für Einbaudicken von Isoliergläsern (Wärmedämmung): Scheibe - Zwischenraum - Scheibe

Glaseinheit in mm	3 - 8 - 3	4 - 8 - 4	3 - 10 - 3	3 - 12 - 3	4 - 10 - 4	4 - 12 - 4	5 - 12 - 5

Schallschutzgläser

Maßnahmen zur Verbesserung der Schallschutzwirkung

größere Scheibendicke	verschieden dicke Scheiben	größerer Scheibenzwischenraum	Schwergasfüllung[1]	Verbundgläser mit Gießharzeinlage

[1] Krypton Kr, Xenon Xe und Schwefelhexafluorid SF_6.

Beispiele für Einbaudicken von Isoliergläsern (Schalldämmung): Scheibe - Zwischenraum - Scheibe

Glaseinheit in mm	6 - 12 - 4	9v -12 - 4	9v - 20 - 5	7v - 16 - 7v	9v - 24 - 8	12v - 20 - 10v

v Verbundsicherheitsglas (VSG)

Fenster, Außentüren

Sonnenschutzgläser

Sonnenschutzgläser werden zum Zweck der Verringerung des g-Wertes einer Scheibe hergestellt.

Scheibentyp	Reflexionsgläser	Absorptionsgläser
Verlauf der Sonnen-einstrahlung: • Energiereflexion • Energietransmission	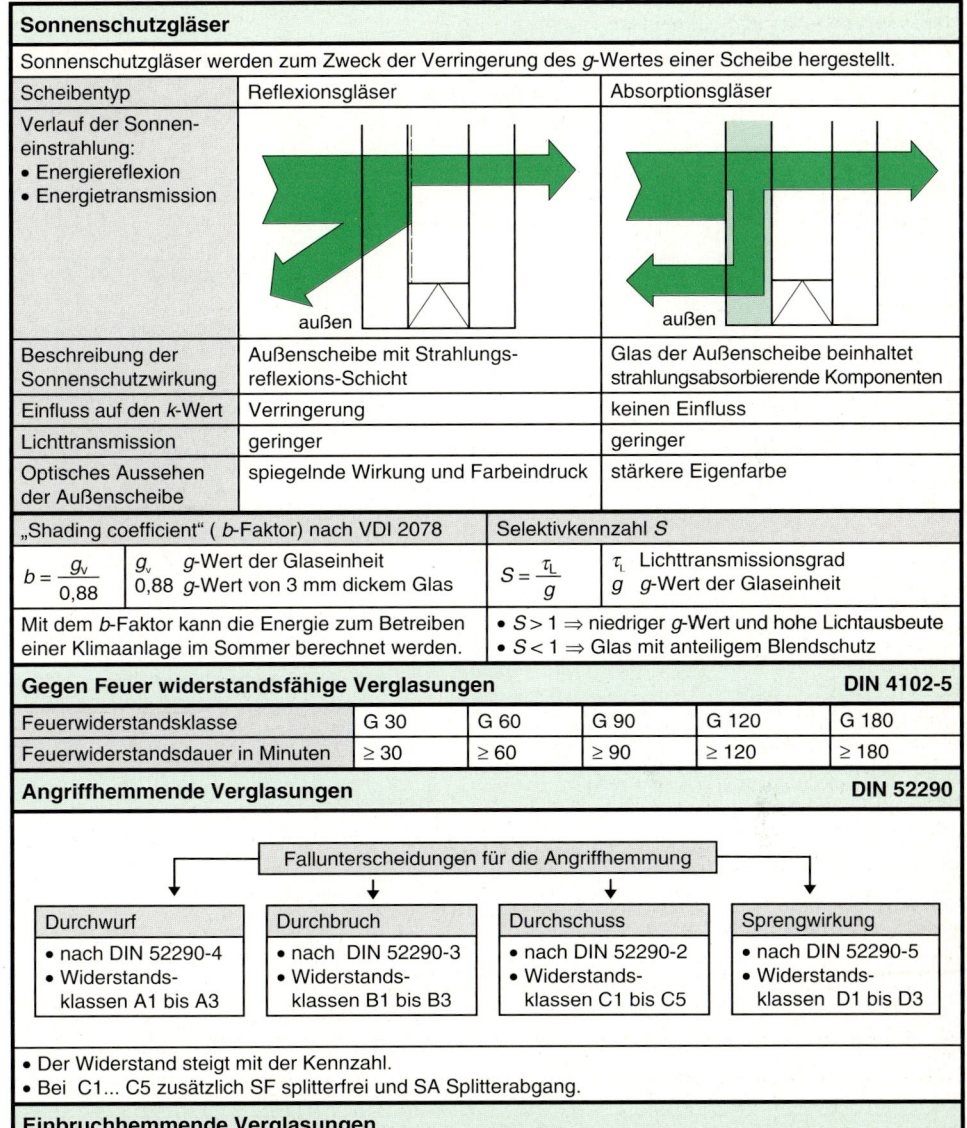	
Beschreibung der Sonnenschutzwirkung	Außenscheibe mit Strahlungs-reflexions-Schicht	Glas der Außenscheibe beinhaltet strahlungsabsorbierende Komponenten
Einfluss auf den k-Wert	Verringerung	keinen Einfluss
Lichttransmission	geringer	geringer
Optisches Aussehen der Außenscheibe	spiegelnde Wirkung und Farbeindruck	stärkere Eigenfarbe

„Shading coefficient" (b-Faktor) nach VDI 2078		Selektivkennzahl S	
$b = \dfrac{g_v}{0{,}88}$	g_v g-Wert der Glaseinheit $0{,}88$ g-Wert von 3 mm dickem Glas	$S = \dfrac{\tau_L}{g}$	τ_L Lichttransmissionsgrad g g-Wert der Glaseinheit
Mit dem b-Faktor kann die Energie zum Betreiben einer Klimaanlage im Sommer berechnet werden.		• $S > 1 \Rightarrow$ niedriger g-Wert und hohe Lichtausbeute • $S < 1 \Rightarrow$ Glas mit anteiligem Blendschutz	

Gegen Feuer widerstandsfähige Verglasungen   DIN 4102-5

Feuerwiderstandsklasse	G 30	G 60	G 90	G 120	G 180
Feuerwiderstandsdauer in Minuten	≥ 30	≥ 60	≥ 90	≥ 120	≥ 180

Angriffhemmende Verglasungen   DIN 52290

Fallunterscheidungen für die Angriffhemmung

Durchwurf	Durchbruch	Durchschuss	Sprengwirkung
• nach DIN 52290-4 • Widerstands-klassen A1 bis A3	• nach DIN 52290-3 • Widerstands-klassen B1 bis B3	• nach DIN 52290-2 • Widerstands-klassen C1 bis C5	• nach DIN 52290-5 • Widerstands-klassen D1 bis D3

• Der Widerstand steigt mit der Kennzahl.
• Bei C1... C5 zusätzlich SF splitterfrei und SA Splitterabgang.

Einbruchhemmende Verglasungen

Zur Prämienfestsetzung prüft der Verband für Sachversicherer (VdS) einbruchhemmende Verglasungen (EH) auf durchbruchhemmende Eigenschaften. Man unterscheidet fünf Widerstandsklassen.

EH-Widerstandsklassen

EH 01	EH 02	EH 1	EH 2	EH 3

Fenster, Außentüren

Beanspruchungen eines Fensterelementes

Bildliche Darstellung	Beanspruchungen	Normen
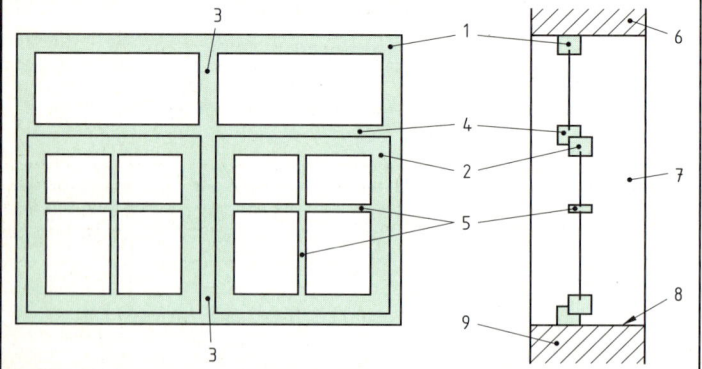	• Regen • Wind • UV-Strahlung • Schall	DIN 18055 DIN 18055 DIN 4109
	• Raumtemperatur • Raumluftfeuchte	DIN 4108 DIN 4108
	• Bauwerksbewe- gungen • Toleranzen	DIN 18021 DIN 18202 DIN 18203
	• Maßänderungen • Formänderungen	

Beschriftungen im Bild: bauwerksbedingte Bewegungen; Außentemperatur, Regen, Wind, Schall, Sonne; Bewegungen aus dem Fensterrahmen; Raumtemperatur, Luftfeuchte

Bezeichnungen am Fenster und am Baukörper

1 Blendrahmen
2 Flügelrahmen
3 Pfosten (Setzholz)
4 Riegel (Kämpfer)
5 Sprossen
6 Fenstersturz
7 Fensterleibung (Fensterlaibung)
8 Fenstersims
9 Fensterbrüstung

Steinformate und Rohbaumaße · DIN 105

Abmessungen in mm von verschiedenen Steinformaten (Beispiele)

Steingruppen	Kleinformate			Mittelformate				Großformate				
Steinformate	1DF	NF	2DF	3DF	4DF	5DF	6DF	8DF	10DF	12DF	16DF	20DF
Steinlänge	240	240	240	240	240	300	365	240	300	365	490	490
Steinbreite	115	115	115	175	240	240	240	240	240	240	240	300
Steinhöhe	52	71	113	113	113	113	113	238	238	238	238	238

Höhen- oder Dickenmaße in mm | Achtelmeter (am)

Steinformate	1DF	NF	2DF/3DF	Großformat	Mit Steinen 1DF, 2DF und 3DF
Steinhöhe	52	71	113	238	entsteht ein Höhenraster von
Fugendicke	10,5	12,3	12	12	12,5 cm = 1 am.
Schichtendicke	62,5	83,3	125	250	1 am = 1 Achtelmeter = $\frac{1}{8} \cdot$ m

Beispiele für Rohbaurichtmaße an Fensteröffnungen in mm

• Rohbaulichtmaß (RL) oder Nennmaß (N) = Steinzahl mal 12,5 cm + 1 cm
• Rohbaurichtmaß (RR) = Steinzahl mal 12,5 cm

375	500	625	750	875	1 000	1 250	1 375	1 500	1 625	1 750	1 875

Fenster, Außentüren

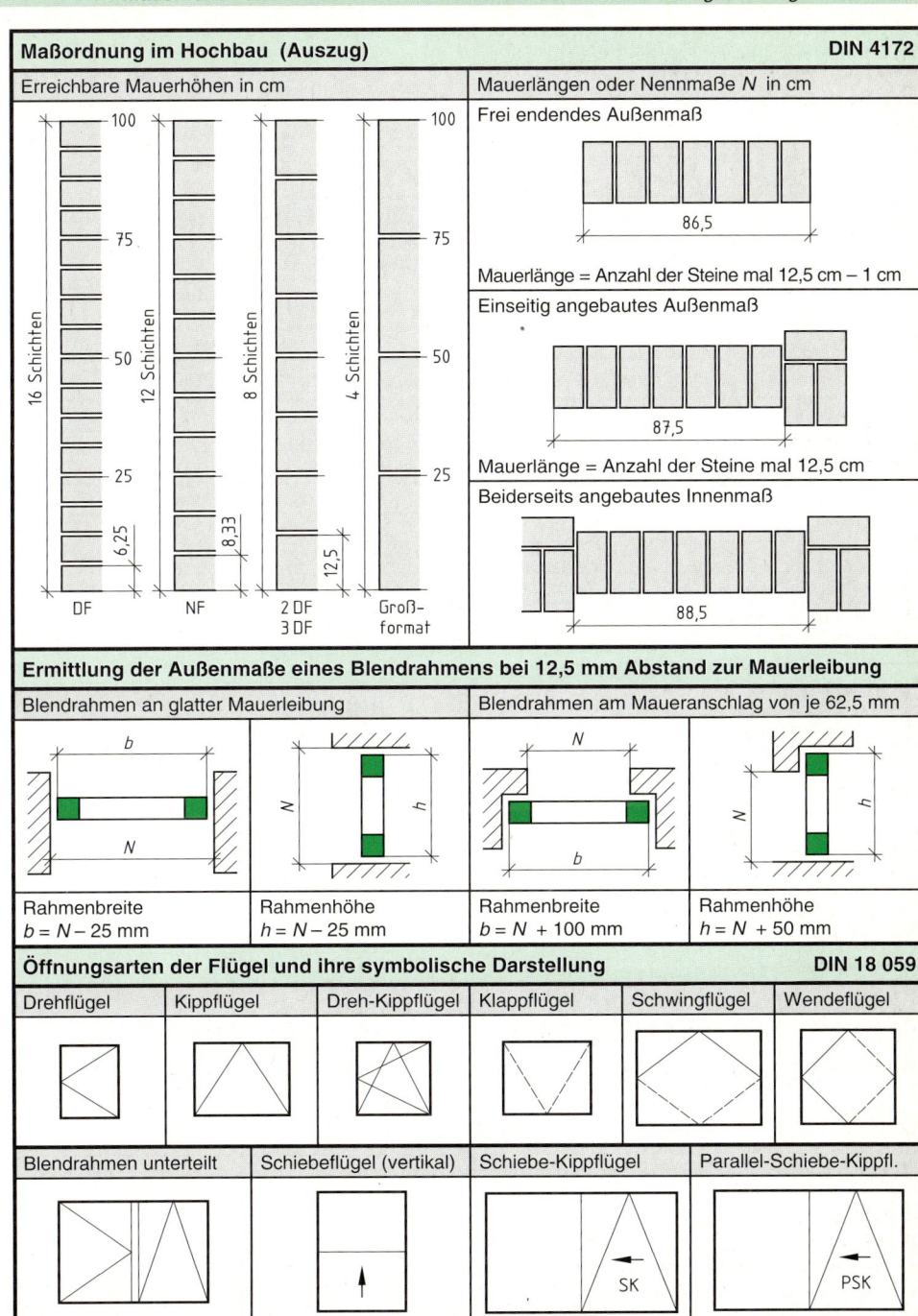

Maßordnung im Hochbau (Auszug) — DIN 4172

Erreichbare Mauerhöhen in cm

16 Schichten · 12 Schichten · 8 Schichten · 4 Schichten

100 · 75 · 50 · 25

6,25 · 8,33 · 12,5

DF · NF · 2 DF 3 DF · Großformat

Mauerlängen oder Nennmaße N in cm

Frei endendes Außenmaß

86,5

Mauerlänge = Anzahl der Steine mal 12,5 cm − 1 cm

Einseitig angebautes Außenmaß

87,5

Mauerlänge = Anzahl der Steine mal 12,5 cm

Beiderseits angebautes Innenmaß

88,5

Ermittlung der Außenmaße eines Blendrahmens bei 12,5 mm Abstand zur Mauerleibung

Blendrahmen an glatter Mauerleibung

Rahmenbreite $b = N − 25$ mm

Rahmenhöhe $h = N − 25$ mm

Blendrahmen am Maueranschlag von je 62,5 mm

Rahmenbreite $b = N + 100$ mm

Rahmenhöhe $h = N + 50$ mm

Öffnungsarten der Flügel und ihre symbolische Darstellung — DIN 18 059

| Drehflügel | Kippflügel | Dreh-Kippflügel | Klappflügel | Schwingflügel | Wendeflügel |

| Blendrahmen unterteilt | Schiebeflügel (vertikal) | Schiebe-Kippflügel | Parallel-Schiebe-Kippfl. |

SK · PSK

Fenster, Außentüren

Normbezeichnung am Einfachfenster

Holzfenster DIN 68121 IV 68–78 – 1

Norm-Hauptnummer ——————————————————————

Isolierglasfenster ——————————————————————

Nenndicke und Nennbreite des Profils ——————————————

Anzahl der Falzdichtungen ——————————————————

Beanspruchungsgruppen (BG) – Berücksichtigung von Wind und Schlagregen DIN 18055

Beanspruchungsgruppe (s. S. 277)	A	B	C	D
Gebäudehöhe in m	≤ 8	≤ 20	≤ 100	Son-
Windstärke	≤ 7	≤ 9	≤ 11	der-
Staudruck in N/m^2	≤ 150	≤ 300	≤ 600	fall

Maximale Flügelbreiten in mm für Dreh-, Kipp- und Dreh-Kippfenster (-türen)

BG	Einfachfenster mit Isolierverglasung					Verbundfenster		
	IV 56-78	IV 63-78	IV 68-78	IV 78-78	IV 92-92	DV 32/44 51/78	DV 32/65 51/92	DV 44/44 51/78
A	1400	1450	1550	1600	1600	1300	1300	1400
B	1300	1350	1450	1500	1500	1200	1200	1300
C	1150	1200	1300	1350	1350	1050	1050	1150

Querschnittsmaße nach DIN 68121, BG Beanspruchungsgruppen nach DIN 18055

Profilquerschnitte und Größendiagramme DIN 68121-1

Holzfenster DIN 68 121 IV 68 – 78 – 1

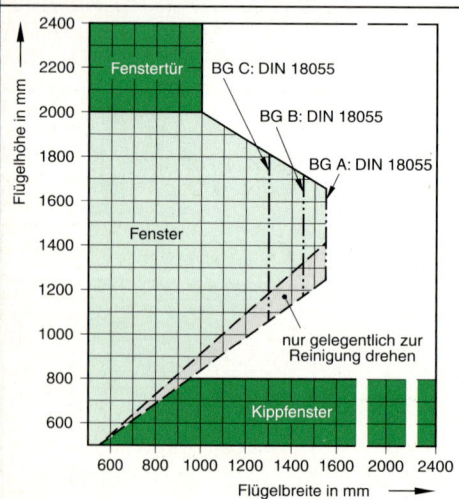

Holzfenster DIN 68121 DV 44/78 – 32 – 1

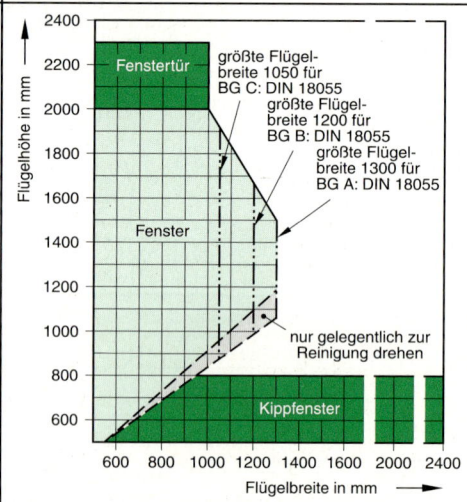

Ablesebeispiele für Dreh- und Dreh-Kippfenster:
Maximale Flügelbreite für „BG" C: 1300 mm
Maximale Flügelbreite für „BG" B: 1450 mm
Maximale Flügelbreite für „BG" A: 1550 mm

Ablesebeispiele für Fenstertüren und Kippfenster:
Maximale Flügelbreite einer Fenstertüre: 1000 mm
Maximale Höhe eines Kippflügels: 800 mm
Minimale Breite eines Kippflügels: 550 mm

• Zusatzverriegelungen: 1 Stück ab 1100 mm; 2 Stück ab 2000 mm.
• Die Anwendungsbereiche gelten für ein Glasgewicht von 25 kg/m^2. Beim Einsatz größerer Glasgewichte ist ein Nachweis für die höhere Beanspruchung erforderlich.

Verschiedene Rahmenmaterialien für Fenster

Werkstoff	Holz	Kunststoff	Aluminium
Profil	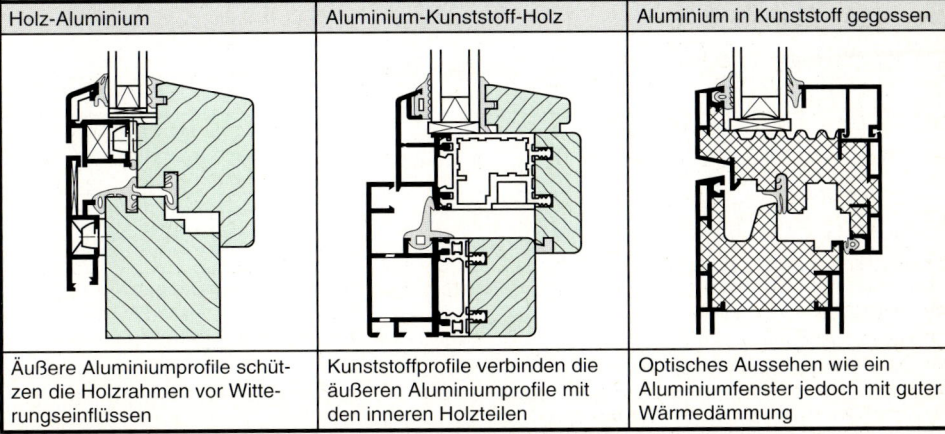		
Rahmen-werkstoff	Holz nach DIN EN 942	überwiegend PVC hart nach DIN 7748	überwiegende Legierung: ALMgSi 0,5 F22 bis F25
Eckver-bindungen	Schlitz und Zapfen sowie Dübel und Minizinken auf Gehrung	thermoplastisch auf Gehrung verschweißt	auf Gehrung mit Eckwinkel mechanisch verbunden oder geschweißt
Profilaufbau	Blendrahmen und Flügel mit Doppelfalz	Mehrkammerprofil aus PVC mit Stahlarmierung	getrenntes Innen- und Außenprofil mit einem Kunststoffsteg verbunden
Eigen-stabilität	gut bei entsprechender Holzdicke	nur mit Stahlarmierung ausreichend	gut
Wärme-dämmeigen-schaften	gut bei den üblichen Holz-dicken	gut	nur bei thermischer Tren-nung ausreichend
Thermische Längenaus-dehnung	vernachlässigbar klein ($\alpha = 6 \cdot 10^{-6} \cdot 1/K$)	größer als bei Aluminium ($\alpha = 80 \cdot 10^{-6} \cdot 1/K$)	größer als bei Holz aber kleiner als bei Kunststoff ($\alpha = 23{,}8 \cdot 10^{-6} \cdot 1/K$)
Wartung	regelmäßige Nachbehand-lung erforderlich	wartungsfreundlich	wartungsfreundlich

Rahmenmaterialien aus Werkstoffkombinationen

Holz-Aluminium	Aluminium-Kunststoff-Holz	Aluminium in Kunststoff gegossen
Äußere Aluminiumprofile schüt-zen die Holzrahmen vor Witte-rungseinflüssen	Kunststoffprofile verbinden die äußeren Aluminiumprofile mit den inneren Holzteilen	Optisches Aussehen wie ein Aluminiumfenster jedoch mit guter Wärmedämmung

Fenster, Außentüren

Fensterarten und ihre besonderen Eigenschaften

Fensterarten	Merkmale	Ausführungen	Eigenschaften
Einfachfenster	Es ist nur ein Flügel am Blendrahmen angeschlagen	EV Einfach-Verglasung	Unzureichende Wärme- und Schalldämmung
		IV Isolier-Verglasung	Bessere Wärme- und Schalldämmung
Verbundfenster	Zwei miteinander verbundene Flügelrahmen sind an einem Blendrahmen angeschlagen	DV Doppel-Verglasung. Außenflügel ist mit speziellen Verbundbeschlägen am Innenflügel angeschlagen.	Verbesserter Wärme- und Schallschutz gegenüber EV und z. T. auch gegenüber IV infolge größerem Luftzwischenraum
Kastenfenster	Zwei voneinander unabhängige Flügel sind an zwei konstruktiv miteinander verbundenen Blendrahmen angeschlagen	Verglasung mit Einfachglasscheiben oder mit Isolierglasscheiben. Jeder Flügel muss gesondert betätigt werden.	Sehr großer Scheibenabstand und dadurch sehr gute Wärme- und Schalldämmung

Rahmenverbindungen am Blend- und Flügelrahmen aus Holz

Beschreibung	Schlitz und Zapfen	Dübel	Minizinken
Dichtheit des Rahmenstoßes	nur dann ausreichend, wenn die Zapfendicke ≤ 16 mm	nicht ausreichend	ausreichend, wenn die Rahmeninnenecke gegen eindringende Feuchte geschützt ist
Mechanische Festigkeit	ausreichend	ausreichend	gut
Formbeständigkeit	gut infolge Absperreffekt nach Verleimung	gut	Eckwinkel verändert sich bei Quellung und Schwindung
Berücksichtigung der Profilgebung	Einteilung von Schlitz und Zapfen auf das Profil abstimmen	Brüstungsstoß auf das Profil abstimmen	Gehrungsstoß erfordert keine Abstimmung
Hirnholz an den Kantenflächen	vorhanden	vorhanden	nicht vorhanden
Anwendung	Standardausführung für Rahmenecken, auch für Rahmenunterteilungen	vorwiegend bei Rahmenunterteilungen	Rahmenecken im industriellen Einsatz

Fenster, Außentüren

Horizontalschnitte durch ein Isolierglasfenster und ein Verbundfenster

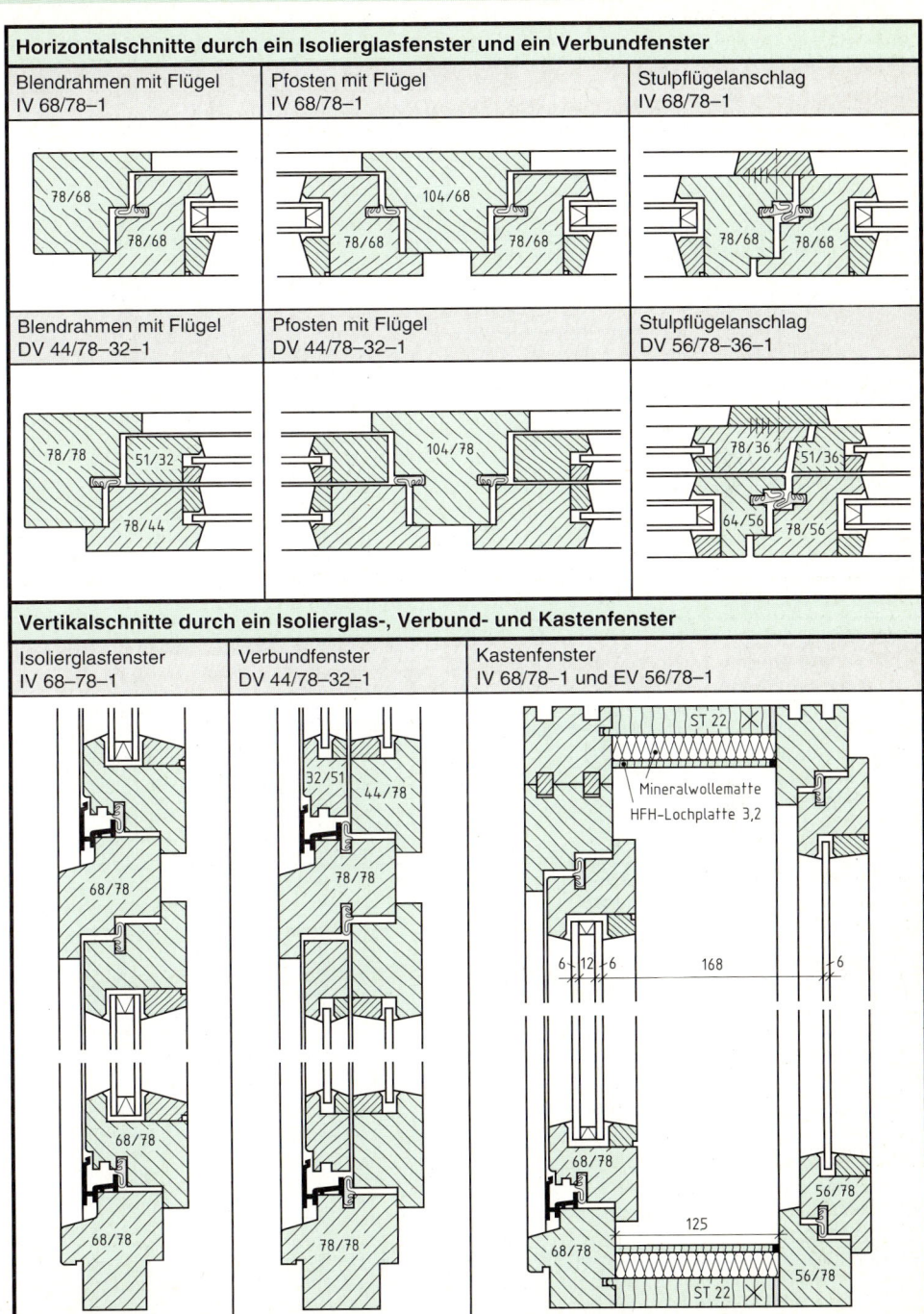

Blendrahmen mit Flügel
IV 68/78–1

Pfosten mit Flügel
IV 68/78–1

Stulpflügelanschlag
IV 68/78–1

Blendrahmen mit Flügel
DV 44/78–32–1

Pfosten mit Flügel
DV 44/78–32–1

Stulpflügelanschlag
DV 56/78–36–1

Vertikalschnitte durch ein Isolierglas-, Verbund- und Kastenfenster

Isolierglasfenster
IV 68–78–1

Verbundfenster
DV 44/78–32–1

Kastenfenster
IV 68/78–1 und EV 56/78–1

Mineralwollematte
HFH-Lochplatte 3,2

Fenster, Außentüren

Konstruktionsmaße am Blend- und Flügelrahmen für ein Fenster IV 68/78–1

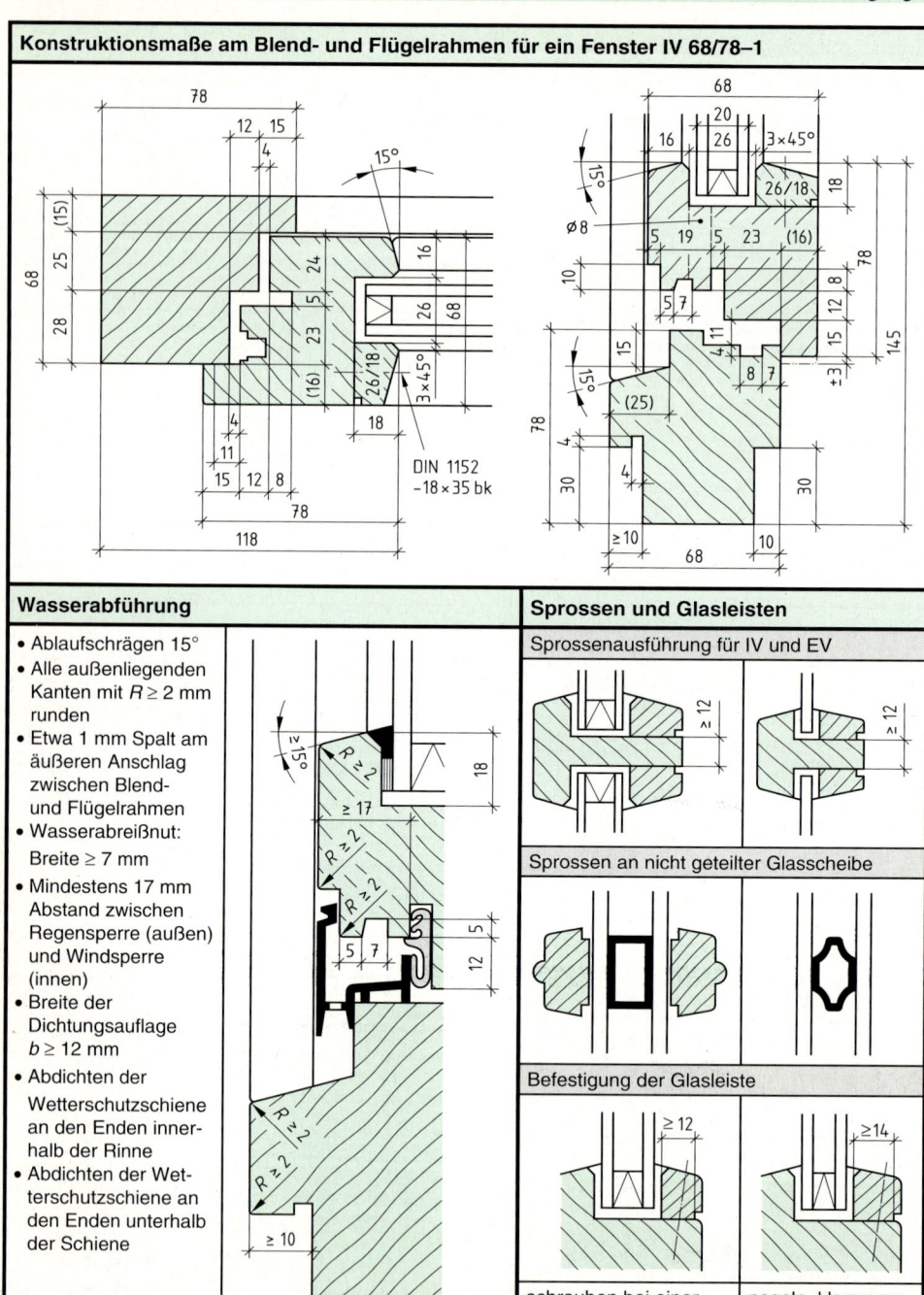

Wasserabführung

- Ablaufschrägen 15°
- Alle außenliegenden Kanten mit $R \geq 2$ mm runden
- Etwa 1 mm Spalt am äußeren Anschlag zwischen Blend- und Flügelrahmen
- Wasserabreißnut: Breite ≥ 7 mm
- Mindestens 17 mm Abstand zwischen Regensperre (außen) und Windsperre (innen)
- Breite der Dichtungsauflage $b \geq 12$ mm
- Abdichten der Wetterschutzschiene an den Enden innerhalb der Rinne
- Abdichten der Wetterschutzschiene an den Enden unterhalb der Schiene

Sprossen und Glasleisten

Sprossenausführung für IV und EV

Sprossen an nicht geteilter Glasscheibe

Befestigung der Glasleiste

schrauben bei einer Auflage ≥ 12 mm	nageln, klammern Auflage ≥ 14 mm

Dübelanordnung an T-förmigen Rahmenecken für ein Holzfenster DIN 68121

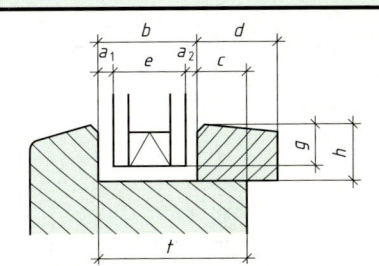

Pfosten | Riegel | Sprossen

Begriffe am Glasfalz DIN 18545-1

a_1 Dicke der äußeren Dichtstoffvorlage
a_2 Dicke der inneren Dichtstoffvorlage
b Glasfalzbreite
c Auflagenbreite der Glashalteleiste
d Breite der Glashalteleiste
e Dicke der Verglasungseinheit
g Glaseinstand
h Glasfalzhöhe
t Gesamtfalzbreite

Anforderungen an geeignete Holzarten für den Fensterbau

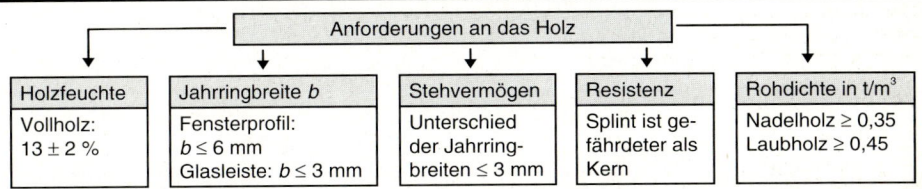

Anforderungen an das Holz

Holzfeuchte	Jahrringbreite b	Stehvermögen	Resistenz	Rohdichte in t/m³
Vollholz: $13 \pm 2\,\%$	Fensterprofil: $b \le 6$ mm Glasleiste: $b \le 3$ mm	Unterschied der Jahrring-breiten ≤ 3 mm	Splint ist ge-fährdeter als Kern	Nadelholz $\ge 0{,}35$ Laubholz $\ge 0{,}45$

Schichtverleimung (Lamellierung)

- Profilaufbau mindestens dreilagig, symmetrisch.
- Klebstoffe: Gruppe D4 nach DIN EN 204.
- Klebstofffuge vor direkter Witterung geschützt.
- Mittellage: Auch längsverleimte Teilquerschnitte zulässig.
- Decklagen: Holz mit gleichem Wuchs, gleicher Dichte und gleicher Holzfeuchte. Holzqualität nach DIN EN 942.
- Lamellendicke der Flügel: $d_l \le 15$ mm.

Fugendurchlasskoeffizient oder *a*-Wert DIN 18055

Der *a*-Wert gibt die über die Fugen zwischen Blend- und Flügelrahmen ausgetauschte Luft-menge in m³ an, bei folgenden Bedingungen:
- Zeit: 1 h
- Fugenlänge: 1 m
- Luftdruckdifferenz: 10 Pa

Bei einer Beanspruchung durch Wind und Schlag-regen sind folgende maximalen *a*-Werte einzuhalten:

Beanspruchungsgruppe BG (nach Gebäudehöhe)

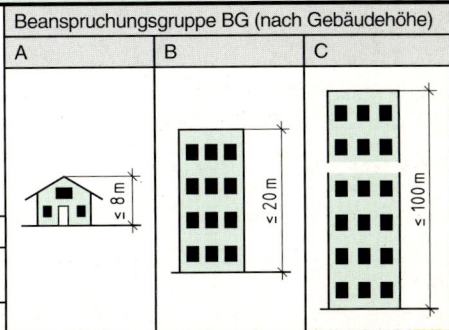

BG	A	B	C	D
Gebäudehöhe in m	bis 8	bis 20	bis 100	Son-derfall
a-Wert in m³/(h · m)	2	1	1	1

Fenster, Außentüren

Die Klotzung zwischen der Glaseinheit und dem Flügelrahmen

Distanzklotz

Tragklotz

Benennung	Tragklotz	Distanzklotz
Aufgaben	Aufnahme vorhandener Druckkräfte	Verhindert ein Verschieben der Glaseinheit
	Schaffung eines freien Raumes im Glasfalzgrund	
Klotzmaße	Länge: 80 bis 100 mm, Breite: mindestens 2 mm breiter als die Glaseinheit, Dicke ≥ 5 mm	
Eckabstand	etwa Klotzlänge Abstand zur Flügelecke	
Werkstoff	Holz, Kunststoff	
Werkstoff-eigenschaften	• ausreichende Druckfestigkeit • gute Verträglichkeit mit den Werkstoffen des Randverbundes, den Dichtstoffen und den Folien von VSG	

Vorschläge für die Anordnung der Klötze

Drehflügel	Dreh-Kippflügel	Kippflügel	Klappflügel	Schwingflügel

Wendeflügel	Schiebeflügel	Sonderformen

Beispiele für Klotzauflagen

Schutz des Randverbundes von Isolierglas

Schutz des Randverbundes vor

Feuchtigkeit	UV-Strahlung	mechanischen Spannungen	unverträglichen Materialien	extremen Temperaturen

Die **Einbauvorschriften** des Isolierglasherstellers sind zu beachten. Nur dann wird eine **Isolierglas-Garantie von fünf Jahren** gewährt, gerechnet vom Tag der Lieferung ab Werk.

Fenster,
Außentüren

Glasfalzhöhen in Abhängigkeit von der längsten Seite der Verglasung · DIN 18545

	Längste Seite	≤ 500 mm	≤ 1000 mm	1000...3500 mm	≥ 3500 mm
	Einfachfenster	10 mm	10 mm	12 mm	15 mm
	Isolierglasfenster	14 mm	18 mm	18 mm	20 mm

Mindestdicken der Dichtstoffvorlagen a_1 und a_2 in mm · DIN 18545

	längste Glaskante in mm	<1500	1500...2000	2000...2500	2500...2750	2750...3000	3000...4000
	Rahmen aus Holz	3	3	4	4	4	5
	Kunststoffrahmen, hell	4	5	5	–	–	–
	Kunststoffrahmen, dunkel	4	5	6	–	–	–
	Metallrahmen, hell	3	4	4	5	–	–
	Metallrahmen, dunkel	3	4	5	5	–	–

Die Dicke der inneren Dichtstoffvorlage a_2 darf bis zu 1 mm kleiner sein.

Dampfdruckausgleich von dichtstofffreien Falzräumen bei Holzfenstern

Der Dampfdruckausgleich verhindert eine Kondensatbildung bzw. eine zu hohe Luftfeuchte im Glasfalz.

Größe und Anordnung der Öffnungen für den Druckausgleich	Öffnungsbeispiel: Sprossen

Alternativen:

≤ 600   ≤ 600

- Bohrungen ≥ 8 mm Durchmesser
- Schlitze ≥ 5/20 mm
- Äußere Lüftungsschlitze können in die Rahmeneckverbindungen integriert werden
- Bei Glasbreiten bis 900 mm genügen die beiden äußeren Öffnungen
- Die Öffnungen sind am tiefsten Punkt des Falzes anzubringen

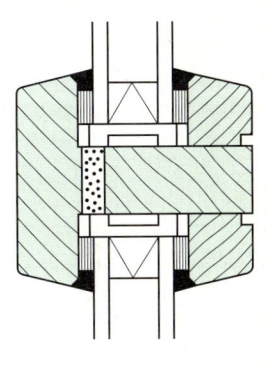

Öffnungsbeispiel: Flügel	Öffnungsbeispiel: Riegel	Öffnungsbeispiel: Festverglasung

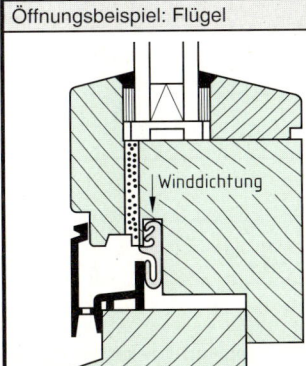

Winddichtung

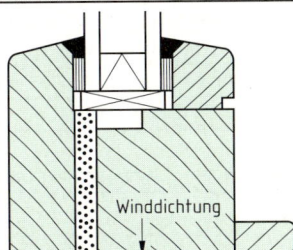

Winddichtung

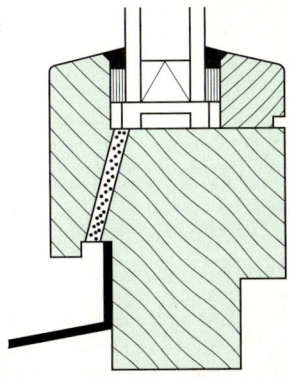

Fenster, Außentüren

Beanspruchungsgruppen BG für die Verglasung und Zuordnung der Dichtstoffgruppen

Nach der vom Institut für Fenstertechnik in Rosenheim im April 1983 herausgegebenen Tabelle werden in Abhängigkeit möglicher Belastungen des Fensters die Beanspruchungsgruppen 1 bis 5 unterschieden. **Für das Verglasungssystem ist jeweils die höchste Beanspruchungsgruppe maßgebend.**

Rahmen-material	Dicke der Dichtstoff-vorlage	Farbton des Rahmens	Kantenlänge der Glasscheibe in mm				
Holz	3 mm		≤ 800	≤ 1000	≤ 1500	≤ 1750	≤ 2000
	4 mm				≤ 1750	≤ 2500	≤ 3000
	5 mm				≤ 2000	≤ 3000	≤ 4000
Kunststoff	4 mm	hell			≤ 800	≤ 1000	≤ 1500
	4 mm	dunkel			≤ 800	≤ 1000	≤ 1500
	5 mm	hell			≤ 1500	≤ 2000	≤ 2500
	5 mm	dunkel			≤ 1250	≤ 1500	≤ 2000
	6 mm	dunkel			≤ 1500	≤ 2000	≤ 2500
Aluminium, Alu-Holz, Stahl	3 mm	hell			≤ 800	≤ 1000	≤ 1500
	3 mm	dunkel			≤ 800	≤ 1000	≤ 1500
	4 mm	hell			≤ 1500	≤ 2000	≤ 2500
	4 mm	dunkel			≤ 1250	≤ 1500	≤ 2000
	5 mm	hell			≤ 1750	≤ 2250	≤ 3000
	5 mm	dunkel			≤ 1500	≤ 2000	≤ 2750
Beanspruchungsgruppe BG			BG 1	BG 2	BG 3	BG 4	G 5

- BG 1 und BG 2 gelten nur für Festverglasungen, Drehfenster und Dreh-Kippfenster. Für alle übrigen Öffnungsarten ist Beanspruchungsgruppe 3 oder höher zu wählen.
- Für Fenster in Feuchträumen (z. B. Räume mit Klimaanlagen, Blumenfenster, Außenfenster in Winterbauten) sowie für Fenster, bei denen mit mechanischer Beschädigung zu rechnen ist (z. B. in öffentlichen Gebäuden mit Publikumsverkehr) ist bei dichtstofffreiem Falzraum die BG 4 oder die BG 5 zu wählen.

Verglasungssysteme und Dichtstoffgruppen für die Versiegelung   DIN 18545-3

Vergla-sungs-system								
Beanspr.	BG 1	BG 2	BG 3	BG 4	BG 5	BG 3	BG 4	BG 5
Kurzzeich.	Va 1	Va 2	Va 3	Va 4	Va 5	Vf 3	Vf 4	Vf 5
Dichtstoff	A	B	C	D	E	C	D	E

Es bedeuten:
V Verglasungssystem, **a** ausgefüllter Falzraum, **f** dichtstofffreier Falzraum.

Beispiel:
DIN 18545 – Vf 4 bedeutet: Verglasung mit dichtstofffreiem Falzraum der BG 4.

Beachte:
Verglasungssysteme mit ausgefülltem Falzraum spielen im modernen Fensterbau kaum noch eine Rolle. Sie sind nur für Holzfenster anwendbar, wenn die Einbaurichtlinien der Isolierglashersteller keine andere Festlegung treffen. Für den Falzraum werden Dichtstoffe der Gruppe B eingesetzt. Für Va 1 kommt mit Zustimmung des Herstellers auch ein Dichtstoff der Gruppe A in Betracht.

Fenster, Außentüren

Geforderte Eigenschaften an die Dichtstoffe — DIN 18545-2

Dichtstoffgruppe	A	B	C	D	E
1. Rückstellvermögen in %	–	–	≥ 5	≥ 30	≥ 60
2. Volumenänderung in %	≤ 5	≤ 5	≤ 15	≤ 10	≤ 10
3. Standvermögen, Ausbuchtungen in mm	≤ 2	≤ 2	≤ 2	≤ 2	≤ 2
4. Nach Lichtalterung kein Adhäsions- oder Kohäsionsriss bei Dehnung in %	–	≥ 5	≥ 50	≥ 75	≥ 100
5. Nach Wechsellagerung kein Adhäsions- oder Kohäsionsriss bei Dehnung in %	–	≥ 5	≥ 50	≥ 75	≥ 100
6. Kohäsion: Zugspannung bei Dehnung nach Zeile 5 in N/mm^2 bei 23° C	–	–	$\leq 0,6$	$\leq 0,5$	$\leq 0,4$

Darstellung verschiedener Verglasungssysteme

DIN 18545 – Va 1

DIN 18545 – Va 4

DIN 18545 – Vf 4

DIN 18545 – Vf 4

Innenseitiges Dichtprofil

Nur Dichtprofile (Trockenvergl.)

Belastung der Glasauflage in Abhängigkeit von der Gebäudehöhe *h*

		Belastung der Glasauflage in N/mm bei Beanspruchungsgruppe				
		BG 1	BG 2	BG 3	BG 4	BG 5
$h \leq 8$ m	Last: 0,60 kN/m^2	bis 0,16	bis 0,22	bis 0,35	bis 0,70	bis 0,90
$h \leq 20$ m	Last: 0,96 kN/m^2	bis 0,25	bis 0,35	bis 0,55	bis 1,10	bis 1,40
$h \leq 100$ m	Last: 1,32 kN/m^2	bis 0,35	bis 0,50	bis 0,75	bis 1,50	bis 1,90
Scheibengröße		bis 0,5 m^2	bis 0,8 m^2	bis 1,8 m^2	bis 6,0 m^2	bis 9,0 m^2

Belastungen, die auf die Dichtstofffuge im Glasfalz wirken

- Windlasten (Druck-Sog)
- Öffnungskräfte (Kipp-,Schwingfl.)
- Maßänderungen durch Feuchte
- Erschütterungen (z. B.Verkehr)
- Temperatur - unterschied

Fenster, Außentüren

Wärmebilanz am Fenster

Allgemeine k-Wert Berechnung

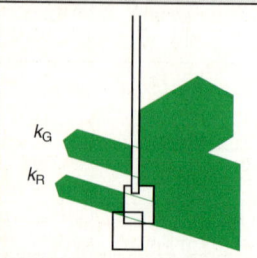

$$k_F = \frac{k_G \cdot A_G + k_R \cdot A_R}{A_G + A_R}$$

A_G Glasfläche in m²
A_R Rahmenfläche in m²
k_F k-Wert des Fensters in W/(m² · K)
k_G k-Wert des Glases in W/(m² · K)
k_R k-Wert des Rahmens in W/(m² · K)

Europäische Normung: Berücksichtigung des linearen Wärmedurchgangs Ψ durch den Glasrand

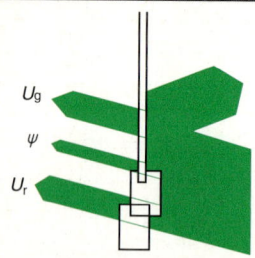

$$U_W = \frac{A_g \cdot U_g + A_r \cdot U_r + l_g \cdot \Psi}{A_g + A_r}$$

U_W U-Wert (k-Wert) des Fensters in W/(m² · K)
U_g U-Wert des Glases in W/(m² · K)
U_r U-Wert des Rahmens in W/(m² · K)
A_g Fläche des Glases in m²
A_r Fläches des Rahmens in m²
l_g Länge des Glasrandes in m
Ψ linearer Wärmedurchgang in W/(m · K)

k-Wert-Berechnung unter Berücksichtigung des solaren Wärmezugewinns   WSchVO vom 01.01.1995

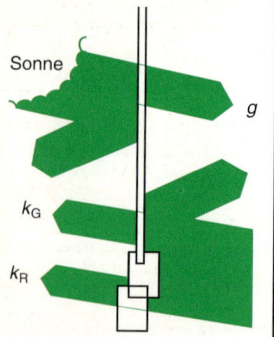

$$k_{eq} = k_F - S \cdot g$$

k_{eq} äqivalenter k-Wert unter Berücksichtigung des Wärmeverlustes und des solaren Zugewinns in W/(m² · K)
k_F k-Wert des Fensters in W/(m² · K)
g Gesamtenergiedurchlassgrad der Verglasung in %
S Strahlungsfaktor in W/(m² · K)

Strahlungsfaktor S in Abhängigkeit von der Himmelsrichtung

Richtung	Süden	Osten	Westen	Norden
S-Faktor in W/(m² · K)	2,40	1,65	1,65	0,95

Beispiele für äquivalente k-Werte von Holzfenstern

k_v in W/(m² · K) (Verglasung)	k_F in W/(m² · K) (Fenster)	g-Wert	äquivalenter k-Wert k_{eq} in W/(m² · K)		
			Süden	Ost und West	Norden
1,0	1,2	0,58	−0,19	0,24	0,65
1,3	1,4	0,58	−0,09	0,34	0,75
1,6	1,6	0,65	0,04	0,53	0,98
1,9	1,8	0,72	0,07	0,61	1,12

Fenster, Außentüren

Wärmedurchgangskoeffizienten und mögliche Gesamtenergiedurchlassgrade g DIN 4108-4

Darstellung der Verglasung	$k_V^{1)}$ in W/(m²·K)	$k_F^{2)}$ in W/(m²·K) bei Rahmenmaterialgruppe [3)]					g-Wert in %
		1	2.1	2.2	2.3	3	
Einfachglasscheibe							
	5,8	5,2	5,2	5,2	5,2	5,2	90
Isoliergläser (Standard)							
	3,4	2,9	3,2	3,3	3,6	4,1	77
	3,2	2,8	3,0	3,2	3,4	4,0	77
	3,0	2,6	2,9	3,1	3,3	3,8	77
Wärmefunktionsisoliergläser							
Beispiele	2,9	2,5	2,8	3,0	3,2	3,8	77
	2,8	2,5	2,7	2,9	3,2	3,7	77
Luftfüllung und Beschichtung	2,7	2,4	2,7	2,9	3,1	3,6	77
	2,6	2,3	2,6	2,8	3,0	3,6	77
	2,5	2,3	2,5	2,7	3,0	3,5	77
	2,4	2,2	2,5	2,6	2,9	3,4	77
Gasfüllung	2,3	2,1	2,4	2,6	2,8	3,4	77
	2,2	2,1	2,3	2,5	2,7	3,3	77
	2,1	2,0	2,3	2,4	2,7	3,2	77
	2,0	1,9	2,2	2,4	2,6	3,1	77
Gasfüllung und Beschichtung	1,9	1,8	2,1	2,3	2,5	3,1	77
	1,8	1,8	2,0	2,2	2,5	3,0	72
	1,7	1,7	2,0	2,2	2,4	2,9	72
Gasfüllung	1,6	1,6	1,9	2,1	2,3	2,9	65
	1,5	1,6	1,8	2,0	2,3	2,8	62
Gasfüllung	1,4	1,5	1,8	1,9	2,2	2,7	62
	1,3	1,4	1,7	1,9	2,1	2,7	58
	1,2	1,4	1,6	1,8	2,0	2,6	58
Absorptionsglas	1,1	1,3	1,6	1,7	2,0	2,5	58
	1,0	1,2	1,5	1,7	1,9	2,4	58
Glasbausteinwand nach DIN 4242 mit Hohlglasbausteinen nach DIN 18175						3,5	–

Berechnungsbeispiel für k_{eq}

Holzfenster mit Isolierglasscheibe: k_V-Wert = 1,5 W/(m²·K), g-Wert = 62 %

Lösung: $k_{eq} = k_F - S \cdot g$

Holz zählt nach DIN 4108-4 zur Materialgruppe 1. Somit ist nach Tabelle k_F = 1,6 W/(m²·K). Strahlungsfaktor S in Abhängigkeit von der Himmelsrichtung siehe Seite 282.

- Südseite: k_{eq} = 1,6 W/(m²·K) – 2,4 W/(m²·K) · 0,62 ⇒ k_{eq} = 0,112 W/(m²·K)
- Nordseite: k_{eq} = 1,6 W/(m²·K) – 0,95 W/(m²·K) · 0,62 ⇒ k_{eq} = 1,011 W/(m²·K)
- Ost- und Westseite: k_{eq} = 1,6 W/(m²·K) – 1,65 W/(m²·K) · 0,62 ⇒ k_{eq} = 0,577 W/(m²·K)

[1)] k_V ist der k-Wert der Glaseinheit; [2)] k_F ist der k-Wert des Fensters; [3)] Rahmenmaterialgruppen nach DIN 4108-4. Die g-Werte von Sondergläsern können aufgrund produktionstechnischer Faktoren sehr unterschiedlich sein. Im Einzelfall ist der Nachweis gemäß DIN 67507 zu führen.

Fenster, Außentüren

Schallschutz am Fenster (Beispiele)					VDI-Richtlinien und DIN 4109	
$R_{W,R}$ in dB [1]	Konstruktions-merkmale	Isolierglas-fenster	Verbundfenster		Kastenfenster	
25	Gesamtglasdicken	≥ 6 mm	≥ 6 mm	–	–	
	Scheibenzwischenraum	≥ 8 mm	–	–	–	
30	Gesamtglasdicken	≥ 6 mm	≥ 6 mm	–	–	
	Scheibenzwischenraum	≥ 12 mm	≥ 30 mm	≥ 30 mm	–	
	Falzdichtungen	(1)	(1)	(1)	nicht erforderlich	
32	Gesamtglasdicken	≥ 8 mm	≥ 8 mm	≥ 4 mm + 4/12/4 mm	–	
	Scheibenzwischenraum	≥ 12 mm	≥ 30 mm	≥ 30 mm	–	
	Falzdichtungen	(1)	(1)	(1)	(1)	
35	Gesamtglasdicken	≥ 10 mm	≥ 8 mm	≥ 6 mm + 4/12/4 mm	–	
	Scheibenzwischenraum	≥ 16 mm	≥ 40 mm	≥ 40 mm	–	
	Falzdichtungen	(1)	(1)	(1)	(1)	
37	Gesamtglasdicken	–	≥ 10 mm	≥ 6 mm + 6/12/4 mm	2mal ≥ 8 mm bzw. ≥ 4 mm+6/12/4 mm	
	Scheibenzwischenraum	–	≥ 40 mm	≥ 40 mm	≥ 100 mm	
	Falzdichtungen	(1)	(1)	(1)	(1)	
40	Gesamtglasdicken	–	≥ 14 mm	≥ 8 mm + 6/12/4 mm	2 mal ≥8 mm bzw. ≥ 6 mm+6/12/4 mm	
	Scheibenzwischenraum	–	≥ 50 mm	≥ 50 mm	≥ 100 mm	
	Falzdichtungen	(1) + (2)	(1) + (2)	(1) + (2)	(1) + (2)	
42	Gesamtglasdicken	–	≥ 16 mm	≥ 8 mm + 8/12/4 mm	2 mal ≥10mm bzw. ≥ 8 mm+4/12/4mm	
	Scheibenzwischenraum	–	≥ 50 mm	≥ 50 mm	≥ 100 mm	
	Falzdichtungen	(1) + (2)	(1) + (2)	(1) + (2)	(1) + (2)	
45	Gesamtglasdicken	–	≥ 18 mm	≥ 8 mm + 8/12/4 mm	2mal ≥12mm bzw. ≥ 8 mm+6/12/4mm	
	Scheibenzwischenraum	–	≥ 60 mm	≥ 60 mm	≥ 100 mm	
	Falzdichtungen	–	(1) + (2)	(1) + (2)	(1) + (2)	
≥48	Allgemein gültige Angaben sind nicht möglich. Nachweis nur über Prüfungen nach DIN 52210.					
[1] $R_{W,R}$ Rechenwert für das bewertete Schalldämmmaß						

Einteilung der bewerteten Schalldämmmaße in Schallschutzklassen					VDI-Richtlinie 2719	
Schallschutzklassen	1	2	3	4	5	6
Bewertetes Schalldämmaß [1] R'_W in dB	25...29	30...34	35...39	40...44	45...49	≥ 50
[1] Bewertetes Schalldämmaß mit Schallübertragung über flankierende Bauteile.						

Fenster, Außentüren

Gefordertes Schalldämmmaß von Außenwänden einschließlich Fenstern — DIN 4109

- Die Festlegung für die Luftschalldämmung erfolgt jeweils für einen Raum, nicht für ein Gebäude.
- Maßgebend ist das resultierende Schalldämmmaß $R'_{w,res}$ in dB eines Raumes.

Resultierendes Schalldämmmaß des Außenbauteils $R'_{w,res}$

Lärmpegel-bereich	Maßgeblicher Außenlärmpegel	Bettenräume in Krankenanstalten und Sanatorien	Aufenthaltsräume in Wohnungen, Übernachtungsräume in Beherbergungsstätten, Unterrichtsräume u. Ä.	Büroräume u. Ä.
I	bis 55 dB	35 dB	30 dB	–
II	56 bis 60 dB	35 dB	30 dB	30 dB
III	61 bis 65 dB	40 dB	35 dB	30 dB
IV	66 bis 70 dB	45 dB	40 dB	35 dB
V	71 bis 75 dB	50 dB	45 dB	40 dB
VI	76 bis 80 dB	55 dB	50 dB	45 dB
VII	über 80 dB	Lösung vor Ort	55 dB	50 dB

Glasdickengrundwerte von Fenster- und Spiegelglas

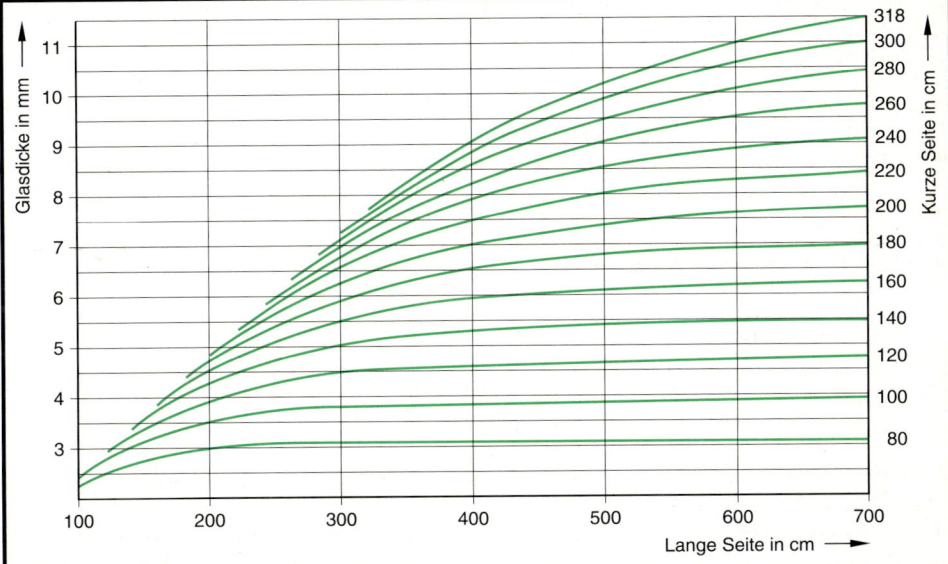

Korrekturfaktoren für die Beanspruchungsgruppen — DIN 18055

Beanspruchungs-gruppe BG	Windlasten in kN/m²	Fenster- und Spiegelglas	Verbundsicherheitsglas VSG, zweischeibig	Verbundsicherheitsglas VSG, dreischeibig	Gussglas und Drahtspiegelglas	Einscheiben-sicherheitsglas ESG
A	0,60	1,00	1,42	1,73	1,23	0,78
B	0,96	1,27	1,80	2,20	1,56	0,99
C	1,32	1,48	2,11	2,56	1,82	1,16
D	1,56	1,61	2,29	2,79	1,98	1,26

Glasdicke = Grundwert × Korrekturfaktor (aufrunden zur nächst größeren handelsüblichen Glasdicke)

Fenster, Außentüren

Fenster, Außentüren

Beschläge für Dreh- und Dreh-Kipp-Flügel

Beschlagteile für Drehflügel	Beschlagteile für Dreh-Kippflügel

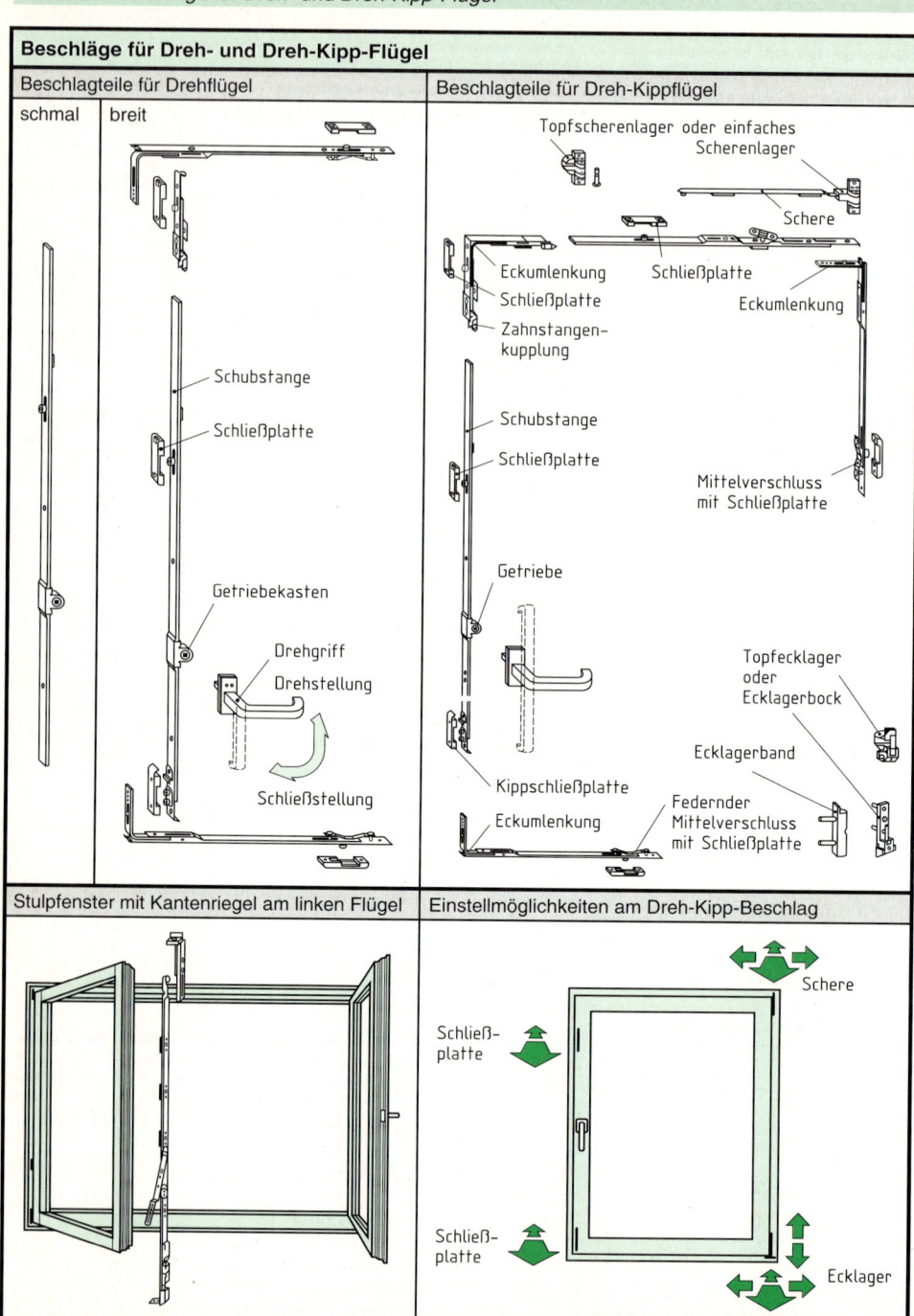

Beschlagteile für Drehflügel

schmal | breit

- Schubstange
- Schließplatte
- Getriebekasten
- Drehgriff
- Drehstellung
- Schließstellung

Beschlagteile für Dreh-Kippflügel

- Topfscherenlager oder einfaches Scherenlager
- Schere
- Eckumlenkung
- Schließplatte
- Schließplatte
- Eckumlenkung
- Zahnstangenkupplung
- Schubstange
- Schließplatte
- Mittelverschluss mit Schließplatte
- Getriebe
- Topfecklager oder Ecklagerbock
- Ecklagerband
- Kippschließplatte
- Eckumlenkung
- Federnder Mittelverschluss mit Schließplatte

Stulpfenster mit Kantenriegel am linken Flügel

Einstellmöglichkeiten am Dreh-Kipp-Beschlag

- Schere
- Schließplatte
- Schließplatte
- Ecklager

© Verlag Gehlen

Beschläge für Holzfenster

Beschlaggarnitur für schmale Kippflügel	Möglichkeiten für die Schließplattenmontage		
	Eingefräst	Euronut	Eurofalz

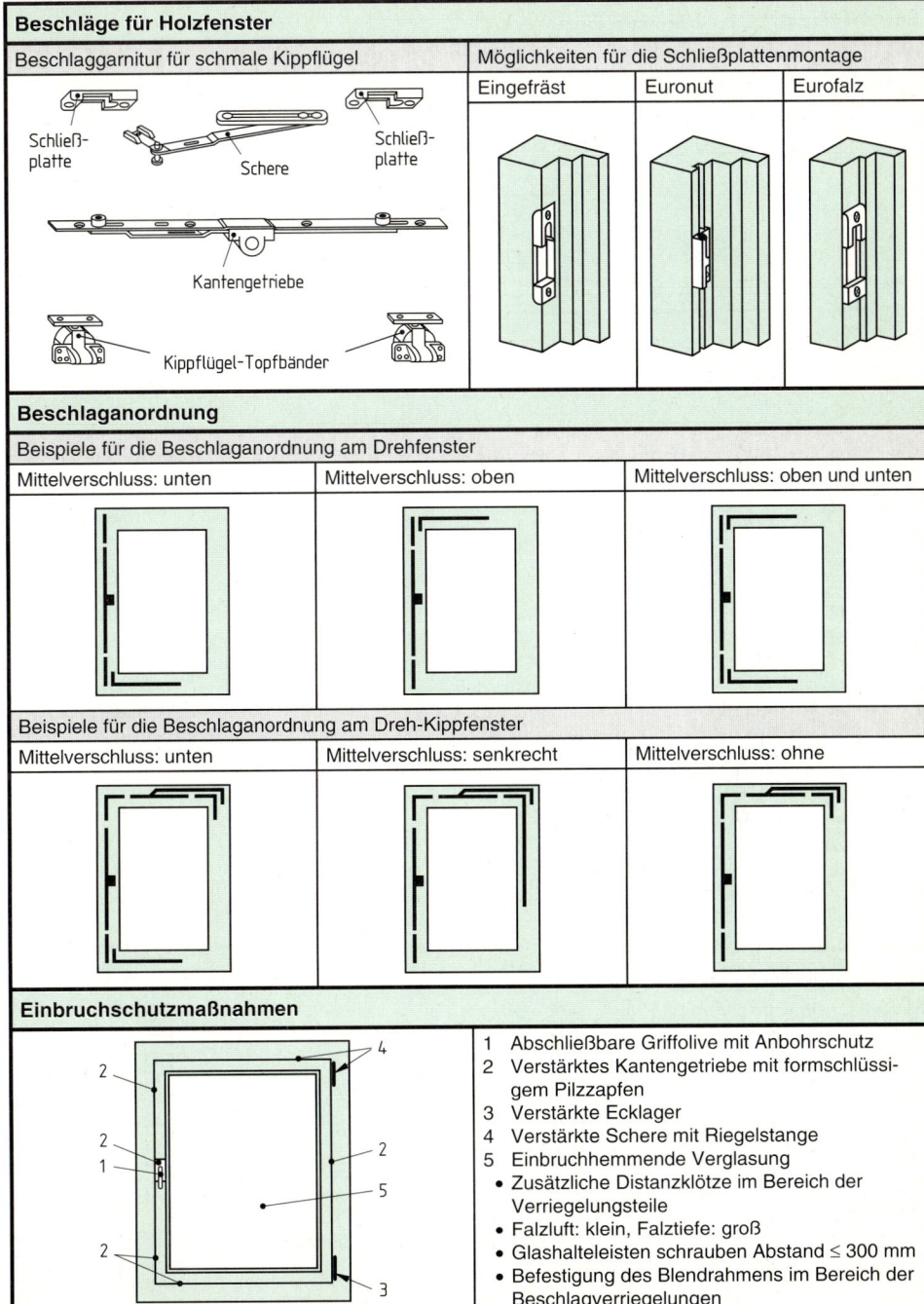

Schließplatte · Schere · Schließplatte · Kantengetriebe · Kippflügel-Topfbänder

Beschlaganordnung

Beispiele für die Beschlaganordnung am Drehfenster

Mittelverschluss: unten	Mittelverschluss: oben	Mittelverschluss: oben und unten

Beispiele für die Beschlaganordnung am Dreh-Kippfenster

Mittelverschluss: unten	Mittelverschluss: senkrecht	Mittelverschluss: ohne

Einbruchschutzmaßnahmen

1 Abschließbare Griffolive mit Anbohrschutz
2 Verstärktes Kantengetriebe mit formschlüssigem Pilzzapfen
3 Verstärkte Ecklager
4 Verstärkte Schere mit Riegelstange
5 Einbruchhemmende Verglasung
- Zusätzliche Distanzklötze im Bereich der Verriegelungsteile
- Falzluft: klein, Falztiefe: groß
- Glashalteleisten schrauben Abstand ≤ 300 mm
- Befestigung des Blendrahmens im Bereich der Beschlagverriegelungen

Fenster, Außentüren

Befestigung des Blendrahmens

Die Befestigung muss mechanisch erfolgen. Schäume, Kleber oder ähnliche Materialien sind für die Befestigung von Fenstern nicht geeignet.
Die Befestigungsmittel müssen gegen Korrosion geschützt sein.

Bedingungen bei der Ausführung der Befestigung

Keine Beanspruchung des Fensters aus dem Baukörper, z. B. Durchbiegung im Sturzbereich	Keine starre Befestigung mit dem Baukörper und ausreichenden Eckenabstand beachten	Keine Belastung der Befestigungselemente durch das Eigengewicht des Fensters

Befestigungsmittel

Dübel	Rahmendübel	Distanzschraube	Lasche	Mauerpratze
Last *F* / freie Dübellänge				
• Haltewirkung durch Kraft- oder Formschluss • Freie Dübellänge bei 8 mm dicken Dübeln ≤ 20 mm	• Geringe Bewegungsaufnahme • Lastaufnahme von der Schraube	• Keine Zug- oder Druckspannung • Alternative zum Rahmendübel	• Zwei unterschiedliche Befestigungspunkte • Belastung auf Druck und Biegung	• Starre Verbindung • Ungeeignet für größere Blendrahmen, kein Bewegungsausgleich

Abstände der Befestigungsmittel

A Ankerabstand.
Bei Holz-, Aluminium- und Metall-Holz-Rahmen ≤ 800 mm, bei Kunststoffrahmen ≤ 700 mm.

E Abstand von der Innenecke.
Bei senkrechten Blendrahmen sowie Pfosten und Riegel von der Innenkante des Profils:
100 bis 150 mm.

E_1 Ankerabstand zu den Außenkanten der Enden: ≤ 200 mm (DIN 18360)

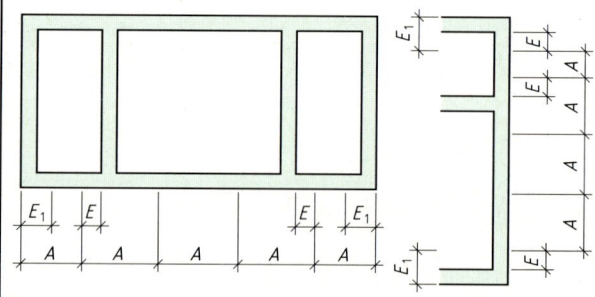

Herstellerangaben für Dübel

Zu beachten bei der Planung	Zu berücksichtigen bei der Montage
• Dübeltyp • Werkstoff und Abmessungen der Dübelhülse • Zugehörende Spezialschraube • Material und Abmessungen der Schraube	• Angaben zum Bohrwerkzeug • Abgestimmter Bohr- und Schneidendurchmesser • Bohrlochtiefe • Verankerungstiefe abgestimmt auf Durchmesser und Befestigungsgrund

Anschlussfuge zwischen Blendrahmen und Baukörper

Einstufige Abdichtungen		Zweistufige Abdichtung
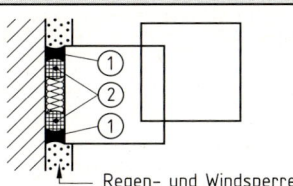 Regen- und Windsperre	Regen- und Windsperre	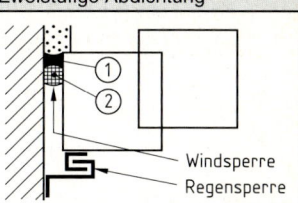 Windsperre / Regensperre

1 Elastischer Dichtstoff (dampfdicht); 2 Dichtstoffvorlage; 3 komprimiertes Band (dampfdurchlässig)

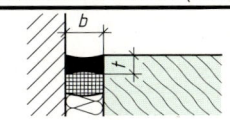

- Querschnitt der Dichtstofffuge: $b \approx 2 \cdot t$
- Dichtstoffvorlage verhindert eine Dreiflankenhaftung und schafft somit günstige Voraussetzungen für eine gute Dichtstoffhaftung am Blendrahmen und am Baukörper

Mindestbreiten für Anschlussfugen mit Dichtstoff

Rahmenwerkstoff	Länge des Fensterelementes in m						
	bis 1,5	bis 2,5	bis 3,5	bis 4,5	bis 2,5	bis 3,5	bis 4,5
	stumpfer Anschlag an glatter Leibung Fugenbreiten b_{Sta} und b_{Sti} in mm				Innenanschlag am Mauerfalz Fugenbreiten b_{Aa} u. b_{Sti} in mm		
PVC- hart, weiß	10	15	20	25	10	10	15
PVC- hart und PMMA, farbig	15	20	25	30	10	15	20
Alu-Kunststoff-Verbund, hell	10	10	15	20	10	10	15
Alu-Kunststoff-Verbund, dunkel	10	15	20	25	10	10	15
Holz	10	10	10	10	10	10	10

b_{Sti} innenseitige (raumseitige) Mindestfugenbreite
b_{Sta} außenseitige Fugenbreite für stumpfe Anschläge
b_{Aa} außenseitige Fugenbreite für Innenanschläge

Zulässige Gesamtverformung der Dichtstoffe: außen ≤ 25 %; innen ≤ 15 %

Veränderung der Fugenbreite Δb je m Länge des Blendrahmens durch Temperatureinfluss

Blendrahmenwerkstoff	Δb in mm	Blendrahmenwerkstoff	Δb in mm
PVC- hart, weiß	1,6	wärmegedämmtes Aluminium, hell	1,2
PVC- hart und PMMA, farbig	2,4	wärmegedämmtes Aluminium, dunkel	1,3

Berechnung der Dichtstofffugenbreite

$$b = \Delta l \cdot \frac{100\%}{p} \qquad \text{mit} \qquad \Delta l = \alpha \cdot \frac{2}{3} \cdot l \cdot \Delta T$$

b Breite der Dichtstofffuge in mm	α therm. Längenausdehnungskoeffizient in 1/K
Δl Längenänderung des Blendrahmens in mm	l Länge des Blendrahmens in mm
p Prozentsatz für die zuläss. Gesamtverformung	ΔT maximal zu erwartende Temperaturdifferenz in K

Zulässige Toleranzen für Wandöffnungen   DIN 18202

Oberflächenbeschaffenheit des Bauteils	Nennmaßlänge des Bauteils		
	≤ 2,5 m	≤ 5 m	> 5 m
nicht fertige Bauteiloberfläche, z. B. noch nicht geputztes Mauerwerk	± 10 mm	± 15 mm	± 20 mm
fertige Bauteiloberfläche, z. B. geputztes Mauerwerk, Sichtbeton u. a.	± 5 mm	± 10 mm	± 15 mm

Fenster, Außentüren

Funktionsebenen am Fenster

Bildliche Darstellung	1. Ebene: Trennung von Raum und Außenklima	2. Ebene: Funktionsbereich	3. Ebene: Wetterschutz
	• Keine Unterbrechung in der gesamten Fläche der Außenwand • Ebenentemperatur höher als die Taupunkttemperatur der Raumluft • Raumseitig luftdichte Konstruktion	• Wärmeschutz • Schallschutz • Vom Raumklima getrennt • Dauerhaft trocken	• Abhalten von Regenwassereintritt • Eingedrungenes Wasser kontrolliert nach außen abführen • Möglichkeit des Feuchteaustritts aus dem Funktionsbereich nach außen

Übersicht über die wesentlichen technischen Anforderungen an Fenster

Technische Anforderungen	Gruppen und Klassen						
Beanspruchungsgruppe BG	A	B	C	D			DIN
bei Windlasten w in kN/m^2	0,6	0,96	1,32	1,56			18055
Schlagregendichtheit BG	A	B	C	D			DIN
bei Staudruck in Pa	150	300	600				18055
Fugendurchlässigkeit BG	A	B	C	D			DIN
bei Staudruck in Pa	150	300	600				18055
Fugendurchlasskoeffiz. BG	A	B	C	D			DIN
a-Wert in m^3/(m · h)	2	1	1	1			18055
Rahmenmaterialgruppe RG	1	2.1	2.2	2.3	3		DIN
k- Wert W/(m^2 · K)	≤ 2,0	≤ 2,8	≤ 3,5	≤ 4,5	≥ 4,5		4108
Richtung	Nord	Süd	West	Ost			
Strahlungsfaktor S in W/(m^2 · K)	0,95	2,40	1,65	1,65			WVO
Schallschutzklasse SSK	1	2	3	4	5	6	VDI
R'_w in dB	25...29	30...34	35...39	40...44	45...49	≥50	2719
Verglasung BG	1	2	3	4	5		DIN
Dichtstoffgruppen	A	B	C	D	E		18545
Falzraumausführung	Va1	Va2	Va3, Vf3	Va4, Vf4	Va5, Vf5		
Einbruchhemmung							DIN V
• Fenster EF	0	1	2	3			18054
• Glas EN	P1	P2	P3	P4	P5	P6...P8	
Glaswiderstand gegen							DIN
• Durchwurf	A1	A2	A3				52290
• Durchbruch	B1	B2	B3				
• Durchschuss	C1	C2	C3	C4	C5		
• Sprengwirkung	D1	D2					

Isothermen

- Die Isotherme verbindet alle Punkte mit gleicher Temperatur.
- Zur Beurteilung des Fensteranschlusses ist bei einem üblichen Raumklima von 20 °C und 50 % Luftfeuchte die 10 °C-Isotherme am wichtigsten.

Forderungen an den Verlauf der 10 °C-Isotherme

Verlauf: Innerhalb der Konstruktion	Form: Schwach gekrümmter Verlauf
Dadurch wird der Tauwasserbildung im Bereich Wand-Fuge-Rahmen vorgebeugt.	Es muss nur mit einem geringen Wärmeverlust am Anschlussbereich gerechnet werden.

Verlauf der 10 °C-Isotherme

Einbaulage: außen	Einbaulage: mittig	Einbaulage: innen

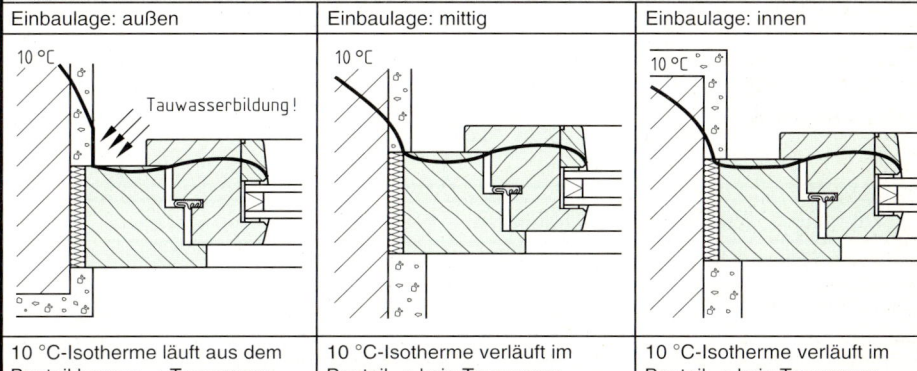

10 °C-Isotherme läuft aus dem Bauteil heraus ⟹ Tauwasser	10 °C-Isotherme verläuft im Bauteil ⟹ kein Tauwasser	10 °C-Isotherme verläuft im Bauteil ⟹ kein Tauwasser

Beurteilungskriterien für Fenster aus verschiedenen Rahmenwerkstoffen

Beurteilungskriterien	Holzoberfläche		Kunststoff		Aluminium		Holz-Aluminium		
	Lasur	deckend	PVC	PUR	therm. geteilt	therm. nicht geteilt	außen Alu	innen Lasur	innen deckend
Gestaltungsmöglichkeit									
• Größe/Abmessungen	3	3	2...3	1...2	3	4	3	3	3
• Form/Gestaltung	4	4	2...3	1...2	2	3	3	3	3
• Teilung der Rahmen	4	4	2...3	1...2	2...3	3	2...3	2...3	2...3
• Profilgestaltung	4	4	2	1...2	2	2	2	3	3
Alterungs- und Witterungsbeständigkeit	2...3	3	3	3	3...4	3...4	3...4	3	3
Wärmeschutz	4	4	3...4	3...4	1...3	0...2	4	4	4
Tauwasserschutz	4	4	3	3	1...2	0	3...4	3...4	3...4
Schallschutz	3...4	3...4	3...4	3...4	3...4	3...4	3...4	3...4	3...4
Einbruchschutz	2	2	2	2	3	3	3	3	3
Reinigung der Rahmen	2	3	3	3	3	3	3	2	3
Aufwand für Instandhaltung	2	2	3	3	3...4	3...4	3...4	3	3

- Punktebewertung: 0 unbefriedigend, 1 gerade noch tragbar, 2 ausreichend, 3 gut, 4 sehr gut.
- Abstufung der Punktebewertung in Anlehnung an die VDI-Richtlinie 2225 Konstruktionsmethodik.

Fenster, Außentüren

Bemessung der Rahmenteile

Flügelrahmen	Blendrahmen	Pfosten und Riegel
Die Einflussgrößen können durch eine Berechnung nicht exakt beurteilt werden. Darum werden die Abmessungen nach DIN 68121 festgelegt.	Ein Nachweis kann wegen der direkten Verbindung mit dem Baukörper in der Regel entfallen.	Nachweis ist erforderlich für: • zulässige Werkstoffspannungen • zulässige Durchbiegung • zulässige Schubspannung bei Verbundprofilen

Bemessung der Pfosten- und Riegelprofile

• Lastfall: In der Regel der frei aufliegende Einfeldträger auf zwei Stützen mit trapezförmiger Belastung
• Lastabtragung: Winkelhalbierende von den Scheiben auf Pfosten und Riegel (vereinfachte Annahme)

Lastaufteilung an Blendrahmen, Pfosten und Riegel	Freigemachtes System für den Pfosten	Freigemachtes System für den Riegel
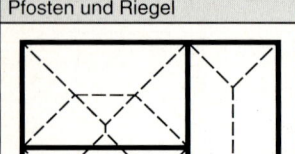	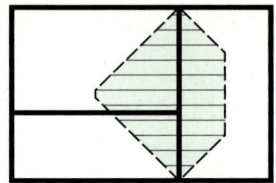	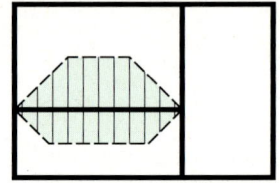

Korrekturfaktoren *f* für die Trägheitsmomente

Ermittlung des Korrekturfaktors f_R aus dem *E*-Modul der Rahmenwerkstoffe

$$f_R = \frac{E_{Holz}}{E_{Rahmen}}$$

$E_{Holz} = 10000 \ \text{N/mm}^2$
$E_{Aluminium} = 70000 \ \text{N/mm}^2$; $E_{PVC} = 2000$ bis $3000 \ \text{N/mm}^2$; $E_{Stahl} = 210000 \ \text{N/mm}^2$

Korrekturfaktor f_w infolge der Windbelastung	Korrekturfaktor f_{Sch} infolge Scheibenranddurchbiegung

$$f_w = \frac{w}{0,6 \ \text{kN/m}^2}$$

w Windbelastung in kN/m²

$$f_{Sch} = \frac{l}{240 \ \text{cm}} \cdot \left(\frac{l_1}{l}\right)^2$$

l Stützweite in cm
l_1 längere Scheibenkante in cm

l in cm	l_1 / l			
	1,0	0,75	0,66	0,5
	Korrekturfaktor f_{Sch}			
300	1,24	1,00	1,00	1,00
350	1,45	1,00	1,00	1,00
400	1,66	1,00	1,00	1,00
450	1,87	1,05	1,00	1,00
500	2,08	1,17	1,00	1,00
550	2,29	1,28	1,01	1,00
600	2,49	1,40	1,11	1,00
650	2,70	1,52	1,20	1,00
700	2,91	1,64	1,29	1,00
750	3,12	1,75	1,38	1,00
800	3,33	1,87	1,48	1,00
850	3,54	1,99	1,57	1,00
900	3,74	2,10	1,66	1,00
950	3,96	2,22	1,75	1,00
1000	4,16	2,34	1,85	1,04

Diagramm: f_w (Ordinate, 1,0 bis 3,0) über W in kN/m² (Abszisse, 0,6 bis 1,8)

Fenster, Außentüren

Dimensionierung von Pfosten und Riegel eines IV 78-Fensterelementes

Ermittlung des Trägheitsmomentes I in cm^4 am Beispiel eines Fensterelementes mit Pfosten und Riegel

Rechenschritte	Darstellung und Berechnungsformeln	Rechenbeispiel für den Pfosten
1. Planung und Einteilung des Fensterelementes aus Holz		1600 / 2500 / 3000 / 1000
2. System freimachen und festlegen der • Stützweite l • Belastungsbreite a • Belastungsbreite b	l_1 / l / a / b	1600 / 2500 / 1000 / 500
3. Ermittlung der I_H für Holzprofile	I_{aH} bei Belastungsbreite a in cm^4 I_{bH} bei Belastungsbreite b in cm^4	Nach Tabelle auf Seite 294 ergibt sich: $I_{aH} = 278$ cm^4 $I_{bH} = 171$ cm^4
1. Korrektur infolge des Rahmenwerkstoffes	$I_R = I_H \cdot f_R \quad$ mit $\quad f_R = \dfrac{E_H}{E_R}$ f_R Korrekturfaktor für Rahmenwerkstoff E-Modul: E_H für Holz, $E_H = 10000$ N/mm^2 E_R für Rahmenwerkstoff in N/mm^2	Für einen Holzpfosten ist $f_R = 1$ Demnach bleiben die Werte unverändert: $I_{aR} = 278$ cm^4 $I_{bR} = 171$ cm^4
5. Addition der Trägheitsmomente	$I_0 = I_{aR} + I_{bR}$	$I_0 = 278$ cm^4 + 171 cm^4 = 449 cm^4
6. Korrektur infolge der Windbelastung	$I_W = I_0 \cdot f_W \quad$ mit $\quad f_W = \dfrac{w}{0{,}6 \text{ kN/m}^2}$ f_W Korrekturfaktor für Windbelastung w Windbelastung in kN/m^2 Vgl. auch Diagramm auf Seite 292.	Für $w = 1{,}2$ kN/m^2 ergibt sich folgender Wert: $I_W = 449$ cm$^4 \cdot \dfrac{1{,}2}{0{,}6} = 898$ cm^4
7. Korrektur infolge der Scheibenranddurchbiegung	$I_{Sch} = I_W \cdot f_{Sch}$ mit $f_{Sch} = \dfrac{l}{240 \text{ cm}} \cdot \left(\dfrac{l_1}{l}\right)^2$	$f_{Sch} = \dfrac{250 \text{ cm}}{240 \text{ cm}} \cdot \left(\dfrac{160 \text{ cm}}{250 \text{ cm}}\right)^2 = 0{,}43$
	Bedingung: $f_{Sch} \geq 1$ f_{Sch} Korrekturfaktor für Scheibenranddurchbiegung l Stützweite in cm l_1 längere Scheibenkante in cm	Vgl. für die Bestimmung von f_{Sch} auch die Tabelle auf Seite 292. Da $f_{Sch} < 1$ bleibt der Wert unverändert: $I_{Sch} = 898$ cm^4
8. Emittlung des Rahmenprofilquerschnittes	Nach Tabelle Seite 295	Für IV 78 sind u. a. folgende Pfostenquerschnitte zulässig: 170/92 mm, 140/100 mm, 120/110 mm, 100/120 mm.

Die Ermittlung des Trägheitsmomentes für den Riegel erfolgt analog mit den beiden waagerechten trapezförmigen Flächenlasten für $a = 800$ mm, $b = 450$ mm, $l = 2000$ mm.

Fenster, Außentüren

Erforderliche Trägheitsmomente für Pfosten und Riegel aus Holz, Windlast 0,6 kN/mm^2

l in cm	Belastungsbreiten a und b in mm															
	200	300	400	500	600	700	800	900	1000	1100	1200	1300	1400	1500	1600	1700
	Trägheitsmomente I in cm^4															
100	4,3	6,0	7,1	7,4												
110	5,9	8,2	9,9	10,8												
120	7,7	10,9	13,4	15,0	15,5											
130	9,9	14,1	17,5	20,0	21,2											
140	12,4	17,9	22,4	25,9	28,0	28,8										
150	15,3	22,2	28,1	32,8	36,0	37,7										
160	18,7	27,2	34,6	40,7	45,3	48,1	49,1									
170	22,5	32,8	42,0	49,8	56,0	60,2	62,3									
180	26,8	39,2	50,4	60,1	68,0	73,9	77,5	78,7								
190	31,5	46,3	59,8	71,7	81,6	89,4	94,7	97,4								
200	36,9	54,2	70,2	84,6	96,8	106	114	118	120							
210	42,7	63,0	81,8	98,9	113	126	135	142	145							
220	49,2	72,6	94,6	114	132	147	159	168	173	175						
230	56,3	83,2	108	132	152	171	186	197	205	209						
240	64,0	94,7	123	150	175	196	215	229	240	246	248					
250	72,4	107	140	171	199	225	246	264	278	287	292					
260	81,6	120	158	193	226	255	281	303	320	332	340	342				
270	91,4	135	178	218	255	289	319	344	365	381	392	397				
280	102	151	199	244	286	325	359	389	414	434	449	458	460			
290	113	168	221	272	319	363	403	438	468	492	510	523	529			
300	125	186	245	302	355	405	450	490	525	554	577	594	604	607		
310	138	206	271	334	394	449	500	546	586	621	649	670	684	691		
320	152	227	299	369	435	497	554	606	652	692	725	752	771	782	786	
330	167	249	329	405	478	547	611	670	723	769	808	839	864	880	888	
340	183	272	360	444	525	601	627	738	798	850	896	933	963	984	997	1002
350	199	297	393	486	674	659	738	811	877	937	989	1033	1069	1096	1115	1124
360	217	324	428	530	627	719	807	888	962	1029	1089	1140	1182	1216	1240	1254
370	236	352	466	576	682	784	880	969	1052	1127	1194	1253	1303	1343	1373	1394
380	256	381	505	625	741	852	957	1055	1147	1231	1306	1373	1430	1478	1515	1542
390	276	413	546	676	802	923	1038	1146	1247	1340	1425	1500	1565	1621	1665	1699
400	298	445	590	731	867	999	1124	1242	1353	1456	1550	1634	1708	1772	1824	1866
450	425	636	843	1046	1245	1437	1623	1801	1970	2130	2279	2418	2544	2659	2760	2849
500	584	873	1159	1441	1717	1986	2248	2501	2745	2977	3199	3407	3603	3784	3950	4101
550	778	1164	1564	1924	2295	2659	3014	3360	3695	4019	4329	4626	4907	5173	5422	5654
600	1010	1512	2010	2503	2989	3466	3935	4393	4839	5273	5692	6096	6483	6853	7204	7536
650	1285	1924	2559	3187	3809	4422	5025	5616	6195	6759	7308	7840	8354	8849	9324	9777
700	1605	2404	3198	3986	4766	5537	6297	7045	7778	8497	9198	9882	10545	11188	11809	12407
750	1975	2958	3937	4900	5872	6825	7766	8695	9608	10505	11844	12243	13081	13897	14689	15455
800	2397	3591	4780	5962	7135	8297	9447	10582	11701	12803	13806	14947	15986	17001	17990	18952

Ablesebeispiel für den Pfosten:

$l = 250$ cm, $a = 1000$ mm

$\Rightarrow I_{aH} = 278$ cm^4

$l = 250$ cm, $b = 500$ mm

$\Rightarrow I_{bH} = 171$ cm^4

Fenster, Außentüren

Trägheitsmomente von verschiedenen Pfostenquerschnitten

Querschnitt	d in mm	92	100	110	120	130	140	150	160	170	180	190	200	210
		Trägheitsmomente I in cm^4											
IV 68	68	148	171	199	227	254	281	308	335	362	389	415	442	468
	78	229	264	306	348	389	431	471	512	552	593	639	673	713
	92	383	440	509	578	646	713	780	846	913	979	1045	1111	1177
	100	498	570	659	747	833	920	1006	1091	1176	1261	1346	1430	1515
	110	673	748	886	1002	1117	1232	1345	1459	1572	1685	1798	1910	2022
	120	878	1010	1162	1312	1461	1609	1757	1904	2050	2197	2343	2489	2634
	130	1145	1300	1492	1682	1871	2059	2247	2433	2620	2805	2991	3176	3361
	140	1452	1645	1883	2120	2355	2590	2823	3056	3288	3520	3751	3982	4213
	150	1812	2048	2340	2631	2919	3207	3493	3779	4064	4349	4634	4918	5201
	160	2230	2515	2869	3220	3570	3918	4265	4611	4957	5302	5647	5992	6336
IV 78	78	220	255	297	339	380	421	462	503	543	583	623	663	704
	92	370	428	498	567	635	703	770	837	903	969	1036	1102	1167
	100	480	553	643	732	819	906	992	1078	1164	1249	1334	1418	1503
	110	645	742	861	979	1095	1211	1325	1440	1553	1667	1780	1892	2005
	120	846	972	1126	1278	1429	1578	1727	1875	2022	2169	2316	2462	2608
	130	1089	1248	1443	1635	1826	2016	2204	2392	2579	2766	2952	3138	3324
	140	1378	1574	1817	2056	2294	2530	2765	2999	3233	3466	3698	3930	4161
	150	1717	1957	2254	2547	2839	3129	3417	3705	3991	4277	4563	4848	5132
	160	2111	2401	2759	3115	3467	3818	4168	4516	4864	5210	5556	5902	6247
	170	2665	2911	3339	3764	4186	4606	5025	5442	5858	6273	6688	7102	7516
IV 92	92	324	382	454	523	592	660	727	794	861	927	993	1059	1125
	100	425	501	593	683	772	859	946	1032	1118	1204	1289	1374	1459
	110	574	676	798	919	1037	1154	1270	1385	1499	1613	1727	1840	1953
	120	755	886	1045	1201	1354	1506	1657	1806	1955	2103	2250	2397	2544
	130	972	1137	1339	1536	1731	1923	2115	2304	2493	2681	2869	3056	3242
	140	1230	1435	1685	1931	2173	2413	2651	2888	3124	3358	3592	3826	4058
	150	1534	1784	2090	2391	2688	2982	3274	3565	3854	4143	4430	4717	5003
	160	1888	2189	2558	2922	3281	3637	3991	4343	4694	5043	5392	5740	6087
	170	2298	2656	3097	3531	3960	4386	4810	5232	5651	6070	6487	6904	7320
DV 44/44	88	291	342	403	464	523	582	641	700	758	816	873	931	989
	100	444	519	610	699	787	874	960	1046	1132	1217	1302	1387	1472
	110	604	702	823	942	1059	1175	1290	1404	1518	1632	1745	1858	1951
	120	797	924	1080	1234	1386	1536	1685	1834	1982	2129	2276	2423	2569
	130	1029	1190	1387	1582	1774	1965	2155	2343	2531	2718	2905	3091	3277
	140	1304	1504	1750	1992	2231	2469	2705	2940	3175	3408	3641	3874	4106
	150	1628	1872	2173	2469	2763	3055	3345	3633	3921	4208	4494	4780	5065
	160	2005	2300	2662	3021	3376	3729	4081	4431	4779	5127	5474	5821	6166
	170	2440	2791	3124	3653	4078	4500	4921	5340	5758	5174	6590	7005	7420
	180	2937	3351	3864	4371	4874	5374	5873	6369	6864	7358	7851	8344	8835

IV 68 — 25 | 27, d, b

IV 78 — 35 | 27, d, b

IV 92 — 31 | 45, d, b

DV 44/44 — 39 | 33, d, b

Fenster, Außentüren

Fenster, Außentüren

Trägheitsmomente von verschiedenen Riegelquerschnitten

Querschnitt	d in mm	92	100	110	120	130	140	150	160	170	180	190	200	210
		Trägheitsmomente I in cm^4												
IV 68	68	168	189	216	242	268	294	320	347	373	399	425	451	478
	78	252	284	323	363	402	442	482	521	561	600	640	679	719
	92	403	455	520	585	650	715	779	844	909	974	1039	1104	1169
	100	508	574	658	741	825	908	992	1075	1158	1242	1325	1408	1492
	110	659	748	859	970	1081	1192	1304	1415	1526	1637	1748	1859	1970
	120	832	948	1093	1238	1382	1526	1671	1815	1959	2104	2248	2392	2636
	130	1028	1176	1361	1545	1729	1913	2097	2280	2464	2647	2831	3014	3197
	140	1254	1431	1663	1893	2124	2354	2584	2813	3043	3272	3502	3731	3960
	150	1483	1713	1999	2284	2568	2851	3135	3418	3700	3983	4265	4547	4829
	160	1738	2019	2368	2716	3062	3407	3751	4095	4439	4782	5125	5468	5811
IV 78	78	246	278	317	357	397	436	476	515	555	594	634	674	713
	92	398	450	515	580	645	710	775	840	905	970	1035	1100	1164
	100	503	570	653	737	820	903	978	1070	1154	1234	1320	1404	1487
	110	653	742	853	964	1075	1186	1297	1408	1519	1630	1741	1852	1963
	120	824	940	1085	1229	1374	1518	1662	1806	1950	2095	2239	2383	2527
	130	1017	1165	1349	1533	1717	1901	2084	2268	2451	2635	2818	3001	3185
	140	1231	1416	1647	1878	2108	2337	2567	2796	3026	3255	3484	3713	3942
	150	1464	1694	1979	2263	2564	2829	3112	3395	3677	3959	4241	4523	4805
	160	1715	1995	2343	2689	3034	3379	3722	4066	4409	4752	5095	5437	5780
	170	1981	2319	2739	3156	3571	3986	4399	4812	5224	5636	6047	6459	6870
IV 92	92	429	481	546	611	676	741	806	871	935	1000	1065	1130	1195
	100	548	615	699	782	866	949	1032	1116	1199	1283	1366	1449	1533
	110	723	812	923	1034	1145	1256	1367	1478	1589	1700	1811	1922	2032
	120	927	1042	1186	1330	1474	1618	1762	1906	2050	2194	2338	2482	2626
	130	1161	1307	1490	1674	1857	2040	2223	2406	2589	2772	2955	3138	3321
	140	1427	1610	1839	2067	2296	2525	2753	2982	3211	3439	3668	3897	4125
	150	1725	1950	2232	2513	2794	3076	3357	3638	3919	4201	4482	4763	5044
	160	2056	2329	2671	3013	3354	3696	4037	4379	4720	5061	5403	5747	6086
	170	2419	2747	3158	3568	3978	4387	4797	5207	5617	6026	6436	6845	7255
DV 44/44	88	368	413	470	527	584	641	698	754	811	868	925	982	1038
	100	540	607	690	773	857	940	1023	1107	1190	1273	1357	1440	1523
	110	712	801	912	1023	1134	1245	1356	1467	1578	1688	1799	1910	2021
	120	913	1028	1172	1316	1460	1604	1748	1892	1036	2180	2324	2468	2612
	130	1144	1290	1473	1656	1840	2023	2206	2389	2572	2755	2938	3121	3304
	140	1404	1587	1816	2045	2274	2503	2731	2960	3189	3418	3646	3875	4104
	150	1696	1921	2203	2485	2766	3048	3329	3611	3892	4173	4455	4736	5017
	160	2018	2292	2634	2976	3318	3660	4002	4344	4685	5027	5369	5710	6052
	170	2370	2699	3111	3522	3932	4343	4753	5163	5573	5983	6393	6803	7212
	180	2751	3143	3632	4121	4609	5097	5584	6071	6559	7045	7532	8019	8506

b in mm

IV 68: 25 | 27, d
IV 78: 35 | 27, d
IV 92: 31 | 45, d
DV 44/44: 39 | 33, d

Anforderungen

Mindest- und Sonderanforderungen an Haustüren

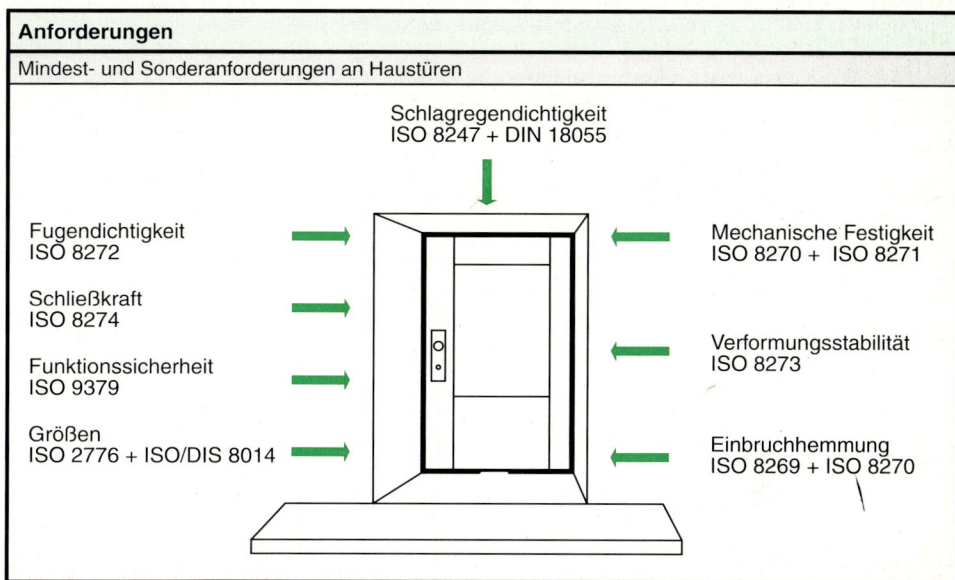

Schlagregendichtigkeit
ISO 8247 + DIN 18055

Fugendichtigkeit
ISO 8272

Schließkraft
ISO 8274

Funktionssicherheit
ISO 9379

Größen
ISO 2776 + ISO/DIS 8014

Mechanische Festigkeit
ISO 8270 + ISO 8271

Verformungsstabilität
ISO 8273

Einbruchhemmung
ISO 8269 + ISO 8270

Technische Anforderungen

Sonderanforderungen mit den zuständigen Normen

Feuerschutz	Rauchschutz	Wärmeschutz	Schallschutz	Einbruchschutz	Strahlenschutz
DIN 4102 Ländergesetze	DIN 18095	DIN 4108 und WschVo	DIN 4109 und VDI 3728	DIN 18103	DIN 6834-1 bis 5

Anforderungen

Belastungsart	Belastung	Beurteilung
Harter Stoß	Stahlkugel, 500 g Masse, Fallhöhe 1000 mm/2000 mm	Einschläge bleibend max. 20 mm, Durchmesser max. 2 mm tief
Weicher Stoß	sandgefülter Medizinball, 30 kg Masse, Fallhöhe 400 mm/800 mm	keine Zerstörung
Differenzklima	Innenseite: 23 ± 2 °C; 30 ± 5 % RLF [2] Außenseite: 3 ± 2 °C; 85 ± 5 % RLF [2] eventuell zuzüglich am Ende der Belastung 24 Stunden lang: Innenseite: wie oben; Außenseite: −20 °C	Schließkräfte max. 20 N, Dichtheit muss entsprechend der geforderten Klassen A1 bis A3 gegeben sein (zur Zeit kein Verformungswert festgelegt)
Fugendurchlässigkeit [1]	Klasse A1/A2/A3	A1: bei 50 Pa: ≤ 2 m³/(m² · h) bei 100 Pa: ≤ 4 m³/(m² · h) A2: bei 50 Pa: ≤ 8 m³/(m² · h) bei 100 Pa: ≤ 16 m³/(m² · h) A3: bei 50 Pa: ≤ 16 m³/(m² · h) bei 100 Pa: ≤ 32 m³/(m² · h)
Schlagregendichtigkeit [1]	Klasse E1/E2/E3	E1: ≤ 50 Pa E2: ≤ 150 Pa E3: ≤ 150 Pa kein Wasser in das Rauminnere

[1] Die Prüfung erfolgt jeweils vor und nach der Belastung im Differenzklima.
[2] Relative Luftfeuchtigkeit.

Fenster, Außentüren

Funktionsbereiche des Hauseingangs	
Zu berücksichtigende Faktoren im Außenbereich	Zu berücksichtigende Faktoren im Innenbereich

• Beleuchtung	• Gartenanlage	• Windfang	• Treppenform
• Vordach	• Vorplatz	• Beleuchtung	• Innentreppen
• Sprechanlage	• Himmelsrichtung	• Garderobe	• Sprechanlage
• Wetterschutz	• Briefkasten	• Öffnungsrichtung	

Gestaltungsmöglichkeiten bei Haustüren

Holzhaustür

- **Beschläge**
  - Schloss
  - Bänder
  - sonst
  - Drückereinheit

- **Türblatt**
  - **Brettertür**
  - **Rahmentür**
    - Rahmen
      - Glas
    - Füllungen
      - Holzfüllungen Schalen
        - glatt
        - profiliert
          - modelliert (geschnitzt)
          - Sandwich
    - Leisten Wetterschenkel
      - Sprossen Kreuze Gitter
  - **Schalentür**
  - **Vollflächentür**
    - glatt
    - mit Aufsatz / Ausschnitten usw.
      - Wetterschenkel
      - Kassetten Vorsatzschalen
      - Lichtausschnitte

(vertical tab) **Fenster, Außentüren**

© Verlag Gehlen

Abmessungen und Toleranzen für einflügelige Außentürenelemente

Maß	Beschreibung	Größe[1]	Toleranz	Maßbeziehungen zur Tabelle
A	Rohbau-Richtmaß der Wandöffnung in der Höhe	21 M		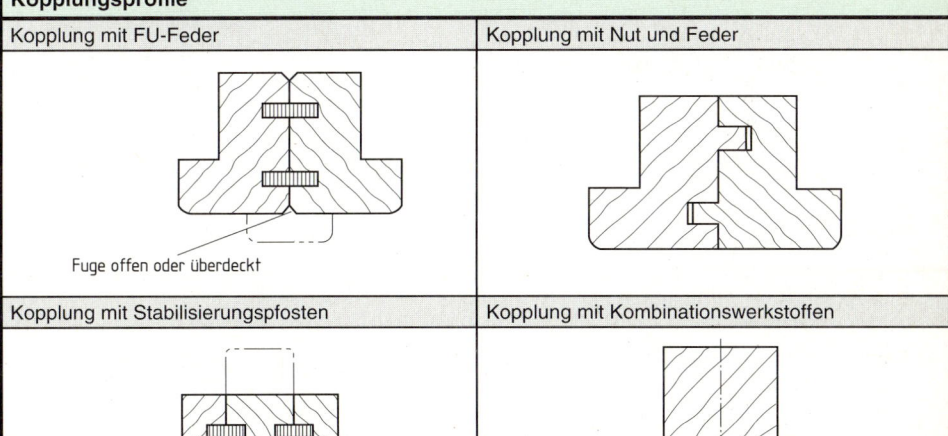
A_2	Höhe der Zarge (Unterkante Schwelle bis Oberkante Zargen- oberteil)	2090 mm	± 2,5 mm	
B	Rohbau-Richtmaß der Wandöffnung in der Breite	9 M 10 M		
B_2	Breite der Zarge (Außenkante Seiten- zarge bis Außenseite Seitenzarge)	890 mm 990 mm	± 2,5 mm ± 2,5 mm	
G	wie (A), nur mit Ober- fenster oder Füllung über der Tür (fest eingebaut)	24 M 27 M 30 M		
G_2	Wie (A_2), nur mit Oberfenster oder Füllung über der Tür (fest eingebaut)	2385 mm 2685 mm 2985 mm	± 2,5 mm ± 2,5 mm ± 2,5 mm	

[1] M ist in ISO 1006 als Grund-Modul mit einer Größe von 100 mm definiert (siehe auch ISO 2776).

Kopplungsprofile

Kopplung mit FU-Feder

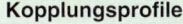

Fuge offen oder überdeckt

Kopplung mit Nut und Feder

Kopplung mit Stabilisierungspfosten

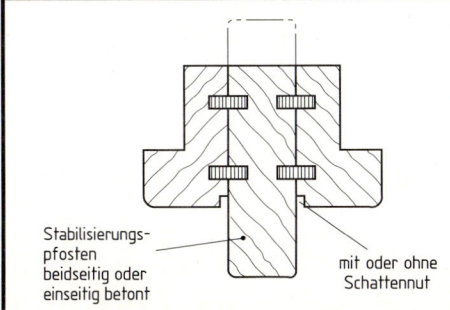

Stabilisierungs-
pfosten
beidseitig oder
einseitig betont

mit oder ohne
Schattennut

Kopplung mit Kombinationswerkstoffen

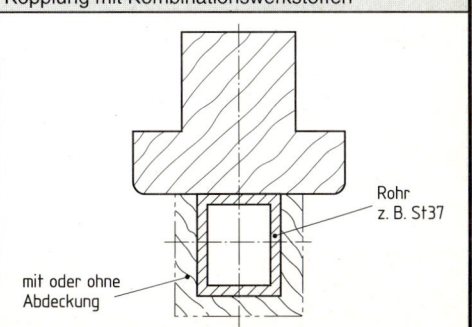

Rohr
z. B. St37

mit oder ohne
Abdeckung

Fenster,
Außentüren

Eignungsprüfung an Türblättern

Typprüfung

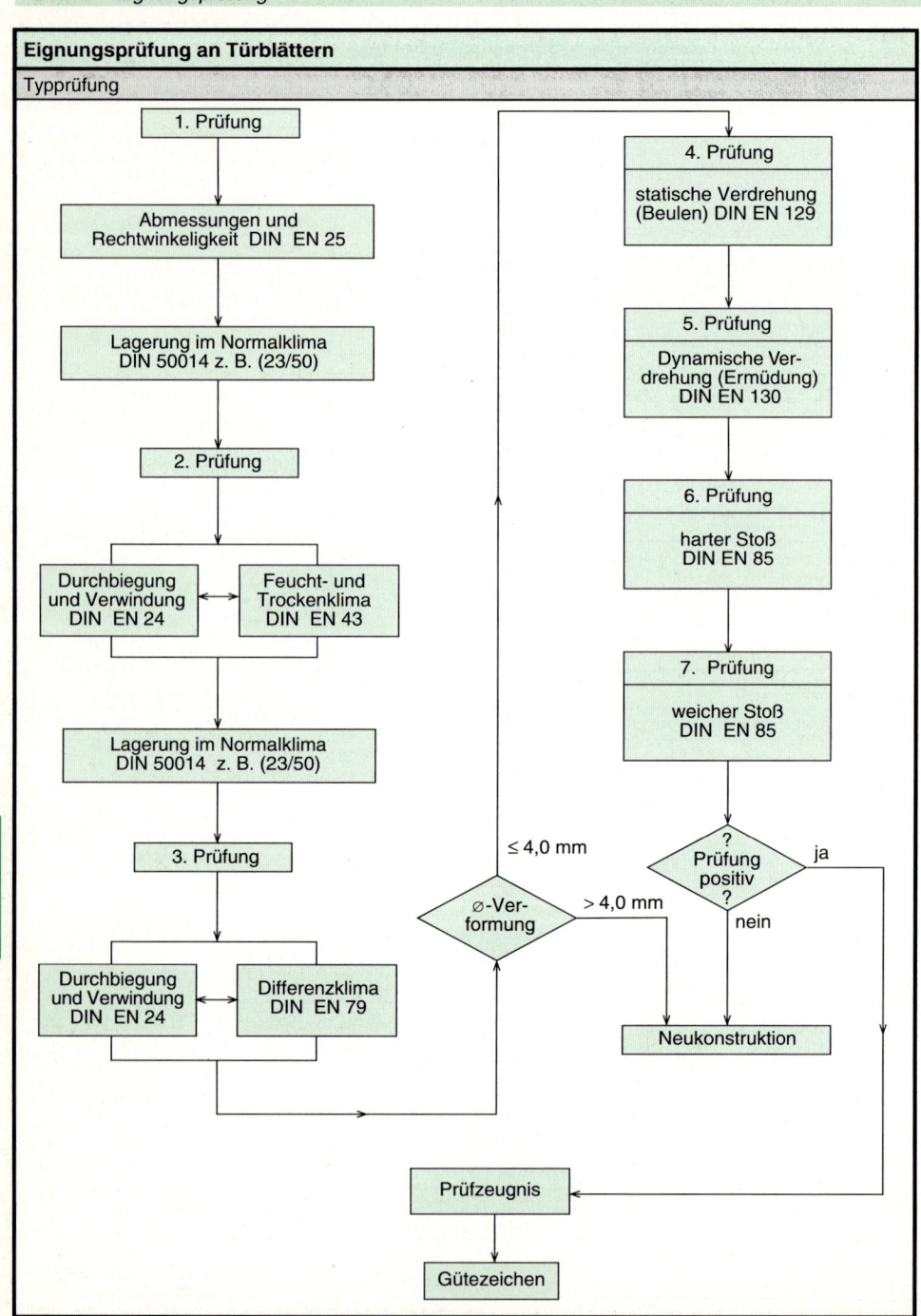

Schema einer Haustür mit aufgedoppeltem Türblatt und feststehendem Glasteil

Haustürschema

Schnitt B-B

Schnitt A-A

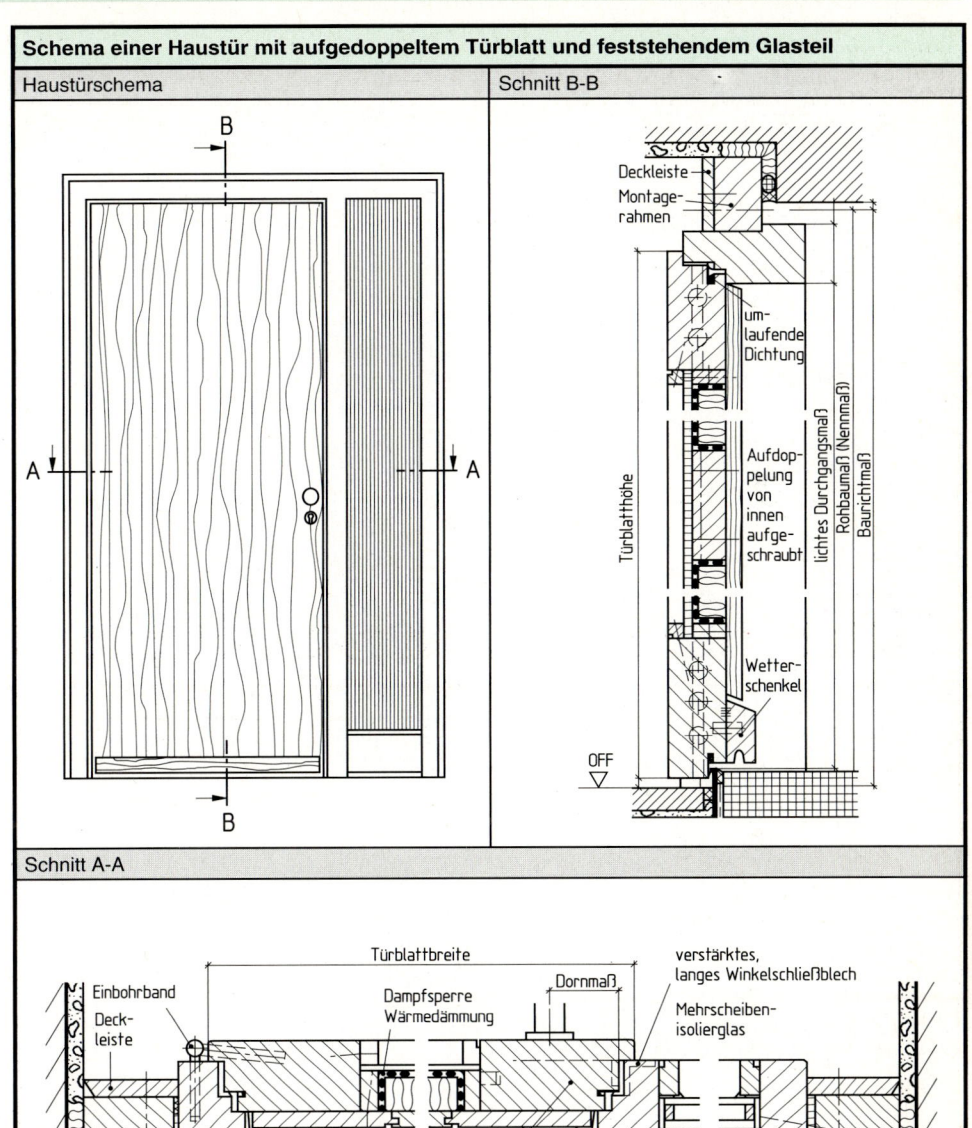

Deckleiste
Montagerahmen
umlaufende Dichtung
Aufdoppelung von innen aufgeschraubt
Wetterschenkel
OFF
Türblatthöhe
lichtes Durchgangsmaß
Rohbaumaß (Nennmaß)
Baurichtmaß

Türblattbreite
verstärktes, langes Winkelschließblech
Dornmaß
Mehrscheiben-isolierglas
Einbohrband
Deckleiste
Dampfsperre
Wärmedämmung
aufbohrsicheres Haustürschloss
einbruchhemmende Drückergarnitur
lichtes Durchgangsmaß = 950
Baurichtmaß
Rohbaumaß (Nennmaß)

Dübelabstände in Rahmentüren

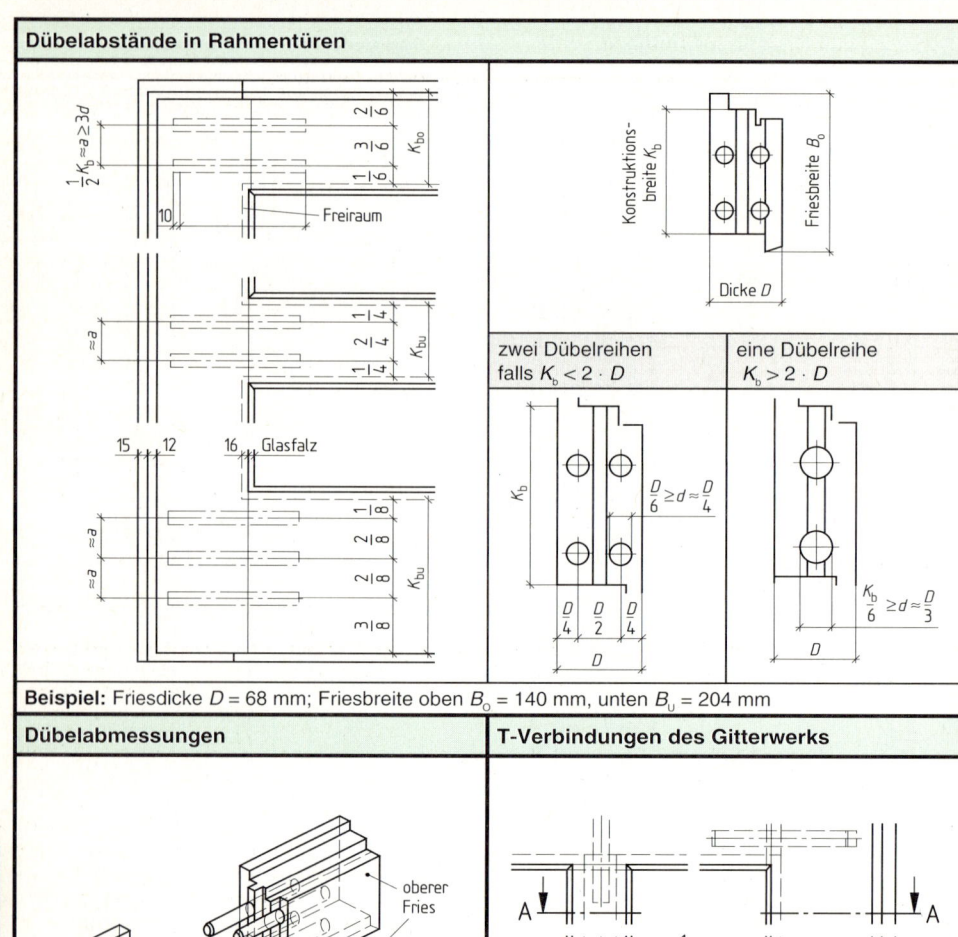

zwei Dübelreihen falls $K_b < 2 \cdot D$

eine Dübelreihe $K_b > 2 \cdot D$

Beispiel: Friesdicke $D = 68$ mm; Friesbreite oben $B_o = 140$ mm, unten $B_u = 204$ mm

Dübelabmessungen

T-Verbindungen des Gitterwerks

- Dübelabmessungen in Bruchteilen der verfügbaren Konstruktionsbreite.
- Übliche Lochungsmesser sind 16, 18 und 20 mm.
- Die hierauf abgestimmten Dübel aus Buche oder Sipo mit Längsrillen nach DIN 68150-1 sollen 10 % Holzfeuchte haben.
- Die T-Verbindungen des Gitterwerks werden ebenfalls gedübelt.

Befestigungspunkte bei Türanlagen

| Mindestabstände und Mindestbefestigungspunkte bei einer Haustüranlage | Ansicht Türanlage (vereinfacht) |

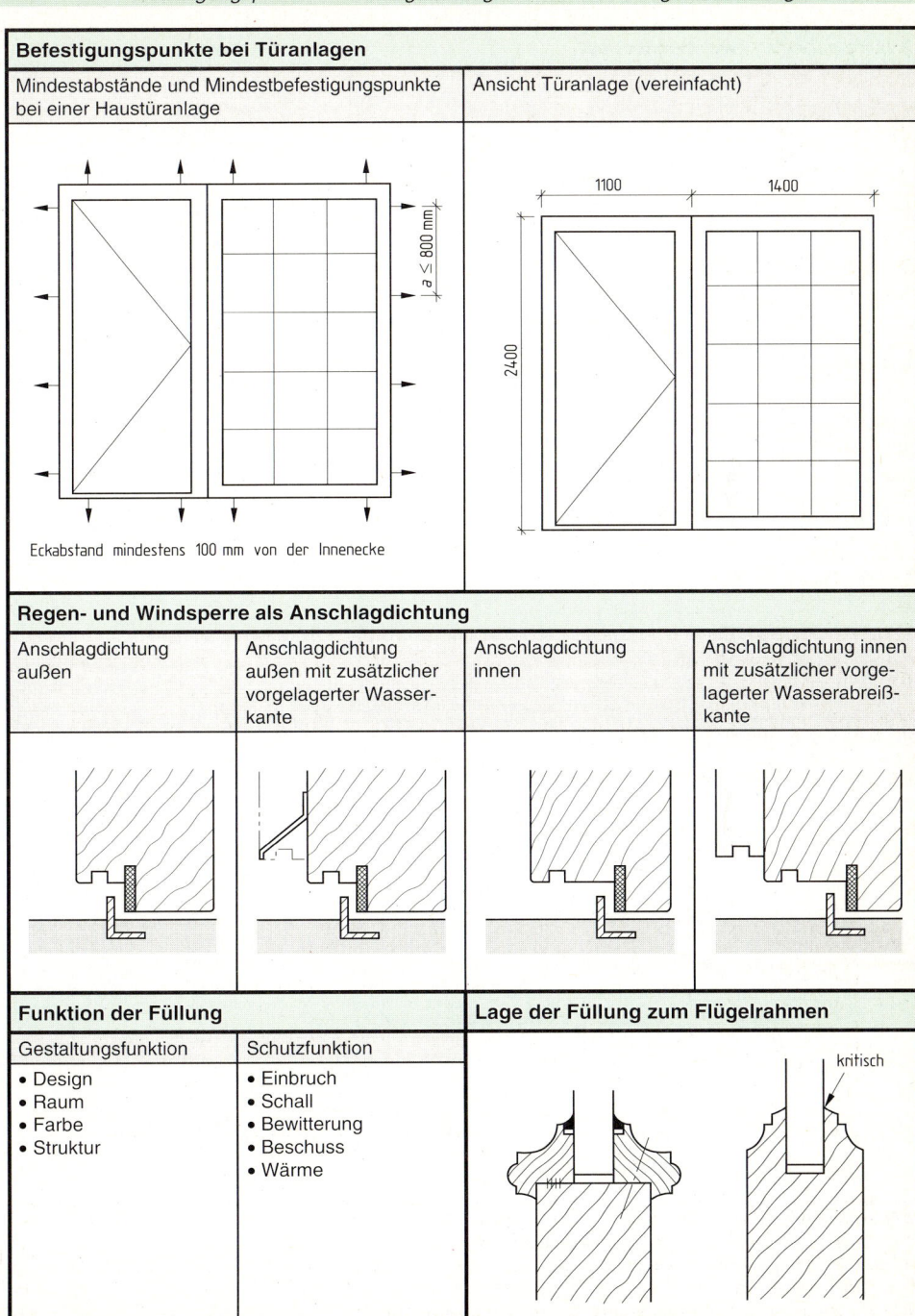

Eckabstand mindestens 100 mm von der Innenecke

Regen- und Windsperre als Anschlagdichtung

| Anschlagdichtung außen | Anschlagdichtung außen mit zusätzlicher vorgelagerter Wasserkante | Anschlagdichtung innen | Anschlagdichtung innen mit zusätzlicher vorgelagerter Wasserabreißkante |

Funktion der Füllung

Gestaltungsfunktion	Schutzfunktion
• Design	• Einbruch
• Raum	• Schall
• Farbe	• Bewitterung
• Struktur	• Beschuss
	• Wärme

Lage der Füllung zum Flügelrahmen

Fenster, Außentüren

Zusammenhang zwischen Normen — DIN 107 und ISO/R 1226

	Linksflügel Schloss auf Öffnungsfläche	Linksflügel Schloss auf Schließfläche	Rechtsflügel Schloss auf Öffnungsfläche	Rechtsflügel Schloss auf Schließfläche
Bezeichnung der Tür nach DIN 107	L		R	
Kennzahl der Tür nach ISO-Empfehlung R 1226	6		5	
Bezeichnung des Schlosses nach DIN 107	L0	L1	R0	R1
Kennzahl des Schlosses nach ISO-Empfehlung R 1226	60	61	50	51
Kennzahl des Schlosses nach ARDE [1]	1	3	2	4

[1] Arbeitsgemeinschaft der Europäischen Schloss- und Beschlagindustrie

Schallgedämmte Konstruktion — DIN 52210

Exemplarische Konstruktion und Aufbau eines schallgedämmten Türblattes R_w = 45 dB

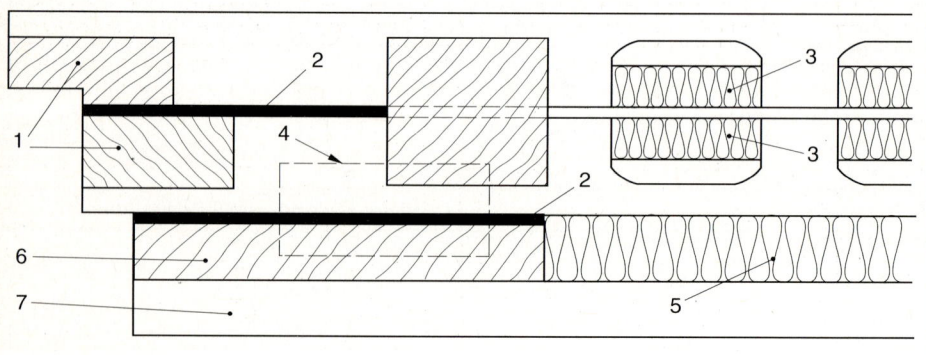

1   20 mm Spanplatte (furniert) – senkrecht genutet (30 × 15 mm)
2   2 mm PE-Folienrahmen
3   Weichfaser-Dämmstreifen
4   Vorsatzschale mit 6 Verbindern befestigt
5   15 mm Mineralfaserplatte
6   umlaufender Rahmen aus Fichte, etwa 60 mm × 13 mm
7   12 mm Spanplatte (Vorsatzschale)

Fenster, Außentüren

Zusammenhang zwischen Schallschutzklassen, R'_w und R_w

Schall-schutz-klasse	R'_w [1]	Einbaubedingnungen [2]	R_w [3]
5	45 bis 49	Einbaubedingungen durch Fachmann festlegen bzw. Einbauvorschriften der Hersteller beachten. Einbau aller Teile des Systems durch eine Hand notwendig.	Wegen Neben-wegeinfluss keine Angaben möglich
4	40 bis 44	$R'_{Lwres} \geq 55$ dB; $R'_w \geq 52$ dB Einbaubedingungen durch Fachmann festlegen bzw. Einbauvorschriften der Hersteller beachten. Einbau aller Teile des Systems durch eine Hand notwendig.	≥ 47
3	35 bis 39	$R'_{Lwres} \geq 48$ dB; $R'_w \geq 45$ dB Zargen vollständig hinterfüllt und beigeputzt, versiegelt oder gleichwertig gedichtet	≥ 42
2	30 bis 34	$R'_{Lwres} \geq 43$ dB; $R'_w \geq 40$ dB Anschlussfugen beigeputzt, versiegelt oder gleichwertig gedichtet	≥ 37
1	25 bis 29	$R'_{Lwres} \geq 38$ dB; $R'_w \geq 35$ dB	≥ 32
0	20 bis 24	keine	≥ 27
−1	15 bis 19	keine	≥ 22
−2	≤ 14	–	≥ 17

[1] Bewährtes Beschalldämm-Maß des funktionfähig eingebauten Gesamtsystems in dB.
[2] Anforderungen an flankierende und angrenzende Bauteile sowie sonstige Randbedingungen,
   R'_{Lwres} resultierendes Schalldämm-Maß der angrenzenden Bauteile,
   R'_w Schalldämm-Maß der angrenzenden Bauteile.
[3] Bewertetes Schalldämm-Maß des funktionsfähig eingebauten Gesamttürsystems, gemessen in einem bauakustischen Prüfstand ohne Nebenwegübertragung.

Zusammenhang zwischen Schalldämm-Maß und Konstruktionsdetails von Türsystemen

Schall-schutz-klasse	Anhaltswerte von Bauschall-dämm-Maßen	Erforderliches bewertendes Schall-dämm-Maß R_w des Türblattes	Anzahl und Art der Einfachsysteme mit E oder D
5	≥ 45	2 × 35 (Türblatt mit je 35 dB)	2 × E oder D
4	≥ 40	2 × 30 (Türblatt mit je 30 dB) 1 × 50 (Türblatt mit 50 dB)	2 × E –
3	≥ 35	2 × 30 (Türblatt mit je 30 dB) 1 × 45 (Türblatt mit 45 dB)	2 × E 1 × D
2	≥ 30	2 × 25 (Türblatt mit je 25 dB) 1 × 40 (Türblatt mit 40 dB)	2 × E 1 × E oder D
1	≥ 25	1 × 35 (Türblatt mit 35 dB)	1 × E
0	≥ 20	1 × 30 (Türblatt mit 30 dB)	1 × E
−1	≥ 15	1 × 25 (Türblatt mit 25 dB)	1 × E
−2	≥ 10	1 × 20 (Türblatt mit 20 dB)	1 × E

Fenster, Außentüren

Beanspruchungsarten und Anforderungen an einbruchhemmende Türen						DIN V 18103

Beanspruchungsarten und Anforderungen	Widerstandsklasse					
	ET1		ET2		ET3	
	ruhende (statische) Belastung in kN	max. zul. Aus-lenkung in mm	ruhende (statische) Belastung in kN	max. zul. Aus-lenkung in mm	ruhende (statische) Belastung in kN	max. zul. Aus-lenkung in mm
Ruhende Beanspruchung						
Alle Türflügelecken und zwi-schen[1] den Verriegelungen	3,0	30,0	6,0	20,0	10,0	10,0
Bei Füllungstüren jede Füllungsstrecke	3,0	8,0	6,0	8,0	10,0	8,0
Bänder	3,0	8,0	6,0	8,0	10,0	8,0
Bandseitig auf halber Türhöhe	entfällt	entfällt	6,0	8,0	10,0	8,0
Hauptschloss	3,0/6,0[2]	5,0	6,0	5,0	10,0	5,0
Alle Verriegelungen schlossseitig	3,0	5,0	6,0	5,0	10,0	5,0
Stoßbeanspruchung senkrecht zur Türblattebene						
Stoßkörper: Masse = 30 kg Fallhöhe = 800 mm	3 × Türblattzentrum 1 × je Verriegelungs-punkt; gegebenenfalls 1 × Füllungszentrum 1 × je Füllungsecke		3 × Türblattzentrum 1 × je Verriegelungs-punkt; gegebenenfalls 1 × Füllungszentrum 1 × je Füllungsecke		3 × Türblattzentrum 1 × je Verriegelungs-punkt; gegebenenfalls 1 × Füllungszentrum 1 × je Füllungsecke	
Werkzeugbeanspruchung Werkzeugkontaktzeit/ Werkzeugsatz	5 Minuten ≙ Werkzeugklasse A		7 Minuten ≙ Werkzeugklasse B		10 Minuten ≙ Werkzeugklasse C	
Anforderungen an die Beschläge						
Schlösser nach DIN 18251	Klasse 3		Klasse 3		Klasse 4	
Profilzylinder nach DIN V 18254	Klasse 2		Klasse 2		Klasse 3	
Schutzbeschlag nach DIN 18257 [3]	Klasse ES1		Klasse ES2		Klasse ES3	
Anforderungen an die Ausfachung mit Glas oder anderen Materialien						
Verglasung nach DIN 52290-3/4	Widerstandsklasse[4] A3 und B1		Widerstandsklasse B2		Widerstandsklasse[5] B3	

[1] In den Klassen ET 1 und ET 2 sind die Türflügelecken nur dann zu prüfen, wenn diese mehr als 350 mm von den Verriegelungspunkten entfernt sind (siehe DIN 18268).

[2] Prüfung mit 6 kN bei einer Verriegelung; Prüfung mit 3 kN bei einer Mehrfachverriegelung.

[3] Auf den im Profilzylinder integrierten Ziehschutz darf verzichtet werden, wenn dieser im Schutzbeschlag integriert ist, d. h. Schutzbeschlag mit Zylinderabdeckung (ZA).

[4] Verglasung A3 nur möglich, wenn verglaste Teilflächen kleiner als durchstiegsfähige Öffnung (400 mm × 250 mm).

[5] Bei Widerstandsklasse ET3 muss auch der Türflügel in die Widerstandsklasse B3 eingestuft werden können.

Zuordnung von Widerstandsklassen zu Tätertyp und Vorgehensweise

Widerstands-klassen	Bezeichnungen	Tätertyp und mutmaßliche Vorgehensweise
ET1	Tür DIN 18103 ET1	Einbrecher ohne bzw. mit nur sehr wenig Werkzeug; er versucht, die verschlossene und verriegelte Tür in erster Linie durch den Einsatz körperlicher Gewalt zu überwinden: Gegentreten, Gegenspringen, Schulterwurf oder ähnliches.
ET2	Tür DIN 18103 ET2	Wie bei Widerstandsklasse ET1; der Einbrecher benutzt zusätzlich einfache Hebelwerkzeuge.
ET3	Tür DIN 18103 ET3	Wie bei Widerstandklasse ET2; erfahrener Einbrecher; benutzt vorwiegend Werkzeug (Hebelwerkzeuge, Keile, kleinere Schlagwerkzeuge), jedoch ohne Einsatz von Elektrowerkzeugen[1].

[1] Der Anwender sollte dafür sorgen, dass Außensteckdosen, z. B. im Flur einer Wohnung, im Regelfall spannungslos sind, um ihre Benutzung durch den Einbrecher unmöglich zu machen.

Prüfbelastung von Lappen- und Einbohrbändern

Lappenband	Lappenband mit Tragbolzen

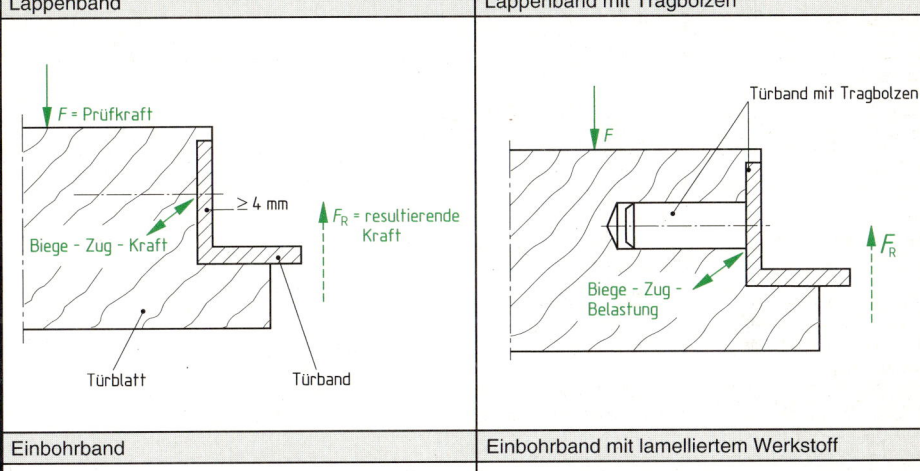

Einbohrband	Einbohrband mit lamelliertem Werkstoff

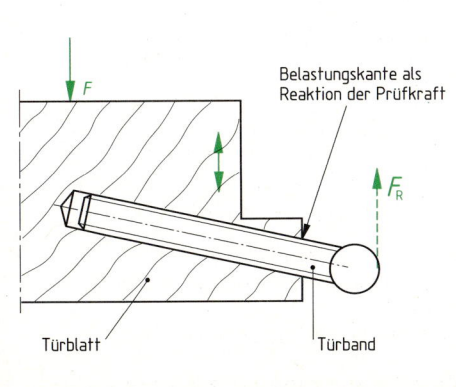
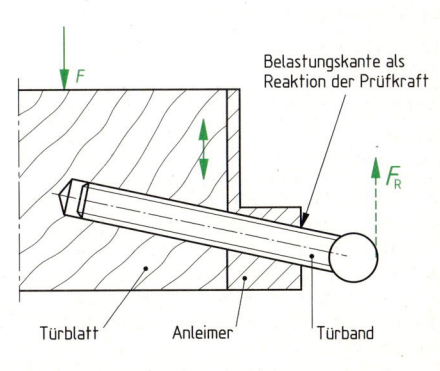

Fenster, Außentüren

Verschiedene Schließbleche

Schließblech mit Gegenplatte

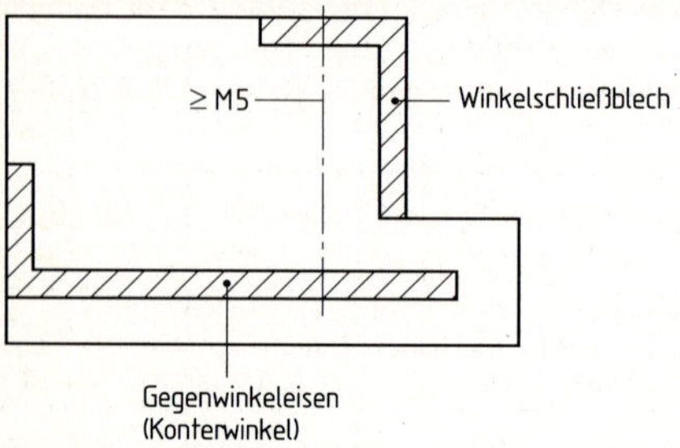

≥ M5 — Winkelschließblech

Gegenwinkeleisen
(Konterwinkel)

Schließblech mit Spreizstiften bzw. Maueranker

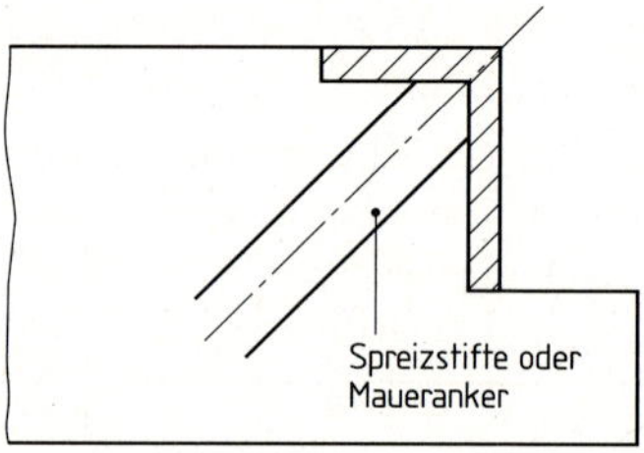

Spreizstifte oder
Maueranker

Sicherheitsbeschläge

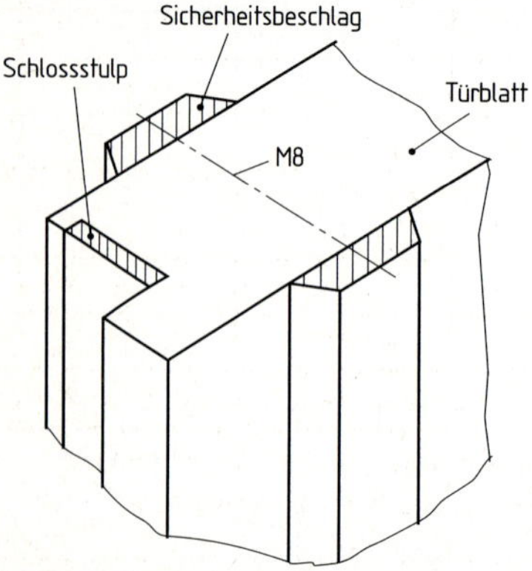

Sicherheitsbeschlag

Schlossstulp

Sicherheitsbeschlag

M8

Türblatt

Sicherheitsbeschlag mit Winkelstulpschloss

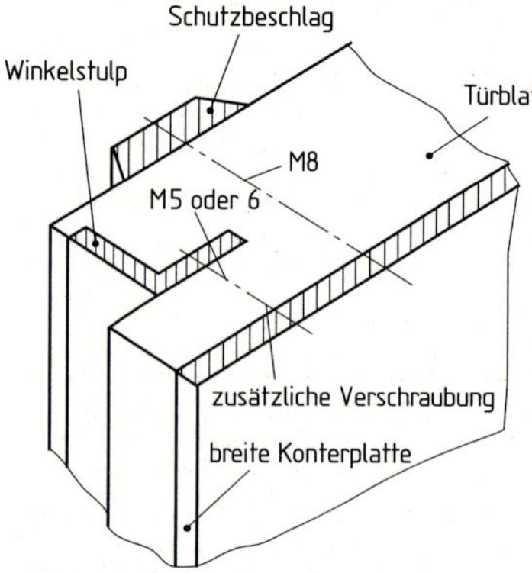

Schutzbeschlag

Winkelstulp

M8

M5 oder 6

Türblatt

zusätzliche Verschraubung

breite Konterplatte

Haustür in einbruchhemmender Ausführung mit wärmedämmender Füllung

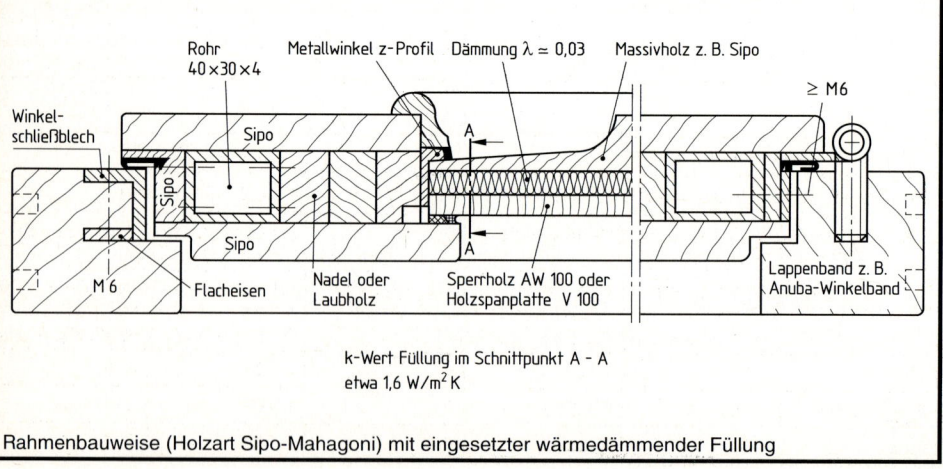

Rohr
40×30×4

Metallwinkel z-Profil

Dämmung λ ≈ 0,03

Massivholz z. B. Sipo

≥ M6

Winkel-
schließblech

Sipo

Sipo

Sipo

M 6

Flacheisen

Nadel oder
Laubholz

Sperrholz AW 100 oder
Holzspanplatte V 100

Lappenband z. B.
Anuba-Winkelband

k-Wert Füllung im Schnittpunkt A – A
etwa 1,6 W/m^2 K

Rahmenbauweise (Holzart Sipo-Mahagoni) mit eingesetzter wärmedämmender Füllung

Fenster,
Außentüren

Zuordnung von Füllungen in die Widerstandsklassen — DIN 52290-3/4

Aufbau	Durchwurfhemmung DIN 52290-4 Dicke in mm			Durchbruchhemmung DIN 52290-3 Dicke in mm		
	A 1	A 2	A 3	B 1	B 2	B 3
Furnierplatte Multiplex	12	18	–	–	–	24
PE Spreeholzplatte	16	22	25	25	–	–
Mitteldichte Faserplatte MDF	19	30	32	32	–	–
Spanplatte FPY	16	25	28	–	–	–
Kunstharzpressholz	<10	<10	10	10	15	15
STAE 16/16/16 mm, PUR 20/20/20 mm, FPY 4/9/13	40	45	49	49	–	–
HPL 3 mm, PUR 45 mm, HPL 3 mm	51	–	–	–	–	–
Furnierplatte 8 mm, Hartschaumplatte 20 mm, FPY 13 mm	–	41	–	–	–	–
Sperrholz 5 mm, Papierwabe 43 mm, FPY 5 mm	–	53	–	–	–	–
STAE 13 mm, Hartschaumplatte 20 mm, MDF 8 mm	–	41	–	–	–	–
MDF 8/12 mm, Hartschaumplatte 20/20 mm, MDF 8/8 mm	36	44	–	–	–	–
Stahlblech	–	–	0,5	1,5	2,0	3,0
Aluminiumblech	–	–	0,5	3,0	5,0	5,0

Flächengewichte und Dicken durchwurf- und durchbruchhemmender Verglasungssysteme

Widerstandsklasse einbruchhemmender Türen nach DIN 18103	Einzusetzende Verglasungs-Klasse nach DIN 52290	Flächengewicht in kg/m²		Dicke in mm	
		einschalig	Isolierglasversion	einschalig	Isolierglasversion
ET 1	Öffnung < 250 mm × 400 mm; A 3	23	33	11	27
ET 1	B1	45 25[1]	57 35[1]	18 13[1]	21 25[1]
ET 2	B 2	62	74	26	38
ET 3	B3	79 32[1]	89 42[1]	33 19[1]	45 31[1]

[1] Poly-Carbonat-Verbundsysteme.

Widerstandklassen der einbruchhemmenden Türen zu Wänden und Verglasungen

Widerstandsklasse der einbruchhemmenden Tür	Umgebende Wände aus Mauerwerk nach DIN 1053-1			Umgebende Wände aus Stahlbeton nach DIN 1045	
	Nenndicke in mm mindestens	Druckfestigkeitsklasse der Steine	Mörtelgruppe mindestens	Nenndicke in mm mindestens	Festigkeitsklasse mindestens
ET1	≥ 115	≥ 12	II	≥ 100	B15
ET2	≥ 115	≥ 12	II	≥ 120	B15
ET3	≥ 240	≥ 12	II	≥ 140	B15

Fenster, Außentüren

	Linien in Zeichnungen			DIN 919-1, DIN 15-2

	Linienart	Liniengruppe 0,5	Liniengruppe 0,7	Anwendungen nach DIN 15-2 (auszugsweise) und zusätzliche Anwendungen (mit Spiegelstrich)
A	Vollinie, breit	**0,5**	**0,7**	1 sichtbare Kanten 2 sichtbare Umrisse – Fugen in Schnittflächen – Boden-, Wand- und Deckenlinien in Ansichten und Schnitten (auch in Linienart K1)
B	Vollinie, schmal	**0,25**	**0,35**	1 Lichtkanten 2 Maßlinien 3 Maßhilfslinien 4 Hinweislinien 5 Schraffuren (nach DIN 201) 6 Umrisse am Ort eingeklappter Schnitte 7 kurze Mittellinien (Mittellinienkreuz) 9 Maßlinienbegrenzungen 10 Diagonalkreuz zur Kennzeichnung ebener Flächen 11 Biegelinien 12 Umrahmungen von Einzelheiten 14 Umrahmungen von Prüfmaßen 15 Faser- und Walzrichtungen 17 Projektionslinien 18 Rasterlinien – konstruktionsbedingte bündige Fugen in Ansichten – Begleitlinien (zur Kennzeichnung von Belagstoffen in Schnittdarstellungen von Plattenwerkstoffen) – Kennzeichnung von Leimfugen[1]
C	Freihandlinie, schmal	0,25	0,35	1 Begrenzung von abgebrochenen oder unterbrochen dargestellten Ansichten und Schnitten, wenn die Begrenzung keine Mittellinie ist[2] – Schnittflächenschraffur bei Holz und Holzwerkstoffen[3] – Kennzeichnung von Leimfugen[3]
F	Strichlinie, schmal	0,25	0,35	1 verdeckte Kanten 2 verdeckte Umrisse
G	Strichpunktlinie, schmal	0,25	0,35	1 Mittellinien 2 Symmetrielinien 3 Trajektorien (Bewegungsverlauf) – Meterrissmarkierungen (siehe DIN 18111-1)
J	Strichpunktlinie, breit	0,5	0,7	1 Kennzeichnung geforderter Behandlungen 2 Kennzeichnung der Schnittebenen
K	Strich-Zweipunktlinie, schmal	0,25	0,35	1 Umrisse von angrenzenden Teilen 2 Grenzstellungen von beweglichen Teilen 4 Umrisse (ursprüngliche) vor der Verformung 5 Teile, die vor der Schnittebene liegen 6 Umrisse von wahlweisen Ausführungen 7 Fertigformen in Rohteilen 8 Umrahmungen von besonderen Feldern/Bereichen – Bandbezugslinie (siehe DIN 18268)
	Vollinie („extra breit")[4]	≥1,0		Kennzeichnung von Schnittflächen (Umrisse, Konturen)
	Beschriftung (DIN 6776-1)	**0,35**	**0,5**	Maß- und Textangaben, grafische Symbole (s. S. 318)

[1] Bei rechnerunterstütztem Zeichnen. [3] Vorzugsweise bei manueller Zeichnungserstellung.
[2] In Zeichnungen nach DIN 919-1 wird im Regelfall auf das Eintragen dieser Linien verzichtet.
[4] Nur in technischen Zeichnungen für das Bauwesen nach DIN 1356-1 anwenden (s. S. 311).

Technisches Zeichnen

Linienbreiten in Bauzeichnungen · DIN 1356-1

	Linienart (s. S. 310)	Liniengruppe				Anwendungsbereich
		I[1]	II	III	IV[2]	
		Zuordnung zu Maßstab				
		1 : 100		1 : 50		
1	Vollinie	0,5	**0,5**	**1,0**	1,0	Begrenzung von Schnittflächen
2	Vollinie	0,25	**0,35**	**0,5**	0,7	Sichtbare Kanten und sichtbare Umrisse von Bauteilen, Schnittflächenbegrenzung schmaler oder kleiner Bauteile
3	Vollinie	0,18	**0,25**	**0,35**	0,5	Maß-, Maßhilfs-, Hinweis-, Lauflinien, Begrenzung von Ausschnittdarstellungen, vereinfachte Darstellungen
4	Strichlinie	0,25	**0,35**	**0,5**	0,7	Verdeckte Kanten und verdeckte Umrisse von Bauteilen
5	Strichpunktlinie	0,5	**0,5**	**1,0**	1,0	Kennzeichnung der Lage der Schnittebenen
6	Strichpunktlinie	0,18	**0,25**	**0,35**	0,5	Achsen
7	Punktlinie[3]	0,25	**0,35**	**0,5**	0,7	Bauteile vor bzw. über der Schnittebene
8	Maßzahlen	2,5	**3,5**	**5,0**	7,0	Schriftgröße

Beispiel:
Detailzeichnung M. 1 : 20 - cm, Liniengruppe III

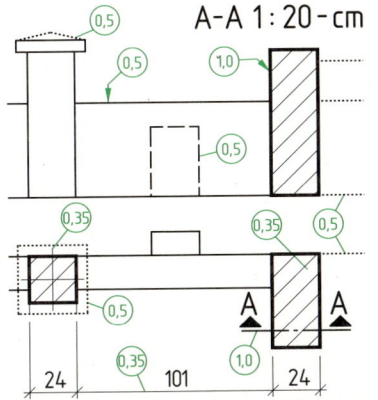

A-A 1 : 20 - cm

[1] Die **Liniengruppe I** ist nur dann anzuwenden, wenn eine Zeichnung mit der Liniengruppe III angefertigt, im Verhältnis 2 : 1 verkleinert wurde, und die Verkleinerung weiterbearbeitet werden soll. In der Zeichnung mit der Liniengruppe III ist dann die Schriftgröße 5,0 zu wählen. **Die Liniengruppe I erfüllt nicht die Anforderungen der Mikroverfilmung.**

[2] Die **Liniengruppe IV** ist für Ausführungszeichnungen anzuwenden, wenn eine Verkleinerung z. B. vom Maßstab 1 : 50 in den Maßstab 1 : 100 vorgesehen ist, und die Verkleinerung den Anforderungen der Mikroverfilmung zu entsprechen hat. Die Verkleinerung kann dann gegebenenfalls mit den Breiten der Liniengruppe II weiterbearbeitet werden (Verkleinerungen s. S. 315).

[3] S. auch Linienart K, Seite 310

Verkleinerungsmaßstäbe für Bauzeichnungen · DIN 1356-1

Vorentwurfszeichnungen		1 : 500	1 : 200	–
Entwurfszeichnungen		1 : 100	1 : 200	–
Ausführungszeichnungen:	Werkzeichnungen (-pläne)	1 : 50	1 : 20	–
	Detailzeichnungen bzw.	1 : 20	1 : 10	–
	Teilzeichnungen	1 : 5	1 : 1	–
Bewehrungszeichnungen		1 : 50	1 : 25[1]	1 : 20
Baubestandszeichnungen		1 : 100	1 : 50	–
Schalpläne, Rohbauzeichnungen		1 : 50	1 : 20	1 : 10
Fertigteilzeichnungen		1 : 25[1]	1 : 20	–

[1] Sondermaßstab

Maßstäbe für Technische Zeichnungen · DIN ISO 5455

1 : 500	1 : 200	**1 : 100**	1 : 50	1 : 20	**1 : 10**	1 : 5	1 : 2	**1 : 1**	2 : 1	5 : 1	**10 : 1**

Technisches Zeichnen

Zeichnungsarten[1] in der Holzverarbeitung	DIN 919-1, DIN 199-1
Bevorzugte Begriffe nach DIN 919-1	**Anwendungsbeispiele in der Holzverarbeitung** (siehe auch DIN 919-1 Bbl 1)
Entwurfszeichnung	Entwürfe, z. B. für Gesellen- oder Meisterstücke, sowie für Ausschreibungen, Genehmigungsverfahren u. Ä. oder auch (Technische) Skizzen als Vorstufe zu weiteren Technischen Zeichnungen (Zeichnungs-Entwürfe).
Konstruktionszeichnung	Stellt einen Gegenstand im vorgesehenen Endzustand dar, z. B. Haupt-, Gruppen- oder Einzelteilzeichnungen, ggf. mit Teilschnitten, Einzelheiten, Maßbildern und Angaben zur Konstruktion, mit vorwiegend funktionsbezogener Maßeintragung.
Fertigungszeichnung	Zeichnungsunterlage, auch Zeichnungssatz, bestehend aus einer Hauptzeichnung und den für das Fertigen erforderlichen Schnitten, Teilschnitten, Einzelheiten, z. B. als Teilschnittzeichnung oder als Fertigungsriss, sowie aus Einzelteilzeichnungen und Maßbildern. Besondere Kennzeichen sind die vorwiegend fertigungsbezogene Maßeintragung und besondere Angaben zur Fertigung.
Maßbild	Zeichnung, in der für ein Teil nur die für den jeweiligen Einzelfall wesentlichen Maße und Informationen angegeben sind, z. B. für Beschlageinbau, Aufmaßskizzen, Angebote, Kataloge.
Hauptzeichnung	Darstellung eines Erzeugnisses in seiner obersten Strukturstufe in den erforderlichen Ansichten – meist im verkleinerten Maßstab (z. B. 1 : 10) – mit Angabe der Hauptmaße sowie der Lage von zugehörigen Schnitten (A-A, B-B usw.) und Einzelheiten (Z-Z, Y-Y, X-X usw.). Früher: "Übersichtszeichnung", "Gesamtzeichnung".
Teilschnittzeichnung	Mehrere Teilschnitte, werden auf einer Zeichnungsunterlage entsprechend der Angaben in der zugehörigen Hauptzeichnung zum Schnittverlauf bzw. zu den Einzelheiten, vorzugsweise im Maßstab 1:1, dargestellt. Die Zuordnung der Teilschnitte erfolgt im Regelfall nach der Projektionsmethode 1 (siehe DIN 6-1 und Seite 325).
Gruppenzeichnung	Zeichnung, die die räumliche Lage und die Form der zu einer Gruppe zusammengefassten Teile darstellt, z. B. Fußgestell, Schubkasten usw.
Einzelteilzeichnung (auch „Teil-Zeichnung")	Zeichnung, die ein Einzelteil ohne die räumliche Zuordnung zu anderen Teilen darstellt, insbesondere bei Zeichnungsunterlagen für die Fertigung (z. B. Bohrpläne) oder den Einbau von Einzelteilen.

[1] Der Begriff „Zeichnung" bezieht sich nicht auf einen bestimmten Zeichnungsträger, wie Papier, Tafel, Datei, Bildschirm, Film.

Bevorzugte Zeichnungsarten und Maßstäbe in der Holzverarbeitung					**DIN 919-1**
Dar-stellung	Maßstab (S. 311)	Entwurfs-zeichnung	Konstruktions-zeichnung	Fertigungs-zeichnung	Maßbild
Ansichten	1 : 10 1 : 20	**Hauptzeichnung**	Hauptzeichnung	Hauptzeichnung	für Beschläge, Werkzeuge, Einbau, Aufmaß, Planung, Angebot usw.
Schnitte	1 : 1	Teilschnitte Vollschnitte Einzelheiten	**Teilschnittzeichnung** Teilschnitte Einzelheiten	Teilschnittzeichnung **Fertigungsriss**	
Einzelteile	1 : 1 1 : 2 usw.	Skizzen	Einzelteilzeichnung	**Einzelteilzeichnung** Bohrplan	

Zeichenblattformate der A-Reihe[1] — DIN 6771-6

Format [2]	beschnitten		unbeschnitten
	Fläche in m^2	Maße in mm	Maße in mm
A0	1	841 × 1189	880 × 1230
A1	1/2	594 × 841	625 × 880
A2 A2.0 A2.1	1/4	420 × 594 420 × 1189 420 × 841	450 × 625
A3 A3.0 A3.1 A3.2	1/8	297 × 420 297 × 1189 297 × 841 297 × 594	330 × 450
A4	1/16	210 × 297	240 × 330

Diagramm: $y : x = 1 : \sqrt{2}$, $1\,m^2 = A0$, mit Formaten A0, A1, A2, A21, A20, A3, A32, A31, A30, A4, A5.

Nicht DIN-gerecht ist die gebräuchliche Bezeichnung „DIN A4", richtiger wäre z. B. „Format A4 ..."!

[1] Seitenverhältnis x : y = 1 : $\sqrt{2}$ (z. B. bei Format A1 ist $841 \cdot \sqrt{2}$ = 1189, bei A5 ist $148 \cdot \sqrt{2}$ = 210 usw.

[2] A2.0 ... A3.2 sind Streifenformate mit der längeren Seite eines anderen A-Formates (z. B. A2).

Falten auf Ablageformat A4 (Beispiele) — DIN 824

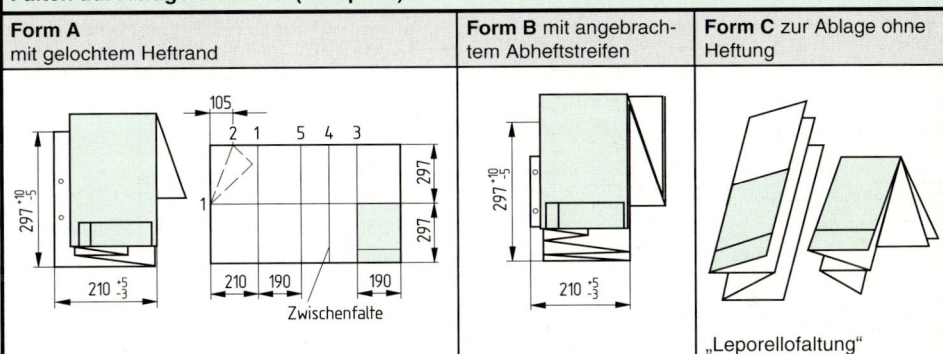

Form A mit gelochtem Heftrand

Form B mit angebrachtem Abheftstreifen

Form C zur Ablage ohne Heftung

„Leporellofaltung"

- Zeichnungen und andere technische Unterlagen sollen im gehefteten Zustand entfaltbar und wieder faltbar sein.
- Die Formate ≤ A3 müssen einen Heftrand von mindestens 18 mm haben.
- Die Formate ≥ A3 werden im Querformat ausgeführt.
- Die Formate ≥ A2 haben entweder einen Heftrand für Ablage nach Form A oder einen Abheftstreifen nach Form B.

Grundschriftfeld für Zeichnungen — DIN 6771-1

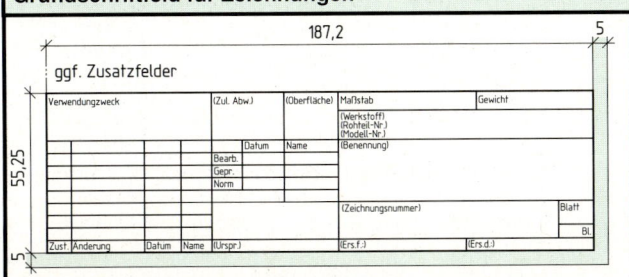

- Das Schriftfeld liegt stets in der unteren rechten Ecke des Zeichenblattes **in Querlage** (Ausnahme A4) und
- nach dem Falten auf der Deckseite des Faltgutes (s. oben).
- Die Leselage einer Zeichnung entspricht grundsätzlich der Leselage des Schriftfeldes.
- Der Schriftfeldrand ist umlaufend 5 mm breit.

Technisches Zeichnen

Bevorzugte Normschrift für Zeichnungen	DIN 6776-1, DIN 919-1

Schriftform B, vertikal („senkrechte Mittelschrift") | **Maße für Beschriftung**

ABCDEFGHIJKLMNOP

QRSTUVWXYZÄÖÜ

abcdefghijklmnopqr

stuvwxyzäöüß±□

[(!?.:;"−==+×·:√‾%&)]∅

1234567789 0 I V X

Schriftform B, kursiv

ABCDEFGHIJKLMN

OPQRSTUVWXYZ

aabcdefghijklmno

Schriftform B ($d = h/10$)		Nenngrößen[1]	2,5	3,5	5	7	10	14	20
Beschriftungsmerkmal		Verhältnis	Maße in mm						
Höhe der Großbuchstaben	h	$(10/10)\,h$	2,5[5]	3,5	5	7	10	14	20
Höhe der Kleinbuchstaben[2]	c	$(7/10)\,h$		2,5	3,5	5	7	10	14
Mindestabstand									
• zwischen den Schriftzeichen	a	$(2/10)\,h$	0,5	0,7	1	1,4	2	2,8	4
• zwischen den Grundlinien[3]	b	$(14/10)\,h$	3,5	5,0	7	10	14	20	28
zwischen den Grundlinien[4]	b	$(16/10)\,h$	4	5,7	8	11,4	16	22,8	32
• zwischen den Wörtern	e	$(6/10)\,h$	1,5	2,1	3	4,2	6	8,4	12
Linienbreite (s. S. 310)	d	$(1/10)\,h$	0,25	0,35	0,5	0,7	1	1,4	2

In technischen Zeichnungen der Holzverarbeitung nach DIN 919-1 soll vorzugsweise die Schriftform B, vertikal angewendet werden.

Schriftform A ($d = h/14^{6)}$)		Nenngrößen[1]	2,5	3,5	5	7	10	14	20
Beschriftungsmerkmal		Verhältnis	Maße in mm						
Höhe der Großbuchstaben	h	$(14/14)\,h$	2,5[5]	3,5	5	7	10	14	20
Höhe der Kleinbuchstaben[2]	c	$(10/14)\,h$	–	2,5	3,5	5	7	10	14
Mindestabstand									
• zwischen den Schriftzeichen	a	$(2/14)\,h$	0,35	0,5	0,7	1	1,4	2	2,8
• zwischen den Grundlinien[3]	b	$(20/14)\,h$	3,5	5	7	10	14	20	28
zwischen den Grundlinien[4]	b	$(22/14)\,h$	3,85	5,5	7,7	11	14,4	22	30,8
• zwischen den Wörtern	e	$(6/14)\,h$	1,05	1,5	2,1	3	4,2	6	8,4
Linienbreite (s. S. 309)	d	$(1/14)\,h$	0,18	0,25	0,35	0,5	0,7	1	1,4

[1] Die Stufung der Nenngrößenreihe im $\sqrt{2}$ -Sprung wird gleichfalls bei Zeichnungsformaten (s. S. 313) und Linienbreiten (s. S. 315) angewendet. [2] Ohne Ober- und Unterlängen. [3] Bei Buchstaben ohne Ober- bzw. Unterlängen. [4] Bei Buchstaben mit Ober- bzw. Unterlängen sind die angegebenen Maße für b entsprechend zu vergrößern. [5] Die Schriftzeichen sollen – besonders auch nach Verkleinerung (s. S. 315) – nach Möglichkeit nicht kleiner als 3 mm sein. [6] „Engschrift", vertikal oder kursiv.

Technisches Zeichnen

Verkleinern und Vergrößern im $\sqrt{2}$ - - Formatsprung[1], DIN-Formate

Verkleinern ⇔ Vergrößern	**50 %**	71 %	⇐**100 %**⇒	141 %	**200 %**
Zeichenblattformat	$\sqrt{2}$:	$\sqrt{2}$:	$\sqrt{2}$:	$\sqrt{2}$:	$\sqrt{2}$:	$\sqrt{}$
bei Ausgangsformat A2: Endformate (Maße in mm)	⇐ **A4** ⇒ 210 × 297	⇐ A3 ⇒ 297 × 420	⇐ **A2** ⇒ 420 × 594	⇐ A1 ⇒ 594 × 841	⇐ A0 ⇒ 841 × 1189
• bei Ausgangsformat A3	A5	A4	⇐ **A3** ⇒	A2	A1
• bei Ausgangsformat A4	(A6)[2]	(A5)[2]	⇐ **A4** ⇒	A3	A2
Zeichnungsmaßstab	**M 1 : 2**	(M 1 : 1,4)	**M 1 : 1**	(M 1,4 : 1)	**M 2 : 1**
• Veränderungen	M 1 : 20	nicht üblich	**M 1 : 10**	nicht üblich	M 1 : 5
in $\sqrt{2}$ -Formatsprüngen	(M 1 : 2,8)	**M 1 : 2**	(M 1 : 1,4)	**M 1 : 1**	(M 1,4 : 1)
	nicht üblich	M 1 : 20	nicht üblich	M 1 : 10	nicht üblich
Linienbreite	$\sqrt{2}$:	$\sqrt{2}$:	$\sqrt{2}$:	$\sqrt{2}$:	$\sqrt{2}$:	$\sqrt{}$
Linienbreite	0,5	0,7	**1,0**	1,4	2,0
für Zeichnungen	0,35	0,5	**0,7**	1,0	1,4
(Maße in mm)	0,25	0,35	**0,5**	0,7	1,0
	0,18	0,25	**0,35**	0,5	0,7
	0,13	0,18	**0,25**	0,35	0,5
Schriftgröße	$\sqrt{2}$:	$\sqrt{2}$:	$\sqrt{2}$:	$\sqrt{2}$:	$\sqrt{2}$:	$\sqrt{}$
Schrifthöhe h und zugehö-	**3,5 / 0,35**	**5 / 0,5**	**7 / 0,7**	**10 / 1,0**	**14 / 1,4**
rige Linienbreite für Schrift	2,5 / 0,25	3,5 / 0,35	5 / 0,5	7 / 0,7	10 / 1,0
(Maße in mm)	1,8 / 0,18	2,5 / 0,25	3,5 / 0,35	5 / 0,5	7 / 0,7
Verkleinern ⇔ Vergrößern	**50 %**	71 %	⇐ **100 %** ⇒	141 %	**200 %**

Beispiel: Eine Zeichnung soll im Format A2 angefertigt und auf das Format A4 verkleinert werden, in allen Längenmaßen also auf 50 % (s. o.). Auch in der verkleinerten Zeichnung sollen Maßstab, Linienbreiten und Schrifthöhe normgerecht und die Maßzahlen auch auf A4 noch gut lesbar sein: Schrifthöhe h = 2,5 wäre eben noch akzeptabel. Folglich ergibt sich für das Zeichnen auf A2 die Liniengruppe 0,7 (s. S. 310) sowie die Mindest-Schrifthöhe h = 5 mit 0,5 Linienbreite. Aus Maßstab 1 : 1 wird 1 : 2.

[1] **Ein** $\sqrt{2}$ **-Sprung** beträgt beim Verkleinern $1 : \sqrt{2} = 1 : 1,41 = \mathbf{0,71}$ oder beim Vergrößern $1 \cdot \sqrt{2} = \mathbf{1,41}$. Zwei $\sqrt{2}$ -Sprünge sind beim Verkleinern $1 : \sqrt{2} : \sqrt{2} = 1 : 2 = \mathbf{0,5}$ oder beim Vergrößern $1 \cdot \sqrt{2} \cdot \sqrt{2} = \mathbf{2}$.

[2] Papierendformat nach DIN 823, aber kein Zeichenblattformat nach DIN 6771-6 (s. S. 313).

Lese- und Schreibrichtung von Maßzahlen   DIN 406-11

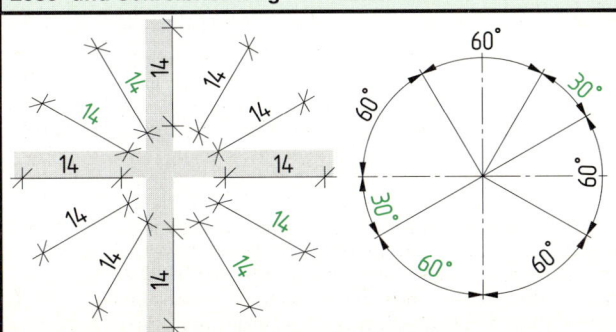

• Die Leselage (bisher: -richtung) einer Zeichnung – also auch der Maßzahlen – entspricht grundsätzlich der Leselage des Schriftfeldes (s. S. 313).

• Maßzahlen sind – bezogen auf das Schriftfeld – grundsätzlich von unten oder von rechts lesbar einzutragen (Hauptleserichtungen, graue Markierung).

• Der grün markierte Bereich ist für das Eintragen von Maßzahlen nach Möglichkeit zu meiden.

Technisches Zeichnen

Elemente der Maßeintragung — DIN 406-10/11

Begriffe

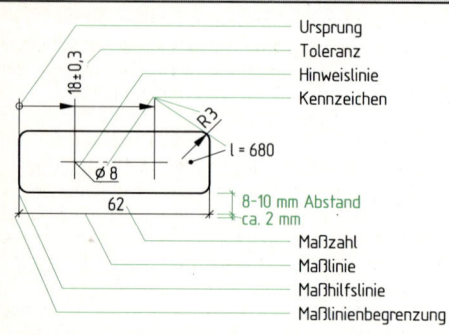

Ursprung
Toleranz
Hinweislinie
Kennzeichen

18 ± 0,3
R 3
l = 680
Ø 8
62
8–10 mm Abstand
ca. 2 mm

Maßzahl
Maßlinie
Maßhilfslinie
Maßlinienbegrenzung

Aus einer technischen Zeichnung müssen alle für den jeweiligen Verwendungszweck erforderlichen Maße ohne Rechnen und Nachmessen ablesbar sein. Daher sind neben den Maßzahlen weitere Elemente der Maßeintragung – vorwiegend sogar international – vereinbart, die je nach Zeichnungsumfang angewendet werden:
- Maßzahlen und Maßbuchstaben,
- Maßlinien und Maßhilfslinien,
- Maßlinienbegrenzung,
- Ursprung der Bemaßung,
- Toleranzen,
- Hinweislinien,
- besondere Kennzeichen und Symbole.

Maßzahlen, Maßkennzeichnung, Maßeinheiten

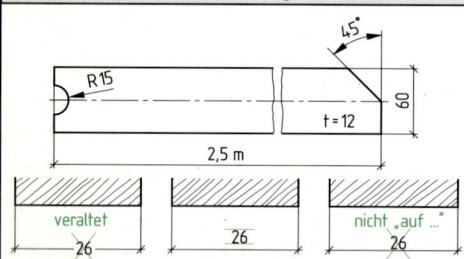

R 15
45°
60
t = 12
2,5 m

veraltet — 26
26
nicht „auf ..." — 26

- In Zeichnungen der Holzverarbeitung werden alle Längenmaße in Millimeter angegeben.
- Die Maßeinheit mm wird nicht eingetragen.
- Davon abweichende Maßeinheiten werden aber hinter der Maßzahl vermerkt (z. B. 2,5 m, 45°).
- Maßzahlen sollen möglichst nicht kleiner als 3 mm sein (s. S. 314 f.).
- Maßkennzeichen (-buchstaben, s. S. 318): z. B. t Dicke (Thickness), l Länge, b Breite, h Höhe.
- Maßzahlen stehen **über** der Maßlinie.

Maßlinien

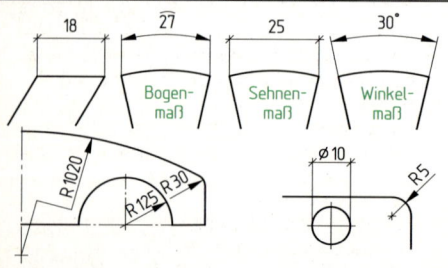

18
27
25
30°
Bogen-maß
Sehnen-maß
Winkel-maß
R 1020
R 125
R 30
Ø 10
R 5

Maßlinien werden zwischen Maßhilfslinien oder Körperkanten von Maßlinienbegrenzung zu Maßlinienbegrenzung durchgezogen und zwar
- rechtwinklig zu den zugehörigen Körperkanten,
- parallel zu dem anzugebenden Maß, z. B. auch als Bogenmaß (Maß 27),
- als Bogen zwischen den Schenkeln eines Winkels (z. B. Maß 30°) oder
- bei Radien z. B. mit nur einem Pfeil auf den Mittelpunkt des betreffenden Kreises hinweisend.

Maßhilfslinien

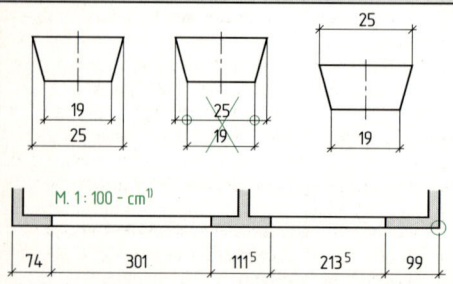

25
19
25
25
19
19
M. 1 : 100 - cm[1]
74
301
111⁵
213⁵
99

- Maßlinien und Maßhilfslinien sollen sich nach Möglichkeit nicht untereinander oder mit anderen Linien schneiden.
- Maßhilfslinien verbinden die zu bemaßenden Elemente mit den Maßlinien und gehen etwa 2 mm über diese hinaus.
- Wenn die Lesbarkeit einer Zeichnung dadurch verbessert wird, können die Maßhilfslinien auch von der Darstellung abgesetzt gezeichnet werden, z. B. bei Entwurfs- und Bauzeichnungen.

[1] Verwendete Maßeinheit hier nach DIN 1356-1.

Elemente der Maßeintragung (Fortsetzung) — DIN 406-10/11, DIN 919-1

Maßlinienbegrenzung

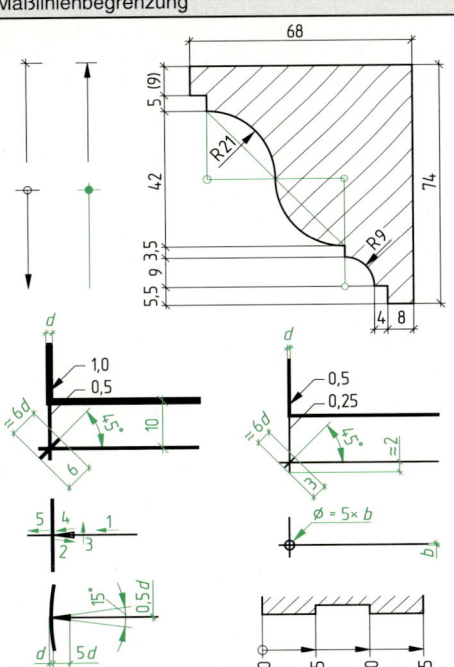

Maßlinien können begrenzt werden durch
- einen **Schrägstrich** unter 45°; er verläuft stets von links unten nach rechts oben, in Lese- und Schreibrichtung der Maßzahl betrachtet;
- einen **Maßpfeil** (15°),
- einen **Punkt**, z. B. bei Platzmangel,
- einen **Kreis** für die Angabe des Ursprungs bzw. einen kleinen Kreis, z. B. bei Bauzeichnungen.

In jeder Zeichnung ist grundsätzlich nur eine Art der Maßlinienbegrenzung zulässig. In Zeichnungen der Holzverarbeitung nach DIN 919-1 ist **vorzugsweise der Schrägstrich** anzuwenden. Ausnahmen:
- Maßlinien, die an einer gekrümmten Linie enden, erhalten immer einen Pfeil.
- Die steigende Bemaßung ist vom Ursprung ausgehend immer eine **Kreis-Pfeil-Pfeil-Bemaßung.**
- Man verwendet daneben den **Maßpfeil** stets bei bogenförmigen Maßlinien und solchen, die an einem Bogen enden.
- Das gilt auch für Radius- und Durchmesserangaben mit gekürzter Maßlinie und mit nur einem Maßpfeil direkt am Kreisbogen.
- Auch bei Schrägbildern (Perspektiven) ist der Schrägstrich weniger geeignet.

Hinweislinien, Bezugslinien — E DIN ISO 128-22

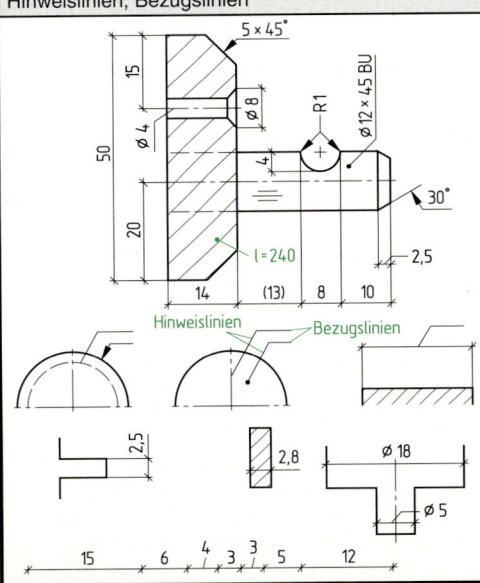

- Hinweislinien verlaufen nicht parallel zu Körperkanten, Maß-, Maßhilfs- oder sonstigen Linien.
- Sie werden vorzugsweise mit gängigen Winkeln z. B. unter 30°, 60°, 75° oder 45° in Linienart B (s. S. 310) gezeichnet.

Hinweislinien enden
- **mit einem Pfeil** an sichtbaren Körperkanten, Umrisslinien und deren Verlängerung,
- **mit einem Punkt** innerhalb einer Fläche oder
- **ohne Begrenzung durch Punkt oder Pfeil** an allen anderen Linien, wie Mittellinien, Maßlinien usw.

Zum Eintragen von Wort- und Maßangaben in Leserichtung der Zeichnung (s. S. 313) können Hinweislinien durch **Bezugslinien** ergänzt werden.
- Ansonsten haben Längen- und Winkelangaben, die aus Platzmangel an einer Hinweislinie stehen, die gleiche Schreibrichtung wie über der Maßlinie.
- **Bei Platzmangel** dürfen die Maße mit oder auch ohne Hinweislinien wie nebenstehend eingetragen werden.

Technisches Zeichnen

Elemente der Maßeintragung (Fortsetzung) — DIN 406-10/11

Kennzeichen und Symbole zur Maßzahl (mit Beispielen)

Bedeutung	Symbol	Bedeutung	Symbol	Bedeutung	Symbol
Hilfsmaß	(84)	Prüfmaß	⟨32⟩	nicht maßstäblich[1]	<u>150</u>

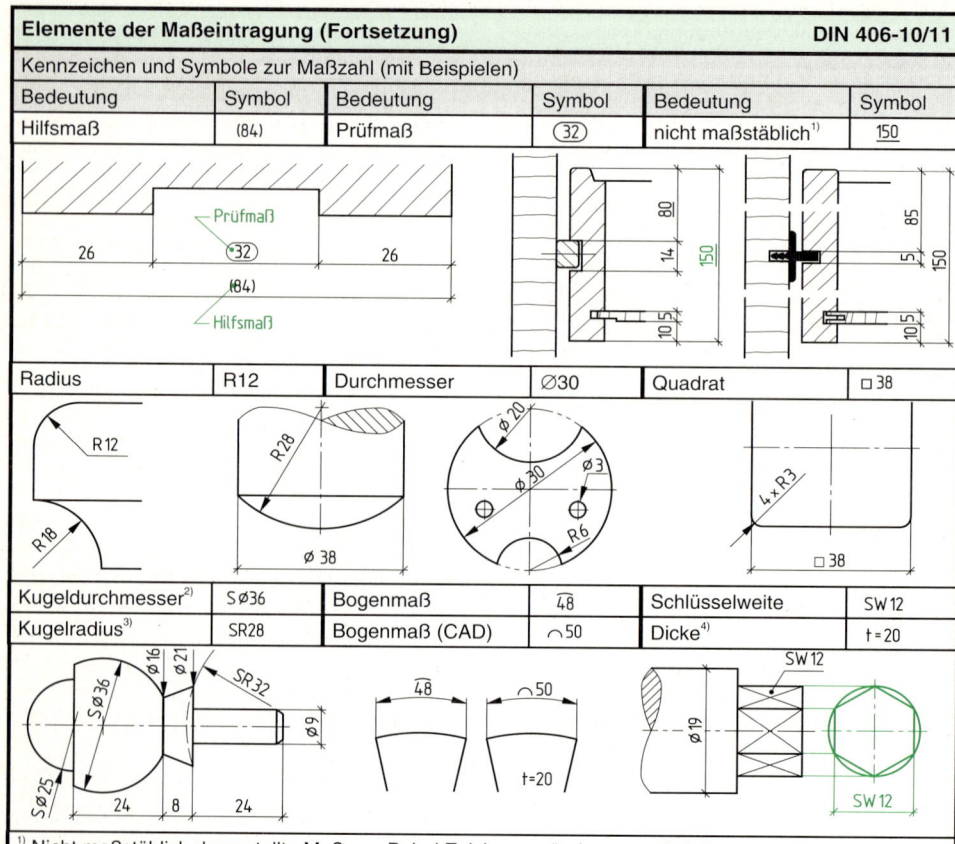

Radius	R12	Durchmesser	⌀30	Quadrat	□38

Kugeldurchmesser[2]	S⌀36	Bogenmaß	⌒48	Schlüsselweite	SW 12
Kugelradius[3]	SR28	Bogenmaß (CAD)	⌒50	Dicke[4]	t = 20

[1] Nicht maßstäblich dargestellte Maße, z. B. bei Zeichnungsänderung; möglichst vermeiden; bei unterbrochen dargestellten Teilen und bei rechnerunterstütztem Zeichnen nicht zulässig.
[2] Spherical Diameter. [3] Spherical Radius. [4] Thickness.

Besondere Maßeintragungen — DIN 406-10

Maßbuchstaben

Nr.	a	b
1	113,5	121
2	138,5	146
3	176,0	189

Rechteckquerschnitte

21/18   78/63   78/63   21/18

Teilungen

30   60   12 × 60 (= 720)

Fasen und Kanten

2 × 45°   2 × 45°   t = 10   2 × 45°

Arten der Maßeintragung

DIN 406-10/11

Funktionsbezogen	Fertigungsbezogen	Prüfbezogen
Ist von den Fertigungs- und Prüfbedingungen unabhängig	Die Maße sind für die Fertigung ohne Umrechnen verwendbar	Ermöglicht direktes Überprüfen vorgegebener Maße

Einzelbemaßung

Bemaßen der einzelnen Formelemente ohne Festlegen eines gemeinsamen Bezugselements, z. B. (s. o.):
- Bemaßung des Holzdübels: Länge und Durchmesser mit Toleranzangabe für die Lieferung nach DIN 68150.
- Das Prüfmaß in der prüfbezogenen Zeichnung.

Bezugsbemaßung

Bei der Bezugsbemaßung werden die einzelnen Formelemente von einem bestimmten Bezugselement ausgehend bemaßt, hier z. B. Fläche, Kante, Bohrmittelpunkt, Ursprung (Koordinatenbemaßung).

Kettenbemaßung (Zuwachsbemaßung, früher „inkrementale Bemaßung")

Eine Kette von Einzelbemaßungen: Der Endpunkt des einen Maßes ist Bezugspunkt des folgenden.
- Jeder Zuwachs an Länge bringt gleichzeitig einen Zuwachs an Maßabweichungen.
- Deshalb bleibt eine Länge unbemaßt oder wird als Hilfsmaß (in Klammer) eingetragen.

Arten der Bezugsbemaßung

DIN 406-11

Parallelbemaßung (absolute Bemaßung)

- Jede Position wird einzeln bemaßt. Die Maßeintragungen beziehen sich jeweils auf ein Bezugselement (s. o.).
- Die einzelnen Maßlinien verlaufen parallel zu den zu bemaßenden Längen und werden mit Schrägstrichen begrenzt.

Steigende Bemaßung („Kreis-Pfeil-Pfeil-Bemaßg.")

- Jede Position wird von einem Bezugselement aus steigend bemaßt.
- Die Maßlinien sind, vom „Ursprung" als Bezugselement ausgehend, in einer Reihe angeordnet.

Koordinatenbemaßung

- Die Koordinatenwerte werden in Tabellen eingetragen oder direkt an den einzelnen Koordinatenpunkten (z. B. Bohrpositionen) angegeben.
- Die Positionsnummer ist Bindeglied zwischen der Zeichnung und den Tabellenwerten.

Tabellenbemaßung, ohne Maß- und Maßhilfslinien

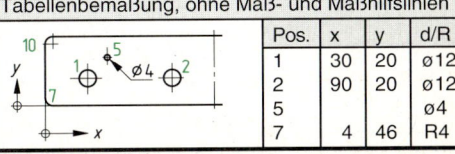

Pos.	x	y	d/R
1	30	20	ø12
2	90	20	ø12
5			ø4
7	4	46	R4

Technisches Zeichnen

Maßtoleranzen - Grundbegriffe		DIN ISO 286, DIN 68100
Benennungen[1]	**Kurz-zeichen**	**Definition (alle Maße in mm)**
Nennmaß	N	Zahlenwert in der gewählten Maßeinheit, der zur Größenangabe dient, z. B. 240 mm. Hierauf werden die Grenzabmaße bezogen.
Istmaß	I	Das durch Messen an einem Werkstück ermittelte Maß, z. B. 240,3 mm.
Toleriertes Maß, d. h. Maßzahl mit Toleranzangabe	–	Angabe des Nennmaßes mit zwei Grenzabmaßen, die entweder durch Zahlenwerte (z. B. 240 ±0,4) oder durch **HT-Kurzzeichen der Toleranzklasse** (z. B. 240 HT 40M) ausgedrückt werden.
Maßtoleranz	T	Differenz zwischen **Höchstmaß** und **Mindestmaß**; sie gibt den Fertigungsspielraum an, nicht aber seine Lage zum Nennmaß (zur Nulllinie).
Grenzmaße		**Grenzmaße** sind die beiden zulässigen Maße, zwischen denen das Istmaß liegen muss, wobei Höchstmaß und Mindestmaß eingeschlossen sind, z. B. bei 240±0,4 sind die Grenzmaße 240,4 mm und 239,6 mm.
• Höchstmaß	G_o	Größeres der beiden Grenzmaße (bisher „Größtmaß"), z. B. 240,4 mm. Es entsteht aus der algebraischen Summe von Nennmaß und **o**berem **G**renzabmaß.
• Mindestmaß	G_u	Kleineres der beiden Grenzmaße (bisher „Kleinstmaß"), z. B. 239,6 mm. Es entsteht aus der algebraischen Summe von Nennmaß und **u**nterem **G**renzabmaß.
Grenzabmaße • Oberes Grenzabmaß	ES, es	Algebraische Differenz zwischen Grenzmaß und Nennmaß. Bisher A_o; Großbuchstaben bei Innenmaßen, z. B. Bohrlochdurchmesser; Kleinbuchstaben bei Außenmaßen, z. B. Dübeldurchmesser.
• Unteres Grenzabmaß	EI, ei	Bisher A_u; Großbuchstaben bei Innenmaßen; Kleinbuchstaben bei Außenmaßen.
Maßtoleranzfeld	–	Wird begrenzt durch die beiden Linien, die • das Mindestmaß (unteres Grenzmaß G_u) und • das Höchstmaß (oberes Grenzmaß G_o) kennzeichnen.
Nulllinie	–	Die dem Nennmaß entsprechende Bezugslinie für die Grenzabmaße.

[1] Hier werden anstelle für DIN 68100 teilweise die neueren Definitionen aus DIN ISO 286 verwendet.

Lage des Maßtoleranzfeldes[1]				DIN ISO 286, DIN 68100
Maßtoleranz		Außenmaße		Innenmaße
$T = G_o – G_u$ oder $T = ES – EI$ oder $T = es – ei$		$G_o = N + es$ $\quad$ $G_u = N + ei$		$G_o = N + ES$ $\quad$ $G_u = N + EI$

Beispiel: Maßeintragung 240 ± 0,6
$T = G_0 – G_u = 240,6 – 239,4 = 1,2$ mm
$T = ES – EI = (+ 0,6) – (– 0,6) = 1,2$ mm
$T = es – ei = (+ 0,6) – (– 0,6) = 1,2$ mm

Toleranzfeldlagen[1]:

voll darunter liegend — Z ... P (a ... i)

anliegend, von unten — N (k)

über und unter der Nulllinie — M (m)

anliegend, von oben — K (n)

voll darüber liegend — A ... l (p ... z)

[1] S. Tabelle Seite 322.

Maßtoleranzsystem · DIN 68100

Grundtoleranz	T_G	In einem Maßtoleranzsystem, z. B. für Holztechnik (HT, s. Tabelle), festgelegte Maßtoleranz, die einem **Genauigkeitsgrad** (z. B. HT 40 als Kennwert für die erzielbare Fertigungsgenauigkeit) und einem Nennmaßbereich zugeordnet ist. Sie gibt die Größe eines Maßtoleranzfeldes an.
Nennmaßbereich	–	Zusammenfassung aller Nennmaße zwischen zwei Grenzen, z. B. „über 100 mm bis 250 mm" (s. Tabelle).
Maßtoleranzreihe[1]	z. B. HT ...	Reihe mit systematisierten Maßtoleranzen (Grundtoleranzen), z. B. Reihen HT 6 bis HT 630 für das Be- und Verarbeiten von Holz und Holzwerkstoffen.

[1] Das System der in DIN 68100 festgelegten Maßtoleranzreihen von HT 6 (sehr fein) bis HT 630 (sehr grob) dient zum Auswählen geeigneter Maßtoleranzen für Teile, die ohne Nacharbeit zusammenzufügen sind. Es gilt z. B. für Längenmaße (Längen, Breiten, Dicken, Höhen), Außen- und Innenmaße, Lochmittenabstände, Durchmesser, Rundungsradien sowie für Winkelmaße und Neigungen.

Maßtoleranzreihen Holztechnik (HT)[1] · DIN 68100

Nennmaßbereiche in mm		Grundtoleranzen T_G in mm bei Holztoleranzreihen (HT)[2]										
über	bis	HT 6	HT 10	HT 15	HT 25	HT 40	HT 60	HT 100	HT 160	HT 250	HT 400	HT 630
1	3	0,06	0,10	0,15	0,25	0,40	0,60	–	–	–	–	–
3	10	0,07	0,12	0,18	0,30	0,50	0,70	1,4	2,2	3,5	–	–
10	30	0,08	0,14	0,21	0,35	0,55	0,85	1,4	2,2	3,5	–	–
30	100	0,10	0,17	0,26	0,45	0,70	1,05	2,0	3,1	5,0	8	–
100	250	0,12	0,20	0,31	0,50	0,80	1,25	2,0	3,1	5,0	8	–
250	500	0,14	0,24	0,36	0,60	0,95	1,45	2,4	3,8	6,0	10	15
500	1000	–	0,28	0,42	0,70	1,15	1,70	2,8	4,5	7,0	11	18
1000	2500	–	0,36	0,54	0,90	1,45	2,15	3,6	5,7	9,0	14	23
2500	5000	–	0,46	0,70	1,15	1,85	2,80	4,6	7,4	11,5	19	29
5000	10000	–	–	–	–	2,45	3,65	6,1	9,8	15,5	24	39
10000	25000	–	–	–	–	–	–	9,2	14,7	23	37	58

[1] Die HT-Reihen gelten bei einem vereinbarten Holzfeuchtegehalt. Maßänderungen durch Quellen und Schwinden sind ggf. zusätzlich zu beachten (siehe Beiblatt 1 bis Beiblatt 4 zu DIN 68100).
[2] Als Mittelwert des jeweiligen Nennmaßbereichs, Interpolationen sind daher möglich.

Maßtoleranzangaben in technischen Zeichnungen · DIN 68100

Nennmaß mit HT-Kennzeichnung	Nennmaß mit oberem und unterem Abmaß

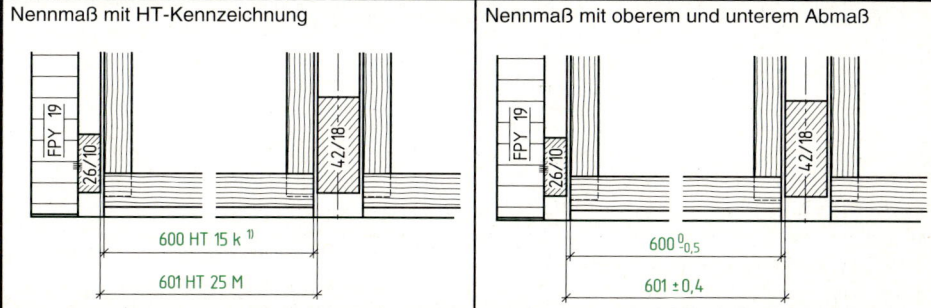

[1] Die Grundtoleranz T_G bei **HT 15** (HT 25) im Nennmaßbereich von 500 bis 1000 beträgt **0,42 (0,7)** mm (s. Tab.). Bei **Toleranzfeldlage k** (Außenpassmaß, s. S. 322) ist das obere Grenzabmaß **0** und das untere **– 0,42** mm; bei gewählter Lage **M** (Innenpassmaß) ergibt sich eine Toleranz von **± 0,35** mm.

Technisches Zeichnen

Passungen: Spiel – Übergang – Übermaß — DIN 68101

Bezeichnungen für die Lage Maßoleranzfelder zur Nulllinie (Prinzipdarstellung, auszugsweise)

| Spiel-Toleranzfelder | Übergangs-Toler. | Übermaß-Toleranzfelder |

Außenpassmaße

e f g i k[1] m n p r s

Nulllinie

S R P N[1] M K I G F E

Innenpassmaße

[1] Die angegebenen Toleranzfelder können beliebig zu Passungen gepaart werden. Um den Fertigungsaufwand möglichst gering zu halten, sollten vorzugsweise **Einheitsinnenmaße** (Kennung **N**, s. unten) oder **Einheitsaußenmaße** (Kennung **k**, s. unten) angewendet werden.

Lage der Maßtoleranzfelder zur Nulllinie — DIN 68101

Toleranzfeldlage[1] der Innen-/Außenmaße	B/b Y/y	C/c W/w	D/d U/u	E/e T/t	F/f S/s	G/g R/r	I/i P/p	K/**k** N/**n**	M/m
Abstand der Mitte des Toleranzfeldes zur Nulllinie	$7{,}5 \cdot T_G$	$6{,}2 \cdot T_G$	$5{,}0 \cdot T_G$	$3{,}9 \cdot T_G$	$2{,}9 \cdot T_G$	$2{,}0 \cdot T_G$	$1{,}2 \cdot T_G$	$0{,}5 \cdot T_G$	**0**
Abstand für				(alle Maße in mm)					
• oberes Grenzabmaß	$8{,}0 \cdot T_G$	$6{,}7 \cdot T_G$	$5{,}5 \cdot T_G$	$4{,}4 \cdot T_G$	$3{,}4 \cdot T_G$	$2{,}5 \cdot T_G$	$1{,}7 \cdot T_G$	$1{,}0 \cdot T_G$	$+0{,}5 \cdot T_G$
• unteres Grenzabmaß	$7{,}0 \cdot T_G$	$5{,}7 \cdot T_G$	$4{,}5 \cdot T_G$	$3{,}4 \cdot T_G$	$2{,}4 \cdot T_G$	$1{,}5 \cdot T_G$	$0{,}7 \cdot T_G$	**0**	$-0{,}5 \cdot T_G$

[1] Die Größe des Maßtoleranzfeldes wird durch die Maßgrundtoleranz T_G nach DIN 68100 angegeben, z. B. Nennmaß 660, Nennmaßbereich „über 500 bis 1000", Maßtoleranzreihe HT 25, abgelesen $T_G = 0{,}70$ (s. S. 321) , **Toleranzfeldlage N**, abgelesen $ES = 1{,}0 \cdot T_G = 1 \cdot 0{,}7 = $ **0,7** und $EI = 0$

Passungen (Beispielrechnungen) — DIN 68101

Toleranzfeldlage	Spielpassung		Übergangspassung		Übermaßpassung	
Beispiel	Schubladeneinbau		Dübelverbindung		Schlitz/Zapfen	
Passteile	Öffnung	Schublade	Bohrloch	Dübel	Schlitz	Zapfen
Maßangabe	660 HT 25N	660 HT 25r	10 HT 10K	10 HT 15n	10 HT 10K	10 HT 10r
Nennmaß N	660	660	10	10	10	10
Passmaße	Innenmaß	Außenmaß	Innenmaß	Außenmaß	Innenmaß	Außenmaß
oberes Abmaß	$ES = 0{,}7$	$es = -1{,}0$	$ES = 0{,}12$	$es = 0{,}18$	$ES = 0{,}12$	$es = 0{,}30$
unteres Abmaß	$EI = 0$	$ei = -1{,}7$	$EI = 0$	$ei = 0$	$EI = 0$	$ei = 0{,}18$
Maßtoleranz	0,7	0,7	0,12	0,18	0,12	0,12
Höchstmaß G_o	660,7	659,0	10,12	10,18	10,12	10,30
Mindestmaß G_u	660,0	658,3	10,00	10,00	10,00	10,18
P_{SH} P_{SH} $P_{ÜH}$ / P_{SM} $P_{ÜH}$ $P_{ÜM}$	Höchstspiel 2,4 / Mindestspiel 1,0		Höchstspiel 0,12 / Höchstübermaß 0,18		Höchstübermaß 0,30 / Mindestübermaß 0,06	
Passtoleranz T_p	1,4		0,30		0,24	

Technisches Zeichnen

Projektionsmethoden		**E DIN ISO 5456-1**

Anschaulichkeit ➝ Maßgerechtigkeit

Zentralprojektion	Schräge Parallelprojektion	Rechtwinklige Parallelprojektion
Fluchtpunktperspektive • mit einem Fluchtpunkt • mit zwei Fluchtpunkten	• Isometrie und Dimetrie • Kabinett-/ Kavalierperspektive • Planometrische Perspektive	Normalprojektion: • Projektionsmethode 1 • Pfeil-Methode

Fluchtpunktperspektive (Zentralprojektion)	**DIN 5-10**

Mit einem Fluchtpunkt (V):
Die Hauptansicht liegt parallel zur Bildebene.

Mit zwei Fluchtpunkten (V₁ und V₂):
Keine Ansicht liegt parallel zur Bildebene.

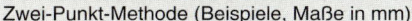

Zwei-Punkt-Methode (Beispiele, Maße in mm)

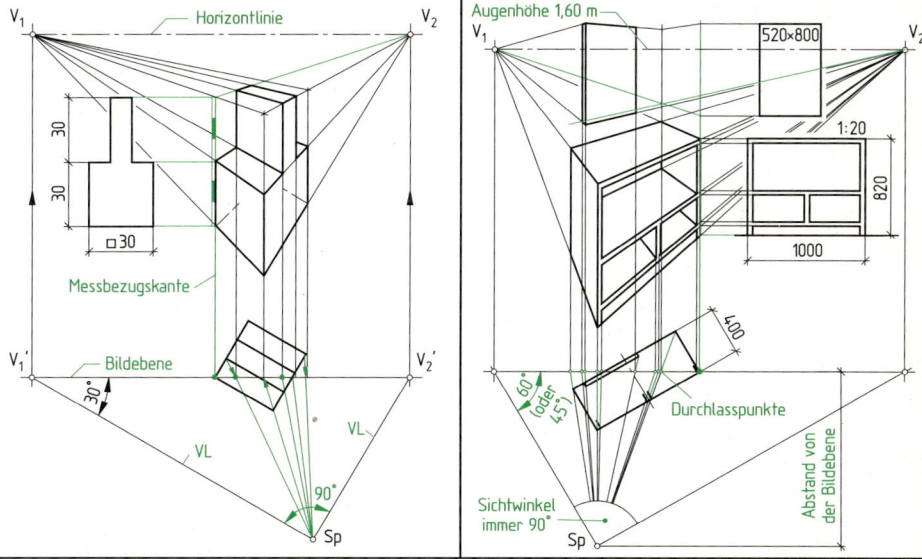

• Die **Fluchtpunkte** liegen auf der Horizontlinie. Ihre Lage wird beeinflusst durch den frei wählbaren Abstand des Betrachtungspunktes Sp (Projektionszentrum) von der Bildebene (Projektionsebene).
• Die **Fluchtlinien** (VL) schließen einen Winkel von 90° ein.
• Eine der vertikalen Linien ist als **Messbezugskante** für alle Höhenmaße festzulegen. Im Grundriss liegt diese auf der Projektionsebene.
• Im vereinfachten **Skizzierverfahren** werden die Fluchtpunkte oft frei angenommen. Lediglich die Höhenmaße der Horizontlinie und des Objektes werden maßstabgerecht verwendet, die Breiten- und Tiefenmaße dagegen nach Augenmaß geschätzt.

Technisches Zeichnen

Axonometrische Projektionen[1)2)] (Parallelperspektiven, „Schrägbilder")   DIN 5-10

Isometrische Projektion[3)] („Isometrie")

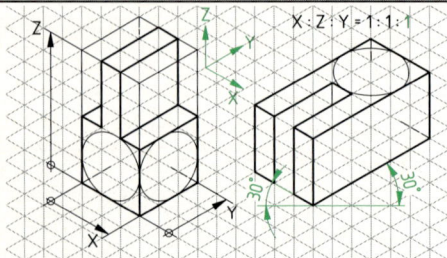

$X : Z : Y = 1 : 1 : 1$

Für Perspektiven, bei denen in allen drei Ansichten Wesentliches gezeigt werden soll.
- Die horizontalen Achsen X und Y verlaufen unter gleichen Achsenwinkeln von 30°.
- Alle Längenmaße werden unverkürzt dargestellt.
- Kreise erscheinen in allen Ansichten als Ellipsen

Das Zeichnen mit dem 30°/60°-Zeichendreieck ist relativ einfach. Es gibt auch Zeichenpapier mit einem Isometrie-Raster.

Dimetrische Projektion[4)] („Dimetrie")

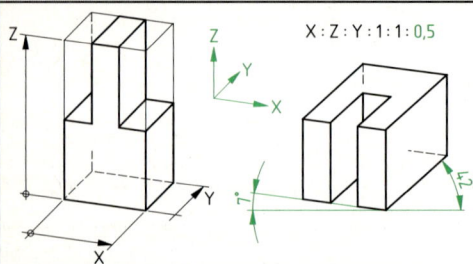

$X : Z : Y = 1 : 1 : 0,5$

Für Perspektiven, die in der Vorderansicht Wesentliches zeigen und möglichst anschaulich sein sollen.
- Die Achsenwinkel betragen 7° (Vorderansicht, X-Achse) und 42° (Seitenansicht, Y-Achse)
- Die Maße in Richtung der Y-Achse werden mit dem Faktor 0,5 verkürzt dargestellt.

Zum Zeichnen empfiehlt sich ein spezieller Zeichenwinkel mit Winkeln von 7° und 42° oder Zeichenpapier mit einem Dimetrie-Raster.

Kabinett- und Kavalierprojektion („Frontalperspektive")

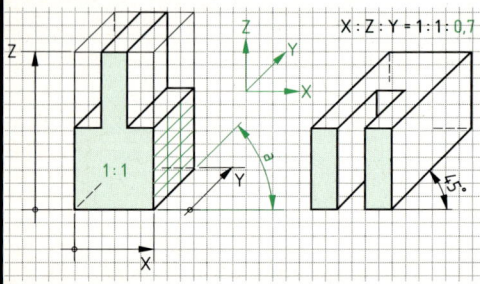

$X : Z : Y = 1 : 1 : 0,7$

1 : 1

Für Perspektiven, die maßgerechte Vorderansichten und/oder realistische Frontalschnitte ergeben sollen.
- Der genormte Achsenwinkel für die Seitenansicht beträgt 45°.
- Im Verkürzungsfaktor in Richtung der Y-Achse unterscheiden sich nach der Norm:
  Kabinettperspektive: 0,7 (auch 0,5) und
  Kavalierperspektive: 1,0.

Die Praxis kennt wegen der Anschaulichkeit auch andere Achsenwinkel (z. B. 30° oder 60°) und darauf abgestimmte Verkürzungsfaktoren

Planometrische Projektion („Horizontalperspektive", früher „Militärperspektive")

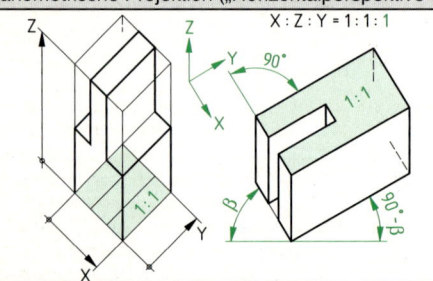

$X : Z : Y = 1 : 1 : 1$

1 : 1

Für Perspektiven, die maßgerechte Draufsichten und/oder realistische Horizontalschnitte sowie maßstabgerechte Höhenmaße ergeben sollen.
- Die beiden horizontalen Achsenwinkel sind frei wählbar, ergeben jedoch die Summe von 90° (üblich z. B. 45° + 45°; 30° + 60°; 60° + 30°).
- Alle Längenmaße werden unverkürzt dargestellt. In der Praxis des Bauwesens werden bei Gebäude- und Raumdarstellungen z. B. Grundriss und Höhenmaße maßstabgerecht gezeichnet.

[1)] Axonometrie (griechisch) bedeutet Achsenmessung. [2)] Projektionen werden auch „Perspektiven" genannt. [3)] Iso (griechisch) bedeutet gleich. [4)] Di (griechisch) bedeutet zwei.

Normalprojektion – rechtwinklige Parallelprojektion — DIN 6-1, DIN 5-10

Projektionsmethode 1 („Klappmethode")	Pfeilmethode

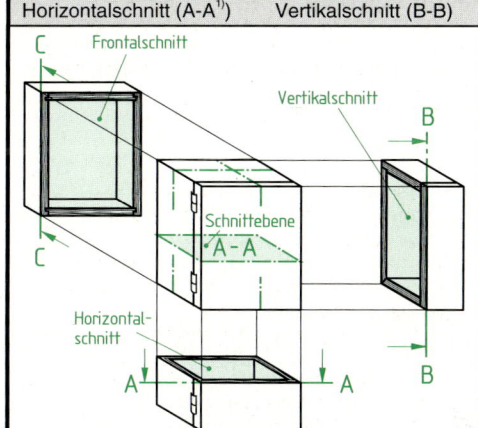

V	Vorderansicht	D	Draufsicht
SR	Seitenansicht von rechts	U	Untersicht
SL	Seitenansicht von links	R	Rückansicht

Der Gegenstand liegt in Betrachtungsrichtung vor der jeweiligen Bildebene, die Hauptansichten (V, SR, SL, D, U, R) parallel und die parallel verlaufenden Projektionslinien senkrecht dazu.

Die Ansichten dürfen auch beliebig zueinander angeordnet werden. Kennzeichnung der Ansichten durch Pfeile und Großbuchstaben und ggf. durch Angabe der Drehung (siehe Symbol).

Anordnung von Ansichten und Schnitten — DIN 919-1

Horizontalschnitt (A-A[1])	Vertikalschnitt (B-B)	Frontalschnitt (C-C)	Einzelheit (Z)

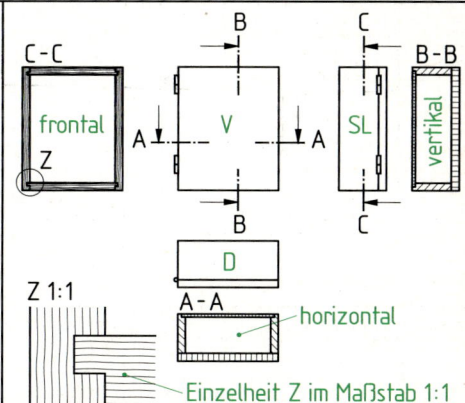

In technischen Zeichnungen der Holzverarbeitung wird im allgemeinen die Vorderansicht eines Erzeugnisses als **Hauptansicht** gewählt.
Als **Vorderansicht** gilt bei **Außentüren** immer die Außenseite, bei **Innentüren** die Öffnungsfläche des Türblatts, bei **Fenstern** und Fenstertüren die Innenraumseite. Meistens genügt neben der Hauptansicht die Darstellung einer Seitenansicht (bevorzugt SR) und/oder der Draufsicht.

Reichen Ansichtszeichnungen nicht aus, sind Schnitte (Voll-, Halb-, Teil-, Profilschnitt) in erforderlichen Umfang zu zeichnen. Lage und Umfang werden durch Schnittlinien, Schnittbuchstaben (A, B, C ...) und Blickrichtungspfeile gekennzeichnet oder durch Umrahmung als Einzelheit (Z, Y, X ...). Werden Ansichten und Schnitte dargestellt, dann sind die Ansichten der Hauptansicht am nächsten zuzuordnen. Verdeckte Kanten vermeiden!

[1] Schnittkennzeichnung mit Buchstaben, z. B. A–A, B–B ..., auch A1–A1, A2–A2 ... (für Parallelschn.)

Technisches Zeichnen

Kennzeichnung von Schnittflächen		DIN 919-1
Vollholz		
Längsholzschnitt	Hirnholzschnitt	verleimt[1] (4 Freihandlinien)
		KPVAC verleimt
Holzwerkstoffplatten und -profile		
Schraffurlinien rechtwinklig	Kurzzeichen für Plattenart[2]	Angabe der Nenndicke
d −0,5d	FPY	FPY 19
Kreuz: Kernstruktur Hirnholz	Pfeil: Kernstruktur Längsholz	Fertigplatte, beschichtet, oben
ST 19 ✕	STAE 19 →	$\overline{KH\ 8}$
fertig beschichtet, beidseitig	fertig beschichtet dreiseitig	allseitig beschichtet (ummantelt)
$\overline{KH\ 3,2}$	FPY 20	MDF 20
Zu beschichtende Holzwerkstoffplatten und -profile, z. B. durch Furnieren		
Rohdicke in Klammern	zwei Begleitlinien: beidseitig	drei Begleitlinien: dreiseitig
7 FPY (19)	z.B. 20 FPY (19)	FPY (19)
Anleimer überfurnieren	Anleimer nachträglich anleimen	Pfeil: Oberflächenstruktur quer
FPO (19)	FPO (19)	KF 16 →
Kreuz: Oberflächenstruktur längs	ST-Platte, in Kiefer, längs furniert	unterschiedlich zu beschichten[3]
FPO (16) ✕	17 KI 0,9 ✕ ST (16) ✕	PVC HPL 1,2 FPY (16) 18 FI 1,0

[1] **KPVAC** Polyvinylacetat-Dispersionsklebstoff (s. S. 107).

[2] **FPY** Flachpressplatte (FP) für allgemeine Zwecke, **FPO** FP mit besonders feinspaniger Oberfläche, **OSB** Langspanplatte, **KF** kunststoffbeschichtete dekorative FP, **FU** Furniersperrholz, **ST** Stabsperrholz, **STAE** Stäbchensperrholz, **MDF** Mitteldichte Holzfaserplatte, **HFH** Harte Holzfaserplatte („Hartfaser"), **KH** kunststoffbeschichtete dekorative Holzfaserplatte (s. S. 90).

[3] **HPL 1,2** dekorative Hochdruck-Schichtpressstoffplatte, 1,2 mm dick; Gegenfurnier Fichte, 1 mm dick (s. S. 92); PVC Kunststoff-Umleimer ringsum; Fertigdicke der Platte 18 mm (Rohdicke 16 mm)

Technisches Zeichnen

Allgemeine Kennzeichnung von Schnittflächen[1] (auszugsweise) — DIN 201

Allgemeine Schraffuren

Schnittfläche (allgem.)[2]	feste Stoffe	flüssige Stoffe	gasförmige Stoffe

Feste Stoffe

Naturstoffe (allgemein)	Vollholz (Hirnholz)[4]	Vollholz (Längsholz)[4]	Holzwerkstoff
	„Schraffe"		
Glas	Dämmstoff	Isolierstoff	Dichtstoff
nach DIN 919-1			
Metalle (allgemein)	Stahl, legiert	Stahl, unlegiert	Leichtmetalle[3]
			Aluminium
Kunststoffe (allgem.)	Gummi, Elastomere	Duroplaste	Thermoplaste

[1] Anwendung insbesondere beim rechnerunterützten Zeichnen; in Zeichnungen der Holztechnik dann Hinweis auf DIN 201 eintragen.

[2] **Grundschraffur**, mit oder ohne Hinweis auf einen bestimmten Stoff; schmale Schnittflächen dürfen geschwärzt werden.

DIN 919   DIN 201

[3] Durch Wortangabe mit Hinweislinie ergänzt. [4] Linienabstände für **eine Schraffe** 1 : 1 : 1/2 : 1/2.

Kennzeichnung von Schnittflächen im Bauwesen[1] (auszugsweise) — DIN1356-1

Mauerwerk	Beton, unbewehrt	Beton, bewehrt	Putz, Mörtel
Holz, quer und längs	Dämmschicht	Abdichtungsschicht	Kies / Boden

[1] Vorzugsweise sind Begrenzungslinien von Schnittflächen mit breiter Volllinie (s. S. 311, Linienart 1) hervorzuheben. Schraffur darf zusätzlich oder anstelle der Hervorhebung angewendet werden. Außerdem können Schnittflächen bei Bedarf dem Baustoff entsprechend gekennzeichnet werden. Wenn es der Maßstab erfordert, dürfen Schnittflächen auch geschwärzt werden (s. o.).

Technisches Zeichnen

Besondere Angaben in technischen Zeichnungen	**DIN 919-1**

Verbindungsmittel (Schrauben, Nägel, Klammern, Dübel, Formfedern u. Ä., s. S. 114 ff)

DIN 97 − 4,5 × 25 − St   DIN 97 − 4,5 × 25 − St

DIN 97 − 4,5 × 25 − St   DIN 97 − 4,5 × 25 − St

Diese können auch verein-
facht dargestellt werden durch:
- Angabe der Mittellinie bzw.
  des Mittellinienkreuzes (s.
  S. 310)
- Hinweislinie (s. S. 317)
- Wortangabe, z. B. Form,
  Maße, Normbezeichnung
- Kennzeichnung von Lage,
  ggf. Spiel, durch breite
  Querstriche

25   30

3 × Ø6 × 25/
25-FU

3 × -A-
Ø6 × 30-BU

3 × LFF-Nr.0-
4 × 5-47 lang

11,5   20   8   8

3 Stück Holzdübel DIN 68150-A-6 × 30- BU

Beschläge

2 Spanplattenschrauben
-3,5 × 17

FPY (19)

Kreuzmontageplatte
180.410

Topfscharnier 81055
Ø26 - 12,5 tief

2 Spanplattenschrauben
-3,5 × 17

28

FPY (19)

3 4 13   El 0,65 ×

- Auch Beschläge können in
  Ansichten und Schnitten
  vereinfacht dargestellt werden.
- Die Maßeintragung ist dabei
  wichtiger als die bildgetreue
  Darstellung.
- Einbaumaße, Herstellerangaben sowie die Ferti-
  gungsmaße sind unbedingt
  zu beachten.

3 × Ø35-12 tief

Ø2,6 -13 tief

2 × Ø2-12 tief
2 × Ø11-1,5 tief

73,5
60
46,5
12
0

12,5   26   24,8

Oberflächenangaben

DIN ISO 1302

Grundsymbol	Grundsymbol mit Ergänzungen	
Nur mit Zusatzangaben aussagefähig	Bearbeitungsverfahren **werkstoffabtragend** (spanend)	Keine spanende Bearbeitung vorgesehen

Ergänzungssymbole für die Bearbeitungsrichtung („Rillenrichtung")

Verlauf der Spuren	Parallel[1] (z. B. in Faserrichtung)	Senkrecht[1] (z. B. quer zur Faser)	Kreuzweise[1] (z. B. „zwerch")	In vielen (mehreren) Richtungen	Annähernd kreisförmig (zentrisch)[2]	Annähernd radial verlaufend[2]
Symbol	=	⊥	×	M	C	R
Oberfläche (Ansicht)						

schleifen 120   schleifen 80

4 +0,5

FU 5-BU   ⊥

12 ±1

Kanten brechen   Sägeschnitt

schleifen 100

30 −0,1

9 ±01   24 ±01
42

geschliffen
⊥ Muster

hobeln

[1] Bezogen auf die Projektionsebene der Ansicht, in der das Symbol angewendet ist.
[2] Zum Mittelpunkt der Oberfläche, zu der das Symbol gehört.

Technisches Zeichnen

Geometrische Grundkonstruktionen

Strecke (ein)teilen

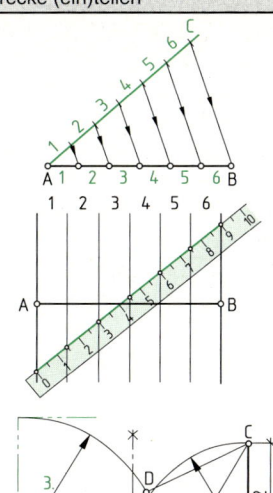

Mit z. B. Zirkel und Parallelverschiebung
1. Von A aus Hilfsstrecke („Strahl") zeichnen.
2. Auf dem Strahl die Anzahl gewünschter Teile gleichmäßig von A aus abtragen (z. B. 6).
3. Gefundenen Endpunkt C mit B verbinden.
4. Parallelen zu $\overline{CB}$ teiler $\overline{AB}$ in gleiche Teile.

Einfache Praxismethode durch Abmessen
1. Rechtwinklig zu $\overline{AB}$ durch A und B Linien ziehen oder vorhandene Körperkanten benutzen.
2. Im Punkt A oder auf der zugehörigen Körperkante Maßskala bei Null anlegen und gewünschte Anzahl schräg abmessen (hier z. B. 6 Teile mit je 15 mm = 90 mm, weil leicht abzulesen und einzuzeichnen).
3. Einteilen durch Parallelreißen oder -zeichnen.

Nach dem „Goldenen Schnitt" (GS)
1. Strecke a halbieren, $\overline{BC}$ (= a/2) errichten und $\overline{AC}$ zeichnen.
2. Zirkelschlag mit $\overline{CB}$ um C ergibt Teilpunkt D.
3. Zirkelschlag mit $\overline{AD}$ teilt Strecke $\overline{AB}$ in E im Verhältnis des Goldenen Schnittes in Major (M) und Minor (m).

$m : M = M : a \approx 1 : 1{,}62 \approx 0{,}62 : 1$ oder $m : M : a \approx 3 : 5 : 8$
synthetische Zahlenreihe des GS:
$3 - 5 - 8 - 13 - 21 - 34 - 55 - 89 - 144 - 233 - 377 - ...$

Senkrechte konstruieren

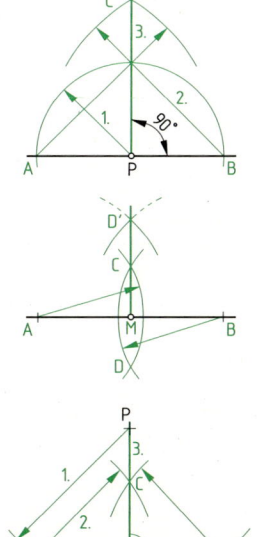

Senkrechte im Punkt P errichten
1. Beliebiger Kreisbogen um P ergibt A und B.
2. Zwei gleich große Kreisbögen um A und B mit größerem Radius ergeben Schnittpunkt C.
3. $\overline{CP}$ ist die gesuchte Senkrechte im Punkt P.

Mittelsenkrechte errichten
1. Kreisbögen mit beliebigem aber gleichem Radius um A und B ergeben Schnittpunkte C und D, bei Platzmangel C und D´.
2. Verbindung $\overline{CD}$ bzw. $\overline{DC´}$ halbiert die Strecke $\overline{AB}$ und ergibt den gesuchten Mittelpunkt M.

Lot fällen
1. Kreisbogen um gegebenen Punkt P ergibt die Schnittpunkte A und B.
2. Kreisbögen mit gleichem Radius um A und um B ergeben Schnittpunkt C.
3. Durch Verbinden von P und C erhält man in der Verlängerung das Lot von P auf $\overline{AB}$.

Technisches Zeichnen

Geometrische Grundkonstruktionen (Fortsetzung)

Winkel konstruieren

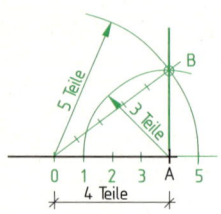

Rechter Winkel im Zahlenverhältnis 3 : 4 : 5
1. Durch A eine Waagerechte zeichnen.
2. Von A aus 4 gleiche Teile nach links und ein Teil nach rechts abtragen.
3. Kreisbögen um A mit r = 3 Teile und um Anfangspunkt 0 mit r = 5 Teile schneiden sich in B.
4. AB verläuft rechtwinklig zur Waagerechten.
   (In der Praxis wird oft mit 3 Leisten im Längenverhältnis **3 : 4 : 5** ein rechter Winkel konstruiert.)

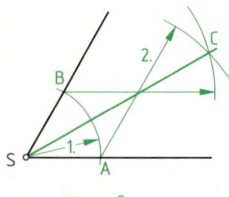

Winkel halbieren
1. Kreisbogen um Scheitelpunkt S ergibt auf den Schenkeln die Schnittpunkte A und B.
2. Kreisbögen mit beliebigem aber gleichem Radius um A und um B ergeben C.
3. Die Verbindungslinie von S mit C ist die Winkelhalbierende.

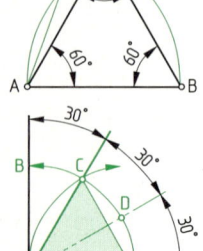

60°-Winkel und gleichseitiges Dreieck
1. Kreisbögen mit $r = \overline{AB}$ um A und B ergeben C.
2. $\overline{AB} = \overline{BC} = \overline{CA}$ bilden ein gleichseitiges Dreieck.

Alle Winkel im gleichseitigen Dreieck haben eine Größe von 60°.

Rechten Winkel dritteln bzw. 30°-Winkel konstruieren
1. In einem rechten Winkel von S aus A und B festlegen.
2. Über $\overline{SA}$ und über $\overline{SB}$ gleichseitige Dreiecke konstruieren.
3. Beide Dreiecke überlappen sich um 30° und lassen jeweils auch 30° frei.

Seitenhalbierende und Flächenschwerpunkt im Dreieck

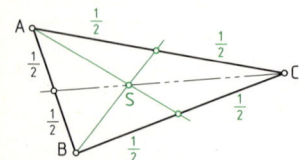

Die **Seitenhalbierenden** eines Dreiecks schneiden sich in dessen **Schwerpunkt** S. Benutzt man diesen als Aufhänge- oder Stützpunkt, befindet sich die Fläche im Gleichgewicht.
1. Mindestens zwei Seiten halbieren und jeden Halbierungspunkt mit dem gegenüberliegenden Eckpunkt verbinden.
2. Mit der dritten Seitenhalbierenden das Ergebnis kontrollieren.

Kleine Winkel ohne Winkelmesser zeichnen:

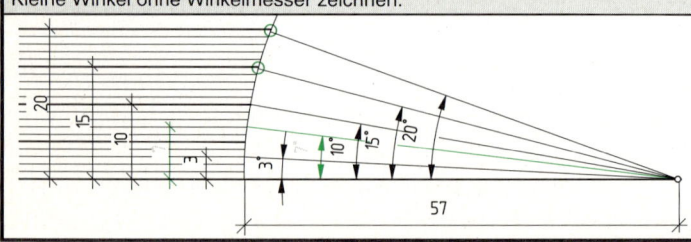

Dieses Näherungs-Verfahren ist nur bei einem **Radius von 57 mm** möglich und nur bis zu Winkeln von etwa 20°!

Technisches Zeichnen

Regelmäßige Vielecke konstruieren

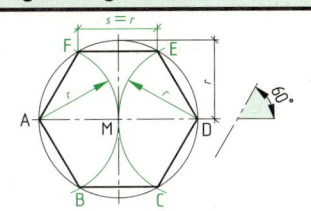

Sechseck im Umkreis
1. Umkreis mit gegebenen Radius *r* um M zeichnen.
2. Eckpunkte A und D festlegen (z. B. in der Waagerechten oder Senkrechten).
3. Kreisbögen mit *r* um A und D ergeben die weiteren Eckpunkte B, C, E und F.
4. Eckpunkte verbinden (60°-Winkel ist hilfreich).

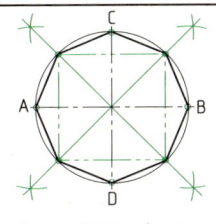

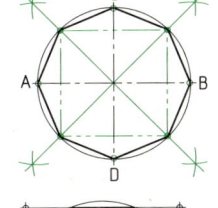

Achteck (ggf. Viereck) in den gegebenen Umkreis
1. Mittellinien und Winkelhalbierende einzeichnen
2. Achteckpunkte (ggf. Viereckpunkte) verbinden.

Achteck (ggf. Viereck) in eine gegebene quadratische Fläche
1. Von den Viereckpunkten aus Kreisbögen durch Mittelpunkt schlagen.
2. Achteckpunkte verbinden (45°-Dreieck ist hilfreich).

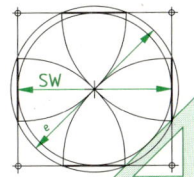

Achteck (ggf. Viereck) bei gegebener Schlüsselweite (SW)
1. Innenkreis mit ø = SW und
2. Umkreis mit ø = *e* = 1,083 SW zeichnen
3. Die Achteckseiten ergeben sich durch das Einzeichnen der Sehnen bzw. Tangenten der Kreise

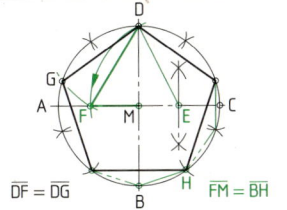

$\overline{DF} = \overline{DG}$ $\overline{FM} = \overline{BH}$

Regelmäßiges Fünfeck (Zehneck)
1. Punkt E durch Halbieren von $\overline{MC}$ ermitteln.
2. Kreisbogen mit $\overline{ED}$ von E ergibt F.
3. Verbindung $\overline{FD}$ ist gesuchte Seite des Fünfecks $\overline{FM}$ die gesuchte Seite des Zehnecks.
4. Von beliebigem Anfangspunkt aus die Seiten $\overline{FD}$ (bzw. $\overline{FM}$) auf dem Umkreis abtragen.
5. Eckpunkte verbinden

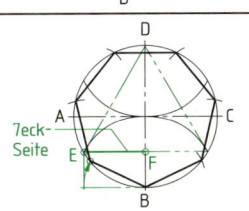

Regelmäßiges Dreieck und Siebeneck
1. Kreisbogen mit *r* von B aus ergibt Eckpunkt E.
2. Gleichseitiges Dreieck in Umkreis einzeichnen.
3. $\overline{EF}$ ist die gesuchte Seite *s* des Siebenecks.
4. *s* auf dem Umkreis siebenmal abtragen (bzw. nur dreimal und dann überwinkeln).
5. Eckpunkte verbinden.

Allgemeine Vieleckkonstruktion (beliebiges Vieleck, n-Eck)

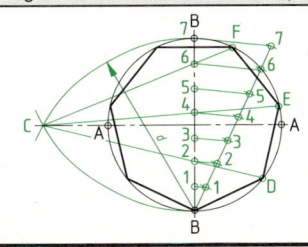

1. Eine Mittellinie des Umkreises (hier $\overline{BB}$) in n gleiche Teile einteilen (z. B. in 7 für ein Siebeneck).
2. Um B mit *d* Schnittpunkt C ermitteln.
3. Von C aus Strahlen durch jeden geraden oder ungeraden Teilpunkt bis zum gegenüberliegenden Schnittpunkt mit der Umkreislinie ziehen.
4. Diese Schnittpunkte D, E und F spiegelbildlich übertragen und die so gefundenen Vieleckpunkte (hier 7) verbinden.

Technisches Zeichnen

Kreise und Bogen

Kreis und Segmentbogen

Mittelpunkt eines Kreises bestimmen
Die Mittelsenkrechten aller (beliebigen) Sehnen eines
Kreises schneiden sich im Mittelpunkt (M).
1. Zwei beliebige Sehnen($\overline{AB}$ und $\overline{CD}$) in den Kreis einzeichnen.
2. Auf beiden Sehnen die Mittelsenkrechten errichten.
3. Der Schnittpunkt M ist der gesuchte Mittelpunkt für den Kreis
   und für die Segmentbogen über $\overline{AB}$ und $\overline{CD}$.

Mittelpunkt eines Segmentbogens bestimmen
Ein Segmentbogen ist stets Teil eines Kreisbogens, für den M zu
ermitteln ist. Beispiel: die „Spannweite" *s* mit den Kämpferpunk-
ten K1 und K2 sowie die „Stichhöhe" *h* sind bekannt:
1. Sehne $\overline{K1K2}$ und Mittelsenkrechte zeichnen, S eintragen.
2. Mittelsenkrechte auf $\overline{K1S}$ oder $\overline{SK2}$ errichten: M.
3. Um M einen Segmentbogen mit $r = \overline{MS}$ zeichnen.

Tangente von einem Punkt P aus zeichnen
In einem Halbkreis betragen alle Umfangswinkel über dem
Durchmesser stets 90°.
1. P mit M verbinden, Strecke halbieren: A.
2. Um A Halbkreis mit $r = \overline{AM}$ zeichnen: T.
3. $\overline{TP}$ ist die gesuchte Tangente.
   (Der Umfangswinkel MTP im Halbkreis beträgt 90°).

Segmentbogen ohne Mittelpunkt aufreißen
In einem Segment (Kreisabschnitt) sind alle Umfangswinkel über
der Sehne stets gleich groß.
1. Umfangspunkte K1, K2 und S festlegen.
2. Aus zwei Leisten Anreißlehre mittels K1, S und K2 herstellen.
3. Zeichenstift in S einsetzen, Schenkel des fixierten Winkels an
   K1 und K2 entlang führen: Segmentbogen entsteht.

Ellipse

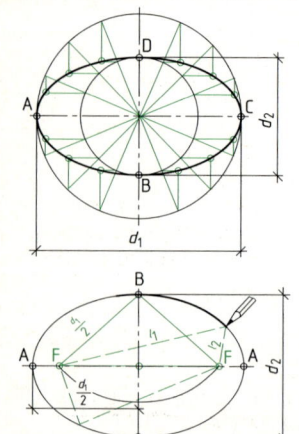

Konstruktion durch Kippen einer Kreisscheibe
Eine gekippte Kreisfläche wirkt wie eine Ellipse.
1. Zwei Kreise mit den Durchmessern d_1 und d_2 zeichnen.
2. Kreisfläche („Scheibe") in gleiche Teile (z. B. 16) einteilen.
3. An jedem Strahl von den Schnittpunkten aus senkrechte bzw.
   waagerechte Projektionslinien zeichnen.
4. A, B, C und D sowie die ermittelten Schnittpunkte sind die
   gesuchten Ellipsenpunkte.
5. Diese so verbinden, dass auch bei A und C ein Bogen entsteht!

Fadenkonstruktion („Gärtner-Methode")
1. **Brennpunkte** F1 und F2 der Ellipse ermitteln:
   Radius = $d_1/2 = \overline{BF}$.
2. Faden (Schnur) mit der Länge d_1 in den Brennpunkten F1 und
   F2 befestigen ($l_1 + l_2 = d_1$).
3. Mit gespanntem Faden den Ellipsenbogen zeichnen.

Kreise und Bogen (Fortsetzung)

Korbbogen mit drei und mit fünf Mittelpunkten

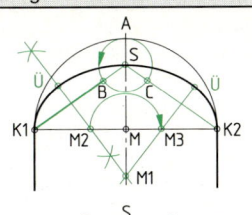

1. Spannweite $\overline{K1K2}$ und Stichhöhe $\overline{MS}$ mit Achsen auftragen.
2. Kämpferpunkte K1 und K2 mit S verbinden.
3. Um M mit $\overline{MK1}$ einen Halbkreis zeichnen, A eintragen.
4. Kreisbogen um S mit SA schneidet K1S und K2S in B und C.
5. Die Mittelsenkrechten auf K1B und K2C konstruieren.
6. Deren Schnittpunkte ergeben M1, M2 und M3 sowie die Übergangspunkte (Ü) für das Zeichnen des Korbbogens K1SK2.

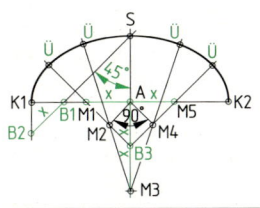

1. Spannweite $\overline{K1K2}$ und Stichhöhe $\overline{AS}$ mit Achsen auftragen.
2. Von S aus B1 und B2 ermitteln: $\overline{B1B2}$ ist das Maß x.
3. Maß x von A aus 4-mal auftragen, ergibt M1, M5, B3 und M3.
4. Strahlen von B3 aus durch M1 und M5 und Linien unter 45° von A aus ergeben M2 und M4.
5. Von M3 aus Strahlen durch M2 und M4 zeichnen.
6. Kreisbogen um M1, M2, M3, M4 und M5 treffen sich in den Übergangspunkten Ü.

Steigender Bogen

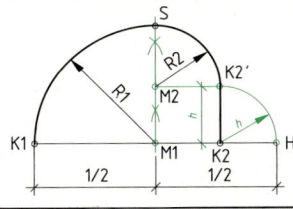

Einhüftiger Bogen aus Viertelkreisen
Prinzip: Der Kreisbogen wird über einem Kämpferpunkt um die Steigung *h* angehoben.
1. Spannweite $\overline{K1K2}$ und Steigung $\overline{K2K2'}$ zeichnen.
2. Kreisbogen um K2 mit *h* ergibt H.
3. Mittelsenkrechte von $\overline{K1H}$ schneidet mit Waagerechter K2'M2.
4. Viertelkreise mit $\overline{K1M1}$ um M1 und mit $\overline{M2K2'}$ um M2 treffen sich in S (Übergangspunkt).

Spitzbogen („Gotischer Bogen")

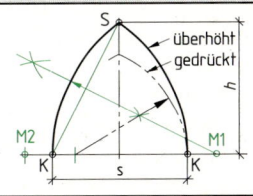

Spitzbogen bestehen aus zwei Segmentbogen,
deren Mittelpunkt jeweils auf der Mittelsenkrechten der zugehörigen Sehne KS und auf der Kämpferlinie (Spannweite, $\overline{KK}$) liegt. Man unterscheidet folgende Bogenformen:
- **normal** ($\overline{KK}$ = KS): Mittelpunkte sind die beiden Kämpferpunkte
- **überhöht**: Abstand der Mittelpunkte >$\overline{KK}$
- **gedrückt**: Abstand der Mittelpunkte <$\overline{KK}$

Winkelabrundungen (-ausrundungen)

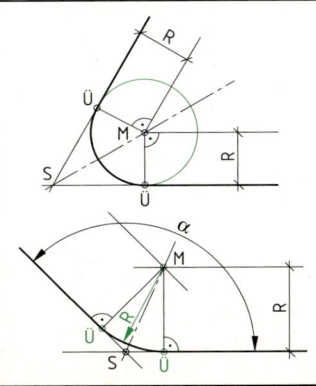

Spitzer Winkel und gegebener Radius
Prinzip: Tangentenkonstruktion an innen liegendem Kreis
1. Von S aus gegebenen Winkel auftragen.
2. Winkelhalbierende konstruieren.
3. Mindestens eine Parallele zum Schenkel im Abstand R: M.
4. Von M aus Lot fällen auf die Schenkel: Übergangspunkte Ü.
5. Kreisbogen um M mit $\overline{MÜ}$ ergibt gesuchte Winkelabrundung.

Stumpfer Winkel und gegebener Radius
1. Von S aus stumpfen Winkel auftragen.
2. Winkelhalbierende konstruieren.
3. Parallele zur Sehne im Abstand R: M
   (zur Kontrolle ggf. Parallele zur zweiten Sehne zeichnen).
4. Von M aus Lote fällen auf die Schenkel: Ü.
5. Kreisbogen um M mit $\overline{MÜ}$ (= R) von M aus zeichnen.

Technisches Zeichnen

Bogenanschlüsse

Karniesbogen

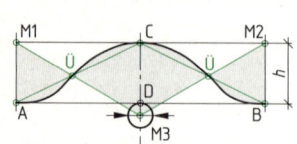

Gegenläufige Bogen (Konstruktionsprinzip)
Jeweils zwei Kreissektoren haben eine gemeinsame Begrenzungslinie, auf der auch die Mittelpunkte liegen.
- Die Bogen treffen sich im Übergangspunkt Ü.
- Die außen liegenden Begrenzungsradien sind die Lote von M1 und M2 (auch von C) auf $\overline{AB}$.
- Dieses Prinzip gilt auch bei unterschiedlichen Durchmessern.

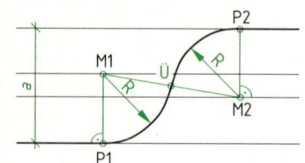

Zwei parallele Geraden mit gleichen Radien verbinden
1. Geraden (Abstand a) und Parallelen (Abstand R) zeichnen.
2. P1 und M1 (Abstand R) festlegen.
3. Kreisbogen um M1 mit R + R ergibt M2.
4. Die Senkrechte in M2 ergibt Übergangspunkt P2
5. Bogen um M1 und M2 mit R treffen sich im Übergangspunkt Ü
Regel: M1 und M2 liegen auf der Geraden durch Ü.

Zwei Kreise durch Kreisbogen verbinden

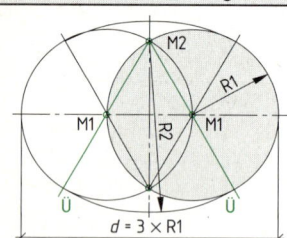

Ovalkonstruktion aus zwei Kreisen
1. Zwei Kreise auf horizontaler Achse zeichnen, die sich um R1 überlappen: M2.
2. Mittelpunkte M1 mit M2 verbinden und bis zu den gesuchten Übergangspunkten Ü verlängern.
3. Verbindungsbogen um M2 mit R2 zeichnen.
Regel (s. o.): Die Übergangspunkte zwischen zwei Kreisbogen liegen stets auf der Geraden durch beide Mittelpunkte.
Hinweis: **Oval aus 3 Kreisen** ist mit d = 4 × R1 zu konstruieren.

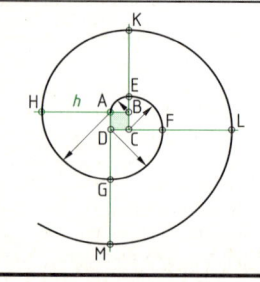

Zwei Kreise mit festgelegtem Abstand, die Radien R und r werden vorgegeben.
Außenbogen mit R
1. Parallele Kreisbogen um Z1 mit R–R1 und Z2 mit R–R2: M1
2. Verbindungen $\overline{M1Z1}$ und $\overline{M1Z2}$ bis zu den gesuchten Übergangspunkten A und B verlängern.
3. Um M1 mit R Außenbogen zwischen A und B zeichnen.
Innenbogen mit r
1. Parallele Kreisbogen um Z1 mit R1 + r und Z2 mit R2 + r: M2.
2. Verbindungen $\overline{M2Z1}$ und $\overline{M2Z2}$ ergeben die gesuchten Übergangspunkte C und D.
3. Um M2 mit r Innenbogen zwischen C und D zeichnen.

Spirale aus Viertelkreisen (Näherungsverfahren)

1. Ein Quadrat zeichnen mit den Eckpunkten A, B, C, D.
2. Die einzelnen Quadratseiten einseitig verlängern:
   mit dem Uhrzeiger: Spirale verläuft rechts herum,
   gegen den Uhrzeiger: Spirale verläuft links herum.
3. Den ersten Viertelkreis über Quadratseite AB um B zeichnen.
4. Der Endpunkt E des Viertelkreises ist der Anfangspunkt des nächsten Viertelkreises um C.
5. Die nächsten Viertelkreis um D anschließen und danach weitere, immer von A, B, C und D aus.
$\overline{AH}$, $\overline{EK}$, $\overline{FL}$, $\overline{GM}$ usw. markieren die Steigungshöhe h.

Technisches Zeichnen

Notwendige Planungsmaßnahmen und Planungsverlauf

Planungsschritt	Erläuterungen
Planungsbedarf	• Umplanungs-, Erweiterungs- und Neubaumaßnahmen • Rationalisierungsmaßnahmen
Ist-Zustands-Analyse	• Standort, Produktionsprogramm, vorhandene Mitarbeiter, Betriebsmittel und Gebäude (s. S. 336), Bilanz (s. S. 340) • Umsatzentwicklung (Vergangenheit), erzielbare Verkaufserlöse, Marktbeobachtung (s. S. 336)
Produktplanung	• Festlegung des (neuen) Produktionsprogramms • Ähnlichkeitsfindung und Austauschbarkeit zur Verringerung der Modell- und Werkstoffvielfalt, Werksnormung (s. S. 362) • Planung der produktspezifischen Umsatzentwicklung • Auswahl repräsentativer Erzeugnisse, die alle typischen Arbeitsabläufe in Art und Häufigkeit wiederspiegeln (es können auch imaginäre Erzeugnisse für die Planung erschaffen werden) • Erzeugnisdokumentation (s. S. 361)
Verfahrensplanung	• Arbeitspläne für alle repräsentativen Erzeugnisse (s. S. 363) • Prinzipielle Festlegung der technologischen Verfahren (s. S. 341)
Betriebsmittelplanung	• Kapazitätsabstimmung (s. S. 342) • Betriebsmittelverzeichnis mit Anschlusswerten, Maschinenstundensätzen und Anschaffungspreisen (s. S. 343 und 344); hier auch Heizung, Druckluft, Späneabsaugung und Spritzraumeinrichtung, Handarbeitsplätze, Kleinmaschinen, innerbetrieblichen Transport, Büro, EDV und Sozialräume berücksichtigen • Einzelgrundrisse, Stell-, Arbeits- und Pufferflächen (s. S. 344)
Layout-Planung	• Arbeitsfolgeplan und Rangfolgeermittlung (s. S. 338) • Arbeits- und Materialflussbild (s. S. 338) • Ideal-Layout zunächst als Block-Layout (s. S. 339) entwickeln, d. h. eine rasterorientierte und gebäudeunabhängige Bestimmung des Flächenbedarfs der Fertigungs- und Lagerbereiche, der Hilfsbetriebe, notwendiger Flächen für Verwaltungs-, Ausstellungs- und Sozialräume sowie deren Zuordnung gemäß Arbeits- und Materialflussbild
Gebäudeplanung	• Grundstücksauswahl, Flächennutzungs- und Bebauungsplan • Zuwegung, notwendige Stellplätze für Firmenfahrzeuge, Parkplätze, Freilager, Abfallmulden und Container • Gebäudegrundriss, Konstruktion, Erweiterungsmöglichkeiten • Investitionen (Grundstück, Erschließung, Gebäude, Installation) • Übertragung und Anpassung des Ideal-Layouts • Betriebsmittel-Layout (s. S. 344) • Genaue Aufstellungszeichnungen (mit sämtlichen Anschlusswerten und Vermaßungen, Fundamentplänen; s. S. 344)
Personalplanung	• (Zusätzlicher) Arbeitskräftebedarf, Qualifikation, Lohngruppen • Jahresgehälter, Stundenlöhne, Gemeinkostenzuschläge
Wirtschaftlichkeit	• Wirtschaftlichkeitsberechnung und Finanzierungskonzept mit Banken und Beratern abstimmen (s. S. 340)
nein	• Bei negativer Wirtschaftlichkeit muss zunächst jeder einzelne Planungsschritt überprüft und gegebenenfalls variiert werden
ja Realisierung	• Projektteam, Aufgabenverteilung, Termin- und Fristenplanung • Vertrags- und Liefer- und Abnahmebedingungen (Konventionalstrafen, Service, Gewährleistung, Zahlungsweise usw.) • Beschaffungen vorbereiten und durchführen • Bau/Montage, Inbetriebnahme, Leistungstest, Abnahmeprotokoll

Betriebsplanung, Organisation

Checkliste zur Standort- und Marktanalyse

- **Regionale Faktoren**
  - Verkehrsanbindung und Logistik
  - Situation am Arbeitsmarkt
  - Lohnniveau der Region
  - Grundstückskosten (Wohn- u. Industriegebiet)
  - Nähe zu Lieferanten
  - Behörden und Verwaltungen
  - Örtliche Gewerbesteuer und Hebesatz
  - Regionale Wirtschaftsförderungsmaßnahmen
- **Mitarbeiter**
  - Vorhandener Mitarbeiterstamm
  - Müssen Mitarbeiter übernommen werden?
  - Müssen Mitarbeiter entlassen werden?
  - Kosten für Abfindungen
  - Notwendige Anzahl der Mitarbeiter
  - Vorhandene Qualifikationen der Mitarbeiter
  - Spezielle Arbeitsgebiete und Erfahrungen
  - Alter der Mitarbeiter
  - Krankenstand und Unfallhäufigkeit
  - Notwendige Qualifikationen neuer Mitarbeiter
  - Weiterbildungsmaßnahmen für Mitarbeiter
  - Verkehrsanbindung hinsichtlich zumutbarer An-
    fahrten vorhandener oder neuer Mitarbeiter
- **Betriebsgebäude und Gelände**
  - Parkplätze für Mitarbeiter und Kunden
  - Zustand und Alter evt. vorhandener Gebäude
  - Tragfähigkeit und Zustand des Fußbodens
  - Notwendige Reparaturen, Elektro-, Druckluft-,
    Absaug- und Heizungsinstallationen
  - Lichte Raumhöhe
  - Tageslicht und Fensterflächen
  - Notwendiges Raumprogramm u. Platzbedarf
  - Ortsübliche Pacht, Miete oder Kaufpreis
  - Erweiterungs- und Zukaufmöglichkeiten
  - Bebauungsplan, Grundflächen- und Geschoss-
    flächenzahl
  - Risiko von Altlasten bzw. Altlastensanierung
- **Umfeld**
  - Örtliche Verkehrs- und Bauleitplanung
  - Industrie-, Misch- oder Wohngebiet
  - Erschließungskosten
  - Naheliegende Wohnbebauung
  - Zulässige Lärmbelästigung in der Nachbarschaft
  - Emissionen und Immissionen
  - Langfristig abgesicherter Standort
  - Energieversorgung, Heizung, Elektro u. Gas
  - Holzresteverbrennung zur Beheizung
  - Entsorgung von Holzresten
  - Entsorgung sonstiger Abfälle
  - Kosten der Entsorgung
  - Besondere Umweltauflagen (Wasser, Luft, Lärm)

- **Finanzierung**
  - Sicherheiten und Eigenkapital
  - Inanspruchnahme spezieller Kreditprogramme,
    z. B. Schaffung neuer Arbeitsplätze, innovative
    Technologien, Umweltschutzmaßnahmen usw.
  - Umlaufvermögen und Außenstände
- **Wettbewerber**
  - Bekannte Wettbewerber/Konkurrenzanalyse
  - Angebote und Produkte der Wettbewerber
  - Marktnischen und Angebotslücken
  - Erzielbare Verkaufspreise
  - Umsatz- und Ertragsvorschau im Vergleich
  - Stärken und Schwächen der Wettbewerber
- **Eigene Angebotsschwerpunkte/Erfahrungen**
  - Fensterbau (Holz, Holz-Alu oder Kunststoff)
  - Haustüren und Innentüren
  - Innenausbau
  - Einzelmöbel
  - Treppen
  - Ladenbau
  - Messebau
  - Trockenbau
  - Bestattungen
  - Dienstleistungen, Service und Montage
  - Handel (Baumarkt, Holzhandel, Bastelbedarf,
    Küchen, Türen, Fenster, Parkett/Laminat)
  - Übernahme eines Franchisekonzeptes
  - Zulieferaufträge oder Subunternehmer
  - Kreation neuer Produkte und Dienstleistungen
- **Marketing**
  - Marketingkonzept
  - Abgrenzung vom Wettbewerb
  - Gebotener Zusatznutzen für den Kunden
  - Erfassung der Kundenzufriedenheit
  - Verfolgung von Werbung und Angeboten
  - Zielgruppenorientierte Angebotsstrategie
  - Zielgruppenorientierte Werbestrategie
  - Corporate Identity/Wiederkennungswert und
    einheitliche Gestaltung von Firmengebäude,
    Fahrzeugen, Geschäftspapieren u. Bekleidung
  - Telefonservice
- **Kunden**
  - Vorhandener Kundenstamm und Einzugsgebiet
  - Bekannter Kundenstamm/Kundenanalyse
  - Bedürfnisse der Kunden
  - Kaufkraft der Zielgruppe
  - Nachfrage- und Kaufkraftentwicklung
  - Überwiegende soziale Schicht der Kunden
  - Sprach- und Verhaltensebenen der Kunden
  - Geht das eigene Marketingkonzept auf die
    speziellen Ergebnisse der Kundenanalyse ein?

Checkliste für das Raumprogramm

Bereich	Erläuterungen
Lager (s. S. 350)	• Vollholz, Holzwerkstoffe, flächige Beschichtungsmaterialien, Kantenmaterialien, Lacke, Leim/Klebstoffe, Furniere, Glas, Metall-, Alu- und Kunststoffprofile, Halbfertigwaren, Handelswaren, Trockenbau, Isoliermaterial, Beschläge, Kleinmaterial (Schrauben, Dübel usw.), Werkzeuge, Schleifbänder • Lagereinrichtung, Regale, Bediengeräte, Krananlagen, innerbetrieblicher Transport
Fertigung	• Holztrocknung, Platten- und Vollholzzuschnitt, Hobeln, Fräsen, Bohren, Schleifen • Furnierzuschnitt, Fügen und Zusammensetzen, Leimauftrag • Furnier-, Rahmen-, Korpus-, und Kantenpressen, Vollholzverleimung, Kantenanleimen
Oberfläche (s. S. 354)	• Kontrolle, Ausbessern, Wässern, Bleichen, Beizen, Tauchen, Fluten, Spritzen, Walzen, Gießen, Trocknung, Zwischenschleifen • Transporttechnik, Zu- und Abluft, Filterung/Abscheidung, Overspray-Rückgewinnung,
Montage	• Montageverleimung, Beschlagmontage, Verglasung, Kleinmaschinen
Versand	• Kommissionierung, Endkontrolle, Verpacken, Zwischenlagern, Verladen, Abtransport • Platz für Transport- und Montagefahrzeuge sowie für Montagewerkzeuge
Sonstiges	• Nebenbetriebe: Metall-/Werkzeugschärferei, Ausbildungswerkstatt, Polsterei usw.
Energie-technik (s. S. 354 bis 357)	• Heizung (z. B. Holz, Öl, Gas), Heizraum (an einer Außenwand), Brennstofflagerung • Späneabsaugung (auch für Handmaschinen), Spänehandling (schallgedämmte Aufstellung der Ventilatoren, Filter, Silo mit Austragung, Container oder Brikettierung), • Druckluft (Frischluftversorgung für Kompressor, Trockner, Abwärmenutzung) • Elektrizität (Transformator, Blindleistungskompensation, Betriebsstundenzähler, Hausanschlussraum an einer Außenwand, zentrale Elektroverteilung)
Entsorgung	• Zwischenlagerung und Entsorgung von Holzresten (Späne, Stückholz- und Plattenreste, Briketts), Kunststoffresten, Metallen, Verpackungen, Pappe und Papier, Baustellenabfällen, Lackresten, leeren Gebinden (Lack, Montageschaum, Dichtstoffe)
Verwaltung	• Ausstellung, Besprechung, Chef, Meister, Arbeitsvorbereitung, EDV-Anlage, Zeichen- und CAD-Arbeitsplätze, CNC-Programmierung, Einkauf, Verkauf, Montageleitung, Buchführung, Archiv (Akten und Zeichnungen), Photokopie, Teeküche, Gästetoiletten,
Sozialräume	• Umkleide- und Waschräume, Toiletten, Aufenthaltsraum und Küche, Erste Hilfe
Außen-bereich	• Mitarbeiter- und Kundenparkplätze, Zuwegung, Stellplätze für Abfallmulden, Spänecontainer, überdachte und befestigte Flächen, Grünflächen, Feuerwehrzufahrt
Fuhrpark	• Innerbetrieblicher Transport (Krananlagen, Gabelstapler, Hubwagen usw.), Montagefahrzeuge, Lkw, notwendige Stellplätze und Garagen

Kennzahlen für die Gebäudeplanung von holzverarbeitende Handwerksbetriebe

Baukosten	Lagerraum, einschl. Elektro- und Heizungsinstallation, aber ohne Einrichtung wie Regale, Bediengeräte, Kran oder anteilige Heizkesselkosten	ca. 200 DM/m^3
	Werkstattraum, einschl. Elektro, Heizungs-, Absaug- und Druckluftinstallation, aber ohne Heizkessel, Ventilator, Filter, Silo, Kompressor	ca. 350 DM/m^3
	Verwaltung und Sozialräume, incl. Elektro-, Heizungs-, Kalt- und Warmwasserinstallation, Toiletten, und Waschräume, aber ohne anteilige Heizkesselkosten oder sonstige Einrichtungen	ca. 500 DM/m^3
	Befestigte Außenfläche	ca. 75 DM/m^2
Platzbedarf[1]	Bei kleinen Betrieben (weniger als 10 Mitarbeiter)	120 ... 150 m^2
	Bei mittleren Betrieben (10 bis 20 Mitarbeiter)	100 ... 120 m^2
	Bei größeren Betrieben (mehr als 20 Mitarbeiter)	80 ... 100 m^2

[1] Je gewerblichen Mitarbeiter und einschl. der Grundflächen für Verwaltungs-, Sozial- und Lagerräume.

Betriebsplanung, Organisation

Entwicklung des idealen Arbeitsflussbildes

Arbeitsfolgeplan

- Ausgehend von den Stücklisten und Arbeitsplänen (s. S. 362 u. 363) für das repräsentative Erzeugnis kann ein Arbeitsfolgeplan als Matrix entwickelt werden, die die Einzelteile und Baugruppen mit den zu ihrer Herstellung notwendigen Arbeitsschritten verknüpft.
- Die darin errechnete Rangfolge (Reihenfolge) gibt erste Hinweise auf die räumliche Anordnung der noch zuzuordnenden Betriebsmittel.
- Die abzulesende Häufigkeit macht voraussichtliche Engpässe sichtbar.

Arbeitsflussbild

- Mit den Ergebnissen des Arbeitsfolgeplanes wird das **Arbeitsflussbild** entwickelt, das damit weitere Hinweise auf die räumliche Anordnung der noch auszuwählenden Betriebsmittel gibt (s. S. 341 bis 343). Es ist Grundlage für das Block-Layout (s. S. 339).
- Das nebenstehende Beispiel muss zunächst noch als ideal angesehen werden, weil z. B. noch keine Schleife beim Kalibrieren, Furnierschleifen und Lackzwischenschleifen vorgesehen ist.
- Es macht auch die Hauptmaterialströme sichtbar (Vollholz, Platten und Furniere).

Materialflussbild

- Als ergänztes Arbeitsflussbild würden in ihm die Materialarten und Mengen, z. B. die Stück-, Stapel- oder Palettenanzahl, die von Arbeitsschritt zu Arbeitsschritt während eines bestimmten Zeitabschnitts (Stunden oder Schichten) transportiert werden, auf den Verbindungslinien eingetragen.

Arbeitsflussbild am Beispiel „Tisch mit Schublade"[1]

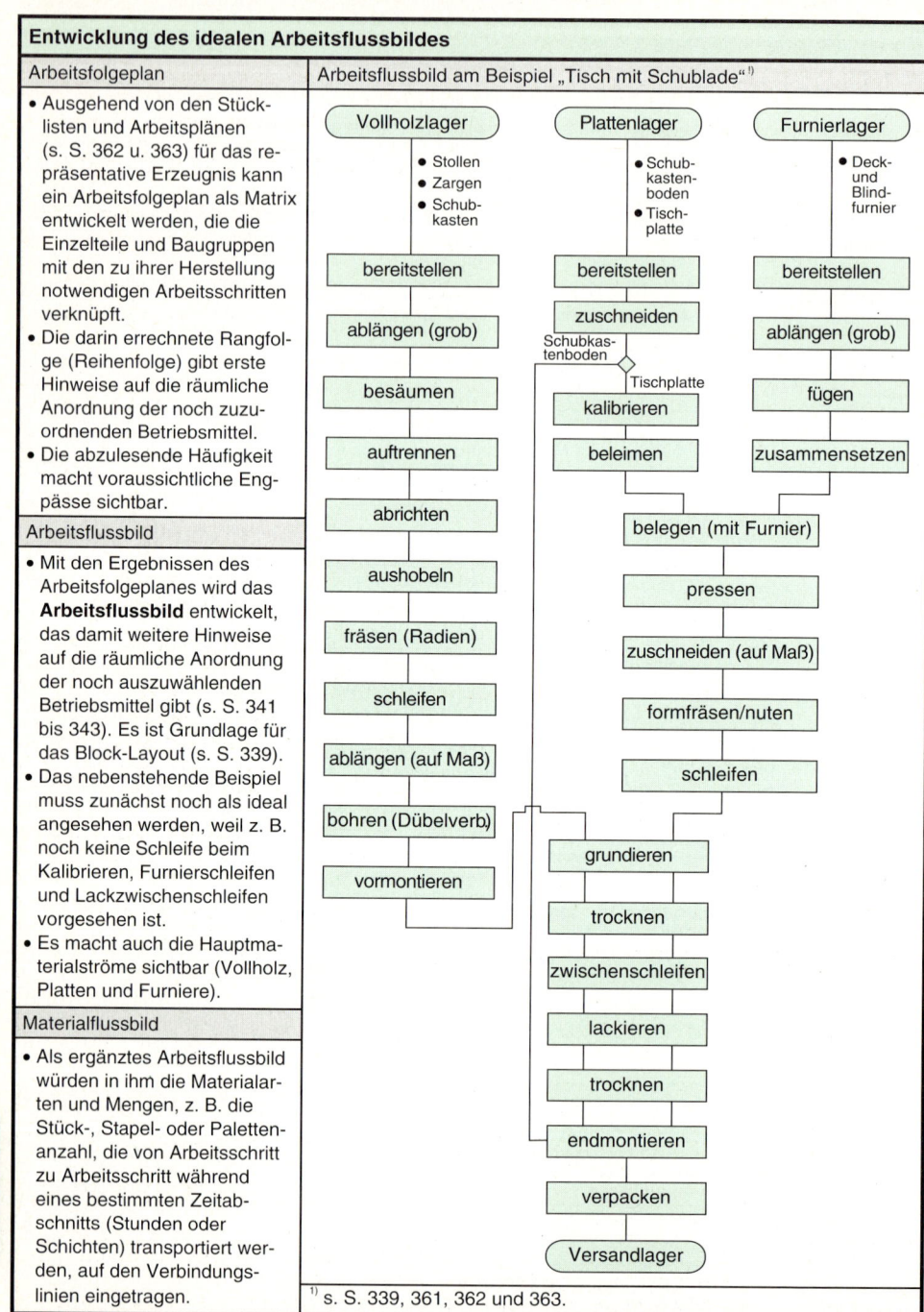

[1] s. S. 339, 361, 362 und 363.

Reales Arbeitsflussbild und Block-Layout

Nach endgültiger Festlegung der Betriebsmittel (s. S. 341 bis 344) können den einzelnen Arbeitsschritten im Arbeitsflussbild auch die entsprechenden Maschinen und Einrichtungen zugeordnet werden.

Aufgrund des ausgewiesenen Platzbedarfs im endgültigen Betriebsmittelverzeichnis kann zunächst raumunabhängig der Platzbedarf z. B. für die Vollholzbearbeitung dargestellt werden.

Reales Arbeitsflussbild: Vollholzbearbeitung „Tisch mit Schublade" (Ausschnitt s. S. 338)

Vom Arbeitsflussbild abgeleitetes **Block-Layout**

Vollholzlager

bereitstellen
Gabelstapler

grob ablängen
Pendelsäge

besäumen/auftrennen
Trennkreissäge

abrichten/aushobeln/fräsen
Kehlautomat

schleifen
2-Seiten-Schleifmaschine

auf Maß ablängen
Doppelablängsäge

Dübel bohren und eintreiben
Bohrautomat

vormontieren
3 Handarbeitsplätze

Zwischenlager

zum Lackieren

lfd. Nr. des Arbeitsschrittes aus Arbeitsfolgeplan oder Arbeitsplan

Arbeitsschritt

lfd. Nr. aus Betriebsmittelverzeichnis

ausgewähltes Betriebsmittel

9 m

$8 \times 3 = 24$ m² $8 \times 6 = 48$ m²

$6 \times 2 = 12$ m²

174 m² Nettoflächenbedarf

$9 \times 2 = 18$ m²

351 m² Bruttoflächenbedarf[1]

39 m

$6 \times 2 = 12$ m²

$4 \times 3 = 12$ m²

$4 \times 3 = 12$ m² $4 \times 3 = 12$ m²

$4 \times 3 = 12$ m² $4 \times 3 = 12$ m²

[1] Einschl. Zuschläge für Transportwege, Pufferlagerflächen sowie Flächen für weitere Tischlereistandardmaschinen, die zwar nicht für das repräsentative Erzeugnis benötigt werden, die aber trotzdem für die Vollholzbearbeitung vorhanden sein müssen (z. B. Abricht- und Dickenhobelmaschine usw.).

Betriebsplanung, Organisation

Start-Kapitalbedarf	Finanzierungsplan	Gewinnvorschau/Planzahlen
Langfristiger Kapitalbedarf Grundstück und Gebäude mit Nebenkosten (Grunderwerbsteuer, Notar, Grundbucheintragung usw.) + Ablöse für den Firmenwert + Bauliche Investitionen, Renovierung, Umbau, Installationen (Elektro, Heizung, Druckluft, Absaugung) + Betriebsausstattung (Maschinen, Geräte, Werkzeuge, Geschäfts- und Büroausstattung, Fuhrpark usw.) + Grundausstattung an Material und Waren + Kosten f. Eintragung in Handwerksrolle/Handelsregister + Einführungswerbung + Sonstiges **kurzfristiger Kapitalbedarf** + Betriebsmittel zur Anlauffinanzierung/Umlaufvermögen = **Gesamtkapitalbedarf**[2] + 10 % Reserve	**Eigenmittel** vorhandene liquide Mittel (Privatvermögen des Einzelunternehmers oder gezeichn. Kapital einer GmbH) + bis zur Betriebseröffnung zusätzlich zur Verfügung stehende liquide Mittel + Eigenleistung (z. B. bei Umbau oder Renovierung) + staatliche Zuschüsse **langfristige Fremdmittel** + staatliche Finanzmittel + Hausbankmittel + sonst. Fremdfinanzierung (z. B. Verwandten- oder Versicherungsdarlehen, Gesellschafterdarlehen, Verkäuferdarlehen, Beteiligungen usw.) **kurzfristige Fremdmittel** + Kontokorrentkredit + Lieferantenkredite + Wechsel usw. = **Finanzierungsmittel insg.** (Eigen- und Fremdmittel)	Umsatz ± Bestandsänderung + Eigenleistungen + sonstige betriebliche Erträge = **Gesamtleistung** − Wareneinsatz = **Wertschöpfung** − Personalaufwand − Abschreibungen − Miete, Versicherungen, Energie, Wasser − sonstige Aufwendungen − Zinsen für Fremdkapital[2] + Erträge aus Beteiligungen, Wertpapieren, Zinsen usw.. = **Ergebnis aus gewöhnlicher Geschäftstätigkeit** − Steuern auf Einkommen und Ertrag − sonstige Steuern = **Jahresüberschuss**[1] **bzw. Fehlbetrag** − kalkulatorischer Unternehmerlohn[2] bei Einzelunternehmen

[1] Der Jahresüberschuss (Gewinn) kann ein Anhaltswert für den Firmenwert sein, z. B. bei Übernahmeverhandlungen für einen bestehenden Betrieb (Bewertung nach dem Ertragswert; Gewinn multipliziert mit einem Wertfaktor zwischen 0 und 3).

[2] Die Gesamtkapitalrentabilität sollte mindestens einer möglichen Verzinsung bei anderen Anlagearten auf dem Kapitalmarkt entsprechen (auf keinen Fall sollte sie jedoch negativ ausfallen).

$$\text{Gesamtkapitalrendite} = \frac{(\text{Gewinn} + \text{Fremdkapitalzinsen}) - \text{Unternehmerlohn}}{\text{Gesamtkapital}} \cdot 100\,\%$$

Förderprogramme und Adressen

Deutsche Ausgleichsbank (DtA)	Wielandstraße 4 53173 Bonn Tel.: 02 28 / 8 31-24 00 Fax: 02 28 / 8 31-21 30	Existenzgründung, Luftreinhaltung, Energieeinsparung, Eigenkapitalhilfe	• Weitere Förderprogramm bei den Wirtschaftsministerien der Länder, Kammern und den Beratungsstellen der Fachverbände oder beim Amt für Wirtschaftsförderung auf Landkreisebene nachfragen. • KfW- und DtA-Mittel werden i. d. R. über die jeweilige Hausbank beantragt und ausgezahlt.
Kreditanstalt für Wiederaufbau (KfW)	Palmengartenstraße 5-9 60325 Frankfurt a.M. Tel.: 0 69 / 74 31-0 Fax: 0 69 / 74 31-29 44	Regionalförderung GA, KMU-Beteiligungen, Bürgschaften, Mittelstandsprogramm	
Bundesministerium für Wirtschaft (BMWi)	Villemombler Straße 76 53123 Bonn Tel.: 02 28 / 6 15-0 Fax: 02 28 / 6 15-44 36	Existenzgründungsberatung (durch freie Berater, RKW, Fachverbände, Kammern)	

Pro-Kopf-Umsatz p.a.

Minimum: etwa 120.000 DM Mittelwert: etwa 150.000 DM Höchstwerte: bis 200.000 DM Holzindustrie: bis 300.000 DM	Die ersten drei Werte sind Durchschnittswerte für das holzverarbeitende Handwerk. Der angenommene Umsatz ist eine der wichtigsten Planungsgrößen und muss daher sehr genau beobachtet bzw. abgeschätzt werden.

Betriebsplanung, Organisation

Methodische Vorgehensweise bei der Auswahl von Betriebsmitteln

Arbeitssystemgestaltung nach REFA (s. S. 358/9)

Ausgangssituation analysieren
- Ist-Zustand des vorhandenen Arbeitssystems beschreiben
- Analyseschwerpunkte festlegen
- Analyseinstrumente auswählen, z. B. Multimomentverfahren

Ziele festlegen, Aufgaben abgrenzen
- Ziele konkretisieren
- Ziele gewichten
- Planungsaufgaben abgrenzen
- Planungsaufgaben verteilen bzw. Planungsteams gründen

Arbeitssystem konzipieren
- Arbeitsablauf- und Arbeitssystemvarianten erarbeiten
- Anforderungen und Belastungen abschätzen
- Variantenbewertung u. Auswahl

Arbeitssystem detaillieren
- Gestaltungsregeln umsetzen
- Betriebsmittel planen
- Personal planen
- Lohngruppe/Entgelt festlegen
- Realisierungsplan erstellen

Arbeitssystem einführen
- Personal und Betriebsmittel beschaffen und vorbereiten
- Arbeitssystem installieren
- Probebetrieb u. Datenermittlung
- Belastungen analysieren

Arbeitssystem einsetzen
- Abschlussdokumentation erstellen
- Erfolgskontrolle durchführen (gleiche Instrumente/Darstellung wählen wie zu Beginn)

Allg. Vorgehensweise bei der Maschinenauswahl

Ist-Zustand feststellen und bewerten
- unzureichende Auslastung
- Engpässe/Überlastungen
- lange Rüst- und Leerlaufzeiten
- erhöhter Ausschuss
- gesetzliche Vorschriften

Abgrenzung vornehmen
- einzelne Maschine
- mehrere (verkettete) Maschinen
- komplette Abteilung
- bisher noch gar nicht vorhandene Fertigungsmöglichkeiten

Soll-Zustand bzw. Ziel festlegen
- bessere Auslastung
- niedrigere Kosten
- Arbeits- und Materialfluss verbessern (s. S. 338 u. 339)
- Fertigung neuer Produkte

Vorgehensstrategie entwickeln
- Forderungen spezifizieren (betriebliche und funktionelle)
- Pflichtenheft erstellen
- Informationen beschaffen
- Variantenbewertung u. Auswahl

Strategie umsetzen
- Termin- und Montageplanung
- Vertragsvereinbarungen treffen
- Beschaffung auslösen
- Montage und Inbetriebnahme
- Einarbeitung der Mitarbeiter

Erfolg kontrollieren
- Abnahmevereinbarungen kontrollieren (evt. Abnahme durch die Aufsichtsbehörden nötig)
- Leistungstest durchführen
- Leistungstest dokumentieren

Betriebsmittelverzeichnis[1]

Blatt von · Planungsvorhaben: · Bearbeiter: · Datum:

lfd. Nr.	Betriebsmittel (Anzahl, Hersteller, Type)	Abmessungen			Platzbedarf[2]		Gewicht	Anschlusswerte							
								Elektro		Druckluft			Absaugung		
		L	B	H	netto	brutto		V	kW	p	D	Vol.	p	D	Vol.

Sonderausrüstungen	Werkstückabmessung						Anschaffungskosten			Leistung (Taktzahl, Vorschub)	Bemerkungen
	maximal			minimal			Montage[3]	Maschine[4]	Werkzeug		
	L	B	D	L	B	D					

[1] Das Betriebsmittelverzeichnis lässt sich zu Beginn der Planungsarbeit auch als Pflichtenheft verstehen, während zum Ende hin in ihm die konkreten, zu kaufenden Betriebsmittel aufgelistet sind; das Betriebsmittelverzeichnis ist nicht zu verwechseln mit der Maschinenkarte, die später eine Maschine ihr Leben lang begleitet und weitere Informationen enthält, z. B. Baujahr, Maschinennummer, Lieferanten-, Serviceanschrift, durchgeführte Wartungen, Reparaturen, Umbauten, evt. auch Maschinenstundensätze (s. S. 343).
[2] S. S. 339 und 344. [3] Auch Transportkosten. [4] Auch Sonderausrüstungen.

Betriebsplanung, Organisation

Gliederung für die Belegungszeit von Betriebsmitteln nach REFA

Belegungszeit T_{bB}

Betriebsmittel-Rüstzeit t_{rB}

Betriebsmittel-Ausführungszeit $t_{aB} = m \cdot t_{eB}$

Betriebsmittelzeit je Einheit t_{eB}

Betriebsmittel-Rüstgrundzeit t_{rgB}

Betriebsmittel-Rüstverteilzeit t_{rvB}

Betriebsmittel-Grundzeit t_{gB}

Betriebsmittel-Verteilzeit t_{vB}

Hauptnutzungszeit t_h

Nebennutzungszeit t_n

Brachzeit t_b

Formeln zur Kapazitäts- und Leistungsabstimmung

Ziel der Kapazitätsabstimmung im Rahmen der Planung ist zunächst die Ermittlung der Anzahl der notwendigen Betriebsmittel und ihres jeweiligen Auslastungsgrades bzw. ihrer jeweiligen Kapazitätsreserve, sowie eine Abstimmung von Betriebsmitteln, Anlagen, Mitarbeitern und Abteilungen untereinander. Kritisch dabei sind Engpasssituationen, d. h., der Kapazitätsbedarf ist höher als der Kapazitätsbestand (Auslastung > 100 %); hier sind technische und/oder organisatorische Maßnahmen erforderlich.

berechnete Anzahl der benötigten Maschinen z_{ber} = Nutzungsgrad $a = \dfrac{\text{Belegungszeit}}{\text{Einsatzzeit}} = \dfrac{T'_{bB}}{q_{BT} \cdot p \cdot Z}$

- z_{ber} wird weiter unten zur gerundeten Anzahl der benötigten Maschinen z_{ger}
- T'_{bB} voraussichtliche Belegungszeit je Jahr
- q_{BT} theoretisch mögliche Einsatzzeit je Jahr (z. B. 220 Arbeitstage · 7,5 Stunden · 60 Minuten/Stunde)
- p Planungsfaktor (berücksichtigt noch keine Verteil- oder Rüstzeiten, d. h., er stellt einen gewissen Planungssicherheitsfaktor dar; zwischen 0,8 ... 0,9 ... 1,0)
- Z Zeitgrad (berücksichtigt eine kürzere tatsächliche Ist-Belegungszeit gegenüber der Vorgabezeit, z. B. bei Akkord- oder Prämienentlohnung; zwischen 1,0 ... 1,1 ... 1,2)

Auslastung $= \dfrac{\text{Kapazitätsbedarf}}{\text{Kapazitätsbestand}} = \dfrac{\text{berechnete Anzahl der benötigten Maschinen } z_{ber}}{\text{gerundete Anzahl der benötigten Maschinen } z_{ger}}$

Kapazitätsreserve $= \dfrac{1 - \text{Auslastung}}{\text{Auslastung}} = \dfrac{z_{ger} - z_{ber}}{z_{ber}}$

Belegungszeit je Jahr T'_{bB} = Ausführungszeit je Jahr t'_{aB} + Rüstzeit je Jahr $t'_{rB} = M \cdot t_{eB} + \dfrac{M}{m} \cdot t_{rB}$

- M Gesamtproduktionsmenge je Jahr
- m Losgröße je Auftrag, bzw. die Menge, nach der ein Rüstvorgang notwendig wird (verschleißbedingt)
- M/m Zahl der Rüstvorgänge je Jahr (aufgerundet)
- $t_{eB} = t_{gB} + t_{vB} = t_{gB} \cdot f_{vB}$ Betriebsmittelzeit je Einheit (f_{vB} Verteilzeitfaktor zwischen 1,1 ... 1,15 ... 1,2)
- t_{rB} Betriebsmittel-Rüstzeit je Auftrag bzw. je Rüstvorgang (Rüstverteilzeit bleibt hier unberücksichtigt)

Ausführungszeit je Jahr $t'_{aB} = M \cdot t_{eB} = M \cdot (t_{gB} + t_{vB}) = M \cdot t_{gB} \cdot f_{vB}$

- bei automatischem Vorschub: $t'_{aB} = \dfrac{\text{Gesamtlänge der zu bearbeitenden Werkstücke je Jahr } M \cdot f_{vB}}{\text{Vorschubgeschwindigkeit } v_f}$
- bei taktweiser Bearbeitung: t'_{aB} = Gesamtstückzahl M · Taktzeit $t_{gB} \cdot f_{vB}$
- bei manueller Beschickung: t'_{aB} = Gesamtstückzahl $M \cdot (t_{n(einlegen)} + t_{h(bearbeiten)} + t_{n(ablegen)} + t_{b(Brachzeit)}) \cdot f_{vB}$

Betriebsplanung, Organisation

Maschinenstundensatz

Maschinenkosten im Vergleich		Variante A			Variante B		
1	erf. Jahresmenge (Stck., lfm o. Ä. je Jahr)						
2	Stundenleistung (Stck., lfm o. Ä. je Stunde)						
3	tatsächliche Laufzeit (Stunden je Jahr)						
4	unterschiedliche Laufzeiten (Stunden je Jahr)	250	750		250	750	
5	voraussichtlicher Nutzungszeitraum (Jahre)						
6	Anschaffungswert (DM)						
7	Restwert nach Ende der Nutzung (DM)						
8	Wiederbeschaffungswert (DM)						
9	kalk. Abschreibung (Z8 : Z5; DM je Jahr)						
10	kalk. Zinsen (Z6 · 0,5 · Zinssatz; DM je Jahr)						
11	Raumkosten (DM je Jahr)						
12	Fixe Kosten je Jahr (Z9 + Z10 + Z11)						
13	Fixe Kosten je Stunde (Z12 : Z4)						
14	Energiekosten (DM je Stunde)						
15	Instandhaltung und Wartung (DM je Stunde)						
16	Werkzeugpflege u. Schärfen (DM je Stunde)						
17	Lohn und Lohnnebenkosten (DM je Stunde) für die erforderliche Anzahl Bedienpersonal						
18	Sonstiges (DM je Stunde)						
19	Variable Kosten je Stunde (Z14 + Z15 + Z16 + Z17 + Z18)						
20	Variable Kosten je Jahr (Z19 · Z4)						
21	Variable Kosten je Einheit (Z19 : Z2)						
22	Maschinenstundensatz (Z13 + Z19)						
23	Kosten je Einheit (Z22 : Z4)						
24	Ersparnis je Einheit (Vergleich der Varianten)						
25	Ersparnis je Jahr (Z24 · Z1)						

$$\text{Amortisationszeit (in Jahren)} = \frac{\text{Mehrpreis bei der Anschaffung (Variantenvergleich)}}{\text{Ersparnis je Jahr}}$$

Break-Even-Analyse

Es wird der Punkt bestimmt, an dem für die zu vergleichenden Varianten die Gesamtkosten gleich sind:

Gesamtkosten A = Gesamtkosten B

Fixkosten A + (Stundenzahl A × variable Kosten A) = Fixkosten B + (Stundenzahl B × variable Kosten B)

Grenzstundenzahl

$$\text{Grenzstundenzahl} = \frac{\text{fixe Kosten B}^{1)} - \text{fixe Kosten A}^{1)}}{\text{var. Kosten A}^{2)} - \text{var. Kosten B}^{2)}}$$

Grenzstückzahl (auch „kritische Stückzahl")

$$\text{Grenzstückzahl} = \frac{\text{fixe Kosten B}^{1)} - \text{fixe Kosten A}^{1)}}{\text{var. Kosten A}^{3)} - \text{var. Kosten B}^{3)}}$$

[1] fixe Kosten je Jahr (Z12)
[2] variable Kosten je Stunde (Z19)
[3] variable Kosten je Einheit (Z21)

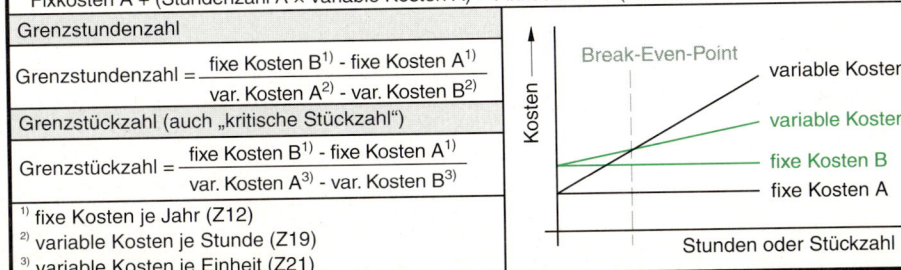

Betriebsplanung, Organisation

Maschinengrundriss[1] am Beispiel einer Breitbandschleifmaschine

140   180

☐ Stellfläche der Maschine

▨ Flächen für Schleifbandwechsel (links) und Wartungsarbeiten (rechts)

▨ Flächen zum Beschicken und zur Entnahme (abhängig von den Werkstückabmessungen)

[1] Die einzelnen Maschinengrundrisse werden später zum sog. Betriebsmittel-Layout zusammengefügt.

Zusätzliche technische Angaben zur Aufstellung und zum Anschluss

ca. 500 mm für Staub- und Späneabsaugung

ca. 500 mm für Beleuchtung, Elektroverteilung und Druckluft

ca. 1000 mm

ca. 4000 mm empfohlene Deckenhöhe/ Traufhöhe

2185 mm (bei 2150 mm Schleifbandlänge)

170 475

3100 ... 3700 m³/h ≙ 20 ... 25 m/s bei 800 Pa (in Standardausführung)

50

2050

≥ 740

≤ 900

235 370 1040 325 270

2240

6 bis 8 bar
D_{min} = 8 mm I.W.
12 l/min ungeölt (in Standardausführung)

Arbeitsbreite 1100 (Bei 1120 mm Schleifbandbreite) 1825

Geltungsbereich und Begriffsbestimmungen nach Arbeitsstättenverordnung (ArbStättV)

Der Arbeitgeber hat die Arbeitsstätte nach dieser Verordnung, den sonst geltenden Arbeitsschutz- und Unfallverhütungsvorschriften und nach den allgemein anerkannten sicherheitstechnischen, arbeitsmedizinischen und hygienischen Regeln sowie den sonstigen gesicherten arbeitswissenschaftlichen Erkenntnissen einzurichten und zu betreiben und den in der Arbeitsstätte beschäftigten Arbeitnehmern die Räume und Einrichtungen zur Verfügung zu stellen, die in dieser Verordnung vorgeschrieben sind.

Nach gewerbeaufsichtlicher Praxis gilt ein Raum als **Arbeitsraum** bzw. als **Arbeitsstätte** mit ständigem Arbeitsplatz, wenn darin Arbeitnehmer regelmäßig, d. h. an mehr als 30 Tagen im Jahr, mindestens 2 Stunden je Tag beschäftigt werden (diese Definition trifft auch auf Bildschirmarbeitsplätze zu).

Arbeitnehmer sind alle Beschäftigten im Sinne des Arbeitsschutzgesetzes (§ 2 Abs. 2; also auch Auszubildende); **Arbeitgeber** ist, wer diese Personen beschäftigt (§ 2 Abs. 3; der Arbeitgeber kann sowohl eine natürliche oder eine juristische Person, als auch eine rechtsfähige Personengesellschaft sein).

Arbeitsstätten sind u. a.:	Zur Arbeitsstätte gehören u. a.:
• Arbeitsräume in Gebäuden, einschließlich Ausbildungstätten (neuerdings auch Betriebe der freien Berufe und des öffentlichen Dienstes) • Arbeitsplätze auf dem Betriebsgelände im Freien • Baustellen • Verkaufsstände im Freien, die im Zusammenhang mit Ladengeschäften stehen	• Verkehrswege • Lager-, Maschinen- und Nebenräume • Pausen-, Bereitschafts-, Liegeräume und Räume für körperliche Ausgleichsübungen • Umkleide-, Wasch- und Toilettenräume • Sanitätsräume (Erste Hilfe) • Lüftungs-, Heizungs- und Beleuchtungsanlagen

Lüftung · § 5 ArbStättV

Freie Lüftung	Lüftungstechnische Anlagen
• Lüftungsquerschnitte sind nach ASR[1] 5 Nr. 3.1.3 zu bestimmen. • Darüber hinaus gilt § 44 der Musterbauordnung, bzw. die jeweilige Landesbauordnung, das aufgrund von Mindestanforderungen an die Beleuchtung und Lüftung ein Rohbaumaß der Fensteröffnung von 1/8 der Grundfläche des Raumes vorsieht.	• Lüftungstechnische Anlagen sind notwendig, wenn: - die Größe der Räume ASR[1] 5 Nr. 3.1.3 überschreitet, - die Lage der Räume (z. B. unter der Geländeoberfläche) oder die umliegende Bebauung eine freie Lüftung nicht zulassen, - eine besondere Nutzung vorliegt (z. B. hohe innere Wärmelast, Gefahr der Überschreitung der MAK-Werte). • Lüftungstechnische Anlagen sind so auszulegen, dass keine unzumutbare Zugluft auftritt. Das ist üblicherweise bei einer Temperatur von 20 °C und einer Luftgeschwindigkeit von unter 0,2 m/s gegeben (z. B. Zuluftanlagen in Spritzräumen).

Grenzwerte für die relative Luftfeuchte

Temp.	Luftf.	
20 °C	80 %	Das Arbeitsraumklima sollte allerdings den späteren Einsatzbedingungen entsprechen, sodass sich bereits vor Beginn der Verarbeitung die erforderliche Holzfeuchte einstellt; z. B. entspricht 20 °C/50 % (nach DIN 4108) u = 9...10 % ; u. U. sind noch niedrigere Holzfeuchten für den Innenausbau, aber höhere Werte für den Fensterbau (erfordert Luftbefeuchtung) notwendig.
22 °C	70 %	
24 °C	62 %	
26 °C	55 %	

[1] Jedem Paragraphen der ArbStättV sind die sogenannten Arbeitsstättenrichtlinien (ASR) beigestellt.

Mindest-Raumtemperaturen · § 6 ArbStättV

Temp.	Art der Tätigkeit bzw. Raumnutzung	Temp.	Art der Tätigkeit bzw. Raumnutzung
12 °C	bei schwerer körperlicher Arbeit	20 °C	in Büroräumen
17 °C	überwiegend nicht sitzende Tätigkeit	21 °C	in Pausen-, Bereitschafts-, Liege-,
18 °C	in Verbindungsfluren, die Hitzearbeitsplätze mit anderen Bereichen verbinden		Sanitär und Sanitätsräumen
		24 °C	in Waschräumen mit Duschen oder
19 °C	bei überwiegend sitzender Tätigkeit		Badewannen mit warmen Wasser
19 °C	in Verkaufsräumen	26 °C	Maximalwert

Betriebsplanung, Organisation

Sichtverbindung nach außen §7 ArbStättV (ASR 7/1)

- Die Sichtverbindung nach außen muss in Augenhöhe durch Fenster, durchsichtige Türen oder Wandflächen den Ausblick aus dem jeweiligen Raum ins Freie ermöglichen.
- Arbeits-, Pausen-, Aufenthalts-, Bereitschafts-, Liege- und Sanitärräume müssen eine Sichtverbindung nach außen haben.
- Auf eine Sichtverbindung in Arbeitsräumen kann verzichtet werden, wenn betriebstechnische Gründe (bes. Herstellverfahren oder Produkteigenschaften) sie nicht zulassen und in Arbeitsräumen mit einer Grundfläche von mindestens 2000 m², sofern Oberlichter vorhanden sind.

- **Gesamtfläche der Sichtverbindung (je Raum)**
  - Räume bis 600 m² Grundfläche (A): $\geq 0{,}1 \cdot A$
  - 600...2000 m²: $\geq 0{,}1 \cdot A + 0{,}01 \cdot (A - 600\ m^2)$
- **Lage der Sichtverbindung (Brüstungshöhe)**
  - Lage bei sitzender Tätigkeit: 0,85 m über OFF
  - Lage bei stehender Tätigkeit: 1,25 m über OFF
- **Abhängigkeit von der Raumtiefe**
  - bis 5,0 m Raumtiefe: $\geq 1{,}25$ m² je Einzelfenster
  - ab 5,0 m Raumtiefe: $\geq 1{,}50$ m² je Einzelfenster
- **Mindestabmessungen**
  - Höhe eines Einzelfensters: $\geq 1{,}25$ m
  - Breite eines Einzelfensters: $\geq 1{,}00$ m
  - Höhe eines Fensterbandes: $\geq 0{,}75$ m

Künstliche Beleuchtung §7 ArbStättV (ASR 7/3)

Nennbeleuchtungstärken (Auswahl) DIN 5035-2

Art des Innenraumes, bzw. der Tätigkeit	Nennbeleuchtungsstärke E_n	Art des Innenraumes, bzw. der Tätigkeit	Nennbeleuchtungsstärke E_n
Allgemeinbeleuchtung (Minimum)[1]	15 lx	Treppen und Verladerampen	100 lx
Sicherheitsbeleuchtung	1 lx	Büroräume	500 lx
Lagerräume	100 ... 200 lx	Technisches Zeichnen[2]	750 lx
Pausen- und Liegeräume	100 lx	Sitzung und Besprechung	300 lx
Kantine	200 lx	Empfang	100 lx
Umkleideräume	100 lx	Datenverarbeitung	500 lx
Waschräume und Toiletten	100 lx	Arbeiten an der Hobelbank	300 lx
Sanitätsräume, Erste Hilfe	500 lx	Furnierarbeiten[2]	500 lx
Haustechnische Anlagen	100 lx	Modelltischlerei[2]	500 lx
Verkehrswege für Personen	50 lx	Arbeiten an Holzbearbeitungsm.[2]	500 lx
Verkehrswege f. Pers. u. Fahrz.	100 lx	Oberflächenbeschichtung[2]	500 lx
Halleneneinfahrten	mind. 400 lx	Fehlerkontrolle[2]	750 lx

Grobabschätzung der zu installierenden Leistung bei Verwendung von Leuchtstofflampen

geforderte Nennbeleuchtungsstärke in lx	zu installierende Leistung in W/m² Grundfläche des Raumes		
	Leuchten 2 m über zu beleuchtender Fläche	Leuchten 3 m über zu beleuchtender Fläche	Leuchten 4 m über zu beleuchtender Fläche
1000	50	60	64
750	38	45	48
500	25	30	32
300	15	17	19
200	10	11	13
100	5	6	6
50	3	3	4

Umrechnungsfaktoren für andere Lampenarten

Lampenart	Faktor	Lampenart	Faktor
Glühlampe	4,0	Indium-Amalgam-Leuchtstofflampe (3-Banden-Lampe)	0,6
Halogen-Lampe	1,6		
Leuchtstofflampe	1,0	Natriumdampf-Hochdrucklampe	0,5
Quecksilberdampf-Hochdrucklampe	0,8	Halogen-Metalldampflampe	0,5

[1] Allgemeinbeleuchtung in Arbeitsräumen mindestens 200 lx.
[2] Einzelplatzbeleuchtung zweckmäßig;

Betriebsplanung, Organisation

Lichtfarbe und Farbwiedergabeeigenschaften von verschiedenen Lichtquellen

Lichtfarbe	Farbwiedergabestufen			
	1 (sehr gut)	2 (gut)	3 (weniger gut)	4 (ungenügend)
tw (tages-lichtweiß)	Leuchtstofflampen Lichtfarbe 11, 19; Halogenlampen	–	–	–
nw (neutral-weiß)	Leuchtstofflampen Lichtfarbe 21; Halogenlampen	Leuchtstofflampen Lichtfarbe 25; Mischlichtlampen	Leuchtstofflampen Lichtfarbe 20; Queck-silberdampflampen	–
ww (warm-weiß)	Leuchtsstofflampen Lichtfarbe 31, 41; Glühlampen	Mischlichtlampe; Halogenlampen	Leuchtstofflampen Lichtfarbe 30; Queck-silberdampflampen	Natriumdampf-lampen

Je anspruchsvoller die Sehaufgabe ist, z. B. im Bereich der Holzveredlung, Oberflächenbeschichtung, Furniere, Endkontrolle, Zeichenbüro und auch in Ausstellungsräumen, desto besser sollte die Farbwiedergabeeigenschaft der entsprechenden Lichtquelle gewählt werden.

Schutzarten von Leuchten und elektrischen Betriebsmitteln (s. auch S. 51 und 52)

Schutzart	Symbol	Schutzumfang/Einsatz	Schutzart	Symbol	Schutzumfang/Einsatz
Tropfwasser-geschützt	💧	hohe Luftfeuchte, Dampf, Wassertropfen	Wasserdicht	💧💧	Wasser ohne Druck
Regen-geschützt		fallende Wassertropfen (bis zu 30 ° geneigt)	**Staub-geschützt**		**für Lampen im ges. Werkstattbereich**
Spritzwasser-geschützt		Wassertropfen aus allen Richtungen	Staubdicht		Eindringen von Staub unter Druck
Strahlwasser-geschützt		Wasserstrahl aus allen Richtungen	**Explosions-geschützt**	Ex	**im Lackierraum und Lacklager**

Sicherheitsbeleuchtung   § 7 ArbStättV (ASR 7/4)

Räume	Sicherheitsbeleuchtung der Flucht- und Rettungswege	zusätzliche Rettungszeichenleuchten (s. S. 378) mind. an den Ausgängen
Arbeits- und Lagerräume	wenn Grundfläche > 2000 m^2	–
Arbeits- und Pausenräume mit OFF von mehr als 22 m über Geländeoberfläche	generell zutreffend	–
Arbeitsräume ohne natürlichen Lichteinfall	wenn Grundfläche > 100 m^2	–
Arbeitsräume, die aus betrieblichen Gründen dunkel zu halten sind	wenn Grundfläche > 100 m^2	–
explosions-, giftstoff- oder radioaktivgefährdete Arbeitsräume	wenn Grundfläche > 100 m^2	Grundflächen von 30 bis 100 m^2
Laboratorien mit erhöhter Gefährdung der Beschäftigten	wenn Grundfläche > 600 m^2	Grundflächen von 30 bis 600 m^2

- Die Beleuchtungsstärke der Sicherheitsbeleuchtung an Arbeitsplätzen mit besonderer Gefährdung muss $E = 0,1 \cdot E_n$, mindestens aber 15 lx betragen bei einer Einschaltverzögerung von max. 0,5 s.
- Sicherheitsbeleuchtung für Flucht und Rettungswege (mind. 1 lx; Einschaltverzögerung max. 15 s) ist erforderlich, wenn für die Beschäftigten der Ausfall der Allgemeinbeleuchtung das gefahrlose Verlassen der Arbeitsplätze nicht gewährleistet ist.
- Wenn Lage, Größe und Nutzungsart der Arbeitsstätte es erfordern, sind Flucht- und Rettungspläne auszuarbeiten und auszuhängen, sowie auch praktische Übungen durchzuführen (§ 55 ArbStättV).

Betriebsplanung, Organisation

Türen und Tore § 10 ArbStättV

Lage der Türen und Tore

- Die in der Luftlinie gemessene Entfernung zum nächstgelegenen Ausgang soll höchstens betragen:
  35 m a) in allen Räumen, ausgenommen Räume nach b) bis f),
  25 m b) in brandgefährdeten Räumen ohne Sprinkler oder vergleichbaren Sicherheitsmaßnahmen
  (als brandgefährdet gelten Räume, in denen entzündliche oder brandfördernde Stoffe
  hergestellt, verarbeitet oder gelagert werden – also sämtliche Werkstatt- und Lagerräume
  bei der Holzverarbeitung),
  35 m c) in brandgefährdeten Räumen mit Sprinkler oder vergleichbaren Sicherheitsmaßnahmen,
  20 m d) in giftstoffgefährdeten Räumen,
  20 m e) in explosionsgefährdeten Räumen (z. B. Spritzräume), ausgenommen Räume nach f),
  10 m f) in explosivstoffgefährdeten Räumen (z. B. Herstellung und Lagerung von Sprengstoff).
- Die Ausgänge müssen unmittelbar ins Freie oder in Flure oder Treppenräume führen, die Rettungswege im Sinne des Bauordnungsrechts der Länder sind oder in andere Brandabschnitte führen.
- Türen in Rettungswegen müssen gekennzeichnet sein (s. S. 378); sie müssen sich von innen ohne fremde Hilfsmittel leicht öffnen lassen, solange sich Arbeitnehmer in der Arbeitsstätte befinden.
- In unmittelbarer Nähe von Toren, die vorwiegend für den Fahrzeugverkehr bestimmt sind, müssen Türen für den Fußgängerverkehr vorhanden sein.
- Vor und hinter Türen müssen Absätze oder Treppen einen Abstand von mindestens 1,00 m, bei aufgeschlagener Tür noch eine Podestbreite von mindestens 0,50 m einhalten.

Maße und Anzahl der Türen/Tore und Gehwegbreite a_p

- Maße und Anzahl der vorzusehenen Türe und Tore richten sich nach der Personenzahl im Einzugsgebiet bei Verkehrsspitzen (Schichtwechsel).
- Die lichte Mindesthöhe sollte 2,00 m nicht unterschreiten; die Breite ergibt sich aus der DIN 18255 „Industriebau; Verkehrswege in Industriebauten".

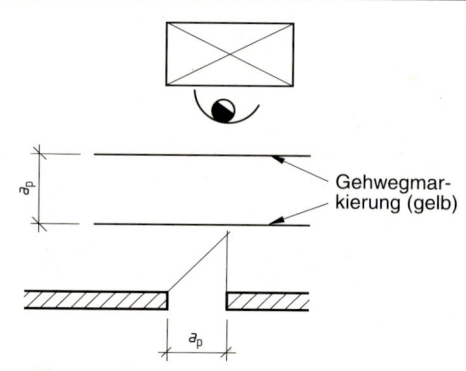

Gehwegmarkierung (gelb)

Personenzahl	Breite der Tür oder des Gehwegs
bis 5 Personen	$a_p \geq 0{,}875$ m
bis 20 Personen	$a_p \geq 1{,}00$ m
bis 100 Personen	$a_p \geq 1{,}25$ m
bis 250 Personen	$a_p \geq 1{,}75$ m
bis 400 Personen	$a_p \geq 2{,}25$ m

Schutz gegen Absturz § 12 ArbStättV

- Absturzgefahr besteht insbesondere, wenn eine Absturzhöhe von mehr als 1,00 m vorhanden ist; der Gefahrbereich, in den die Arbeitnehmer nicht gelangen sollen, beginnt allerdings schon, wenn
  - sich Arbeitsplätze oder Verkehrswege 0,20 m bis 1,00 m oberhalb der angrenzenden Fußbodenoberfläche befinden,
  - die Oberkante von Bottichen, Behältern usw. weniger als 0,90 m über der Fußbodenoberfläche liegt.
- Bei Absturzgefahr sind Umwehrungen anzubringen.
  - Senkrechte Zwischenstäbe dürfen nicht mehr als 18 cm Abstand haben (bei Anwesenheit von Kindern ist nach jeweiliger Landesbauordnung ein geringerer Abstand zu wählen, z. B. 12 cm).
  - Es ist eine mindestens 5 cm hohen Fußleiste erforderlich (nicht bei Treppen).
  - Die Höhe der Umwehrungen muss mindestens 1,00 m betragen (im Gegensatz zu der Musterbauordnung und den Länderbauordnungen).
  - Bei einer Absturzhöhe von mehr als 12 m muss die Höhe der Umwehrung sogar 1,10 m betragen.
- Zwingende betriebstechnische Gründe können individuelle Lösungen erforderliche machen (z. B. Schutzausrüstung bei kurzen Montagearbeiten oder abnehmbare Geländer an Bodenöffnungen).
- Laderampen müssen nach § 21 ArbStättV mindestens 0,80 m breit sein.

Verkehrswege	§17 ArbStättV

Verkehrswege für den Fahrverkehr mit Flurförderzeugen ($v \leq 20$ km/h)

- Mindestbreite bei $v \leq 20$ km/h ist die Breite des Transportmittels a_L bzw. des Ladegutes zuzüglich eines Randzuschlags von $2 \cdot z_1 = 2 \cdot 0{,}5$ m, bzw. $2 \cdot 0{,}75$ m bei gleichzeitigem Gehverkehr; bei Gegenverkehr ist zusätzlich ein Begegnungszuschlag von $z_2 = 0{,}40$ m zu berücksichtigen; Türen, Tore und Durchfahrten sind darauf abzustimmen.
- Mindesthöhe ist die Höhe des Transportmittels, bzw. des Fahrers oder des Ladegutes zuzüglich eines Sicherheitszuschlags von mindestens 0,20 m.
- Verkehrswege für Fahrzeuge müssen in einem Abstand von mindestens 1,00 m an Türen und Toren, Durchgängen, Durchfahrten und Treppenaustritten vorbeiführen.
- Begrenzungen der Verkehrswege in Arbeits- und Lagerräumen ≥ 1000 m^2 Grundfläche müssen gekennzeichnet sein, es sei denn, die Verkehrswege sind durch ihre Art, die Betriebseinrichtung oder durch das Lagergut deutlich erkennbar.
- Verkehrswegbreite in Lagern, die nur von Hand be- und entladen werden mindestens 1,25 m, Nebengänge zwischen den Regalen mindestens 0,75 m breit (nach ZH 1/428).

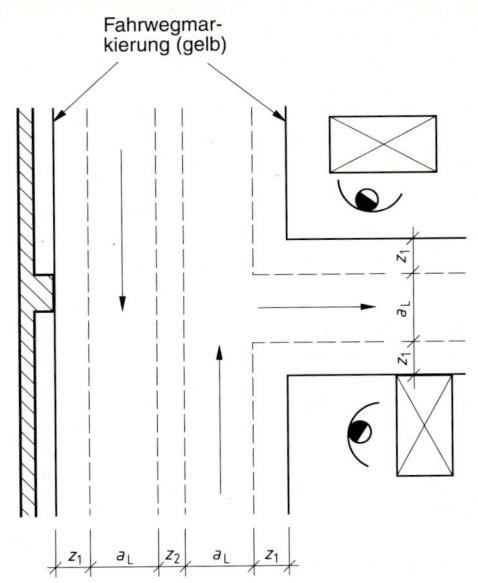

Fahrwegmarkierung (gelb)

a_L Breite des Transportmittels
z_1 Randzuschlag
z_2 Begegnungszuschlag

Auftritte und Steigungen unterschiedlicher Treppen (für den gewerblichen Bereich)

Anwendungsbereich/Bauten	Auftritt a in cm	Steigung s in cm
Freitreppen	32 bis 30	14 bis 16
Versammlungsstätten und Verwaltungsgebäude	31 bis **29 (bes. sicher**	15 bis **17 (bes. sicher**
Gewerbliche Bauten	30 bis 26 **zu begehen)**	16 bis 19 **zu begehen)**
Boden und Kellertreppen	28 bis 26	17 bis 19

Sicherheitsanforderungen an Treppen

- Gerade Läufe sind zu bevorzugen; nach höchstens 18 Stufen ist ein Zwischenpodest erforderlich.
- Als Rettungswege gelten grundsätzlich nur Treppen mit geraden Läufen.
- Die Breite ist abhängig von der Nutzungsart des Gebäudes und der Zahl der Treppenbenutzer (s. Gehwegbreite S. 348), allerdings mindestens 1,00 m bei notwendigen Treppen (Bauordnung).
- Geländer wie Umwehrungen nach § 12 ArbStättV (s. S. 348), also mindestens 1,00 m hoch.
- Ausgleichsstufen in Verkehrswegen sind nach Möglichkeit zu vermeiden und durch Rampen zu ersetzen, wenn deren Neigung max 1 : 8 bzw. 12,5 % oder 7° beträgt; falls Ausgleichsstufen trotzdem erforderlich sind, sind diese durch eine gelb-schwarz-gestreifte Markierung zu kennzeichnen.

Zusätzliche Anforderungen an Rettungswege	§ 19 ArbStättV

- Rettungswege und Notausgänge müssen als solche gekennzeichnet sein (s. S. 378).
- Die Zeichen sind bei Erfordernis auch als Rettungszeichenleuchten einzusetzen (s. S. 347).
- Rettungswege müssen auf möglichst kurzem Weg ins Freie führen (s. S. 348).
- Wegbreiten ohne besonderen Gefährdungen s. S. 348; für Bereiche mit erhöhtem Gefahrenpotential werden breitere Rettungswege empfohlen.

Betriebsplanung, Organisation

Innerbetrieblicher Transport

Die Planung der Transportwege, der Lagereinrichtungen und des innerbetrieblichen Transports muss als Einheit begriffen werden; so hängt z. B. die Breite der Transportwege natürlich ganz wesentlich vom gewählten Transportmittel und dem zu transportierenden Gut ab. Die Bedeutung des innerbetrieblichen Transportwesens wird daran sichtbar, dass das Handhaben, Transportieren und Zwischenlagern in der Regel wesentlich mehr Zeit beanspruchen, als die eigentliche Bearbeitung eines Werkstücks.

Allgemeine Einteilung von Transportmitteln

Flurförderzeuge (Auswahl)	Stetigförderer (Auswahl)	Hebezeuge (Auswahl)
• Rollwagen • Nicht-/angetriebene Schienenrollwagen • Angetriebene Wagen/ Elektrokarren • Nicht-/angetriebene Gabelhubwagen für Paletten- oder Gitterboxentransport • Gabelstapler (Front-, Seiten- oder Vier-Wege-Stapler)	• Förderbänder, Gurt- und Riemenförderer • Nicht-/angetriebene Hängebahnen • Nicht-/angetriebene Rollen- oder Röllchenbahnen • Kugelrollbahnen (als Kreuzungspunkt oder Tisch horizontaler Plattenaufteilsägen) • Messerrollenbahnen (z. B. hinter Leimauftragsmaschinen)	• Kranbahnen (auch Hängebahnen) mit Elektrokettenzug und mechanischem oder Vakuumhebezeug (z. B. für plattenförmige Holzwerkstoffe oder großformatige Isoliergläser) • Säulenschwenkkrane • Scherenhubtische (elektromotorisch oder hydraulisch betrieben; ortsfest oder fahrbar) • Aufzugsanlagen/Fahrstühle

Spezielle Anwendungen bei der Holzverarbeitung

Rollenwagen	Hängebahnen	Schleppkettenförderer
• Stehender Transport einzelner Fensterprofile oder ganzer Rahmen in Fächerwagen • Stehender/Liegender Transport und Kommissionierung von flächigen Möbelteilen (mit Fächer- und Etageneinteilung) • Lacktrockenwagen (sog. „Hordenwagen") zum Ablegen und Trocknen frischlackierter Teile	• Nicht angetriebene Handhängebahnen für die Fensterlackierung und Trocknung • Sog. „Power & Free"-Anlagen (automatisch gesteuert) für Fenster-, Möbelteile- oder auch Stuhllackierung und Trocknung • Handhängebahnen mit Querschiebebühnen und Werkzeugträger an Handarbeitsplätzen	• Zum Einhängen nicht angetriebener Trockenwagen beim kontinuierlichen Transport, z. B. durch einen Trockenkanal (Schleppkette verdeckt unter Flur oder über Flur bzw. unter der Decke laufend) • Als Kreisförderer mit eingehängten Körben, z. B. für den Profil-/Stabtransport bei der Kunststoff-Fensterfertigung

Maschinenbeschickung	Maschinenverkettung	Rücktransporteinrichtungen
• Einfache Hubtische als Hilfseinrichtung bei manueller Beschickung/Abstapelung • Hubtische mit Niveausteuerung (fest in einer Grube installiert oder auch fahrbar, quasi als Gabelhubwagen) • Niveaugesteuerte Hubtische mit aufgebauten Einzugs- oder Abschiebevorrichtungen • Niveaugesteuerte Hubtische mit übergebauten Saugtraversen (auch zum Abstapeln) • Aufgesetzte Magazine für Kleinteile oder Kettenförderer mit Entstapelungs- bzw. Vereinzelungsvorrichtungen bei Hobelwerksmaschinen	• Nicht angetriebene Rollenbahnen, z. B. zwischen Kehlautomat und 2-Seiten-Schleifmaschine • Angetriebene Rollenbahnen oder Gurtförderer; auch als Beschleunigungsstrecke, z. B. zwischen Kehlautomat und Hydro-Hobel bei der Holzfensterfertigung • Gurtförderer zwischen Walzenauftragsmaschine, Trockenstrecke (UV-Trockner) und Lackzwischenschliffmaschine • Querförderstrecken (Riemen- oder Gurtförderer) und Paternosterregale zum Zwischenpuffern von Werkstücken	• Zur Ein-Mann-Bedienung an Betriebsmitteln, bei denen sonst durch zwei Mitarbeiter manuell beschickt und abgestapelt würde • Nicht angetriebene, geneigte Rollenbahnen (d. h. per Schwerkraft angetrieben); Nachteil: das zurückkommende Werkstück befindet sich wesentlich unter Maschinentischhöhe und muss u. U. manuell angehoben und abgestapelt werden • Angetriebene Rollenbahnen oder Gurtförderer mit Winkelübergabe, z. B. an Kehlautomaten oder Kantenanleimmaschinen

Schutz gegen Lärm	§ 15 ArbStättV

Lärmschwerhörigkeit ist eine der häufigsten Berufskrankheiten in der Holzverarbeitung – deswegen sollte der Schutz gegen Lärm bereits bei der Planung berücksichtigt werden; in der Planungsphase kann durch kostengünstige Maßnahmen mehr erreicht werden, als durch spätere Nachbesserung!

Art der Tätigkeit bzw. Raumnutzung	zul. Beurteilungspegel
• überwiegend geistige Tätigkeiten	55 dB (A)
• einfache oder überwiegend mechanisierte Bürotätigkeiten	70 dB (A)
• sonst. Tätigkeiten (Überschreitung um 5 dB (A) in Ausnahmefällen zulässig)	85 dB (A)
• in Pausen, Bereitschafts-, Liege- und Sanitätsräumen	55 dB (A)

Beurteilungspegel (Kombination von durchschnittlichem Schallpegel und Einwirkungszeit)

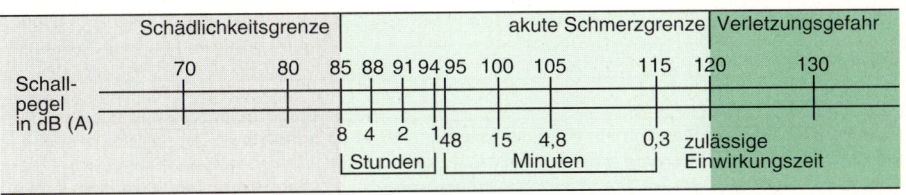

Vergleichende Beispiele	Schallpegel	Zunahme des Schallpegels um 10 %
• Rascheln eines Blattes	10 dB (A)	entspricht Verdopplung der Lautstär-
• Ticken einer Uhr im Abstand von 1 m	20 dB (A)	kewahrnehmung; Zu- bzw. Abnahme
• normales Sprechen im Abstand von 1 m	50 bis 60 dB (A)	des Schallpegels um 3 dB entspricht
• Personenauto im Abstand von 7 m	80 bis 85 dB (A)	Verdopplung bzw. Halbierung der
• Presslufthammer im Abstand von 7 m	90 bis 100 dB (A)	Schallenergie und damit auch der
• Düsenflugzeug im Abstand von 20 m	120 bis 130 dB (A)	Gesundheitsgefährdung.

Schutz durch Ausstattung und Anordnung von Arbeitsräumen und Betriebsgebäuden

• Körperschallübertragung im Bauwerk vermeiden.
• Räume mit starkem Lärm von Räumen mit niedrigem Lärmpegel trennen (z. B. Maschinen- und Bankraum, schalldämmende Abtrennung von Kompressor, Hacker, Ventilatoren, Maschinenleitständen).
• In lärmintensiven Bereichen kann durch den Einsatz von schallabsorbierenden Materialien, z. B. als Deckenverkleidung, eine Verringerung von 3 bis 5 dB (A) erreicht werden; nur so kann auch i. d. R. der erforderliche mittlere Schallabsorptionsgrad von 0,3 nach VBG 121 „Lärm" eingehalten werden (Hinweis: Polystyrol-Hartschaumplatten zur Wärmedämmung als Deckenverkleidung haben ähnlich schlechte Absorptionseigenschaften wie Betonflächen, senken also nicht den Reflexionsschall).

Schutz durch konstruktive Maßnahmen

• Schall- bzw. schwingungsgedämpfte Fundamente und Verankerungen durch Gummi- oder Federelemente (auch bei Ventilatoren; Entkoppelung der Rohrleitungen vom Ventilator ist empfehlenswert).
• Entdröhnen von Blechen und Gehäusen (Lochbleche, Sandwichbleche, Antidröhnbeläge).
• Vermeidung unnötig hoher Drehzahlen (z. B. zur Restholzzerkleinerung sog. Langsamläufer/Brecher anstelle von Schnellläufern einsetzen).
• Elastische Kupplungen und Treibriemen; hydraulische Antriebe.
• Konstruktion und Ausführung der Maschinen und Werkzeuge (s. S. 163).

Persönlicher Gehörschutz

• Grundsätzlich ist primär der Schutz gegen Lärm durch die obigen Maßnahmen durchzuführen.
• Erst wenn nicht mit vertretbaren Aufwand die Lärmeinwirkung auf die max. zul. 90 dB (A) gesenkt werden kann, ist persönlicher Gehörschutz einzusetzen (Stöpsel oder Kapselgehörschützer).

Kennzeichnung von Lärmbereichen (Gefahrenbereich)

• Lärmbereiche sind vom Unternehmer zu ermitteln und ab 90 dB (A) zu kennzeichnen (s. S. 378).
• Differenziert nach personen- und ortsbezogenem Beurteilungspegel muss ab 85 dB (A) persönlicher Gehörschutz zur Verfügung gestellt und ab 90 dB (A) auch getragen werden.

Betriebsplanung, Organisation

Arbeitsräume § 23 und § 24 ArbStättV

Nutzung als Arbeitsräume	
Grundfläche	**lichte Höhe**
< 50 m²	≥ 2,50 m
> 50 m²	≥ 2,75 m
> 100 m²	≥ 3,00 m
> 2000 m²	≥ 3,25 m

- Arbeitsräume müssen ein Grundfläche von mind. 8,00 m² haben.
- Für jeden Arbeitnehmer muss an seinem Arbeitsplatz mindestens eine freie Bewegungsfläche von 1,50 m² zu Verfügung stehen.
- Die freie Fläche soll an jeder Stelle mehr als 1,00 m breit sein.
- Eine Minderung der lichten Höhe um 0,25 m bei zwingenden baulichen Gründen ist zulässig (jedoch nicht unter 2,50 m lichte Höhe).

Arbeitsschwere	Luftraum je Person	Außenluftrate[1] je Person
Überwiegend sitzende Tätigkeit, leichte körperliche Arbeit	12 m³	20 bis 40 m³/h
Überwiegend nichtsitzende Tätigkeit, mittelschwere körperliche Arbeit	15 m³	40 bis 60 m³/h
Schwere körperliche Arbeit	18 m³	über 65 m³/h

[1] Bei Belastung durch Tabakrauch ist um 10 m³/h, bei intensivem Geruch um 20 m³/h zu erhöhen.

Pausenräume § 29 ArbStättV

- Die Grundfläche eines Pausenraumes muss mindestens 6,00 m² betragen.
- Mindestens 1,00 m² je Arbeitnehmer, inklusive der Einrichtungen wie Tische und Stühle (unberücksichtigt bleiben Arbeitnehmer, die sich überwiegend nicht im Betrieb aufhalten, z. B. Monteure; ebenso unberücksichtigt bleiben Arbeitnehmer, die in Büroräumen beschäftigt sind, in denen eine gleichwertige Erholung während der Pausen gewährleistet ist).
- Lichte Raumhöhen wie bei den Arbeitsräumen.
- Vorrichtungen zum Anwärmen und Kühlen von Speisen und Getränken sind vorzusehen, wenn keine Kantine zur Verfügung steht.
- Maßnahmen zum Schutz von Nichtrauchern sind vorzusehen (§ 32 ArbStättV).

Umkleideräume § 34 ArbStättV

- Umkleideräume sind zur Verfügung zu stellen, wenn besondere Arbeitskleidung erforderlich ist (also z. B. bei der Holzverarbeitung; zusätzlich verschärft durch die Einstufung des Holzstaubs als Gefahrstoff).
- Bei mehr als 5 Beschäftigten **soll**[1] eine Trennung nach Geschlechtern gegeben sein.
- Grundfläche mindestens 6,00 m².
- Weniger als 30 m² Grundfläche: lichte Höhe ≥ 2,30 m.
- Mehr als 30 m² Grundfläche: lichte Höhe ≥ 2,50 m.
- Schränke sind in der Längsachse zu unterteilen, sodass Arbeits- und Straßenkleidung getrennt aufbewahrt werden können; mindestens 600 mm breit, 500 mm tief und 1800 mm hoch.
- Mindestens 0,50 m² freie Bodenfläche vor jedem Schrank einschließlich der notw. Verkehrswege.
- Wenn die Arbeitskleidung bei der Arbeit stark verschmutzt, hat der Arbeitgeber dafür zu sorgen, dass die Arbeitskleidung gereinigt werden kann (z. B. durch Einrichtung von Waschgelegenheit und Trocknungsmöglichkeit).
- Lüftung nach ASR 34/1-5 Nr. 6.
- Beleuchtung mindestens 100 lx.

Waschräume § 35 ArbStättV

- Waschräume sind zur Verfügung zu stellen, wenn es die Art der Tätigkeit oder gesundheitliche Gründe es erfordern (s. Umkleideräume).
- Bei mehr als 5 Beschäftigten **soll**[1] eine Trennung nach Geschlechtern gegeben sein.
- Wasch- und Umkleideräume müssen einen unmittelbaren Zugang zueinander haben (§ 36); Toiletten sind in unmittelbarer Nähe vorzusehen.
- Grundfläche mindestens 4,00 m².
- Lichte Höhen wie Umkleideräume.
- Mindestens 0,70 m · 0,70 m freie Bodenfläche vor jeder Waschgelegenheit.
- Mindestens eine Waschstelle für je 4 Arbeitnehmer (also z. B. Waschrinnen, Waschbecken, Waschbrunnen oder Duschen); ein Drittel der so ermittelten Anzahl muss aus Duschen bestehen.
- Lüftung nach ASR 35/1-4 Nr. 6.
- Beleuchtung mindestens 100 lx.

[1] „Soll" bedeutet nicht „muss"; vor allem Kleinbetrieben soll es dadurch ermöglicht werden, Männer und Frauen ohne größere Umbaumaßnahmen einzustellen bzw. Jugendliche auszubilden.

Toilettenräume §37 ArbStättV

- Toiletten mit Handwaschbecken sind in der Nähe von Arbeitsplätzen (max. 100 m) zur Verfügung zu stellen.
- Bei mehr als 5 Beschäftigte **soll**[1] eine Trennung nach Geschlechtern gegeben sein.
- Mitbenutzung der Privattoilette des Arbeitgebers bis 5 Arbeitnehmer ist möglich (räumliche Nähe vorausgesetzt).
- Ein Vorraum ist nicht erforderlich, wenn der Toilettenraum nur eine Toilette enthält und kein Zugang zu anderen Räumen besteht.
- Im Vorraum muss für je 5 Toiletten oder 5 Bedürfnisständen mindestens 1 Handwaschbecken vorhanden sein.
- Ein Toilettenraum sollte nicht mehr als 10 Toilettenzellen und Bedürfnisstände enthalten.
- Lüftung nach ASR 37/1 Nr. 6.
- Beleuchtung mindestens 100 lx.

Bereitstellung von Toiletten

Männer			Frauen	
Beschäftigte	Zahl der Toiletten	Zahl der Bedürfnisstände	Beschäftigte	Zahl der Toiletten
≤ 5[1]	1[1]	-	≤ 5[1]	1[1]
≤ 10	1	1	≤ 10	1
≤ 25	2	2	≤ 20	2
≤ 50	3	3	≤ 35	3
≤ 75	4	4	≤ 50	4
≤ 100	5	5	≤ 65	5
≤ 130	6	6	≤ 80	6
≤ 160	7	7	≤ 100	7
≤ 190	8	8	≤ 120	8
≤ 220	9	9	≤ 140	9
≤ 250	10	10	≤ 160	10

[1] „Soll" bedeutet nicht „muss"; vor allem Kleinbetrieben soll es dadurch ermöglicht werden, Männer und Frauen ohne größere Umbaumaßnahmen einzustellen bzw. Jugendliche auszubilden.

Sanitätsräume §38 ArbStättV

- Mindestens ein Sanitätsraum:
  - bei mehr als 1000 Arbeitnehmern oder
  - bei mehr als 100 Arbeitnehmern, wenn mit besonderen Unfallgefahren zu rechnen ist (wie es bei der Holzverarbeitung der Fall ist).
- Im Erdgeschoss gelegen.
- Grundfläche mindestens 20 m².
- Höhe mindestens 2,50 m.
- Wasser und Telefonanschluss sind vorzusehen.
- Weitere Kennzeichnung und Ausstattung nach ASR 38/2 bzw. ZH1/507.

Erste Hilfe §39 ArbStättV

- In allen Betrieben und auf Baustellen muss mindestens das Erste-Hilfe-Material nach ASR 39/1,3 bereitgehalten werden, das z. B. im sog. „kleinen Verbandkasten" nach DIN 13157 enthalten ist (Kennzeichnung s. S. 378).
- Es sollte höchstens 100 m von ständigen Arbeitsplätzen entfernt sein.
- Wenn es die Art des Betriebes erfordert, müssen weitere Einrichtungen zur Ersten Hilfe, wie Notduschen, Löschdecken, Rettungsringe, Rettungstransportmittel usw. zur Verfügung stehen.

Betriebsplanung, Organisation

Planung von Räumen zur Oberflächenbehandlung und Lacklagerung

1. Ist-Zustand bzw. Bedarf ermitteln	• Teileanzahl, Abmessungen, geometrische Formen und Gewichte ermitteln. • Farbtonvielfalt (so weit ie möglich einschränken) und Losgrößen feststellen.
2. Beschichtungsaufbau festlegen	• Notwendiger bzw. gewünschter Beschichtungsaufbau (Alternativen überprüfen; Einsatz lösemittelarmer Systeme/"High Solids"/wasserverdünnbarer Lacke). • Einzusetzende und zu lagernde Materialmengen[1] (Lacke, Lösemittel, Härter). • Verarbeitungsparameter (Temperatur, Luftfeuchte, Trockzeiten usw.).
3. Applikationsverfahren festlegen	• Vorarbeiten: Beizen, Bleichen, Laugen, Spachteln. • Lackierung: Tauchen, Fluten, Spritzen, Gießen, Walzen (s. S. 178 bis 181.
3.1 Bei Spritzauftrag: Abscheidesystem festlegen	• Trockenabscheidung (Filtermatten, Abreinigung, Entsorgung). • Nassabscheidung (Koagilierung, Lackschlammbehandlung, Entsorgung). • Overspray-Recycling; sinnvoll bei kontinuierlichem Betrieb und einheitlichen Farbtönen/Lacksystemen (Ultrafiltration, Nass-in-Nass, Cool-Lack, Pro-Lack).
4. Transportsystem	• Lacktrockenwagen, Hängebahn, Gurtförderer, Schleppkettenförderer. • Automatisierungsmöglichkeiten in Abstimmung mit den Applikationsmethoden gegenüber benötigtem Personaleinsatz untersuchen und abwägen.
5. Lüftungs- und Trocknungseinrichtungen (müssen dazu geeignet sein, die zulässigen MAK-Werte einzuhalten)	• Notwendige Vorwärm- und Abdunststrecken bzw. Bereiche festlegen. • Zuluftdecke ($v < 0{,}2$ m/s) im Bereich von abgesaugten Handspritzwänden kann auch als Lüftungseinrichtung für einen Trockenbereich dienen. • Trocknungsraum oder Trockenkanal in Abhängigkeit vom Transportsystem. • Lacktrocknung mit Um- oder Abluft. • Infrarot-, UV-, Elektronenstrahl- und Hochfrequenztrocknung. • Energie- und Heizwärmeversorgung; Wärmerückgewinnungsmöglichkeiten.
6. Abluftreinigung und Auswurfbegrenzung nach TA-Luft	• Gilt für nach 4. BImSchV genehmigungsbedürftige Anlagen (mehr als 25 kg/h Lösemitteleinsatz – weitere Herabsetzung der Grenzwerte jedoch geplant), d. h., für die handwerkliche Verbeitung ist i. d. R. keine Abluftreinigung notwendig (abgesehen von Trocken- oder Nassabscheidung des Oversprays).
7. Abluftführung	• Je nach baulichen Gegebenheiten ist eine mehr oder weniger hohe Ableitung (über First) vorzusehen (wird im Rahmen der Baugenehmigung festgelegt).
8. Lackzubereitung und Säuberung	• Waschbecken, Waschkabinett (mit geschlossenem Kreislauf für Wasser oder Reinigungs-/Verdünnungsmittel), Destilliergerät zur Lösemittelrückgewinnung. • Farbmischanlage, Koagilierung, Waschwasser- und Lackschlammbehandlung.
9. Lacklagerung	• Zu bevorratende Mengen, Gebindegrößen und Anzahl festlegen. • Offenes Lagerregal mit Gitterrostböden und Auffangwanne (u. U. für wasserverdünnbare Lacke möglich), Sicherheitsschrank nach TRbF 22 oder separater Raum (F 30 oder F 90) mit wannenförmigem Fußboden und Belüftung.
10. Angebotsvergleich und Wirtschaftlichkeit	• Raum- und Platzbedarf vergleichen (notwendige bauliche Maßnahmen). • Energie- und Lüftungswärmebedarf vergleichen. • Gesamtinvestition und laufende Kosten (Lohn- und Entsorgungskosten).
11. Bauplanung und Genehmigung	• Grundsätzlich ist die Einrichtung eines Raumes zur Oberflächenbehandlung (F 30 oder F 90) baugenehmigungsbedürftig (notwendige Brand-, Explosions- und Wasserschutzmaßnahmen; schließt auch das Genehmigungsverfahren nach TA-Luft/4. BImSchV mit ein); viele Auflagen können aber u. U. entfallen, wenn ausschließlich wasserverdünnbare Lacke eingesetzt werden. • Explosionsgefährdete Bereiche nach ZH 1/152 bzw. VBG 23 sind aber auch bei offen in der Werkstatt aufgestellten Spritzwänden zu beachten.
12. Auftragserteilung	• Vertrags-, Liefer- und Montagebedingungen festlegen. • Abnahme (u. U. durch die Aufsichtsbehörden), evt. Leistungstest vereinbaren.

[1] Ein abgetrennter Raum ist nach VBG 23 erst bei mehr als 20 ml je Stunde und m³ Raumvolumen und gleichzeitig mehr als 5 l je Arbeitsschicht (entspricht etwa 1000 l je Jahr) und Raum Beschichtungsstoffeinsatz notwendig (räumliche Abtrennung empfiehlt sich aber aus Qualitätsgründen).

Planung von Holzfeuerungsanlagen

1. Ermittlung der zu Heizzwecken zur Verfügung stehenden Holzrestemengen

Verschnittsätze bezogen auf die Rohmaße bzw. Einkaufsmenge (= 100 %)		Dichte
• Nadel- und Laubholz im Fensterbau als verleimte Kantel	30 bis 40 %	–
• Nadelholz als Stammware	40 bis 50 %	600 kg/m^3
• schwere Laubhölzer (Eiche/Buche)	40 bis 60 %	800 kg/m^3
• kleinformatige Platten (Sperrhölzer, Spanplatten und MDF)	10 bis 15 %	500 bis 800 kg/m^3
• großformatige Platten (Sperrhölzer, Spanplatten und MDF)	5 bis 10 %	500 bis 800 kg/m^3

2. Ermittlung des erforderliches Lager- bzw. Silovolumens für Späne und Hackschnitzel

2.1 Gesamtgewicht p. a. = Einkaufsmenge in m^3 p. a. · Verschnittsatz · Dichte

2.2 Erforderliches Silovolumen = (Gesamtgewicht p. a. : Schüttgewicht) · 0,3 bis 0,5

Faktor 0,3 bis 0,5 berücksichtigt laufende Entnahmen während der Heizperiode.

2.3 Schüttgewichte in kg/m^3 für beliebige Holzfeuchten u (in Dezimalschreibweise)

	Hobelspäne	Sägemehl	Hackschnitzel	Staub	Scheitholz
Buche	90 · (1 + u)	160 · (1 + u)	190 · (1 + u)	240 · (1 + u)	250 · (1 + u)
Fichte	70 · (1 + u)	130 · (1 + u)	160 · (1 + u)	190 · (1 + u)	200 · (1 + u)

3. Unterer Heizwert von Holzresten H_u in Abhängigkeit von der Holzfeuchte u

u	0 %	5 %	10 %	15 %	20 %	25 %	30 %	allg. Formel (nach Kollmann):
H_u in kcal/kg	4500	4257	4036	3835	3650	3480	3323	$H_u = \dfrac{4500 - (600 \cdot u)}{1 + u}$
H_u in kWh/kg	5,22	4,94	4,68	4,45	4,23	4,04	3,86	

4. Heizwerte anderer Stoffe im Vergleich zu Holz

Heizöl	10200 kcal/kg	Faustformel:
Erdgas	6700 bis 7800 kcal/m^3	2 kg trockene Holzreste ersetzen etwa 1 l Heizöl

5. Mittels Holzresten zur Verfügung gestellte Heizenergie bzw. Heizleistung

Heizenergie in kWh p. a. = unterer Heizwert in kWh H_u · Gesamtgewicht der Holzreste p. a.

max. abrufbare Heizleistung (Kesselgröße) in kW = Heizenergie in kWh p. a. : 1000 Stunden Spitzenlast[1]

[1] Die Annahme, dass 1000 Stunden Spitzenlast dem Heizenergiebedarf eines Jahres entsprechen (der dann durch Holzresteverbrennung gedeckt werden sollen), muss in jedem Fall überprüft und gegebenenfalls korrigiert werden (s. Lüftungswärmeverluste bei der Wärmebedarfsberechnung)!

6. Wärmebedarfsberechnung

Eine Wärmebedarfsberechnung (nach DIN 4701) und die entsprechende Heizkesseldimensionierung sind von einem Fachmann durchzuführen (zusätzliche Lüftungswärmeverluste berücksichtigen).

Faustformel:
• Etwa 0,1 kW benötigte Kesselleistung je m^2 Hallengrundfläche (also z. B. für 1000 m^2 100 kW).
• Zusätzlich etwa 10 kW benötigte Kesselleistung je 1000 m^3/h abgesaugte Raumluft bzw. aufzuheizende Frischluft (z. B. für Staub- und Späneabsaugung und/oder Spritznebelabsaugung/Zuluftanlage); dieser zusätzliche Lüftungswärmebedarf kann den normalen Heizwärmebedarf weit übersteigen, und es ist oft sinnvoll, diesen (stoßweisen) Bedarf nicht mit der Holzfeuerungsanlage zu decken.

7. Vergleich der max. abrufbaren Heizleistung mit der max. benötigten Kesselleistung

8. Wirtschaftlichkeitsabschätzung

Gegenüberstellung von Energiekosten für Fremdenergie, Entsorgungskosten für Holzreste, Anschaffung, Abschreibung, Unterhalt und Bedienung der notwendigen Heizkesselanlagen (in Anlehnung an s. S. 343).

9. Genehmigungsverfahren

• Ab 50 kW Kesselleistung ist ein separater Heizraum vorzusehen (Bauordnung), d. h., es ist in jedem Fall eine Baugenehmigung zu beantragen (auch für den notwendigen Schornstein bei unter 50 kW).
• Unter 50 kW Kesselleistung sind nicht mehr alle Holzrestearten als Brennstoff zugelassen (s. S. 377).
• Anlagen bis 1000 kW sind nach 1. BImSchV, Anlagen über 1000 kW nach 4. BImSchV zu genehmigen.

Betriebsplanung, Organisation

Planung von Druckluftanlagen

1. Verbraucher festlegen

Auswahl typischer Druckluftverbraucher	Druck (bar)	Verbrauch (l/min)
Spritzpistole (Becherpistole d = 0,5 bis 3,0 mm)	1,0 bis 7,0	40 bis 400
Ausblaspistole/Abblasdüsen (d = 1,0/1,5/2,0 mm)	6,0	60/135/240
Spannzylinder (z. B. d = 70 mm / Hub = 100 mm)	6,0	2,0 (je Hub)
Bohrmaschine (D = 4 bis 10 mm); Schrauber	6,0	200 bis 450
Vibrationsschleifer („Rutscher")	6,0	250 bis 400
Hefter/Nagler	6,0	50/350

2. Gesamtverbrauch

Gleichzeitigkeitsfaktor, Verluste (Leckagen – auch bei neuen Netzen – und Verschleiß machen 10 bis 30 % Zuschlag notwendig) und Reserven abschätzen.

3. Kompressorart (Druck von 6...15 bar)

1- oder 2-stufige Kolbenkompressoren	1-stufige Schraubenkompressoren
Für kleinen Verbrauch im Intervallbetrieb.	Für hohe Grundlast im Dauerbetrieb.
Direkte Luft- oder Wasserkühlung.	Wärme wird über Öl aufgenommen und zum Luft- oder Wasserkühler transportiert.

Dimensionierung von einem Fachmann durchführen lassen; auch Kombinationen mehrerer kleiner Kompressoren möglich, um Grund- und Spitzenlasten abzudecken.

Beachte: Die gesamte aufgenommene elektrische Leistung wird eigentlich nur in Wärme umgewandelt; deswegen Wärmerückgewinnung berücksichtigen (Warmluft direkt für Heizzwecke, Kühlwasser mittels Wärmetauscher für Heizzwecke einsetzbar).

4. Druckluftaufbereitung

Druckluftqualität[1]			Trockner	Kondensatabscheider
Pneurop 6611		DIN 7183	In der Regel Kältetrockner nach dem Kondensationsprinzip; Anschluss hinter dem Druckluftbehälter am vorteilhaftesten.	Kondensat aus Nachkühler, Druckluftbehälter, Trockner und Rohrleitungen kann mittels Öl-Wasser-Trenner soweit aufbereitet werden, dass das Wasser nach Wasserhaushaltsgesetz/örtlicher Abwassersatzung eingeleitet werden darf (Öl/Rest verbleibt zur Entsorgung).
Feststoffe	Wasser	Öl		
2 ... 4	3 ... 6	5		
[1] für Holzverarbeitung empfohlen				

5. Druckluftbehälter

Dimensionierung von einen Fachmann durchführen lassen; Gerätesicherheitsgesetz und Druckbehälterverordnung sind beim späteren Betrieb zu beachten (Druckprobe).

6. Aufstellung

Schalltechnisch abgetrennter und gut belüfteter Raum; für kühle Ansaugluft sorgen.

7. Werkstoffe für Rohrleitungen

Gewinderohre aus verzinktem Stahl	Kunststoff[1] (PVC[1], PA[1], PE[1], ABS[1])	Kupfer
• korrosionsbeständig • Fachkenntnisse zur Verlegung notwendig • raue Innenwände • hoher Strömungswiderstand • Leckagen möglich	• keine Korrosion • einfache Verlegung • temperaturempfindlich (nicht direkt hinter dem Kompressor!) • glatte Innenwände • geringer Strömungswiderstand • relativ dichtes System	• keine Korrosion • Fachkenntnisse zur Verlegung notwendig • glatte Innenwände • geringer Strömungswiderstand • relativ dichtes System
[1] Nur Rohre verwenden, die herstellerseitig für Druckluftverteilungen vorgesehen sind.		

8. Druckluftverteilung

Dimensionierung von einem Fachmann durchführen lassen; Hauptleitung (mindestens DN 50), Verteilerleitung (z. B. als Ringleitung) mit 5 % Gefälle zur Kondensatableitung und Stichleitungen zu den einzelnen Verbrauchern (mindestens DN 25); Endpunkt ist häufig die Wartungseinheit (Filter, Druckregler, Öler, Einhand-Kupplung, s. S. 191).

9. Wirtschaftlichkeit

Angebotsvergleich durchführen, spezifische Leistungsaufnahme (je Liter Druckluft), Wartungskosten (Ölwechsel und Schmierung), spezifische Kosten (je Liter Druckluft).

Planung von Anlagen zur Staub- und Späneabsaugung

Grundsätzlich sind zwei Aufgaben zu erfüllen:	• Erfassen und Abführen von Staub und Spänen, damit Werkzeuge frei bleiben und keine Späne auf der fertig bearbeiteten Oberfläche liegenbleiben (Druckstellen). • Einhalten der TRK-Werte (2 bzw. 5 mg/m³ nach TRGS 553) am Arbeitsplatz (zu **T**echnische **R**icht**k**onzentration und **T**echnische **R**egel **G**efahr**s**toffe s. S. 367 ff).
1. Festlegen des abzusaugenden Luftvolumens	Informationen aus Maschinenaufstellplan, Betriebsmittelverzeichnis, Maschinenkarte und Herstellerinformation; Neumaschinen sind i. d. R. „holzstaubgeprüft", d. h., sie halten unter best. Bedingungen die Anforderungen der TRGS 553 ein.

• allgemein: $\dot{V} = r^2 \cdot \pi \cdot v$ • mit Umrechnungsfaktor für nebenstehende Einheiten: $\dot{V} = r^2 \cdot \pi \cdot v \cdot 3600 \text{ s/h}$	$\dot{V}$ r π v	Luftvolumen je Zeiteinheit in m³/h Rohrhalbmesser in m hinreichend genauer Zahlenwert für π = 3,14 Luftgeschwindigkeit; entweder herstellerseitige Forderung oder nach TRGS 553 mind. 20 m/s

2. Gleichzeitigkeitsfaktor festlegen	• Es ist festzulegen welche Maschinen i. d. R. gemeinsam laufen, bzw. wie groß das maximale abzusaugende Luftvolumen sein kann (Faktor liegt zwischen 0,1 und 1,0; d. h., nur jede zehnte Maschine läuft oder alle Maschinen gemeinsam). • Diese Festlegung ist entscheidend für die weitere Dimensionierung der Anlage.

3. Absaugkonzept festlegen	Einzel-absaugung	Gruppen-absaugung	Zentralabsaugung mit Ventilator auf:	
			Rohluftseite	Reinluftseite

	• Bei der Einzelabsaugung ist der größte Aufwand an Rohrleitungen und Ventilatoren zu verzeichnen, bei der Zentralabsaugung der geringste, während die Gruppenabsaugung einen Kompromiss beider Lösungen darstellt. • Der reinluftseitig angeordneter Ventilator hat den relativ besten Wirkungsgrad. • Bei Zentralabsaugungen und stark schwankendem Gleichzeitigkeitsfaktor ist ein drehzahlgeregelter Ventilator zu empfehlen.
4. Späne-entsorgung	• Absackung, Brikettierung, Spänecontainer, Silo • Abhängig von der Art und Weise der Entsorgung bzw. der Verwertung (Heizung). • ZH 1/728 und ZH 1/730 sind zu beachten.
5. Filteraufstellung	• Möglichst im Freien oder einem abgeschlossenem Raum (ZH 1/730 beachten). • Aufstellung in Arbeitsräumen nur bis max. 6000 m³/h Luftvolumenstrom.
6. Rückluft	• Bei kleinen Anlagen kann darauf verzichtet werden (bis ca. 5000 m³/h). • Bei größeren Anlagen nach den Bestimmungen der TRGS 553.
7. Dimensionierung der Rohrleitungen, Ventilatoren und Filterflächen	• Dimensionierung von einem Fachmann durchführen lassen. • Erfassungselemente überprüfen, anpassen und optimieren. • Möglichst kurze flexible Schläuche verwenden (hoher Luftwiderstand). • Automatische Absperrschieber sind nach TRGS 553 immer dann einzusetzen, wenn die Ventilatorleistung nicht für alle angeschlossenen Maschinen ausreicht. • Mit dem Einschalten einer Maschine muss der Ventilator automatisch anlaufen.
8. Angebotsvergleich und Wirtschaftlichkeit	• Elektrische Leistung, abgesaugtes Luftvolumen, Filterflächen. • Investitionen für Gebäude, Anlage und Steuerung. • Laufende Kosten (elektr. Energie, Heizenergie/-verlust, Wartung und Entsorgung).
9. Auftrags-erteilung	• Vertrags-, Liefer- und Montagebedingungen aushandeln. • Abnahmevereinbarungen (evt. Abnahme durch die Aufsichtsbehörden) treffen.

Betriebsplanung, Organisation

Aufbauorganisation

Die Aufbauorganisation regelt die Aufteilung der Aufgaben eines Betriebes auf verschiedene organisatorische Einheiten (Stellen) und die Beziehungen zwischen diesen Einheiten. Durch Aufgabenanalyse und Aufgabensynthese gelangt man zur Stellenbildung und Stellenbeschreibung.

Gliederungsmerkmale (Analyse)

Merkmal der Verrichtung	Eine Aufgabe wird in die einzelnen, zu ihrer Erfüllung notwendigen Verrichtungen zerlegt (z. B. Zuschnittabteilung, Maschinenabteilung, Montageabteilung).
Merkmal des Objektes (Produkt)	Die Aufgabe wird nach den einzelnen Objekten, an denen sie erfolgt, zergliedert (z. B. ist ein Betrieb in eine Fenster- und eine Treppenbauabteilung geteilt).
Merkmal des Sachmittels	Eine Aufgabe wird nach den Sachmitteln, die zu ihrer Durchführung erforderlich sind, in Teilaufgaben aufgespalten (z. B. werden das Sägen, Hobeln, Fräsen, Bohren usw. zu jeweils eigenen Abteilungen zusammengefasst).
Merkmal des Ranges (Hierarchie)	Alle Teilaufgaben werden in ein Rangverhältnis eingeordnet (leitende und ausführende Teilaufgaben bzw. Stellen, z. B. Meister, Altgeselle, Geselle).
Merkmal der Phase	Alle Teilaufgaben werden nach ihrer sachlichen Zugehörigkeit in das Phasenschema „Planung-Realisation-Kontrolle" eingeordnet.
Merkmal der Zweckbeziehung	Alle Aufgaben werden nach ihrem Zweck eingeordnet, wobei primäre (z. B. Fertigung) und sekundäre Aufgaben (z. B. Kantine) zu unterscheiden sind.

Aufbaustrukturprinzipien und Leitungssysteme (Auswahl)

Liniensystem (Einliniensystem)	Stab-Liniensystem
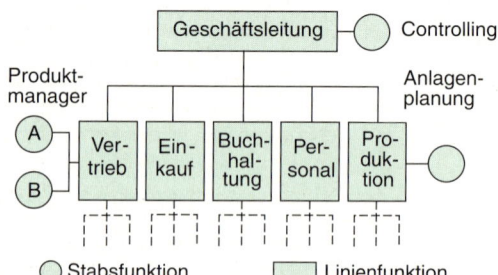	
Eine untergeordnete Stelle kann nur von einer einzigen übergeordneten Stelle Weisungen erhalten.	Stabsstellen können bestimmte Aufgaben übernehmen (produkt- oder funkionsbezogen), haben aber keine Weisungsbefugnis sondern nur beratende Funktion.

Stellenbeschreibung

- Die Stelle ist die kleinste organisatorische Einheit (ein Mitarbeiter oder eine Gruppe), der eine oder mehrere Teilaufgaben zugeordnet sind; sie ist gekennzeichnet durch ihre Aufgabe, Kompetenz (Befugnis) und Verantwortung.
- Eine Rangordnung entsteht dadurch, dass Aufgaben, Kompetenzen und Verantwortung einer Stelle teilweise auf unter- oder übergeordnete Stellen übertragen (delegiert) werden; Instanzen sind Stellen mit Entscheidungs- und Anordnungsbefugnis.

Arbeitssystem

- Ein Arbeitssystem umfasst immer mindestens eine Stelle, kann aber auch eine ganze Abteilung oder einen kompletten Betrieb beschreiben und wird nach REFA durch die sog. 7 Systembegriffe definiert:

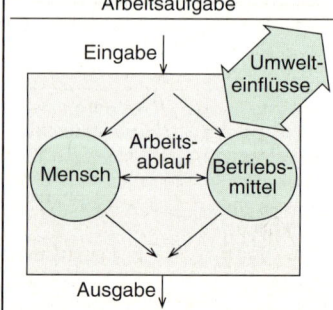

Arbeitsgestaltung

Arbeitsgestaltung schafft die Bedingungen für das Zusammenwirken von Mensch, Technik, Information und Organisation im Arbeitssystem (s. S. 358). Ziel ist die Erfüllung der Arbeitsaufgabe unter Berücksichtigung menschlicher Eigenschaften und Bedürfnisse sowie der Wirtschaftlichkeit des Systems.

Arbeits-aufgabe	Eine Arbeitsaufgabe ist eine Aufforderung an Menschen, Tätigkeiten auszuüben, die der Zielerreichung dienen; sie kennzeichnet damit den Zweck des Arbeitssystems und stellt damit gleichzeitig den quantitativen (Anzahl der Mitarbeiter, Leistung der Maschine) und qualitativen (Qualifikation der Mitarbeiter, Bearbeitungsgenauigkeit) Kapazitätsbedarf dar.
Arbeits-ablauf (s. S. 363)	Der Arbeitsablauf ist das räumliche und zeitliche Zusammenwirken von Mensch und Betriebs- bzw. Arbeitsmittel, durch das die Eingabe gemäß der Arbeitsaufgabe verändert wird (Leitfragen zur Beschreibung eines Arbeitsablaufs: Wer arbeitet wo, wann und womit?).

Gesamtablauf	Vorgang/Arbeitsschritt	Vorgangselement	
Zur Gestaltung eines Arbeitsab-laufs ist eine Glie-derung des Ge-samtablaufs in Ab-laufabschnitte (Vorgänge/Arbeits-schritte) sinnvoll.	Ein Vorgang ist die Ausführung eines Arbeitsablaufs an einer Mengenein-heit eines Auftrags (z. B. wiederkehrender Zyklus beim Beschi-cken einer Maschine).	Vorgangselemente können weder bei ihrer Beschreibung, noch bei ihrer zeitlichen Erfassung weiter unterteilt werden.	
		Bewegungselemente	Prozesselemente
		z. B. Hinlangen zu einem Werkzeug oder Einfügen eines Kleinteils	z. B. Schließen einer Presse oder Span-nen durch Druckluft-zylinder

Mensch und Betriebs-mittel	Mensch und Betriebs- bzw. Arbeitsmittel bestimmen im Zusammenwirken mit der Organisa-tion die Kapazität des Arbeitssystems; es kann jeweils nach quantitativem und qualitativem Kapazitätsbestand unterschieden werden; beim Menschen muss weiter differenziert werden nach seiner Leistungsfähigkeit (Eigenschaften, Grundfähigkeiten sowie erworbene Kennt-nisse und Fertigkeiten) und seiner Leistungsbereitschaft (körperliche Leistungsbereit-schaft/Disposition und geistige Leistungsbereitschaft/Motivation).
Eingabe	Die Eingabe eines Arbeitssystems besteht im allgemeinen aus Arbeitsgegenständen (Material), Informationen (Arbeitsanweisungen, Zeichnungen, Stücklisten usw.) und Energie (saubere Luft wird als selbstverständlich vorausgesetzt).
Ausgabe	Die Ausgabe eines Arbeitssystems besteht im allgemeinen aus Arbeitsgegenständen, Informationen und Energie, die im Sinne der Arbeitsaufgabe verändert, verwendet oder neu erstellt wurden (hinzu kommen Reststoffe, Abfälle, Gase, Dämpfe, Stäube usw.).
Umwelt-einflüsse	Unter Umwelteinflüssen werden die physikalischen, chemischen, biologischen, organisato-rischen und sozialen Faktoren zusammengefasst, die das Verhalten des Systems, insbe-sondere der Menschen und der Betriebs- bzw. Arbeitsmittel beeinflussen (Licht, Klima, Schall, Gase, Stäube usw.).

Ablauforganisation

Die Ablauforganisation regelt das räumliche und zeitliche Zusammenwirken von Menschen, Betriebs- bzw. Arbeitsmitteln und weiterer Eingaben (z. B. Material, Energie, Informationen usw.) zur Erfüllung von Arbeitsaufgaben; die Arbeitsvorbereitung spielt dabei eine zentrale Rolle (s. S. 360).

Die Ablauforganisation gestaltet und ordnet die Aufträge/Arbeitsaufgaben und Arbeitsabläufe nach
• Arbeitsinhalt (beschrieben durch Arbeitsgegenstand, Arbeitsaufgabe und notwendige Arbeitsabläufe),
• Arbeitszeit bzw. Bearbeitungszeit und Reihenfolge,
• Arbeitsraum (räumliche An- und Zuordnung der einzelnen Arbeitsplätze und Abteilungen),
• Arbeitszuordnung der Aufgaben zu Stellen bzw. Mitarbeitern (Artteilung bedeutet z. B. die Verteilung eines Auftrags auf Zuschnitt-, Maschinen- und Montageabteilung und Mengenteilung hieße, dass ein Mitarbeiter an einer Teilmenge eines Gesamtauftrags sämtliche notwendigen Arbeitsgänge ausführt).
Die Ablauforganisation setzt also die Aufbauorganisation voraus, wenn auch im Rahmen einer Neupla-nung nur hypothetisch, sodass sich schrittweise Aufbau- und Ablauforgansition einander anpassen.

Betriebsplanung, Organisation

Arbeitsvorbereitung

Aufgaben	Ziele	Einflussfaktoren	Geschäftsleitung
• Kundenaufträge fertigungsreif gestalten und Fertigungsunterlagen erstellen • Abläufe, Auslastungen und Termine planen • Material, Betriebsmittel und Mitarbeiter planen, beschaffen und bereitstellen • Auftragsdurchführung veranlassen, überwachen und sichern	• Einhalten der Termine • Kurze Durchlaufzeiten • Minimierung der Materialbestände • Hohe Kapazitätsauslastung • Sichern der geforderten Qualität	• Betriebsgröße • Auftragsumfang • Losgröße • Erzeugnisart • Fertigungsweise • Arbeitsteilung • Mitarbeiterqualifikation	kaufm. Leitung techn. Leitung

Gliederung (Baumstruktur):

- **Arbeitsvorbereitung (AV)**
  - **Arbeitsplanung**
    - auftragsunabhängige Planung
    - auftragsabhängige Planung
  - **Arbeitssteuerung**
    - veranlassen, überwachen und sichern der techn. Ausführung, Qualität, Vorgabezeiten und Termine
    - Erfassen der Abrechnungsdaten

Tätigkeit	Verwalt.	Verkauf	Einkauf	Lager	AV	Fertigung	Montage
Werbung und Anfrage		●					
Vorkalkulation		●	○	○	○	○	○
Angebot		●					
Verhandlungen		●					
Auftragsbestätigung		●					
- technische Ausführung		●	○		○	○	○
- Liefertermine		●	○	○	○	○	○
- Konditionen		●					
Fertigungsprogramm		○			●		
- Design und Entwurf		○			●	○	○
- Werksnormung				○	●		
- Konstruktion, Austauschbarkeit					●	○	○
- Eigenfertigung oder Zukauf			○	○	●		○
- verwendete Materialien		○	○	○	●	○	○
Fertigungsverfahren					●		○
- Betriebsmittelplanung und Layout					●		○
- Mitarbeiterqualifikation und Anzahl	○				●		○
Erstellung der Fertigungsunterlagen					●		
- Zeichnungen, Stücklisten					●	○	○
- Laufkarten, Arbeitspläne					●	○	○
Termin- und Auslastungsplanung		○	○	○	●	○	○
Bildung von Betriebsaufträgen					●		○
Bedarfsermittlung					●	○	○
- Material					●	○	○
- Betriebsmittel					●	○	○
- Mitarbeiter					●		○
Beschaffung			●	○	○		
- Material			●	○	○		
- Betriebsmittel			●	○	○		
- Mitarbeiter	●				○	○	
Bereitstellung				●			
- Material				●			
- Betriebsmittel				●			
- Mitarbeiter						●	●
Arbeitsplatzbelegung					●	○	○
Arbeitsunterweisung					●	○	○
Auftragsausführung/Fertigung						●	●
Auslieferung und Versand				●			○
Montage und Abnahme		○					●
Zeiterfassung					●	○	○
Materialerfassung				●	○	○	
Nachkalkulation		●			○		
Abrechnung		●					
Rechnungsstellung		●					

● verantwortlich für die Durchführung   ○ Abstimmung gegebenenfalls erforderlich

Erzeugnisdokumentation und Fertigunszeichnungen

Arten der Erzeugnisdokumentation

bildlich/ grafisch	beschreibend/ tabellarisch	gegen- ständlich
• Skizze • Zeichnung • Fotografie	• Stückliste • Arbeitsplan • Verfahrens- anweisung • Rezeptur	• Muster • Modell • Probe

Hauptzeichnung (M. 1 : 10 oder 1 : 20)

Einzelteil- bzw. Baugruppenzeichnung (M. 1 : 10)

Teilschnittzeichnung (M. 1 : 1)

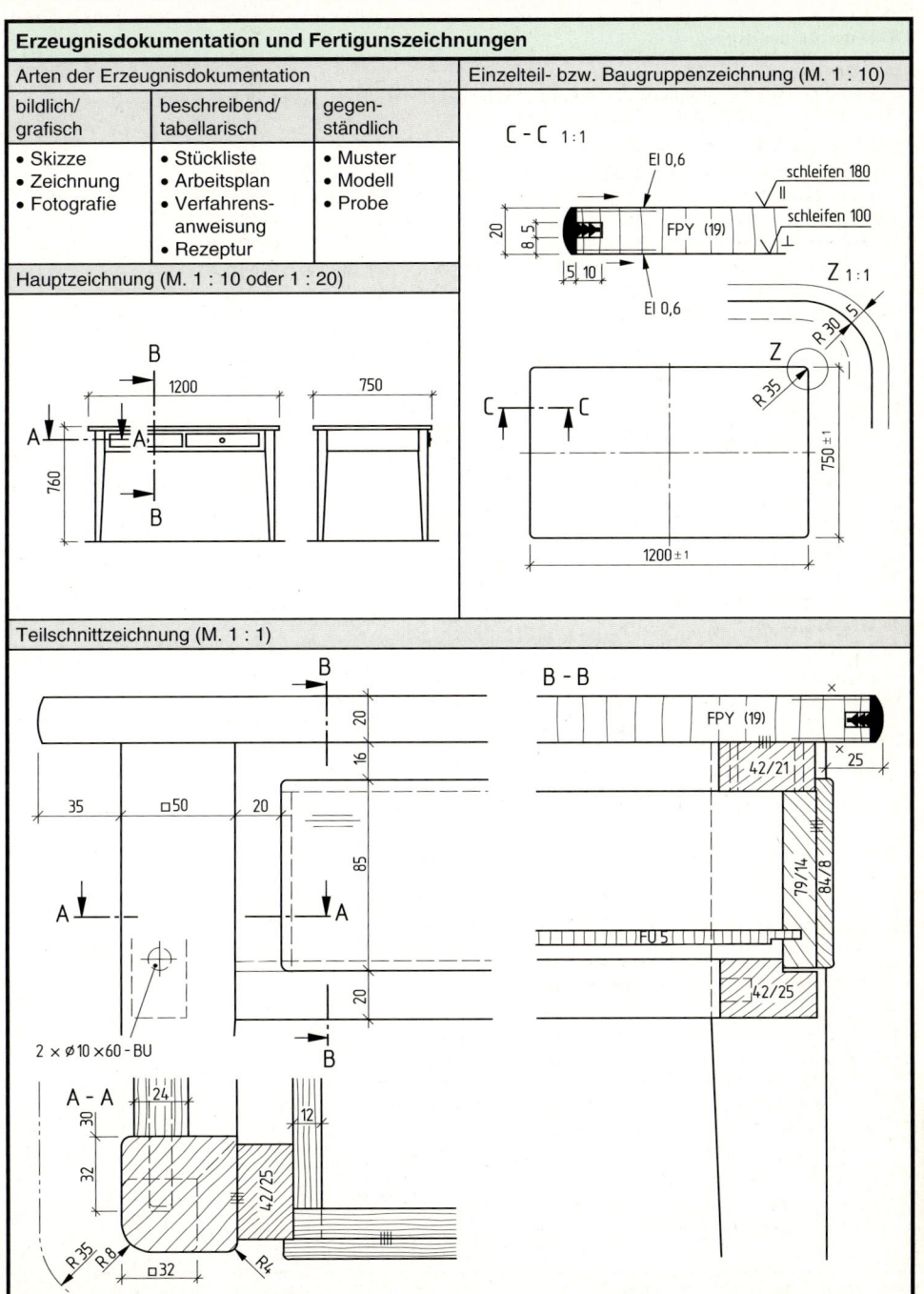

Betriebsplanung, Organisation

Erzeugnisgliederung

Die Erzeugnisgliederung wird als Planungsinstrument (bewusst oder auch unbewusst) eingesetzt zur

- Strukturierung von Stücklisten (strukturierter/systematischer Aufbau verringert das Risiko des „Vergessens" von Einzelteilen),
- Optimierung von Arbeitsabläufen (z. B. Zusammenstellung von Einzelteilen mit gleichen oder ähnlichen Arbeitsabläufen im Fensterbau: Blendrahmen, Flügel, Sprossen usw.),
- Verringerung von Rüstzeiten (z. B. Zusammenstellung von gleichen Einzelteilen oder Sortierung nach auf- bzw. absteigenden Breiten bzw. Längen vor der Bearbeitung mit Doppelendprofilern),
- Werksnormung durch Findung/Schaffung und Verwendung von gleichen Einzelteilen für unterschiedliche Baugruppen (z. B. standardisierte Fachbodenmaße) oder gleiche Baugruppen für unterschiedliche Erzeugnisse/Modelle (z. B. identische Korpusse mit unterschiedlichen Fronten bei Küchenmöbeln),
- Wertanalyse und damit zusammenhängende Fragestellungen:
  - Welcher Werkstoff für welches Einzelteil (z. B. verleimte, keilgezinkte oder furnierte Platten)?
  - Unterschiedliche Qualitäten für Blind- und Deckfurnier?
  - Gleiche Lackierung für Tischober- und Unterseite notwendig (Beispiel s. u.)?
- Ermittlung von Zukaufteilen und Entscheidungsfindung bezüglich Eigen- oder Fremdfertigung.

Erzeugnis	Baugruppe	Einzelteil	Werkstoff	An-zahl	Fertigmaß in mm		
					L	B	D
Tisch mit Schublade[1]	Tischgestell	Stollen	Eiche				
		Zargen	Eiche				
		Traversen/ Lisenen	Eiche				
		Schubkasten-führungen	Buche				
	Schubkasten	Seiten	Buche				
		Hinterstück	Buche				
		Vorderstück	Buche				
	Tischplatte	Aufdoppelung	Eiche				
		Boden	Furnierplatte				

[1] s. S. 338, 339, 361 und 363.

Stückliste (Fertigungstückliste)

Auftrags-Nr.:		Blatt	von	Bearbeitet von:		Datum:

Auftraggeber:	Arbeitsbeginn:
Lieferanschrift/Straße:	Liefertermin:

Ort:	Erzeugnis/Modell:	Anzahl:

Tel.-Nr.:	Fax-Nr.:	Ausführung:

Architekt/Bauleiter:	Farbe/Oberfläche:
Tel.-Nr.:	Fax-Nr.:	Zeichnungs-Nr.:

Pos.	Einzelteil	Werk-stoff	An-zahl	Rohmaße			Fertigmaße			Fertigmenge (m^3, m^2, lfm)	Bemer-kungen
				L	B	D	L	B	D		

Betriebsplanung, Organisation

Ablaufgliederung

Ähnlich wie die Erzeugnisgliederung (s. S. 362) dient auch die Gliederung eines Arbeitsablaufs der

- Optimierung von Arbeitsabläufen (z. B. Zusammenstellung von Einzelteilen mit gleichen oder ähnlichen Arbeitsabläufen im Fensterbau: Blendrahmen, Flügel, Sprossen usw.),
- Verringerung von Rüstzeiten (z. B. Zusammenstellung von gleichen Einzelteilen oder Sortierung nach auf- bzw. absteigenden Breiten bzw. Längen vor der Bearbeitung mit Doppelendprofilern),
- der Planung einer sinnvollen Reihenfolge von Arbeitsschritten[1] (s. Arbeitsflussbild auf S. 338 ff).

Sie geht, zumindest gedanklich, der Erstellung eines Arbeitsplanes (s. u.) voraus. Ebenfalls im Vorfeld der Erstellung eines Arbeitsplans werden im Rahmen der Ablaufgliederung von der Arbeitsplanung

- die wesentlichen Gliederungsprinzipien von Art- und Mengenteilung angewendet (s. S. 359),
- eine Entscheidung über die optimale Losgröße getroffen (es findet z. B. eine Aufteilung eines großen Auftrags in mehrere kleine Lose statt, die zeitversetzt in die Produktion gehen, d. h., es findet prinzipiell eine Mengenteilung statt, dann kann aber durchaus artteilig weitergearbeitet werden, wie es z. B. bei einer typischen Kostenstellenbildung im Tischlerhandwerk durch Einteilung in Zuschnitt-, Maschinen-, Bank- und Lackierabteilung mit jeweils festen Mitarbeitern der Fall ist),
- bei komplexeren Projekten auch weitere Planungsinstrumente, z. B. Plantafeln, EDV-Programme oder die Netzplantechnik angewendet oder Planungsgruppen eingesetzt.

Gesamtablauf	Teilablauf	Ablaufstufe	Arbeitsschritt[1]/ Vorgang

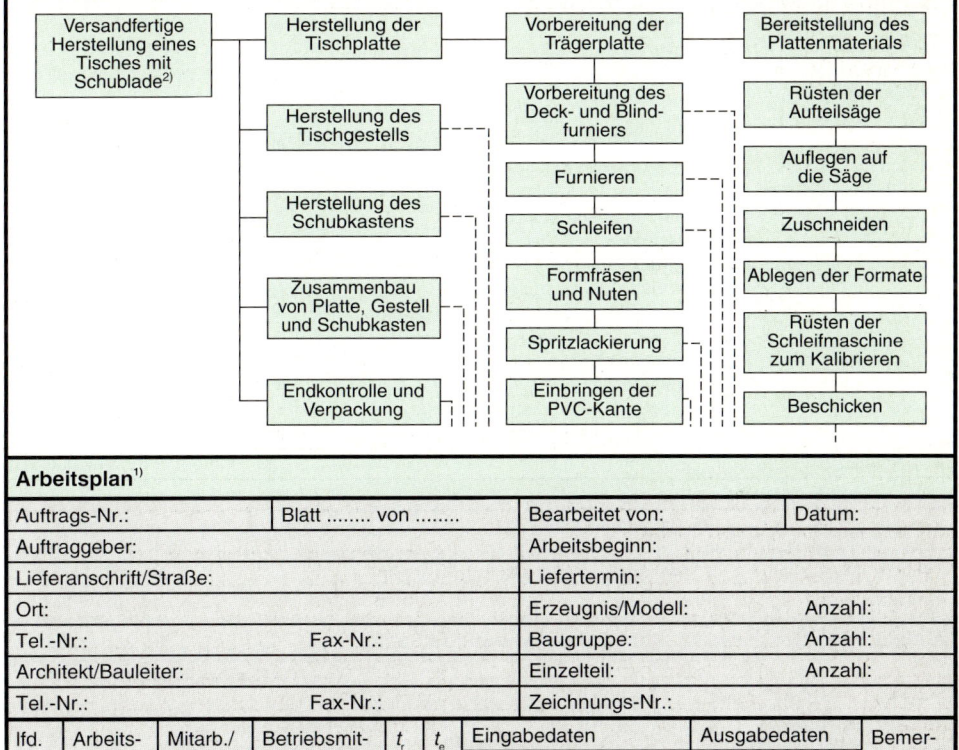

Arbeitsplan[1]

Auftrags-Nr.:		Blatt .... von	Bearbeitet von:		Datum:

Auftraggeber:	Arbeitsbeginn:
Lieferanschrift/Straße:	Liefertermin:
Ort:	Erzeugnis/Modell:
Tel.-Nr.:	Fax-Nr.:
Architekt/Bauleiter:	Einzelteil:
Tel.-Nr.:	Fax-Nr.:

lfd. Nr.	Arbeits-schritt[1]	Mitarb./ Lohngr.	Betriebsmit-tel/Kostenst.	t_r	t_e	Eingabedaten				Ausgabedaten				Bemer-kungen
						Mat.	Stk.	L	B	D	Stk.	L	B	D	

[1] Auch Bestandteil des Arbeitsablaufplanes wie von der neuen Ausbildungsverordnung für das Tischler- und Schreinerhandwerk vorgesehen. [2] s. S. 338, 339, 361 und 362.

Betriebsplanung, Organisation

Qualitätsmanagement	DIN EN ISO 9000 ff

- In den Normen zum Qualitätsmanagement sind keine Forderungen an Produkte festgelegt; ihre Einhaltung ist deswegen kein unmittelbarer Nachweis für die Erfüllung einer bestimmten Qualitätsanforderung; die Verfahrens-, Arbeits- und Prüfanweisungen eines QM-Sytems sind höchstens ein mittelbarer Nachweis, in dessen Rahmen auch Forderungen des Auftraggebers oder des übrigen technischen Regelwerks bzw. der Arbeits- und Umweltschutzgesetzgebung (s. u.) berücksichtigt werden können.
- Qualität im Sinne dieser Normenreihe ist die Gesamtheit der **geforderten** Eigenschaften und **Qualitätsmerkmale** eines Produkts oder einer Tätigkeit/Dienstleistung – nicht mehr und nicht weniger!
- Als Qualitätsmanagement (QM) oder Qualitätssicherung (QS) werden alle in diesem Sinne geplanten und systematischen Maßnahmen bezeichnet, die dazu geeignet sind, Vertrauen in die Fähigkeiten eines Lieferanten zu gewinnen.
- Die Beschreibung (Darlegung) dieser Maßnahmen anhand der vorgegebenen QM-Elemente (auch prozessorientiert, d. h. losgelöst vom starren Rahmen der 20 QM-Elementen) wird in einem sog. QM-Handbuch zusammengefasst werden und bildet damit die Grundlage für eine Zertifizierung nach erfolgreicher Prüfung (Audit) durch eine dafür zugelassene (akkreditierte) Stelle.

DIN EN ISO 9000	QM-Nachweisstufen bzw. QM-Darlegung und QM-Elemente nach DIN EN ISO	9001	9002	9003	DIN EN ISO 9004
• Sie versteht sich als Leitfaden zum Auswählen und Anwenden der Normen 9001, 9002 und 9003.	1. Verantwortung der Leitung	●	●	⊗	Sie ist ein Leitfaden zur Errichtung eines QM-Systems.
	2. Qualitätsmanagementsystem (Aufbau)	●	●	⊗	
	3. Vertragsprüfung	●	●	●	Das Gestalten eines QM-Systems stellt sicher, dass
	4. Designlenkung (Entwickl./Konstruktion)	●	○	○	
	5. Lenkung der Dokumente und Daten	●	●	●	
• Sie leitet zum Anpassen der Forderungen bezüglich Darlegungsumfang und Darlegungsgrad an.	6. Beschaffung	●	●	○	• das QM-System verstanden wurde und wirksam ist,
	7. Lenkung d. v.Kunden beigest. Produkte	●	●	●	
	8. Kennzeichnung ... von Produkten	●	●	⊗	• die Kundenerwartung erfüllt wird,
	9. Prozesslenkung	●	●	○	
	10. Prüfungen	●	●	⊗	• Fehlervermeidung vor Fehleraufdeckung steht,
• Entsprechend dem gewählten Darlegungsgrad kann nach DIN EN ISO 9001, 9002 oder 9003 eine Zertifizierung angestrebt werden.	11. Prüfmittelüberwachung	●	●	●	
	12. Prüfstatus	●	●	●	
	13. Lenkung fehlerhafte Produkte	●	●	⊗	• eine ständige Qualitätsverbesserung stattfindet,
	14. Korrektur- u. Vorbeugungsmaßnahmen	●	●	⊗	
	15. Handhabung, Lagerung, Verpackung...	●	●	●	
	16. Lenkung von Qualitätsaufzeichnungen	●	●	⊗	• Aufwand und Nutzen sich optimal verhalten.
	17. Interne Qualitätsaudits	●	●	⊗	
	18. Schulung	●	●	⊗	
	19. Wartung (Kundendienst/Montage)	●	●	○	
	20. Statistische Methoden	●	●	⊗	

● ungekürzte Forderung	⊗ weniger scharf als DIN EN ISO 9001	○ QM-Element kommt nicht vor

Integrierte QM-Systeme können umfassen:

- Arbeitsschutz und Umgang mit Gefahrstoffen (Gefahrstoffverzeichnis, Betriebsanweisungen usw.)
- Umweltschutz (Abfallwirtschaftskonzept nach Kreislaufwirtschaftsgesetz, Umwelterklärung nach EG-Öko-Audit-Verordnung Nr. 1836/93 bzw. DIN EN ISO 14000 ff)
- Werkseigene Produktionskontrolle zur Ü-Kennzeichnung von Bauprodukten (z. B. Fenster und Türen)

Aufbau und Inhalt eines Qualitätsmanagementhandbuchs

Handbuch	Grundsätze, Aufbau- und Ablauforganisation, Verantwortungen und Befugnisse, Verweise auf mitgeltende Unterlagen; nur dieser Teil des QM-Handbuchs wird gegenüber Kunden präsentiert
Verfahrensanweisungen	Detaillierte Beschreibung von Teilgebieten des QM-Systems; enthält organisatorisches und fachliches Know-how des Unternehmens
Arbeits- und Prüfanweisungen	Festlegung von Einzeltätigkeiten und Arbeitsabläufen; enthält fachliches Know-how des Unternehmens (auftragsab-/unabhängig)

Betriebsplanung, Organisation

Sicherheit und Gesundheitsschutz am Arbeitsplatz – Arbeitsschutz

Mit dem Begriff Arbeitsschutz werden alle rechtlichen, organisatorischen, technischen und medizinischen Maßnahmen umfasst, um die im Arbeitsprozess befindlichen Beschäftigten zu schützen und Persönlichkeitsrechte zu wahren.

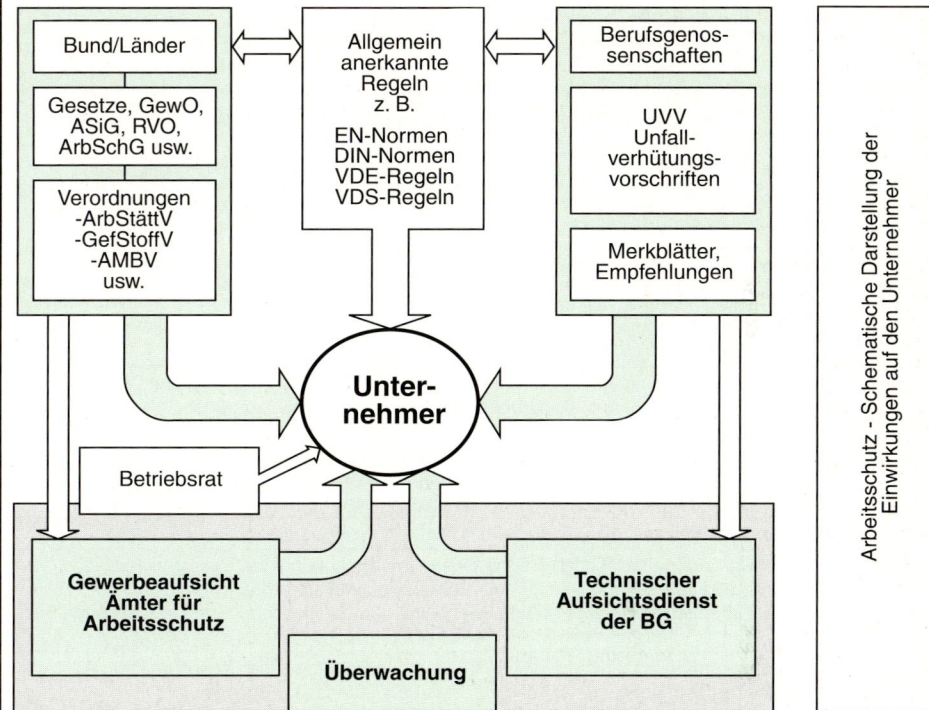

Arbeitsschutz - Schematische Darstellung der Einwirkungen auf den Unternehmer

Arbeitsschutzgesetz – ArbSchG

Ziel und Anwendungsbereich des ArbSchG	• Sicherung und Verbesserung der Sicherheit und des Gesundheitsschutzes von Beschäftigten bei der Arbeit. Das Gesetz gilt für alle Tätigkeitsbereiche mit wenigen Ausnahmen.
Pflichten des Arbeitgebers gemäß dem ArbSchG	• Der Arbeitgeber hat erforderliche Maßnahmen zum Arbeitsschutz zu treffen und diese auf ihre Wirksamkeit zu überprüfen. • Zur Planung und Durchführung der Maßnahmen sind die organisatorischen Voraussetzungen zu schaffen sowie Vorkehrungen zu treffen, dass die Maßnahmen tatsächlich im Betrieb eingebunden sind.
Allgemeine Grundsätze zu den Maßnahmen des Arbeitsschutzes	• Arbeit gefährdungsarm gestalten, Restrisiko minimieren. • Gefahren an der Quelle beseitigen. • Beachtung des Standes der Technik, der Hygiene usw. • Maßnahmen sollen alle Bedingungen am Arbeitsplatz sachgerecht verknüpfen. • Individuelle Schutzmaßnahmen nur nachrangig veranlassen. • Spezielle Gefahren besonders Schutzbedürftiger berücksichtigen. • Anweisungen an die Beschäftigten geben. • Geschlechtsspezifische Regelungen nur, wenn dies aus biologischen Gründen zwingend geboten ist.

Arbeitsschutz, Umweltschutz

Arbeitsschutzgesetz - ArbSchG - Fortsetzung

Beurteilung der Arbeitsbedingungen	• Der Arbeitgeber hat zu ermitteln, welche Maßnahmen des Arbeitschutzes erforderlich sind. • Gefährdung kann sich ergeben durch: Gestaltung/Einrichtung von Arbeitsplatz/Arbeitsstätte, physikalische, chemische und biologische Einwirkungen, Arbeitsmittel, Arbeitsstoffen, Maschinen, Geräte, Anlagen, Fertigungsverfahren, Arbeitsabläufe, Arbeitszeit sowie Kombinationen, unzureichende Qualifikation/Unterweisung der Beschäftigten.
Dokumentation	• Der Arbeitgeber muss die Gefährdungssituation, die festgelegten Maßnahmen sowie die Überprüfung der Maßnahmen dokumentieren. • Unfälle sind zu erfassen, wenn mehr als drei Tage Arbeitsunfähigkeit folgen.
Notfallmaßnahmen, Erste Hilfe	• Maßnahmen zur Ersten Hilfe, zum Brandschutz und Evakuierung treffen. • Es ist ein Beschäftigter zu benennen, der die Aufgaben der Ersten Hilfe, des Brandschutzes usw. übernimmt.
Arbeitsmedizinische Vorsorge, Unterweisung	• Arbeitnehmern ist die Möglichkeit zu geben, sich regelmäßig arbeitsmedizinisch untersuchen zu lassen. • Der Arbeitgeber hat die Beschäftigten über Sicherheit und Gesundheitsschutz zu unterweisen.
Pflichten und Rechte der Beschäftigten	• Die Beschäftigten sind verpflichtet, gemäß den Unterweisungen und Weisungen des Arbeitgebers für Sicherheit und Gesundheit Sorge zu tragen. • Schutzvorrichtungen und Schutzeinrichtungen sind zu benutzen. • Beschäftigte sind berechtigt, dem Arbeitgeber Vorschläge zum Arbeitsschutz zu unterbreiten. Reichen die Maßnahmen zum Arbeitsschutz nach Auffassung der Beschäftigten nicht aus, so können sie sich an die zuständige Behörde wenden.

Weitere Regelungen für Sicherheit und Gesundheitsschutz am Arbeitsplatz

PSA-BV	Verordnung über Sicherheit und Gesundheitsschutz bei der Benutzung persönlicher Schutzausrüstung bei der Arbeit (PSA-Benutzungsverordnung). • Einheitliche Regelung für die Benutzung von persönlichen Schutzausrüstung unabhängig von Branche und Arbeitsbereich.
AMBV	Verordnung über Sicherheit und Gesundheitsschutz bei der Benutzung von Arbeitsmitteln bei der Arbeit (Arbeitsmittelbenutzungsverordnung). • Allgemein gehaltene Schutzziele und Bestimmungen mit Blick auf Sicherheit und Gesundheitsschutz der Beschäftigten bei der Benutzung von Arbeitsmitteln (Geräte, Werkzeuge, Maschinen, Anlagen) bei der Arbeit.
BildscharbV	Verordnung über Sicherheit und Gesundheitsschutz bei der Arbeit an Bildschirmgeräten (Bildschirmarbeitsverordnung). • Festlegung von Mindestanforderungen an Bildschirmgerät, Arbeitsplatz, Arbeitsumgebung sowie hinsichtlich der Softwareausstattung und Arbeitsorganisation.
LasthandhabV	Verordnung über Sicherheit und Gesundheitsschutz bei der manuellen Handhabung von Lasten bei der Arbeit (Lasthandhabungsverordnung). • Mindestvorschriften bezüglich der Sicherheit und des Gesundheitsschutzes bei der manuellen Handhabung von Lasten (Gefährdung der Lendenwirbelsäule).
ArbStättV	Verordnug über Arbeitsstätten (Arbeitsstättenverordnung). • Allgemeine Mindestanforderungen an die Einrichtung von Arbeitsstätten hinsichtlich Lüftung, Raumtemperatur, Beleuchtung, Fenster, Türen, umschließende Flächen, Verkehrswege, Rettungswege, Steigleitern, Laderampen, Pausenräume, Sanitärräume, Arbeitsplätze im Freien, Baustellen, Schutz vor Absturz, Brand, Gase, Lärm und sonstige Einwirkungen.
GefStoffV	Verordnung über Gefahrstoffe (Gefahrstoffverordnung). • Regelungen über die Einstufung und Kennzeichnung von gefährlichen Stoffen, Zubereitungen und Erzeugnissen sowie dem Umgang mit ihnen.

Schritte zur Umsetzung des Arbeitsschutzgesetzes

1. Gefährdungen **erkennen**

Beim Rundgang durch den Betrieb auf alles achten was auf die Sicherheit und die Gesundheit von Beschäftigten Einfluss haben kann:

- Gestaltung und Einrichtung der Arbeitsstätte, des Arbeitsplatzes, Ergonomie, Verkehrswege, Rettungswege, Schutzeinrichtungen usw.
- Gestaltung, Auswahl, Beschaffenheit und Einsatz von Maschinen, Geräten und Anlagen
- Gestaltung der Arbeit- und Fertigungsverfahren, der Arbeitsabläufe und Arbeitszeit
- Einsatz oder Entstehung von Gefahrstoffen
- Qualifikation und Unterweisung der Beschäftigten

2. Gefährdungen **bewerten**

Abschätzung, ob die Beschäftigten durch die vorhandenen Maßnahmen ausreichend geschützt sind. Ggf. Vergleich mit Vorschriften, Regeln oder bewährten Lösungen.

3. Gefährdungen **beseitigen**

Maßnahmen zur Beseitigung oder Minderung vorhandener Gefährdungen festlegen, Prioritäten setzen und Maßnahmen durchführen.

- Folgende Rangfolge der Maßnahmen ist zu beachten:
  I.   Sichere Technik einsetzen
  II. Sicherheitstechnische Mittel einsetzen
  III. Organisatorischen Maßnahmen veranlassen
  IV. Individuelle Schutzmaßnahmen (z. B. persönliche Schutzausrüstung (PSA))
- Bei allen Maßnahmen ist der Stand der Technik, der Arbeitsmedizin und Hygiene sowie sonstige arbeitswissenschaftlichen Erkenntnisse zu berücksichtigen.
- Besonders schutzbedürftige Beschäftigte sind zu beachten (Schwangere, Behinderte usw.)
- Betriebe mit mehr als zehn Mitarbeitern müssen über Unterlagen verfügen, aus denen das Ergebnis der Gefährdungsbeurteilung, die festgelegten Maßnahmen als auch das Ergebnnis der Überprüfung dieser Maßnahmen ersichtlich sind.

4. Wirkung der Maßnahmen **kontrollieren**

Die Wirkung der durchgeführten Maßnahmen zum Arbeitsschutz sind regelmäßig zu kontrolliern. Ggf. sind Anpassungen erforderlich.

Betriebe mit mehr als zehn Beschäftigten müssen über Unterlagen verfügen, aus denen das Ergebnis der Gefährdungsbeurteilung, die festgelegten Maßnahmen sowie das Ergebnis ihrer Überprüfung ersichtlich sind. Diese Unterlagen dienen der betrieblichen Transparenz. Als solche Unterlagen können verwendet werden: Protokolle von Betriebsbegehungen, Eintragungen in Prüflisten und Gefährdungskatalogen, Betriebsanweisungen, eigene Gefährdungsdokumentation.

Gefahrstoffe am Arbeitsplatz

Abkürzungen (Auswahl)

ASiG	Arbeitssicherheitsgesetz
BAT-Wert	Biologischer Arbeitsplatztoleranzwert
ChemG	Chemikaliengesetz
GefStoffV	Gefahrstoffverordnung
MAK	Maximale Arbeitsplatzkonzentration
TRbF	Technische Regel für brennbare Flüssigkeiten
TRgA	Technische Regel für gefährliche Arbeitsstoffe
TRGS	Technische Regel für Gefahrstoffe
TRK	Technische Richtkonzentration
UVV	Unfallverhütungsvorschrift
VbF	Verordnung über brennbare Flüssigkeiten
VBG	Unfallverhütungsvorschrift der gewerblichen Berufsbenossenschaft

Gefahrstoffe am Arbeitsplatz – Fortsetzung

Rangfolge der Gesetze, Verordnungen und Regeln hinsichtlich Gefahrstoffe

| Chemikalien-gesetz (ChemG) | → | Gefahrstoff-verordnung (GefStoffV) | → | Technische Regel für Gefahrstoffe (TRGS) |

Aufnahmemöglichkeiten von Gefahrstoffen in den Körper

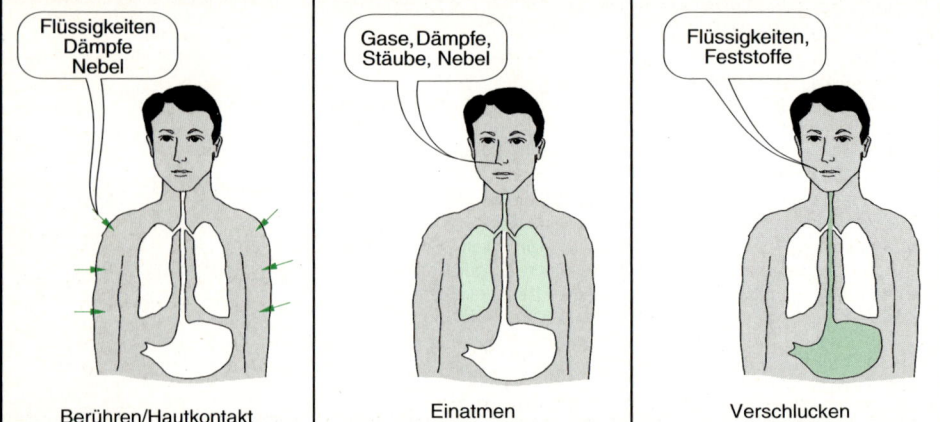

| Flüssigkeiten Dämpfe Nebel | Gase, Dämpfe, Stäube, Nebel | Flüssigkeiten, Feststoffe |
| Berühren/Hautkontakt | Einatmen | Verschlucken |

Gefahrstoff

Gefahrstoffe sind (§ 3a ChemG, § 19 Abs.2 ChemG, § 19 Abs. 1 GefStoffV):
- Gefährliche Stoffe und Zubereitungen mit einer / mehrerer der nachfolgend genannten Eigenschaften: explosionsgefährlich, Brand fördernd, hochentzündlich, leichtentzündlich, sehr giftig, giftig, gesundheitsschädlich (vor 1994 „mindergiftig"), ätzend, reizend, sensibilisierend, Krebs erzeugend, fortpflanzungsgefährdend, Erbgut verändernd, umweltgefährlich.
- Stoffe, die sonstige chronisch schädigende Eigenschaften besitzen,
- Stoffe, Zubereitungen und Erzeugnisse, die explosionsfähig sind,
- Stoffe, Zubereitungen und Erzeugnisse, aus denen beim **Umgang** gefährliche Stoffe oder Zubereitungen entstehen oder freigesetzt werden können,
- Stoffe, Zubereitungen und Erzeugnisse, die erfahrungsgemäß Krankheitserreger übertragen können.

Umgang

Der Begriff „Umgang" umfasst
- das Herstellen und das Gewinnen eines Stoffes oder einer Zubereitung,
- das Verwenden im Sinne des § 3 Nr. 10 ChemG.

Dazu gehören u. a. das Gebrauchen, Verbrauchen, **Lagern**, Be- und Verarbeiten, Abfüllen, Umfüllen, Mischen, Entfernen, Vernichten und innerbetriebliches Befördern und das Aufbewahren zur baldigen Verwendung.

Lagern

Der Begriff „Lagern" umfasst
- das Aufbewahren zur späteren Verwendung,
- das Aufbewahren zur Abgabe an andere,
- das Bereitstellen zur Beförderung.

Gefahrstoffe am Arbeitsplatz – Fortsetzung

Arbeitgeber

Als „Arbeitgeber" gilt im Sinne der GefStoffV, wer Arbeitnehmer beschäftigt.
Arbeitnehmern gleichgestellt sind
- Beamte, in Heimarbeit beschäftigte Personen, Schüler, Studenten,
- Personen, die zu ihrer Berufsbildung beschäftigt sind.

Pflichten des Arbeitgebers beim Umgang mit Gefahrstoffen

- Gefahrstoffermittlung und Gefahrenbeurteilung (§ 16 GefStoffV)
- Führen eines Gefahrstoffverzeichnisses (§ 16 Abs. 3a, GefstoffV)
- Allgemeine Schutzpflicht (§ 17)
- Einhaltung der Rangfolge von Schutzmaßnahmen
- Überwachung von Stoffkonzentrationen in der Luft am Arbeitsplatz
- Durchführung von Arbeitsbereichsanalysen (§ 18)
- Betriebsanweisungen und Unterweisungen (§ 20)
- Unterrichtung und Anhörung der Arbeitnehmer (§ 21)
- Verpackung und Kennzeichnung von Gefahrstoffen (§ 23, wichtig für „Inverkehrbringer")
- Aufbewahrung und Lagerung (§ 24),
- Maßnahmen bei Betriebsstörungen und Unfällen (§ 26)
- Vorsorgeuntersuchungen (§§ 28 bis 34 GefStoffV)
- Umgang mit krebserzeugenden und erbgutverändernden Gefahrstoffen (§§ 35 bis 40 GefStoffV)
- Dokumentation

Pflichten des Arbeitnehmers beim Umgang mit Gefahrstoffen

- Hygienemaßnahmen einhalten (Verzehr und lagern von Nahrungs- und Genussmittel, § 22 GefStoffV)
- Persönliche Schutzausrüstung benutzen (Zur Verfügung gestellte Schutzausrüstung muss verwendet werden, bestimmungsfremder Gebrauch ist zu unterlassen, §§ 19, 26 GefStoffV)
- Betriebsanweisungen und Unterweisungen beachten
- Sauberkeit am Arbeitsplatz
- Störungen des Betriebsablaufes an Zuständige melden

Gefahrstoffverzeichnis

Gemäß Gefahrstoffverordnung § 16 hat der Arbeitgeber ein Gefahrstoffkataster zu führen. Der Unternehmer/Arbeitgeber hat sich zu vergewissern, ob es sich bei einem Stoff, einer Zubereitung oder einem Erzeugnis im Hinblick auf den Umgang um einen Gefahrstoff handelt.
Zubereitungen sind Gemenge, Gemische oder Lösungen aus zwei oder mehr Stoffen (z. B. Lack).
Erzeugnisse sind Stoffe oder Zubereitungen, die bei der Herstellung eine spezifische Form/Gestalt erhalten haben, z. B. Spanplatten, Kunststoffplatten, Schrauben usw.
Stoffe (chemische Stoffe) werden einzeln in der Holzbranche in der Regel nicht verwendet.

Mindestangaben in einem Gefahrstoffverzeichnis

- Bezeichnung des Gefahrstoffes,
- Einstufung des Gefahrstoffes oder Angabe der gefährlichen Eigenschaft,
- Menge/Verbrauch des Gefahrstoffes im Betrieb,
- Arbeitsbereich, in dem mit dem Gefahrstoff umgegangen wird.

Anforderungen an das Gefahrstoffverzeichnis

- Das Gefahrstoffverzeichnis muss regelmäßig fortgeschrieben werden.
- Erstmals verwendete Arbeits- bzw. Gefahrstoffe sind sofort in das Kataster aufzunehmen.
- Das Kataster ist mindestens einmal je Jahr zu überprüfen.

Ersatzstoffe

Sie sollten für jene Arbeitsstoffe herangezogen werden, die ein hohes relatives Gefahrenpotential besitzen. Grundsätzlich sind Arbeitsstoffe mit einem geringeren Risiko vorzuziehen. Beispiele:
- Wasserlack statt stark lösemittelhaltigen Lacken,
- lösemittelfreie Reiniger, aromatenfreie Reinigungsverdünnungen für den Lackierbereich,
- formaldehydarme Leime, wasserlösliche Holzkitte, essigfreisetzende Dichtungsmassen.

Arbeitsstoffverzeichnis/Gefahrstoffverzeichnis (Beispiel)

Unternehmen:		Datum:			Bearbeiter:			Seite 1
lfd. Nr.	Arbeitsstoff/ Gefahrstoff, Bezeichnung	Hersteller	Verwendungszweck, Arbeitsverfahren	Arbeitsbereich	Menge/ Verbrauch in kg/Jahr	EG-Sicherheitsdatenblatt vorhanden (X = JA)	Gefahrensymbol	R-Sätze S-Sätze
1	Holzstaub	–	Holzbearbeitung, Schleifarbeiten	Maschinen- und Bankraum	Anteil Eiche/ Buche < 10 %			R 49 S 22
2	Leim	Leim AG	Furnierleim, Heißpresse	Furnierabteilung	100	X	Xn	R 40...43 S 23...37
3	Lack A	Lack AG	Möbeloberfläche	Spritzraum	100	X	Xi F	R11, S16 S23...S25, S29, S33
4	Härter A	Lack AG	Härter für PUR-Lack	Oberflächenabteilung	10	X	F	R11, S16 S23...S25, S29, S33

Gefahrensymbole zur Kennzeichnung gefährlicher Stoffe

Symbol					
	Expolsionsgefährlich	Brandfördernd	Leicht entzündlich	Hochentzündlich	Ätzend
Kennbuchstabe	E	O	F	F+	C
Hinweise auf R-Sätze	R2 R3	R8 R9 R11	R11 R12 R13 R15 R17	R12	R34 R35
Beispiele	Staub-Luftgemische, Lösemittel-Luft-Gemische	Wasserstoffperoxid (ab 60 %)	Lösungs- und Verdünnungsmittel für Lacke	Verdünnungsmittel für Lacke, schnelltrocknende Klebstoffe	Wasserstoffperoxidlösungen, Säuren, Laugen

Symbol					
	Giftig	Sehr giftig	Gesundheitsschädlich	Reizend	Umweltgefährlich
Kennbuchstabe	T	T+	Xn	Xi	N
Hinweise auf R-Sätze	R23 R24 R25 R39 R48	R26 R27 R28 R39	R20 R21 R22 R40 R42 R48	R26 R37 R38 R41 R43	
Beispiele	Versiegelungslacke mit einem Methanolanteil > 20 %	Quecksilber, Lindan, Laborchemikalien	Lösemittel wie Toluol, Xylol, Montageschäume	Isocyanate, Styrol, Salmiak, Formaldehyddämpfe	Wasserlacke, Lacke, Holzschutzmittel, Säure, Laugen

Arbeitsschutz, Umweltschutz

Technische Regeln für Gefahrstoffe TRGS – Auszug		
Nummer	Bezeichnung	Ausg./Stand
TRGS 001	Allgemeines, Aufbau, Anwendung und Wirksamwerden der TRGS	3.96/3.96
TRGS 002	Übersicht über den Stand der Technischen Regeln für Gefahrstoffe	2.96
TRGS 003	Allgemeine anerkannte sicherheitstechnische, arbeitsmedizinische und hygienische Regeln	11.94/11.94
TRgA 101	Begriffsbestimmungen	7.95/7.95
TRGS 102	Technische Richtkonzentration (TRK) für gefährliche Stoffe	9.93/5.95
Anhang zu TRGS 102	Begründung zu den TRK-Werten	3.88/5.96
TRGS 200	Einstufung von Stoffen, Zubereitungen und Erzeugnissen	11.95/11.95
TRGS 201	Kennzeichnung von Abfällen beim Umgang	10.89/10.89
TRGS 220	Sicherheitsdatenblatt für gefährliche Stoffe und Zubereitungen	9.93/9.93
TRGS 222	Gefahrstoffkataster	11.94/11.94
TRGS 402	Ermittlung und Beurteilung der Konzentrationen von gefährlichen Stoffe in der Luft in Arbeitsbereichen	11.86/9.93
TRgA 410	Statistische Qualitätssicherung	4.79/4/79
TRGS 420	Verfahrens- und stoffspezifische Kriterien für die dauerhafte sichere Einhaltung von Luftgrenzwerten (VSK)	9.93/3.96
TRGS 440	Ermittlung und Beurteilung der Gefährdung durch Gefahrstoffe am Arbeitsplatz: Vorgehensweise (Ermittlungspflicht)	10.96/10.96
TRGS 507	Oberflächenbehandlung in Räumen und Behältern	6.96/6.96
TRGS 515	Lagern brandfördernder Stoffe in Verpackungen und ortsbeweglichen Behältern	12.92/3.95
TRGS 519	Asbest- Abbruch-, Sanierungs- oder Instandhaltungsarbeiten	3.95/3.95
TRGS 521	Faserstäube - Teil 1: Anorganische Faserstäube	10.96/10.96
TRGS 540	Sensibilisierende Stoffe	3.97
TRGS 553	Holzstaub	9.92/2.95
Anlage zu TRGS 553	Liste der Holzbearbeitungsmaschinen und -geräte nach Nummer 5.5 Abs. 4 der TRGS 553	4.93/2.95
TRGS 555	Betriebsanweisung und Unterweisung nach § 20 der GefStoffV	3.89/3.89
Anhang zu TRGS 555	Beispiele für arbeitsplatz- und tätigkeitsbezogene Betriebsanweisung	10.89/10.89
TRGS 560	Luftrückführung beim Umgang mit Krebs erzeugenden Gefahrstoffen	5.96/5.96
TRGS 610	Ersatzstoffe und Ersatzverfahren für stark lösemittelhaltige Vorstriche und Klebstoffe für den Bodenbereich	10.94/10.94
TRGS 617	Ersatzstoffe und Ersatzverfahren für stark lösemittelhaltige Oberflächenbehandlungsmittel für Parkett und andere Fußböden	9.93/9.93
TRGS 900	Grenzwerte in der Luft am Arbeitsplatz „Luftgrenzwerte" (Bekanntmachung des BMAnach § 52 Abs. 4 GefStoffV)	10.96/10.96
TRGS 905	Verzeichnis Krebs erzeugender, Erbgut verändernder oder fortpflanzungsgefährdender Stoffe (Bekanntmachung des BMA nach § 52 GefStoffV)	4.95/11.96
TRGS 907	Verzeichnis sensibilisierender Stoff	Entw. 1997
TRGS 910	Begründung für die Einstufung der Krebs erzeugenden Gefahrstoffe in Gefährdungsgruppen	9.87/10.94

Betriebsanweisung – Unterweisung beim Umgang mit Gefahrstoffen

Der **Arbeitgeber hat Betriebsanweisungen zu erstellen,** wenn mit mit Gefahrstoffen umgegangen wird. Das Erstellen der Betriebsanweisung kann durch Inanspruchnahme der Hilfe durch die zuständige Berufsgenossenschaft wesentlich erleichtert werden. Die in der Holzwirtschaft vorkommenden Gefahrstoffe am Arbeitsplatz lassen sich in der Regel in wenige Gruppen zusammenfassen. Je Gruppe ist dann eine Variante der Betriebsanweisung zu erstellen.

Arbeitnehmer müssen anhand der Betriebsanweisung unterrichtete werden. Die Unterweisungen sind jährlich mindestens einmal zu wiederholen. Beim Umgang mit neuen Gefahrstoffen sind die Unterweisungen unmittelbar durchzuführen.

Inhalt der Betriebsanweisung und wesentliche Anforderungen

Zu folgenden Inhalten müssen Angaben gemacht werden:
Arbeitsbereich, Arbeitsplatz, Tätigkeit, Gefahrstoffbezeichnung, Gefahren für Mensch und Umwelt, Schutzmaßnahmen und Verhaltensregeln, Verhalten im Gefahrfall, Erste Hilfe, Sachgerechte Entsorgung.
Zu folgenden Bereichen müssen Anforderungen erfüllt werden:
Gestaltung der Betriebsanweisung (Prinzipien), Unterweisung der Arbeitnehmer.

Bezeichnung der besonderen Gefahren – R-Sätze gemäß GefStoffV

Kurz-zeichen	Erläuterung	Kurz-zeichen	Erläuterung
	Explosionsgefahr		**Giftig**
R 1	• in trockenem Zustand	R 23	• beim Erwärmen
R 2	• durch Schlag, Reibung, Feuer u. Ä.	R 24	• bei Berührung mit der Haut
R 4	• durch Bildung hochempfindlicher Metallverbindungen	R 25	• beim Verschlucken
R 5	• beim Erwärmen		**Sehr giftig**
R 6	• mit und ohne Luft	R 26	• beim Einatmen
R 9	• bei Mischung mit brennbaren Stoffen	R 27	• bei Berührung mit der Haut
R 16	• mit Brand fördernden Stoffen	R 28	• beim Verschlucken
R 19	• Bilden von bestimmten Peroxiden		**Giftige Gase**
R 44	• bei Erhitzen unter Einschluss	R 29	• in Verbindung mit Wasser
	Besondere Explosionsgefahr	R 31	• bei Berührung mit Säure
R 3	• durch Schlag, Reibung, Feuer u. Ä.	R 32	• sehr giftige Gase mit Säure
	Feuergefahr/Entzündlichkeit		**Ätzungen**
R 7	• Kann Brand verursachen	R 34	• verursacht Ätzungen
R 8	• bei Berührung mit brennbaren Stoffen	R 35	• verursacht schwere Ätzungen
R10	• entzündlich		**Reizungen**
R11	• leichtentzündlich	R 36	• der Augen
R 12	• hochentzündlich	R 37	• der Atmungsorgane
R 13	• hochentzündliches Flüssiggas	R 38	• der Haut
R17	• selbstentzündlich an der Luft		**Besondere Gesundheitsgefahren**
	Reagiert	R 42	• Sensibilisierung durch Einatmen bzw.
R 14	• heftig auf Wasser	R 43	• durch Hautkontakt möglich
R 15	• mit Wasser, hochentzündliche Gase	R 39	• ernste Gefahr irreversiblen Schadens
	Gesundheitsschädlich	R 40	• Irreversibler Schaden möglich
R 23	• beim Einatmen	R 45	• kann Krebs erzeugen
R 24	• bei Berührung mit der Haut	R 46	• kann vererbbare Schäden bzw.
R 22	• beim Verschlucken	R 47	• kann Missbildungen verursachen

Bezeichnung der besonderen Gefahren – Kombination der R-Sätze (Auswahl)

Kurz-zeichen	Erläuterung	Kurz-zeichen	Erläuterung
R 14/15	Reagiert heftig mit Wasser unter Bildung leicht entzündlicher Gase	R 24/25	Giftig bei Berührung mit der Haut und beim Verschlucken
R 15/29	Reagiert mit Wasser unter Bildung giftiger und leicht entzündlicher Gase	R 23/24/25	Giftig beim Einatmen, Verschlucken und Berühren mit der Haut
R 20/21	Gesundheitsschädlich beim Einatmen und bei Berührung mit der Haut	R 26/27	Sehr giftig beim Einatmen und bei Berührung mit der Haut
R 21/22	Gesundheitsschädlich bei Berührung mit der Haut und beim Verschlucken	R 36/37/38	Reizt Augen, Atmungsorgane und die Haut
R 23/24	Giftig beim Einatmen und bei Berührung mit der Haut	R 42/43	Sensibilisierung durch Einatmen und Hautkontakt möglich

Sicherheitsratschläge – S-Sätze (GefStoffV)

Kurz-zeichen	Erläuterung	Kurz-zeichen	Erläuterung
	Aufbewahren		**Bei der Arbeit**
S 1	• unter Verschluss	S 20	• nicht essen bzw. trinken
S 3	• kühl aufbewahren	S 21	• nicht rauchen
S 5	• unter ....(geeigneter Flüssigkeit)	S 36	• geeignete Schutzkleidung tragen
S 6	• unter ....(inertes Gas angeben)	S 37	• geeignete Schutzhandschuhe tragen
S 2	• Darf nicht in die Hände von Kindern	S 39	• Atemschutzgerät anlegen
S 4	• Von Wohnplätzen fernhalten	S 39	• Schutzbrille / Gesichtsschutz tragen
	Behälter		**Arzt hinzuziehen**
S 7	• dicht geschlossen halten	S 44	• bei Unwohlsein (wenn möglich, dies Etikett vorzeigen)
S 8	• trocken halten		
S 9	• an einem gut belüfteten Ort lagern	S 45	• bei Unfall oder Unwohlsein (wenn möglich, diese Etikett vorzeigen)
S 12	• nicht gasdicht verschließen		
S 18	• mit Vorsicht handhaben bzw. öffnen	S 46	• bei Verschlucken (Verpackung oder Etikett vorzeigen)
S 49	• Nur im Originalbehälter aufbewahren		
	Fernhalten		**Handhabung**
S 13	• von Nahrungsmitteln, Getränken usw.	S 29	• Nicht in die Kanalisation lassen
S 14	• von bestimmten Substanzen	S 30	• Niemals Wasser hinzugeben
S 15	• Vor Hitze schützen	S 34	• Schlag und Reibung vermeiden
S 17	• von Zündquellen - Nicht rauchen	S 43	• Zum Löschen .... verwenden
S 18	• von brennbaren Stoffen	S 50	• Nicht mischen mit ....
	Berührung		**Anwendung**
S 24	• mit der Haut vermeiden	S 33	• Maßnahmen gegen elektrostatische Aufladung treffen
S 25	• mit den Augen vermeiden		
S 26	• mit den Augen gründlich abspülen und Arzt konsultieren	S 35	• Abfälle und Behälter müssen in gesicherter Weise beseitigt werden
S 28	• mit der Haut sofort mit viel ...... (vom Hersteller anzugeben) abwaschen	S 40	• Fußböden und verunreinigte Gegenstände mit .... reinigen
	Nicht einatmen		**Anwendung**
S 22	• Staub nicht einatmen	S52	• Nicht großflächig für Wohn- und Aufenthaltsräume verwenden
S 23	• Gas/Aerosol usw. nicht einatmen		
S 41	• Explosions-/Brandgase nicht einatmen	S 53	• Exposition vermeiden - vor Gebrauch besonder Anweisungen einholen

Kombination der S-Sätze (Auswahl)

Kurz-zeichen	Erläuterung	Kurz-zeichen	Erläuterung
S 1/2	Unter Verschluss und für Kinder unzugänglich aufbewahren	S 20/21	Bei der Arbeit nicht essen, trinken bzw. rauchen
S 3/7	Behälter an einem kühlen, gut gelüfteten Ort aufbewahren	S 24/25	Berührungen mit den Augen und der Haut vermeiden
S 3/7/9	Behälter dicht geschlossen halten und an einem kühlen, gut gelüfteten Ort aufbewahren	S 36/37	Bei der Arbeit geeignete Schutzhandschuhe und Schutzkleidung tragen
S 7/8	Behälter dicht und geschlossen halten	S 47/49	Nur im Originalbehälter bei Temperaturen von nicht über ... °C aufbewahren

Umweltrecht – Umweltschutz

Wichtige Gesetze und Rechtsverordnungen (Auswahl)

Abkürzung	Bezeichnung	Stichworte zum Inhalt
BImSchG	Bundes-Immissionsschutzgesetz	Schutz vor schädlichen Umwelteinwirkungen durch Luftverunreinigungen, Geräusche, Erschütterungen und ähnliche Vorgänge
BImSchV	Verordnung zur Durchführung des BImSchG	Verordnungen zur Begrenzung von Emissionen (z. B. bei Feuerungsanlagen)
TA-Abfall	Technische Anleitung Abfall	Verwaltungsvorschrift zur Lagerung etc. v. Abfällen
TA-Lärm	TA zum Schutz gegen Lärm	Immissionsrichtwerte; Ermittlung der Immissionsw.
TA-Luft	Technische Anleitung zur Reinhaltung der Luft	Begrenzung von Emissionen; Angabe der entsprechenden Prüfvorschriften; Ausbreitungsklassen
TA-Siedlungsabfall	Technische Anleitung Siedlungsabfall	Verdeutlichung der Anforderung, die an die Entsorgung gestellt wird. Ziel: geringste Umweltbelastung
UVPG	Umweltverträglichkeits-prüfungsgesetz	Anlagengenehmigung mit erheblicher Umweltgefährdung
KrW/AbfG	Kreislaufwirtschaftsgesetz/ Abfallgesetz	Gesetz zur Kreislaufwirtschaft und zur Sicherung der umweltverträglichen Beseitigung von Abfällen
AbfKoBiV	Verordnung über Abfallwirtschaftskonzepte und Abfallbilanzen	
BestbüV	Verordnung zur Bestimmung besonders überwachungsbedürftiger Abfälle	
BestüV	Verordnung zu Bestimmung überwachungsbedürftiger Abfälle	
LAGA	Länderarbeitsgemeinschaft Abfall (Arbeitsgemeinschaft der zuständigen Länderministerien bzw. Länderbehörden)	
LAbfG	Landesabfallgesetz	Abfallgesetzgebung auf Landesebene
EAK	Europäischer Abfallkatalog	Schlüsselnummern der Abfallarten
VwVwS	Verwaltungsvorschrift wassergefährdende Stoffe	Einstufung in Wassergefährdungsklassen WGK von 0 (allg. nicht gefährdend) bis 3 (stark gefährdend)
HKWABFV	Verordnung über die Entsorgung gebrauchter halogenierter Lösemittel	
WärmeschutzV	Wärmeschutzverordnung	Mindestanforderung an den Wärmeschutz im Hochbau (Wärmeschutz = Klimaschutz)
VerpackV	Verpackungsverordnung	Regelungen zum Umgang mit Verpackungen
AbwasserVwV	Verwaltungsvorschrift über Mindestanforderungen zum Einleiten von Abwasser in Gewässer	Benennung der maximalen Konzentrationen von Wasser gefährdenden Stoffen für die verschiedenen Verarbeitungs- und Herstellungsprozesse
WHG	Wasserhaushaltsgesetz	Vorschriften zum Einleiten von Abwasser in Gewässer

Arbeitsschutz, Umweltschutz

Umweltrechtliche Gesetze und Rechtsverordnungen

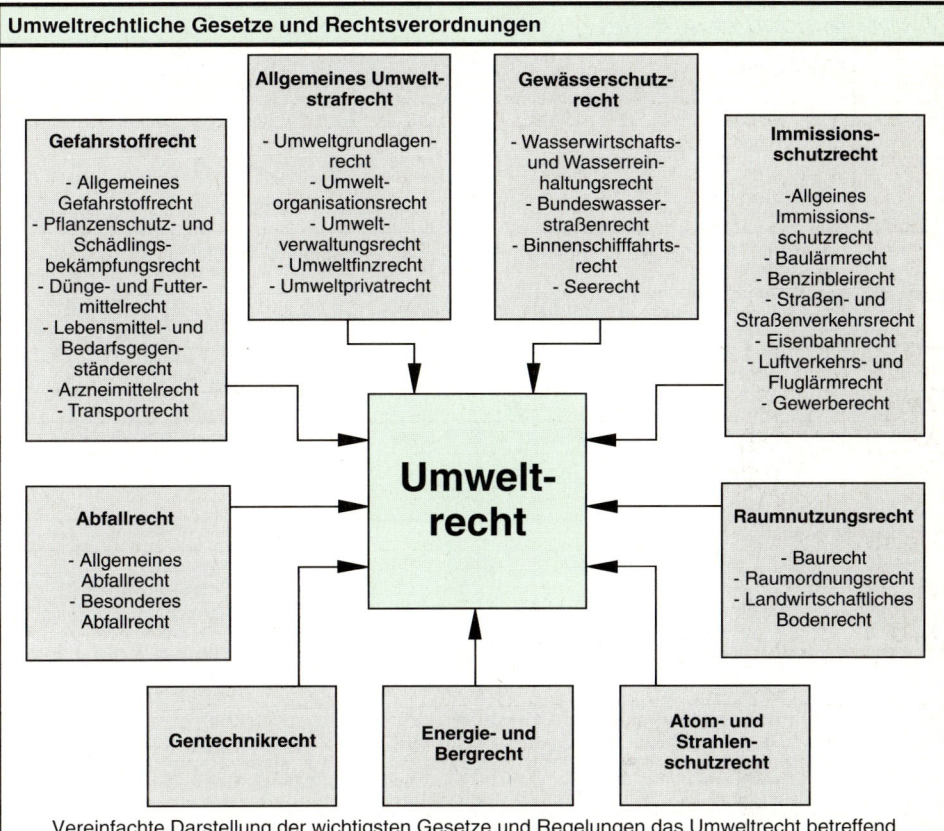

Vereinfachte Darstellung der wichtigsten Gesetze und Regelungen das Umweltrecht betreffend

Entsorgung von Stoffen

Abfall gilt nach dem Kreislaufwirtschafts- und Abfallgesetz (KrW-/AbfG) als eine bewegliche Sache, deren Beseitigung im Interesse der Allgemeinheit und insbesondere der Umwelt ist.
Abfälle und Reststoffe müssen im Betrieb getrennt gesammelt werden (Vermischungsverbot).
Die Behälter, in denen das geschieht, sollten ausreichend gekennzeichnet sein.

Grundsätze nach Abfallgesetz (AbfG)

Bezüglich des Abfalles gelten folgende Grundsätze (AbfG § 1a ff):
• **Abfälle sind zu vermeiden**, z. B. durch reststoffarme Verfahren,
• **Abfälle sind zu verwerten**, z. B. durch Recycling,
• **Abfälle sind zu entsorgen**, ohne dass das Wohl der Allgemeinheit beeinträchtigt wird.
Prinzipiell soll die Rückgabe der Abfälle an den Lieferanten der jeweiligen Stoffe erfolgen.
Eine Übergabe der Abfälle an ein Entsorgungsunternehmen darf nur erfolgen, wenn behördliche Transport- und Entsorgungsgenehmigungen vorliegen.

Abfallschlüsselnummern und Bezeichnung des Abfalls

Die Liste bezieht sich auf das aktuelle **Kreislaufwirtschaftsgesetz**, der **Verordnung zur Bestimmung von besonders überwachungsbedürftiger Abfälle zur Verwertung** sowie der **Verordnung zur Einführung des Europäischen Abfallkatalogs (EAK**). Die bisher verwendeten LAGA-Abfallschlüsselnummern sind ab dem 31. Dezember 1998 nicht mehr zulässig.
Abfälle die nicht zuzuordnen sind, erhalten die Bezeichnung „Abfälle a. n. g."

Abfallschlüsselnummern nach EAK – Auswahl

Abfall-schlüssel	Bezeichnung (Abfallart, Eigenschaft, Inhaltsstoffe)	Abfall-schlüssel	Bezeichnung (Abfallart, Eigenschaft, Inhaltsstoffe)
Holz, Holzwerkstoffe			
03 01 01	Rinden und Korkabfälle	10 01 01	Holzasche
03 01 03	Stückholz	03 01 99	andere Abfälle a. n. g.
03 01 02	Späne, Schnitzel, Staub		
Hilfsstoffe			
15 01 02	Kunststoffbehältnisse, PS-Abfälle, Kunststofffolien	15 01 04	Metallbehältnisse entleert
		08 04 06	Dichtstoffmassen die nicht ausgehärtet sind
15 01 99	Metallbehältnisse mit schädlichen Verunreinigungen	08 04 04	ausgehärtete Dichtungsmassen
Kunststoffe			
12 01 05	PVC-Abfälle	12 01 05	ausgehärtete Kunststoffabfälle
Klebstoffe			
08 04 04	Leim- und Harzabfälle ausgehärtet	15 01 99	Metallbehältnisse mit schädlichen-Restinhaltsstoffen
08 04 06	Klebemittel, nicht ausgehärtet		
08 04 04	Epoxid-/Pu-Schaum ausgehärtet	08 04 06	Spachtelmasse nicht ausgehärtet
12 01 05	ausgehärtete Kunststoffe		
Oberflächenmaterialien			
08 01 05	Altfarben ausgehärtet	08 01 06	Abbeizreste halogenartig
08 01 02	Altfarben nicht ausgehärtete	08 04 06	Abbeizreste nicht halogenartig
08 01 08	Lackschlamm, Lackkoagulat	15 02 01	Putz- und Reinigungsmaterial, Filter-masken
08 01 03	Reste von Wasserlacken		
20 01 15	Laugen-, Beizreste	15 02 99	Filter-/ Putz- und Reinigungsmaterial mit schädlichen Verunreinigungen
07 04 04	organische Holzschutzmittelreste		
07 03 04	Lösemittelgemisch ohne Halogene	15 01 04	Metallbehältnisse entleert
Rücknahmen			
17 02 01	Holzabfälle aus der Anwendung	17 02 03	PVC-Formteile, Teppichreste
17 02 99	Holzabfälle aus der Anwendung mit schädlichen Verunreinigungen	17 06 02	Reste an Isoliermaterial
		20 03 01	gemischte Siedlungsabfälle
Sonstige Materialien			
20 01 01	Altpapier	20 03 01	gemischte Siedlungsabfälle
15 01 01	Pappe, Kartonagen	13 02 02	Kompressorkondensate
15 01 02	Folien, Styroporverpackungen	12 01 03	Aluminiumabschnitte
15 01 05	Verbundverpackungen	17 02 02	Glasabfälle
20 01 21	Leuchtstoffröhren	17 04 07	Metallabfälle gemischt

Kleinmengenregelung – Ausnahmen von der Nachweispflicht für überwachungsbedürftige Abfälle

Von der Nachweispflicht ausgenomme sind Abfallerzeuger, wenn folgende Abfallmengen nicht überschritten werden (Die örtlichen Behörden können jedoch andere Regelungen anordnen.):
• **überwachungsbedürftige** Abfälle: 2000 Tonnen je Jahr,
• **besonders überwachungsbedürftige** Abfälle: 2 Tonnen je Jahr.

Bundesimmissionsschutzverordnungen (Auswahl)

• **Immissionen** sind die auf den Menschen, die Tiere, Pflanzen und andere Sachen **einwirkende Luftverunreinigungen** oder Geräusche, die auf Nachbarn oder Dritte von von einer Anlage ausgehend einwirken.
• **Emissionen** sind die **von einer Anlage ausgehenden Luftverunreinigungen**.

1. BImSchV	Verordnung über Kleinfeuerungsanlagen (Feuerungsanlagen < 1 MW)
4. BImSchV	Verordnung über genehmigungsbedürftige Anlagen
7. BImSchV	Verordnung zur Auswurfbegrenzung von Holzstaub (Grenzwert: 20 mg/m^3)
9. BImSchV	Verordnung über das Genehmigungsverfahren
13. BImSchV	Verordnung über Großfeuerungsanlagen

Brennstoffe und Emissionsanforderungen nach der 1. BImschV

Brennstoff-Nummer	4	5	5a	6	7
	Naturbelassenes stückiges Holz einchließlich anhaftender Rinde, beispielsweise in Form von Scheitholz, Hackschnitzel sowie Reisig und Zapfen	Naturbelassenes nicht stückiges Holz, beispielsweise in Form von Sägemehl, Spänen, Schleifstaub oder Rinde	Presslinge aus naturbelassenem Holz in Form von Holzbriketts entsprechend DIN 51731, Mai 1993, oder vergleichbare Holzpellets oder Presslinge aus naturbelassenem Holz mit gleichwertiger Qualität	Gestrichenes, lackiertes oder beschichtetes Holz sowie daraus anfallenen Reste, soweit keine Holzschutzmittel aufgetragen oder enthalten sind und Beschichtungen nicht aus halogenorganische Verbindungen bestehen	Sperrholz, Spanplatten, Faserplatten oder sonst verleimtes Holz sowie daraus anfallende Reste, soweit keine Holzschutzmittel aufgetragen oder enthalten sind und Beschichtungen nicht aus halogenorganischen Verbindungen bestehen
Wärmeleistung	> 15 kW bis < 1 MW			≥ 50 kW bis < 1 MW	
Bezugswert	13 % O_2			13 % O_2	
Staubgrenzwert	0,15 g/m³			0,15 g/m³	
Kohlenmonoxidgrenzwerte (CO)	**Wärmeleistung:** 15 bis < 50 kW / 50 bis 150 kW / 150 bis < 500 kW / > 500 kW bis < 1 MW		**max CO:** 4000 mg/m³ / 2000 mg/m³ / 1000 mg/m³ / 500 mg/m³	**Wärmeleistung:** – / 50 bis < 100 kW / 100 bis < 500 kW / > 500 kW bis < 1 MW	**max CO:** – / 800 mg/m³ / 500 mg/m³ / 300 mg/m³
Sonstiges	Grauwert heller als 1 nach Ringelmannskala (Ausnahme: Stückholzfeuerung bis 15 kW)			Grauwert heller als 1 nach Ringelmannskala. Jährliche Messung für mechanisch beschickte und handbeschickte Feuerungen. Verbrennung nur in Betrieben der Holzbe- und verarbeitung.	

Bei handbeschickten Feuerungen grundsätzlich Volllastbetrieb (auf ausreichenden Wärmespeicher zur Wärmeabnahme achten).
Ausgenommen sind jene Feuerungen, die auch im Teillastbereich den Anforderungen entsprechen.
Brennstoff müssen lufttrocken sein.

Kennzeichnung von Rohrleitungen nach dem Durchflussstoff — DIN 2403

RAL-Farbe	Durchflussstoff	Gruppe	Farben
RAL 6018	Wasser	1	Grün
RAL 3000	Wasserdampf	2	Rot
RAL 7001	Luft	3	Grau
RAL 1021	Brennbare Gase	4	Gelb oder Gelb mit Zusatzfarbe Rot
RAL 9005	Nichtbrennbare Gase	5	Schwarz oder Gelb mit Zusatzfarbe Schwarz
RAL 2003	Säuren	6	Orange
RAL 4001	Laugen	7	Violett
RAL 8001	Brennbare Flüssigkeiten	8	Braun oder Braun mit Zusatzfarbe Rot
RAL 9005	Nichtbrennbare Flüssigkeiten	9	Schwarz oder Braun mit Zusatzfarbe Schwarz
RAL 5015	Sauerstoff	0	Blau

Arbeitsschutz, Umweltschutz

Sicherheitszeichen (Auswahl)

DIN 4844, VBG 125

Verbotszeichen

Rauchen verboten	Feuer, offenes Licht u. Rauchen verboten	Abblasen mit Pressluft verboten	Kehren mit dem Besen verboten	Für Flurförderzeuge verboten

Verbotszeichen

Berühren verboten	Nichts abstellen oder lagern	Zutritt für Unbefugte verboten	Mit Wasser löschen verboten	Verbot, nur mit Zusatz einsetzbar

Gebotszeichen

Nur mit Staubsauger reinigen	Augenschutz tragen	Schutzhelm tragen	Gehörschutz tragen	Atemschutz tragen

Warnzeichen

Warnung vor feuergefährlichen Stoffen	Warnung vor ätzenden Stoffen	Warnung vor giftigen Stoffen	Warnung vor Laserstrahl	Warng. vor explosionsgefährl. Stoffen

Warnzeichen

Warnung vor einer Gefahrstelle	Warnung vor Flurförderzeugen	Warnung vor schwebender Last	Warnung vor Quetschgefahr	Warnung vor Absturzgefahr

Rettungszeichen

Richtungsangabe für Erste Hilfe	Erste Hilfe	Rettungsweg durch Ausgang	Augenspüleinrichtung	Krankentrage

Allgemeine Gefahrenkennzeichnung durch Streifen:

© Verlag Gehlen

Verzeichnis technischer Regeln (Auswahl)

DIN	Seite	DIN	Seite	DIN	Seite
5-10 : 1986-12	323 ff	2403 : 1984-03	377	6445 : 1966-08	152
6-1...2 : 1986-12	312, 325	4071-1 : 1977-04	75	6446 : 1966-08	152
15-2 : 1984-06	310	4073-1 : 1977-04	75	6447 : 1976-12	152
95...97 : 1986-12	134 f	4074	32, 75 ff	6581 : 1985-10	155
105	270	4074-1 : 1989-09	115	6771-1 : 1970-12	313
107 : 1974-04	304	4076-5 : 1981-11	108	6771-6 : 1988-04	313
199-1 : 1984-05	312	4078 : 1979-03	90	6776-1 : 1976-04	310, 314
201 : 1990-05	327	4079 : 1976-05	93	6834 : 1973-09	237, 297
204 : 1991-10	108	4102	85, 140	7218 : 1973-03	148
280 : 1990-042	258	4102	269, 297	7219 : 1973-03	148
395	154	4103	252 ff	7220 : 1973-03	148
406-10...11 : 1992-12	315 ff	4108	297	7223 : 1973-03	148
E 406-12 : 1994-06	316 ff	4108-4 : 1991-11	37, 283	7235 : 1974-09	150
476 : 1991-02	315	4108-5 : 1981-08	40	7243 : 1974-09	150
571 : 1986-12	134, 136	4109 : 1989-11	46, 48	7244 : 1974-09	150
603 : 1981-10	136	4109 : 1989-11	230, 284	7245 : 1974-09	151
824 : 1981-03	313	4109 : 1989-11	297	7258 : 1974-09	150
919-1 : 1991-04	310 ff	4420 : 1990-12	140	7263 : 1988-12	154
919-1 Bbl 1 : 1991-06	312 ff	4121 : 1978-07	140	7264 : 1974-05	154
1045 : 1988-07	309	4172 : 1955-07	270 f	7305 : 1976-02	148
1052-1 : 1988-04	32 f, 115	4426 : 1990-04	140	7307 : 1976-02	149
1053	140, 309	4545 : 1983-02	210	7310 : 1973-03	148
1101 : 1989-11	95	4549 : 1982-11	209	7311 : 1973-03	148
1102 : 1989-11	140	4990 : 1972-07	159	7372 : 1973-03	149
1151 : 1973-04	133	5111 : 1990-10	147	7461 : 1969-10	147
1152 : 1973-04	133	5138 : 1973-03	147	7462 : 1970-05	147
1249	266	5139 : 1973-03	147	7480 : 1966-11	152
1286	267	5142 : 1973-03	147	7483 : 1966-11	152
1301-1 : 1993-12	7	5143 : 1973-03	147	7487 : 1966-11	152
1304-1 : 1994-03	7	5145 : 1973-03	148	7707-2 : 1979-01	89
1356-1 : 1995-02	310 ff	5146 : 1973-03	148	7991 : 1986-01	124
1511 : 1978-04	147	5149 : 1973-03	148	7995...7997 : 1984-12	134 f
1587 : 1987-06	136	6330 : 1991-08	136	8085 : 1975-03	160
1712-3 : 1976-12	240	6331 : 1991-08	136	13157 : 1996-08	353
1725	240	6444 : 1966-09	152	17440 : 1996-09	240

Verzeichnis technischer Regeln (Auswahl)

DIN	Seite	DIN	Seite	DIN	Seite
17656 : 1973-06	240	44300-5 : 1988-11	192	68360-1 : 1981-05	104 f
18015-3 : 1990-07	51	50014 : 1985-07	300	68364 : 1979-11	64 ff
18055 : 1981-10	272 ff	50967 : 1991-01	241	68365 : 1957-11	75, 263
18056 : 1966-06	140, 261	50968 : 1991-01	241	68368 : 1975-11	263
18064 : 1979-11	259	52175 : 1975-01	84	68372 : 1975-10	75
18065 : 1984-07	262	52183 : 1977-11	69	68705-2 : 1981-07	88, 90
18093 : 1987-06	140	52210	48, 304	68705-3 : 1981-12	94
18095	297	52290	306, 309	68705-4 : 1981-12	94
18101 : 1985-01	237	52290-1/2/4 : 1988-11	269	68705-5 : 1980-10	94
V 18103 : 1992-03	297	52290-3 : 1988-06	269	68706-1 : 1980-01	237
V 18103 : 1992-03	306, 309	52290-5 : 1987-12	269	68752 : 1974-12	95
18111-1 : 1985-01	310	52292 : 1984-04	267	68754-1 : 1976-02	95
18168	140, 249	52303 : 1984-04	267	68755 : 1992-07	95
18180 : 1989-09	96, 98	52460 : 1991-05	111	68761-1 : 1986-11	89 f
18180 : 1989-09	253	66000 : 1985-11	192	68761-4 : 1982-02	89 f
18202 : 1986-05	289	66001 : 1983-12	57	68762 : 1982-03	98
18251 : 1991-03	306	66025-1 : 1983-01	196	68763 : 1990-09	94, 253
V 18254 : 1991-07	306	66025-2 : 1988-09	197 f	68764	98
18255 : 1991-03	240 ff	66217 : 1975-12	195	68765 : 1987-11	89 f
18255 : 1991-03	348	66261 : 1985-11	57	68800-2 : 1996-05	81, 98
18257 : 1991-03	244, 306	68100 : 1984-12	320 ff	68800-3 : 1990-04	81ff, 104
18268 : 1985-01	306, 310	68100 Bbl 1/4 : 1978-06	321	68800-4 : 1992-11	81, 85
18355 : 1992-12	105	68101 : 1984-12	322	68800-5 : 1978-05	81
18363 : 1992-12	105	68121 : 1990-06	272, 277	68851 : 1980-06	226
18515 : 1993-04	140	68122 : 1977-08	118	68856 : 1983-08	214 ff
18545-1 : 1992-02	277	68123 : 1977-08	118	68861-2/4 : 1981-12	104
18545-3 : 1992-02	280 f	68126-1 : 1983-07	118	68861-6 : 1981-11	104
18807	140	68126-3 : 1986-10	118	68871 : 1994-08	229
19226-3 : 1994-02	192	68127 : 1970-08	118	68874-1 : 1985-01	228
19226-4 : 1994-02	183	E 68140-1 : 1996-05	115	68878 : 1987-01	209
19227-1 : 1993-10	182	68150-1 : 1989-07	129, 302	68880 : 1973-10	204
19227-2 : 1991-02	185 f	68150-1 : 1989-07	319	68885 : 1987-01	209
28631 : 1996-07	57, 58	68252 : 1978-01	75	68890 : 191985-02	208
33402	208	68256 : 1976-04	78	68935 : 1982-11	208
40900 : 1988-03	187	68330 : 1976-08	93		

Verzeichnis technischer Regeln (Auswahl)

DIN EN	Seite	DIN EN	Seite	DIN EN	Seite
24 : 1976-07	300	390 : 1995-03	100	1116 : 1995-12	208
25 : 1976-07	300	313-2 : 1996-11	87	12720 : 1997-10	104
43 : 1990-11	300	350-2 : 1994-10	104	12721 : 1997-10	104
79 : 1990-11	300	572-1 : 1995-01	266	24032 : 1992-02	136
85 : 1981-01	300	622-1 bis 5 : 1997-08	89 ff	26927 : 1991-05	111
129 : 1990-11	300	844 : 1997-08	78	28631 : 1994-08	57
130 : 1990-11	300	927 : 1996-10	105	61131-3 : 1994-08	193 f
204 : 1991-10	277	942 : 1996-06	79		

DIN EN ISO	Seite	DIN EN ISO	Seite	DIN EN ISO	Seite
9000-1 : 1994-08	364	9002 : 1994-08	364	9004-1 : 1994-08	364
9001 : 1994-08	364	9003 : 1994-08	364		

DIN ISO	Seite	DIN ISO	Seite	DIN ISO	Seite
E128-22 : 1997-12	317	1302 : 1993-12	328	5455 : 1979-12	311
286-1/2 : 1990-11	320	2806 : 1996-04	196	E 5456-1 bis 4 : 1992-06	323
1219-1 : 1996-03	188 ff	3098-2 : 1987-08	7		

DIN VDE	Seite	DIN VDE	Seite	DIN VDE	Seite
0100-559 : 1983-03	52	0100-730 : 1986-02	52	0470-1 : 1992-11	51

VDI	Seite	VDI	Seite	VDI	Seite
2078 : 1996-07	269	2719 : 1987-08	284	3728 : 1987-11	237, 297

ZH 1	Seite	ZH 1	Seite	ZH 1	Seite
ZH 1/152 : 1993-04	354	ZH 1/507 : 1997-10	353	ZH 1/730 : 1997-05	357
ZH 1/428 : 1988-10	349	ZH 1/728 : 1996-11	357		

Sonstige	Seite	Sonstige	Seite	Sonstige	Seite
ArbStättV : 1975-02	345 ff	TA Luft : 1986-02	354	VBG 23 : 1988-04	354
1. BImSchV : 1988-07	355	TRbF 22 : 1996-02	354	VBG 121 : 1990-01	351
4. BImSchV : 1985-07	354 f	TRGS 553 : 1992-09	357	WschVo : 1995-01	41ff, 282

© Verlag Gehlen

© Verlag Gehlen